U0826727

煤矿安全监控系统
实　用　指　南

主编　李臣华　杨大明

应急管理出版社
·北　京·

图书在版编目（CIP）数据

煤矿安全监控系统实用指南 / 李臣华，杨大明主编．--北京：应急管理出版社，2021

ISBN 978-7-5020-9109-5

Ⅰ．①煤… Ⅱ．①李… ②杨… Ⅲ．①煤矿—矿山安全—监测系统—指南 Ⅳ．①TD76

中国版本图书馆CIP数据核字（2021）第233344号

煤矿安全监控系统实用指南

主　　编　李臣华　杨大明
责任编辑　唐小磊
编　　辑　梁晓平
责任校对　张艳蕾
封面设计　罗针盘

出版发行　应急管理出版社（北京市朝阳区芍药居35号　100029）
电　　话　010-84657898（总编室）　010-84657880（读者服务部）
网　　址　www. cciph. com. cn
印　　刷　北京盛通印刷股份有限公司
经　　销　全国新华书店

开　　本　710mm×1000mm $^{1}/_{16}$　**印张**　33　**字数**　626千字
版　　次　2021年11月第1版　2021年11月第1次印刷
社内编号　20211441　**定价**　298.00元

版权所有　违者必究

本书如有缺页、倒页、脱页等质量问题，本社负责调换，电话：010-84657880

推动科教兴煤战略的
实施加快煤矿安全数智
能化建設

显政
二〇二一年七月

原国家安全生产监督管理局局长、中国煤炭工业协会原会长、
煤炭工业技术委员会主任王显政为本书题词

编写人员名单

主　　编　李臣华　杨大明

副主编　王虹桥　范中启　李　群　常　琳　王小松

编写人员　谢俊生　吴钰晶　陈永冉　廖泽巨　杨冬冬
辛宪耀　缪爱爱　李宗伟

参编人员（按姓氏笔画排序）

丁国明　于国槐　马小平　王　春　王小蕾
王之邦　王庆永　王洪权　王恩元　王福军
文　崇　师　敏　朱　建　朱国庆　刘文越
刘茂荣　刘国亮　刘振明　刘祥来　纪宝柱
苏士龙　李　志　李玉鹏　李志强　李海涛
杨　眷　吴勇生　吴继忠　谷宏江　宋先明
张军伟　张学亮　陈善文　纵　峰　武丕检
易瑞强　周智仁　郑旺来　宛海鸣　孟振华
赵高升　祝　林　姚广华　姚金林　姚银贵
柴士彬　徐海云　高利平　唐晓君　曹　剑
盛继全　常胜秋　符大利　谢　浩　雷林林
解本旭　薛国华　魏新杰

序

煤矿安全监控系统对井下甲烷浓度、一氧化碳浓度、风速、风压、温度等环境参数进行连续监测，对风机、风筒、风门等安全设施及机电设备的工作状态进行动态监控，并有效实施风电、瓦斯电和故障闭锁，既有效服务保障瓦斯、水、火、煤尘、冲击地压等煤矿灾害事故的防范治理，支撑支持煤矿防灾减灾和应急救援，也是煤矿信息化的重要基础，对有效降低或避免煤矿灾害事故发生、全面提升煤矿安全保障程度具有不可替代的重要作用。

党和政府的一贯高度重视煤矿安全监控技术的发展和安全监控系统的使用与维护管理，20世纪80年代初期就花巨资先后从美国、德国、英国、加拿大、波兰等国引进一批安全监测监控系统，并陆续出台多项政策，支持和引导国内相关技术的研究开发；2001年，《煤矿安全规程》规定所有煤与瓦斯突出矿井必须安装安全监控系统；2002年，国家煤矿安全监察局提出“先抽后采、监测监控、以风定产”的瓦斯防治“十二字”方针；2005年，修订后的《煤矿安全规程》规定所有瓦斯矿井必须安装安全监控系统；2006年和2007年，先后出台《煤矿安全监控系统通用技术要求》(AQ 6201—2006)和《煤矿安全监控系统及检测仪器使用管理规范》(AQ 1029—2007)，有效规范了煤矿安全监控系统的设计、制造、安装、使用、联网与维护管理；2008年，国家安全生产监督管理总局、国家煤矿安全监察局提出“通风可靠、抽采达标、监控有效、管理到位”的煤矿瓦斯综合治理“十六字”工作体系，赋予安全监控系统更丰富的内容——装备齐全、数据准确、断电可靠、处置迅速；2010年，《国务院关于进一步加强企业安全生产工作的通知》进一步要求煤矿必须在3年内建设完善包括安全监控系统在内的井下安全避险“六大”系统；2013年，《国务院办公厅关于进一步加强煤矿安全生产工作的意见》再次重申“煤矿必须确保安全监控、人员定位、通信联络系统正常运转”；2015年，国家煤矿安全监察局提出在“十三五”期间对煤矿安全监控系统进行升级改造；2016年，出台了《煤矿安全监控系统升级改造技术方案》(煤安监函〔2016〕5号)；2019年，修订发布了《煤矿安全监控系统通用技术要求》(AQ 6201—2019)、《煤矿安全监控系统及检测仪器使用管理规范》(AQ 1029—2019)，升级改造后的煤矿安全监控系统在数字化、智能化、格式规范化、抗干扰能力、多网多系统融合、应急联动及使用维护等13个方面具有较大的提升，为进一步提升煤矿安全生产水平奠定了良好的基础条件。

目前我国各类煤矿均已装备安全监控系统，在为防范和减少煤矿重特大事故发挥重要监控、预警作用的同时，也存在诸多亟待解决的问题。有些煤矿的安全监控系统形同虚设，监控设备数量不足、安装不合理、数据不准确、断电不可靠、运行不稳定等现象时常发生，安全监控系统的重要作用还远未充分发挥，其重要原因是煤矿安全监控系统的安装使用不规范、维护管理不到位。强化对安全监控系统的使用维护管理、更充分发挥先进安全技术装备的重要作用，是广大煤矿企业面临的一项重要任务。

徐州江煤科技有限公司是我国煤矿安全和应急救援领域的知名企业、国家级高新技术企业、首批全国安全生产科技创新型百佳企业。在近20年的奋斗发展中，江煤科技以煤矿安全事业为己任，专注于煤矿安全和消防救护设备的研发、设计、制造，以及矿山安全整体解决方案的创新探索，在取得丰硕成果的同时，对安全监控等先进技术装备在煤矿的合理使用、科学维护管理也倾注了大量心血，积累了丰富的经验，具备诸多独特的思考和见解。《煤矿安全监控系统实用指南》

是江煤科技董事长李臣华携手国内相关领域专家，在深入剖析安全监控系统使用维护管理中现存问题、系统总结多年研究成果和现场管理经验、吸纳借鉴相关领域成功做法的基础上，紧密结合煤矿安全生产的客观需求和安全监控技术发展趋势编撰而成，具有很强的系统性、实用性和指导作用。相信本书的出版，将有力促进煤矿安全监控人员技术水平和管理技能的提高、煤矿安全监控系统使用水平的全面提升，对充分发挥煤矿安全监控系统重要作用、促进我国煤矿安全生产形势持续稳定好转产生重要影响。

中国工程院院士 

2021 年 5 月 1 日

前　　言

安全监控系统作为煤矿安全生产最重要的安全技术装备，可有效支持支撑和服务煤矿危险有害因素监测及预测预警、安全设施及机电设备工作状态动态监控、安全风险分级管控、事故隐患排查治理、灾害事故应急救援及调查分析、安全生产信息化，对降低或避免煤矿灾害事故发生、保证和促进煤矿安全生产发挥着不可替代的重要作用。

党和政府、各煤矿企业高度重视安全监控系统的发展和使用维护管理，早在2005年《煤矿安全规程》就明确规定所有瓦斯矿井必须装备煤矿安全监控系统。“十三五”期间实施的安全监控系统升级改造，以及《煤矿安全监控系统通用技术要求》(AQ 6201—2019)、《煤矿安全监控系统及检测仪器使用管理规范》(AQ 1029—2019) 的发布实施，使煤矿安全监控系统在数字化、智能化、格式规范化、技术性能和抗干扰能力、多网多系统融合、应急联动及使用维护等诸多方面有了跨越式的提升，安全监控系统技术水平、自身免疫力、运行安全可靠性、稳定性得到大幅度提高，为进一步提升煤矿安全生产水平奠定了良好的基础条件。随着科学技术的发展，安全监控系统呈现全数字化、智能化、标准化、规范化、模块化、功能组合化、使用傻瓜化、多系统井下有机融合和高信息安全性的发展趋势，越来越被作为煤矿信息化的关键内容进行建设和管理。安全监控系统将在煤矿安全生产和煤炭工业高质量发展中发挥越来越重要的作用。

先进的技术装备必须有与之相适应的科学规范的管理，才能有效发挥重要作用。目前我国煤矿安全监控系统在为防范和减少煤矿灾害事故发挥重要监测、预警、控制作用的同时，也存在着诸多亟待解决的问题。有些煤矿的安全监控系统形同虚设，监控设备安装不合理、数据不准确、断电不可靠、运行不稳定等现象时常发生，安全监控系统的重要作用还远未充分发挥。其重要原因是煤矿安全监控系统的安装使用不规范、维护管理不到位。强化对安全监控系统使用维护的科学规范管理，切实保证安全监控系统装备齐全、数据准确、断电可靠、处置迅速，是广大煤矿企业面临的一项重要任务。

为指导和帮助煤矿企业加强对安全监控系统的科学规范管理，徐州江煤科技有限公司联合安标国家矿用产品安全标志中心有限公司、山西阳泉煤业集团、常州自动化研究院、中国煤炭工业协会、中国矿业大学（北京）、中国矿业大学等单位的有关专家，在深入剖析安全监控系统使用维护管理中存在问题、系统总结多年研究成果和现场管理经验、吸纳借鉴相关行业领域成功做法的基础上，紧密结合煤矿安全生产客观需求和安全监控技术发展要求编撰了《煤矿安全监控系统实用指南》一书。本书力求科学性、系统性、实用性和指导作用，主要介绍了安全监控系统的发展历程与发展趋势、国家的相关规定要求；安全监控系统的基本结构、组成、功能、工作原理、数据格式与网络协议，主要监控设备的技术特点与性能指标，系统软件的组成与功能要求；选型设计的依据、原则、内容、程序与技术方法；使用维护管理要求、机构与职责、管理制度与操作规程，监控设备入矿检查、安装、调校、检测、维修的技术方法，质量标准化与应急预案；安全仪器仪表的类型、配置要求和使用管理方法等。本书第一章主编写人员为常琳、李群、李宗伟，第二章主编写人员为杨大明、王小松、杨冬冬，第三章主编写人员为吴钰晶、廖泽巨，第四章主编写人员为谢俊生、辛宪耀，第五章主编写人员为陈永冉、缪爱爱。全书由李臣华、杨大明统稿。

本书编撰过程中，得到了有关领导和专家的大力支持和指导，原国家安全生产监督管理局局长、中国煤炭工业协会原会长、煤炭工业技术委员会主任王显政为本书题词，中国工程院院士、中国矿业大学教授、博士生导师周世宁为本书作序，在此一并致以衷心感谢！

由于水平所限，书中难免存在瑕疵之处，敬请读者不吝赐教。

编　者

2021 年 9 月 1 日

目　　次

第一章　概　　述

安全监测监控是依靠科技进步、实现煤矿现代化和安全生产的重要技术手段，安全监控系统是煤矿安全生产最重要的安全技术装备。党和政府、各生产制造和煤炭企业高度重视安全监控系统在煤矿安全生产中的重要作用，采取各种措施推动安全监控技术的发展、规范安全监控系统的安装与使用维护管理，发挥安全监控系统的效能。安全监控系统将在煤矿安全生产和信息化建设工作中发挥越来越重要的作用。

第一节　煤矿安全监控系统的发展概况

煤矿安全监控系统是伴随煤炭工业发展而逐步发展起来的，经历了从简单到复杂，从低水平到高新技术，从就地检测、遥测、监测、监控到综合监控预警、多系统融合、联动联控的发展过程。

一、国外煤矿安全监控系统的发展

国外煤矿安全监测监控技术自20世纪60年代开始发展，根据信息传输技术的演变，至今经历了4个主要发展阶段。

（1）20世纪60年代中期起，以空分制传输为代表。国内外最早煤矿安全监控系统的信息传输是采用空分制，也就是1个测点用1对电缆芯线来传输。最具代表性的是在20世纪60年代中期，法国推出的CTT63/40煤矿环境监测系统，其可以监测CH_4浓度、CO浓度、风速、温度等参数，最多可测60个点。到20世纪70年代末，西欧国家有100多个矿井装备了CTT63/40煤矿环境监测系统，在矿井安全生产中发挥了一定的作用。波兰引进该项监测技术，设计了可测20个点的CMM-20系统，后来又把测点扩展到128个，形成新的系统，即CMC-1系统。

（2）20世纪70年代中期起，以频分制传输为代表。煤矿安全监控技术发展到第二代产品的主要特征是采用频分制信息传输技术，也就是采用频率划分信道。这种传输方式所需信道电缆芯线数大大减少，使第二代系统很快取代了第一代空分制系统，其中最具代表性且至今仍有影响的是Siemens公司的TST系统和 F + H 公司的 TF200（早期 TF24）系统，这些系统都采用音频传输。

（3）20 世纪 70 年代后期起，以时分制传输为代表。随着集成电路的出现，推动了时分制传输技术的发展。第三代产品就是以时分制为基础的煤矿安全监控系统，最具代表性的是 1976 年英国煤矿研究所制造的 MINOS 煤矿监控系统，可用于井下环境监测、带式输送机输送、供电供水、洗煤厂监控等方面。该系统开发成功后很快占领欧美市场，使煤矿安全监控技术上升到一个新的台阶。

（4）20 世纪 80 年代后期起，以开放性、集成性和网络化技术为特征。随着计算机技术、大规模集成电路技术、数据通信技术等现代高新技术的迅速发展，形成了以分布式微处理机为基础，以开放性、集成性和网络化为特征的煤矿安全监控系统。仅英国就有 HSDE、HU - WOOD、TRANSMITNG 和 WEST - HOUSE 等 4 个公司推出了各自的系统，德国、美国等国家也推出各自的产品，其中具代表性的是美国 MSA 公司的 DAN6400 系统、加拿大的参透里昂 600 系统、德国 BEBRO 公司的 PROMOS 系统等。随着网络技术和通信技术的发展，国外新推出的煤矿安全监测监控系统均采用基于开放系统互联标准模型的集散系统结构，该系统由现场测控分站和控制中心主站组成，支持多种互联标准，方便组成多节点的安全监测监控网络，可实现系统间的通信和数据共享。安全监测监控由原来单一的监测监控向综合自动化方向发展。

二、国内煤矿安全监控系统的发展

我国煤矿安全监控技术及系统的发展相对较晚。20 世纪 80 年代初，煤炭工业部先后从波兰、美国、英国和加拿大等国引进了一批安全监测监控系统，如 CMC - 1、DAN6400、TF200、MINOS 和 Senturion - 200 等系统，用于阳泉、淮南、潞安等矿区的煤矿，有力地推动了国内煤矿安全监控技术与装备的起步和发展。20 世纪 80 年代中期以后，在引进、消化、吸收的同时，结合我国煤矿实际，先后研发成功 KJ1、KJ2、KJ4 等第一批煤矿安全监测监控系统，并通过了煤炭工业部组织的技术鉴定。这一时期的安全监测监控系统多采用分布式结构、时分制频带或基带传输方式。

20 世纪 90 年代以后，我国先后研发出一批具有国际先进水平的安全监控系统，如 KJ95、KJ90、KJ101、KJF2000 等系统，采用 Windows 等操作系统，具备技术水平高、响应速度快、甲烷风电闭锁、区域联网等显著特点，部分监控系统开始采用光纤传输。

2001 年，《煤矿安全规程》规定，高瓦斯和煤与瓦斯突出矿井必须装备煤矿安全监控系统，并要求煤矿安全监控系统必须具有故障闭锁以及甲烷断电仪和甲烷风电闭锁装置的全部功能。2004 年，修订后的《煤矿安全规程》规定所有瓦斯矿井必须安装安全监控系统。2006 年，国家发布实施了《煤矿安全监控系统通用技术要求》(AQ 6201—2006)，对安全监控系统功能、技术要求和性能指标等进行全面规范，有力地规范和促进了安全监控系统的发展，并实现了安全监控系统设计制造的全面国产化。同年，国务院安委会办公室发布了《关于加强煤矿安全监控系统装备联网和维护使用工作的指导意见》(安委办〔2006〕21 号)，规定所有煤矿新装备的安全监控系统必须满足新标准，所有煤矿在用的安全监控系统必须经过改造满足新标准的规定。2007 年，国家发布实施了《煤矿安全监控系统及检测仪器使用管理规范》(AQ 1029—2007)，煤矿安全监控系统的设计制造、安装与运维管理进入全面规范发展时期。

2015 年在全国安全生产工作会上，国家煤矿安监局提出在“十三五”期间对煤矿安全监控系统进行升级改造，成立了领导小组、工作小组，制定了总体工作方案。在充分调研、反复论证和广泛征求各方意见建议的基础上，2016 年 12 月国家煤矿安全监察局发布了《煤矿安全监控系统升级改造技术方案》(煤安监函〔2016〕5 号)，明确了煤矿安全监控系统升级改造的 13 个方面主要内容，并要求在用安全监控系统升级改造分步实施，大型矿井、煤与瓦斯突出矿井在用的安全监控系统升级改造工作应在 2018 年底前完成，其他矿井应在“十三五”期末完成，同时将《煤矿安全监控系统通用技术要求》(AQ 6201)、《煤矿安全监控系统及检测仪器使用管理规范》(AQ 1029) 列入标准制修订计划。

中国煤炭科工集团重庆研究院有限公司、徐州江煤科技有限公司、天地(常州) 自动化股份有限公司等煤矿安全监控系统主流生产厂家积极响应国家要求，通过组织专业技术团队的科技攻关、新技术的应用和产品升级，使其设计制造的煤矿安全监控系统满足了《煤矿安全监控系统升级改造技术方案》要求，率先取得了矿用产品安全标志。各煤矿企业根据国家规定，在相关生产制造企业的配合下积极推进煤矿安全监控系统升级改造工作，截至 2020 年底，煤矿安全监控系统升级改造相关工作基本完成，绝大多数煤矿的安全监控系统按规定通过了验收。同时，《煤矿安全监控系统通用技术要求》(AQ 6201—2019)、《煤矿安全监控系统及检测仪器使用管理规范》(AQ 1029—2019) 顺利发布，自 2020 年 2 月 1 日起实施。此次煤矿安全监控系统全面升级改造，使安全监控系统的免疫力得到了全面提升，功能、性能、架构呈现出明显的换代效应，多网融合、信息共享有了突破性进展，智能化跃上了新台阶，在注重使用效能、方便维护管理方面迈出了崭新步伐，标志着我国煤矿安全监控系统进入了全新的发展阶段。

三、煤矿安全监控系统的作用及现状

安全监控系统在煤矿安全风险监测、辨识、预警，隐患排查治理等方面具有举足轻重的作用，是保证矿井正常生产、作业环境安全、矿工生命安全健康不可或缺的重要技术装备，在煤矿得到广泛应用的同时，其在煤矿安全生产中的地位也正显著提升。

（一）煤矿安全监控系统的作用

安全监控系统作为煤矿瓦斯治理与灾害防治的“耳目”、风险防范与安全控制的重要手段、抢险救灾和应急救援的重要支撑、信息化与物联网应用的基础，其具体作用体现在以下 7 个方面。

（1）致灾因子的监测、控制。连续监测 CH_4、CO、CO_2 等有毒有害气体浓度，风速、风压，馈电、风门、风筒状态，主要通风机、局部通风机开停等，当瓦斯超限或局部通风机停止运行，或掘进巷道停风时，煤矿安全监控系统自动切断相关区域的电源、闭锁并报警，其作用体现在：①避免或减少由于电气设备失爆、违章作业、电气设备故障产生的电火花或危险温度引起瓦斯煤尘爆炸；②避免或减少采、掘、运等设备运行产生的摩擦撞击火花及危险温度等引起瓦斯煤尘爆炸；③提醒领导、调度员、瓦斯检查员等及时将人员撤至安全地点；④提醒领导、生产调度员等及时处理事故隐患，防止瓦斯煤尘爆炸等事故发生。

（2）安全设备设施的监测、控制。对瓦斯抽放、通风、防尘、防灭火等的安全设施设备，以及矿井运输、提升、排水等环节的机电设备的工作状态进行监测和控制，以保持其始终处于完好、安全状态。

（3）火灾监测。监测 CO、CO_2、O_2 浓度，温度、压差、烟雾等，监测火灾隐患。

（4）多源数据应用分析。通过伪数据标注及异常数据分析、大数据的分析应用，实施瓦斯涌出、煤与瓦斯突出、火灾等的预测预警。

（5）应急联动。在瓦斯超限、断电等需立即撤人的紧急情况下，自动与应急广播、通信、人员定位等系统应急联动，提高人员安全避险的及时性、有效性。

（6）应急救援和事故调查分析的支撑服务。安全监控系统在应急救援和事故调查中也发挥着重要作用，当煤矿井下发生瓦斯煤尘爆炸等事故后，系统的监测记录是确定事故时间、爆源、火源等的重要依据之一。

（7）为安全生产积累基础数据。安全监控系统记录存储的大量数据是安全生产重要的基础数据，对其进行深度挖掘和系统分析，可为安全计划和安全决策提供基础信息支持。

（二）煤矿安全监控系统安装使用情况

《煤矿安全监控系统通用技术要求》（AQ 6201—2006）、《煤矿安全监控系统及检测仪器使用管理规范》（AQ 1029—2007）的发布实施，有力地规范了安全监控系统的设计、生产、选型、安装、使用和维护管理，为安全监控系统的正常运行创造了基础。2010 年，煤矿井下安全避险“六大系统”建设完善工作又进一步促进了安全监控系统的安装和使用维护管理。2016 年开始实施的安全监控系统升级改造，《煤矿安全监控系统通用技术要求》（AQ 6201—2019）、《煤矿安全监控系统及检测仪器使用管理规范》（AQ 1029—2019）的实施，以及煤矿安全监控系统全国性联网工作的推进，使安全监控系统技术水平大步跨越，管理水平全方位提升。

《煤矿安全规程（2016）》第七十条规定：矿井进入主要大巷施工前，必须安装安全监控、人员位置监测、通信联络系统。第四百八十七条规定：所有矿井必须装备安全监控系统、人员位置监测系统、有线调度通信系统。截至目前，所有井工煤矿均装备了安全监控系统，运行状态基本正常。

截至 2020 年 12 月底，所有保留下的生产井工煤矿（不包括停产停工井工煤矿）全部完成在用安全监控系统的改造和升级，建设、技改矿直接安装符合新标准的安全监控系统。按照 2019 年各省最新煤矿规划数量，全国涉及监控系统升级改造工作的煤矿共计有 2612 处，约 90% 按规定通过了升级改造验收，升级改造效果正在逐步显现。

根据国家要求，煤矿安全监控系统应实施矿—集团公司—县—市—省—国家的全国联网。截至目前，全国 27 个省、区、市的 3000 处煤矿实现了安全监控系统的联网运行。通过网络，煤矿企业将相关感知数据实时传输至省级煤矿安全监管监察部门，涉及煤矿基础数据及时在煤矿监察业务系统更新，并通过省级监管监察部门汇聚到国家矿山安全监察局，国家及省、市、县监管监察机构可远程检查煤矿安全监控系统运行及报警、断电情况，监督、指导煤矿企业加强对安全监控系统的使用维护管理，开展煤矿安全风险的预测预警和综合分析。安全监控系统在煤矿安全生产及其监管监察中的作用愈加凸显。

（三）煤矿安全监控系统生产情况

煤矿安全监控系统的生产单位从最初的三四家，发展到 2005 年的 60 余家。2006 年后，经过标准宣贯、整改和优胜劣汰，生产单位有所减少。随后，随着技术的发展和国家要求的提高，煤矿安全监控系统生产单位最多时达到 80 余家。2016 年开始实施的煤矿安全监控系统升级改造，对安全监控系统的技术性能及其生产制造管控能力提出全新要求，生产制造企业大幅减少。截止到 2021 年 6 月底，共 44 家生产企业 48 套安全监控系统按新要求取得矿用产品安全标志。

目前，安全监控系统生产企业主要集中在江苏（9 家）、北京（6 家）、重庆（6 家），与升级改造前的 82 家企业 95 套系统相比，申请企业减少 46.3%，系统取证数量减少 49.5%。通过升级改造，安全监控系统的生产集中度进一步提高，市场占有率排名前十的生产企业总市场占有率接近 90%。典型生产单位有中国煤炭科工集团重庆研究院有限公司、徐州江煤科技有限公司、天地（常州）自动化股份有限公司、煤炭科学技术研究院有限公司、重庆梅安森科技股份有限公司等。

我国煤矿安全监控系统的总体技术水平和产品质量达到国际先进水平，部分性能处于国际领先水平，自 2003 年起完全替代进口。目前，我国煤矿安全监控系统的准确性、可靠性、稳定性、可兼容可扩展性和易维护性相对升级改造前均有显著提高，如徐州江煤科技有限公司研制的 KJ379X 煤矿安全监控系统，系统所有组成设备都重新进行了抗电磁干扰设计，新增高浓度激光甲烷传感器、无线激光甲烷传感器，气体类传感器的防护等级均达到 IP65 并具备超强自检功能，系统可对软件、设备、数据传输故障等进行自诊断，并进行故障报警，可与其他矿用监测监控、通信系统融合联动，实现数据共享和多源数据的综合分析与利用。

（四）煤矿安全监控系统存在的问题

2016 年开始实施的安全监控系统升级改造，有效解决了原有安全监控系统存在的技术标准偏低，智能化程度不高，井下系统多、布线乱、系统间互不兼容，运行不稳定、瞬间冒大数、误报警，信息孤岛、数据利用不充分等问题，但由于升级后新系统使用时间尚短、国家要求的进一步提高、安全监控系统地位进一步强化等因素，目前安全监控系统还存在一些亟待解决的问题，主要有以下 6 个方面。

（1）使用水平亟待进一步提高。安全监控系统升级改造后，新技术装备大量使用，整体技术水平、功能和性能以及质量保障水平等方面均有了明显提升，但新技术装备的应用，对煤矿维护管理人员的整体技术水平及能力也提出了更高的要求，管理制度、管控机制也应随之调整、优化和提升。目前一些煤矿还存在较大差距，造成使用水平不高，安全监控系统的重要作用尚未有效发挥。一些生产企业安全监控系统软件设计不够人性化，缺少相关功能的介绍和培训，影响使用效果。

（2）运维管理的具体操作规范规定需要进一步完善，尤其是新型和新类型的监控技术装备。安全监控系统升级改造鼓励多系统融合、功能扩展、性能提升、新技术装备应用，由此带来的设备安装、日常检查、定期调校、维护维修等方面涉及的具体内容、方法、程序、周期等尚缺乏明确具体的规定，如激光甲烷传感器、高低浓度甲烷传感器等的具体调校方法，粉尘传感器、氧气传感器等报警点的设置，安全监控设备定期测试的范围、项目、判别准则等，对一些复杂巷道布置条件下传感器设置位置也有不同的理解和争议，影响到安全监控系统的运维水平。

（3）分级报警、逻辑报警、预测预警等功能需要在使用中不断完善和发展。

目前，安全监控系统的分级报警、逻辑报警、预测预警等功能尚处于初级阶段：一方面，升级后的安全监控系统使用时间尚短，新的报警、预警功能需要通过数据和经验的积累才能得到良好的使用效果；另一方面，随着井下开采、通风、运输等新技术工艺的不断涌现，煤矿智能化建设的逐步推进，以及新型传感技术和数据分析技术不断发展，报警、预警技术及功能也需要进一步完善和提升。

（4）报警至消警信息的闭环管理存在漏洞。《煤矿安全监控系统通用技术要求》（AQ 6201—2019）中明确规定了系统报警后应录入报警后所采取的安全措施，煤矿安全监控系统联网技术要求中也明确了要及时上传所有故障、报警的处理措施。但目前煤矿企业仍然存在不在系统中及时填写报警处置信息的情况。系统厂商应进一步优化软件，倒逼煤矿企业在出现系统报警后必须在系统中及时填报处置措施，否则无法消警，让报警管理形成闭环，确保所有故障、报警状态均有对应的处理措施记录。

（5）数据识别、自动区分技术与应用存在缺陷。目前一些安全监控系统的传感器还不能自动识别所处的标校状态并上传上位机软件进行记录，系统不能自动区分、标注由于传感器标校等而产生的超限数据，造成与生产过程中实际产生的超限数据混淆。如果煤矿记录不及时或者管理不规范，就会造成超限数据混乱、误报警，给现场管理及监管监察造成困难。解决该问题，需要将系统标校功能设计与现场使用、操作管理规范紧密结合，同时还需加强相关环节的培训工作。

（6）屏蔽或篡改监控数据现象尚未得到有效遏制。究其原因主要有两方面：一是系统软件设计存在漏洞，使得煤矿用户有机可乘；二是煤矿企业利用甲方优势，强制要求生产制造单位配合屏蔽或篡改监控数据，或者提供数据过滤篡改软件。解决此类问题，既需要煤矿企业强化底线思维、红线意识、责任意识和自我管理意识，杜绝违规操作行为，又需要引入新技术，进一步保障数据的安全性、准确性。

第二节　煤矿安全监控系统相关标准及规定

党和政府高度重视煤矿安全监控系统的安装、使用管理和技术发展，我国在20世纪80年代初期就引进发达国家数十套安全监控系统用于煤矿安全生产，并陆续出台相关政策、规程规定和标准规范，支持、引导、规范国内相关产品的技术研究开发和安装使用维护管理。

一、有关规程、规范及发布历程

2001年，《煤矿安全规程》规定所有高瓦斯矿井、煤与瓦斯突出矿井必须安装安全监控系统，所装备的安全监控系统必须具有故障闭锁，以及甲烷断电仪和甲烷风电闭锁装置的全部功能。

2002 年，国家煤矿安监局提出“先抽后采、监测监控、以风定产”的瓦斯防治“十二字”方针，进一步强化了安全监控系统的重要作用。

2004 年，修订后的《煤矿安全规程》规定所有瓦斯矿井必须安装安全监控系统。

2006 年，《煤矿安全监控系统通用技术要求》(AQ 6201—2006)、《关于加强煤矿安全监控系统装备联网和维护使用工作的指导意见》(安委办〔2006〕21 号) 先后出台，有力地规范和促进了煤矿安全监控系统的技术升级及联网运行相关工作。

2007 年，《煤矿安全监控系统及检测仪器使用管理规范》(AQ 1029—2007)、《国务院安委会办公室关于进一步加强煤矿安全监控系统建设和监督管理的通知》(安委办〔2007〕11 号)、《国家煤矿安全监察局关于贯彻落实〈煤矿安全监控系统及检测仪器使用管理规范〉的通知》(煤安监技装〔2007〕29 号) 发布实施，有效地规范了煤矿安全监控系统的安装、使用、联网与维护管理。

2008 年，国家安全监管总局、国家煤矿安监局提出“通风可靠、抽采达标、监控有效、管理到位”的煤矿瓦斯综合治理“十六字”工作体系，赋予安全监控系统更全面的内容——装备齐全、数据准确、断电可靠、处置迅速。

2010 年，《国务院关于进一步加强企业安全生产工作的通知》进一步要求煤矿必须在 3 年内建设完善包括安全监控系统在内的井下安全避险“六大系统”。

2013 年 3 月，《国家安全监管总局　国家煤矿安监局关于加强煤与瓦斯突出事故监测和报警工作的通知》(安监总煤装〔2013〕28 号)，要求突出矿井在《煤矿安全监控系统及检测仪器使用管理规范》(AQ 1029—2007) 的基础上，增设高低浓度甲烷传感器和风速、风向传感器。

2013 年 10 月，《国务院办公厅关于进一步加强煤矿安全生产工作的意见》再次重申“煤矿必须确保安全监控、人员定位、通信联络系统正常运转”。

2016 年 12 月，国家煤矿安监局印发《煤矿安全监控系统升级改造技术方案》(煤安监函〔2016〕5 号)，针对煤矿安全监控系统提出 13 条升级改造技术要求。

2017 年 4 月，安标国家中心先后发布《煤矿安全监控系统升级改造产品检验方案》及《煤矿安全监控系统升级改造安全标志管理方案》。

2019 年 6 月，国家煤矿安监局印发《国家煤矿安全监察局关于印发信息化建设指导意见的通知》(煤安监办〔2019〕24 号)，其中包括推进安全监控系统全国联网工作。

2019 年 12 月，国家煤矿安监局印发《煤矿安全监控系统升级改造验收规范》(煤安监技装〔2019〕48 号)。

2020 年 2 月，修订后的《煤矿安全监控系统通用技术要求》(AQ 6201—2019）及《煤矿安全监控系统及检测仪器使用管理规范》(AQ 1029—2019）正式实施。

二、《煤矿安全规程》有关规定

2016 年 2 月 25 日，国家安全生产监督管理总局令第 87 号发布了新修订的《煤矿安全规程（2016)》。《煤矿安全规程》是煤矿安全生产的主体规章，是煤矿企业经营管理和监管监察部门执法的重要依据。

（一）《煤矿安全规程（2016)》对安全监控规定的主要变化

《煤矿安全规程（2016)》坚持依法治安、问题导向，吸纳了煤矿安全生产先进适用技术、工艺、材料和装备，体现了安全第一、预防为主、综合治理的安全生产方针。《煤矿安全规程（2016)》共 6 编、721 条。其中，第三编第十一章“监控与通信”共 4 节 23 条，与 2011 年版《煤矿安全规程》相比，主要变化表现在以下诸方面：

（1）章节名称由“通风安全监控”变更为“监控与通信”，适用范围扩展，定位更适应发展要求。

（2）增加了人员位置监测、移动通信、图像监视，安全监控系统必须实时上传数据，煤与瓦斯突出报警，风向传感器、全量程或高低浓度甲烷传感器设置要求，安全监控系统主干线缆应当分设 2 条等相关内容。

（3）允许安全监控系统使用光缆，不再要求安全监控系统必须专网运行，但禁止安全监控系统与图像监视系统共用同一芯光纤。

（4）将催化燃烧式甲烷传感器调校周期由 7 天调整为 15 天。

（5）规定可能造成局部通风机停电的风电闭锁试验每半月 1 次。

（6）增加甲烷传感器的设置地点，新增在采煤工作面回风隅角、突出矿井采煤工作面进风巷、高瓦斯和突出矿井采煤工作面回风巷中部、突出矿井的煤巷和半煤岩巷及有瓦斯涌出岩巷的掘进工作面的进风分风口处、高瓦斯矿井双巷掘进工作面混合回风流处、高瓦斯和突出矿井掘进巷道中部、采区回风巷、一翼回风巷及总回风巷、井下煤仓、封闭的带式输送机地面走廊内、带式输送机滚筒上方、连续采煤机、锚杆钻车、梭车、矿用防爆型柴油机车和无轨胶轮车等地点和设备上应设置甲烷传感器的规定。

（二）《煤矿安全规程（2016)》对安全监控的具体规定

《煤矿安全规程（2016)》对煤矿监控系统有着十分明确的要求和规定，主要内容及条款体现在以下 6 个方面。

1. 装备要求

第七十条规定：矿井进入主要大巷施工前，必须安装安全监控、人员位置监测、通信联络系统。

第四百八十七条规定：所有矿井必须装备安全监控系统、人员位置监测系统、有线调度通信系统。

第四百八十八条规定：编制采区设计、采掘作业规程时，必须对安全监控的种类、数量和位置，信号、通信、电源线缆的敷设，安全监控系统的断电区域等作出明确规定，绘制安全监控布置图和断电控制图、井下通信系统图，并及时更新。

2. 井下布置与性能要求

第四百八十九条规定：严禁安全监控系统与图像监视系统共用同一芯光纤。矿井安全监控系统主干线缆应当分设两条，从不同的井筒或者一个井筒保持一定间距的不同位置进入井下。

设备应当满足电磁兼容要求。系统必须具有防雷电保护，入井线缆的入井口处必须具有防雷措施。

系统必须连续运行。电网停电后，备用电源应当能保持系统连续工作时间不小于 2 h［《煤矿安全监控系统及检测仪器使用管理规范》(AQ 1029—2019) 调整为 4 h］。

监控网络应当通过网络安全设备与其他网络互通互联。

安全监控系统主机及联网主机应当双机热备份，连续运行。当工作主机发生故障时，备份主机应当在 5 min 内自动投入工作［《煤矿安全监控系统及检测仪器使用管理规范》(AQ 1029—2019) 调整为 60 s］。

当系统显示井下某一区域瓦斯超限并有可能波及其他区域时，矿井有关人员应按瓦斯事故应急救援预案切断瓦斯可能波及区域的电源。

安全监控系统显示和控制终端、有线调度通信系统调度台必须设置在矿调度室，全面反映监控信息。矿调度室必须 24 h 有监控人员值班。

3. 功能要求

第四百九十条规定：安全监控设备必须具有故障闭锁功能。当与闭锁控制有关的设备未投入正常运行或者故障时，必须切断该监控设备所监控区域的全部非本质安全型电气设备的电源并闭锁；当与闭锁控制有关的设备工作正常并稳定运行后，自动解锁。

安全监控系统必须具备甲烷电闭锁和风电闭锁功能。当主机或者系统线缆发生故障时，必须保证实现甲烷电闭锁和风电闭锁的全部功能。系统必须具有断电、馈电状态监测和报警功能。

第四百九十五条规定：安全监控系统必须具备实时上传监控数据的功能。

4. 供电和断电控制规定

第四百九十一条规定：安全监控设备的供电电源必须取自被控开关的电源侧或者专用电源，严禁接在被控开关的负荷侧。

安装断电控制系统时，必须根据断电范围提供断电条件，并接通井下电源及控制线。

改接或者拆除与安全监控设备关联的电气设备、电源线和控制线时，必须与安全监控管理部门共同处理。检修与安全监控设备关联的电气设备，需要监控设备停止运行时，必须制定安全措施，并报矿总工程师审批。

5. 调校和检查维护规定

第四百九十二条规定：安全监控设备必须定期调校、测试，每月至少 1 次。

采用载体催化元件的甲烷传感器必须使用校准气样和空气气样在设备设置地点调校，便携式甲烷检测报警仪在仪器维修室调校，每 15 天至少 1 次。甲烷电闭锁和风电闭锁功能每 15 天至少测试 1 次。可能造成局部通风机停电的，每半年测试 1 次。

安全监控设备发生故障时，必须及时处理，在故障处理期间必须采用人工监测等安全措施，并填写故障记录。

第四百九十三条规定：必须每天检查安全监控设备及线缆是否正常，使用便携式光学甲烷检测仪或者便携式甲烷检测报警仪与甲烷传感器进行对照，并将记录和检查结果报矿值班员；当两者读数差大于允许误差时，应当以读数较大者为依据，采取安全措施并在 8 h 内对 2 种设备调校完毕。

第四百九十四规定：矿调度室值班人员应当监视监控信息，填写运行日志，打印安全监控日报表，并报矿总工程师和矿长审阅。系统发出报警、断电、馈电异常等信息时，应当采取措施，及时处理，并立即向值班矿领导汇报；处理过程和结果应当记录备案。

第四百八十八条规定：每 3 个月对安全监控等数据进行备份，备份的数据介质保存时间应当不少于 2 年。图纸、技术资料的保存时间应当不少于 2 年，录音应当保存 3 个月以上。

6. 传感器的设置规定

第四百九十八条规定了甲烷传感器（便携仪）的设置地点，报警、断电、复电浓度和断电范围要求。

第五百条规定：突出矿井在下列地点设置的甲烷传感器必须是全量程或者高低浓度甲烷传感器：采煤工作面进、回风巷；煤巷、半煤岩巷和有瓦斯涌出的岩巷掘进工作面回风流中；采区回风巷；总回风巷。

第五百零二条规定：突出煤层采煤工作面进风巷、掘进工作面进风的分风口必须设置风向传感器。当发生风流逆转时，发出声光报警信号。

突出煤层采煤工作面回风巷和掘进巷道回风流中必须设置风速传感器。当风速低于或者超过本规程的规定值时，应当发出声光报警信号。

第五百零三条规定：每一个采区、一翼回风巷及总回风巷的测风站应当设置风速传感器，主要通风机的风硐应当设置压力传感器；瓦斯抽采泵站的抽采泵吸入管路中应当设置流量传感器、温度传感器和压力传感器，利用瓦斯时，还应当在输出管路中设置流量传感器、温度传感器和压力传感器。

使用防爆柴油动力装置的矿井及开采容易自燃、自燃煤层的矿井，应当设置一氧化碳传感器和温度传感器。

主要通风机、局部通风机应当设置设备开停传感器。

主要风门应当设置风门开关传感器，当两道风门同时打开时，发出声光报警信号。甲烷电闭锁和风电闭锁的被控开关的负荷侧必须设置馈电状态传感器。

三、煤矿安全监控系统升级改造主要技术内容

2016 年 12 月，国家煤矿安监局发布实施的《煤矿安全监控系统升级改造技术方案》，提出了安全监控系统升级改造 13 个方面主要技术内容：传输数字化，增强抗电磁干扰能力，推广应用先进传感技术及装备，提升传感器的防护等级，完善报警、断电等控制功能，支持多网、多系统融合，格式规范化，增加自诊断、自评估功能，加强数据应用分析，应急联动，提升系统性能指标，增加加密存储要求，方便用户使用、维护、培训。

以上 13 个方面主要技术内容，主要着眼于以下 4 个方面的性能提升：

（1）提高安全监控系统的可靠性、稳定性。包括要求安全监控系统设备具备抗电磁干扰能力，进行抗电磁干扰试验；模拟量传感器采用数字传输方式；鼓励使用激光甲烷传感器、简化系统架构等；采掘工作面传感器防护等级提高到 IP65；存储数据进行加密处置等。

（2）提升安全监控系统功能和智能化程度。包括要求安全监控系统实现分级报警，推广逻辑报警；完善就地断电，推行区域断电；支持有线、无线传输融合，安全监控系统与 GIS 融合，地面可融合的系统包括环境监测系统、人员定位系统、应急广播系统、电力监控系统，其他可融合的系统包括视频监测系统、无线通信系统、设备监测系统、机车监控系统等；系统具有定期自诊断、自评估功能，伪数据标注及异常数据分析功能，瓦斯涌出、火灾等预测预警功能；在瓦斯超限、断电等紧急情况下，系统具有可自动与应急广播系统、通信系统、人员定

位系统等的应急联动功能；系统实现定期的自诊断、自评估，能够预先发现系统在使用中存在的问题等。

（3）提升安全监控系统的技术性能。包括将安全监控系统巡检周期由不超过 30 s 提高到不超过 20 s；异地断电时间由不超过 60 s 提高到不超过 40 s；备用电源能维持断电后正常供电时间由 2 h 提升到 4 h，更换电池要求由仅能维持 1 h 时必须更换，提高到仅能维持 2 h 时必须更换；模拟量传输处理误差由不大于 1% 提高到不大于 0.5%；分站的最大远程本安供电距离（在设计工况条件下）实行分级管理，分别为 2 km、3 km、6 km。

（4）提高安全监控系统的兼容性和信息融合度。包括规范安全监控系统网络结构、通信接口规范等，要求系统主干网应采用工业以太网；分站至主干网之间宜采用工业以太网，也可采用 RS485、CAN、LonWorks、Profibus 总线；模拟量传感器至分站的有线传输方式包括工业以太网、RS485 总线、CAN 总线，无线传输方式包括 WaveMesh、ZigBee、Wi－Fi、RFID。

四、煤矿安全监控系统有关国家及行业标准

（一）安全监控系统有关标准

AQ 6201—2019　煤矿安全监控系统通用技术要求

MT 209—1990　煤矿通信、检测、控制用电工电子产品通用技术要求

MT/T 899—2000　煤矿用信息传输装置

MT/T 1004—2006　煤矿安全生产监控系统通用技术条件

MT/T 1008—2006　煤矿安全生产监控系统软件通用技术要求

MT/T 1116—2011　煤矿安全生产监控系统联网技术要求

（二）安全监控系统组成设备相关标准

AQ 1052—2008　矿用二氧化碳传感器通用技术条件

AQ 6203—2006　煤矿用低浓度载体催化式甲烷传感器

AQ 6204—2006　瓦斯抽放用热导式高浓度甲烷传感器

AQ 6205—2006　煤矿用电化学式一氧化碳传感器

AQ 6206—2006　煤矿用高低浓度甲烷传感器

AQ 6211—2008　煤矿用非色散红外甲烷传感器

MT 381—2007　煤矿用温度传感器通用技术条件

MT 382—2011　矿用烟雾传感器通用技术条件

MT 393—1995　矿用压差传感器通用技术条件

MT 443—1995　煤矿井下环境监测用传感器通用技术条件

MT 447—1995　煤矿用电化学式氧气传感器技术条件

MT 448—2008　矿用风速传感器
MT/T 647—1997　煤矿用设备开停传感器
MT/T 782.1—1998　煤矿机电设备温度传感器模拟量信号输出型
MT/T 782.2—1998　煤矿机电设备温度传感器开关量信号输出型
MT/T 825—1999　矿用水位传感器通用技术条件
MT/T 1005—2006　矿用分站
MT/T 1006—2006　矿用信号转换器
MT/T 1007—2006　矿用信息传输接口
MT 1098—2009　煤矿用光干涉式甲烷气体传感器
MT/T 1102—2009　煤矿用粉尘浓度传感器
MT 1109—2011　矿用位移传感器通用技术条件

（三）有关产品检验标准及设计、使用管理规范

GB/T 50518—2020　矿井通风安全装备配置标准
GB 50581—2020　煤炭工业矿井监测监控系统装备配置标准
GB 51024—2014　煤矿安全生产智能监控系统设计规范
AQ 1029—2019　煤矿安全监控系统及检测仪器使用管理规范
MT 210—1990　煤矿通信、检测、控制用电工电子产品基本试验方法
MT/T 772—1998　煤矿监控系统主要性能测试方法

第三节　煤矿安全监控系统的发展方向

煤矿安全监控系统是煤矿安全生产的重要安全技术装备。随着煤矿安全生产工作的不断深入，煤炭科学技术的进步，以及煤矿信息化、智能化的持续推进，安全监控技术及装备将得到越来越多的关注和重视，安全监控系统将得到比以往更快的发展。

可以预料，煤矿安全监控系统将呈现以下发展方向：

（1）安全监控系统作为煤矿信息化的基础，必将得到更加广泛的关注，其重要作用将不断凸显，将作为煤矿信息化的关键内容进行建设和管理。

（2）全数字化。为技术水平、抗电磁干扰能力、减站减线、智能化、技术性能等的进一步提升奠定更扎实的基础。

（3）标准化、规范化、模块化、功能组合化。通过标准化提高兼容性、可互换性；规范网络结构、通信协议、数据格式，促进相关系统的互联互通；模块化促进智能制造、精品生产，便于使用维护；发展多参数、多功能传感器、执行器等。

（4）智能化。包括智能传感（自适应、自识别、自诊断、自评估）、智能传输（自组网、智能传输策略、故障点智能定位）、智能控制（自动控制、联动联控、智能预警、区域报警、逻辑报警）、智能存储、分析与应用（边缘存储、模型自学习、关联分析、宏细观规律分析等）。

（5）多系统井下有机融合，形成一个有机整体。一套系统同时具备安全监控、人员定位、通信、应急广播等多系统的功能，同时满足《煤矿安全监控系统通用技术要求》（AQ 6201—2019）、《煤矿井下作业人员管理系统通用技术条件》（AQ 6210—2007）、《煤矿安全生产监控系统通用技术条件》（MT/T 1004—2006）等多个标准，由单一安全监控向综合智能监控发展，融合 5G、F5G 等技术，全面助力煤矿智能化建设，推动设备智能化更多地向可远程管理、多参数集成发展，并具备相应的操作平台，对设备和资源进行有效管理。

（6）使用“傻瓜化”，最大限度降低对使用者的要求，提高使用效能；设备免维护，减少维护工作量。

（7）信息高可靠、高安全性。开发新技术、采用新方法，杜绝对监控数据的屏蔽、篡改等违规违法现象；进一步提升安全防护等级，保证信息安全，确保控制命令的可靠性；同时，与安全监管监察有机融合，更加有效地适应煤矿安全监管监察的新模式、新要求。

第二章　煤矿安全监控系统的结构与组成

煤矿安全监控系统主要用于监测井下 CH_4、CO、O_2、CO_2 等气体浓度，风速、风压、温度、粉尘等环境参数，馈电、风门、风筒等的工作状态，局部通风机、主要通风机的开停等，并实现甲烷超限报警、断电和甲烷风电闭锁、故障闭锁控制等。随着科学技术的发展和煤矿机械化、自动化、信息化、智能化的大力推进，安全监控系统在煤矿安全生产中的地位不断提升，功能不断强化和延展，作用愈加凸显，了解安全监控系统的结构、组成、工作原理，是管好、用好安全监控系统的基础和前提。

第一节　煤矿安全监控系统的基本组成与功能

近年来煤矿安全监测监控技术发展迅猛，系统生产制造单位不断涌现，其所生产制造的安全监控系统架构及组成设备各具特点，功能、性能各有特色，但系统基本架构、组成、功能及工作原理相同或相似，均按现行标准进行系统功能设计，具备模拟量、开关量、累计量的采集、传输、存储、处理、显示、打印、声光报警和控制等基本功能。

一、安全监控系统的基本组成

安全监控系统是能自动采集信息、处理信息和进行控制的系统，并具备及时、准确、连续、可靠的特点，一般由传感器、执行机构（执行器）、分站、电源箱、传输接口（交换机等）、主站或主机（含显示器）、系统软件、服务器、打印机、大屏幕、UPS 电源、远程终端、网络接口、线缆和接分线盒等组成。图 2－1 所示为徐州江煤科技有限公司研制的 KJ379X 煤矿安全监控系统。

（一）从组成结构的功效分析

从组成结构的功效分析，安全监控系统由感知执行层、传输层、管理层组成，形成有机整体。

（1）感知执行层。主要作用是信息感知和控制执行，处于系统架构执行层

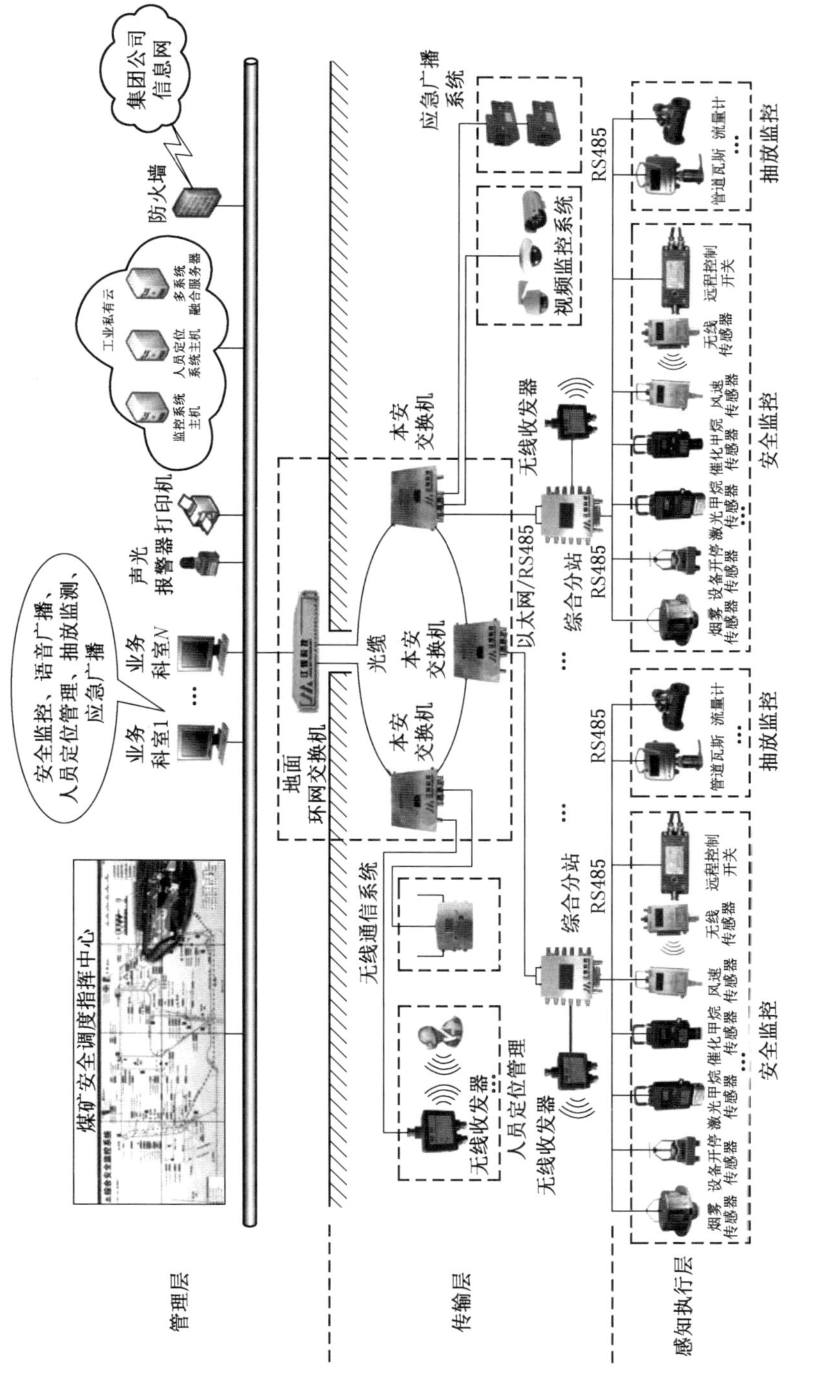

图2-1　KJ379X煤矿安全监控系统

级，主要有传感器和执行器。传感器包括监测 CH_4 浓度、CO 浓度、CO_2 浓度、O_2 浓度、风速、负压等的模拟量传感器，馈电、风门、风筒、局部通风机、主要通风机等状态的开关量传感器。执行器包括声光报警器、断电器等。

（2）传输层。主要作用是信息传输，处于系统架构的中间层级，由传感器与分站、分站与地面两级通信结构组成，包括分站、传输接口（交换机等）及传输网络等。

（3）管理层。主要作用是信息的管理与利用，处于系统架构的顶层管理层级，包括地面中心站，系统软件，服务器，以及防护、联网设备等。

（二）从监控设备安装使用位置分析

从监控设备安装使用位置分析，安全监控系统由井下设备和地面设备组成，为保证井下网络的本质安全特性，井下网络与地面网络间还应有隔离设备。

（1）井下设备。布置在煤矿井下的设备，包括分站、传感器、执行器、电源、接口及通信网络等。由于煤矿井下属于具有爆炸危险的高危环境，井下设备必须满足防爆安全要求，以及防尘防潮等安全防护、安全保护要求，井下网络必须满足本质安全要求，传输的信号必须为本质安全信号。井下设备必须取得矿用产品安全标志（MA）。

（2）地面设备。布置在井上的设备，包括主站或主机（含显示器）、服务器、打印机、大屏幕、UPS 电源、远程终端、网络接口等；当安全监控系统融入安装在地面的主要通风机、空气压缩机、瓦斯抽放泵站等的监测监控系统时，还包括相应的传感设备、传输设备及通信网络。除工控机或服务器等必须满足系统电磁兼容要求，以及与井下关联的设备需满足防爆要求外，其他设备与一般工业领域信息化设备的要求基本相同。

（3）井上下隔离设备。用于井下网络与地面网络间隔离，以保证井下网络满足特殊的安全要求。如果井上下通信介质为电缆，通常为通信接口（安全栅），其与井下电气连接部分应满足本质安全防爆要求，并通过与井下通信网络的本质安全关联检验；如果井上下通信介质为光缆，通常为光交换机，其与井下网络交换的光功率必须满足防爆安全要求。

（三）从组成设备的属性分析

从组成设备的属性分析，安全监控系统由硬件和软件组成。

（1）硬件。是安全监控系统中由机械、电子、光电元件等组成的各种物理装置（设备）的总称，这些物理装置按照系统结构的要求组成有机整体，为系统软件的运行创造物质基础。安全监控系统中传感、传输、处理、存储、执行控制以及保障、防护等辅助设备是其重要的硬件，硬件间的连接关系构成系统结构，即系统网络架构。

（2）软件。是安全监控系统中按照特定逻辑顺序组成的计算机数据和指令的集合。软件可分为系统软件、应用软件和介于两者之间的软件。软件不仅仅包括在计算机上运行的计算机程序，还包括与这些程序相关的文档。软件不仅存在于中心站主机或服务器中，在一些分站中也镶嵌有软件。广义上看，安全监控系统相关法律规定、标准规范、管理制度、操作规程等也可认为是软件的组成部分。

二、安全监控系统的工作原理

煤矿安全监控系统的工作原理如图 2－2 所示。

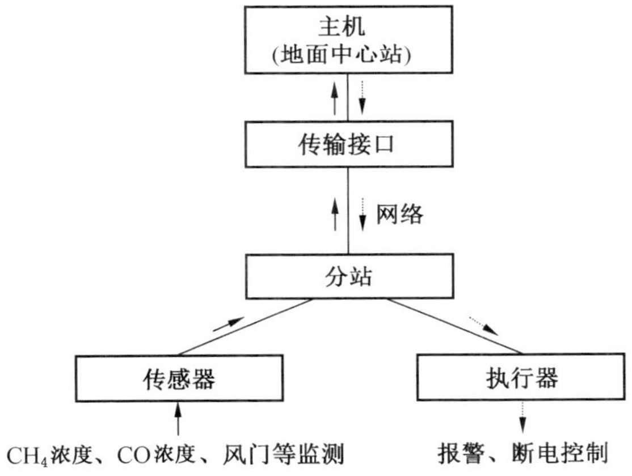

图 2－2　煤矿安全监控系统的工作原理

传感器将被测物理量（如 CH_4 浓度、CO 浓度、CO_2 浓度、风速、温度、设备开停等）转换为电信号，并具有显示和声光报警功能（部分模拟量传感器和开关量传感器没有显示或者声光报警功能）。

分站接收来自传感器的信号，并按预先约定的复用方式通过网络远距离传送给主机（或传输接口），同时接收来自主机（或传输接口）的多路复用信号。分站还具有线性校正、超限判别、逻辑运算等简单的数据处理能力，对传感器输入的信号和主机（或传输接口）传输来的信号进行处理，并控制执行器工作。

执行器（含显示及声光报警设备、断电器等）接收来自分站的控制信号，显示及声光报警设备将控制信号转换为被控物理量，断电器对被控设备进行控制。

井下本安型设备所需能源由电源箱提供。电源箱将交流电网电源转换为系统所需的本质安全型直流电源，并具有维持电网停电后正常供电不小于4 h的后备能力。

传输接口接收分站远距离发送的信号，并送主机处理；接收主机信号，并送相应分站。传输接口主要完成地面非本质安全型电气设备与井下本质安全型电气设备间的隔离、控制分站的发送与接收、多路复用信号的调制与解调、系统自检等功能。近年来大面积应用于系统的各种交换机，也属于传输接口设备。

主机一般选用工控微型计算机或者服务器，采用双机或多机备份。其主要作用是接收监测信号、校正、报警判别、数据统计、磁盘存储、显示、声光报警、人机对话、输出控制、控制打印输出、联网等。

投影仪、电视幕墙、模拟盘、大屏幕、多屏幕等用来扩大显示面积，以便于在调度室远距离观察。

远程终端一般设置在调度室、矿长及总工办公室，以便随时了解矿井安全及生产状况。

服务器用于存储监控信息，以便调用和查询。

路由器用于接入集团网络或广域网等，以便实现远程联网。

三、安全监控系统的基本功能

根据《煤矿安全监控系统通用技术要求》(AQ 6201—2019) 中5.5的规定，安全监控系统应具有监测（数据采集、显示)、控制、调节、存储和查询、显示、打印、人机对话、自诊断、双机切换、备用电源、数据备份、模拟报警和断电、防雷、联网、软件自监视和容错、实时多任务、数据分析应用等17项基本功能。根据《煤矿安全监控系统升级改造技术方案》和《煤矿安全监控系统通用技术要求》(AQ 6201—2019) 5.4.4、5.6.12.3、5.6.12.4的规定，安全监控系统还应具备支持多网多系统融合、分级报警、逻辑报警等功能。为防止传输网络异常时初始化参数及监测数据丢失，安全监控系统分站还应具备存储功能。

(一) 数据采集、显示

煤矿安全监控系统必须能够监测井下CH_4、CO、O_2、CO_2等气体浓度，风速、风压、温度、粉尘浓度等环境参数，以及馈电、风门、风筒等的工作状态，局部通风机、主要通风机等的开停，因此，必须具备以下方面的功能：

(1) CH_4浓度、CO浓度、风压、温度等模拟量采集、显示及报警。

(2) 通风机开停、风筒状态、风门开关、烟雾等开关量采集、显示及报警。

(3) 瓦斯抽采（放）量监测、显示。

(4) 馈电状态采集、显示及报警。

（二）控制

根据监测情况，对危险情况或者状态实施控制，有效防止灾害事故发生，是煤矿安全监控系统最重要的功能。同时，为防止系统主机或者通信网络发生故障时无法实现规定的控制，甲烷超限声光报警、断电和停风断电功能必须由现场设备完成。

1. 现场设备完成甲烷浓度超限声光报警和断电/复电控制功能

（1）甲烷超限报警。甲烷浓度达到或超过报警浓度时，声光报警。

（2）甲烷（瓦斯）电闭锁。甲烷浓度达到或超过断电浓度时，切断被控设备电源并闭锁；甲烷浓度低于复电浓度时，自动解锁。

（3）故障闭锁。为防止安全监控设备发生故障时，无法实现甲烷超限断电等功能，闭锁控制有关的设备（含甲烷传感器、分站、电源、断电控制器、电缆、接线盒等）投入正常运行或故障时，切断该设备所监控区域的全部非本质安全型电气设备的电源并闭锁；当与闭锁控制有关的设备工作正常并稳定运行后，自动解锁。

2. 现场设备完成甲烷风电闭锁功能

（1）掘进工作面甲烷电闭锁。掘进工作面甲烷浓度达到或超过 1.0% 时，声光报警；掘进工作面甲烷浓度达到或超过 1.5% 时，切断掘进巷道内全部非本质安全型电气设备的电源并闭锁；掘进工作面甲烷浓度低于 1.0% 时，自动解锁。

（2）掘进工作面回风流甲烷电闭锁。掘进工作面回风流甲烷浓度达到或超过 1.0% 时，声光报警，切断掘进巷道内全部非本质安全型电气设备的电源并闭锁；掘进工作面回风流甲烷浓度低 1.0% 时，自动解锁。

（3）被串掘进工作面进风流甲烷电闭锁。被串掘进工作面进风流甲烷浓度达到或超过 0.5% 时，声光报警，切断被串掘进巷道内全部非本质安全型电气设备的电源并闭锁；被串掘进工作面进风流甲烷浓度低于 0.5% 时，自动解锁。

（4）风电闭锁。局部通风机停止运转或风筒风量低于规定值时，声光报警，切断供风区域的全部非本质安全型电气设备的电源并闭锁；局部通风机或风筒恢复正常工作时，自动解锁。

（5）局部通风机启动闭锁。局部通风机停止运转，掘进工作面或回风流中甲烷浓度大于 3.0%，必须对局部通风机进行闭锁使之不能启动，只有通过密码操作软件或使用专用工具方可人工解锁；掘进工作面或回风流中甲烷浓度低于 1.5% 时，自动解锁。

（6）故障闭锁。与闭锁控制有关的设备（含分站、甲烷传感器、设备开停传感器、电源、断电控制器等）故障或断电时，声光报警，切断该设备所监控区域的全部非本质安全型电气设备的电源并闭锁；与闭锁控制有关的设备接通电源1 min内，继续闭锁该设备所监控区域的全部非本质安全型电气设备的电源；当与闭锁控制有关的设备工作正常并稳定运行后，自动解锁。严禁对局部通风机进行故障闭锁控制。

3. 掘进工作面煤与瓦斯突出报警和断电闭锁功能

掘进工作面甲烷传感器故障或监测到的甲烷浓度迅速升高或达到报警值（1.0% CH_4），掘进巷道回风流甲烷传感器监测到的甲烷浓度迅速升高或达到报警值（1.0% CH_4），掘进巷道回风流风速传感器监测到的风速不低于正常值，发出煤与瓦斯突出报警和断电闭锁信号，切断相关区域全部非本质安全型电气设备电源。

（1）掘进工作面甲烷浓度迅速升高且风流逆转时报警和断电。掘进工作面甲烷传感器故障或监测到的甲烷浓度迅速升高或达到报警值（1.0% CH_4），掘进巷道回风流甲烷传感器故障或监测到的甲烷浓度迅速升高或达到报警值（1.0% CH_4），掘进工作面分风口风向传感器监测到风流逆转，发出煤与瓦斯突出报警和断电闭锁信号，切断相关区域全部非本质安全型电气设备电源。

（2）掘进工作面甲烷浓度迅速升高且回风、进风甲烷浓度均迅速升高时报警和断电。掘进工作面甲烷传感器故障或监测到的甲烷浓度迅速升高或达到报警值（1.0% CH_4），掘进巷道回风流甲烷传感器故障或监测到的甲烷浓度迅速升高或达到报警值（1.0% CH_4），掘进工作面进风分风口甲烷传感器监测到的甲烷浓度迅速升高或达到报警值（0.5% CH_4），发出煤与瓦斯突出报警和断电闭锁信号，切断相关区域全部非本质安全型电气设备电源。

4. 采煤工作面煤与瓦斯突出报警和断电闭锁功能

采煤工作面甲烷传感器故障或监测到的甲烷浓度迅速升高或达到报警值（1.0% CH_4），回风隅角甲烷传感器故障或监测到的甲烷浓度迅速升高或达到报警值（1.0% CH_4），回风巷甲烷传感器监测到的甲烷浓度迅速升高或达到报警值（1.0% CH_4），回风巷风速传感器监测到的风速不低于正常值，发出煤与瓦斯突出报警和断电闭锁信号，切断相关区域全部非本质安全型电气设备电源。

（1）采煤工作面甲烷浓度迅速升高且风流逆转时报警和断电。采煤工作面甲烷传感器故障或监测到的甲烷浓度迅速升高或达到报警值（1.0% CH_4），回风隅角甲烷传感器故障或监测到的甲烷浓度迅速升高或达到报警值（1.0% CH_4），回风巷甲烷传感器故障或监测到的甲烷浓度迅速升高或达到报警值（1.0% CH_4），进风巷（靠近工作面）甲烷传感器故障或监测到的甲烷浓度迅速升高或达到报警值（0.5% CH_4），进风巷风向传感器监测到风流逆转，发出煤与瓦斯突出报警和断电闭锁信号，切断相关区域全部非本质安全型电气设备电源。

（2）采煤工作面甲烷浓度迅速升高且回风、进风甲烷浓度迅速升高时报警和断电。采煤工作面甲烷传感器故障或监测到的甲烷浓度迅速升高或达到报警值（1.0% CH_4），回风隅角甲烷传感器故障或监测到的甲烷浓度迅速升高或达到报警值（1.0% CH_4），回风巷甲烷传感器故障或监测到的甲烷浓度迅速升高或达到报警值（1.0% CH_4），进风巷（靠近工作面）甲烷传感器故障或监测到的甲烷浓度迅速升高或达到报警值（0.5% CH_4），进风巷（靠近分风口）甲烷传感器监测到的甲烷浓度迅速升高或达到报警值（0.5% CH_4），发出煤与瓦斯突出报警和断电闭锁信号，切断相关区域全部非本质安全型电气设备电源。

5. 地面中心站手动遥控断电/复电及操作权限管理和操作记录功能

中心站手动遥控断电/复电功能是防止瓦斯超限违章作业的有效措施之一。当瓦斯超限时，中心站值班人员可通过系统切断有关区域的电源，待瓦斯浓度降低，通风系统工作正常后，中心站值班人员可通过系统遥控有关区域复电。

中心站手动遥控断电/复电功能，由中心站发送命令，传输系统传至相应分站，因此断电/复电响应时间应不大于系统巡检周期。

6. 异地断电/复电控制功能

在某些矿井条件下，A 分站控制区域的甲烷等被测量超限、可能危及相邻区域时，A 分站控制区域必须立即实施断电控制，为防止发生事故，可能被危及的相邻领域也必须立即断电。而这些区域电气设备的电源并不直接受 A 分站控制时，就涉及异地断电问题，由控制区域的 B 分站实施断电。《煤矿安全监控系统通用技术要求》（AQ 6201—2019）将异地控制定义为：触发控制条件的传感器与被控设备不属同一分站。

瓦斯超限时，及时切断相关危险区域电源是避免事故发生、扩大的重要措施，异地断电控制不及时就可能引发重大灾害事故，在我国煤矿有过惨痛教训。2004 年河南郑煤集团大平煤矿“10·20”特大型煤与瓦斯突出继发特别重大瓦斯爆炸事故（148 人死亡、32 人受伤）、2005 年辽宁阜新孙家湾海州立井“2·14”特别重大瓦斯爆炸事故（214 人死亡、30 人受伤）就与异地断电不及时密切相关。因此，为保证煤矿安全生产，安全监控系统必须具有异地断电功能。

在传统的主从式系统中，A 分站的监控信息需经传输网络传至地面中心站后，再由地面中心站经传输网络传至 B 分站，因此断电/复电响应时间应不大于系统巡检周期的 2 倍。在最新实施的安全监控系统升级改造中，生产制造企业普遍采取了新的异地断电策略，A 分站监控信息无须经过地面中心站即可传输至 B 分站，异地断电/复电响应时间可控制在 5 s 左右。

7. 应急联动功能

安全监控系统应具有与应急广播、通信、人员位置监测等系统应急联动功能。当瓦斯超限、火灾预警、煤与瓦斯突出预警时，在安全监控系统中关联的断电器执行断电控制的同时，向应急广播、通信、人员位置监测等系统自动发出联动信息，应急广播系统中矿用本安型广播分站发出语音报警信息、人员位置监测系统中的标示卡发出报警声光提示，并在 GIS 地图上相应位置提示相关报警和预警信息。

（三）调节

安全监控系统宜具有自动、手动、就地、远程和异地调节功能。

（四）存储和查询

安全监控系统必须具有以地点和名称为索引的存储和查询功能，内容至少应包括以下方面：

（1）甲烷浓度、风速、风压、一氧化碳浓度等重要测点模拟量的实时监测值。

（2）模拟量统计值（最大值、平均值、最小值）。

（3）报警及解除报警时刻及状态。

（4）断电/复电时刻及状态。

（5）馈电异常报警时刻及状态。

（6）局部通风机、风筒、主要通风机、风门等状态及变化时刻。

（7）瓦斯抽采（放）量等累计量值。

（8）设备故障/恢复正常工作时刻及状态等。

为保证数据安全，防止被篡改，安全监控系统还应具备加密存储功能。采掘工作面瓦斯超限报警、断电、馈电异常，局部通风机停风等数据应进行加密存储，且宜采用 RSA 加密算法进行加密。

（五）显示

安全监控系统应具备列表显示、模拟量曲线和开关状态图显示、模拟量实时曲线和历史曲线显示、开关量状态图及柱状图显示、模拟动画显示、设备布置图显示功能。

1. 列表显示

安全监控系统应具有列表显示功能，显示至少应包括以下内容：

（1）模拟量：地点、名称、单位、报警门限、断电门限、复电门限、监测值、最大值、最小值、平均值、断电/复电命令、馈电状态、超限报警、馈电异常报警、传感器工作状态等。

（2）开关量：地点、名称、开停时刻、状态、工作时间、开停次数、传感器工作状态、报警及解除报警状态及时刻等。

（3）累计量：地点、名称、单位、累计量值等。

2. 模拟量曲线和开关状态图显示

安全监控系统应能在同一时间坐标上，同时显示模拟量曲线和开关状态图等。

3. 模拟量实时曲线和历史曲线显示

安全监控系统应具有模拟量实时曲线和历史曲线显示功能，在同一坐标上用不同颜色显示最大值、平均值、最小值等曲线。

4. 开关量状态图及柱状图显示

安全监控系统应具有开关量状态图及柱状图显示功能。

5. 模拟动画显示

安全监控系统应具有模拟动画显示功能，显示内容至少包括通风系统模拟图、相应设备开停状态、相应模拟量数值等，并应具有漫游、总图加局部放大、分页显示等方式。

6. 设备布置图显示

安全监控系统应具有系统设备布置图显示功能，显示的内容至少应包括传感器、分站、电源箱、断电控制器、传输接口和线缆等设备的设备名称、相对位置和运行状态等，若由于安全监控系统庞大一屏容纳不下时，可漫游、分页或总图加局部放大。

（六）打印

安全监控系统应具有打印功能，能对各类报表、曲线、柱状图、状态图、模拟图、初始化参数等召唤打印（定时打印功能可选）。报表包括：模拟量日（班）报表、模拟量报警日（班）报表、模拟量断电日（班）报表、模拟量馈电异常日（班）报表、开关量报警及断电日（班）报表、开关量馈电异常日（班）报表、开关量状态变动日（班）报表、监控设备故障日（班）报表、模拟量统计值历史记录查询报表等。

（七）人机对话

安全监控系统应具有人机对话功能，以便于系统生成、参数修改、功能调用、控制命令输入等。

（八）自诊断

安全监控系统应具有自诊断功能。当系统中传感器、分站、传输接口、电源、断电控制器等设备发生故障时，报警并记录故障时间和故障设备，以供查询及打印。自诊断的内容至少应包括：

（1）传感器、控制器的设置及定义。

（2）模拟量传感器维护、定期未标校提醒。

（3）模拟量传感器、控制器、电源箱等设备及通信网络的工作状态。

（4）双机热备、数据库存储、软件模块通信等。

（九）双机切换

安全监控系统应具有双机切换功能。系统主机应双机热备份，当工作主机发生故障时，备份主机自动投入工作。

（十）备用电源

安全监控系统应具有备用电源。当电网停电后，保证对甲烷浓度、风速、风压、一氧化碳浓度、主要通风机、局部通风机开停、风向、风筒状态等主要监控量继续监控。

（十一）数据备份

安全监控系统应具有数据备份功能。

（十二）模拟报警和断电

安全监控系统应具有现场模拟测试报警和断电功能。

（十三）防雷

安全监控系统应具有防雷功能。分别在传输接口、入井口、电源等采取防雷措施，防止雷电击毁设备，引起井下瓦斯煤尘爆炸。

（十四）联网

安全监控系统应具有网络通信功能。

（十五）软件自监视和容错

安全监控系统应具有软件自监视和容错功能。

（十六）实时多任务

安全监控系统应具有实时多任务功能，能实时传输、处理、存储和显示信息，并根据要求实时控制，能周期地循环运行而不中断。

（十七）数据应用分析

安全监控系统应具有伪数据标注、异常数据分析、瓦斯涌出、火灾预测预警等大数据应用分析功能，可与煤矿安全监控系统检查分析工具对接数据。

（十八）支持多网多系统融合

安全监控系统应有机融合井下有线和无线传输网络，宜与 GIS 技术，以及人员位置监测、应急广播、移动通信、供电监控、视频监视、运输监控、工作面监控等系统有机融合。

安全监控系统与 GIS 技术的有机融合时，系统 GIS 地图应具有下列功能：

（1）GIS 地图采用二维显示或者三维显示。

（2）具有其他图形导入功能。

（3）具有矢量缩放、平移、鹰眼导航图。

（4）具有空间坐标设置、显示及测量等功能。

（5）支持图层功能。

（6）具有图库功能。

（7）选中对应设备对象后，应能显示设备实时数据、状态、位置及相关配置信息。

（8）支持 Web 浏览功能。

安全监控系统与人员位置监测、应急广播等系统融合后，各系统数据应能在同一软件界面上调用和显示，具体包括环境监测数据、人员定位数据、应急广播数据等。系统 GIS 地图中应能显示甲烷浓度、温度、一氧化碳浓度、煤与瓦斯突出预警、火灾预警等的相关字段和数据，并能显示断电器状态、人员识别卡个数、应急广播报警等的提示信息。

（十九）分级报警

安全监控系统应具有分级报警功能，根据瓦斯浓度大小及变化率、瓦斯超限持续时间、瓦斯超限范围等，设置不同的报警级别，实施分级响应。分级报警根据实际情况进行设置。

分级报警时根据瓦斯危险严重程度实施的不同级别报警，目的是抵御可能发生的误报警造成的干扰，对瓦斯危险严重的情况采取更加迅速、更加有效、更加彻底的措施，及时防范或消除事故隐患，防止事故发生。报警的级别可以根据瓦斯超限的浓度大小和变化率、瓦斯超限持续的时间、瓦斯超限的范围等进行设置，瓦斯超限的浓度越高，瓦斯浓度变化率越大，报警级别应越高。对某一传感器的报警，随着其报警持续时间的增长，报警级别应逐步提高；在某一区域，如果多台传感器同时报警，或者瓦斯超限的区域越大，报警的级别应越高。

分级报警、分级响应的具体设置应由煤矿企业根据相关法规标准和矿井的实际情况决定，报警级别不宜超过四级，分级报警方式宜按报警频度设置，井下特殊条件限制按报警响度设置报警级别的有效性。

（二十）逻辑报警

安全监控系统应具有逻辑报警功能，根据巷道布置及瓦斯涌出等的内在逻辑关系，实施逻辑报警。逻辑关系应根据实际情况进行设置。

逻辑报警是对传感器监测到的数据违背了巷道瓦斯涌出等的内在逻辑关系而实施的报警，如采煤工作面回风巷传感器监测到的瓦斯浓度低于采煤工作面进风巷瓦斯浓度等。这类情况的出现可能是传感器故障、安装位置不当或者受到了人为破坏，会带来严重的事故隐患，必须实施报警，及时处置，以促进各类传感器的正确安装、设置、维护，监控系统的正常使用，防止违法行为。

由于各矿的实际条件不同，瓦斯涌出的逻辑关系因矿而异、因区域而异，具体逻辑关系和设置方法应由煤矿企业根据实际情况确定并不断优化调整。

（二十一）分站存储功能

安全监控系统分站均具有初始化参数设置和掉电保护功能，以防分站断电后初始化参数丢失。主流的系统分站能存储 2 h 以上的监测数据，当传输网络通信中断、恢复正常后，可以将存储的数据传输给地面中心站。

四、安全监控系统的主要技术特性与指标

随着信息化技术和安全监控技术的发展，煤矿安全监控系统结构正在不断优化，技术性能不断提升，功能不断拓展，智能化程度不断提高。煤矿安全监控系统的主要技术特性与指标应包括以下主要方面：

（1）传输介质。可以采用电缆、光缆、无线和混合（电缆、光缆、无线中两种或者两种以上组合）方式传输，混合方式已经成为大型安全监控系统的主流，主干网和次主干网采用光纤，支干网采用双绞线矿用电缆。

（2）网络结构。是指系统中的中心站与分站之间、分站与传感器（含执行机构）之间、分站与分站之间的相互连接关系，有树型、环型、星型、总线型或复合型网络结构，复合型网络结构发展较快。

（3）工作方式。安全监控系统的工作方式是指分站等传输节点对传输信道的占用方式，有主从、多主、无主等类型。主从工作方式是指由一个传输节点控制系统中其他所有传输节点收发信息。多主工作方式是指由两个及两个以上传输节点控制系统中其他所有传输节点收发信息。无主工作方式是指系统中所有传输节点收发信息不受其他节点控制。大型安全监控系统宜采用多主或无主工作方式。

（4）传输方向。安全监控系统宜采用半双工传输，也可采用全双工传输。

（5）复用方式。安全监控系统宜采用时分制复用方式，也可采用频分制、码分制等复用方式。

（6）信号。安全监控系统一般应采用不归零矩形脉冲数字信号传输。

（7）传输速率。使用矿用电缆作传输媒介，监控系统的传输速率宜在 1200 bps、2400 bps、4800 bps、9600 bps 等中选取；采用矿用光纤传输方式时，监控系统的传输速率宜在 100 Mbps 以上。

（8）误码率。误码率应不大于 10^{-9}。

（9）传输处理误差。安全监控系统的传输处理误差应不大于 0.5%。

（10）最大巡检周期。安全监控系统的最大巡检周期应不大于 20 s，并应满足监控要求。在不过多增加系统成本的前提下，巡检周期越短越好。

（11）控制执行时间。地面远程控制执行时间应不大于系统最大巡检周期。异地控制时间应不大于系统最大巡检周期的 2 倍。就地控制执行时间应不大于 2 s。

（12）调节执行时间。调节执行时间应不大于系统最大巡检周期。

（13）存储时间。CH_4 浓度、温度、风速、负压、CO 浓度等重要测点的实时监测值存盘记录应保存 3 个月以上。模拟量统计值，报警/解除报警时刻及状态，断电/复电时刻及状态，馈电异常报警时刻及状态，局部通风机、风筒、主要通风机、风向、风门等状态及变化时刻，瓦斯抽采（放）量等累计量值，设备故障/恢复正常工作时刻及状态等记录应保存 2 年以上。当系统发生故障时，丢失上述信息的时间长度应不大于 60 s。

（14）画面响应时间。调出整幅画面 85% 的响应时间应不大于 2 s，其余画面应不大于 5 s。

（15）最大传输距离。传感器及执行器至分站之间的传输距离应不小于 2 km，大于 2 km 时按整数递增。分站至传输接口最大传输距离应不小于 10 km。无主系统的分站至分站之间最大传输距离应不小于 10 km。无线传感器最大无线传输距离应不小于 100 m。

（16）最大监控容量。系统允许接入的分站数量宜在 8、16、32、64、128、256 中选取，其中被中继器等设备分隔成多段的系统，每段允许接入的分站数量宜在 8、16、32、64、128 中选取。分站所能接入传感器、执行器的数量宜在 2、4、8、16、32、64、128 中选取。

（17）双机切换时间。从工作主机故障到备用主机投入正常工作时间应不大于 60 s。

（18）备用电源工作时间。在电网停电后，备用电源应能保证系统连续监控时间不小于 4 h。

（19）抗电磁干扰性能。设于地面的设备应能通过 GB/T 17626. 2 规定的严酷等级为 3 级的静电放电抗扰度试验，评价等级为 A；系统应能通过 GB/T 17626. 3 规定的严酷等级为 2 级的射频电磁场辐射抗扰度试验，评价等级为 A；系统应能通过 GB/T 17626. 4 规定的严酷等级为 2 级的电快速瞬变脉冲群抗扰度试验，评价等级为 A；系统交流电源端口应能通过 GB/T 17626. 5 规定的严酷等级为 3 级的浪涌（冲击）抗扰度试验，评价等级为 B；系统直流电源端口和信号端口应能通过 GB/T 17626. 5 规定的严酷等级为 2 级的浪涌（冲击）抗扰度试验，评价等级为 B。

五、KJ379X 煤矿安全监控系统主要技术特点和性能指标

KJ379X 煤矿安全监控系统由徐州江煤科技有限公司基于矿井工业以太环

网+现场总线技术研究开发。该系统将生产、安全、管理等方面的信息有机地融合在一起，进行分析处理、统计、优化、发布，能将矿井各类监控子系统集成到综合自动化控制网络平台中，与企业信息管理系统实现无缝链接，从而实现矿井“管、控、监”一体化及减员增效的目标。

（一）系统组成

KJ379X 煤矿安全监控系统主要由系统由主机、UPS 电源、网络交换机、监控分站、传感器（包括激光甲烷传感器、粉尘传感器、无线甲烷传感器等）、执行器（含断电器、声光报警器）、电源箱、线缆、接线盒、电源防雷器和其他必要设备组成。

系统主干网采用交换机环型网络结构；交换机至分站采用工业以太网传输，采用星型网络结构；传感器至分站之间采用 RS485 传输，采用总线型网络结构；系统整体采用复合型网络结构。

（二）主要功能特点

（1）具有数据查询统计、历史曲线显示、报表打印、逐级报警、数据系统分级管理、报警故障记录、完整的事件记录等功能，且均符合《煤矿安全监控系统通用技术要求》(AQ 6201—2019）全部规定。

（2）采用 B/S、C/S 结构，基于 IE 浏览，客户端零配置。

（3）具有丰富的软件接口（OPC、DDE、ODBC、FTP 上传等），无缝整合各子系统，实现全矿井的管控一体化。

（4）系统可实现井下有线和无线传输网络的有机融合、监测监控与 GIS 技术的有机融合。融合后系统数据应能在同一软件界面上调用和显示；GIS 地图中能显示甲烷浓度、温度、一氧化碳浓度、煤与瓦斯突出预警、火灾预警相关的字段和数据，还能显示断电器状态、人员识别卡个数、应急广播报警等提示信息。系统 GIS 地图具有下列功能：①GIS 地图采用二维显示；②其他图形导入功能；③矢量缩放、平移、鹰眼导航图；④空间坐标设置、显示及测量等功能；⑤支持图层功能；⑥图库功能；⑦选中对应设备对象后，应能显示设备实时数据、状态、位置及相关配置信息；⑧支持 Web 浏览功能。

（5）系统应具有与应急广播、通信、人员位置监测等系统应急联动功能。系统融合采用地面方式，在统一平台上融合的系统有 KJ324 矿用人员管理系统、KT183A 矿用广播通信系统，通过井上交换机的以太网光口与安全监控系统进行融合。

（三）主要技术特点

（1）多功能分站融合设计：可以融合瓦斯监控、人员定位、应急广播等下级硬件设备。

（2）多级保护电路设计：抗电磁干扰设计在原有2级保护的基础上，提升为3级保护，并符合A类判别等级要求。

（3）多网络融合设计：集现有矿用通信总线、控制总线、网络通信、光纤通信于一体。

（4）分站环网模式设计：内部采用交换机模块，分站可以单独组环，实现相切环、耦合环、相交环等高端应用。

（5）光纤旁路设计：在光交换链路中实现旁路保护，当光模块损坏时，自动切换到其他支路上，使通信更加稳定可靠。

（6）RS485通信自动仲裁设计：一旦单片机系统故障或者其他节点出现故障，就会导致RS485总线整体瘫痪，故加入相应的保护电路自动规避故障节点，增加总线通信可靠性。

（7）大容量板载存储和移动设备存储交互设计，双备份：系统运行中，对重要事件如瓦斯断电、超限联动等事件执行双备份。

（8）整合煤矿信息管理平台：可以通过上位机将每个区域的隐患排查和其他安全管理发布给对应区域分站，实现井下在线安全实时管控。

（9）分站本地化显示：直观显示所接传感器、读卡器的数据，同时以不同的分级报警颜色显示设备报警状态，该状态和底层传感器的分级报警一致；同时，可以显示处于该人员识别区域内每个人员的姓名。

（10）地面融合功能：通过交换机接口与人员管理、应急广播、调度通信、LED信息引导等系统实现融合。具有GIS一张图综合数据显示功能，并具备应急联动功能。

（11）移动App远程监管功能：整合无线传输通道，使用移动终端设备可实时浏览煤矿监控系统各个设备运行的情况。

（12）信息推送：支持报警后短信推送、微信推送、钉钉推送、邮件推送等。

（13）数据预测预警分析功能：对煤矿井下危害气体实时监测，对大量的历史数据进行挖掘分析后，实现对瓦斯等危害气体的发展趋势预测。

（四）主要技术参数

（1）传输方式：工业以太网+现场总线。

（2）通信速率：工业以太网1000 Mbps，现场总线4800 bps。

（3）通信模式：多主并发。

（4）协议标准：TCP/IP。

（5）冗余恢复：<0.03 s。

（6）信号汇接：Ethernet、RS485、CAN等。

（7）最大巡检周期：20 s。

（8）就地控制时间：＜1 s。

（9）异地控制时间：＜40 s。

（10）最大监控容量：最大分站数量 128 台，每台分站最多可接入 16 台传感器数量和 8 台执行器。

（11）传输距离：传感器到分站之间最远距离 6 km，执行器到分站之间最远距离 6 km，无线传感器至无线接收器之间最远距离 100 m。

（12）抗电磁干扰性能：地面设备通过 3 级静电抗扰度试验，评价等级为 A；通过 2 级电磁辐射抗扰度试验，评价等级为 A；通过 3 级脉冲群抗扰度试验，评价等级为 A；通过 3 级浪涌（冲击）抗扰度试验，评价等级为 A。

第二节　煤矿安全监控系统传输网络结构和工作方式

煤矿安全监控系统是由若干类硬件和软件组成的有机整体，其基本要求是架构简单清晰、信息传输快速可靠、响应快捷准确。系统的传输网络结构、工作方式、传输方向、信号传输制式及复用方式、数据格式等起着决定性作用。

一、安全监控系统网络结构

安全监控系统网络结构是指系统中的分站与分站之间、分站与中心站之间、分站与传感器（含执行机构）之间的相互连接关系。

（一）基本要求

煤矿井下是一个特殊的工作环境，有易燃易爆气体、易燃固体和腐蚀性气体，淋水溅水造成湿度大，矿尘大，电网电压波动大，电磁干扰复杂且严重，空间狭小，监控距离远、监控对象数值变化快慢不等。煤矿安全监控系统的网络拓扑结构必须满足井下特殊环境和工况的要求。

为保证安全监控系统的安全性和可靠性，降低系统成本，便于使用维护，安全监控系统的网络结构应满足以下要求：

（1）有利于系统整体满足本质安全防爆要求。

（2）在传感器分散布置的情况下，通过与适当的复用方式配合，使系统的传输线缆用量最少、抗电磁干扰能力强、抗故障能力强，当系统中某些分站发生故障时，力求不影响系统中其余分站的正常工作。

（3）当主站及主干线缆发生故障时，应保证甲烷断电及甲烷风电闭锁等功能；当传输线缆发生故障时，应不影响系统的基本功能。

（4）传感器（或执行机构）宜采用远程本安供电，信号传输不宜采用中继器。

（二）基本类型

安全监控系统传输网络拓扑结构主要有星型、树型、总线型、环型、复合型等网络结构。

1. 星型网络结构

星型（又称放射状）网络结构就是系统中的每一分站通过一根传输线缆与中心站相连，如图2－3所示。采用这种网络结构的安全监控系统具有发送和接收设备简单、传输阻抗易于匹配、各分站之间干扰小、抗故障能力强、可靠性高，并且可以由中心站向甲烷等传感器本质安全供电等优点，但是这种结构所需传输线缆用量大，特别是当系统监控容量大、使用分站多时，系统的造价高，且不便于安装和维护。因此，星型网络结构仅适用小容量的监控系统，不宜用于中大型监控系统。

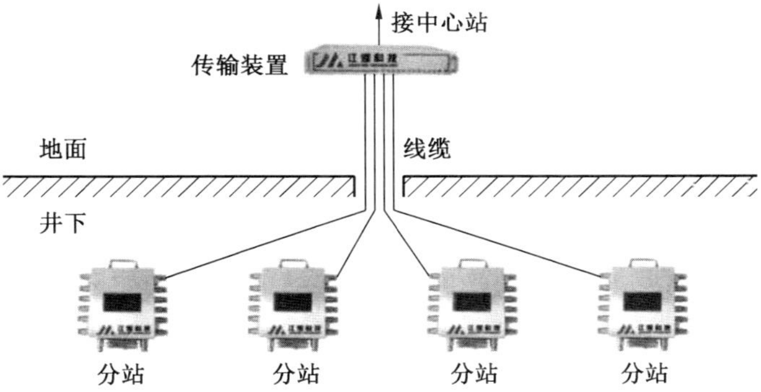

图2－3　星型网络结构

2. 树型网络结构

树型（又称树状）网络结构是将系统中每一分站使用一根传输线缆就近接到系统传输线缆上，如图2－4所示。采用这种结构的安全监控系统所使用的传输线缆最少，但由于往往传输阻抗难以匹配，且多路分流，在信号发送功率一定的情况下信噪比较低，抗电磁干扰能力较差。在半双工传输系统中，分站的故障还会影响系统的正常工作。例如，当分站死机时，若分站处于发送状态，将会长时间占用信道，影响系统正常工作，直至故障排除或分站从系统中脱离。

采用树型网络结构的安全监控系统，其信号传输质量与分支数量、分支位置、线路长度、端接阻抗、分站发送电路截止时漏电流等因素有关，不确定因素太多，传输质量难以保证。

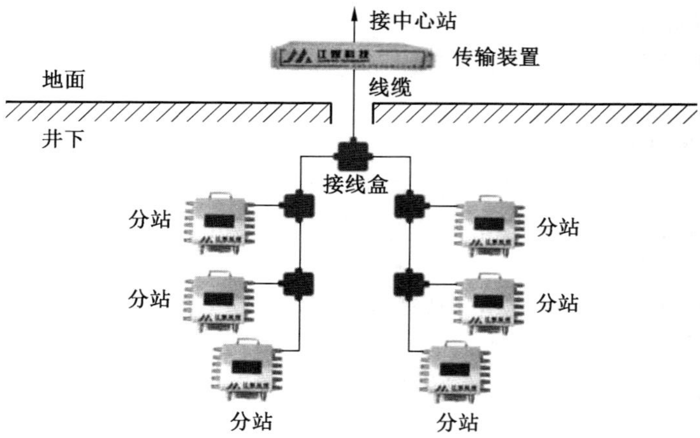

图 2－4　树型网络结构

3. 总线型网络结构

总线型网络结构就是系统中各分站均使用一根线缆与传输线缆就近连接，如图 2－5 所示。该网络结构与树型网络结构相似，但存在首尾节点，线缆整体呈梳子状分布；其优缺点与树型网络结构相近，在此不再赘述。

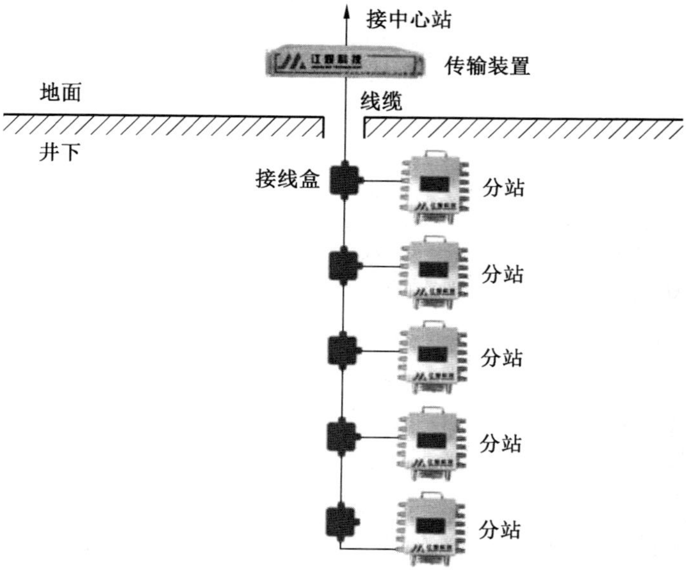

图 2－5　总线型网络结构

4. 环型网络结构

环型网络结构就是系统中各分站与中心站用一根线缆串在一起，形成一个环，如图2-6所示。环型网络结构系统需要线缆往复敷设，使用线缆数量大于树型网络结构系统，小于星型网络结构系统。

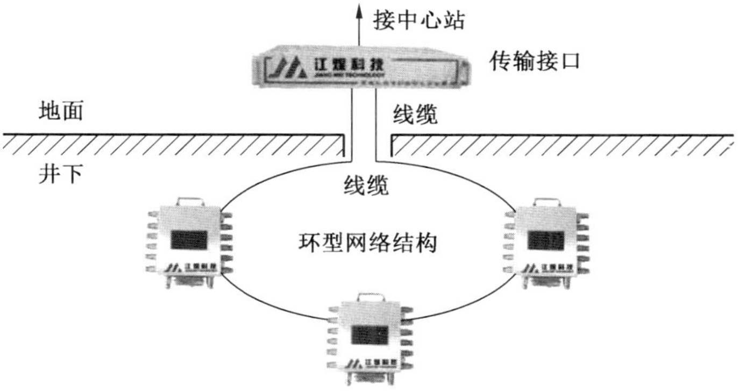

图2-6　环型网络结构

环型网络结构系统中各分站的工作状态受中心站控制，具有以下特点：

(1) 传输线缆没有分支，因此传输阻抗易于匹配，不存在过电压、过电流、电磁波反射严重等问题，系统抗电磁干扰能力强，有利于防爆安全。

(2) 上一分站的信号仅传给下一分站接收，因此不存在多路分流问题，并且当分站误动作时，不会出现传输线上信号能量叠加问题，也不会因为发送电路漏电流较大而影响系统工作。

(3) 环型网络结构系统中任一分站既是上一分站的接收机，又是下一分站的发送机，分站可对接收到的数字信号进行门限判决、整形、放大。因此，在数字传输方式下，抗干扰能力进一步加强。

(4) 环型网络结构系统的致命问题是抗故障能力差，当系统线缆在任一处发生故障（短路或开路）或任一分站发生故障时，整个系统将无法正常工作。因为在故障点之前的分站虽能接收到同步信号，但信号不能传至中心站，而在故障点之后的分站，接收不到信号，无法正常工作。

5. 复合型网络结构

复合型网络结构是指采用树型、环型、星型、总线型中两种或两种以上的网络结构。例如，煤矿井下可划分几个大区域，区域间采用环型网络结构与中心站相连，区域内采用树型网络结构，如图2-7所示。

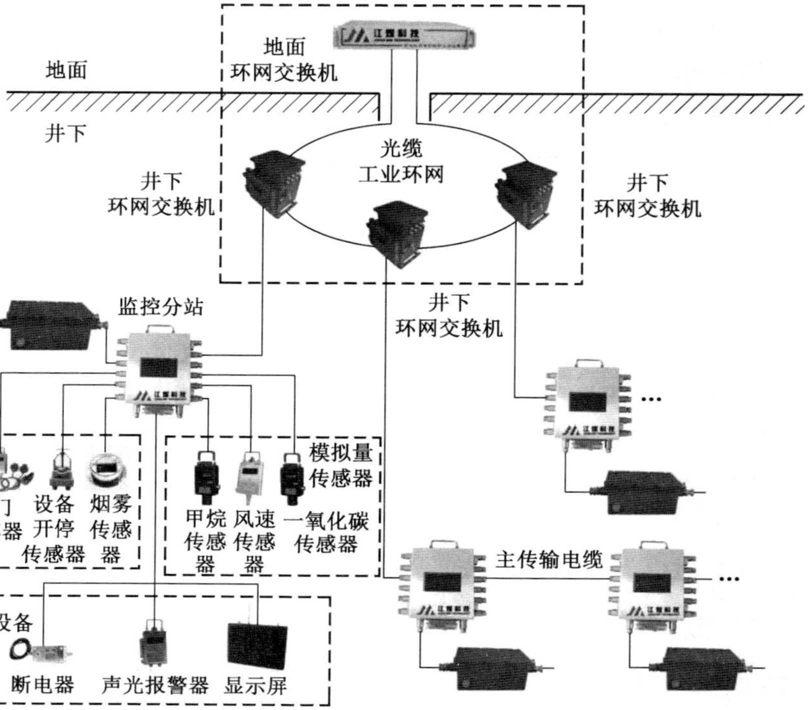

图 2-7　复合型网络结构

复合型网络结构系统中传输通道一般由冗余工业以太环网和现场总线组成，如 RS485 和 CAN 总线等。工业以太环网具有通信冗余功能，一侧线路故障时，因其自愈时间短（一般小于 20 ms），故不会影响系统正常运行，具有很高的可靠性能；同时，复合型网络结构中树型网络结构具有使用电缆少、成本低、使用维护方便的特点，因此复合型网络结构适用于大中型监控系统。

（三）网络结构选择原则及注意事项

随着技术的不断进步，行业主要系统制造厂商已经将安全监控系统的网络结构设计为环型与树型、总线型复用的复合型，以实现不同应用场景的工程需要。煤矿用户可根据自身条件和需求进行选择。

1. 网络结构选择原则

如果矿井规模不大，测点数量少于 500 个、分站布点需求小于 32 台，总线型或树型网络结构是首选。

如果矿井规模一般，测点数量不足1000个、分站布点需求不大于64台，选用复合型网络结构，并依据实际地理布线需求进行因地制宜的设计是最符合经济效益的，局部采用总线型网络结构仍是可行的最优选择。

如果矿井规模较大，测点数量超过2000个、分站布点需求大于128台，选用一般环网设备组成主干网的环型网络结构，可以满足各项性能指标要求。

如果矿井规模庞大，测点数量在3000个左右、分站布点需求达到200台或更多，选择高速环网设备组成主干网的环型网络结构，局部辅以树型网络结构，可以实现高响应、高可靠监测控制。

2. 注意事项

煤矿用户在选择安全监控系统网络结构时，必须遵守制造厂商正式版本企业标准中系统连接示意图，或者制造厂商正式版本系统图纸的连接规定，不得随意更改系统设备的连接方式。否则，系统整体的本质安全防爆性能和抗电磁干扰性能将被破坏和失去保障，将严重影响系统原有技术性能和指标，更不能通过矿山安全监察部门的监督检查。

为满足上述要求，煤矿用户在进行安全监控系统选型设计时，必须高度重视所选择系统的网络结构与矿井实际条件和需求的适配性。在矿井已建成高速传输网络并计划实现井下信息传输一体化的情况下，所选择系统的网络结构应符合矿井的实际条件，但不允许对制造厂商的系统连接规定进行更改。

二、安全监控系统工作方式

安全监控系统以安全通风和瓦斯防控为管理主线，对矿井安全生产相关数据、状态进行监测和控制。根据《煤矿安全监控系统通用技术要求》（AQ 6201—2019）3.48的定义，安全监控系统工作方式是指分站等传输节点对传输信道的占用方式，具体体现为系统主干网数据信息传输的逻辑顺序。安全监控系统的工作方式对系统信息传输的及时性、控制响应时间等具有重要意义。

（一）主要类型

《煤矿安全监控系统通用技术要求》（AQ 6201—2019）4.2.4将系统工作方式划分为主从工作方式、多主工作方式、无主工作方式3种，而工程实际应用的煤矿安全监控系统的工作方式可分为主从工作方式、多主工作方式、无主工作方式和复合工作方式。随着技术的不断演进，安全监控系统向着综合、智能、高可靠性方向发展，系统的工作方式已经不再是纯粹某一种工作方式，而是以某一种工作方式为主；对于大规模和超大规模的系统，采用复合工作方式是保证系统高效运转的必然之选。

1. 主从工作方式

根据《煤矿安全监控系统通用技术要求》(AQ 6201—2019) 3.48 的定义，主从工作方式是指由一个传输节点控制系统中其他所有传输节点收发信息。具体体现为：中心站（系统软件）负责系统整体数据读取和控制命令发布，系统中其他设备（主要是分站）的数据上传以及执行相关控制命令，都是在收到中心站发出的具体指令后完成响应。

采用主从工作方式的系统，其数据刷新过程严格按照一个固定的顺序轮流进行，只有出现较高级别的控制指令时，主干网络传输执行中断，其余时间一直轮询。主从工作方式系统的数据刷新过程如图 2－8 所示。

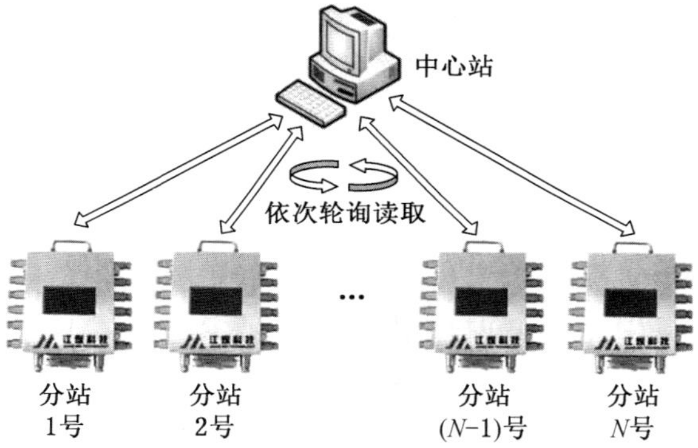

图 2－8　主从工作方式系统的数据刷新过程

主从工作方式的优点：分站硬件配置要求较低，设计制造成本低，主干网多以总线方式（尤以 RS485 总线居多）组网，工程布线成本最低。

主从工作方式的缺点也十分明显：网络带宽因受总线传输距离限制而较低，系统测点容量较小，巡检周期相对较长（在 20～30 s 之间），控制执行时间（尤其是异地断电控制执行时间）受巡检周期限制明显。

采用主从工作方式的系统，最大监控容量一般不超过 64 台分站，分站挂接的传感器不超过 16 台，系统总体测点数量一般不超过 1024 台传感器，适用于测点数量少于 1000 个的小型矿井。

2. 多主工作方式

根据《煤矿安全监控系统通用技术要求》(AQ 6201—2019) 3.48 的定义，多主工作方式是指由两个及两个以上传输节点控制系统中其他所有传输节点收发信息。实际工程应用时，从逻辑关系上看，多主工作方式的系统其实是由两个及两个以上主从工作方式的子系统组成，中心站（系统软件）内部存在两个及两个以上的主逻辑线程，各线程分别对系统预先划定的各个局部进行数据读取和控制命令发布，系统中其他设备（主要是分站）的数据上传以及执行相关控制命令，仍然都是在收到中心站发出的具体指令后完成响应。另外，这些主逻辑线程之间还存在着数据交换，以实现系统整体各种数据监测和控制管理。多主工作方式系统的数据刷新过程如图 2－9 所示。

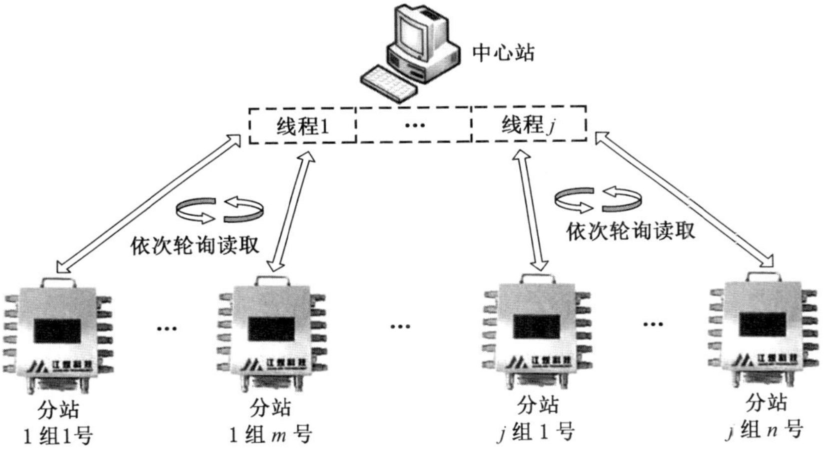

图 2－9　多主工作方式系统的数据刷新过程

采用多主工作方式的系统，除具备主从工作方式系统相同的优点外，还能够满足更多数据测点的接入需求，但仍无法克服主从工作方式系统的缺点，而且对中心站主机配置提出更高要求，适用于测点数量不多的中小型矿井。

3. 无主工作方式

根据《煤矿安全监控系统通用技术要求》(AQ 6201—2019) 3.48 的定义，无主工作方式是指系统中所有传输节点收发信息不受其他节点控制。具体体现为：中心站（系统软件）只完成数据接收，系统中其他设备（主要是分站）自主向中心站上传数据，相关控制指令由分站类设备通过点对点通信来实现。系统的中心站演变为系统配置平台和数据查询显示平台。无主工作方式系统的数据刷新过程如图 2－10 所示。

采用无主工作方式的系统，其分站类设备硬件配置较高，软件功能较强，在实现高速数据采集的同时还具备自主逻辑判断和自主通信的能力，设计制造成本较高，但对中心站主机配置要求不高。如果不是采用高速以太网作为主干网，这

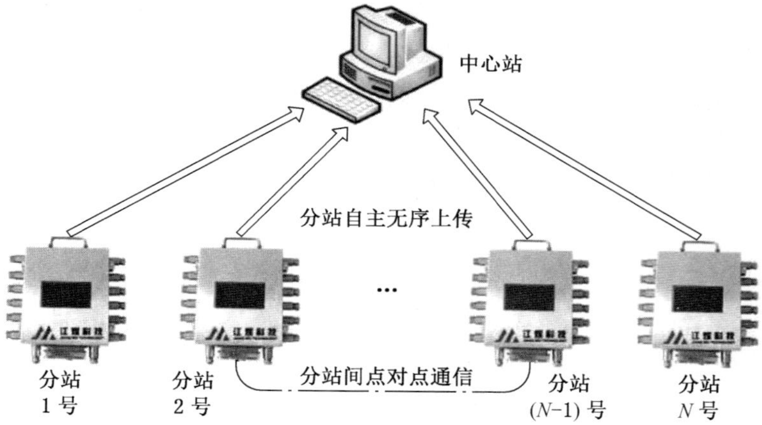

图2－10　无主工作方式系统的数据刷新过程

种系统将无法挂载较多的系统测点；即使采用了高速以太网，这种相对无序化的工作模式也无法满足大型和超大型矿井的密集数据采集实时响应需求。

4. 复合工作方式

随着矿井开采生产规模不断扩大和“两化”的持续推进，安全监控系统测点容量需求与日俱增，安全管理要求不断细化，系统制造厂商不断更新系统架构和工作方式。经过多年探索，行业主要厂商各自探索形成了以无主工作方式为主、多主工作方式为辅的复合工作方式，且有各自的特点和优势。

某典型的采用复合工作方式的系统，主干网采用高速甚至超高速光纤环网，分站类设备可以在环网及其支路任意挂接，分站上行数据以无序化方式自主上传中心站。由于网络带宽巨大，系统可以承载海量数据，并以拥塞方式抢占网络端口上传各种数据。为了进一步提高全数据更新周期（系统巡检周期），中心站会间歇性加入一个主从线程来清点分站类设备的数据刷新情况，这个间歇时间极短，可完成对掉队分站数据的定点提取。在系统数据处于理想控制范围时，系统都以这种相对稳定的无主＋间歇主从的方式运转；当分站类设备发送异常状态、系统监测到复杂的组合逻辑触发报警状态时，中心站软件会启动多个主动线程采取更进一步的控制。这种工作机制可以有效保证系统高效准确完成《煤矿安全监控系统通用技术要求》(AQ 6201—2019）中规定的采掘工作面煤与瓦斯突出报警和断电闭锁控制功能。该系统的数据刷新过程如图2－11所示。

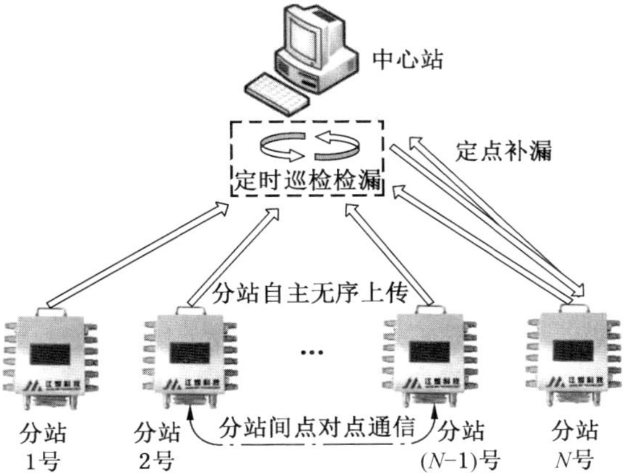

图2－11　某典型复合工作方式系统的数据刷新过程

安全监控系统采用复合工作方式时，巡检周期普遍小于10 s，各种远程、自动控制执行时间普遍小于5 s；系统抗电磁干扰能力大幅提升；软件接口更加丰富，可以通过井上、井下各种方式融合接入其他系统数据进行联动控制。

采用复合工作方式的系统，各项配置内容虽然相对复杂，但硬件配置却很灵活，可以根据安装矿井的实际需求调整配置相关内容：

（1）对于超大型矿井，中心站除配备主机、备机外，还会配备若干服务器；对于小型矿井，则无须配备服务器。

（2）分站类设备的选择趋于多样化，测点需求较大的区域使用高配设备，反之也可对分站硬件进行减配或改用小型分站。

（3）主干网设备配置十分灵活，无论是环网规模还是支线配置，都可依据现场情况进行灵活调整。

（二）工作方式的选择及注意事项

系统工作方式是由制造厂商在系统设计之初确立的基本内容，与系统传输协议配合，保证系统整体性能指标满足其企业标准的要求。实际使用过程中，制造厂商或煤矿使用方几乎不可能更改系统的工作方式。煤矿用户在安全监控系统选型设计时，应高度重视相关问题，保证所选择的系统符合本矿井的实际需要和发展要求。

随着多系统融合联动需求不断深化，复合工作方式是今后一段时间内安全监控系统的主要应用模式。

三、安全监控系统数据传输方向

数据传输方向是指数据在线路上的流动方向和时间关系，有单工、半双工、全双工 3 种类型。

单工传输是指信息只能单方向传输的工作方式，即两数据站之间只能沿一个指定的方向进行数据传输，一端固定为数据源，另一端固定为数据宿。例如，遥控、遥测（一部分）就是单工传输方式。单工传输信道是单向信道，发送端和接收端的身份是固定的，发送端只能发送信息，不能接收信息；接收端只能接收信息，不能发送信息；数据信号仅从一端传送到另一端，即信息流是单方向的，如图 2－12 所示。安全监控系统中的传感器到分站之间的开关量信号就属于单向传输，系统主干网传输不会采用这种方式。

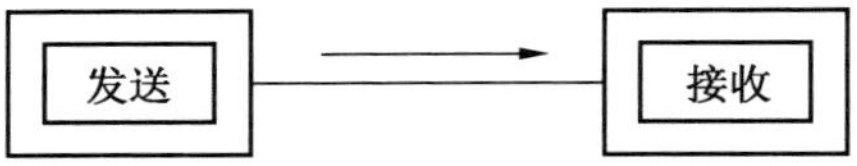

图 2－12　单工传输

半双工传输是指数据可以沿两个方向传送，但同一时刻一个信道只允许单方向传送，因此半双工传输又称为双向交替通信。半双工传输要求收发两端都有发送装置和接收装置，但传输通道仅有 1 个，如图 2－13 所示。半双工传输要频繁变换信道方向，故效率低，但可以节约传输线路。监控系统中大量采用的 RS485 总线、CAN 总线属于半双工传输。

全双工传输是指数据传输设备在发送数据的同时也能够接收数据，两者同步进行，与日常打电话类似，说话的同时也能够听到对方的声音，如图 2－14 所示。全双工传输的优点在于迟延小、速度快。安全监控系统中使用的以太网传输（电口和光口）设备均支持全双工传输。

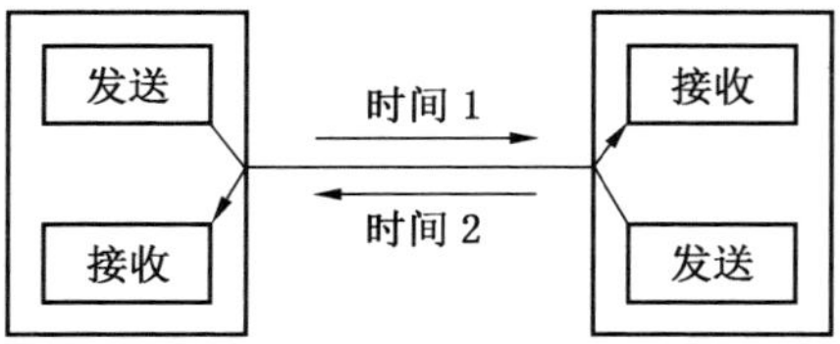

图 2－13　半双工传输

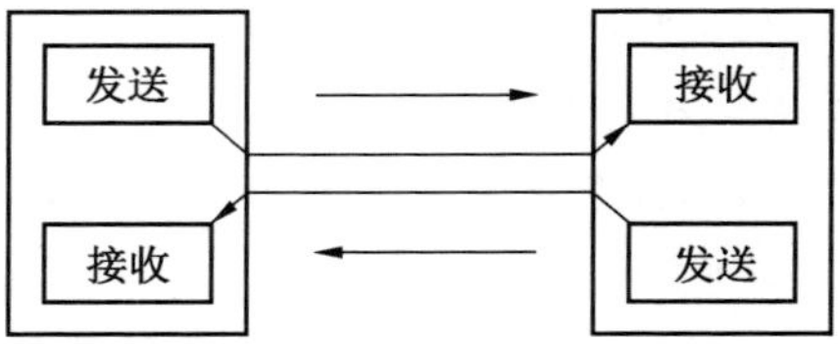

图 2－14　全双工传输

由于安全监控系统必须具备风电、瓦斯电和故障闭锁等控制功能，安全监控系统应采用半双工传输，也可采用全双工传输。随着安全监控系统的不断升级，具备以太网传输接口（光口和/或电口）的分站已经成为主流，主流的安全监控系统传输方式实现了以全双工传输为主、局部采用半双工传输为辅的复合传输方式，系统主干网大多采用千兆环网技术，传输迟延更小、速度更快。

四、信号传输制式及复用方式

安全监控系统监测、控制信号在信道上传送涉及传输制式及复用方式，对信号传输的快速、准确、安全产生重要影响。

（一）信号传输制式

在煤矿安全监控系统研发初期，业内普遍认为安全监控系统宜采用不归零矩形脉冲数字信号传输，也可采用频率型等模拟信号。20 世纪早期版本的煤矿安全监控系统，主干网传输采用 RS485、RS422、CAN 等总线信号；分站与传感器/执行器之间的传输信号更加多样，频率型、电流型、电压型模拟量，以及二态、三态的电压、电流、频率型开关量均有使用。进入 21 世纪，安全监控系统在煤矿安全生产管理工作中的作用更加凸显，伴随着计算机技术和大规模集成电路技术飞速发展，系统主传输逐渐提升为以太网光信号，传输速率也从 100 Mbps 逐渐提升到 1000 Mbps 甚至 10000 Mbps，且以组成环网为主流；分站与传感器、执行器之间的传输信号逐渐趋同为 RS485、CAN 等总线信号，部分厂商仍保留了频率型模拟量信号。

《煤矿安全监控系统通用技术要求》（AQ 6201—2019） 5.8 传输性能要求：系统主干网应采用工业以太网。分站至主干网之间宜采用工业以太网，也可采用 RS485、CAN、LonWorks、PROFIBUS。模拟量传感器至分站的有线传输宜采用工业以太网、RS485、CAN；无线传输宜采用 WaveMesh、ZigBee、Wi－Fi、RFID。《煤矿安全监控系统升级改造技术方案》中规定：分站至主干网之间宜采用工业以太网，也可采用 RS485、CAN、LonWorks、Profibus。“十三五”期末之后应采用工业以太网。

工业以太网是基于 IEEE 802.3 （Ethernet） 的强大区域和单元网络，提供了一个无缝集成到新的多媒体世界的途径。企业内部互联网 （Intranet）、外部互联网 （Extranet） 以及国际互联网 （Internet） 提供的广泛应用不但已经进入现在的办公领域，而且还可以应用于生产和过程自动化。继 10 Mbps/100 Mbps 以太网成功运行之后，具有交换功能、全双工和自适应的 1000 Mbps 以太网，甚至 10000 Mbps 高速以太网也已在煤矿成功运行。采用何种性能的以太网取决于用户的需要，通用的兼容性允许用户无缝升级到新技术。

现场总线是一种工业数据总线，是自动化领域中底层数据通信网络。其主要解决工业现场的智能化仪器仪表、控制器、执行机构等现场设备间的数字通信以及这些现场控制设备和高级控制系统之间的信息传递问题。它是当今自动化领域技术发展的热点之一，被誉为自动化领域的计算机局域网。常见的现场总线有RS485、CAN总线。

RS485是一个定义平衡数字多点系统中的驱动器和接收器的电气特性的标准，该标准由电信行业协会和电子工业联盟定义。使用该标准的数字通信网络能在远距离条件下以及电子噪声大的环境下有效传输信号。RS485使得连接本地网络以及多支路通信链路的配置成为可能。RS485有两线制和四线制两种接线。四线制只能实现点对点的通信方式，现已很少采用；目前多采用的是两线制接线方式，这种接线方式为总线型拓扑结构，在同一总线上最多可以挂接32个节点。

CAN是一种有效支持分布式控制或实时控制的串行通信网络，是ISO国际标准化的串行通信协议。CAN通过ISO 11898及ISO 11519实现了标准化，其高性能和可靠性已被认同，并被广泛地应用于工业自动化、船舶、医疗设备、工业设备等方面。

目前，煤矿安全监控系统主干网和次干网（分站至主干网之间）采用工业以太网逐渐成为国家的强制性要求。现阶段典型的系统信号传输制式是：主干网采用千兆工业以太环网，分站使用百兆工业以太网接口接入环网，分站至开关量传感器和模拟量传感器使用RS485或CAN总线，采掘工作面个别模拟量传感器采用无线信号传输至无线终端、再由总线接口转至分站，执行器单独占用分站的一条总线接口。

（二）信号复用方式

安全监控系统信号复用方式分为时分制、频分制、码分制和复合复用方式。一般认为系统宜采用时分制复用方式，也可采用频分制、码分制等复用方式。

时分制复用方式，即时分多路通信方式，是把传输通道全部时间分成若干个小段，每段时间给一个节点设备，所有节点都能得到一小段时间，由各节点轮流使用公共信道而形成多个周期性的通信方式。总线型传输即为时分制复用方式的典型代表。严格意义上讲，工业以太网传输也属于这种复用方式。

频分制复用方式则是把一条公共传输信道进行频带分割，形成若干个较窄频段，每个频段构成一条独立传输信道的通信方式。其基本原理是：在发送端，将各路信息搬移到互不重叠的频带内，然后进行合并，最后由一个信道将其一并传输出去；在接收端，再将各路信号分开，恢复出原来的各路信号，并从不同的端口输出。

码分制复用方式是指在数字通信中，利用各路信号码型结构的正交性而在一个信道上实现多路通信的方式。在发送时将各路信号分别与正交码发生器的一个码序列相乘，多路信号在一个信道上传输，接收时再将接收码序列同本地的与发送端相应的正交码序列相乘进行相关处理实现分路。码分制复用方式具有较强的抗窄频带干扰能力、保密性好，但电路较复杂，也需要有高精度的同步系统。

有线信号传输多采用时分制复用方式，无线信号传输多采用频分制、码分制、复合复用方式。

五、通信协议

一般意义上讲，通信协议是指双方实体完成通信或服务所必须遵循的规则和约定。通过通信信道和设备互联起来的多个不同地理位置的数据通信系统，要实现协同工作，实现信息交换和资源共享，相互之间必须具有共同的语言。交流什么、怎样交流及何时交流，都必须遵循某种互相都能接受的规则，这个规则就是通信协议。通信协议并不是一个单一文件，而是不同功能、不同层级的文件组合体，一般理解为“协议族”，统称为“协议”。

（一）安全监控系统通信协议现状

与电力行业已有明确网络通信协议的情况不同，煤炭行业尚未建立具有普遍规范意义的监测控制系统通信协议，各安全监控系统制造厂商采用不同的协议或协议组合方式，部分厂商建立了私有通信协议。究其原因，防爆供电电源与防爆网络节点设备间互联线、防爆网络节点设备间本安信号互联线，都应当符合本安防爆要求，通过本安防爆评定的系统，其配置及其连接不得随意变更，从而造成系统设备配置关系相对封闭、不支持开放式自由组合，阻碍了煤炭行业监测控制系统通信协议规范、统一的进程。

2016 年发布实施的《煤矿安全监控系统升级改造技术方案》，虽然明确了支持多网多系统融合、格式规范化等要求，但相关工作还处于起步阶段，还有大量工作亟待开展。

（二）通信协议的架构与主要内容

目前煤炭行业尚未建立起统一、规范的通信协议。以下为某典型安全监控系统通信协议的基本架构和主要内容。

1. 通信协议的架构

系统中心站设备（主机及服务器）、工业环网设备（交换机）、分站三类设备构成系统主干网，分站和各种数字通信传感器/执行器构成底层总线网络。主干网采用以太网作为数据链路，采用以太网光口/电口实现互联；底层总线网络采用 RS485 接口以总线方式实现互联，通常一台分站具备 4 ~ 6 个下行总线接口，每台数字通信传感器/执行器配置有唯一的 MAC 地址代码，以便于进一步优化应用层设计。表 2 - 1 所列为某典型安全监控系统通信协议构架。

表 2－1 某典型安全监控系统通信协议构架

层级	主 干 网	底层总线
应用层	主机软件私有协议，私有的拟 http 协议	私有协议，含逻辑中断策略，DP－V0/1/2
传输层	UDP 协议与 TCP 协议兼有，预期通信采用 TCP 协议，紧急通信采用私有的拟 UDP 协议	—
网络层	IP 地址，子网掩码，DNS，ARP 协议，IP 数据包	私有的虚拟地址规范
数据链路层	有 MAC 地址码，广播/点播/组播	有 MAC 地址码，广播/点播
物理层	以太网网卡，光/电脉冲	EIA－485，差分电平脉冲

2. 通信协议的主要内容

通信协议主要包括主干网传输协议、分站上行策略、分站点到点通信策略、分站下行通信协议等主要内容。

1）主干网传输协议

主干网传输协议将控制命令的下发权限设置为最高，紧急通信数据的上传次之，定点取数指令再次。

此处的“定点取数指令”是一种优化策略。一般情况下，主干网节点设备以无主工作方式上传数据，但又插入了定时巡查检漏机制，如果发现某节点数据在特定时间内未被刷新则启动定点取数中断程序。

2）分站上行策略

当分站设备对应监测区域内数据均处于非紧急状态时，数据上传启用传输层的 TCP 协议进行传输。

为应对紧急情况，在分站设备的应用层协议策略中加入紧急数据识别机制。例如，在底层总线协议中识别出本地甲烷超限并执行相应中断程序，其应用层会启用传输层的 UDP 协议进行传输。

3）分站点到点通信策略

分站设备应用层协议策略中还包含与其他分站设备的点到点通信策略，用以实现诸如异地控制、逻辑断电等功能。该策略仍使用传输层的 UDP 协议进行传输。

由于系统的所有数字通信设备（传感器和执行器）都配备了 MAC 地址代码，主干网协议及底层总线协议中的地址数据结构都可以直接使用该地址代码，结合底层总线协议中私有的虚拟地址规范，可以实现将本地分站控制数据跨越主干网网段，精准发送到异地分站下指定执行器完成高效精准控制。

4）分站下行通信协议

为了满足系统整体响应时间不大于 10 s 的总体要求，分站每个下行接口都有一片 MCU（微处理器）进行控制，负责完成总线协议中应用层运算、网络层和数据链路层全部运算处理。每条总线允许接入的总线节点设备不超过 8 台，可满足高效可靠的数据传输要求。

该安全监控系统的分站中配置有一枚 ARM 芯片，负责分站嵌入式系统应用和主干网应用层的运算处理。

（三）通信协议示例

以徐州江煤科技有限公司研制的 KJ379X 煤矿安全监控系统为例，简述安全监控系统传输协议的基本情况。

1. 分站通信协议

1）分站与上位机间的通信协议

上级设备与分站主要有查询和广播两种信息交互方式。

采用查询方式时：由上级设备下发相应的命令，分站接收完成正确的命令后在 20 ms 内开始启动应答数据回发。查询方式流程如图 2－15 所示。

采用广播方式时：由上级设备连续下发相应的命令，一帧数据发送完成后，等待 50 ms 后再次发送本命令，连续 4 次。广播方式流程如图 2－16 所示。

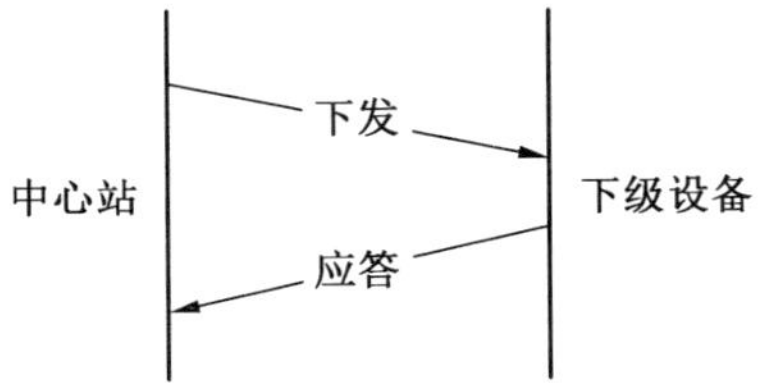

图 2－15　查询方式流程

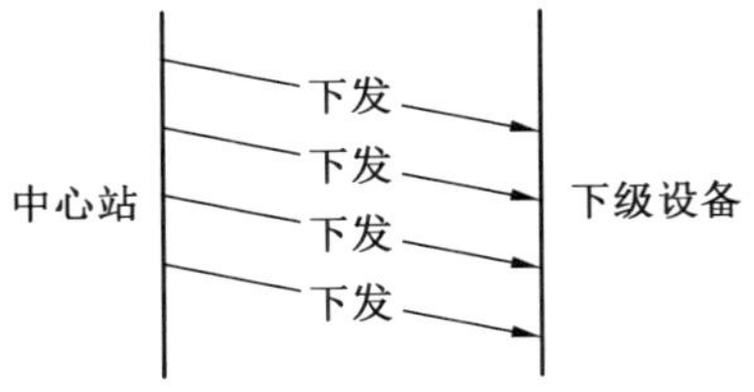

图 2－16　广播方式流程

TCP/IP 网络通信。默认通信端口 503，备用端口 504。底层分站设备为服务器，上位机为客户端。底层设备或许同时存在多个服务器，但上位机（运行中心站程序的工控机）只有一个客户端连接到所有的服务器。故上位机需要同时启动多个 socket 连接，每一个 socket 连接不同的服务器。

所有的数据传输都采用 16 进制传输。帧的基本单位为 8 bit 字节，链路层的传输顺序采用计算机存储格式：低字节在前，高字节在后。例如，传输一个 int 字节如 0x1234，则传输的格式为 34 12；传输一个 4 字节组成的 long 型数据 0x12345678，则传输的字节顺序为 78 56 34 12。

每条消息由引导符、地址、命令、数据长度、数据体、校验码组成，消息结构表见表2－2。

表2－2 消息结构表

说明	代码	说明	代码
引导符	4字节	数据长度	2字节
地址 address	1字节	数据体	N字节
命令 CMD	1字节	校验码	2字节 CRC

（1）引导符。下发时，引导符为固定的4Byte数据，即0x3E、0xE3、0x80、0x08；上传时，引导符为固定的4Byte数据，即0x3E、0xE3、0x90、0x09。

（2）地址。为1Byte数据：当设备的通信地址号与下发地址一致时进行应答。

（3）命令。命令见表2－3。

表2－3 命令

序号	命令	命令类型	含义
1	“	查询命令	0x49，初始化命令
2	“始化	查询命令	0x41，请求初始化
3	“求初	查询命令	0x46，查询数据信息命令
4	“T”	查询命令	0x54，通信误码率测试命令
5	“R”	查询命令	0x52，复位命令
6	“@”	查询命令	0x50，时间同步命令
7	“时”	查询命令	0x55，电源箱控制与取数状态命令
8	“令”	查询命令	0x56，分级报警提级命令（多台传感器的分级报警）1、2、3、4级满足条件对应控制设备
9	“W”	查询命令	0x57，下发交叉控制逻辑（后续备用）
10	“X”	查询命令	0x58，风电闭锁逻辑（后续备用）
11	“s”	查询命令	0x73，查询终端设备的信息（设备属性、输入电压、重启次数、设备当前时间、设备出厂时间）、分站的基础信息（分站号、MAC、IP、通信端口、生成日期、系统时间）

（4）数据长度。长度为2Byte数据：从“地址”至“校验码”的总个数，包含校验码，不包括引导符。

（5）数据体。要交互的数据内容，一帧信息总长度不超过900个字节。

（6）校验码。2字节，从“地址”至“校验码”前的所有字节相加的总个数，不包含校验码和引导符。

2）分站与下位机之间的通信协议

分站取数指令见表2-4。

表2-4　分站取数指令

字节号	字段	字节数	描述及要求
1~4	引导符	4Byte	0x3E、0xE3、0x80、0x08
5	地址	1Byte	地址号：范围1~200
6	命令	1Byte	F(0x46)
7、8	长度	2Byte	低字节在前，高字节在后 从“地址”至“校验码”的总个数
9	标志	1Byte	bit2：表示3分强制解锁标记 =1 强制解锁 =0 不作处理 风电/普通分站闭锁，通过遥控器/上位机来配置 bit1：表示清除分站历史数据 =1 表示清除 =0 表示不清除 bit0：表示接收标记 =1 表示上一帧接收正确 =0 表示上一帧接受错误
10、11	控制字节	2Byte	低字节在前，高字节在后 bit0~bit7：表示对触点控制1~8号口的控制标记 =0 表示不控制 =1 表示控制 bit8~bit15：表示对扩展的智能控制设备9~16号设备的控制标记 =0 表示不控制 =1 表示控制 该控制权限的优先级最高（包括手动控制+交控）
12、13	备用	2Byte	
14、15	校验码	2Byte	累加和低，累加和高

下位机回复指令见表2-5。

表2-5　下位机回复指令

字节号	字　段	字节数	描 述 及 要 求
1～4	引导符	4Byte	0x3E、0xE3、0x90、0x09
5	地址	1Byte	地址号：范围1～128
6	命令	1Byte	F
7、8	长度	2Byte	低字节在前，高字节在后； 从“地址”至“校验码”高位的总个数
9	分站类型	1Byte	0xE9
10	信息区域数	1Byte	表示后面有多少个信息区域
分站基础信息区域			
1	信息域编码	1Byte	0x01
2、3	长度	2Byte	低字节在前，高字节在后 分站基础信息区域所有字节的长度　7
4	标志	1Byte	bit0：=1表示直流供电 =0表示交流供电 bit1：=1表示分站当前处于红外遥控中 bit2：=1表示电源通信故障
5	后备电源总电压	1Byte	电压，默认1位小数
6、7	分站控制输出	2Byte	低字节在前，高字节在后，按位表示分站的控制输出 bit0：=1表示触点1号控制口输出断电 …… bit7：=1表示触点8号控制口输出断电 bit8：=1表示9号智能断电器控制口输出断电 …… bit15：=1表示16号智能断电器输出断电
8～11	分站时钟	4Byte	分站本地时间，格式采用备注1
实时数据信息区域			
1	信息域编码	1Byte	0x02
2、3	长度	2Byte	低字节在前，高字节在后 实时数据信息区域的总字节数

下列数据按照“设备传输标记”由地址号从低至高传输。

正常单参数传感器情况下：N＊7。

如果是多参数传感器，比如N1是4个参数的多参传感器可监测CH_4、CO、CO、O_2（目前是CH_4 CO WD），则为4字节的类型电压状态字节＋参数1的3个字节＋参数2的3个字节＋参数3的3个字节＋参数4的3个字节数据

表 2-5（续）

字节号	字　段	字节数	描述及要求
此 4 个字节只根据设备循环	设备地址	1Byte	1~255
	设备类型	1Byte	详细见设备类型表
	设备电压	1Byte	bit7~bit0：电压数据，默认保留 1 位小数
	设备状态	1Byte	bit7：无线传感器更换位 bit6：=1 表示设备处于红外遥控中(手动模拟数据) bit5：=1 开机预热 bit4：=1 传感器探头故障，开模有效 bit3：=0 表示正常，=1 表示断线，开模有效 bit2：=1 表示处于标校中，=0 是正常数据 bit1 bit0：模拟量有效，小数位对应关系如下： 00 表示小数位为 0 位 01 表示小数位为 1 位 10 表示小数位为 2 位 11 表示小数位为 3 位
此 3 个字节根据参数个数循环，如果为单参数则不循环	参数标记	1Byte	bit7：为 4 级报警，模拟量有效 bit6：为 3 级报警，模拟量有效 bit5：为 2 级报警，模拟量有效 bit4：为 1 级报警，模拟量有效 bit3：备用 bit2 bit1 bit0：为 000 表示该传感器是单参数，为 001~111 分别表示多参数的 1~7 号子设备的数据
	数值	当设备为模拟量时，格式如下：	
		2Byte	低字节在前，高字节在后 bit15：=0 表示后续数据为正数 =1 表示后续数据为负数 bit14~bit0：数值
		当设备为智能断电器时，格式如下：	
		2Byte	高字节无意义，低字节含义如下： bit3：表示交控状态 bit2：表示手控状态 bit1：表示多路断电器第 1 路馈电状态 =0 表示有电 =1 表示无电 bit0：表示多路断电器第 1 路控制状态 =0 表示接通 =1 表示断电
		当设备为 KXB24 型声光报警器时，格式如下：	
		2Byte	高字节无意义，低字节含义如下： bit2：表示控制状态 =0 表示接通（未报警） =1 表示断开（报警） bit1 bit0：表示 KXB24 型声光报警器状态 =0 表示 0 态（断线） =1 表示 1 态（报警） =2 表示 2 态（正常）

表 2－5（续）

字节号	字　段	字节数	描 述 及 要 求
此 3 个字节根据参数个数循环，如果为单参数则不循环	数值		当设备为开关量时，格式如下：
		2Byte	高字节无意义，低字节含义如下： bit0 bit1：表示开关量状态 =0 表示 0 态（断线） =1 表示 1 态（停） =2 表示 2 态（开）
历史数据信息区域			
1	信息域编码	1Byte	0x03
2、3	长度	2Byte	历史数据域总个数
N＊11	日期	4Byte	依次传输，年，月，日，时，分，秒，具体格式见备注 1
	数据体格式	7Byte	直接按照实时信息区域中的“设备型号”－“备数值”进行传输
未定义设备信息域			
1	未定义信息域编码	1Byte	0x04
2、3	长度	2Byte	整个信息域长度
4～10	数据	7Byte	同实时数据域
11、12	分站初始化 CRC	2Byte	CRC 低，CRC 高
13、14	整个数据包累加和校验	2Byte	累加和低，累加和高
说明：每次分站都会上传自身初始化的 CRC，上位机如果 CRC 不匹配，则自动下发初始化。 CRC 初始化内容：分站编号(252)＋N＊41(模拟量)＋M＊9(开关量)＋K＊2(断电器)。 以上模拟量、开关量、断电器按地址编号从 1 开始			

备注 1：时钟域的定义如下，年的起始时间为 2000 年

D31－D26	D25－D22	D21－D17	D16－D12	D11－D6	D5－D0
年	月	日	小时	分	秒

2. 分站与传感器间的通信协议

目前行业内主流厂家都是以 RS485 或 CAN 总线通信为基础。RS485 和 CAN 各有优缺点。例如，RS485 通信简单，一帧数据量信息大，编程简单；而 CAN 具有实时性高、主动并发等优点，在实时控制系统中，CAN 通信占有优势地位。

1）RS485 通信协议

RS485 通信协议适用于主从通信方式，分站为主机，传感器为从机，分站与传感器采用 RS485 RTU 通信方式。

通信波特率：2400 bps，1 位起始位，8 位数据位，1 位停止位，无校验。

（1）分站初始化（51H）。分站发送数据格式见表 2 -6。

表 2 -6　分站发送数据格式

帧头	地址	命令	数据	CRC 校验
FF FF FF	地址	51H	00 00	CRC16 高，CRC16 低

传感器回复数据格式见表 2 -7。

表 2 -7　传感器回复数据格式

帧头	地址	命令	数　据	CRC 校验
EE EE EE	地址	51H	长度(1Byte) + 传感器类型(1Byte) + 量程(4Byte) + 频率(4Byte) + 数据类型(1Byte) + 预留(1Byte)	CRC16 高，CRC16 低

量程：量程低（2Byte），量程高（2Byte）。

频率：频率低（2Byte），频率高（2Byte）。

开关量数字式传感器：

量程：量程低 0x00 0x00，量程高 0x00 0x02。

频率：频率低 0xEA 0x61，频率高 0xEA 0x62。

数据类型：开关量数字式传感器数据类型见表 2 -8。

表 2 -8　开关量数字式传感器数据类型

<table>
<tr><td rowspan="2">0</td><td>0</td><td>频率</td></tr>
<tr><td>1</td><td>值</td></tr>
<tr><td rowspan="2">1 ~ 7
（预留）</td><td></td><td></td></tr>
<tr><td></td><td></td></tr>
</table>

（2）甲烷传感器初始化（51H）。

分站初始化命令：FF FF FF　地址　51H　［长度］注1［状态］注2四级时间（1 字节，单位 min）、四级报警值（2 字节，频率）；三级时间、三级报警值；二级时间、二级报警值，一级时间、一级报警值。CRC16 高，CRC16 低。

数据发送：EE EE EE　地址　51H　［长度］注3类型（传感器）；量程低（2

字节)、量程高（2 字节)；频率低（2 字节)、频率高（2 字节)；数据类型（频率、数字)；预留：CRC16 高，CRC16 低。

注 1：长度：从四级时间一直到一级报警值的字节个数和，即 0x0c。

注 2：状态：B. 0 =1 时为分级报警模式，B. 0 =0 时为普通报警模式。

B. 1 ~ B. 7 功能暂时保留。

注 3：长度指从长度（不包括长度）后面的字节个数和。

数据类型：频率、数字，见表 2 –9。

表 2 –9　甲烷传感器初始化数据类型

0	0	频率
	1	值
1	0	不具备分级报警功能
	1	具备分级报警功能
2 ~7（预留）		

（3）分站对传感器巡检（52H)。分站对传感器发送命令格式见表 2 –10。

表 2 –10　分站对传感器发送命令格式

帧头	地址	命令	数据	CRC 校验
FF FF FF	地址	52H	无	CRC16 高，CRC16 低

传感器回复巡检数据格式见表 2 –11。

表 2 –11　传感器回复巡检数据格式

帧头	地址	命令	数据	状态	CRC 校验
EE EE EE	地址	52H	频率值 4Byte	状态值	CRC16 高，CRC16 低

帧头：EE EE EE。

地址：传感器地址值。

命令：52H。

频率值：频率值高位在前。

开关量数字式传感器：0x00 0x00 0x00 0x00 断线；

0x00 0x00 0xEA 0x61 开；

0x00 0x00 0xEA 0x62 停。

传感器状态值数据格式见表 2－12。

表 2－12　传感器状态值数据格式

数　位	状态字	含　义
0、1	00	正常
	01	冷启动
	10	热启动
	11	看门狗超时
2	1	AD 干扰
	0	AD 无干扰
3	1	标校值
	0	正常值
4～7	预留	

（4）分站对智能电源的巡检。

分站初巡检命令：FF FF FF FF FF　地址　00 校验(加总异或)。

智能电源数据发送：EE EE EE EE EE　地址号(1Byte)＋00＋长度(2Byte)＋＊二态开关量信息(2Byte)＋＊模拟量(累计量、三态开关量)信息＋[＊分站开出口信息][＊状态变化对应关系＋＊时间信息]＋校验(加总异或)。

地址：0x17（串口 1）、0x29（串口 2）。

传感器类型表：传感器类型索引见表 2－13。

表 2－13　传感器类型索引

索引	传感器名称	索引	传感器名称	索引	传感器名称
0	未知	7	风速	14	硫化氢
1	低浓度甲烷	8	风压	15	管道甲烷
2	高低浓度甲烷	9	负压	16	管道一氧化碳
3	红外甲烷	10	氧气	17	温湿度
4	激光甲烷	11	二氧化碳	18	多参数
5	一氧化碳	12	二氧化硫	19	噪声
6	温度	13	氢气	20	氨气

表 2－13（续）

索引	传感器名称	索引	传感器名称	索引	传感器名称
21	倾角	40	流量	59	馈电
22	开停	41	有功功率	60	缺水开关
23	开关	42	无功功率	61	
24	煤仓空满	43	电流	62	
25	风门	44	功率因数	63	
26	风机	45	频率	64	
27	过卷	46	电压	65	
28	状态	47	风向	66	
29	刀闸	48	红外热释	67	
30	风筒	49	交直流	68	
31	烟雾	50	馈电	69	
32	粉尘	51	主备电	70	
33	压力	52	钩数	71	
34	离层	53	产量	72	
35	锚杆应力	54	触控	73	
36	顶底移近	55	光控	74	
37	水位	56	有功电量	75	
38	速度	57	无功电量	76	
39	煤位	58	断电器	77	

2）CAN 通信协议

以扩展帧为基础，整体定义见表 2－14。

表 2－14　整　体　定　义

扩展帧（包含 ID）	控制域/数据域长度	数据域	校验域
4 个字节（占用 29 bit）	1 个字节 <8	0～8 个字节	2 个字节

由于 CAN 总线报文规定一帧最多传输 8 个有效字节，故通信地址等一般都是在仲裁域里面规定。仲裁域规定 32 位，其中，只有 29 位用户可使用。定义见表 2－15。

表2－15　定　　义

扩展帧头29位定义如下：D28～D0							
D28	D27...D24	D23...D17	D16	D15	D14	D13...D8	D7...D0
保留	帧序数	编码类型	数据属性		数据传输方向（上传/下发）	终端设备属性	终端设备地址

D10...D0 代表 SID 帧标识符　　D28...D11 代表 EID 帧标识符

D16 D14 分别对应 EID5 EID3，即 EIDL 寄存器中的 D5 D3 位

bit 位	说明	具 体 描 述
D7...D0	终端设备地址	传感器、读卡器、广播等终端设备的地址，1－230 有效。广播地址为 0，地址 231...255 保留
D13...D8	终端设备属性	终端地址的名称，详情请见设备属性列表
D14	数据传输方向	1：上行　设备传输数据到主控设备（网关） 0：下行　主控设备（网关）回复终端设备
D16...D15	下行数据：分站→传感器	针对下行数据（分站→传感器），填充 0
	上行数据：传感器→分站数据属性	针对上行数据（传感器→分站），表示数据属性 00 正常数据　01 预热　10 标定　11 模拟数据（标气/手动）
D23...D17	编码类型	即命令字符，代表该信息的具体动作
D27...D24	下行数据：分站→传感器帧序数	D27 D26 表示帧类型：00 只有一帧数据　01 多帧中的首帧 10 多帧中的中间帧　11 多帧中的末帧 D25 D24 表示帧序数：00 01 10 11 反复，每发一帧累加 1
	上行数据：传感器→分站帧类型状态	D25 D24 表示帧类型：00 表示上传实时数据带 CRC 01 表示上传实时数据带当前时钟 10 表示上传历史数据 以上 3 帧信息只有在主动上报（CMD＝0X01）时有效
D28	保留	保留位

命令类型定义如下

CMD 字节	说　　明
0x01	传感器定时主动上传实时数据
0x02	传感器主动上传变化实时数据
0x03	开关量传感器上传当前状态（开停、风筒开关）

传感器主动上报数据

帧 ID（D28...D0）						数据域			
D25...D24	D23...D17	D16...D15	D14	D15...D8	D7...D0	状态	数据	电压	CRC
0 0	CMD	XX XX	1	名称	地址	1 字节	2 字节	1 字节	2 字节

表 2－15（续）

状态字节表示如下

bit 位	说　明
D7... D3	保留
D5	探头断线　0 正常　1 断线（显示 LLL）
D4	类型不一致报警　0 正常　1 异常
D3	设备当前处于联动中　0 正常　1 联动中
D2... D0	针对模拟量：当前设备报警等级：000 正常不报警　001... 100 分别表示第 1～4 级预警。111 表示上报、上断报警
	针对开关量：001：0 态报警　010：中间态报警　011：1 态报警

数据：数据为 2 个字节表示

bit 位	说　明
D15	数据±号，0 表示正数，1 表示负数
D14 D13	小数点位数，00 无小数点位数　01 1 个小数点位数　10 2 个小数点位数　11 3 个小数点位数
D12... D0	数据体本身。13bit 表示

电压数据 1 字节表示，默认 1 个小数点：如：0xA1 代表 16.1 V

分站回复确认或者初始化配置信息

帧 ID（D28... D0）确认信息：CMD＝0X10							数据域
D28... D24	D23... D17	D16	D15	D14	D15... D8	D7... D0	1 字节
0	CMD	0	0	0	名称	地址	设备状态

如果分站需要对某个传感器参数进行配置，则发送数据如下：

帧 ID（D28... D0）第一帧								数据域
D27... D26	D25... D24	D23... D17	D16	D15	D14	D15... D8	D7... D0	数据域 1
帧序数	0 1	CMD	0	0	0	名称	地址	8 字节
帧 ID（D28... D0）中间帧								数据域
D27... D26	D25... D24	D23... D17	D16	D15	D14	D15... D8	D7... D0	数据域 2
帧序数	1 0	CMD	0	0	0	名称	地址	8 字节

……

帧 ID（D28... D0）结束帧								数据域
D27... D26	D25... D24	D23... D17	D16	D15	D14	D15... D8	D7... D0	数据域 N
帧序数	1 1	CMD	0	0	0	名称	地址	字节

表 2-15（续）

针对模拟量 * 传感器，需要发送配置信息 25 字节 + 传感器初始化校验（25 个字节校验）:		
传感器参数标记	D2 D1 D0 有效：000～111 分别表示 1～8 参	1 字节
4 级报警数值、时长	2 字节数值 + 1 字节时长 = 3 字节　时长单位：分	12 字节
3 级报警数值、时长	2 字节数值 + 1 字节时长 = 3 字节　时长单位：分	
2 级报警数值、时长	2 字节数值 + 1 字节时长 = 3 字节　时长单位：分	
1 级报警数值、时长	2 字节数值 + 1 字节时长 = 3 字节　时长单位：分	
上限报警值	2 字节	12 字节
上限断电值	2 字节	
上限复电值	2 字节	
下限报警值	2 字节	
下限断电值	2 字节	
下限复电值	2 字节	
校验	2 字节，对以上 25 个字节进行校验	

说明：针对模拟量传感器，发送 27 个字节配置信息，即 4 帧发送完毕，针对开关量传感器，发送信息如下：CMD = 0x51；数据域 = 开关量报警字节 + CRC 字节

帧 ID（D28...D0）一帧数据								数据域
D27...D26	D25...D24	D23...D17	D16	D15	D14	D15...D8	D7...D0	数据域
帧序数	0 0	CMD	0	0	0	名称	地址	3 字节

第三节　煤矿安全监控系统硬件

安全监控系统硬件是由机械、电子、光电元件等组成的各种物理装置（设备）的总称，是安全监控系统监测、处理、控制、存储等的物质基础。各类传感器、执行器（断电器、声光报警器）、井下传输设备（分站、交换机）、井下电源、井口设备（地面接口、防雷器）及中心站设备（主机、打印机、UPS 电源、投影仪或电视幕墙、网络交换机、服务器和配套设备）等是煤矿安全监控系统重要的硬件。

一、传感器

传感器是将被测物理量转换为电信号输出的装置。现代信息技术的基础包括信息采集、信息传输和信息处理。信息采集离不开传感技术及设备。传感器位于信息采集之首、检测与控制之前，是感知、获取和检测的最前端。安全生产所要

获取的所有信息，都需要通过传感器获取并转换为电信号。没有传感器的发展，整个信息技术、安全监测监控技术的发展就会成为一句空话。

(一) 传感器的基本组成与要求

煤矿安全监控系统中所需监测的物理量大多数是非电量，如甲烷浓度、风速、温度等，而这些物理量不宜直接进行远距离传输，必须将其变换成便于传输、存储和处理的物理量。目前能满足这些要求的是电信号。电信号的测量、传输、存储和处理手段最为成熟，便于信号的放大、传输、存储和计算机处理。这就需要使用传感器将被监测的非电信号转换为电信号。传感器作为监控系统的第一个环节，可实现信息的获取和转换功能，其性能的好坏直接影响着系统的监控精度。当然，随着光传输、存储和处理技术的发展，光信号将会成为另一种便于传输、存储和处理的信号。

1. 矿用传感器的分类

为便于传感器的研究、使用和维护管理，可对传感器按照所监测物理量的特点、所感知物理量的类型及被测物理量转变为电信号的变换原理等进行分类。

（1）按照所监测物理量的特点，传感器可分为模拟量传感器和开关量传感器两大类。

模拟量传感器是指用于监测模拟量的传感器。模拟量就是量值连续变化的物理量，如 CH_4 浓度、风速、CO 浓度等，模拟量可以用电压、电流或频率表示。

开关量传感器是指用于监测开关量的传感器。开关量是指仅取两种状态的物理量，如设备开/停、风门关/启等。

（2）按照所感知的物理量（传感器输入量）的类型，传感器可分为甲烷传感器、一氧化碳传感器、风速传感器、负压传感器、风筒传感器、馈电状态传感器等。

这种分类方法明确指出了传感器所能监测的物理量，便于使用者选择使用，但不便于了解传感器的变换原理和性能，不利于有针对性地开展使用维护管理。

（3）按照将被测物理量转变为电信号的变换原理，传感器可分为电化学传感器、催化燃烧式传感器、热导式传感器、红外吸收式传感器、激光传感器、其他类型传感器等。

电化学传感器：利用被测气体遇电解液发生电化学反应，产生的电流大小与被测气体浓度呈线性关系，从而检测出被测气体的浓度。

催化燃烧式传感器：利用催化燃烧的热效应原理，由检测元件和补偿元件配对构成测量电桥，在一定温度条件下可燃气体在检测元件载体表面及催化剂的作用下发生无焰燃烧，生成热量引起载体催化元件的电阻变化，使测量电桥失去平衡，输出一个与可燃气体浓度成正比的电信号，从而实现对被测气体的测量。

热导式传感器：利用被测气体热导率与新鲜空气间的差异而测得被测气体浓度。

红外吸收式传感器：利用不同气体分子对特定波长的红外光具有吸收功能而检测被测气体浓度。

激光传感器：利用可调谐激光吸收光谱和谐波检测原理来检测被测气体的浓度。

其他类型传感器：如超声波传感器、半导体传感器等。

目前，煤矿安全监控系统常用传感器的检测原理及检测气体见表 2－16。

表 2－16 煤矿安全监控系统常用传感器的检测原理及检测气体

序号	检测原理	检测气体	响应时间/s	稳定性试验/天	执行标准
1	电化学原理	CO	≤35	15	《煤矿用电化学式一氧化碳传感器》（AQ 6205—2006）
		O_2	≤35	15	《煤矿用携带型电化学式氧气测定器》（MT 704—2008）
		H_2S	≤45	15	《煤矿用硫化氢检测报警仪》（MT 1084—2008）
		NO_2	≤45	15	企业标准
		SO_2	≤45	15	企业标准
		H_2	≤60	15	企业标准
		NO	≤45	15	企业标准
2	催化原理	CH_4	≤20	15	《煤矿用低浓度载体催化式甲烷传感器》（AQ 6203—2006）
3	热导原理	CH_4	≤20	15	《瓦斯抽放用热导式高浓度甲烷传感器》（AQ 6204—2006）
4	红外吸收原理	CH_4	≤25	60	《煤矿用非色散红外甲烷传感器》（AQ 6211—2008）
		CO_2	≤30	15	《矿用二氧化碳传感器通用技术条件》（AQ 1052—2008）
		CO	≤35	15	企业标准
		C_2H_2	≤90	15	企业标准
		C_2H_4	≤90	15	企业标准
5	激光原理	CH_4	≤25	180	《煤矿安全监控系统及检测仪器使用管理规范》（AQ 1029—2019）
		C_2H_4	≤90	15	企业标准

此分类方法有利于专业人员设计研究、使用者了解传感器变换原理和有针对性地开展运维管理，但不便于使用者选择。

在煤矿实际使用过程中，为充分利用后两种分类方法的优点，方便研究设计和选择与运维管理，通常将这两种分类方法同时使用，如激光甲烷传感器、热导式甲烷传感器、电化学式一氧化碳传感器、超声波涡街风速传感器等。

此外，传感器还可按能量的传递方式，分为有源传感器和无源传感器；按使用形式，分为便携式传感器和机载式传感器；按输出信号，可分为模拟式传感器（输出模拟信号）和数字式传感器（输出数字信号）；按信号的传输方式，分为有线传感器和无线传感器。

2. 矿用传感器的基本组成

传感器主要由敏感元件、转换元件、测量电路和辅助电源组成，如图 2 – 17 所示。在矿井监控领域，敏感元件和转换元件统称为传感元件。

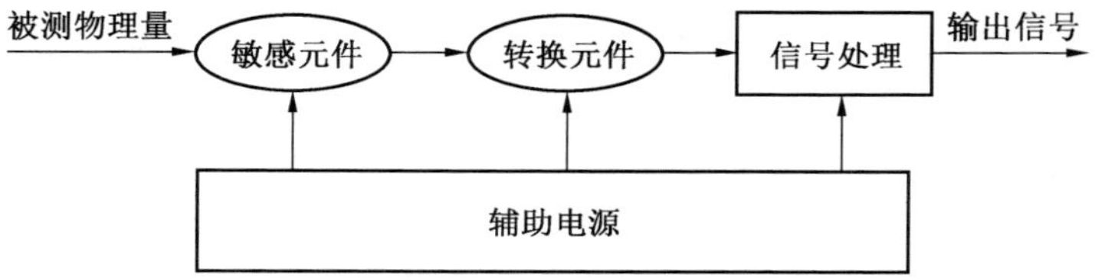

图 2 – 17　传感器组成框图

敏感元件是用来感受被测物理量，并将其预先转换为另一种形式物理量的器件。根据其基本感知功能，可分为热敏元件、光敏元件、气敏元件、力敏元件、磁敏元件、湿敏元件、声敏元件、放射线敏感元件、色敏元件和味敏元件等十大类。转换元件是将经预变换的非电信号转换为电信号的器件。信号处理电路是将转换元件输出的电信号放大或处理为便于显示、传输、记录、控制的信号。

在进行非电量到电量的转换时，并非所有的非电量都能利用现有技术一次直接转换为电量，而是将被测非电量先转换为另一种便于转换为电量的非电量。敏感元件就是将被测的非电量转换成另一种便于转换为电量的非电量的器件。转换元件是将敏感元件所输出的非电量转换为电量的器件。例如，矿用超声波涡街风速传感器，首先通过敏感元件将风速转换为与风速成正比的涡街频率，然后再通过转换元件将与风速成正比的涡街频率转换为电脉冲频率。有时敏感元件同时兼作转换元件，这时被测的非电量直接转换为电量，如热催化式甲烷传感器的传感元件。

转换元件的输出可以是电信号（电压、电流或脉冲），也可以是电阻、电容和电感等参数的变化。当转换元件输出为电信号时，测量电路就是一般的放大器，否则就需要通过电桥先将这些参数变换成电信号，然后再进行放大。测量电路除完成上述功能外，一般还应具有非线性补偿、阻抗和电平匹配等功能。随着集成电路集成度的提高，微处理机芯片的应用，在智能传感器中测量电路还具有信号的预处理等功能。

3. 矿用传感器的基本要求

矿用传感器是安全监控系统的重要组件，应满足以下基本要求：

（1）符合有关国家及行业标准的要求，其防爆型式应优选本质安全型。用于安全监控的矿用传感器的防爆型式应为本质安全型，载体催化式甲烷传感器等难以做成本质安全型的，其防爆型式可采用本质安全兼隔爆型。矿月传感器及其关联设备应通过国家授权的防爆检验机构的本质安全关联联检。

（2）结构合理，坚固耐用，防水、防潮、防腐、防霉、防尘，满足井下悬挂等要求。采用扩散取样方式的传感器，取样头应具有防尘和防风的防护罩。在采掘工作面使用的气体类传感器，其防护等级不低于 IP65；其他传感器的防护等级不低于 IP54。

（3）具有较高的测量精度、灵敏度和响应速度。应符合相关国家或者行业标准的规定，暂无国家或行业标准规定的新型传感器，应在其相关技术文件中明确其性能指标。

（4）一般应具有显示功能，显示应清晰准确。具有报警功能的矿用传感器，其报警点应能在测量范围内任意设定，报警声级强度在距其 1 m 远处的声响信号的声压级应不小于 80 dB(A)，光信号应能在 20 m 远处清晰可辨。

（5）一般应能在 9 ~24 V 范围内正常工作。使用单芯截面积为 1.5 mm^2 的电缆时，传感器与分站等之间的传输和供电距离应不小于 2 km。

（6）工作稳定性应不低于 15 天。红外甲烷传感器的工作稳定性不低于 60 天，激光甲烷传感器的工作稳定性不低于 180 天。

（7）具备较高的抗电磁干扰能力。与安全监控系统其他监控设备配合，具备射频电磁场辐射抗扰度、电快速瞬变脉冲群抗扰度、电源端口浪涌（冲击）抗扰度等性能。

（8）为便于调校，传感器宜具有采用遥控器调校的功能。

4. 矿用传感器的主要技术性能参数

矿用传感器的主要技术性能参数体现其技术水平、能力和先进程度，是传感器研究设计、使用者选择使用重点考虑的因素。因矿用传感器类型较多，其性能参数也有较大差异，开关量传感器由于仅监测开、停（关、闭）两种状态，性能参数较为简单，模拟量传感器则通常需有量程、基本误差、灵敏度、响应时间等性能参数。

1）量程

量程是传感器的主要特性，指传感器所允许测量被测物理量的量值范围。一般用传感器允许测量的物理量的上、下极限来表示，其中上限值又称满量程值，如催化燃烧式甲烷传感器的量程为(0.0 ~ 4.0)% CH_4 等，电化学式一氧化碳传感器的量程可分为(0 ~ 100) $\times 10^{-6}$ CO、(0 ~ 500) $\times 10^{-6}$ CO，风速传感器的量程一般为 0.3 ~ 15.0 m/s 等。

在实际使用中，应保证传感器在规定的量程下工作。如果被测物理量超出传感器所规定的量程范围，则不能用传感器监测。否则，不仅会造成检测结果误差大，还容易造成传感器的损坏及使用寿命的降低。

2）基本误差

基本误差是在正常试验条件下确定的传感器误差值。任何传感器的检测结果都是被测物理量的近似表示，为此引入误差的概念，表示传感器检测结果与被测实际值的接近程度。基本误差一般在校验或标定的过程中确定。

基本误差可用绝对误差和相对误差表示。绝对误差是指检测值与实际值（真值）的代数差，如催化燃烧式甲烷传感器在测试范围为(0.00 ~ 1.00)% CH_4 时基本误差为 ±0.10% CH_4，压力传感器的基本误差为 ±1 kPa 等。相对误差是绝对误差与实际值之比，如催化燃烧式甲烷传感器在测试范围为(1.00 ~ 3.00)% CH_4 时基本误差为真值的 ±10%，量程为(0 ~ 500) $\times 10^{-6}$ CO 的电化学式一氧化碳传感器的基本误差为测量值的 ±5% 等。

3）灵敏度

灵敏度是指传感器的输出增量 Δy 与输入增量 Δx 之比，即

$$灵敏度 = \frac{\Delta y}{\Delta x}$$

灵敏度一般用拟合直线的斜率来表示，如图 2 - 18 所示。

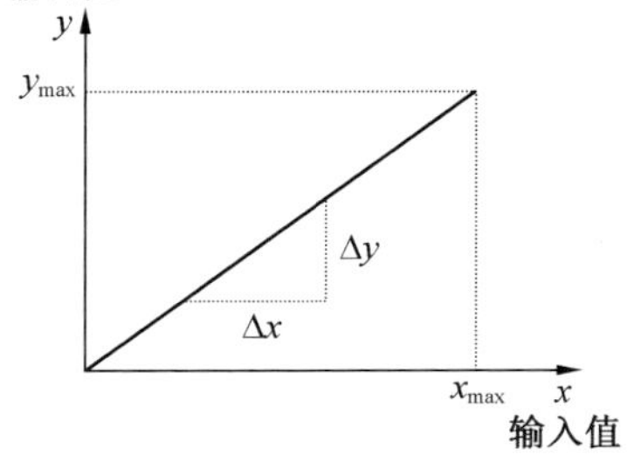

图 2 - 18　传感器的灵敏度

为充分发挥传感器在煤矿安全生产中的重要作用，要求传感器具有较高的灵敏度，大多数产品标准对此都有具体的要求。

4）响应时间

被测变量发生变化的时候，传感器一般不能立即对此作出反应，都有一个滞后，这个滞后的时间就是响应时间。在实际测试中，响应

时间是指在试验条件下，从传感器接触被测气体至达到稳定指示值的时间，通常读取达到稳定值 90% 的时间作为响应时间，即常见的 T_{90}。

5）稳定性

传感器稳定性是指传感器使用一段时间后，其性能保持不变化的能力。影响传感器长期稳定性的因素除传感器本身结构外，主要是传感器的使用环境。因此，要使传感器具有良好的稳定性，传感器必须要有较强的环境适应能力。在选择传感器之前，应对其使用环境进行调查，并根据具体的使用环境选择合适的传感器，或采取适当的措施，减小环境的影响。

传感器的稳定性有定量指标，当超过使用期时，在使用前应重新进行标定，以确定传感器的性能是否发生变化。相关国家或行业标准对传感器的稳定性均有明确规定，如载体催化式甲烷传感器、电化学式一氧化碳传感器的稳定性不低于 15 天，红外甲烷传感器的稳定性不低于 60 天等。

6）供电方式

矿用传感器的供电方式有内部供电和外部供电两种。内部供电方式的传感器自带蓄电池电源，一般为无线传感器所使用。

传感器外部供电方式包括就近供电和集中供电两种。外部就近供电是指由系统分站电源、电控箱或电源箱向传感器供电的方式，与集中供电相比具有供电距离近、功耗小、简单方便等优点。为保证在交流电网短时停电情况下传感器仍能正常工作不小于 4 h，在一些分站电源或电源箱中还设置了一定容量的蓄电池，作为后备电源。

传感器外部集中供电方式是为了保证在井下供电不正常的情况下仍能对被测物理量进行监测，由中心站对所有传感器集中供电。采用这种方式时，由于每一传感器都必须有一电缆与中心站相连，在同样监控容量下需要的电缆较多，系统投资较大，且不便于安装维护。

5. 矿用传感器的发展要求

传感器的存在和发展，让物体有了“触觉”“味觉”和“嗅觉”等感官，让物体慢慢变得活了起来，使自动检测和自动控制具备基础条件。未来随着各类基础科学的进步，互联互通和自动化、智能化进程，将进一步推动传感器技术的快速进化，矿用传感器的发展也将适应以下要求：

（1）感测系统结构紧凑，测量灵敏度高，适用范围广，使用安装方便。随着新材料和传感技术的发展，新型传感器会更加紧凑、更加微型化，测量惯性小，反应速度快，频率特性好，提供更精确的监测数据；更准确、更可靠和可复制的传感器将在矿用领域拥有更多的应用场景，实现的功能也更加强大；柔性光传感器、离子传感器和生物传感器等柔性传感器将拥有更多创新应用。

（2）全数字化和多参数。矿用传感器将全面数字化，并向多参数、多功能方向发展。通过协调工作，传感器将增加额外的复杂性；各种新技术的采用，将使传感器变得更加多样化、功能组合化，可为煤矿用户提供更多的选择。

（3）低功耗和高可靠性。随着各种新平台和新材料的应用，制造商可以制造更小的传感器，功耗进一步降低，成本大幅下降，能更好地适应煤矿井下传感器需要远程本安供电的要求。光传感技术更广泛的应用，使传感器具备更高的抗电磁干扰能力和更高的环境适应性，以适应井下更加严酷的作业环境要求。

（4）兼容性和互联互通。井下多网多系统融合是煤矿智能化发展的必然要求，在井下本质安全关联特性和电磁兼容特性系统整体评估检测强制约束下，实现传感器对不同安全监控系统的兼容值得期待。提高传感器对网络结构、控制协议、传输协议、接口协议、视音频编解码、视音频文件格式等的适应能力和标准化程度，尽可能实现设备或系统间的兼容和互操作，解决互联互通问题具有重要意义。此外，技术发展日新月异，传感器应能适应系统扩容、技术升级和新技术引入等的相关要求。

（5）模块化。随着智能制造技术的发展，模块化是未来传感器设计的一个重要趋势，不仅会大大提高技术水平，促进智能制造，而且因其高内聚低耦合特性，还会降低传感器的设计、开发和制造成本，同时也便于用户使用维护。模块化就是有组织地把传感器拆分成多个独立且互相依赖的模块，模块具备特定功能和诸多私有属性，仅向外暴露部分使用接口。通过模块的有机组合形成产品整体。不同的模块组合形成不同的产品类别，更快速地满足不同的个性化需求。

（6）智能化。在计算机技术的支持下，传感器将具有更高的自动化、智能化程度。自诊断自评估功能将进一步强化、延展。自校准传感器具有非常高的成本效益，通过自动校准可以减少传感器的维护次数和时间，并大幅降低维护成本。自修复传感器将会有更广泛的应用范围，并使维护成本更低，特别是在发生各种灾难和风险时将大有用处。

（二）甲烷传感器

瓦斯是煤矿井下危险性最大的致灾因子，甲烷浓度监测是矿井安全监控的首要任务。当环境中甲烷浓度大于或等于报警浓度时，发出声光报警信号；当甲烷浓度大于或等于断电浓度时，切断被控区域的全部非本质安全型电气设备的电源并闭锁；当甲烷浓度低于复电浓度时解锁。因此，甲烷传感器既是安全监控最重要的设备，又是安全监控必备的设备。

1. 基本类型

甲烷传感器按其工作原理，可分为催化燃烧式甲烷传感器、热导式甲烷传感器、红外吸收式甲烷传感器、光纤甲烷传感器、激光甲烷传感器等，分别采用催化燃烧原理（GJC）、热导原理（GJT）、红外吸收原理（GJH）、可调谐激光吸收光谱和谐波检测原理（GJJ）。传统安全监控系统的甲烷检测大多采用催化燃烧式或热导式甲烷传感器，近年来随着科学技术的发展，激光甲烷传感器以其优越的性能逐渐在安全监控系统中得到应用，成为国家重点推广的先进甲烷传感器。

按照检测量值范围，甲烷传感器分为低浓度甲烷传感器、高低浓度甲烷传感器、高浓度甲烷传感器和全量程甲烷传感器。

（1）低浓度甲烷传感器。检测量值范围(0～10.0)% CH_4。采用载体催化燃烧原理检测，检测量值范围(0～4.0)% CH_4；采用热导原理、红外吸收原理或激光原理检测，检测量值范围(0～10.0)% CH_4。

（2）高低浓度甲烷传感器。能同时较准确检测低浓度和高浓度甲烷的传感器。为保证检测精度，通常采用载体催化燃烧式与热导式检测原理相结合的方式，低浓度甲烷采用载体催化燃烧原理检测，高浓度甲烷采用热导原理检测，检测量值范围有(0～20.0)% CH_4、(0～40.0)% CH_4 等。

（3）高浓度甲烷传感器。能够检测浓度高于 10.0% 的瓦斯，通常采用热导原理、红外吸收原理、激光检测原理。如果高浓度甲烷传感器能够检测(0～100.0)% CH_4，则可称全量程甲烷传感器。

按照使用地点，甲烷传感器可分为环境监测用甲烷传感器、管道用甲烷传感器和车载式甲烷传感器。其中：管道用甲烷传感器用于瓦斯抽放管道内的瓦斯监测，其较环境监测用甲烷传感器具备更高的安全要求，防爆安全应达到 EPL Ma 防护级别；车载式甲烷传感器通常与车载瓦斯断电仪配套使用。

2. 催化燃烧式甲烷传感器

催化燃烧式甲烷传感器是我国煤矿安全监控系统最早使用的甲烷传感器，已有数十年的使用历史，由于其测量准确、结构坚固、价格低廉等特点，目前仍在广泛使用。

1）主要结构和工作原理

采用催化燃烧式检测原理，由检测元件（催化元件）和补偿元件配对构成惠斯通电桥，当环境中的甲烷以扩散的方式进入气室腔时，在催化元件表面发生无焰燃烧，生成热量引起载体催化元件的电阻变化，使惠斯通电桥失去平衡，输出一个与甲烷浓度成正比的电信号，该信号经放大电路转换后，直接送往单片机进行数据处理，来完成仪器的显示、报警等功能。催化燃烧式甲烷传感器工作原理如图 2－19 所示。

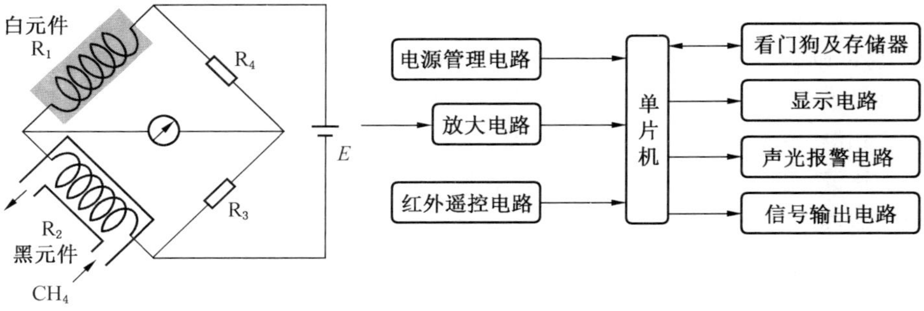

图 2－19　催化燃烧式甲烷传感器工作原理

图 2－20　催化元件探头

催化燃烧式甲烷检测元件有铂丝催化元件和载体催化元件两种。图 2－20 所示为催化元件探头。

铂丝催化元件采用高纯度（99.99%）的铂丝制成线圈。铂丝既是催化剂，又是加热器。铂丝催化元件通电后，铂丝电阻将电能转换成热能，在铂丝催化作用下，吸附在铂丝表面的甲烷无焰燃烧，放出热量，使铂丝升温，电阻变大，通过测量其电阻变化就可测得空气中甲烷浓度。铂丝催化元件结构简单，稳定性好，受硫化物中毒影响小。但铂丝的催化活性低，必须在 900 ℃以上高温才能使元件工作，这不仅耗电大，在高温的作用下还会导致元件表面蒸发，使铂丝变细，电阻增大，造成传感器零点漂移。另外，铂丝催化元件机械强度低，由于机械振动等会改变其几何形状，影响传感器参数。所以，在传感器设计选型过程中更倾向于采用载体催化元件探头。

2）主要技术特点

催化燃烧式甲烷传感器具有技术成熟、性能稳定、测量精度较高、输出信号较大，且不受其他可燃气体和粉尘的影响，响应速度较快，结构坚固、使用维护较为方便、价格低廉等特点，通过增加遥控调校、断电控制、故障自校自检等新功能，可以进一步节约使用与维护费用。对非可燃性其他气体具有很好的选择性。

催化燃烧式甲烷传感器存在的主要问题有以下方面：

（1）工作稳定性较低。当受到某些因素影响时可能会发生零点漂移，受积碳等影响运行灵敏度也可能会发生变化，因此在使用前应用新鲜空气及标准瓦斯气样对传感器进行标校，在使用过程中每 15 天至少标校 1 次。

（2）中毒问题。因为需要热传递，为了保证热效率，反应必须在瞬间完成，即要求有极高的反应效率，就需要有大量的纳米级催化剂和纳米级的孔，这样的特征有利于传感也有利于中毒，因而易受硫、铅、磷、氯等化合物的干扰而使催化剂中毒或元件坏死，降低其灵敏度、准确度，甚至出现误报现象。

（3）只能检测低浓度甲烷。由于甲烷在载体催化元件上无焰燃烧释放的热量与浓度的线性关系只在甲烷浓度为爆炸下限以内时才成立，故一般只能检测浓度在 4.0% 之内的甲烷。

（4）使用寿命较短。催化元件表面温度高，寿命相对较短，即便是质量较好的催化元件，其使用寿命也很难超过 1.5 年。

（5）具有氧气依赖性。甲烷在催化元件表面发生无焰燃烧需要氧气，氧气浓度降低会影响测试的准确性。

催化元件不会被淘汰，通过结构改进解决振动引起的漂移问题，通过过滤层改进解决中毒问题，通过开发新材料改善积碳等问题，可进一步提高其可靠性。

3）主要技术性能指标

徐州江煤科技有限公司生产的 GJC4X(A) 型矿用催化燃烧式甲烷传感器的主要技术性能指标如下：

（1）取样方式：扩散取样，取样头上采用防粉尘和防风速影响的保护罩。

（2）测量范围：(0.00 ~ 4.00)% CH_4。

（3）输出信号制式：RS485 或 CAN。

（4）工作电压：DC 9 ~ 25 V。

（5）工作电流：≤65 mA。

（6）显示分辨率：0.01% CH_4。

（7）响应时间：不大于 20 s。

（8）在甲烷浓度超过测量范围上限时，传感器具有保护载体催化元件的功能，并使传感器的显示值和输出信号值均维持在超限状态。

（9）报警功能：具有报警功能的传感器在 (0.00 ~ 4.00)% CH_4 任意设置报警点，报警显示值与设定值的差值的绝对值不大于 0.05% CH_4，同时传感器具有 4 级报警功能。

（10）报警方式和效果：声报警，离声源轴向距离 1 m 远处，声强不小于 80 dB(A)；光报警，黑暗环境中 20 m 内可见。

（11）基本误差：符合表 2 − 17 的规定。

表 2-17 催化燃烧式甲烷传感器基本误差

测量范围/% CH_4	基本误差
0.00～1.00	±0.10% CH_4
1.00～3.00	真值的±10%
3.00～4.00	±0.30% CH_4

（12）调校周期：≥15 天。

（13）探头使用寿命：1.5 年以上。

（14）防爆类型：Exd ib I Mb 矿用本安兼隔爆型。

（15）防护等级：IP65。

3. 热导式甲烷传感器

热导式甲烷传感器是一种电子式气体传感器，能够感知环境中甲烷并将甲烷浓度相关信息转换成电信号，以便进行检测、监控、分析和报警。

1）工作原理

热导式甲烷传感器是利用甲烷的热导率高于新鲜空气的热导率，通过热敏元件测量甲烷空气混合物热导率的变化，进而测得甲烷空气混合物浓度的变化。热导式甲烷传感器工作原理如图 2-21 所示。

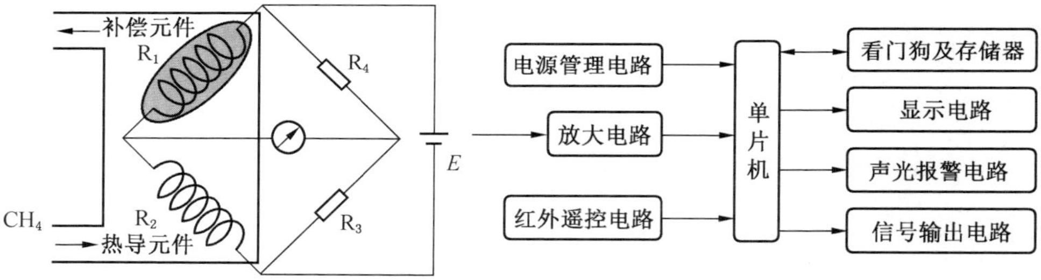

图 2-21 热导式甲烷传感器工作原理

图 2-22 热导甲烷探头

含甲烷待测气体送入气室，气室的中心是热敏元件（热导元件），如热敏电阻、铂丝或钨丝等，通电后被加热到一定温度。当待测气体的热导率高时，热量将更容易从热敏元件中消散，电阻将减小。改变的电阻值将使惠斯通电桥失去平衡，输出一个与待检测气体甲烷浓度成正比的电信号，通过信号调节（放大电路）和单片机完成传感器的显示、报警等功能。热导甲烷探头如图 2-22 所示。

2）主要技术特点

热导式气体传感器是最早用于气体检测的传感器，其具有以下特点：

（1）工作稳定性好，使用寿命长，无催化剂老化问题，稳定性和可靠性较高。

（2）具有“广谱性”，可以检测绝大部分气体，包括可燃气体和惰性气体。

（3）不存在氧气依赖性，可以检测被测环境中有或没有氧气时的甲烷浓度，环境中的氧气浓度变化对测试精度无影响。

（4）检测装置简单、价格低廉、使用维护方便。这些优良特性是很多气体传感器所不具备的。

（5）检测范围广，最高检测浓度可达100%。

然而，热导式甲烷传感器在检测中也存在以下显著问题：

一是选择性较差、灵敏度低、温漂大，易受二氧化碳和空气湿度等的影响。矿井空气中主要气体成分的热导率见表2-18。不难看出，热导式甲烷传感器的选择性较差，空气中其他气体的浓度变化会影响甲烷浓度的测量。例如，二氧化碳浓度的增加会使热导率降低，而湿度的增加会使热导率增大。因此，热导式甲烷传感器要排除二氧化碳和空气湿度的影响。

表2-18　矿井空气中主要气体成分的热导率

气体名称	分子式	$K\times10^{-2}$(273 K)	$K\times10^{-2}$(373 K)	K(273 K)
空气		2.43	3.14	1.0
氧	O_2	2.47	3.18	1.016
氮	N_2	2.43	3.14	1.0
甲烷	CH_4	3.013	4.56	1.24
氢气	H_2	17.4	22.34	7.115
一氧化碳	CO	2.34	3.013	0.96
二氧化碳	CO_2	1.464	2.22	0.707
乙烷	C_2H_6	1.8	3.05	0.74
丙烷	C_3H_8	1.5	2.636	0.839

二是功耗较大，半导体热敏电阻一致性和互换性也较差。热导式甲烷传感器是利用甲烷与空气的导热系数不同来测量甲烷浓度的，测量时需通入恒定的电流，将其加热到一定的温度（180 ℃左右），功耗较大；且其中的半导体热敏电阻受二氧化碳和水蒸气影响较大，元件一致性和互换性也较差。

三是测量低浓度甲烷时误差较大。热导式甲烷传感器在测定低浓度甲烷时，输出信号很小，误差较大，因此一般适用于测量高浓度甲烷(5～100)% CH_4。

3） 主要技术性能指标

大多数情况下，热导式甲烷传感器的主要技术性能指标如下：

（1） 传感器测量范围：(0～100)% CH_4。

（2） 基本误差：符合表2－19的规定。

表2－19 热导式甲烷传感器基本误差

测量范围/% CH_4	基本误差
0.00～1.00	±10% CH_4
1.00～3.00	真值的±10%
3.00～4.00	±0.30% CH_4
4.00～40.00	真值的±10%
>40.00	测量值上限的±10%

（3） 输出信号制式：RS485或CAN。

（4） 传感器的响应时间：不大于20 s。

（5） 报警方式：声光报警。

（6） 调校周期：≥15天。

（7） 探头使用寿命：≥1.5年。

（8） 工作电压：DC 9～25 V。

（9） 防爆类型：Exd ib I Mb矿用本安兼隔爆型。

（10） 防护等级：IP65。

4. 高低浓度甲烷传感器

高低浓度甲烷传感器是为充分利用热催化燃烧式和热导式甲烷传感器的优势、满足煤矿准确监测井下甲烷的需要而研制的，多用于煤与瓦斯突出危险采掘工作面、回风巷等地点。

1） 工作原理

该类传感器测量低浓度甲烷时采用热催化燃烧原理，测量高浓度甲烷时采用热导原理。热催化元件（或热导元件）、金属膜电阻及调节电位器组成惠斯通电桥，当环境中的甲烷以扩散方式进入气室腔时，与敏感元件反应，惠斯通电桥有与甲烷浓度相对应的电信号输出，该信号经放大电路转换后，直接送往单片机进行数据处理，来完成传感器的显示、报警、断电等功能。高低浓度甲烷传感器工作原理如图 2－23 所示。

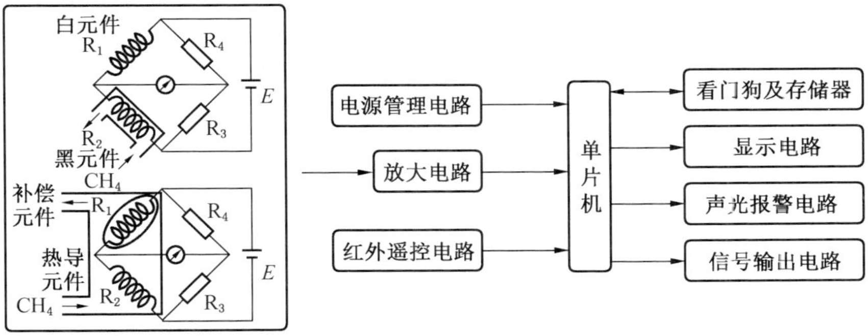

图 2－23　高低浓度甲烷传感器工作原理

2）主要技术性能指标

徐州江煤科技有限公司生产的 GJ4/100X（A）型矿用高低浓度甲烷传感器的主要技术性能指标如下：

（1）取样方式：扩散取样，取样头上有防粉尘和防风速影响的保护罩。

（2）测量范围：（0.00～100）% CH_4。

（3）输出信号制式：RS485 或 CAN。

（4）工作电压：DC 9～25 V。

（5）工作电流：≤85 mA。

（6）显示：以百分体积浓度表示测量值，采用数字显示方式．低浓度段分辨率不小于 0.01% CH_4，高浓度段分辨率不小于 0.1% CH_4。

（7）载体催化元件与热导元件工作转换点设置：由低浓度转换为高浓度，转换点为 3.50% CH_4；由高浓度转换为低浓度，转换点为 3.50% CH_4。转换点转换时的附加误差不大于 1.00% CH_4。

（8）响应时间：不大于 20 s。

（9）报警功能：具有报警功能的传感器能在（0.00～4.00）% CH_4 范围内任意设置报警点，报警显示值与设定值的差值的绝对值不大于 0.05% CH_4，具有 4 级报警功能。

（10）报警方式和效果：声报警，离声源轴向距离 1 m 远处声强不小于 80 dB（A）；光报警，黑暗环境中 20 m 内可见。

（11）传感器到关联设备的最大传输距离：3 km（使用 MHYVRP 电缆，导体截面积 1.5 mm^2，分布电感小于 0.8 mH/km，分布电容小于 0.06 μF/km，电阻小于 12.8 Ω/km)。

(12) 基本误差：符合表 2-20 的规定。

表 2-20 矿用高低浓度甲烷传感器基本误差

测量范围/% CH_4	基本误差
0.00~1.00	±0.10% CH_4
1.00~3.00	真值的 ±10%
3.00~4.00	±0.30% CH_4
4.00~40.00	真值的 ±10%
>40.00	测量上限的 ±10%

(13) 调校周期：≥15 天。

(14) 探头使用寿命：≥1.5 年。

(15) 防爆类型：Exd ib I Mb 矿用本安兼隔爆型。

(16) 防护等级：IP65。

5. 红外吸收式甲烷传感器

矿用红外吸收式甲烷传感器是近 20 年来研发、利用红外线的物理性质来测量甲烷浓度的新型传感器，具有很好的选择性，无氧气依赖性，性能稳定，寿命长，可以检测全量程甲烷浓度，在煤矿逐步得到推广应用。

1) 主要结构和工作原理

红外线又叫做红外光，其有反射、折射、散射、干涉、吸收等性质。红外吸收式甲烷传感器是基于比耳-朗格定律，即不同气体对特定波长的光有吸收的原理，采用光学部件结合自由扩散式的结构设计来检测气体。

红外吸收式甲烷传感器的工作原理是不同气体分子对特定波长的红外光具有吸收功能，当气体压力、气室长度、入射光强一定时，气体对特定波长的红外光的吸收强度取决于气体分子浓度，利用两者间的对应关系来测量气体浓度。红外吸收式甲烷传感器工作原理如图 2-24 所示。

非色散红外传感器通常由红外光源、红外检测器、采样腔（气室）和晶体滤光片等组成，通常包含参考气体的第二个腔与采样腔平行运行。

红外光透过采样腔施加到检测探测器上，采样腔中的甲烷气体会吸收特定波长的红外光，检测器前面的晶体滤光片会阻挡掉非所选波长的光，因此检测器仅测量指定波长的衰减变化，利用甲烷浓度与吸收强度的关系即可检测出混合其中的甲烷浓度。

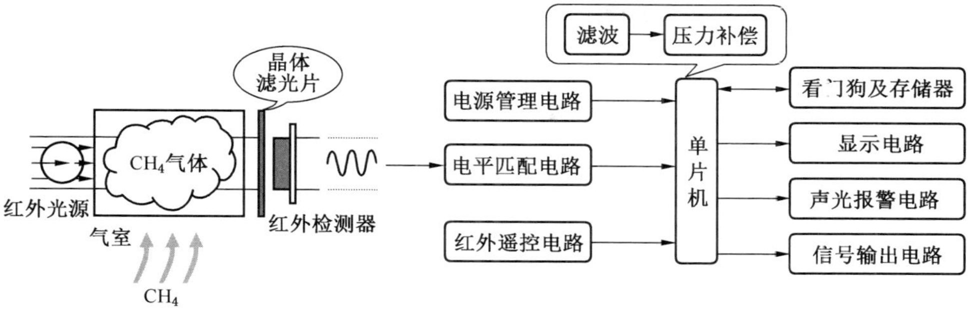

图2-24 红外吸收式甲烷传感器工作原理

2）主要技术特点

红外吸收式甲烷传感器可以用于全量程甲烷监测，与催化燃烧式甲烷传感器相比，具有如下主要技术特点：

（1）不会发生传感器元件被高浓度甲烷冲击激活现象。

（2）不会发生传感器元件在硫化物等作用下出现催化剂中毒现象。

（3）不会出现催化剂高温升华、烧结、表面积碳等问题。

（4）具有较好的选择性，当同时存在其他可燃气体时，仍可准确检测出甲烷浓度。

（5）因红外检测器不与甲烷相互作用，气体和污染物仅与光束接触，检测器可密封以防止损坏，故具有较长的使用寿命。

（6）不存在氧气依赖性，可以检测全量程的甲烷浓度。

因此，红外吸收式甲烷传感器的稳定性好，调校周期长，但其受矿尘、水蒸气、温度的影响较大，制造成本较高。

为解决温度对红外吸收式甲烷传感器的影响，通常采用滤膜过滤、光补偿等方法。为解决水蒸气对红外吸收式甲烷传感器的影响，通常采用干燥剂吸收、湿度补偿等方法。微孔直径为0.2～3 μm的丙纶滤膜具有防尘、拒水、拒油、表面光滑、化学稳定性好，矿尘不会渗透到组织内部，清理方便等优点，可同时解决红外吸收式甲烷传感器防尘和防潮问题。

3）主要技术性能指标

徐州江煤科技有限公司生产的GJH100X(A)型矿用红外吸收式甲烷传感器的主要技术性能指标如下：

（1）测量范围：(0～100)% CH_4。

（2）输出信号制式：RS485 或 CAN。

（3）工作电压：DC 9 ~ 25 V。

（4）工作电流：≤65 mA。

（5）显示：百分比体积浓度表示测量值并用数字显示，显示单位为% CH_4；测量范围为(0 ~ 10.0)% CH_4，分辨率为 0.01% CH_4；测量范围为(10.0 ~ 100)% CH_4，分辨率为 0.1% CH_4。

（6）基本误差：符合表 2 - 21 的规定。

表 2 - 21　热导式甲烷传感器基本误差

测量范围/% CH_4	基 本 误 差
0.00 ~ 1.00	±0.06% CH_4
1.00 ~ 100	真值的 ±6%

（7）响应时间(T_{90})：不大于 25 s。

（8）报警功能：在(0.00 ~ 5.00)% CH_4 范围内可任意设置报警点，报警显示值与设定值的差值的绝对值不大于 0.05% CH_4，并具有 4 级超限超时声光报警。

（9）报警声级强度：在距其 1 m 远处的声响信号的声压级不小于 80 dB(A)；光信号能在黑暗环境中 20 m 远清晰可见。

（10）探头使用寿命：＞5 年。

（11）防爆类型：Ex ia Ⅰ Ma 矿用本质安全型。

（12）调校周期：60 天。

（13）防护等级：IP65。

（14）具有遥控调校的功能。

6. 激光甲烷传感器

激光甲烷传感器以激光器为检测元件，是一种利用合适的微功率激光能被不同浓度的甲烷所吸收原理而设计的高精密甲烷传感器。近年来以其优越的技术性能和可靠性得到越来越广泛的应用。

1）主要结构和工作原理

激光甲烷传感器由电源管理电路、单片机、红外遥控电路、显示电路、声光报警电路和信号输出电路等部分组成。

激光甲烷传感器内置一个激光二极管，发射的激光束波长与甲烷的大吸收波长相等。如遇甲烷分子，部分激光将被甲烷分子吸收，通过测量吸收率即可得到甲烷的浓度，并将结果显示出来，同时发送到与之相连的井下监控分站，实现甲烷的监测监控，就地数字显示和声光报警。激光甲烷传感器工作原理如图 2-25 所示。

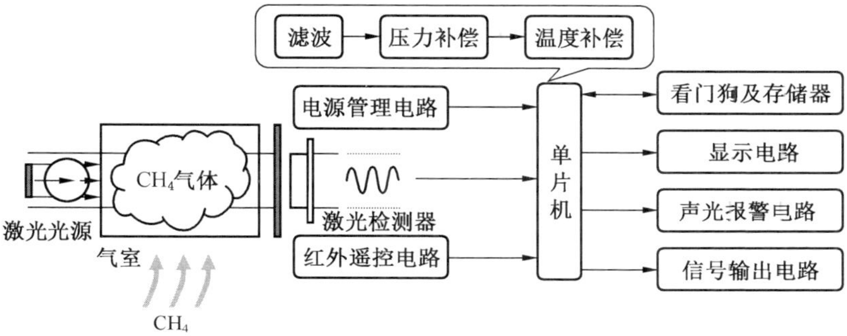

图 2-25 激光甲烷传感器工作原理

由于甲烷气体在光波波长 3.33 μm 气体处有一个极强的吸收峰，而杂质气体（H_2O、CO_2、CO 等）在此处无明显吸收，为实现精准测量，设计和实际检测过程中，当激光器发射出的激发光谱在甲烷气体这一吸收峰值附近时，根据温度控制调整和电流调变将激光器传出的谱线宽度设定在这一甲烷气体吸收峰处，随后添加正弦波和三角波叠加后的调制信号对谱线宽度进行设定，根据锁相放大技术来检测由于甲烷浓度变化而引发的二次谐波信号，进而达到对甲烷浓度检测的目的。

2）主要技术特点

与红外吸收式甲烷传感器相比，激光甲烷传感器分析所采用的半导体激光光源的线宽远小于传统红外光谱线宽，甚至是气体分子单根吸收谱线的线宽。例如，应用较广的 DFG 半导体激光器的线宽小于 10 MHz。由于激光器的线宽远小于气体分子单根吸收谱线的线宽，所以其频率扫描范围也仅包括被测气体的单根吸收谱线，可以有效避免其他气体的交叉干扰，甚至能够满足痕量气体分析的需要。因此，激光甲烷传感器与红外吸收式甲烷传感器相比具有更好的测试精度、选择性和抗水分等干扰的能力。

激光甲烷传感器基于自有的量子级联激光技术和量子阱红外探测器（QWIP），能够在各种工况环境下进行现场在线分析，具有准确性好（10^{-6}、10^{-9}量级）、响应速度快（毫秒级）、可靠性高、运行费用低等诸多优点，可监测其他气体，包括 NH_3、NO_2、CO_2、CO 等。

激光甲烷传感器具有体积小、功耗低、性能稳定、传感器元件寿命长、灵敏度高等特点，在煤矿井下得到越来越广泛的应用。该传感器也是国家正在大力推广使用的先进技术产品。以相同原理检测其他气体的传感器也在大力发展之中，如矿用激光乙烯传感器等。可以预料，矿用激光气体传感器在煤矿井下将发挥越来越重要的作用。

3）主要技术性能指标

徐州江煤科技有限公司生产的GJJ100X(A)型煤矿用激光甲烷传感器的主要技术性能指标如下：

(1) 测量范围：(0～100)% CH_4。

(2) 输出信号制式：RS485 或 CAN。

(3) 工作电压：DC 9～25 V。

(4) 工作电流：≤50 mA。

(5) 分辨率：测量范围为(0～10)% CH_4 时，分辨率不小于0.01% CH_4；测量范围为(10～100)% CH_4 时，分辨率不小于0.1% CH_4。

(6) 显示值稳定性：在(0～10)% CH_4 范围内，甲烷浓度恒定时，传感器显示值或输出信号值（换算为甲烷浓度值）变化量不大于0.04% CH_4；在(10～100)% CH_4 范围内，甲烷浓度恒定时，传感器显示值或输出信号值（换算为甲烷浓度值）变化量不大于0.4% CH_4。

(7) 响应时间(T_{90})：不大于25 s。

(8) 报警功能：在(0～5)% CH_4 范围内可任意设置报警点，具有4级报警功能。

(9) 报警声级强度：在距其1 m远处的声响信号的声压级不小于80 dB(A)；光信号能在黑暗环境中20 m远处清晰可见。

(10) 基本误差：符合表2－22的规定。

表2－22　激光甲烷传感器基本误差

测量范围/% CH_4	基本误差
0.00～1.00	±0.06% CH_4
1.00～100	真值的±6%

(11) 探头使用寿命：≥5年。

(12) 防爆类型：Ex ia Ⅰ Ma 矿用本质安全型。

(13) 调校周期：180天。

(14) 防护等级：IP65。

（15）具有遥控调校功能。

7. 主要甲烷传感器的性能比对分析

对煤矿井下目前常用的载体催化燃烧式、热导式、红外吸收式及激光甲烷传感器，从测量范围、精度、使用寿命、工作稳定性和抗干扰性等方面进行比对分析，见表2－23。由表2－23可知，激光甲烷传感器的综合性能最优，其是目前技术最先进、性能最稳定的传感器。

表2－23　主要甲烷传感器的性能比对分析

名称	测量范围/% CH_4	精度	工作原理	使用寿命	工作稳定性/天	抗干扰性
载体催化燃烧式甲烷传感器	0~4	较高	载体催化原理	短	15	易受 H_2S、SO_2 等气体影响
热导式甲烷传感器	0~100	低	热导原理	长	21	易受温湿度影响
红外吸收式甲烷传感器	0~100	高	非色散红外气体检测原理	长	60	受水汽、烷烃气体影响
激光甲烷传感器	0~100	高	半导体激光吸收光谱检测原理	长	180	不受任何背景气体、水汽等因素影响

（三）矿用一氧化碳传感器

井下空气中一氧化碳浓度较高时，会造成人员中毒，同时一氧化碳浓度又是预测和监测煤炭自然发火的主要技术指标。因此，一氧化碳监测是矿井安全监测监控的主要内容之一。目前井下使用的一氧化碳传感器有电化学式和红外吸收式两种类型，电化学式一氧化碳传感器历史悠久、使用量大。

1. 矿用电化学式一氧化碳传感器

电化学式一氧化碳传感器属于化学传感器，以定电位电解为基本原理，当一氧化碳扩散到传感器时会产生电化学反应，输出端产生电流输出，一氧化碳浓度发生变化时输出端输出的电流也随之成正比变化，经信号处理、放大后，驱动不同的执行装置完成显示、声光报警和传输等功能。

1）主要结构和工作原理

电化学式一氧化碳传感器一般由传感头、电源管理电路、放大电路、看门狗及存储器、红外遥控电路、单片机、显示电路和信号输出电路等组成，如图2－26所示。

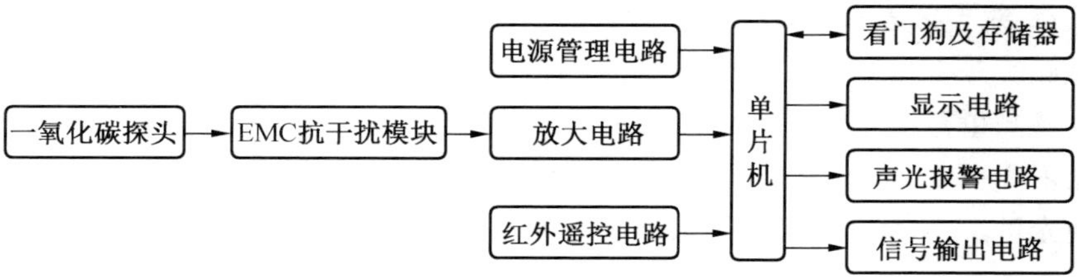

图 2－26　电化学式一氧化碳传感器构成原理框图

电化学式一氧化碳传感器工作原理如图 2－27 所示。当一氧化碳气体通过外壳上的气孔经透气膜扩散到工作电极表面上时，在工作电极的催化作用下在工作电极上发生氧化反应。氧化反应产生的 H^+ 离子和电子通过电解液转移到与工作电极保持一定间隔的对电极上，与水中的氧发生还原反应。因此，在传感器内部就发生了氧化－还原的可逆反应。这个氧化－还原的可逆反应在工作电极与对电极之间始终发生着，并在电极间产生电位差。

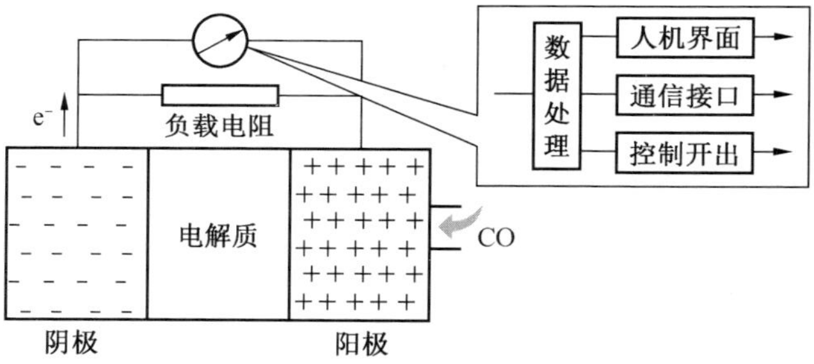

图 2－27　电化学式一氧化碳传感器工作原理

但是由于在两个电极上发生的反应都会使电极极化，这使得极间电位难以维持恒定，因而也限制了对一氧化碳浓度可检测的范围。

为了维持极间电位的恒定，加入了一个参比电极。在三电极电化学气体传感器中，其输出端反映的是参比电极和工作电极之间的电位变化，参比电极不参与氧化或还原反应，因此它可以使极间的电位维持恒定（即恒电位），此时电位的变化就与一氧化碳浓度的变化直接有关。

当气体传感器产生输出电流时，其大小与气体的浓度成正比。通过电极引出线用外部电路测量传感器输出电流的大小，便可检测出一氧化碳的浓度，并且有很宽的线性测量范围。这样，在气体传感器上外接信号采集电路和相应的转换和输出电路，就能够对一氧化碳气体实现检测和监控。

2）主要技术特点

电化学式一氧化碳传感器作为一种精密的工业电子仪器，具有灵敏度高、响应时间快、稳定性好等特点，但在使用过程中容易受到外界环境的影响，导致检测数据不准确，使用寿命缩短。

（1）粉尘影响。电化学式一氧化碳传感器在井下长期使用时，如果表面堆积大量粉尘，会严重影响其检测灵敏度。因此，电化学式一氧化碳传感器在使用过程中应定期除尘，以保持仪器清洁。

（2）水汽的影响。潮湿的环境同样会影响电化学式一氧化碳传感器的灵敏性，甚至会导致检测失灵，所以应经常检查仪器内是否有水珠，及时进行干燥处理。

（3）其他影响。清洁电化学式一氧化碳传感器时，应避免使用清洁剂或溶剂擦拭仪器，以防损坏传感器内部器件，造成传感器材质产生某些化学反应。

3）主要技术性能指标

徐州江煤科技有限公司生产的GTH1000X(A)型矿用一氧化碳传感器的主要技术性能指标如下：

（1）测量范围：$(0\sim1000)\times10^{-6}$ CO。

（2）输出信号制式：RS485或CAN。

（3）工作电压：DC 9～25 V。

（4）工作电流：≤50 mA。

（5）显示：以10^{-6}单位表示一氧化碳测量值，采用数字显示，其分辨率不低于1×10^{-6} CO。

（6）具有遥控调校功能。

（7）具有避免因断电而影响电化学原理敏感元件工作稳定的措施。

（8）响应时间：不大于35 s。

（9）报警功能：具有报警功能的传感器能在测量范围内任意设置报警点（出厂设定24×10^{-6} CO），报警显示值与设定值的差值的绝对值不大于2×10^{-6} CO。

（10）报警声级强度：距其1 m远处的声响信号的声压级不小于80 dB(A)；光信号能在20 m远处清晰可见。

（11）基本误差：符合表2－24的规定。

表 2-24 一氧化碳传感器的基本误差值

测量范围/(10^{-6} CO)	基本误差
0~100	$\pm4\times10^{-6}$ CO
100~500	测量值的 ±5%
500~1000	测量值的 ±6%

(12) 防爆类型：Ex ia Ⅰ Ma 矿用本质安全型。

(13) 调校周期：15 天。

(14) 防护等级：IP65。

2. 红外吸收式一氧化碳传感器

红外吸收式一氧化碳传感器的检测原理与红外吸收式甲烷传感器的检测原理类似，都是利用非色散红外线（NDIR）吸收检测原理，将光路、精密电路与软件相结合，通过感应芯片来感应一氧化碳气体返回的不同强度的特定波长来测定环境中的一氧化碳浓度。通过空间上双光路参比补偿、微处理器进行信号采集、处理和输出，实现环境温度补偿，修正原理上非线性关系，使该类传感器具备较好的选择性、高灵敏度、无氧气依赖性、寿命长、低功耗、保养维护简便等特点，逐步受到用户的欢迎。但目前红外吸收式一氧化碳传感器在煤矿井下使用年限尚短，且价格较高，这在一定程度上制约了它的推广应用。

某单位研制的红外吸收式一氧化碳传感器的主要技术参数如下：

(1) 检测原理：红外线（NDIR）。

(2) 量程：(0~10)% Vol，(0~20000)$\times10^{-6}$ CO。

(3) 检测精度：±2% F. S.（标准型），±1% F. S.（高精度型）。

(4) 工作环境：温度 -10~50 ℃，压力 0~1100 hPa，湿度(0~95) % RH。

(5) 预热时间：<2 min。

(6) 响应时间：<25 s。

(7) 工作电压：DC 5.0 V(±5%)。

(8) 工作电流：70 mA。

(9) 输出：数字信号输出符合 Modbus 协议。

(10) 使用寿命：10 年。

(四) 二氧化碳传感器

二氧化碳是煤矿井下常见的有害气体，高浓度的二氧化碳会造成人员中毒或者缺氧窒息。为防治二氧化碳危害，《煤矿安全规程》规定必须加强对二氧化碳的监测和防范。因此，二氧化碳浓度是煤矿安全监测监控的重要内容。目前煤矿使用的二氧化碳传感器基本使用红外吸收原理，其他原理的矿用二氧化碳传感器正在积极研制之中。

1. 主要结构和工作原理

红外吸收式二氧化碳传感器属于光学传感器，主要由红外光源、光路、红外探测器、电路等组成，检测原理与红外吸收式甲烷传感器、红外吸收式一氧化碳传感器的检测原理相似。基于不同气体分子的近红外光谱选择吸收特性，即物质只能吸收一定波长的光，利用气体浓度与吸收强度的关系（朗伯－比尔定律）来鉴别气体组分并确定其浓度。

图2－28所示为红外吸收式二氧化碳传感器工作原理。用一个广谱的光源作为红外传感器光源，红外光源发射出1～20 μm外吸的红外光，光线穿过光路中一定长度气室内的被测气体，被被测气体吸收，透过一个窄带波长为4.26 μm的滤光片后，由红外传感器监测透过滤光片的光强，以此来计算二氧化碳气体的浓度。

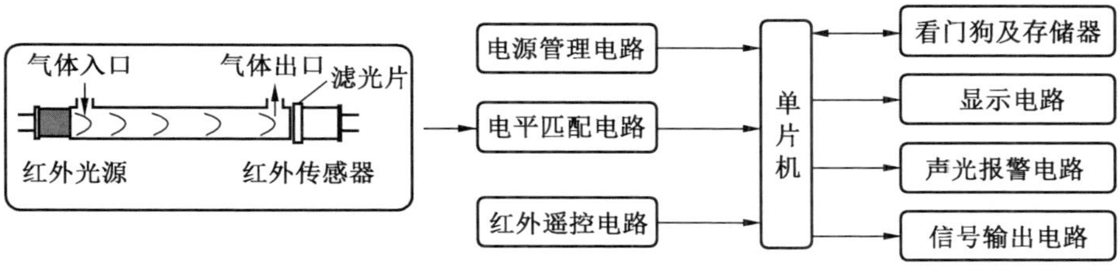

图2－28　红外吸收式二氧化碳传感器工作原理

根据红外探测器的通道数，可以划分为单通道气体传感器和双通道气体传感器。单通道就是在红外探测器内部集成了一个敏感元件以及窄带滤光片；双通道就是在单通道的基础上，集成了一个参考通道。双通道气体传感器长期稳定性更好，受环境温度影响更小。

2. 主要技术特点

与其他检测原理的传感器相比，红外吸收式二氧化碳传感器具有以下特点：

（1）抗水汽干扰，高低温范围宽。红外吸收式二氧化碳传感器是一种物理类传感器，利用非色散红外（NDIR）原理对环境中的二氧化碳浓度进行检测。由于不同种类气体吸收特定波长的红外光，可以依据这种原理进行气体浓度检测，不像化学类传感器那样容易受到环境干扰。此外，红外吸收式二氧化碳传感器的工作温度可达到 -40 ~ 70 ℃，工作湿度可达到(0 ~ 95)% RH，在环境湿度大的条件下性能不受影响，大部分场景中都能使用。

（2）选择性好、不易中毒。选择性即交叉灵敏度，由于在红外频谱中二氧化碳仅可吸收特定频率的红外线，红外吸收式二氧化碳传感器就是利用这种特性来进行二氧化碳浓度检测的，因此选择性很好。传感器中毒是某些化学物质侵入传感器后，抑制其敏感元件的活性，导致传感器部分或完全丧失敏感性。传感器中毒通常发生在化学类传感器上，红外吸收式二氧化碳传感器由于其物理属性，不易发生中毒。

（3）测量范围广，检测量程宽。不同的红外二氧化碳传感器对应的量程都不同，矿用二氧化碳传感器测量范围一般为(0 ~ 5)% CO_2，可以根据实际使用环境来选择合适的产品。即使在超量程使用的情况下，红外吸收式二氧化碳传感器仅会显示满量程状态，对传感器本身不会造成损害。

（4）使用简单，寿命长。红外吸收式二氧化碳传感器安装使用方便，使用年限一般在 5 年以上。

3. 主要技术性能指标

徐州江煤科技有限公司生产的 GRG5HX(A)型矿用红外吸收式二氧化碳传感器的主要技术性能指标如下：

（1）测量范围：(0.00 ~ 5.00)% CO_2。

（2）输出信号制式：RS485 或 CAN。

（3）工作电压：DC 9 ~ 25 V。

（4）工作电流：≤60 mA。

（5）报警点：在测量范围内任意设置，出厂时的默认设置为 0.50% CO_2。

（6）报警误差：±0.04% CO_2。

（7）报警方式和效果：声报警，离声源轴向距离 1 m 远处，声强不小于 80 dB(A)。

（8）传感器分辨率：0.01% CO_2。

（9）响应时间：不大于 30 s。

（10）基本误差：符合表 2 - 25 的规定。

表 2 - 25　矿用红外吸收式二氧化碳传感器基本误差

测量范围/% CO_2	基本误差
0.00 ~ 0.50	±0.10% CO_2
0.50 ~ 5.00	±(0.05 + CO_2 真值的 5%)

（11）防爆类型：Ex ia Ⅰ Ma 矿用本质安全型。

（12）调校周期：15 天。

（13）防护等级：IP65。

（五）氧气传感器

在煤矿生产过程中，保证井下有连续、充足的氧气供给对矿工的生命安全至关重要。为了给矿工创造一个安全、健康、适宜的工作环境，需要对煤矿井下氧气浓度进行实时监测。目前煤矿井下使用的氧气传感器基本采用电化学原理。

1. 工作原理

电化学式氧气传感器属于化学传感器，工作原理与电化学式一氧化碳传感器类同，工作原理如图 2－29 所示。其以定电位电解为基本原理，当环境中的氧气通过外壳上的气孔经透气膜扩散到传感器的传感头时，会产生电化学反应，在阳极上给出电子，在阴极上得到电子。当内部电解质与外电路形成回路时，将有电流流过。环境中氧气浓度发生变化时，输出端输出的电流也随之成正比变化，根据测量输出电流的大小即可计算出环境中氧气的浓度。

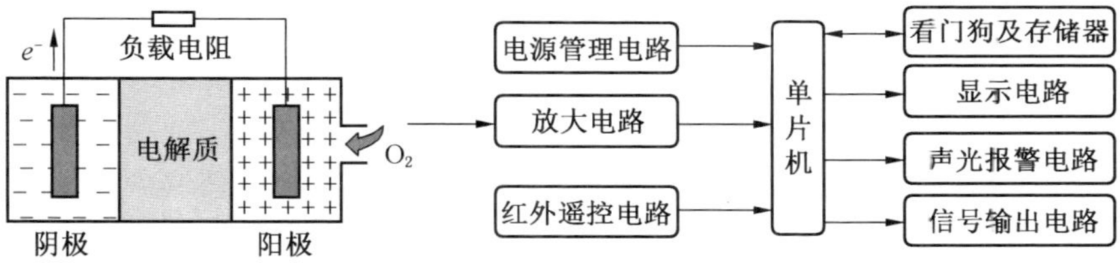

图 2－29 电化学式氧气传感器工作原理

输出的电流信号并经信号处理、放大电路、单片机分析处理，驱动不同的执行装置完成显示、声光报警和传输等功能。

2. 主要技术性能指标

徐州江煤科技有限公司生产的 GYH25X（A）型矿用氧气传感器的主要技术性能指标如下：

（1）测量范围：（0.0～25.0）% O_2。

（2）输出信号制式：RS485 或 CAN。

（3）工作电压：DC 9～25 V。

（4）工作电流：≤50 mA。

（5）显示：以百分比体积浓度表示测量值，采用数字显示，分辨率为 0.1%

O_2，显示单位为% O_2。

（6）基本误差：(0.0～25.0)% O_2，误差为±3%(满量程)。

（7）响应时间（T_{90}）：不大于35 s。

（8）报警功能：具有报警功能，并可在测量范围内任意设定（出厂默认设置在18.0% O_2 处），报警显示值与设定值的差值的绝对值不大于0.3% O_2，报警时显示氧气浓度值；报警声级强度在距其1 m远处不小于80 dB(A)；光信号能在黑暗环境中20 m远处清晰可见。

（9）传输距离：传感器使用电缆的单芯截面积为1.5 mm^2 时，传感器与关联设备的最大传输距离不小于6 km。

（10）防爆类型：Ex ia Ⅰ Ma 矿用本质安全型。

（11）调校周期：15天，具有遥控调校功能。

（12）防护等级：IP65。

（六）风速传感器

井巷风速的大小直接关系到矿井安全生产和矿工的生命安全健康，风速太小，不能为矿工提供足量的新鲜空气，有毒有害气体和矿尘得不到有效稀释，可能引发人员窒息和瓦斯爆炸事故；风速太大，造成粉尘飞扬，不利于矿工生命健康，也可能引起煤尘爆炸。因此，井下风速的准确测定与监测是保证井巷具备适宜风速的基础性工作。

1. 矿用风速传感器的主要类型

按照测量风速的范围，矿用风速传感器可分为高速传感器（>10 m/s）、中速传感器（0.5～10 m/s）和低速传感器（<0.5 m/s）。

按照作用原理不同，矿用风速传感器分为机械翼式风速传感器、电子翼式风速传感器、热效应风速传感器、超声波涡街风速传感器和微差压风速传感器等。各类风速传感器的性能比对分析见表2－26。

表2－26 各类矿用风速传感器的比对分析

类型	工作原理	优点	缺点
机械翼式风速传感器	利用流体动压推进机械叶片旋转来求得风速	体积小，质量轻，可测巷道平均风速	精度低，不能直接显示风速，不能遥测，不能测微风
电子翼式风速传感器	利用流体动压推进机械叶片旋转，电子测试转速求得风速，有接近开关式（感应式）、电容式、光电式等	精度比机械翼式风速传感器高，能直接显示瞬时风速，能遥测	由于叶片的惯性运动，故测量值偏大；体积和质量比机械翼式风速传感器大；构造复杂；风速过高不能测量，风速过低也不能测量

表 2-26（续）

类型	工作原理	优点	缺点
热效应风速传感器	利用流速与散热率成对应关系的原理，通过测量相等散热量的时间，或测温度的变化，或保持原温度的加热电流量的变化来确定其风速。有热线式、热球式、热敏电阻式等	不受惯性运动的影响，高低风速均可测量，可遥测	热敏电阻式风速传感器和热球式风速传感器测量值呈现非线性，易受湿度和气体成分的影响
超声波涡街风速传感器	根据卡曼涡街理论测定风速	风速测量范围大，不受风速的影响，精度高	受到井下湿度、粉尘以及经常喷浆、冲刷巷道等因素影响时，可引起超声波探头性能减弱，造成测量误差偏大
微差压风速传感器	通过测量全压和静压的差值求得风速	结构简单，寿命长，性能稳定，维护方便，不仅可以测量风速，也可以测定风向	不适应测量小风速，对安装使用有一定要求

由表 2-26 可知，超声波涡街风速传感器和微差压风速传感器具有显著的技术优势，目前在煤矿安全监控系统中应用广泛。随着现代科学技术的开展，激光、超声波等新式的风速传感器也将在井巷风速检测中得到运用。

2. 超声波涡街风速传感器

超声波涡街风速传感器是根据卡曼涡街理论，首先将风速转换为与风速成正比的旋涡频率，然后通过超声波将旋涡频率转换为超声波脉冲，最后将超声波脉冲转换为电脉冲，从而测得风速。超声波涡街风速传感器具有寿命长、易维护、成本低等优点，因此其在安全监控系统中获得了广泛应用。

1）工作原理

如图 2-30 所示，在无限界流场中垂直于流场设置一非流线型阻挡体（即旋涡发生体、风速传感器的旋涡发生杆）。在一定的雷诺数范围内，当气流流经旋涡发生杆时，在其边缘下游会产生两排内旋的、相互交替的旋涡列（即气流旋涡，或称卡曼涡街）。

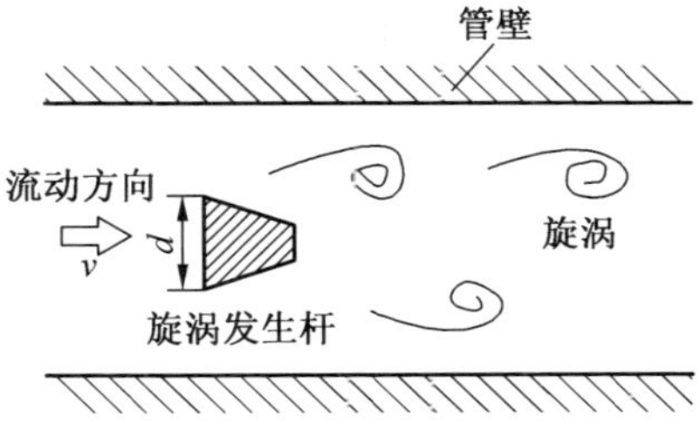

图 2-30　卡曼涡街原理

根据卡曼涡街理论，在雷诺数 200～50000 范围内，由旋涡发生杆产生的旋涡数

与流速成正比，与旋涡发生杆的直径成反比，即

$$f = S_t \frac{v}{d}$$

式中　f——旋涡频率，Hz；

v——气流速度，m/s；

d——旋涡发生杆直径，mm；

S_t——发斯特拉哈尔系数，主要与旋涡发生杆的形状和雷诺数有关，形状确定后，在雷诺数 200～50000 范围内为常数。

为检测较低风速，可以采取增大旋涡发生杆直径或提高传感器灵敏度的方法。

2）检测原理

超声波涡街风速传感器检测原理如图 2－31 所示。垂直于流场插入一根旋涡发生杆，在旋涡发生杆风流下游的两侧装有一个超声波发射换能器和一个超声波接收换能器。当无风流流过时，发射换能器发出的超声波能顺利地被接收换能器接收；当有风流流过时，发射换能器发出的超声波束被旋涡发生杆产生的卡曼旋涡阻挡，超声波束被反射、折射，因此接收换能器所接收到的是一个衰减了的超声波，亦即超声波束被调制了，衰减程度取决于卡曼旋涡的个数，也就是说取决于风速的大小。超声波接收器将接收到的幅度变化的超声波转换成电信号，经过传感器内的调解器解调及放大、整形等一系列信号处理，即输出一个正比于风速的脉冲频率信号。

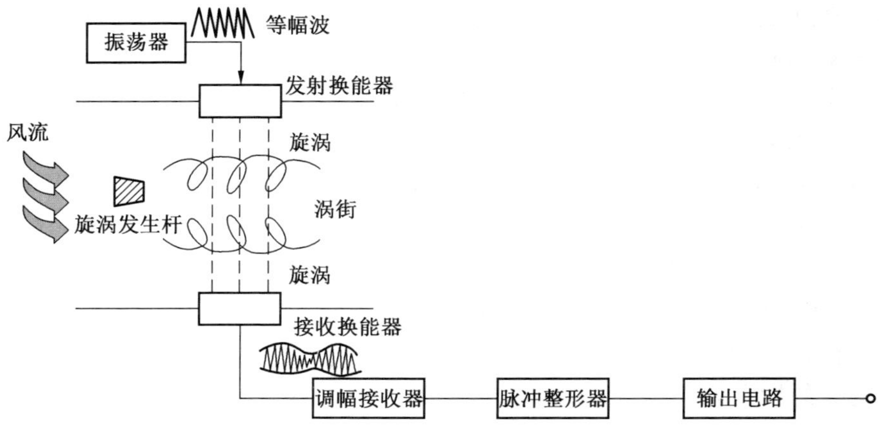

图 2－31　超声波涡街风速传感器检测原理

3）主要技术特点和主要技术性能指标

超声波涡街风速传感器没有转动部件，是一种全电子、无机械转动件的风速传感器，因此日常维护量小于翼轮风速传感器。但受到井下湿度、粉尘以及经常喷浆、冲刷巷道等因素影响时，可引起超声波探头性能减弱，造成测量误差偏大。

徐州江煤科技有限公司生产的GFC15X(A)型矿用超声波涡街风速传感器的主要技术性能指标如下：

（1）测量范围：0.4～15 m/s。

（2）输出信号制式：RS485或CAN。

（3）工作电压：DC 9～25 V。

（4）工作电流：≤65 mA。

（5）分辨率：0.1 m/s。

（6）基本误差：±0.3 m/s。

（7）显示方式：3位LED。

（8）防爆型式：矿用本质安全型。

3. 差压皮托管式风速传感器

矿用超声波涡街风速传感器受到井下湿度、粉尘以及经常喷浆、冲刷巷道等因素影响时，可引起超声波探头性能减弱，造成测量误差偏大。为使超声波探头能够正常工作，需要在较短时间内定期清洗超声波探头，费时费力。能够很好克服这一弊端的差压皮托管式风速传感器正在煤矿井下逐步推广使用。

1）工作原理

皮托管是测压管，也叫做采样探杆。标准皮托管是一根弯成直角的金属细管，由感测头、外管、内管、管柱与全压、静压引出导管等组成。在皮托管头部的顶端，迎着气流方向开有一个小孔，小孔平面与流体活动方向垂直。在皮托管头部靠下游的中央，环绕管壁的外侧又开了多个小孔，流体活动的方向与这些小孔的孔面相切。顶端的小孔与侧面的小孔分别与两条互不相通的管路相连。进入皮托管顶端小孔的气流压力为全压，除了流体自身的静压，还含有流体滞止后由动能转变来的局部压力（即动压），而进入皮托管侧面小孔的气流压力仅仅是流体的静压，依据全压与静压之差即可求出动压，从而求出风速。

2）检测原理

图2－32所示为差压皮托管式风速传感器检测原理。皮托管感受风流对应的压力，全压口得到风流全压，静压口得到风流静压。差压小信号采集电路采集全压和静压，计算出它们的差压，也就是风速对应的动压，将差压值（动压）转换成电信号值。电压小信号采集电路采集该电信号值。差压芯片输出电信号与其

输入的差压信号具有对应的关系，而差压信号又与风速具有一定的关系，根据这些关系就可以换算出对应的风速。

差压皮托管式风速传感器测出的压差（动压）与空气流速呈二次曲线关系，其数学表达式为

$$\Delta p = K\rho v^2$$

式中 Δp——差压皮托管式风速传感器的输出压差，Pa；

K——差压皮托管式风速传感器放大系数，一般 $K \leqslant 2$；

v——测点处气流的速度，m/s；

ρ——流体密度，kg/m^3。

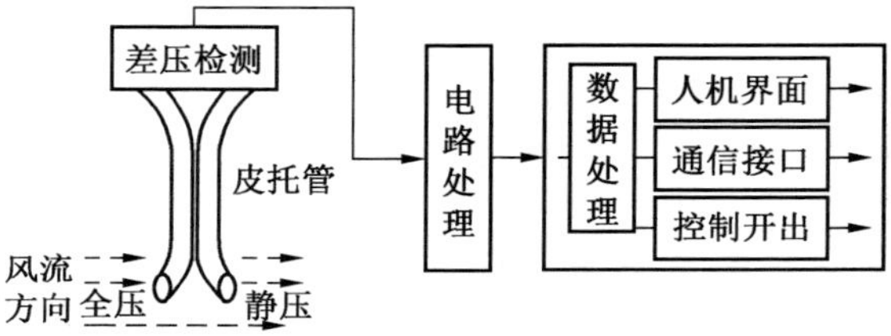

图 2-32 差压皮托管式风速传感器检测原理

3）主要技术特点和主要技术性能指标

差压皮托管式风速传感器没有转动部件，是一种全电子无机械转动件的风速传感器，不仅可以测量风速，也可测量风量。但不适应测量小风速，一般要求其全压测孔处雷诺数应大于200。为保证测试精度，差压皮托管式风速传感器应具有抗堵塞性、抗偏流性和抗破坏性的能力。

徐州江煤科技有限公司生产的GFCY25/999(X)型矿用双向风速风量传感器的主要技术性能指标如下：

（1）测量范围：风速 0.3～25 m/s（可正反向显示），风量 0～999 m^3/s。

（2）输出信号制式：RS485 或 CAN。

（3）工作电压：DC 9～25 V。

（4）工作电流：≤50 mA。

（5）基本误差：±0.3 m/s。

（6）最大传输距离：传感器到分站的最大传输距离不小于 6 km。

（7）防爆类型：Ex ib Ⅰ Mb 矿用本质安全型。

（8）防护等级：IP65。

（七）温度传感器

矿井环境温度除影响着矿工的工作效率和身心健康外，还是煤炭自然发火预测预警的重要指标之一。因此，矿井环境温度监测是矿井安全监测监控的重要内容之一。

1. 温度传感器的主要类型

温度传感器是指能感受温度并转换成可用输出信号的传感器。温度传感器按照测量方式可分为接触式温度传感器和非接触式温度传感器两大类；按照传感器材料及电子元件特性分为热电阻温度传感器、热电偶温度传感器、热敏电阻温度传感器、半导体温度传感器、光纤温度传感器和红外温度传感器等。

接触式温度传感器的检测部分与被测对象有良好的接触，通过热传导或对流达到热平衡，从而使温度传感器的示值能直接表示被测对象的温度。一般测量精度较高，在一定的测温范围内也可测量物体内部的温度分布。但对于运动物体、小目标和热容量小的对象则会产生较大的测量误差。热电阻、热电偶、热敏电阻、半导体等温度传感器均属接触式温度传感器。

非接触式温度传感器的敏感元件与被测对象互不接触，可用来测量运动物体、小目标和热容量小或温度变化迅速（瞬变）对象的表面温度，也可用于测量温度场的温度分布。非接触式温度传感器的优点是测量上限不受感温元件耐温程度的控制，因而原则上对最高可测温度没有限制。红外、光纤等温度传感器属于非接触式温度传感器。

2. 热电偶温度传感器

两种不同导体或半导体的组合成为热电偶。当有两种不同的导体 A 和半导体 B 组成一个回路，其两端相互连接时，只要两结点处的温度不同，一端温度为 T，称为工作端或热端，另一端温度为 T_0，称为自由端或冷端，则回路中就有电流产生，即回路中存在的电动势称为热电动势，此电动势与两种导体或半导体的性质及在接触点的温度相关。这种由于温度不同而产生电动势的现象称为塞贝克效应。

热电偶温度传感器就是利用这种原理进行温度测量的。其中，直接用作测量介质温度的一端叫做工作端（也称为测量端），另一端叫做冷端（也称为补偿端）。冷端与显示仪表连接，显示出热电偶所产生的热电动势，通过查询热电偶分度表，即可得到被测介质温度。当热电偶一端受热时，热电偶电路中就有电势差。可用测量的电势差来计算温度。

徐州江煤科技有限公司生产的 GWD200 型矿用温度传感器属于热电偶温度传感器，其主要技术性能指标如下：

（1）测量范围：0～200 ℃。

（2）分辨率：0.1 ℃。

（3）误差范围：±2.5% F.S.。

（4）输出信号制式：RS485 或 CAN。

（5）工作电压：DC 9～25 V。

（6）工作电流：≤50 mA。

（7）响应时间：≤10 s。

（8）最大传输距离：传感器到分站的最大传输距离不小于 6 km。

（9）防爆类型：Ex ia Ⅰ Ma 矿用本质安全型。

（10）防护等级：IP65。

3. 热敏电阻温度传感器

热敏电阻是敏感元件的一种，其电阻值会随着温度的变化而改变，与一般的固定电阻不同，热敏电阻属于可变电阻的一类，广泛应用于各类电气元件之中。利用热敏电阻体的阻值随温度的变化而变化的特性，只要测量出感温热电阻的阻值变化，就可以测量出温度。

目前，热敏电阻主要有金属热敏电阻和半导体热敏电阻两类。半导体热敏电阻大多为负温度系数，即阻值随温度增加而降低。温度变化会造成大的阻值改变，因此它是最灵敏的温度传感器。但热敏电阻的线性度较差，并且与生产工艺有很大关系。

热敏电阻体积小，对温度变化的响应快。但热敏电阻需要使用电流源，小尺寸也使它对自热误差极为敏感。热敏电阻在两条线上测量的是绝对温度，有较好的精度，但它比热电偶的价格高，可测温度范围也小于热电偶。

4. 半导体温度传感器

半导体温度传感器是利用半导体 PN 结正向电压随温度变化而变化的特性来测量温度的。在一块单晶半导体中，一部分掺有受主杂质是 P 型半导体，另一部分掺有施主杂质是 N 型半导体时，P 型半导体和 N 型半导体交界面附近的过渡区称为 PN 结。PN 结有同质结和异质结两种。用同一种半导体材料制成的 PN 结叫同质结，由性质不同的两种半导体材料制成的 PN 结叫异质结。

根据 PN 结的电流－电压方程，当电流密度保持不变时，PN 结正向电压与温度两者间呈近似线性关系，利用这种特性制成 PN 结温度传感器，实现温度与电压的转换，从而达到检测温度的目的。

半导体温度传感器在常温范围内兼有热电偶、铂电阻、热敏电阻的各自优点，同时又克服了这些传统测温器件的某些固有缺陷，具有高灵敏度（温度每变化 1 ℃传感器输出电压变化 2 mV 左右）、响应速度快（水中温度变化 100 ℃时反应时间为 2 ms）、宽温度范围内的线性度、高电阻、低功耗、稳定长寿命，可以制成任何形状等特点，在 −50～200 ℃温区内有着极其广泛的用途。

徐州江煤科技有限公司生产的 GWD100X(A)型温度传感器属于半导体温度传感器，其主要技术性能指标如下：

（1）测量范围：0～100 ℃。

（2）分辨率：0.1 ℃。

（3）误差范围：±2.5% F.S.。

（4）输出信号制式：RS485 或 CAN。

（5）工作电压：DC 9～25 V。

（6）工作电流：≤30 mA。

（7）响应时间：≤10 s。

（8）最大传输距离：传感器到分站的最大传输距离不小于 6 km。

（9）防爆类型：Ex ia Ⅰ Ma 矿用本质安全型。

（10）防护等级：IP65。

5. 红外温度传感器

在自然界中，当物体的温度高于绝对零度（−273 ℃）时，由于其内部热运动的存在，就会不断地向四周辐射电磁波，其中就包含了波段位于 0.75～100 μm 的红外线。红外温度传感器就是利用这一原理制作而成的。

红外线是位于可见光中红色光以外的光线，红外辐射的物理本质是热辐射。物体的温度越高，辐射出来的红外线越多，红外辐射的能量就越强。研究发现，太阳光谱的各种单色光的热效应从紫色光到红色光是逐渐增大的，而且最大的热效应出现在红外辐射的频率范围之内，因此人们又将红外辐射称为热辐射或者热射线。红外温度传感器是利用辐射热效应，使探测器件接收辐射能后引起温度升高，进而引起某一非电量的物理变化，将其变化通过适当变换转化为电量后进行温度测量。

红外温度传感器采用红外辐射探测，属于非接触式温度测量，具有精度高、灵敏度高、反应时间快（40 ms）等特点，可用于移动物体温度测量、连续温度控制和热预警系统。但红外温度传感器所处的环境条件对测量结果有很大影响，当环境温度过高，以及存在灰尘、烟雾和蒸汽时，应有相应的防范措施。

6. 光纤温度传感器

光纤温度传感器是 20 世纪 70 年代发展起来的一门新型的测温技术，利用部分物质吸收的光谱随温度变化而变化的原理，通过分析光纤传输光谱的特性变化实现对温度的检测。其物理本质是利用光纤中传输的光波的特征参量，如振幅、相位、偏振态、波长和模式等，对外界环境因素，如温度、压力、辐射等具有敏感特性。它属于非接触式测温。

光纤测温传感器利用光纤来测量温度的方法有两种。一是利用被测表面辐射能随温度的变化而变化的特点，利用光纤将辐射能量传输到热敏元件上，经过转换变成可供记录和显示的电信号。这种方法独特之处就是可以远距离测量。二是利用光在光导纤维内传输的相位随温度参数的改变而改变的特点，光信号的相位随温度的变化是由于光纤材料的尺寸和折射率都随温度改变而引起的。经过多年的发展，光纤温度传感器的类型在不断增多，光纤光栅温度传感器、光纤荧光温度传感器、基于弯曲损耗的光纤温度传感器、分布式光纤温度传感器等开始在煤矿井下得到应用。

光纤温度传感与测量技术是仪器仪表领域重要的发展方向之一。由于光纤具有体积小、质量轻、可挠、电绝缘性好、柔性弯曲、耐腐蚀、测量范围大、灵敏度高等特点，对传统的传感器特别是温度传感器能起到扩展提高的作用，可完成前者很难完成甚至不能完成的任务。光纤传感技术用于温度测量，除具有以上特点外，与传统的温度测量仪器相比，还具有响应快、频带宽、防爆、防燃、抗电磁干扰等特点，特别适合在易燃易爆、空间受严格限制及强电磁干扰等恶劣环境中使用。

（八）开关量传感器

开关量指仅取两种状态的物理量，如设备开停状态、风门开闭状态等。用于监测开关量的传感器为开关量传感器。目前，安全监控系统中采用的开关量传感器主要包括机电设备开停传感器、风门开关传感器、风筒风量开关传感器、馈电状态传感器、风向传感器、烟雾传感器等。

1. 机电设备开停传感器

机电设备开停传感器主要监测矿用机电设备的开停状态，并把监测到的设备开停信号转换为各种标准信号传输给安全监控系统，实现对矿用机电设备运行状态的远程连续监测与控制。目前，煤矿井下使用的机电设备开停传感器主要有辅助触点型和电磁感应型两种。

1）辅助触点型开关量传感器

辅助触点型开关量传感器利用机电设备的接触器或继电器中没有被其他电气设备使用的辅助触点的闭合状况来反映机电设备的开停状态，这些辅助触点可以是常开触点，也可以是常闭触点，其检测原理如图 2－33 所示。

由于采用物理连接直接对机电设备的用电状态进行监测，因而辅助触点型开关量传感器具备安全可靠的特点。但使用辅助触点要注意安全监控系统分站本质安全型防爆电路与被监测机电设备非本质安全型防爆电路的安全隔离问题。

2）电磁感应型开关量传感器

电磁感应型开关量传感器通过测量向机电设备馈电的电缆周围有无磁场存在

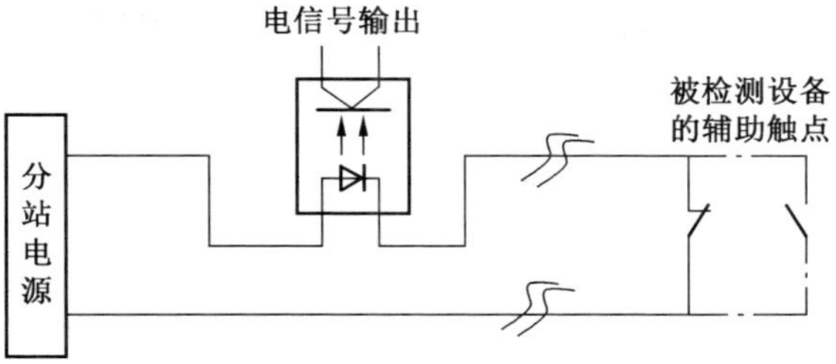

图2－33　辅助触点型开关量传感器检测原理

的方式，来间接地监测设备的工作状态。

通电的导体周围必定产生磁场，测出电缆周围有无磁场存在，即检测出电缆内有无电流通过，就可鉴别设备的开停状态。井下机电设备系三相供电，电缆内三相芯线有对称与不对称之分，而在电缆外皮上，总可找到一点与三相芯线呈不等距，该点形成的磁场以靠近的芯线起主导作用，如图2－34中点C所示。如果将电磁感应型开关量传感器安装在点C，传感器中的检测线圈就可测得微弱的磁感应信号，供电电流越大，该感应信号就越强。感应出的信号，再经放大、检波、信号变换及信号输出等环节，将设备开停信息远传给信息分站，再由分站传至地面。

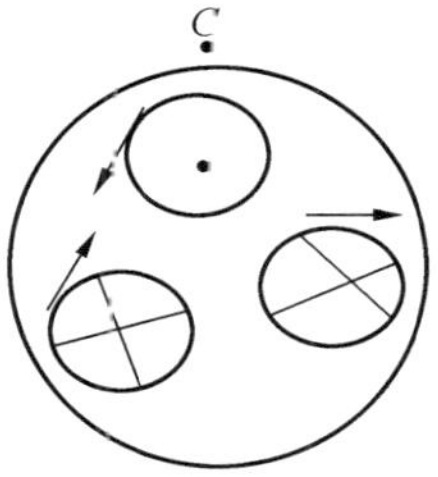

图2－34　电磁感应型开关量传感器测试设备馈电电缆

电磁感应型开关量传感器采用本质安全型结构，与被测设备没有直接的电气连接，使用时只要将传感器直接卡固在被测设备的供电电缆的外皮上即可，安装、使用、调整都十分方便。但由于井下越来越高的电磁兼容要求，屏蔽电缆大量使用，其监测的可靠性也越来越备受关注。

徐州江煤科技有限公司生产的GKT5L(X)型矿用设备开停传感器属于电磁感应型开关量传感器，其主要技术性能指标如下：

（1）动作值：5 A，误差±20%。

（2）输出信号制式：RS485或CAN。

（3）工作电压：DC 9～25 V。

（4）工作电流：≤10 mA。

（5）响应时间：≤1 s。

（6）显示：传感器具有工作状态指示功能，采用光信号指示，设备停态为红灯，设备开态为绿灯。

（7）适应被测设备的供电电缆种类和直径：矿用橡套电缆直径 16 ~ 80 mm。

（8）防爆类型：Ex ia Ⅰ Ma 矿用本质安全型。

（9）外壳防护等级：IP65。

2. 风门开关传感器

风门开关传感器是一种监测煤矿井下风门开闭状态的开关量传感器，由干簧开关组件与磁性组件两部分组成。在使用时，将磁性体组件装在风门上，而把干簧开关组件安装在毗邻的门框上。当风门关闭时，磁性体靠近干簧开关组件，由磁性体产生的磁场使干簧开关维持闭合（或断开）状态。这时，由干簧开关组件输出一个闭合（或断开）接点信号。当风门打开时，磁性组件离开干簧开关组件，使接点断开（或闭合），同时输出一个断开（或闭合）接点信号。通过图 2 - 33 所示开关量检测电路，可将接点信号转换为数字信号。

该类传感器具有结构简单、性能可靠、适应性强、使用方便等特点，适合在煤矿井下使用。

徐州江煤科技有限公司生产的 GFK60B 矿用本安型语音风门开闭状态传感器的主要技术性能指标如下：

（1）工作电压：DC 9 ~ 25 V。

（2）输出信号制式：RS485 或 CAN。

（3）工作电流：≤150 mA。

（4）响应时间：≤1 s。

（5）状态提示：采用声光语音报警方式进行风门开闭状态提示。

（6）传感器的磁性动作距离为 60 mm，传感器运动部分与传感器固定部分之间动作距离误差不大于 10% 。

（7）报警声级强度：≥80 dB(A)。

（8）报警光信号强度：黑暗环境中 20 m 远处清晰可见。

（9）最大传输距离：传感器到关联设备的最大传输距离不小于 3 km。

（10）防爆类型：Ex ib Ⅰ Mb 矿用本质安全型。

（11）外壳防护等级：IP65。

3. 风筒风量开关传感器

风筒风量开关传感器主要用来监测风筒中的风量。当局部通风机停止运转或风筒漏风造成风量不足时，输出风量不足信号；当局部通风机正常工作，并且风筒没有漏风、风量满足要求时，输出风量足信号。风筒风量开关传感器是开关量传感器，输出风量足和风量不足两种状态，是甲烷风电闭锁装置和监控系统的重要传感器之一。

风筒风量开关传感器工作原理如图2-35所示。该传感器由卡子、弹簧、接点组成。卡子卡在局部通风机风筒的最后一节，当局部通风机工作正常、风筒没有漏风且风筒中风量满足要求时，风筒将卡子撑开，接点闭合；当局部通风机停止工作或风筒漏风等造成风筒风量不足时，风筒无法撑开受弹簧作用的卡子，接点打开。

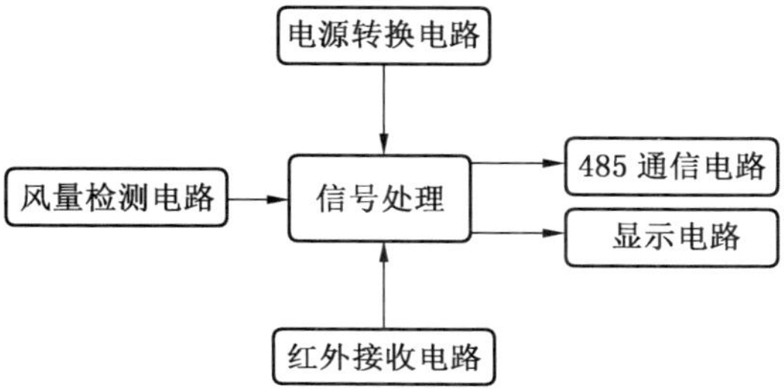

图2-35 风筒风量开关传感器工作原理

徐州江煤科技有限公司生产的GFT10(X)型矿用风筒风量开关传感器的主要技术性能指标如下：

(1) 工作电压：DC 9~25 V。

(2) 工作电流：≤30 mA。

(3) 输出信号制式：RS485或CAN。

(4) 动作角度：10°±0.5°。

(5) 状态指示：当风筒内的风量促使行程开关弹簧杆的倾斜角达到动作角度时，传感器动作，指示灯亮；当风筒内的风量促使行程开关弹簧杆的倾斜角低于动作角度时，传感器复位，指示灯熄灭。

(6) 传输距离：传感器使用电缆的单芯截面积为1.5 mm^2时，传感器与关联设备的传输距离为4 km。

(7) 外壳防护等级：IP65。

4. 馈电状态传感器

馈电状态传感器用于监测被控开关负荷侧的馈电状态。馈电状态传感器可以采用被控开关（馈电开关或磁力起动器）辅助接点，但要注意本质安全型防爆电路与非本质安全型防爆电路的隔离。当被控开关直接控制用电设备时，由于被控开关馈电，馈电电缆有电流；被控开关不馈电，馈电电缆无电流，所以使用设备开停传感器即可。当馈电开关不直接控制用电设备，用电设备由下一级磁力起动器控制时，馈电状态的监测应采用测量被控开关负荷侧的电场或电压的方法，如光纤法、电容法等。

馈电状态传感器利用检测电缆芯线对地电场的原理来测量设备是否带电，与负载是否工作、电缆有无电流流过无关，只要电缆芯线带有一定电压的交流电，则输出馈电状态；反之，输出非馈电状态。

徐州江煤科技有限公司生产的GKD127V型矿用馈电状态传感器的主要技术性能指标如下：

（1）防爆类型：矿用本质安全型，标志为Ex ib Ⅰ Mb。

（2）工作电压：DC 9～25 V。

（3）最大工作电流：不大于15 mA。

（4）动作电压：AC 127～1140 V。

（5）响应时间：不大于1 s。

（6）输出信号制式：RS485或CAN。

（7）适应的被测设备供电电缆：矿用橡套电缆，电缆外径16～70 mm。

（8）状态显示：采用发光管对应指示馈电设备通、断电状态，馈电设备无电为红灯，馈电设备有电为绿灯。

（9）外壳防护等级：IP65。

5. 风向传感器

矿用风向传感器主要用于煤矿井下各种巷道、通风口、通风机、井口等处的风向检测，以确保煤矿的安全生产。

风向传感器的变换器采用精密导电塑料电位器，当风向发生变化，尾翼转动通过轴杆带动电位器轴心转动，从而在电位器的活动端产生变化的电阻信号输出，信号通过单片机处理后输出风向信号。

徐州江煤科技有限公司生产的GFD1矿用本安型风向传感器的主要技术性能指标如下：

（1）工作电压：DC 9～25 V。

（2）工作电流：≤15 mA。

（3）启动风力：≥1.0 m/s。

（4）输出信号制式：RS485或CAN。

（5）动作性能：风向为顺风向时，风标指向正前方；风向为逆风向时，风标指向正后方。

（6）外壳防护等级：IP65。

6. 烟雾传感器

矿用烟雾传感器用于监测煤矿井下因机械故障摩擦、电缆发热、煤层自燃等原因引起的大火事故。

矿用烟雾传感器采用光电烟感探头，正常工作时，电源指示灯（绿灯）在通电时亮，报警灯（红灯）暗。当有烟雾且达到标准规定的浓度时，传感器报警，同时报警指示灯常亮，无源开关量输出；当烟雾消去后，传感器自动复位并取消报警状态。

徐州江煤科技有限公司生产的GQG5(X)型烟雾传感器的主要技术性能指标如下：

（1）工作电压：DC 9～25 V。

（2）工作电流：≤25 mA。

（3）输出信号制式：RS485或CAN。

（4）响应时间：当烟雾浓度达到5% obs/m时传感器应动作，且响应时间小于或等于20 s。

（5）外壳防护等级：IP65。

（九）粉尘浓度传感器

粉尘危害是煤矿自然灾害之一，随着煤矿开采强度和机械化水平的提高，粉尘危害逐步加大，加强对粉尘作业场所的粉尘进行检测、监测和防治具有十分重要的意义。

1. 矿用粉尘传感器

目前，矿用粉尘检测方法根据其检测原理可分为直接称重法、微量振荡天平法、β射线法、光散射法等。

直接称重法以标准的流量采样，使空气中的粉尘颗粒吸附在滤膜上，称量采样前后滤膜的质量差，最后计算出粉尘浓度。该方法原理简单，测量数据比较可靠，但是不能现场实时测量，无法显示瞬时值，只能显示检测平均值，多用于煤矿井下空气中的粉尘浓度检测。

微量振荡天平法是在传感设备内使用一个振荡空心锥形管，在其振荡端安装可更换的滤膜，振荡频率取决于锥形管的质量和特征。当采样气流通过滤膜，其中的颗粒物沉积在滤膜上，滤膜的质量变化导致振荡频率的变化，通过振荡频率变化计算出沉积在滤膜上颗粒物的质量，再根据流量、现场环境温度和气压计算出该时段颗粒物的质量浓度。该方法测量精度高、灵敏度高、适应性广、可连续监测，但是设备体积大、价格高昂。

β射线法是利用β射线衰减的原理，环境空气由采样泵吸入采样管，经过滤膜后排出，颗粒物沉淀在滤膜上，当β射线通过沉积着颗粒物的滤膜时，β射线的能量衰减，通过对衰减量的测定便可计算出颗粒物的浓度。该方法灵敏度高，但是响应慢，通常只用于测量平均值。

光散射法原理是当光照射到空气中的悬浮颗粒上时产生散射光，散射光的强度与其质量浓度成比例。通过测量散射光的强度并应用质量浓度转换来获得颗粒物的质量浓度值。该方法具有检测速度快、体积小、价格低廉、维护成本低的优点，且其精度能满足煤矿的使用要求，因此该检测原理的粉尘传感设备逐渐在煤矿中得到推广应用。

2. 光散射粉尘浓度传感器

光散射粉尘浓度传感器是目前煤矿井下最为常见的粉尘浓度传感器。执行标准是《直读式粉尘浓度测量仪表通用技术条件》(MT/T 163—2019)，按《爆炸性环境　第4部分：由本质安全型"i"保护的设备》(GB 3836.4—2010) 进行防爆设计。利用光折射原理对粉尘进行检测，由微处理器对检测数据进行运算直接显示粉尘质量浓度并转换成数据信号输出，供矿井监测系统或其他测控系统使用。该传感器由采样头、检测装置、单片机系统及抽气系统组成，可直接读取空气中粉尘颗粒物的质量浓度，具有携带方便、测量快速准确、检测灵敏度高、性能稳定、维护简单等特点。由于采用激光技术及高可靠抽气系统等新技术，所以该传感器更具质量与技术优势。

图2-36所示为光散射粉尘浓度传感器检测原理。被检测空气在抽气泵的吸引下定量进入传感器信号采集系统的测量腔；激光源经透镜组1整理为平行光后进入测量腔，当光照射到测量腔中的悬浮颗粒上产生散射光，经透镜组2再次整理为平行光后，进入光检测器。光检测器检测到的光的强度与测量腔中的粉尘质量浓度成比例，通过测量散射光的强度就可获得粉尘质量浓度值，即将粉尘浓度信号转换成光电信号。光电信号经专用电路对其进行校正补偿后，提供给微处理器。微处理器对信号进行运算后，提供给显示器，直接显示出粉尘质量浓度；提供给输出设备，输出测试结果。

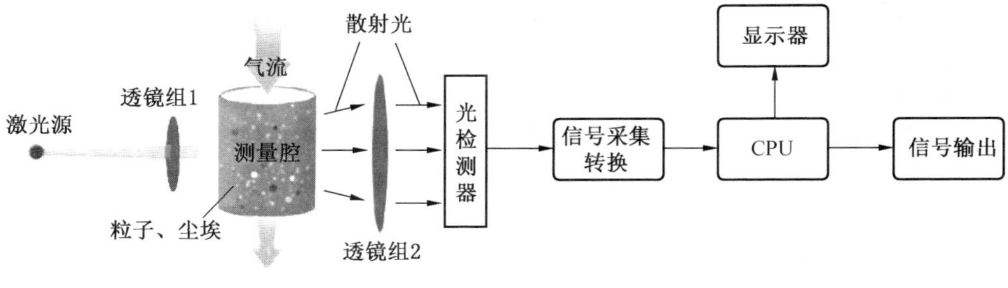

图2-36　光散射粉尘浓度传感器检测原理

各生产单位生产的光散射粉尘浓度传感器的技术特点基本相同，技术性能指标大同小异。徐州江煤科技有限公司生产的GCG1000(A)型粉尘浓度传感器的主要技术性能指标如下：

（1）工作电压：DC 9～25 V。

（2）工作电流：≤85 mA。

（3）输出信号制式：RS485或CAN。

（4）测量范围：0～1000 mg/m^3。

（5）零点稳定性：在清洁空气环境中，传感器的显示值和输出信号值（换算成粉尘浓度值）应不超过5.0 mg/m^3。

（6）基本误差：±10.0%。

（7）采样流量稳定性：标称值的±3.0%。

（8）传输距离：传感器与关联设备的传输距离为4 km。

（9）外壳防护等级：IP65。

二、矿用执行器

执行器是安全监控系统中必不可少的重要组成部分，其作用是接受控制器发送的控制指令，执行规定的动作。煤矿安全监控系统常用的执行器有断电器和声光报警器。

（一）矿用断电器

煤矿井下生产作业中，一旦甲烷浓度超过断电浓度、掘进工作面停风或风量低于规定值时，为防止发生瓦斯爆炸等灾害事故，必须切断被控区域一切非本质安全型电气设备的电源。因此，断电控制是煤矿安全监控系统最基本、最重要的功能。断电控制是通过矿用断电控制器来实现的。

1. 基本组成

断电控制既要完成甲烷断电和甲烷风电闭锁功能，又要保证在正常生产条件下不影响被控防爆开关的正常工作，更不允许不经过防爆审查和检验在防爆开关设备中增减元件，这是对断电控制器的基本要求。

矿用断电控制器一般由信号输入电路、信号输出电路、信息处理电路、断电输出电路、监测电路、显示电路、电源等组成，其工作原理如图2－37所示。

信号输入电路一般由用于本质安全防爆隔离和抗干扰隔离的光电耦合器等电路组成，接收分站输出的断电控制信号，并送至信息处理电路。

控制输出电路一般由电磁继电器（或固态继电器）、驱动电路、消弧保护电路等组成，将信息处理电路输出的断电器控制信号放大后，驱动电磁继电器（或固态继电器）动作，控制被控开关控制回路。

为监测被控开关的馈电状态，断电控制器一般都有监测电路。监测电路应直

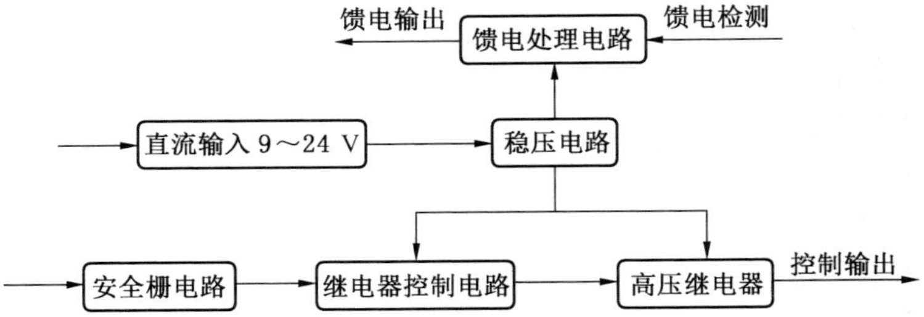

图 2-37　矿用断电控制器工作原理

接监测被控开关的负载侧电压，但这样会增加断电控制器的成本。监测电路可通过监测被控开关的辅助接点，间接监测被控开关的馈电状态；也可通过监测被控开关控制回路电压，间接监测被控开关的馈电状态，但这种馈电状态监测方法不如直接监测馈电开关的负载侧电压或监测被控开关的辅助接点有效。

信号输出电路由用于本质安全防爆隔离和抗干扰隔离的光电耦合器等电路组成，将监测电路监测到的被控开关馈电状态信号送至分站。

信息处理电路有采用单片机或数字电路等多种。对于复用传输线的串行数字输入/输出电路，信息处理电路一般为单片机，可完成串行数字通信、译码、逻辑控制等功能；对于不复用传输线的开关量输入/输出电路，信息处理电路较简单，可完成逻辑控制等功能。

断电控制器一般由分站电源供电，因此其电源电路一般采用 7805 等稳压器或 DC/DC 变换电路。也可采用交流供电，这样的电源电路就较为复杂，一般由隔离降压变压器、整流电路、滤波电路、双重化限流限压电路（或稳压恒流电路）等组成。

显示电路用来指示电源、馈电状态、输出状态等。

2. 分类

矿用断电器按防爆型式，可分为隔爆兼本质安全型和浇封兼本质安全型；按供电电源，可分为交流供电型、直流供电型；按结构，可分为独立型、与电源一体化、与分站一体化及其他类型。

3. 基本功能

矿用断电控制器应具备以下基本功能：

（1）应具有常闭和常开接点输出功能，常开和常闭接点均能根据输入状态输出相应的控制状态且保持。

（2）输出应能满足交流和直流控制的需要。

（3）应具有被控设备馈电状态监测和显示功能。

（4）应具有电源指示。

（5）应具有输出状态指示。

4. 主要技术性能指标

矿用断电器的防爆型式、供电电源及结构不同，其技术性能指标会有差异，应根据实际需要进行选择。徐州江煤科技有限公司生产的KDG1140隔爆兼本安型远程断电器的主要技术性能指标如下：

（1）断电器与分站之间的传输：传输方式，半双工，RS485；接口数量，1路；传输速率，4800 bps。

（2）输出控制接点容量：AC 1140 V/0.1 A、AC 660 V/0.3 A、AC 380 V/0.5 A、AC 36 V/3 A。

（3）馈电检测电压：AC 127～1140 V。

（4）输出控制接点组数：一组动合和动开接点。

（5）输出控制接点参数：导通电阻小于0.1 Ω，分断电阻大于100 MΩ。

（6）输出控制距离：断电器至被控设备的最大距离10 m。

（7）信号传输距离：断电器至分站的最大传输距离4 km（使用MHYV电缆，截面积1.5 mm^2）。

（8）控制执行时间：从接收到控制信号到输出响应控制状态的时间不大于0.5 s。

（二）矿用声光报警器

《煤矿安全监控系统通用技术要求》（AQ 6201—2019）规定，安全监控系统应具备甲烷浓度超限声光报警功能。为保证在瓦斯超限情况下，声光报警器仍能工作一定时间，给予现场警醒，矿用声光报警器应为矿用本安型。

矿用本安型声光报警器是一种允许在煤矿井下爆炸环境中以及瓦斯超限情况下正常使用的设备，根据分站给出的报警信息，来实现语音和光的报警。

矿用声光报警器由语音模块、音频放大电路、语音报警单元、微处理器和状态指示电路等部分组成，可以接收各种报警控制信号，其工作原理如图2－38所示。

矿用声光报警器的执行标准为《煤矿信号设备通用技术条件》（MT 287—1992）。各制造单位生产的矿用声光报警器的技术特点基本相同，技术性能指标大同小异。徐州江煤科技有限公司生产的KXB24（X）矿用本安型语音声光报警器的主要技术性能指标如下：

（1）工作电压范围：DC 9～25 V。

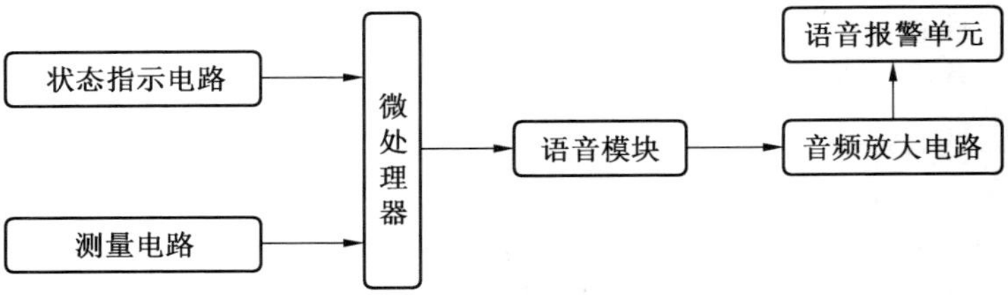

图 2 - 38　矿用声光报警器工作原理

（2）工作电流：≤120 mA。

（3）输出信号制式：RS485 或 CAN。

（4）报警声级强度：不小于 80 dB(A)。

（5）报警器光信号强度：黑暗中 20 m 处清晰可见。

（6）控制信号及功能：报警器可以接收 2 路开关量信号或无源开关量信号，使报警器报警。

（7）响应时间：不大于 0.5 s。

（8）传输距离：传感器与关联设备的传输距离为 4 km。

（9）外壳防护等级：IP65。

三、井下传输设备

传输设备是传输信号的设备，其功能是将信号由一个地方传输到另一个地方，基本要求是安全、快速、准确，丢包率低。安全监控系统中的井下传输设备主要有交换机、分站等。

（一）交换机

交换机是一种在通信系统中完成信息交换功能的设备，主要功能包括物理编址、网络拓扑结构、错误校验、帧序列及流控等。随着技术的发展，一些交换机还具备了某些新的功能，如对 VLAN 的支持、对链路汇聚的支持，有的交换机甚至还具有防火墙的功能。

由于井下的爆炸危险环境以及传输信号必须为本质安全型的强制性规定，井下交换机应为矿用隔爆兼本质安全型，以矿用隔爆兼本安型以太环网交换机最为常见。其是具有隔爆兼本质安全的高性能网管型工业以太网交换机，能提供 1000 Mb/s 以上快速以太网的能力，使得千兆交换机能够适应严酷而危险的井下环境，具备强大的网管功能。

目前，煤矿井下主干网采用高速光环网已成为主流，交换机主要功能是实现井下以太网光信号与 RS485 总线电信号的转换，同时通过光纤可以在井下形成环网，提高系统网络运行的稳定性。其工作原理如图 2-39 所示。

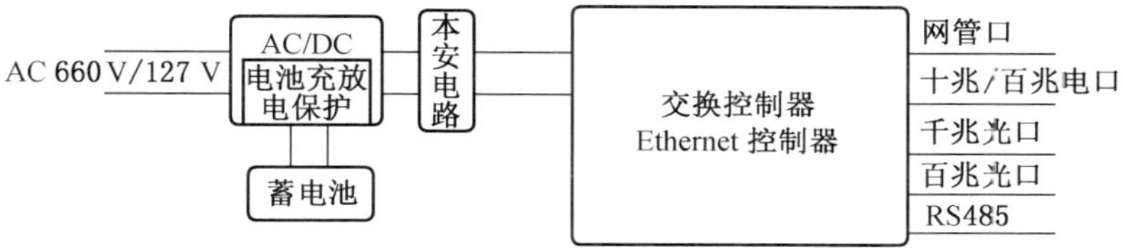

图 2-39　以太环网交换机工作原理

交换机模块及 RS485 转以太网模块是交换机的核心部件，其中交换机模块选用多光接口、多电接口的工业交换机模块，交换机模块与 RS485 转以太网模块之间通过网线连接，一台交换机最大可以支持多路 RS485；通过以太网光口或电口实现中心站主机与井下分站的通信。

为满足《煤矿安全监控系统通用技术要求》(AQ 6201—2019) 5.7.13“在电网停电后，备用电源应能保证系统连续监控时间不小于 4 h”的要求，井下交换机应具有备用电源。一般采用磷酸铁锂电池组，配备电池管理系统，当交流网络停电时立即投入使用，以保证系统继续运行。

井下交换机类型较多，功能特点和主要技术性能指标差异较大。徐州江煤科技有限公司生产的 KJJ24 矿用本安型网络交换机的主要技术性能指标如下：

(1) 千兆以太网光口。传输方式：LC，光波长 1310 nm，单模双纤；接口数量：3 个；发射功率：-15 ~ 0 dBm；传输距离：10 km。

(2) 百兆以太网光口。传输方式：SC，光波长 1310 nm，单模双纤；接口数量：4 个；发射功率：-15 ~ 0 dBm；传输距离：20 km。

(3) 以太网电口。传输方式：RJ45，全双工 TCP/IP 以太网电信号传输协议；接口数量：3 个；传输速率：10 Mbps/100 Mbps 自适应；传输距离：100 m。

(4) RS485 接口。传输方式：RS485；接口数量：1 个；传输速率：4800 bps；传输距离：10 m。

(5) 传输距离。千兆以太网光信号最大传输距离 10 km，百兆以太网光信号最大传输距离 20 km，百兆以太网电信号传输距离不小于 100 m（使用 MHYV 矿用通信电缆），RS485 电信号传输距离 10 m。

(6) 备用电源工作时间。交换机用 KDW660/24B(X) 矿用隔爆兼本安型直流电源供电，在电网停电后，备用电源能保证交换机连续工作时间不小于4 h。

（二）矿用分站

分站是安全监控系统的重要设备，用于接收来自传感器的信号，并按预先约定的复用方式远距离传送给传输接口（交换机），同时接收来自传输接口（交换机）的多路复用信号，且具有简单数据处理能力，能控制执行器进行工作。

1. 分站的基本类型

分站种类较多，可按复用方式、调制方式、传输方式、工作方式、供电电源、断电控制等进行分类。

（1）按复用方式，可分为频分制、时分制、码分制、复合复用方式（同时采用频分制、时分制、码分制中两种或两种以上）。

（2）按调制方式，可分为基带、调幅、调频、调相、其他方式。

（3）按传输方式，可分为同步、异步。

（4）按工作方式，可分为主从、多主、无主。

（5）按供电电源，可分为交流供电、直流供电。

（6）按断电控制，可分为内置断电控制器、外接断电控制器。

2. 组成与工作原理

分站组成框图如图2－40所示。分站一般由模拟量输入接口、开关量输入接口、开关量输出接口、数字串口（部分分站不具备）、累计量输入接口（部分分站不具备）、模拟量输出接口（部分分站不具备）、系统接口、信息处理与存储单元、显示单元、报警单元（部分分站不具备）、稳压单元等组成。

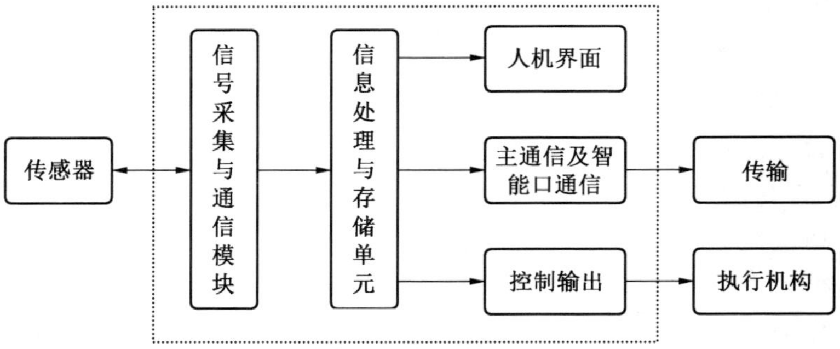

图2－40 分站组成框图

分站工作原理如图2－41所示。模拟量输入接口将甲烷等模拟量传感器输出的频率型（或电流型、电压型）模拟信号转换为数字信号送至信息处理与存储单元，并具有本质安全防爆隔离、抗电磁干扰等功能。模拟量输入接口通常由用于本质安全防爆隔离和抗干扰隔离的光电耦合器、频率/数字（F/D）转换器和滤波器等电路组成。若模拟量输入为电流型或电压型，除具有上述电路外，还具有电压/频率（V/F）或电流/频率（I/F）转换器，当然，也可以采用光电隔离的模/数（A/D）转换器。部分分站的模拟量输入口也可用作开关量输入。《煤矿安全监控系统升级改造技术方案》明确规定，安全监控系统应实现传输数字化，目前主流分站的各输入、输出接口均应为数字信号。

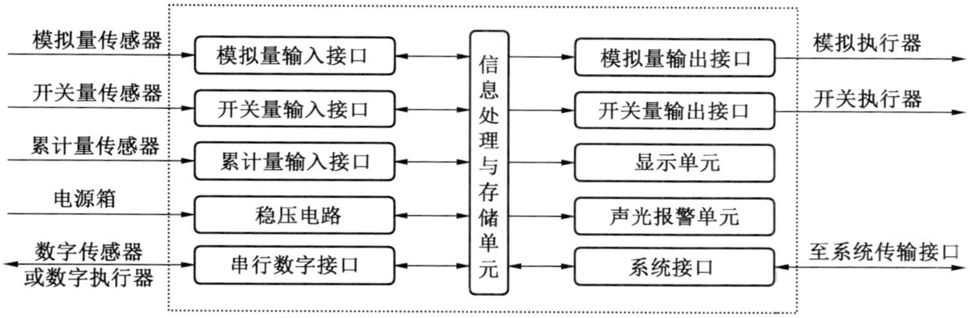

图2-41　分站工作原理

开关量输入接口通常由用于本质安全防爆隔离和抗干扰隔离的光电耦合器和滤波器等电路组成，将设备开停等开关量传感器输出的开关量信号经隔离后送至信息处理与存储单元。

累计量输入接口将瓦斯抽放量、煤炭产量计量装置等累计量传感器输出的信号转换为数字信号送至信息处理与存储单元。累计量输入接口的功能可以由模拟量输入接口或开关量输入接口完成，因此部分分站不专设累计量输入接口。

开关量输出接口一般由光电耦合器等电路组成，将信息处理与存储单元的数字信号转换为开关量信号输出至断电控制器等执行器，并具有本质安全防爆隔离和抗干扰隔离功能。部分分站的开关量输出接口可用作频率型模拟量输出接口。

模拟量输出接口一般由光电耦合器、数/模（D/A）转换器、滤波器等电路组成，将信息处理与存储单元的数字信号转换为模拟量信号，并具有本质安全防爆隔离和抗干扰等功能。

串行数字接口由光电耦合器、滤波器、放大器等电路组成，将数字式传感器输出的串行数字信号隔离后送至信息处理与存储单元，将信号处理与存储单元输出的串行数字信号隔离放大后送至数字式执行器。

系统传输接口由光电耦合器、滤波器、放大器等电路组成；接收系统传输接口输出的串行数字信号，隔离后送至信息处理与存储单元；将信息处理与存储单元输出的串行数字信号隔离放大后送至系统传输接口。

显示单元由显示电路及其驱动电路等组成，用于分站电源指示、通信指示、故障指示、光报警、模拟量和开关量显示等。

报警单元由光报警和声报警两部分组成。声光报警可以外接声光报警器，也可以由显示单元完成光报警功能。

信息处理与存储单元一般由单片机及其外围电路组成，完成多路信号复用传输、信号输入/输出、数据处理和执行器控制等功能。

稳压电路将隔爆兼本质安全型直流电源远距离供给的非稳定直流电源，稳定为可供分站使用的直流稳压电源。稳压电路一般采用 7805 等稳压块，可采用 DC/DC 等直流变换电路。

3. 主要技术性能指标

分站的种类较多，组成结构和功能特点不尽相同，主要技术性能指标差异较大，选择使用时应全面参阅其产品使用说明书。徐州江煤科技有限公司生产的 KJ379X - F 矿用本安型安全监控分站的主要技术性能指标如下：

（1）数字量。数字型信号：采用 RS485 传输，波特率：4800 bps。

（2）控制量。

① 电平型信号：输出高电平时不小于 3 V（输出电流为 2 mA 时），输出低电平时不大于 0.5 V。

② 无源接点型信号：截止状态输出时，漏电阻不小于 100 kΩ；导通状态输出时，电压降不大于 0.5 V（灌入电流为 2 mA 时）。

③ 数字型信号：采用 RS485 传输，波特率：4800 bps。

（3）模拟量输入处理误差。不大于 0.5%。

（4）控制执行时间。分站甲烷超限断电及甲烷风电闭锁的控制执行时间不大于 2 s。

（5）分站通信方式及速率。

① 分站与中心站的传输方式及速率：工业以太网，10 Mbps/100 Mbps 自适应。

② 分站到传感器的传输方式及速率：RS485，4800 bps。

③ 分站到电源箱的传输方式及速率：RS485，4800 bps。

（6）最大传输距离。

① 传感器及断电控制器至分站之间：6 km（采用 MHYV 通信电缆：截面积不小于 1.5 mm^2；分布参数 $R \leqslant 12.8\ \Omega/km$、$L \leqslant 0.8\ mH/km$、$C \leqslant 0.06\ \mu F/km$）。

② 分站至交换机之间：10 km（采用 MGTS 矿用阻燃通光缆）。

③ 分站至交换机之间：100 m（采用 MHYV 通信电缆，截面积不小于 1.5 mm^2）。

（7）最大监控容量。16 路数字传感器信号输入，8 路控制量信号输出（无源接点型信号 4 个、电平型信号 4 个）。

（8）备用电源连续工作时间。电网停电后，备用电源连续工作时间大于或等于 4 h。

四、矿用直流电源及备用电源

电源是安全监控系统的必备设备。矿用电源（指监控系统电源、甲烷断电仪电源、甲烷风电闭锁电源等）除向分站、传感器、声光报警器、断电器等提供本质安全型防爆直流电源外，还必须保证井下交流电网停电后，维持系统正常工作时间不少于 4 h。因此，监控系统电源除将交流电转换成本质安全型防爆直流电源外，还应具有备用电池或者备用电源。

（一）井下供电及电源分配

安全监控系统的井下日常供电来自井下电网的交流电源，一般为 127 V 井下照明电源，或者 380 V、660 V 动力电源。经隔爆兼本安型不间断电源（矿用直流电源）整流、滤波、DC/DC 转换、限流限压处理为本质安全型防爆直流电源后，供给井下分站、传感器、声光报警器、断电器等监控设备。煤矿安全监控系统井下供电及电源分配示意图如图 2－42 所示。

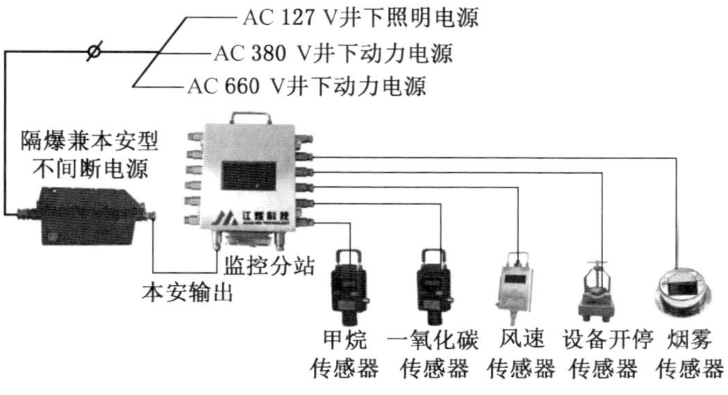

图 2－42　煤矿安全监控系统井下供电及电源分配示意图

（二）矿用直流电源

矿用直流电源一般由变压器、整流电路、滤波电路、DC/DC 转换电路、双重限流（恒流）限压（稳压）电路组成，其组成框图和工作原理如图 2－43 和图 2－44 所示。

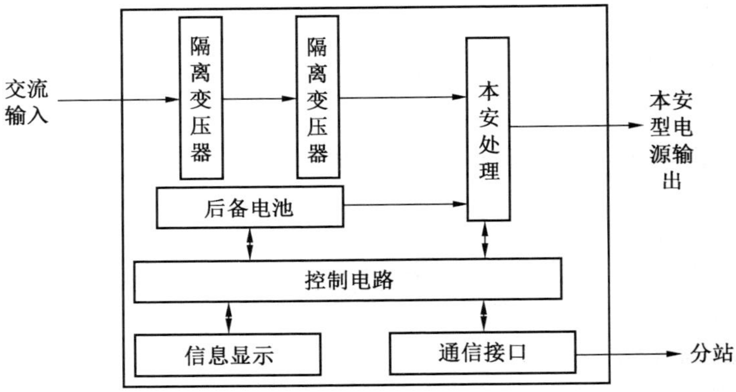

图 2－43　矿用直流电源组成框图

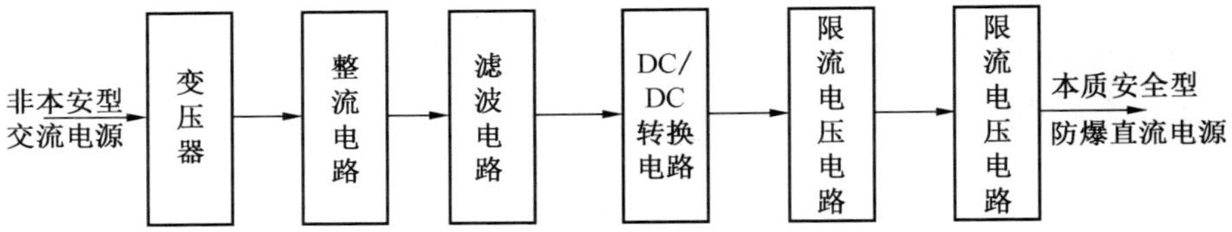

图 2－44　矿用直流电源工作原理

矿用直流电源执行标准为《矿用本质安全输出直流电源》(MT/T 1078—2008)，应输出稳定的高电流直流电压，具备过流、短路等保护，并实时显示出交流电压、直流电压等状态，应具有备用电池和较高的带载能力。

各制造单位生产的矿用直流电源种类较多，某些单位可能拥有多种型号的矿用直流电源产品。徐州江煤科技有限公司共生产制造 2 种矿用直流电源，其中 KDW660/24B(X) 矿用隔爆兼本安型直流电源的主要技术性能指标如下：

（1）电源额定条件。输入电压及波动范围：额定供电电压，AC 127 V/AC 380 V/AC 660 V(75% ~110%)；频率，50 Hz，允许偏差 ±5%；谐波，不大于 10%。

（2）电源输出。输出 1 路 18 V，额定输出电流 400 mA；输出 9 路 24 V，额定输出电流 150 mA。

（3）周期与随机偏移（峰－峰值）。小于或等于 250 mV。

（4）备用电源工作时间及转换时间。备用电池组：6 节锰酸锂电池串联使用，单体电池 3.7 V，容量 9 A·h；转换时间：小于或等于 500 ms；备用电源工作时间：大于 4 h；最高充电电压：小于或等于 DC 25.2 V；放电终止电压：小于或等于 19.2 V。

（5）保护功能。具有限流、限压和短路保护功能，故障撤销后可自动恢复。

（三）矿用备用电源

井下交流电网停电后，为保证安全监控设备的正常工作，矿井监控设备必须配备备用电源，并保证维持正常工作时间不小于 4 h。

1. 基本要求

由于煤矿井下安全监控的特殊性，矿用备用电源与一般备用电源相比，应满足以下特殊要求：

（1）应采用蓄电池。备用电源有蓄电池、原电池、贮备电池和燃料电池，由于要求备用电源至少能维持安全监控设备正常工作 4 h，并且输出功率较大，因此采用原电池是不合理的。因为原电池能量耗尽后要更换，在煤矿井下爆炸性危险环境中经常更换电池是一件很困难的事情。贮备电池在使用前处于惰性活态，直到使用时才使电池“激活”，因此难以保证停电频率较高、不间断供电的要求。燃料电池是将活性物质贮存在电池体系之外，使用时将活性物质连续注入电池，也不能满足停电频率较高、不间断供电的要求。因此，矿用备用电源应采用蓄电池。

（2）备用电源要与主电路共用输出限压（稳压）和限流（恒流）电路。为保证备用电源的本质安全防爆性能，蓄电池不能直接向负载供电，必须经过双重或多重限压（稳压）和限流（恒流）保护，而主电路也必须具备双重或多重限压（稳压）和限流（恒流）保护。为避免电路的重复设置，减小体积和质量，降低成本，提高效率，备用电源输出的双重化和多重化的限压（稳压）和限流（恒流）电路要与主电路的双重化和多重化的限压（稳压）和限流（恒流）电路共用。

（3）蓄电池应全密封、免维护，体积小、质量轻。矿用备用电源蓄电池一般置于隔爆腔内，为防止电解液泄漏，破坏隔爆外壳的防爆性能，矿用备用电源蓄电池应全密封。同时，因为置于隔爆外壳内的电气设备的维护比较困难，矿用备用电源蓄电池也要免维护。如果电路的体积增大，会要求较大的隔爆外壳，这样会大大增加设备的质量。因此，矿用备用电源的蓄电池还要体积小、质量轻。

（4）蓄电池应无记忆效应。由于矿用备用电源蓄电池应采用连续浮充制，因此蓄电池应无记忆效应，以防止蓄电池容量迅速下降和使用寿命降低。

2. 备用电池的种类及特点

矿用备用电源可以采用的电池应为二次电池（可充电蓄电池），包括镉镍蓄电池、镍氢蓄电池、锂离子蓄电池等。由于铅酸蓄电池在过充等情况下存在析氢风险，已被禁止在隔爆外壳内使用。

1）镉镍蓄电池

镉镍蓄电池正极板上的活性物质由氧化镍粉和石墨粉组成，其中石墨不参加化学反应，其主要作用是增强导电性。负极板上的活性物质由氧化镉粉和氧化铁粉组成，其中氧化铁粉的作用是使氧化镉粉具有较高的扩散性，防止结块，并增加极板的容量。电解液为氢氧化钠或氢氧化钾。

镉镍蓄电池最大的缺点是存在记忆效应。如果应用于地面普通场合，如手机电池等，可采用先放电再充电的方法，克服记忆效应。但在安全监控系统中，要求不间断供电，如仍采用先放电再充电的方法，就有可能出现在电池充电前的被动放电过程中，要求电池给外电路供电的情况，这就不能保证系统的不间断供电。矿用备用电源的蓄电池应在连续浮充状态下运行，由于每次外部电源故障持续时间很短，一般都不能使蓄电池完全放电，电池总是处于不完全放电状态。因此，在记忆效应作用下，工作一段时间后即出现“一充就满、一放就完”的现象，电池的实际使用容量急剧下降，故而矿用备用电源的蓄电池不宜采用镉镍蓄电池。

2）镍氢蓄电池

氢是一种干净的燃料，以氢作为蓄电池的负极活性物质是实现水-氢循环能量体系的重要方法。镍氢蓄电池有两种类型：一种是以气体氢为活性物质的电池，因电池内部处于较高压力，称为高压镍氢蓄电池；另一种是以具有吸、脱氢能力的金属氢化物为活性物质的电池，表示为 MH-Ni，因电池内压较低，也称为低压镍氢蓄电池。在这两种电池中，电解液是碱性水溶液。

高压镍氢蓄电池主要用于航天部门，投资大，电池内部压力达 3～4 MPa，且为易爆的氧气。因此，高压镍氢蓄电池不适用于矿用备用电源。

低压镍氢蓄电池能量密度高，且没有记忆效应。负极为储氢合金，且电池本身具有防爆装置，国内外产品相对成熟。镍氢蓄电池对充放电电路要求较高，在充电时镍氢蓄电池的温度较高，尤其是在过充电时，内部温度急剧上升，可能使电池冒气，因此要求在电池组中装入温度开关，防止电池温度过高，影响防爆性能。镍氢蓄电池的价格相对较高，且单体容量越高，价格增加越大。总之，镍氢电池无记忆效应，经过严格控制充放电过程，避免氢气的析出，可用于矿用备用电源。

3）锂离子蓄电池

一般单体锂离子蓄电池的标称电压在3.6 V左右，充电终止电压为4.2 V，放电终止电压为2.5 V。单体锂离子蓄电池的充电电压必须严格保持在4.1 V ± 50 mV，若充电电压超过4.5 V，可能造成锂离子蓄电池永久性损坏。锂离子蓄电池通常采用恒流转恒压充电模式，当单体电池的电压上升到4.1 V（或4.2 V）时，充电器应立即转入恒压充电，充电电压波动应控制在50 mV以内。在恒压充电过程中，充电电流逐渐减小，当电池充足电时，电流下降到涓流充电电流。用这种方法，大约2 h电池可充到额定容量（500 mA · h）。

锂离子蓄电池相对体积小、质量轻、能量密度高、性能好、无记忆效应，但价格比镍氢蓄电池高（约2倍以上）。锂离子蓄电池对充放电电路要求也很高，过充电不但会导致锂离子蓄电池永久性损坏，而且会在阴极析出金属锂，若遇高温或内部短路，就会导致热失控甚至发生爆炸。在过放电时，电解液将被分解，电池内压力上升。因此，在电池组内部需增加检测过充电与过放电的集成电路。

锂离子蓄电池有钴酸锂蓄电池、三元锂蓄电池、锰酸锂蓄电池、磷酸铁锂蓄电池等类型。钴酸锂蓄电池由于安全性差，已被禁止在煤矿井下使用。三元锂蓄电池的安全性能稍好，但无法满足煤矿井下的安全要求，也不能用于煤矿井下。锰酸锂蓄电池的安全性较好，但大容量锰酸锂蓄电池无法通过目前规定的8项安全性能试验，一般仅小容量锰酸锂蓄电池用于安全仪器等能量需求不大的设备。目前，能量大的矿用备用电源基本采用磷酸铁锂蓄电池。

五、井口设备

由于井上、下环境不同，对设备及传输信号的要求不同，在满足信号安全、高效、可靠传输的条件下，需要对井上、下实施安全隔离。同时，为防止雷电通过监控线路导入井下，井口需要防雷设施。安全监控系统常见的井口设备是线路防雷器和地面传输接口。

（一）线路防雷器

线路防雷器是保障系统可靠运行，免遭雷电感应损坏系统设备的保护器。在常态下防雷器具有极小的插入损耗且无电抗存在，突然遭到雷电感应高压冲击时，具有极大的感性电抗和数万安培的吸收电流能力，响应时间为几毫微秒。线路防雷器电气原理如图2－45所示。

应该注意的是，由于防雷器外线接地端分流雷电的强电流，要求接地线性能良好，引线要粗，必须符合有关标准规范的要求。同时，不仅下井电缆应配接线路防雷器，如果下井光纤为铠装光纤时，也必须配接线路防雷器。

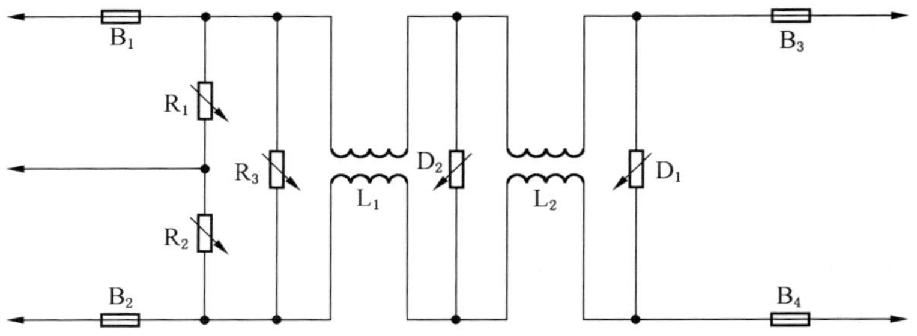

图2－45　线路防雷器电气原理

（二）地面传输接口

地面传输接口是将地面中心站（主站）到井下分站、井下分站到地面中心站的信息转换成彼此能够接受的信息，并实现井上、下网络安全隔离的重要设备。地面传输接口接收井下分站远距离发送的信号，并送至主机处理；接收主机信号，并送至相应分站。传输接口还具有控制分站的发送与接收、多路复用信号的调制与解调、系统自检等功能。

1. 主要类型

地面传输接口的分类方法，可按复用方式、网络结构、调制方式、传输方式、工作方式、防爆安全隔离功能等进行分类。

（1）按复用方式，可分为频分制、时分制、码分制、复合复用方式（同时采用频分制、时分制、码分制中两种或两种以上）。

（2）按网络结构，可分为星型、环型、树型、总线型、复合型（同时采用星型、环型、树型、总线型中两种或两种以上）。

（3）按调制方式，可分为基带、调幅、调频、调相、其他方式。

（4）按传输方式，可分为同步、异步。

（5）按工作方式，可分为主从、多主、无主、复合。

（6）按结构，可分为独立设备、板卡。

（7）按防爆安全隔离功能，可分为具有本安与非本安隔离功能、外接安全栅。

2. 基本组成与工作原理

地面传输接口一般由系统通信电路、主机通信电路、信息处理电路、显示电路、双机切换电路和电源等组成，如图2－46所示，工作原理如图2－47所示。

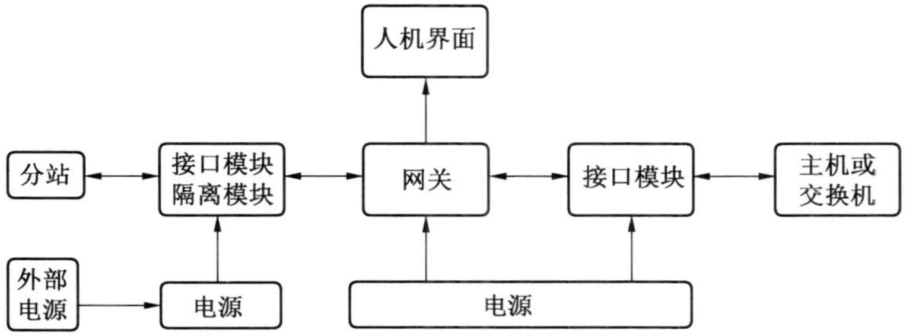

图2－46　地面传输接口组成框图

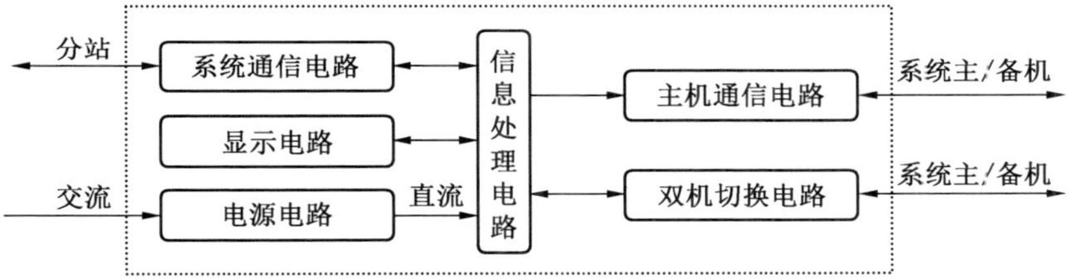

图2－47　地面传输接口工作原理

系统通信电路负责与分站双向串行数字通信，并具有本质安全防爆隔离功能。系统通信电路通常由光电耦合器、整形电路、滤波电路和放大电路等组成。

主机通信电路负责与主机双向串行数字通信。

显示电路用来指示电源、系统通信状态、主机通信状态、主/备机工作状态等。

信息处理电路用来进行系统通信管理、主机通信管理、双机切换控制等。

双机切换电路用来监测主/备机工作状态及进行切换控制。

电源电路将220 V等交流电源转换为矿用信息传输接口所需的直流电源。

在交流220 V供电进线处应接有电涌保护器进行防雷电保护。

3. 主要技术性能指标和参数

地面传输接口的主要技术性能指标和参数，一般应不低于以下要求：

（1）具备RS485和CAN总线接入功能，为煤矿井下数据类传输系统提供可靠传输。

（2）防爆类型：矿用隔爆兼本质安全型，标志为Ex d[ib] I Mb；或矿用本质安全型，标志为Ex ib I Mb。

（3）2 路万兆以太网光信号接口：单模，波长 1310 nm，传输距离 10 km。

（4）4 路千兆以太网光信号接口：单模，波长 1310 nm，传输距离 10 km。

（5）8 路百兆以太网光信号接口：单模，波长 1310 nm，传输距离 20 km。

（6）4 路以太网电信号接口：10 Mbps/100 Mbps 自适应。

（7）4 路 RS485 接口：波特率 1200 ~9600 bps，传输距离 10 km(1200 bps)。

（8）4 路 CAN 接口（复用 RS485 接口）：波特率 5 ~ 50 kbps，传输距离 2 km（5 kbps）。

（9）支持万兆/千兆/百兆环网冗余，环网冗余恢复时间小于或等于 20 ms。

（10）电源管理：远程监测、充放电管理。

六、地面中心站设备

中心站是安全监控系统的控制中枢。中心站设备包括主监控计算机（一主一备）、打印机、录音电话、防火墙、网络服务器、防雷器、接口设备、双回路配电柜、UPS 不间断电源等，均应采用主流技术的通用产品，并满足可靠性、可维护性、开放性和扩展性等要求。

（一）主监控机

主监控机（主机）应双机热备，从工作主机故障到备用主机投入正常工作时间不大于 60 s。主机的性能一般不低于以下要求：

（1）额定工作电压：AC 220 V，电源波动范围 -10% ~ +10% 。

（2）CPU：Intel CORE i7 处理器；主频：四核 3. 4 GHz。

（3）内存：8 GB。

（4）双硬盘：1 TGB 以上。

（5）显卡：标准 VGA，32 位真彩色。

（6）显示器分辨率：1024 ×768。

（7）应能通过《电磁兼容　试验和测量技术　静电放电抗扰度试验》(GB/T 17626. 2—2018）规定的严酷等级为 3 级的静电放电抗扰度试验，评价等级为 A。

（二）供电配置

为保证地面中心站安全、可靠、24 h 连续不间断运行，其供电配置应满足以下要求：

（1）地面中心站机房用电负荷最好应为一级负荷，并由两回路电源供电。当其中一回路电源发生故障时，可实现自动切换。

（2）地面中心站机房电源质量应满足：额定电压 220 V/380 V，允许偏差 ±10%；频率 50 Hz，允许偏差 ±5%；总谐波畸变率应不大于 5% 。

（3）地面中心站机房应配置专用配电箱。专用配电箱应设在电源室，配电箱的配出回路应留有裕量。

（4）地面中心站机房供电电源容量应按照系统、空调和照明等设备额定功率总和的1.5倍确定。单相负荷应均匀分配在三相线路上，三相负荷不平衡度应小于15%。

（5）地面中心站机房的备用电源，应根据系统的需要配备在线式不间断电源。在电网停电后，备用电源应能保证系统连续工作时间不小于4 h。

（6）地面中心站机房备用电源的容量应按系统额定功率的1.2倍配备。

（7）在中心站机房AC 220 V供电进线处应接有电涌保护器进行防雷电保护。

（三）UPS电源

中心站应配备UPS电源，当交流电源断电时，UPS电源应保证中心站设备正常工作4 h以上。

在线式UPS电源工作原理如图2-48所示。当地面供电电源正常时，主路由功率因数校正电路产生逆变器工作所需的直流电压，再经逆变器将直流转换为交流输出；另一路市电经充电器电路产生的直流电压对蓄电池充电；当地面供电电源中断时，蓄电池所储存的能量经变换器转换为直流电压作为逆变器输入，使输出实现不间断供电。

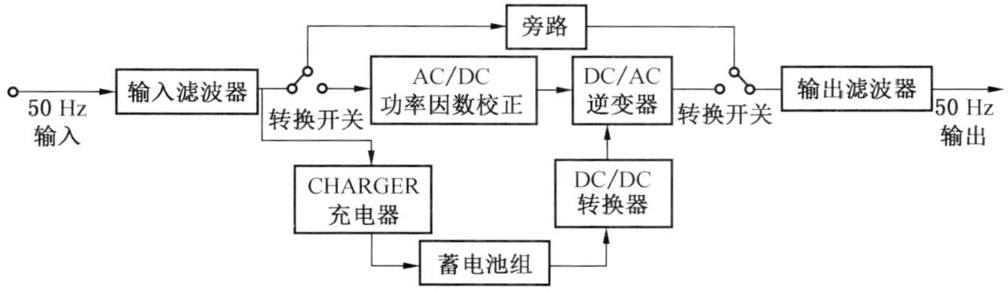

图2-48　在线式UPS电源工作原理

第四节　煤矿安全监控系统软件

系统软件是煤矿安全监控系统的重要组成部分，应具备信息传输、处理、存储、查询、显示、打印、报警、控制、网络通信、初始化、组态等功能，并符合《煤矿安全生产监控系统软件通用技术要求》（MT/T 1008—2006）等标准的规定。

一、安全监控系统软件基本要求

安全监控系统软件应是可靠性高、开放性好、易操作、易维护、安全成熟、界面友好的主流产品，且应满足以下基本要求：

（1）具备实时性。能实时传输、处理、存储和显示信息，并根据要求实时控制，能周期地循环运行而不中断。

（2）中文显示和打印。应有汉字显示、汉字打印和汉字提示功能，并有详细的汉字操作说明书和汉字操作指南。

（3）信息输出与存储。应具有信息显示、报警、存储和打印功能。

（4）人机对话功能。在不中断系统正常运行的条件下，通过操作生成或者修改系统参数、图表和图形等。

（5）自检功能。系统软件应能对接入系统的传感器、分站等监控设备的工作状态进行自检。

（6）容错功能。系统软件应具有容错功能，能够容忍人为操作错误、存储读写错误、打印机未连接等不影响系统实时采集、报警、显示及控制的错误，并具有错误提示功能。

二、安全监控系统软件基本组成

煤矿安全监控系统软件由信息传输模块、信息处理模块、存储与查询模块、显示模块、打印模块、报警模块、控制模块、初始化模块、组态模块、网络通信模块、数据库等组成，如图 2－49 所示。

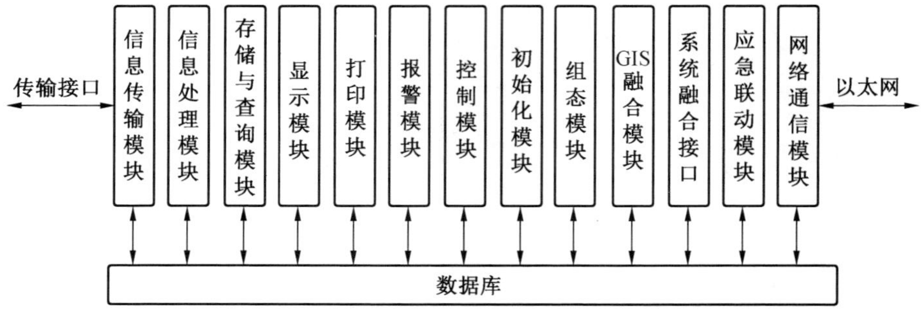

图 2－49　煤矿安全监控系统软件的基本组成

信息传输模块接收经信息传输接口（交换机）传输的来自分站的模拟量数

据、开关量状态、传感器及分站工作状态等信息；经信息传输接口向分站发送断电控制等命令；并具有系统通信管理功能。信息传输模块应符合《煤矿用信息传输装置》(MT/T 899—2000）等有关标准的要求。信息传输模块一般有多种通信接口：RS－232 接口、RS－485 接口、CAN 接口、PROFIBUS 接口、LONWORKS 接口、FF 接口、以太网接口等。

信息处理模块对接收到的模拟量进行识别、判别、统计等，对接收到的开关量进行判别，根据实时数据控制声光报警及远程断电等。部分信息处理模块还具有瓦斯突出、煤炭自燃、顶板周期来压等预测预报以及大数据分析功能。一是加入了大数据分析，在通过对现场历史数据搜集汇总、形成瓦斯系统大数据的基础上，探索性地研究安全监控系统的数据综合分析利用功能；使用分类算法、回归分析算法、聚类分析法、关联算法等方法，对煤矿大数据进行分析，研究瓦斯涌出规律、自然发火规律、煤与瓦斯突出特点以及冒大数等的规律，进行瓦斯涌出预测、煤与瓦斯突出预警、区域安全等级评估等，有效指导煤矿灾害治理和安全生产。二是具备了伪数据标注及异常数据分析能力，具体包括传感器标校期间的数据分析功能和异常数据分析功能，与煤矿安全监控系统检查分析工具对接数据等功能，以满足安全系统运维管理及煤矿安全监管监察的要求。

存储与查询模块将模拟量统计值、模拟量报警、模拟量断电、模拟量馈电异常、开关量动作、开关量报警及断电、开关量馈电异常、监控设备故障等信息按规定存储并根据要求调用查询。

显示模块具有模拟量表格显示、开关量表格显示、模拟量曲线显示、开关量状态图与柱状图显示、模拟图显示等功能。可根据需要显示初始化参数、实时数据及状态、历史数据及状态、监控设备工作状态等。

打印模块具有模拟量表格打印、开关量表格打印、模拟量曲线打印、开关量状态图与柱状图打印、模拟图打印、初始化参数打印、监控设备工作状态打印等功能。可根据需要打印初始化参数、实时数据及状态、历史数据及状态等。

报警模块具有模拟量报警、模拟量断电报警、模拟量馈电异常报警、开关量断电报警、开关量馈电异常报警、监控设备故障报警、分级报警、逻辑报警等声光报警功能。

控制模块具有远程自动控制和手动控制功能；根据需要可实现分级、分区控制，地面远程自动控制或手动控制。当就地控制因故障失效时，可对上级实施断电控制等。这对保障监控系统甲烷风电闭锁控制的可靠性，实现井下各水平中央变（配）电所、采区变电所、主排水泵房、主要通风机房、带式输送机无人值守等具有重要作用。

初始化模块具有系统参数、分站参数、传感器参数、断电器参数等配置功能。当系统初始运行或传感器、分站等配置修改后，可通过初始化模块对系统进行初始化。

组态模块主要用来绘制模拟图，并在图中定义模拟量和开关量。组态模块也可绘制表格、曲线、状态图、柱状图和打印表格。组态模块一般由工具箱、图库等组成。

网络通信模块是系统与局域网通信的接口，可将监控信息送至监控数据服务器。

数据库负责初始化参数、组态参数、监控数据及状态（包括实时的和历史的）存储和调用，将上述各功能模块有机地联系在一起。由于安全监控系统采集、存储的井下环境参数是事故发生后确定事故原因最基本、最真实的资料，可用于判断事故的性质及责任级别，因此瓦斯监控系统应保证监控数据的真实性，防止数据被随意读取或篡改。因此，升级改造后的系统数据库应具备加密存储功能。

数据库加密的目的是保护存储于数据库内的数据，防止数据泄露和非法访问。数据加密后以密文方式存储并在密态方式下工作，以得到有效保护。在没有密钥和解密函数的情况下，即使用户非法入侵系统或盗得了数据库文件，也不能获取或篡改所需数据，从而确保了数据的安全。根据加密密钥与解密密钥是否相同，加密算法分为对称加密算法和非对称加密算法。对称加密即加密和解密使用相同的密钥，常用的对称加密算法有数据加密标准（DES）、三重数据加密标准（3DES）、高级加密标准（AES）等。非对称加密算法又称为公开密钥加密算法，它使用两个具有数学关系的不同密钥加密和解密数据，这两个密钥分别称为私钥和公钥，常用的非对称密钥加密算法有 RSA 公钥算法等。对称加密算法的速度比非对称加密算法的速度快几十倍甚至几百倍，其对系统性能的影响较小，因此在数据加密中使用较多。

三、安全监控系统软件的基本功能

按《煤矿安全监控系统通用技术要求》(AQ 6201—2019）的规定，安全监控系统软件应具备操作管理、主菜单、分类查询、快捷方式、中文显示与打印、更改存储内容、模拟量数据表格显示、开关量状态表格显示、模拟量曲线显示、开关量状态图与柱状图显示、模拟图显示、报警、存储记录、打印等 14 项基本功能。

（一）操作管理

软件必须具有操作权限管理功能，对参数设置、控制等必须使用密码操作，并具有操作记录。KJ379X 煤矿安全监控系统的密码验证如图 2－50 所示，操作记录查询如图 2－51 所示。

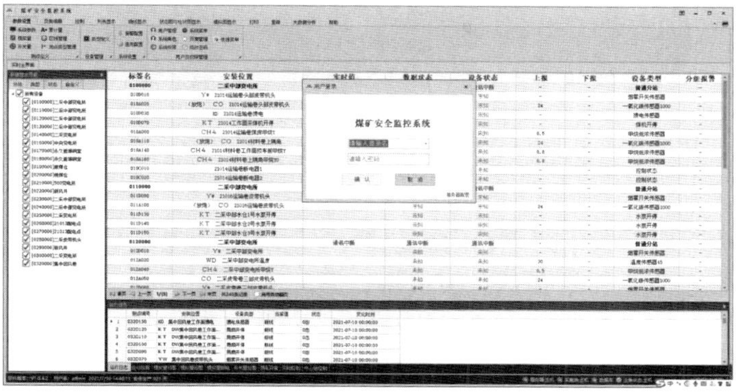

图 2－50　KJ379X 煤矿安全监控系统的密码验证

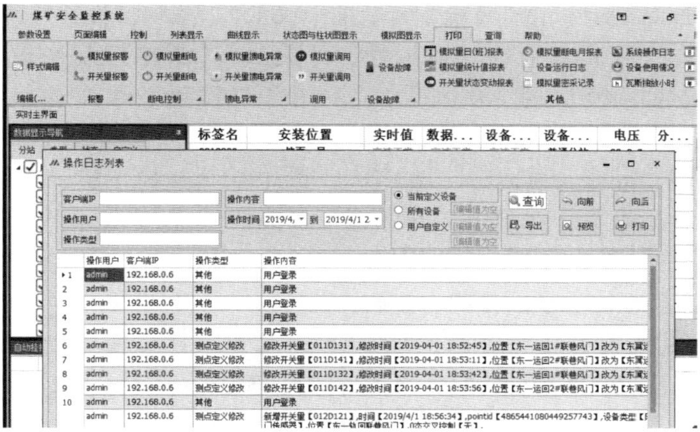

图 2－51　KJ379X 煤矿安全监控系统的操作记录查询

（二）主菜单

在各种显示模式下都必须有主菜单显示，内容包括：参数设置、页面编辑、控制、列表显示、曲线显示、状态图及柱状图显示、模拟图显示、打印、查询、帮助、其他等。KJ379X 煤矿安全监控系统的主菜单如图 2－52 所示。

图2－52 KJ379X煤矿安全监控系统的主菜单

在主菜单下应设置子菜单，内容包括：

（1）参数设置：系统参数、模拟量、开关量、累计量、其他。

（2）页面编辑：列表、曲线、模拟图、其他。

（3）控制：控制逻辑、操作、其他。

（4）列表显示：报警（模拟量、开关量）、断电控制（模拟量、开关量）、馈电异常（模拟量、开关量）、调用（模拟量、开关量）、设备故障、其他。

（5）曲线显示：报警、断电控制、馈电异常、调用、其他。

（6）状态图与柱状图显示：状态图、柱状图、其他。

（7）模拟图显示：通风系统、瓦斯抽采（放）、系统自检、其他。

（8）打印：编辑、报警（模拟量、开关量）、断电控制（模拟量、开关量）、馈电异常（模拟量、开关量）、调用（模拟量、开关量）、设备故障、其他。

（9）查询：报警（模拟量、开关量）、断电控制（模拟量、开关量）、馈电异常（模拟量、开关量）、调用（模拟量、开关量）、设备故障、其他。

（10）帮助：参数设置、页面编辑、控制、列表显示、曲线显示、状态图与柱状图显示、模拟图显示、打印、查询、其他。

（三）分类查询

安全监控系统软件至少应具备以下分类查询功能：

（1）报警查询。根据输入的查询时间，将查询期间内全部报警的模拟量和开关量显示或打印。

（2）断电查询。根据输入的查询时间，将查询期间内全部断电的模拟量和开关量显示或打印。

（3）馈电异常查询。根据输入的查询时间，将查询期间内全部馈电异常的模拟量和开关量显示或打印。

（4）调用查询。根据输入的被查询量和查询时间，将查询期间内被查询量显示或打印。

KJ379X 煤矿安全监控系统的分类查询如图 2－53 所示。

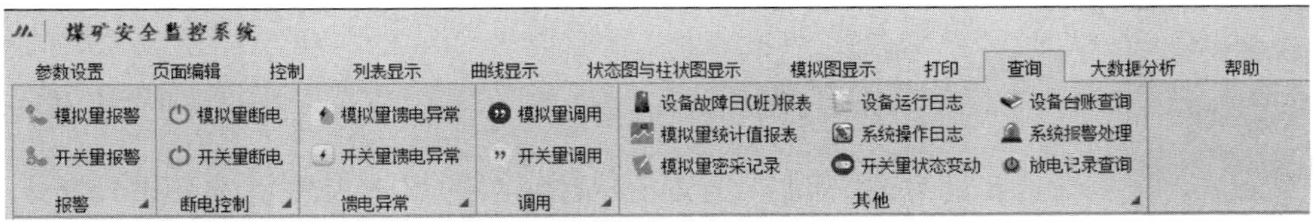

图 2－53　KJ379X 煤矿安全监控系统的分类查询

（四）快捷方式

在任何显示模式下，均可直接进入所选监控量的列表显示、曲线显示或状态图及柱状图显示、模拟图显示、打印、参数设置、页面编辑、查询等方式。KJ379X 煤矿安全监控系统的快捷方式如图 2－54 所示。

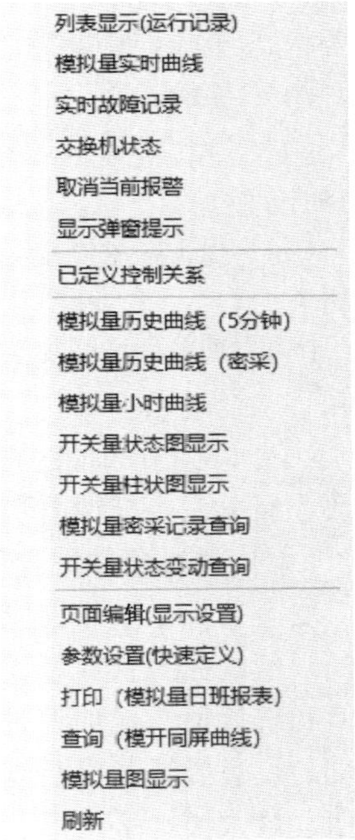

图 2－54　KJ379X 煤矿安全监控系统的快捷方式

（五）中文显示与打印

安全监控系统软件必须具有汉字显示、汉字打印和汉字提示功能。

（六）更改存储内容

安全监控系统软件必须具有防止修改实时数据和历史数据等存储内容功能，其中参数设置及页面编辑除外。

（七）模拟量数据表格显示

安全监控系统软件的模拟量数据表格显示功能应满足以下要求：

（1）模拟量数据表格显示，内容应包括：传感器设置地点，传感器所测物理量，单位（可缺省），报警门限（除用于监察外，可缺省），断电门限（除用于监察外，可缺省），复电门限（除用于监察外，可缺省），断电范围（除用于监察外，可缺省），监测值，平均值，最大值，最小值，报警/解除报警状态及时刻，断电/复电命令及时刻，馈电状态及时刻，实时时钟等。

（2）实时显示模拟量报警、模拟量断电、馈电异常。

（3）调用显示所选择的模拟量的相应内容。

（4）当模拟量大于或等于报警门限时，自动显示超限时刻等内容。

（5）当模拟量大于或等于断电门限时，自动显示断电命令及时刻等内容。

（6）当模拟量断电命令与馈电状态不一致时，自动显示馈电异常时刻等内容。

（7）根据所选择的查询时间，显示查询时间内的累计报警次数、累计断电次数、累计馈电异常次数、模拟量的平均值和最大值等及相关内容。

（八）开关量状态表格显示

安全监控系统软件的开关量状态表格显示功能应满足以下要求：

（1）开关量状态表格显示，内容包括：所监测设备地点，所监测设备名称，报警状态（除用于监察外，可缺省），断电状态（除用于监察外，可缺省），断电范围（除用于监察外，可缺省），当前状态，状态变动时刻，报警/解除报警时刻，断电/复电时刻，馈电状态及时刻等。

（2）根据所选择的开关量，显示地点、名称、报警/断电状态（可缺省）、设备状态时刻、报警/断电时刻、断电区域（可缺省）、馈电状态及时刻、措施及时刻等内容。

（3）当开关量为报警/断电状态时，自动显示报警/断电时刻和状态等相关内容。

（4）当开关量断电命令与馈电状态不符时，自动显示馈电异常状态及时刻等相关内容。

（5）当开关量状态发生变化时，显示当前状态变化的开关量的状态变动时刻和状态变动状况等，一般保持 5 min 或 10 min。

（6）根据所选择的查询时间，显示查询时间内开关量累计报警次数和断电次数、断电命令与馈电状态不符次数、状态变动次数等的相关内容。

（九）模拟量曲线显示

安全监控系统软件应能将模拟量监测值和统计值随时间变化的状况用带坐标和门限值的曲线直观地显示出来，并可无限放大或弹出放大窗。坐标的竖轴为监测值和统计值，横轴为时间。用平行于横轴的黄色虚线给出报警浓度，用平行于横轴的红色虚线给出断电浓度，用平行于横轴的蓝色虚线给出复电浓度。实时监测值、最大值、平均值、最小值等用不同颜色表示。在屏幕上方标明传感器设置地点、所测物理量名称，起始、终止日期和时间，断电门限（可缺省）、复电门限（可缺省）、报警门限（可缺省）、断电范围（可缺省）、监测值、最大值、平均值、最小值等曲线的颜色等。为便于读取数值，应设置游标，游标所到之处应标出对应点的时刻、监测值、最大值、平均值、最小值、断电起止时刻及累计时间、报警起止时刻及累计时间、馈电异常起止时刻及累计时间、措施及采取措施时刻等，并随着游标的移动，起始、终止日期和时间变化。

（十）开关量状态图与柱状图显示

安全监控系统软件应能进行开关量状态图显示，将开关量状态随时间变化的状态用直线显示出来。

安全监控系统软件应能进行开关量柱状图显示，将开关量单位时间内的开机效率（单位时间内开机时间）用直方图直观显示，竖轴为开机效率，横轴为时间。

（十一）模拟图显示

安全监控系统软件应能在具有说明巷道、设备布置等背景图上，将实时监测到的开关量状态用相应的图样在相应的位置模拟显示，将实时监测到的模拟量数值在相应位置显示。同时，用红色等标注报警、断电及馈电异常信息。

（十二）报警

当模拟量监测值超限（需要报警或断电）、馈电异常（断电命令与馈电状态不符）或开关量状态为报警状态时，安全监控系统软件应能发出报警信号，必要时，向有关人员手机发出报警信号，并满足以下要求：

（1）声音报警。当模拟量监测值超限（需要报警或断电）、馈电异常（断电命令与馈电状态不符）或开关量状态为报警状态时，报警喇叭或蜂鸣器应发出声响或语音提示，点击后关闭。

（2）光报警。在表格显示方式中，当模拟量监测值超限（需要报警或断电）、馈电异常（断电命令与馈电状态不符）或开关量状态为报警状态时，有关该模拟量或开关量的文字、数值和图符等用红色显示，或红色显示加闪烁。在模拟量模拟曲线显示和图形显示方式中，当模拟量监测值超限（需要报警或断电）、馈电异常（断电命令与馈电状态不符）或开关量状态为报警状态时，相应的曲线和图样应变为红色，数值变为红色，或红色显示加闪烁。

（十三）存储记录

安全监控系统软件应具备存储记录功能，并满足以下要求：

（1）统计值记录。定时将模拟量平均值、最大值、最小值等存储在存储介质上。

（2）模拟量报警记录。当模拟量报警、解除报警、填写备注时，自动将相关内容及时刻记录在磁盘等存储介质上。

（3）模拟量断电记录。当模拟量断电、复电、填写备注时，自动将相关内容及时刻记录在磁盘等存储介质上。

（4）模拟量馈电异常记录。当馈电状态由正常变为异常或由异常变为正常，以及填写备注时，自动将相关内容及时刻记录在磁盘等存储介质上。

（5）开关量状态变动记录。当开关量状态发生变动时，计算机自动将该开关量的状态变动状况和变动时刻记录在磁盘等存储介质上。

（6）开关量报警及断电记录。当开关量由非报警及断电状态变为报警及断电状态，或由报警及断电状态变为非报警及断电状态，以及填写备注时，自动将相关内容及时刻记录磁盘等存储介质上。

（7）开关量馈电异常记录。当馈电状态由异常变为正常或由正常变为异常，以及填写备注时，自动将相关内容及时刻记录在磁盘等存储介质上。

（8）监控设备故障记录。当监控设备（分站、传感器等）故障、恢复正常、填写措施时，记录其状态及时刻。

（十四）打印

安全监控系统软件应具备打印功能，对模拟量日（班）报表、模拟量报警日（班）报表、模拟量断电日（班）报表、模拟量馈电异常日（班）报表、开关量报警及断电日（班）报表、开关量馈电异常日（班）报表、开关量状态变动日（班）报表、监控设备故障日（班）报表、模拟量统计值历史记录查询报表等实施打印。

四、安全监控系统软件的基本类型

安全监控系统软件包括操作系统、数据库、编程语言等，就其组成类型看，包括系统软件和应用软件。

（一）系统软件

系统软件又称后台软件，其运行于 MS－DOS 平台之上。计算机启动后，系统软件首先运行并常驻计算机常规内存中。系统软件主要完成以下功能：

（1）负责和分站级设备的通信调度。

（2）负责和模拟盘设备的广播式通信。

（3）完成监测数据信息的预处理，按规定时间运算出模拟量平均值，以及开/停按小时计时，累计量以小时进行积分，并完成相应存储。

（4）监测（控）系统形成网络的情况下，完成相应信息（历史数据、实时数据）并存入网络服务器，以备各个网络工作站使用。

（5）准确、无误地处理各类报警信息，并实时进行储存。

（二）应用软件

应用软件又称前台软件，其主要是建立在 Windows 友好窗口化软件界面之上的各类模块化功能软件，由以下两部分组成。

第一部分，系统首次开工生成操作，必须运行开工生成程序。该程序仅为设计者操作使用，其目的一是开工生成对系统的正常运行有着非常重要的影响，二是防止非用户拷贝使用。

第二部分，系统应用软件，是用户需直接操作使用的部分。需要注意的是，只有进入 Windows 才能运行该部分软件。

目前，应用软件就其功能不同可分为系统生成、召唤显示、辅助操作 3 个部分：

（1）系统生成功能。系统生成部分主要完成安全监控系统运行所必需的基本配置定义，以及召唤显示所需的表格生成、检测图形生成等。

（2）召唤显示操作。召唤显示部分主要是用来观察系统所监测的相应信息，显示方式有表格、图形等。

（3）辅助操作。辅助操作部分主要是用户对系统本身的维护，对分站及设备的各类控制，以及对模拟盘进行的各种命令操作。

五、地理信息系统

为提高煤矿安全监控系统准确性、灵敏性、可靠性、稳定性和易维护性，充分发挥安全监控系统的效用，《煤矿安全监控系统升级改造技术方案》（煤安监函〔2016〕5 号）明确要求安全监控系统应实现安全监控与人员定位系统、应急广播的多系统融合及应急联动，与地理信息系统（GIS）技术有机融合。地理信息系统正成为安全监控系统越来越重要的应用软件。

（一）地理信息系统简介

地理信息系统（geographic information system，GIS）是一门综合性学科，结合地理学与地图学以及遥感技术和计算机科学，已经广泛地应用在不同的领域，是用于输入、存储、查询、分析和显示地理数据的计算机系统，有时又称为地理信息服务（geographic information service）。GIS 是一种基于计算机的工具，它可以对空间信息进行分析和处理（简而言之，是对地球上存在的现象和发生的事件进行成图和分析）。GIS 技术把地图这种独特的视觉化效果和地理分析功能与一般的数据库操作（如查询和统计分析等）集成在一起。

全球主流的 GIS 软件供应商有加拿大 MDA 公司、美国环境系统研究所公司、鹰图（Intergraph）公司等，国内知名的 GIS 制造商有北京思维图新科技股份有限公司、北京北斗星通导航技术股份有限公司、高德软件有限公司等。

地理信息作为一种特殊的信息，它同样来源于地理数据。地理数据是各种地理特征和现象间关系的符号化表示，是指表征地理环境中要素的数量、质量、分布特征及其规律的数字、文字、图像等的总和。地理数据主要包括空间位置数据、属性特征数据及时域特征数据 3 个部分。

空间位置数据描述地理对象所在的位置，这种位置既包括地理要素的绝对位置（如大地经纬度坐标），又包括地理要素间的相对位置关系（如空间上的相邻、包含等）。

属性特征数据有时又称非空间数据，是描述特定地理要素特征的定性或定量指标，如公路的等级、宽度、起点、终点等。

时域特征数据是记录地理数据采集或地理现象发生的时刻或时段。时域特征数据对环境模拟分析非常重要，正受到地理信息系统学界越来越多的重视。空间位置、属性特征及时域特征构成了地理空间分析的三大基本要素。

GIS 具有以下 4 个特点：

（1）公共的地理定位基础。

（2）具有采集、管理、分析和输出多种地理空间信息的能力。

（3）系统以分析模型驱动，具有极强的空间综合分析和动态预测能力，并能产生高层次的地理信息。

（4）以地理研究和地理决策为目的，是一个人机交互式的空间决策支持系统。

（二）矿用地理信息系统

将 GIS 技术应用到矿业工程中，能够为矿山建设和资源开采提供有力的支持，可以有效地管理矿山工程地质的海量数据信息，提高地质资料的利用效率。《煤矿安全监控系统升级改造技术方案》明确要求安全监控系统应有机融合井下有线和无线传输网络，与 GIS 技术等有机融合，促进 GIS 在煤矿安全监测监控中的应用。

为满足国家的规定要求，煤矿安全监控系统厂家积极利用 GIS 的空间位置关系及空间分析能力，将相互独立的系统在统一的空间坐标体系下实现分区域的集中监控，并结合煤矿现场复杂的环境，采取严格的联动策略，实现安全监控系统与人员定位、应急广播的快速、有效联动。主流的安全监控系统已将 GIS 与安全监控数据相融合，并将人员定位信息、通风设备运行状态、应急广播状态融入 GIS 界面。

融合后的煤矿安全监控系统模拟图及 GIS 地图，可以实现以下主要功能：

（1）以 GIS 基本功能为基础的煤矿巷道图形展示。

（2）传感器等监控设备的地理信息数据及实时监测数据和状态显示。

（3）鼠标对巷道的放大、缩小和移动。

（4）巷道的位置距离测距。

（5）安全监控、人员、广播等不同设备位置数据的分层管理。

（6）传感器的搜索和定位。

（7）对鹰眼拖放移动 GIS 地图。

（8）综合统计分析，包括报警、断电、故障、馈电、调校、井下人数等的统计分析功能。

（三）基于 GIS 的煤矿多系统区域联动设计

部分安全监控系统升级改造试点煤矿，采用了基于 GIS 的煤矿多系统区域联动设计，实现了 GIS 基础的多系统联动功能。主要包括以下方面：

（1）系统设备标绘。在煤矿采掘工程平面图上，按不同的图层分别标绘安全监控系统、人员定位系统、应急广播系统的设备位置，不同系统的设备用不同的图标进行区分。标绘操作简单易行，只需在地图中选择需要标绘的位置点，并关联对应的设备编码信息即可完成操作。尚未在地图上标绘的设备信息在图中右边列表以红色显示，已标绘的以黑色显示，对于已经标绘的设备通过双击列表能直接定位到地图中。

（2）区域联动配置。只要在地图中快速绘制出一个封闭区域，系统就能利用 GIS 空间分析能力自动搜索出区域内的安全监测传感器、人员定位分站及应急广播设备，如可以配置掘进工作面或上隅角区域；然后再通过勾选就能快速配置出区域报警或故障的通知条件，以及断电闭锁、风电瓦斯闭锁、煤与瓦斯突出闭锁的撤离条件。

（3）区域联动响应。在正常情况下，可通过图形实时监控井下气体浓度、主备风机运行情况、人员分布情况、设备运行状况，一旦发生瓦斯超限报警或断电闭锁等紧急情况，系统就自动跳转到联动区域画面，高亮显示报警点及联动区域，并快速给区域内人员的定位卡发出声光报警，通知人员迅速撤离，同时给区域内的应急广播设备播报撤离通知及撤离路线，收到通知的人员及广播设备在地图上高亮显示加闪烁，快速实现了多系统间的自动联动响应。

六、安全监控系统软件的使用

各煤矿安全监控系统均根据国家相关要求、自身定位和功能设计，编制相应的软件，不同的软件有不同的使用方法。为了保证管好、用好安全监控系统，必须加强对软件使用的培训和演练，安全监控人员应切实掌握软件的基本特点、使用操作方法和注意事项，以真正发挥出安全监控系统的重要作用。下面以 KJ379X 煤矿安全监控系统为例，说明安全监控系统软件的操作使用方法。

（一）测点定义

1. 功能特点

KJ379X 煤矿安全监控系统的测点定义模块在广泛调研的基础上，系统分析借鉴了相关安全监控系统厂家设备管理方案的优势，进行了信息集成化管理，包括交换机网络模块管理，分站管理，模拟量、开关量、控制量等测点管理，设备类型管理，安装位置管理等。分站具有运行状态、关联网络模块、通信容错次数、风电闭锁、故障闭锁等配置，测点具有预警、报警、断电、断线、上溢、负漂、交叉控制、扩展属性配置，操作简单方便，可以自动生成拓扑结构图，便于设备管理维护。

2. 功能描述

安全监控系统部署完毕，初次登录系统后，需进行分站定义和交换机定义。这两项内容通过搜索后，自动出现在列表中，供选择设置。如需要修改 IP 信息，可通过模块更新进行命令下发，无须打开第三方软件进行相关的设置。高度的集成化，为用户带来了使用维护便利。

1）交换机网络模块管理

在主界面左上角选择“参数设置”→“系统参数”，进入设备定义界面；选择交换机管理模块，点击搜索交换机（必须先点击左边的交换机后，搜索按键才可以进行操作），此时系统会把当前的交换机全部搜索出来，供用户管理，如图 2－55 所示。

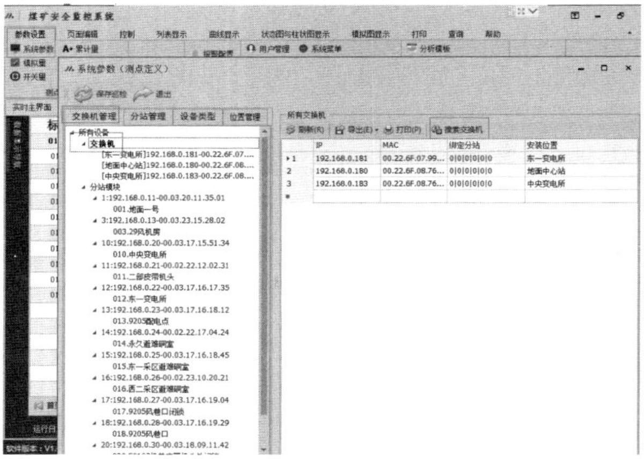

图 2－55　交换机网络参数配置界面

（1）新增交换机网络模块。双击列表中的某个交换机，会自动弹出交换机的定义页面，在此页面可以设置相关信息，如图 2－56 所示。网络模块的有关信息说明如下：

① 交换机安装位置。交换机实际的安装位置，一般由安装位置和交换机类型组成。

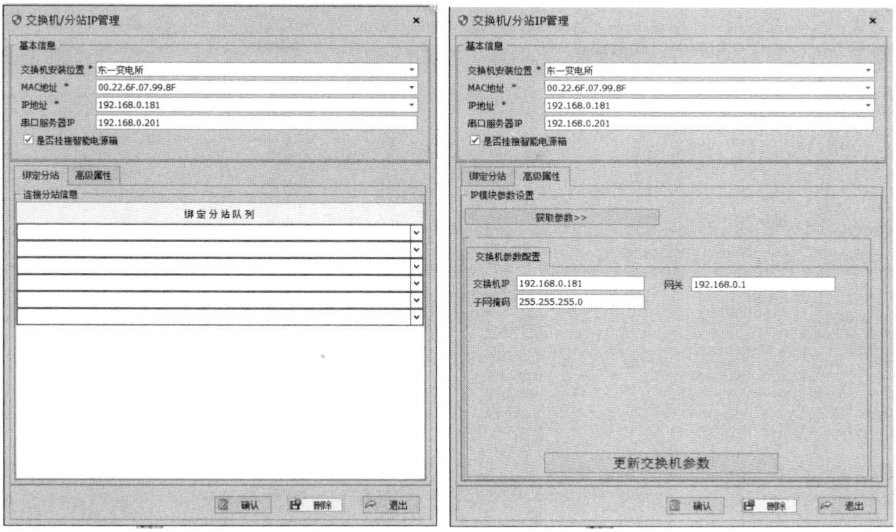

图2-56　新增交换机设置

② MAC地址。交换机中对应网络模块的MAC地址，自动获取。

③ IP地址。交换机中对应模块的IP地址，自动获取；IP地址和MAC地址一一对应。

④ 是否挂接智能电源箱。勾选后，在电源维护管理中才可以对交换机的电源进行智能化的充放电管理。

⑤ 绑定分站。点击“绑定分站”，可查看网络模块绑定的分站，也可增加分站绑定或者取消分站绑定。点击每行右端的向下箭头，可以从下拉列表中选择分站（前提为系统中有已定义的未绑定网络模块的分站）进行绑定；点击每行右端的向下箭头，可以从下拉列表中选择空白区域取消分站绑定。每个网络模块最多可绑定6台分站，绑定的分站与交换机仅表示相互的从属关系，不影响相互的通信。

⑥ 网络高级属性。通过获取相关数据，可获取网络模块的相关参数，仅提供修改交换机的IP地址、网关和子网掩码功能。

（2）修改网络模块。双击交换机网络模块列表中的某网络模块，可对网络模块相关配置进行修改，具体操作步骤与上述新增交换机网络模块的操作步骤相同。

（3）删除交换机网络模块。双击交换机网络模块列表中的某网络模块，在弹出的窗口中点击删除并确认，即成功删除；点击删除并取消，即放弃删除操作。已绑定分站的网络模块不能删除。

2）分站管理

（1）新增分站。系统目前支持的分站有闭锁分站、普通分站。在测点定义中切换到分站管理窗口，双击分站列表下端标注有“ * ”行，即弹出分站定义窗口，如图 2－57 所示。

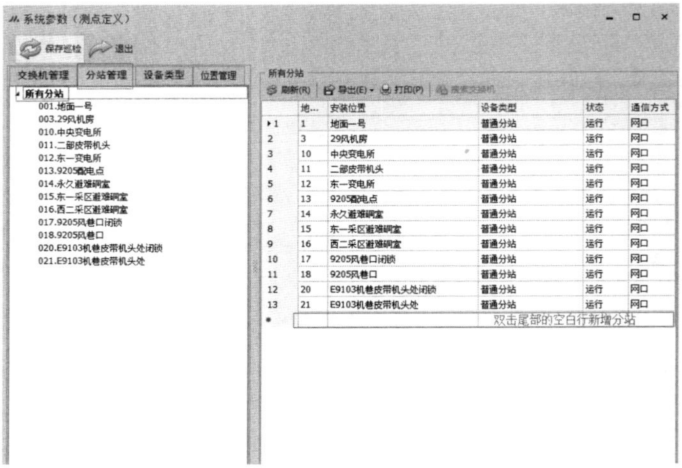

图 2－57　分站管理界面

分站配置界面包含有基本配置信息和其他配置信息。在基本配置信息中选择输入分站地址、安装位置、分站类型、运行状态（默认为运行）、通信方式及网络模块、通信容错次数，网络模块列表可重新搜索。有关信息说明如下：

分站地址：必须与已安装的硬件分站的地址号保持一致。

设备类型：选择和分站类型对应的选项。根据当前已安装的设备选择对应的设备类型。

安装位置：输入该分站的安装地点，或者下拉列表按钮，选择已经保存的位置。

网络模块：当前分站绑定的 MAC 地址和 IP 地址，当分站和计算机组成互通环网，点击“搜索”，之后点击下拉列表按钮，就可以看到所有能够搜索到的分站 MAC 地址和 IP 地址信息，选择该分站对应的 IP 地址。如果选择的 IP 地址信息有误，或者此 IP 地址下分站号不是当前定义的分站号，可以点击网络模块右边的设置去进行相应的设置操作。

通信方式：目前默认为网口通信。

通信容错次数：容错的周期数，用于解决网络状态不佳情况下分站时通时断问题，每个周期约 4 s，系统默认的通信容错次数为 5。

运行状态：①运行，正常运行并记录所有数据；②休眠，不记录设备任何数据（等同于设备未运行）。

备注说明：对该分站的一个文字描述。

在分站的其他配置界面，可进行分站的故障闭锁、是否挂接智能电源箱等配置，如图 2-58 所示。

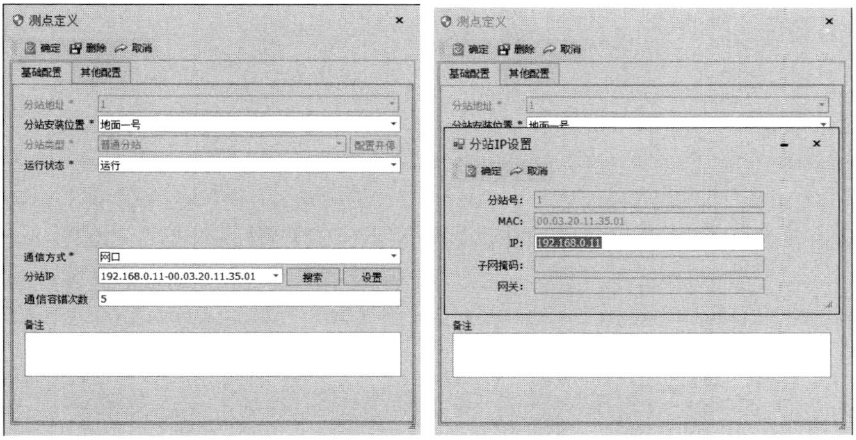

图 2-58　分站其他配置界面

一般情况下，用户只需输入分站安装位置，并根据所购置的分站类型选择对应设备类型，即可完成分站配置。

如有需求，需根据实际情况调整其他配置界面内容。

故障闭锁：勾选此功能后，分站故障后闭锁相关区域设备。

智能电源箱：勾选此选项后，智能电源箱管理能对该分站的智能电源箱进行智能化管理。

（2）修改删除分站。

双击需修改或删除的某台分站，在弹出窗口中可进行分站修改或者删除操作。

3）传感器（测点）管理

（1）新增传感器。传感器（测点）管理包括对模拟量、开关量、控制量的管理。选择某台分站，右边会自动出现此分站下的所有测点信息。如为空白，双击空白行进行定义。选择某台已定义的设备，也可以进入设备的定义页面，如图 2-59 所示。

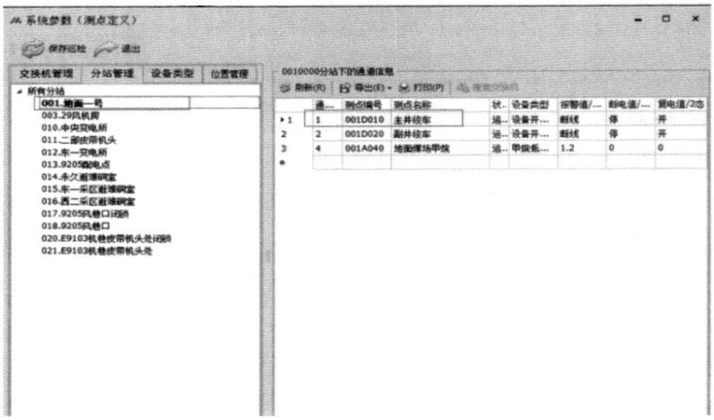

图 2-59　新增传感器

双击某台传感器后，会自动弹出以下测点定义页面，如图 2-60 所示。

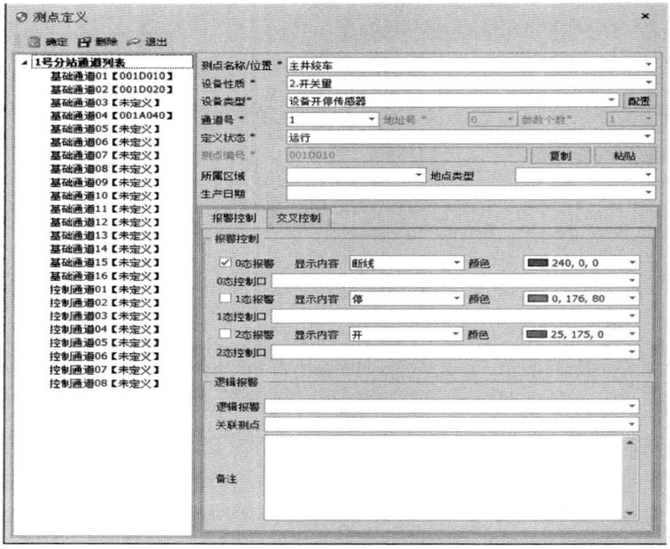

图 2-60　新增传感器定义界面

传感器定义界面中列出了所属分站可以定义的设备通道信息树型结构，方便用户在各台传感器间快速切换。目前分站支持 16 台模拟量、开关量传感器和 8 台触点控制传感器。

对需要编辑的属性说明如下（图2－61）：

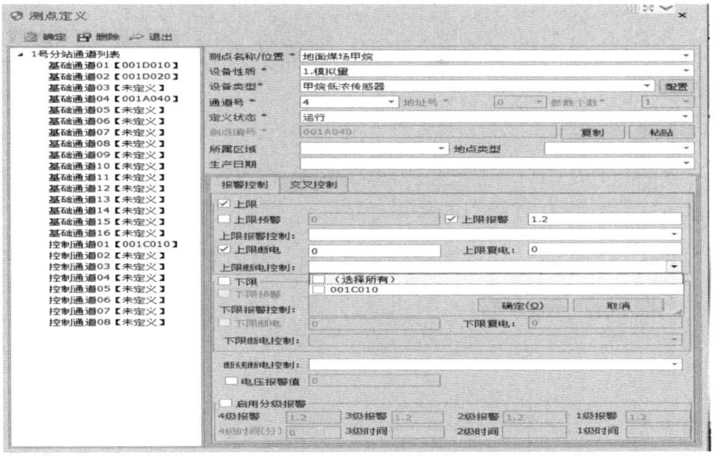

图2－61　模拟量测点定义

测点名称/位置：一般由安装位置和设备类型组成。

设备性质：当前通道所接设备性质（模拟量、开关量、控制量）。

设备类型：设备性质下面的某种具体设备（回风瓦斯、煤仓瓦斯、一氧化碳等），可通过设备类型管理进行增删改。

定义状态：①运行，正常运行并记录所有数据；②休眠，不记录设备任何数据（等同于设备未运转）。

通道号、地址号、参数个数：通道号为传感器在分站上的通道号。单参数传感器地址号默认为0，多参数传感器地址号为对应地址编号。单参数传感器的参数个数为1，多参数传感器参数个数为对应的参数个数。此3个参数不允许用户设置，系统自动生成。

测点编号：为每个设备的唯一编码信息，便于客户记忆和查询使用。

所属区域：在外部的区域管理中可以定义，此处仅提供给用户选择，表示当前传感器属于哪个区域，以便于系统判断是否存在少定义、多定义设备。用户根据自己的实际情况，可以选择性设置。

地点类型：用于判断其报警相关信息是否按照要求设置的类型，在地点管理类型中设置不同地点类型的设置参数。

生产日期：用于记录设备的生产日期，便于统计整个系统的设备使用周期，以便于有针对性地更换使用过旧的设备。

模拟量/开关量报警控制页签：查看及配置模拟量传感器的报警、断电、复电等阈值，查看或设置模拟量传感器的报警、断电、断线所关联的本分站断电区域；查看及设置开关量传感器各状态显示内容及颜色，0 态、1 态、2 态所关联的本分站断电区域。

模拟量报警控制页面：通过勾选，设置相应的报警断电值。其中对应的控制，通过下拉列表进行选择。当选择设置了上下限断电值时，系统要求必须设置控制口，否则不允许保存退出。

电压报警值：启用后，当传感器的电压低于设置值时，系统会弹出报警信息，以提示用户。

分级报警值：按照文本提示设置分级报警值，设置好后，分站会按此逻辑进行分析报警控制与显示。

当开关量设备类型选择之后，0 态、1 态、2 态显示会默认填充，一般不应更改。如果在实际使用中，发现开关实际情况与系统中显示的信息有所不符时，则可以修改。在对应的状态下拉列表中选择控制口，进行断电关联控制。开关量具备逻辑报警设置，即可以设置两个开关量“与”“或”逻辑。关联后，如果选择“与”逻辑，需要两个开关量同时报警后，两个测点才会报警；如果选择“或”逻辑，当两个开关量有一个报警时，两个测点都会报警，如图 2－62 所示。

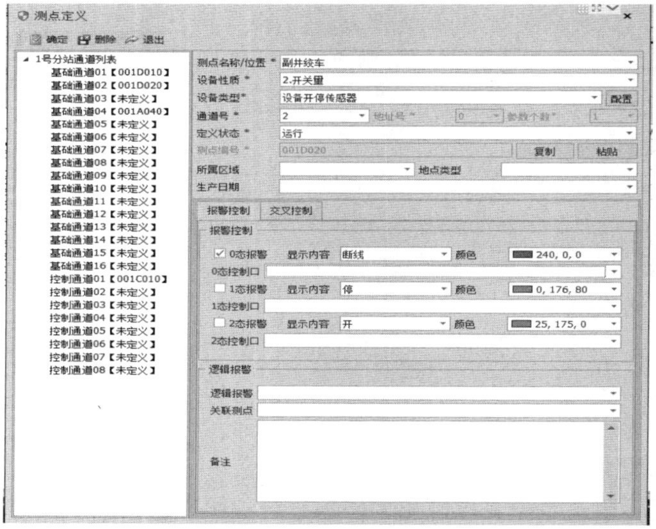

图 2－62　开关量测点定义

控制量报警控制页签：查看设置控制量各态显示内容及馈电测点，如图2-63所示。

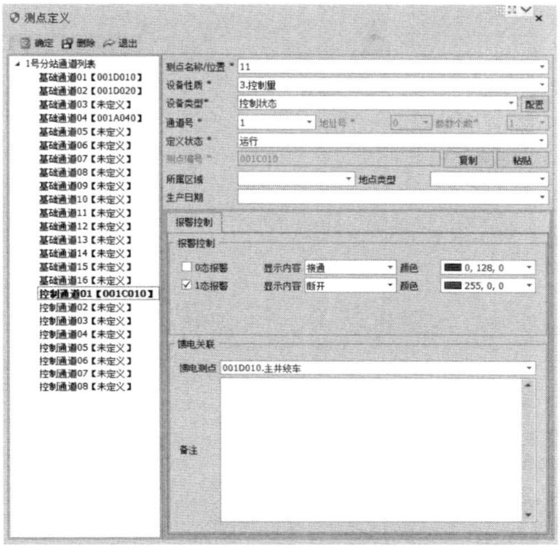

图2-63　控制量定义

0态、1态显示：表示此设备类型在对应的状态下测点所显示的文字、颜色及是否报警，此设置根据设备类型不同而不同，一般情况下保持设备类型的默认值。同时，如果不选择馈电测点系统会提示无法保存，井下声光报警器除外。

模拟量/开关量交叉控制页签：查看设置传感器在异常状态下所关联的其他分站断电区域（控制类型中断电控制指传感器达到断电值后的控制输出，断线控制指传感器断线后的控制输出）。操作时，先点击“受控对象名称”，会自动弹出其他分站的控制口；选择对应控制口后，再选择“控制类型”；选择右边的按键进行交叉控制逻辑删除，如图2-64所示。

（2）修改删除传感器。双击某传感器测点，在弹出的窗口中进行传感器测点修改或者删除操作。

4）设备类型管理

（1）新增设备类型。多数常用的设备类型及其分站或传感器编号已预先配置。若两者均未预置，先根据硬件厂家给出的实际分站驱动号或传感器编号，通过参数设置下的枚举配置进行定义。

在枚举配置窗口中选择设备类型，点击右侧标注“＊”的行，添加新增设备号及名称并保存。一般情况下，枚举配置窗口是关闭的，需要在系统菜单中找

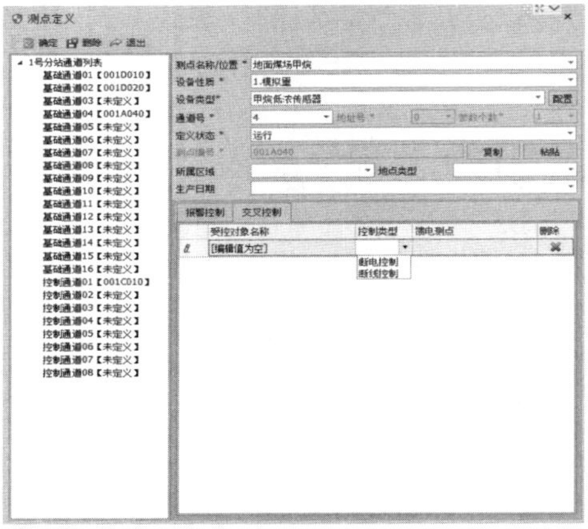

图 2－64　模拟量/开关量交叉控制设置

到，并让菜单可见后方可操作。此项为核心参数设置，操作时一定要谨慎，如图 2－65 所示。

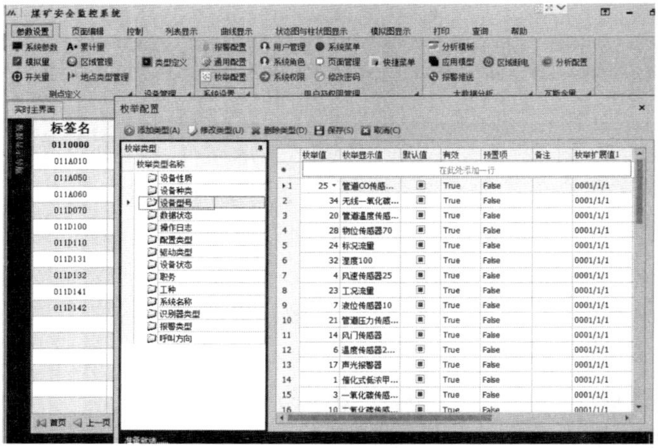

图 2－65　新增设备设置界面

然后重新启动系统，通过测点定义中的设备类型管理，添加此设备类型。

① 新增分站设备类型。在设备类型管理窗口，左侧选择分站，右侧双击标注“＊”的行，进入分站设备类型管理窗口；选择分站支持的模拟量通道容量、

开关量通道容量、控制通道容量、智能通道容量、人员通道容量等信息（此通道数量对应到传感器定义界面的通道树型结构）；选择分站通信协议编号，如图 2－66 所示。

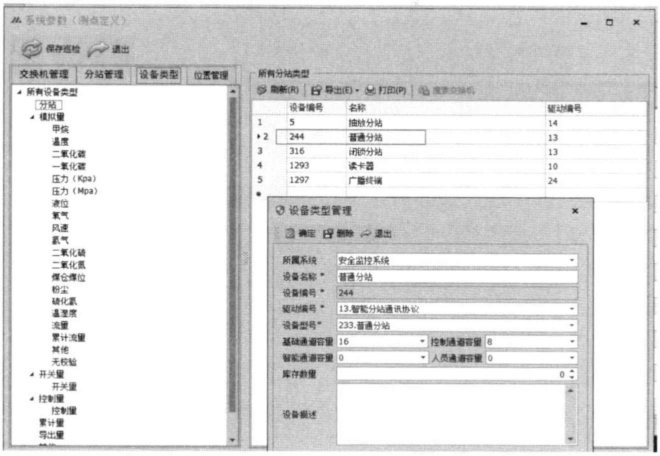

图 2－66　新增分站设置界面

② 新增传感器设备类型。

模拟量设备类型：预置此种设备类型的量程、单位、报警阈值等信息。其中设备种类指设备大类（甲烷传感器、一氧化碳传感器、风速传感器等），配置此项旨在便于用户归类查询。设备型号指用户实际使用的设备型号，用于和井下或地面设备匹配。设备类型名称为定义分站或传感器时选择的名称。下限或上限阈值不设置时，全部为 0。如果是多参数传感器，点击选择按键进行副通道依次设置，如图 2－67 所示。

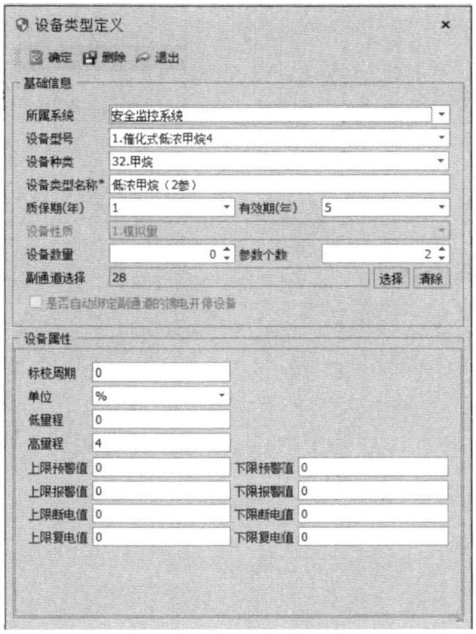

图 2－67　模拟量设备定义界面

开关量设备类型：预置此种设备类型各状态显示的内容及颜色、报警状态，其余与模拟量设备类型类似，如图 2－68 所示。

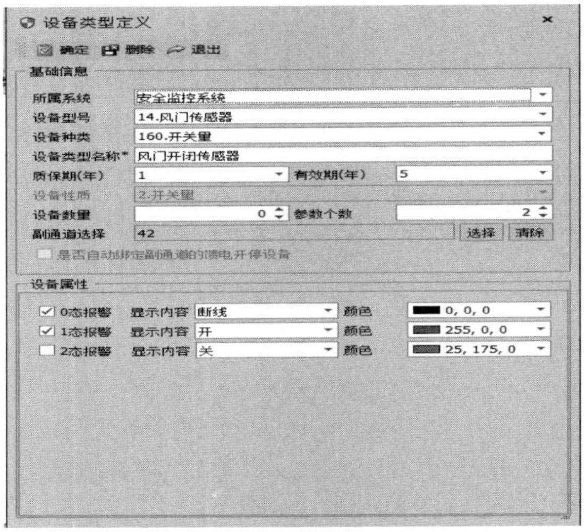

图 2-68　开关量设备定义界面

控制量设备类型：预置此种设备类型各状态显示的内容及颜色、报警状态，其余与模拟量设备类型类似，如图 2-69 所示。

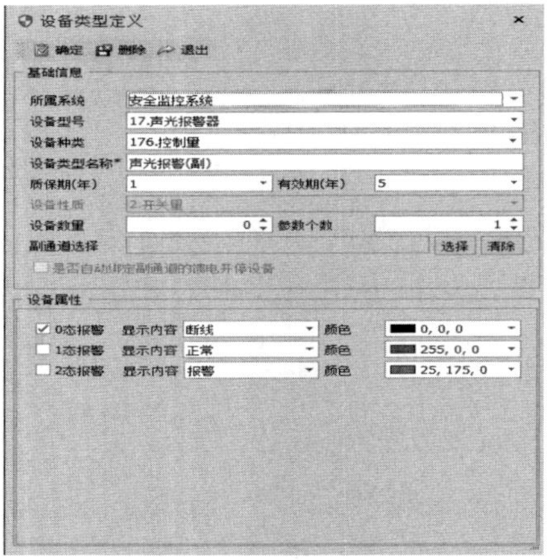

图 2-69　控制量设备定义界面

注： 系统预置的多参数传感器有智能断电器和声光报警器，应谨慎使用自定义多参数传感器。

（2）修改删除设备类型。双击某设备类型，在弹出的窗口中即可进行设备类型修改或者删除操作。

5）安装位置管理

新增安装位置，可通过安装位置管理或在分站定义和测点定义中实现，如图 2－70 所示。

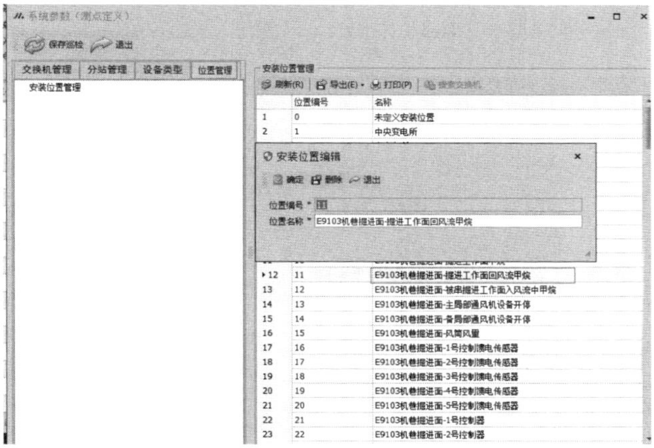

图 2－70 安装位置管理界面

在安装位置管理窗口，双击标注“＊”的行，在弹出的窗口中即可新增安装位置。

在分站定义或测点定义中新增或修改时，输入新的安装位置时，自动在安装位置列表中加入新的安装位置。

在安装位置列表中双击某安装位置，在弹出的窗口中可修改或者删除该安装位置，已被分站或测点使用的安装位置禁止删除。

（二）控制

1. 功能特点

本系统软件控制方式多样化，控制包括本地控制、交叉控制、手动控制、风电闭锁控制、大数据分析逻辑控制，控制实时准确。

（1）本地控制：同一台分站间的测点控制。

（2）交叉控制：不同分站间的测点控制。

（3）手动控制：强制手动下发控制命令。

（4）风电闭锁控制：根据风电闭锁逻辑进行控制。

（5）大数据分析逻辑控制：根据设定逻辑关系进行控制，具体见大数据分析部分。

2. 功能描述

1）本地控制

本地控制包括：模拟量上限报警、上限断电、下限报警、下限断电、断线控制，开关量0态、1态、1态控制。本地控制配置在测点定义时进行，如图2－71和图2－72所示。

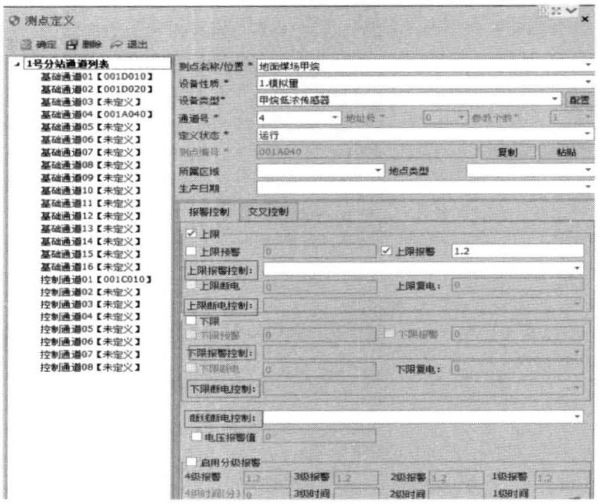

图2－71　模拟量本地控制配置界面

当开关量的状态或模拟量的值达到设定的状态或值时，设定的控制口处于控制状态，控制口绑定馈电点时，产生馈电。

2）交叉控制

交叉控制包括：开关量0态、1态、2态交叉控制，模拟量断电交叉控制，模拟量断线交叉控制。交叉控制配置在测点定义时进行，如图2－73和图2－74所示。

当开关量的状态或模拟量的值达到设定的状态或值时，设定的交叉控制口处于控制状态，控制口绑定馈电点时，产生馈电。

3）手动控制

用户可通过软件控制井下设备断电。从主界面进入“控制”→“手动控制”菜单，弹出手动控制对话框（图2－75）；选择需要控制的分站和需要控制的设备（选择框红色的部分），单击“执行”按键，即可执行控制；取消选择端口

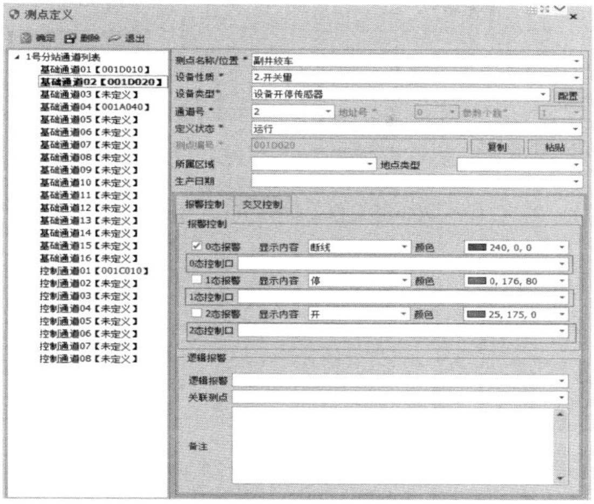

图 2－72　开关量本地控制配置界面

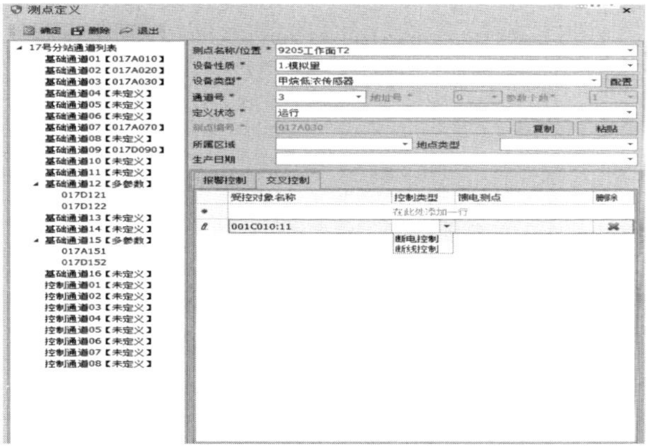

图 2－73　模拟量交叉控制配置界面

后，单击“执行”按键，可解除控制。

手动控制列表中，列出数据的控制类型有：手动控制、交叉控制、大数据分析控制。

设备通信中断时，执行手动控制，并将控制命令缓存起来，待设备上线后即下发该命令。

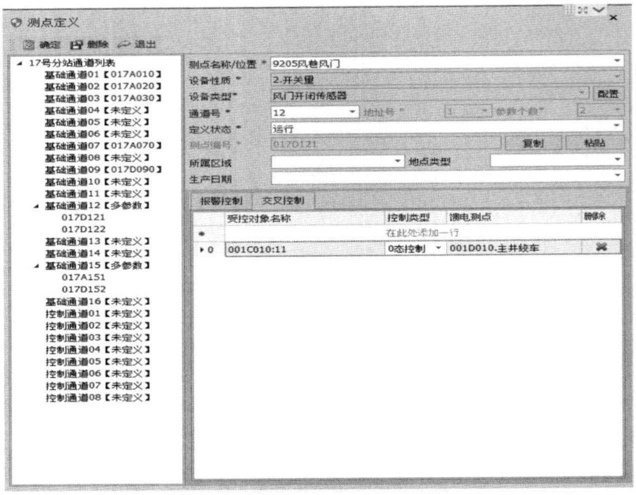

图 2-74　开关量交叉控制配置界面

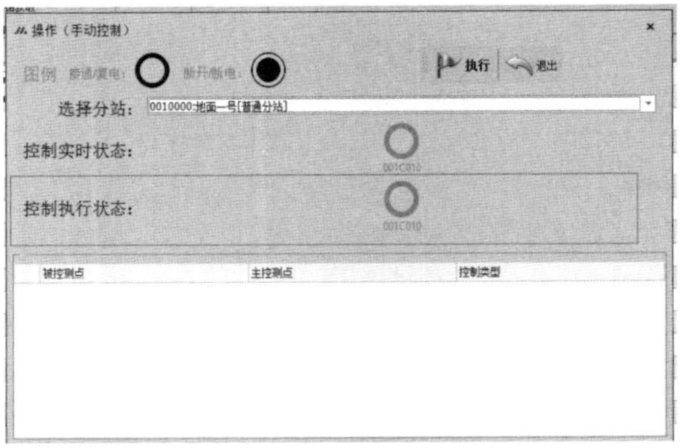

图 2-75　手动控制界面

4）风电闭锁控制

配置风电闭锁后，瓦斯浓度达到风电闭锁要求值后，强制进行甲烷风电闭锁控制。风电闭锁控制口可进行强制解锁。如图 2-76 所示，选择分站，点击风电闭锁解锁按键，进行风电闭锁口强制解锁。

5）大数据分析控制

具体见大数据分析区域断电部分。

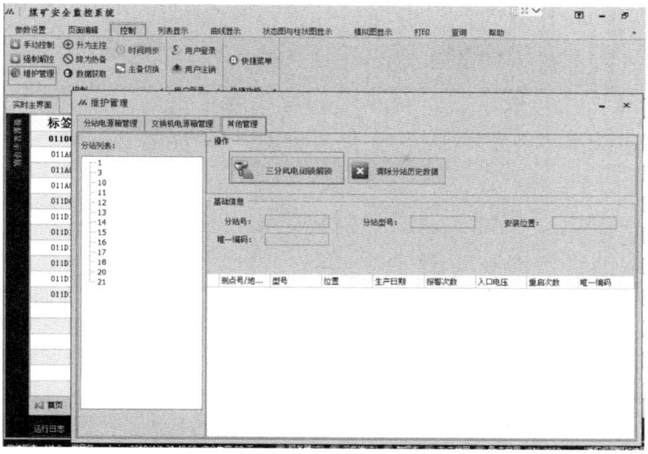

图 2-76　风电闭锁强制解锁界面

（三）智能电源箱

1. 功能特点

对交换机和分站的智能电源箱进行集中管理，实现远程放电和取消放电。

2. 功能描述

1）分站智能电源箱管理

进入分站智能电源箱管理界面，如图 2-77 所示。

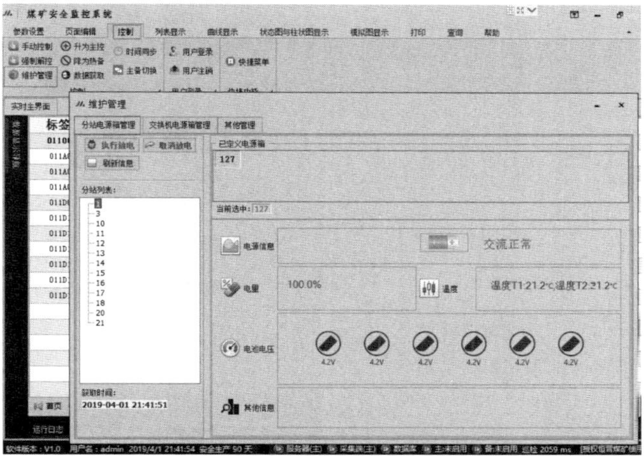

图 2-77　分站智能电源箱管理界面

点击窗口左端的分站列表，选择某分站，对应的智能电源箱会列入已定义电源箱窗口中，且自动获取并显示分站电源箱的信息。

点击“执行放电”按键后，对实际的智能箱电源进行放电操作，2 s 左右窗口中放电状态会显示为维护性放电状态，分站状态为直流正常。分站电源信息需要手动刷新显示。

点击“取消放电”按键，对实际的智能箱电源取消放电操作，2 s 左右窗口中放电状态会取消维护性放电状态的显示。

2）交换机智能电源箱管理

进入交换机智能电源箱管理页面。

（四）大数据分析

1. 功能特点

大数据分析模块可实现逻辑关系表达式定义，并根据已定义的数据逻辑关系表达式对测点数据进行大数据分析操作。当满足表达式的条件时，自动触发报警通知、应急联动、区域断电操作，实现逻辑报警、区域断电、应急联动。逻辑控制关系灵活实用、方便。大数据分析包括逻辑分析模板管理、应用模型管理、报警推送管理、区域断电管理、应急联动管理。

2. 功能描述

1）逻辑分析模板管理

逻辑分析模板管理用于定义模拟量、开关量和数据值之间的逻辑关系表达式，运算符包括关系运算符和与、或逻辑运算符，如图 2－78 所示，分析因子表见表 2－27。

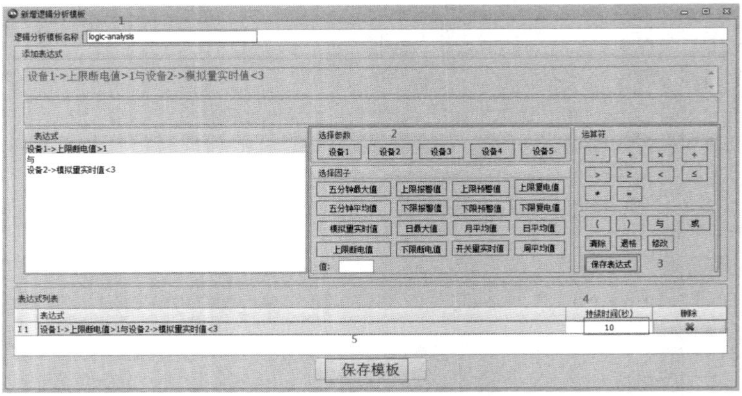

图 2－78　逻辑分析模板管理界面

说明：参数是用于参与逻辑运算的原始数据，针对每条规则中的参数在输入参数名称时，需要设置参数类型（即开关量、模拟量），参数只能由汉字、字母组成。

表2-27 分析因子表

序号	类型	名称	含义说明	类别
1	模拟量	实时值	为当前采集值，需要注意，实时值除是数值外，还可能是“断线”之类的文本值	内存
2		五分钟最大值	以当前时间倒退5 min区间里面最大值	内存
3		五分钟平均值	以当前时间倒退5 min区间里面平均值	内存
4		日最大值	以当前时间倒退24 h区间里面最大值	计算
5		日平均值	以当前时间倒退24 h区间里面平均值	计算
6		月平均值	以当前天倒退30天的平均值（不包含当天）	计算
7		预警值	测点定义中保存的预警值	取定义
8		报警值	测点定义中保存的报警值	取定义
9		断电值	测点定义中保存的断电值	取定义
10		复电值	测点定义中保存的复电值	取定义
11	开关量	实时值	取值范围仅为0态、1态、2态，条件只能设置为“=”	内存
12	其他	持续时间	表示当前条件满足后，应该持续多久才承认其真实满足条件（范围为0～3600 s）	

运算符：大于、小于、大于或等于、小于或等于、等于、不等于、加、减、乘、除。

分析组合条件：与、或。

值：手动输入的数值。

满足条件输出和不满足条件输出：这里需手动填写一个输出状态描述，例如：满足条件输出：是；不满足条件输出：否。

逻辑表达式显示规则：参数+表达式显示因子+运算符+值+分析组合条件+参数+因子。例如：参数→因子>值与参数→因子<值。

运算规则说明：

运算只有开关量、模拟量可以参与运算。

开关量只能运用等于、不等于的关系运算和逻辑运算。

模拟量可以运用所有的关系运算和逻辑运算。

拟删除分析模板时，如果此模板正在使用，则不能删除。

支持运算格式说明：

参数 → 因子 < N

参数 1 → 因子 < N 或参数 2 → 因子 < N1

参数 → 因子 + N = N1

参数 1 → 因子 + 参数 1 → 因子 = N 与参数 2 → 因子 + 参数 2 → 因子 = N1

N1 < 参数 1 → 因子 < N2 and 参数 1 → 因子 + 参数 2 → 因子 = N3

N1 < 参数 1 → 因子/参数 2 → 因子 < N2

（N1 < 参数 1 → 因子或 N2 < 参数 2 → 因子）与参数 2 → 因子 < N3

备注：N、N1、N2、N3 代表数值，如 1 或 2。

可新增修改删除逻辑分析模板，模板列表如图 2－79 所示。

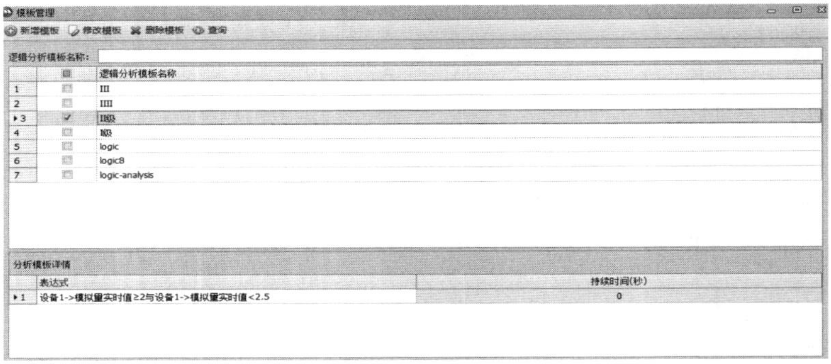

图 2－79　逻辑分析模板增减界面

注： 已在模型管理中选用的模板不能删除。

2）应用模型管理

应用模型管理用于通过选择逻辑分析模板、表达式，设置分析测点，定义分析模板中的逻辑关系表达式涉及的模拟量、开关量设备关联的测点，定义满足或不满足逻辑关系的输出结果。可对针对大数据分析模型进行新增、修改、删除操作，如图 2－80 所示。

3）报警推送管理

报警推送管理用以选择、分析模型名称、推送人员，配置报警颜色、报警方式（语言播报、声光报警、图文弹窗），保存报警推送配置，如图 2－81 所示。

满足配置的逻辑关系表达式时，会以设定的颜色和报警方式产生报警，推送给所设置的人员。

图 2-80　应用模型管理界面

图 2-81　报警推送管理界面

4）区域断电管理

区域断电管理用以设置满足表达式逻辑关系时断电区域或解除断电的区域，主要是对分站区域内的控制设备进行控制操作（只能对控制设备进行控制），如图 2-82 所示。

选择大数据分析模型名称、设置设备控制状态（分站-设备控制口）。

断电区域和解除断电区域只能选择其一，不能同时选择。

当测点值满足设定的大数据分析的逻辑关系时，控制相应的区域断电控制口或解除相应的区域断电控制口。

5）大数据分析实时列表及曲线

用列表及曲线实时显示大数据分析结果，实时刷新，如图 2-83 所示。

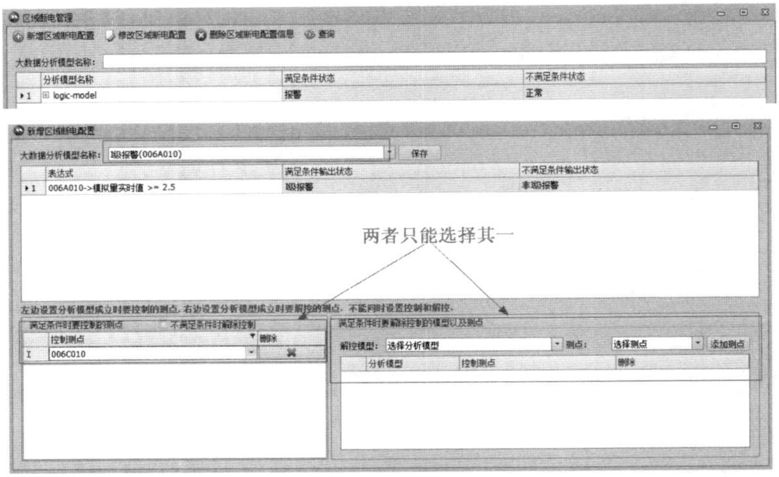

图 2－82　区域断电管理界面

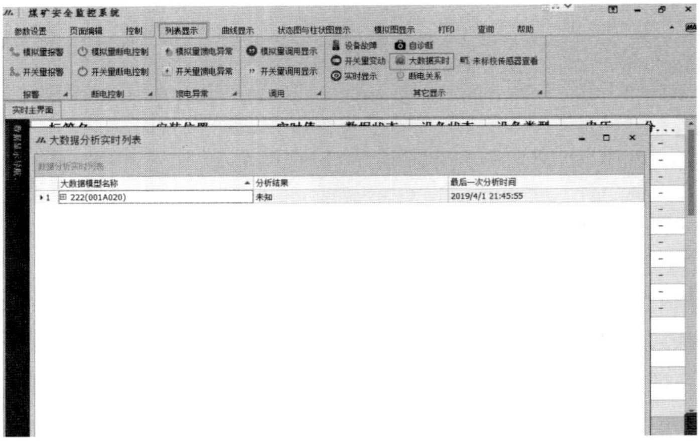

图 2－83　大数据列表与曲线显示界面

6）分级报警、逻辑报警、火灾报警、瓦斯涌出分析

（1）分级报警。支持传感器分级报警等级的配置。文档主要介绍的相关分级报警配置见表 2－28 和表 2－29。

表2-28　传感器超限情况及数量的分级报警设置

传感器	报　警　级　别			
	Ⅳ级	Ⅲ级	Ⅱ级	Ⅰ级
单一传感器	≥标准报警值×1	≥标准报警值×1.5	≥标准报警值×2	标准报警值×2.5
同一工作面2台或2台以上传感器	—	2台或2台以上传感器同时报警	2台或2台以上传感器同时报警，且其中一台传感器≥标准报警值×1.5	2台或2台以上传感器同时报警，且其中一台传感器≥标准报警值×2
相邻区域传感器	—	—	相邻区域传感器同时报警，且其中一台传感器≥标准报警值×1.5	相邻区域传感器同时报警，且其中一台传感器≥标准报警值×2

表2-29　传感器浓度与超限时间的分级报警设置

时间/min	浓度/% CH_4			
	≥标准报警值×1	≥标准报警值×1.5	≥ 标准报警值×2	标准报警值×2.5
≤1	Ⅳ级	Ⅲ级	Ⅱ级	Ⅰ级
≤30	Ⅲ级	Ⅱ级	Ⅰ级	Ⅰ级
≤60	Ⅱ级	Ⅰ级	Ⅰ级	Ⅰ级
>60	Ⅰ级	Ⅰ级	Ⅰ级	Ⅰ级

针对单一传感器分级报警需要在大数据分析模板管理中对应模板，并参照表2-28和表2-29对甲烷浓度超限时间分级报警进行配置，模板配置如下：

单一传感器4级报警配置及报警展示，模板配置如图2-84所示，模型配置如图2-85所示。

选择单一传感器4级对应模板，并绑定需要进行单一传感器4级报警的测点。报警输出配置，如图2-86所示。

配置4级报警模型输出的人员及对应的报警方式、报警颜色等信息。当模型成立时，会自动在主界面进行报警提示。

单一传感器3级报警配置及报警展示，如图2-87所示。

单一传感器3级报警配置，根据表2-28和表2-29主要有2种模板定义，如图2-88所示。当模型成立时，会自动在主界面进行报警提示。

单一传感器2级报警配置及报警展示，如图2-89所示。

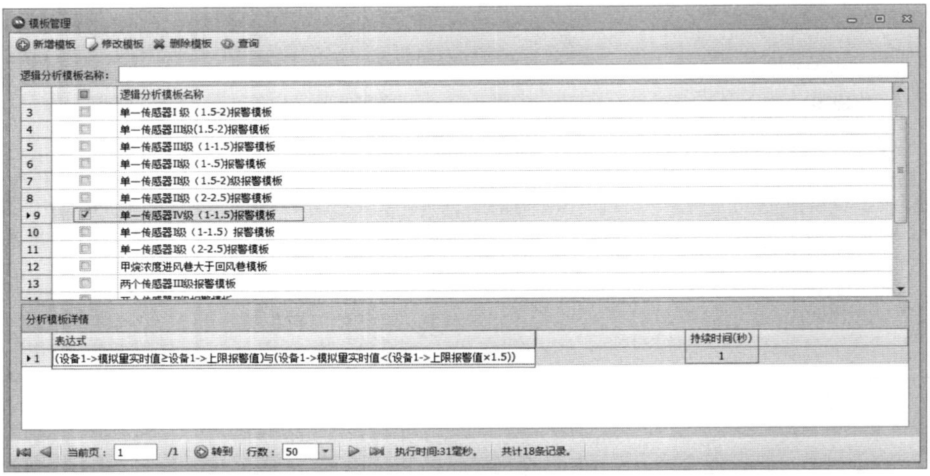

图 2-84 模板管理界面

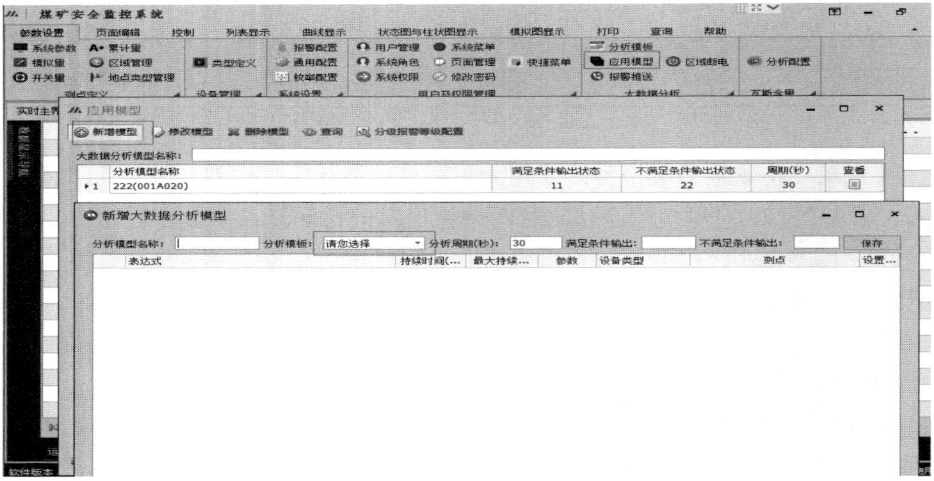

图 2-85 模型配置界面

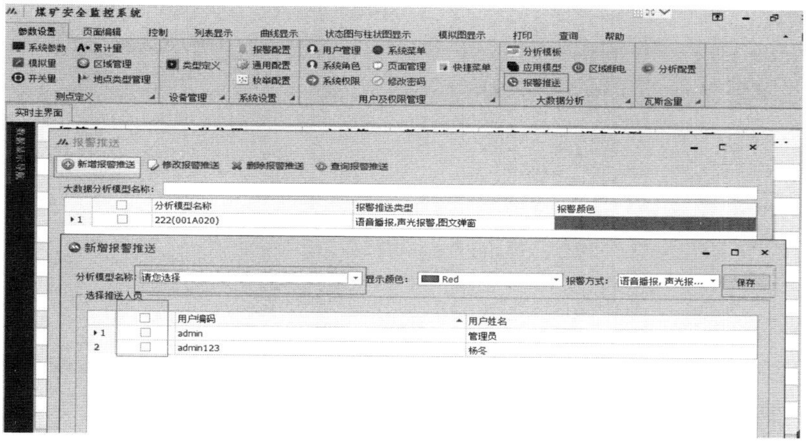

图 2－86　新增报警推送界面

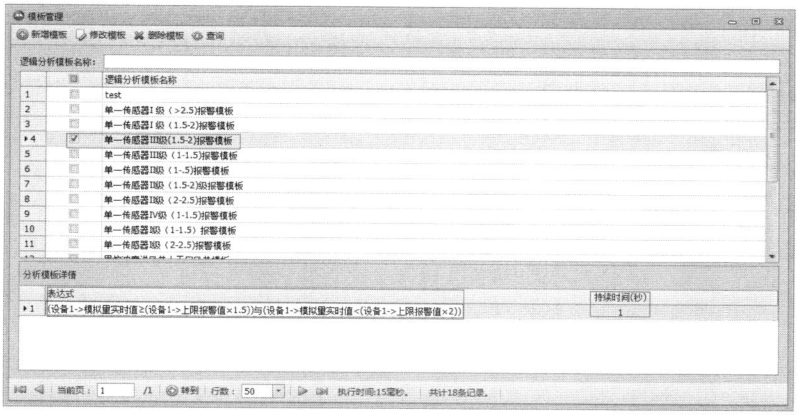

图 2－87　单一传感器 3 级报警配置界面一

单一传感器 2 级报警配置，根据表 2－28 和表 2－29 主要有 3 种模板定义，如图 2－90 和图 2－91 所示。当模型成立时，会自动在主界面进行报警提示。

单一传感器 1 级报警配置及报警展示，如图 2－92 所示。

单一传感器 1 级报警配置，根据表 2－28 和表 2－29 主要有 4 种模板定义，如图 2－93 至图 2－95 所示。当模型成立时，会自动在主界面进行报警提示。

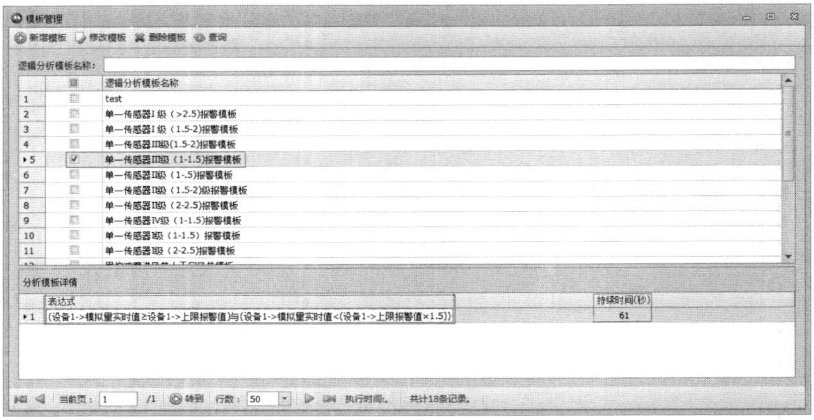

图 2-88 单一传感器 3 级报警配置界面二

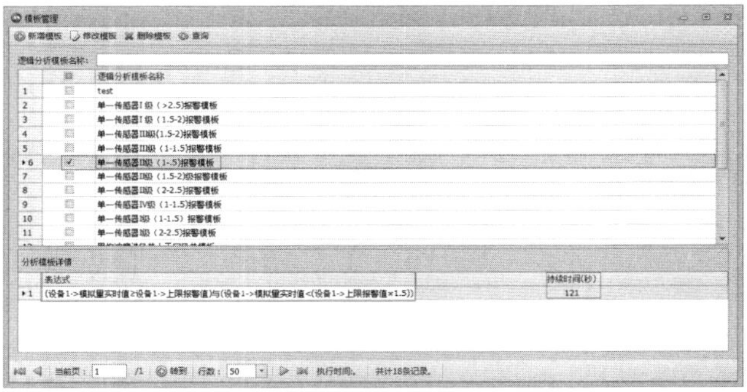

图 2-89 单一传感器 2 级报警配置界面一

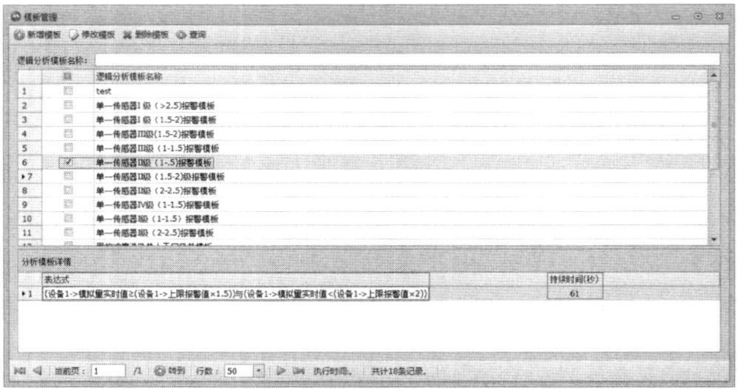

图 2-90 单一传感器 2 级报警配置界面二

图2-91　单一传感器2级报警配置界面三

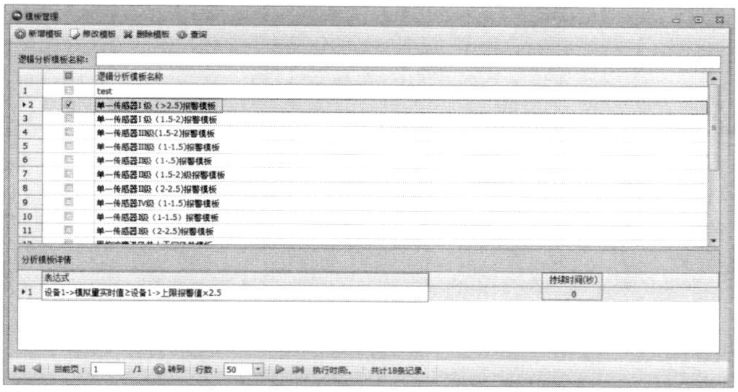

图2-92　单一传感器1级报警配置界面一

图2-93　单一传感器1级报警配置界面二

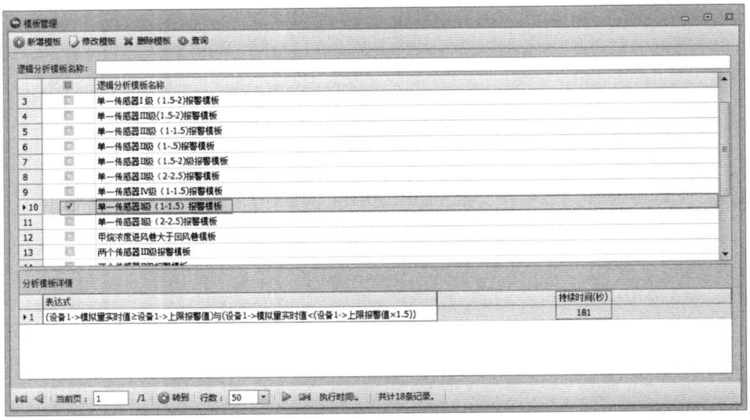

图 2－94 单一传感器 1 级报警配置界面三

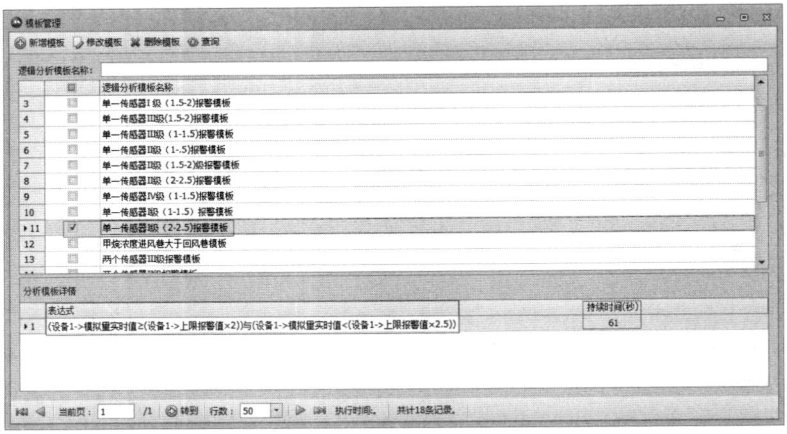

图 2－95 单一传感器 1 级报警配置界面四

针对同一工作面 2 台或 2 台以上传感器配置，相邻区域传感器配置如图 2－96 至图 2－98 所示。当模型成立时，会自动在主界面进行报警提示。

（2）逻辑报警。定义甲烷进风巷瓦斯浓度大于回风巷瓦斯浓度，模板定义如图 2－99 所示。当模型成立时，会自动在主界面进行报警提示。

定义两组开停同时停报警逻辑，模板定义如图 2－100 所示。

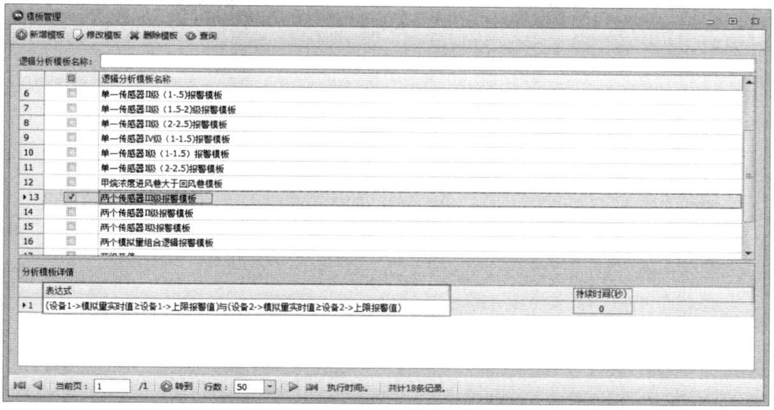

图2－96　同一工作面2台或2台以上传感器配置界面一

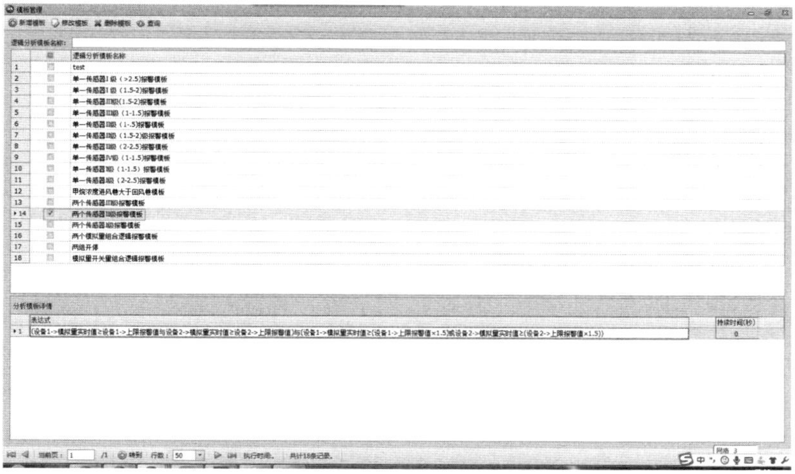

图2－97　同一工作面2台或2台以上传感器配置界面二

（3）火灾报警。火灾报警模板定义如图2－101所示。当模型成立时，会自动在主界面进行报警提示。

7）伪数据标注及异常数据分析

（1）传感器标校。在传感器设备类型定义界面设置传感器的标效周期，如

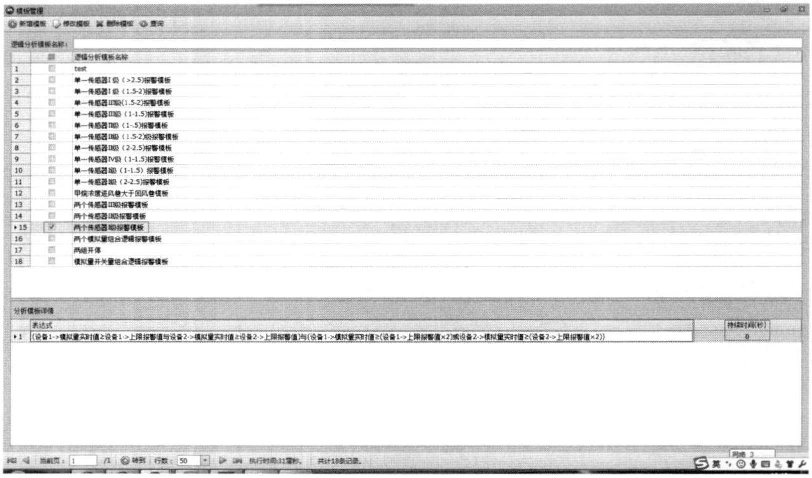

图 2 - 98　同一工作面 2 台或 2 台以上传感器配置界面三

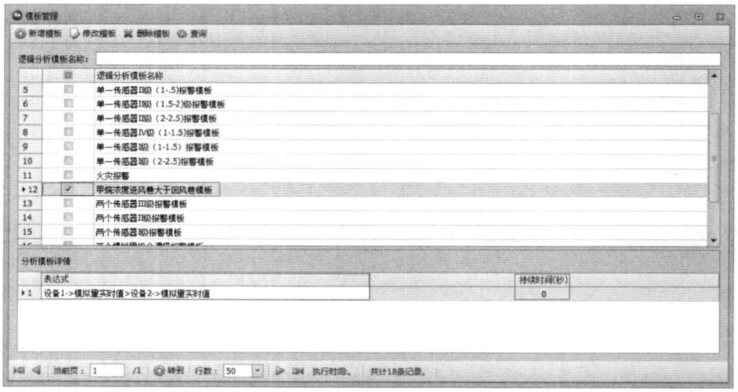

图 2 - 99　甲烷进风巷瓦斯浓度大于回风巷瓦斯浓度配置界面

图 2 - 102 所示。

当有传感器在设置的时间范围内未标效，系统会自动提示。标效数据会自动在曲线、报表中进行显示，如图 2 - 103 所示。

（2）突变数据分析。系统会自动记录传感器突变数据。当传感器值变化达

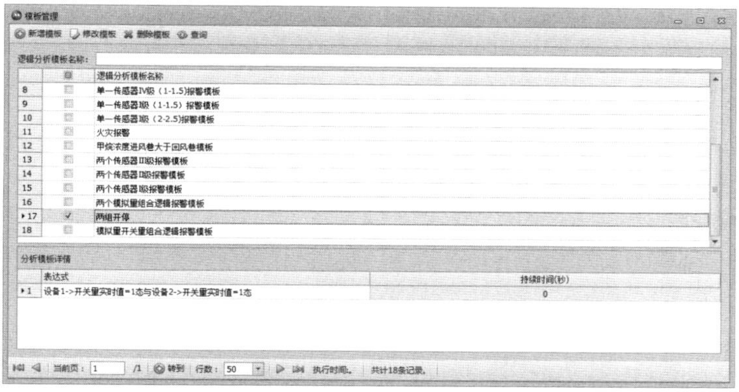

图 2－100 两组开停同时停报警逻辑配置界面

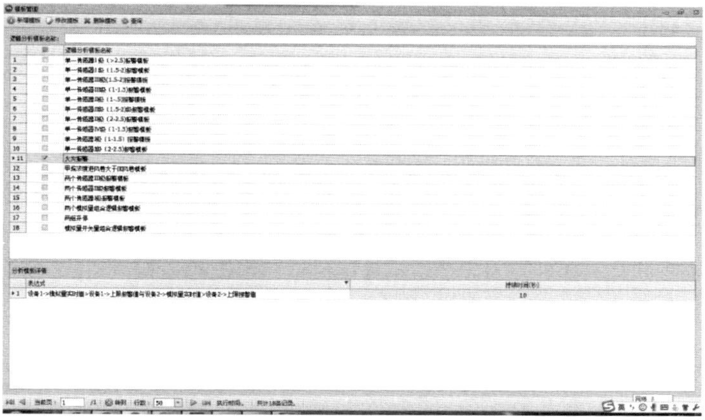

图 2－101 火灾报警模板定义配置界面

到设置的规则后，系统自动将数据标记为突变数据，突变数据会在曲线中进行显示，如图 2－104 所示。

目前设置的规则如下：

① 量程≥1000，变化率 0.02。

② 量程 500～100，变化率 0.04。

③ 量程＜500，变化率 0.05。

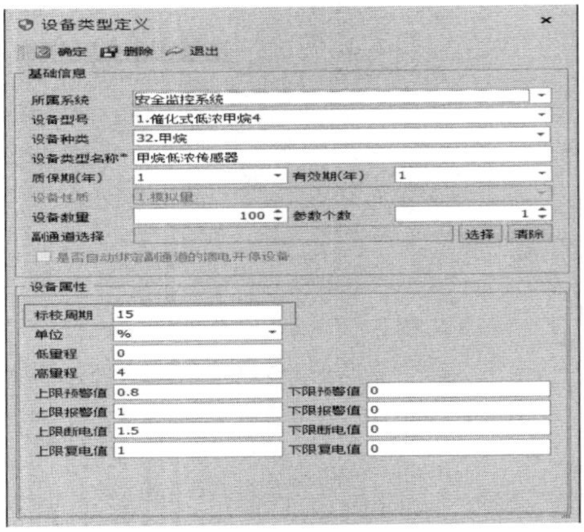

图 2－102　传感器标校配置界面

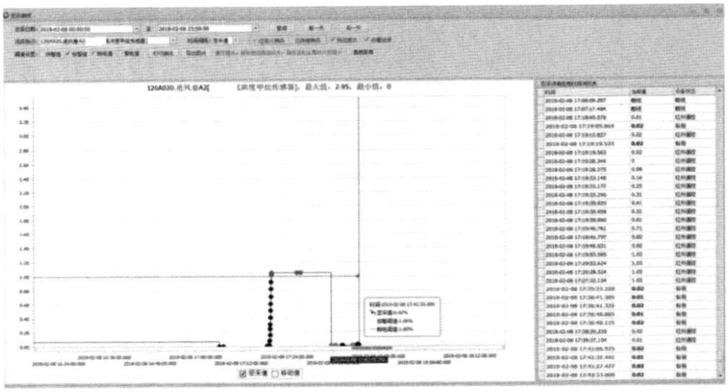

图 2－103　标校数据曲线、报表显示界面

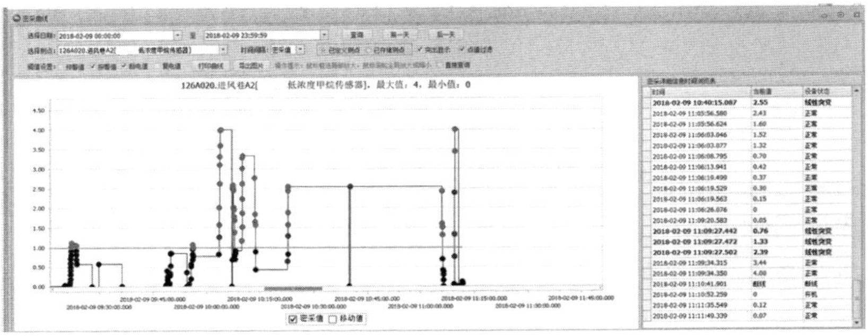

图 2－104　突变数据曲线、报表显示界面

（五）页面编辑与实时显示

1. 功能特点

页面编辑与实时显示结合，页面编辑可配置实时显示格式、实时显示方式，使实时显示内容和显示方式更灵活方便、更实用。

2. 功能描述

1）实时显示主界面

实时显示主界面如图2－105所示，包括主显示部分、报警/断电异常显示部分和导航部分。

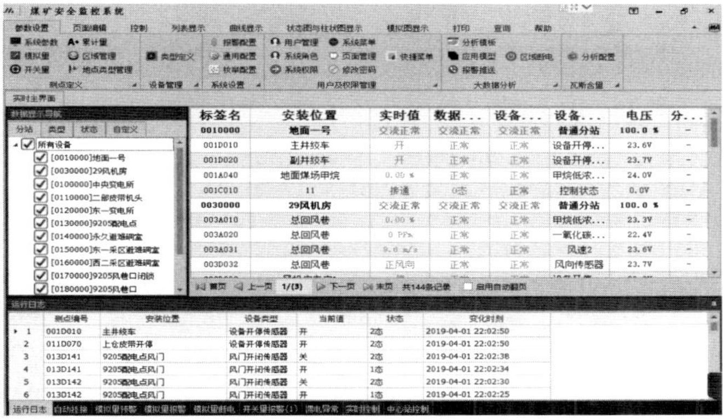

图2－105 实时显示主界面

2）主显示列表

列表显示测点实时信息。列表上方有自动翻页，网格线、奇偶行显示，行号、模糊筛选等功能。

自动翻页：当测点过多、主显示列表显示不完全时会进行自动分页，用户可手动切换页面，也可勾选自动翻页，页面会定时切换。在主显示列表中选择测点右击，会弹出右键菜单，用户可通过右键菜单中的快捷功能进行调动，如图2－106所示。

运行记录查询：查询选择测点的历史运行记录。

实时故障记录：查看当前处于故障的测点，包括分站通信中断、传感器断线、上溢、负漂等数据记录，如图2－107所示。

网络模块状态：查询当前所有网络模块的运行状态，如图2－108所示。

取消当前报警：有语音报警等时，可取消当次报警。

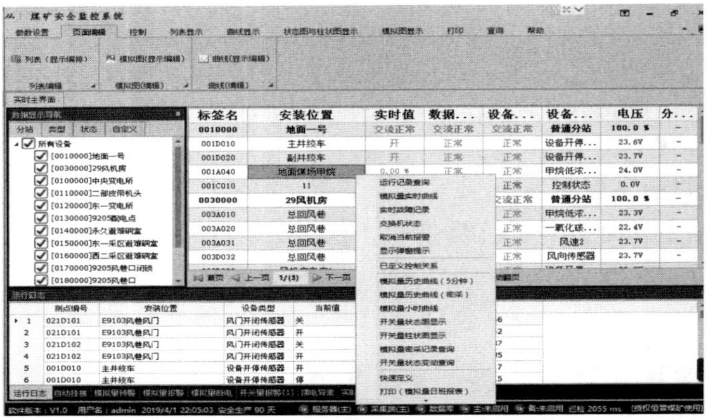

图 2-106　快捷调用界面

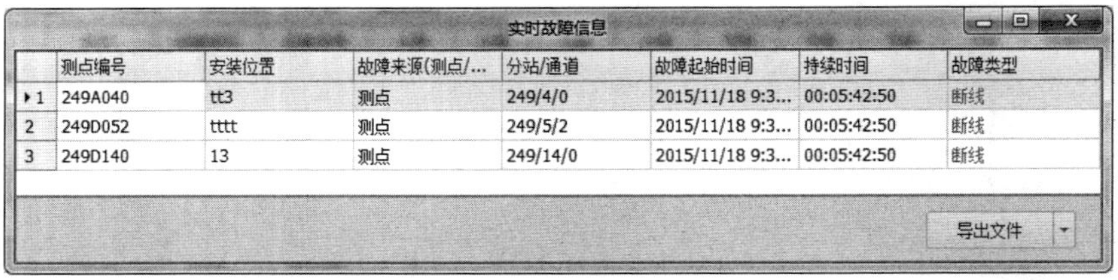
实时故障信息

	测点编号	安装位置	故障来源(测点/...	分站/通道	故障起始时间	持续时间	故障类型
1	249A040	tt3	测点	249/4/0	2015/11/18 9:3...	00:05:42:50	断线
2	249D052	tttt	测点	249/5/2	2015/11/18 9:3...	00:05:42:50	断线
3	249D140	13	测点	249/14/0	2015/11/18 9:3...	00:05:42:50	断线

导出文件

图 2-107　实时故障信息界面

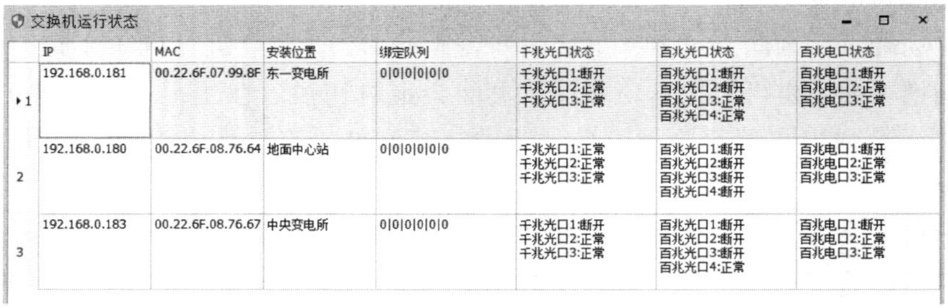
交换机运行状态

	IP	MAC	安装位置	绑定队列	千兆光口状态	百兆光口状态	百兆电口状态
1	192.168.0.181	00.22.6F.07.99.8F	东一变电所	0|0|0|0|0|0	千兆光口1:断开 千兆光口2:正常 千兆光口3:正常	百兆光口1:断开 百兆光口2:断开 百兆光口3:正常 百兆光口4:正常	百兆电口1:断开 百兆电口2:正常 百兆电口3:正常
2	192.168.0.180	00.22.6F.08.76.64	地面中心站	0|0|0|0|0|0	千兆光口1:正常 千兆光口2:正常 千兆光口3:正常	百兆光口1:断开 百兆光口2:断开 百兆光口3:断开 百兆光口4:断开	百兆电口1:断开 百兆电口2:正常 百兆电口3:正常
3	192.168.0.183	00.22.6F.08.76.67	中央变电所	0|0|0|0|0|0	千兆光口1:断开 千兆光口2:正常 千兆光口3:正常	百兆光口1:断开 百兆光口2:断开 百兆光口3:断开 百兆光口4:正常	百兆电口1:断开 百兆电口2:正常 百兆电口3:正常

图 2-108　交换机运行状态界面

已定义控制关系：可查看系统所有主控点及关联的被控点，也可查看当前正处于控制的点及主控点实时值、控制状态等，如图 2－109 所示。

图 2－109　已定义控制关系界面

双击分站测点，可查看分站的定义、交叉控制等信息，如图 2－110 所示。双击模拟量测点，可查看模拟量的定义、绑定的控制口等信息，如图 2－111 所示。双击开关量测点，可查看开关量的定义、绑定的控制口等信息，如图 2－112 所示。双击控制量测点，可查看控制量当前的馈电及所有主控点，如图 2－113 所示。

图 2－110　分站信息显示界面

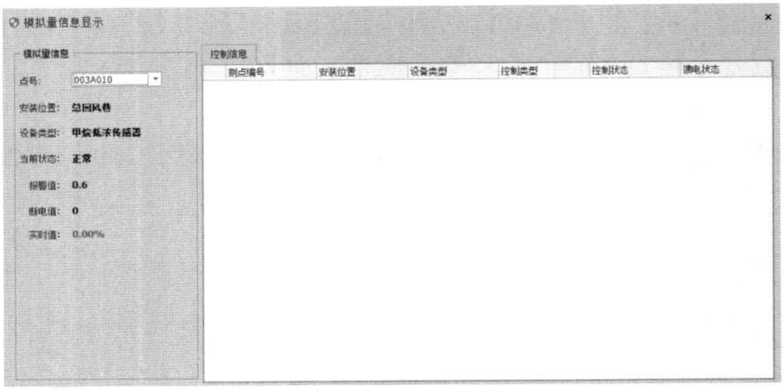

图 2－111　模拟量信息显示界面

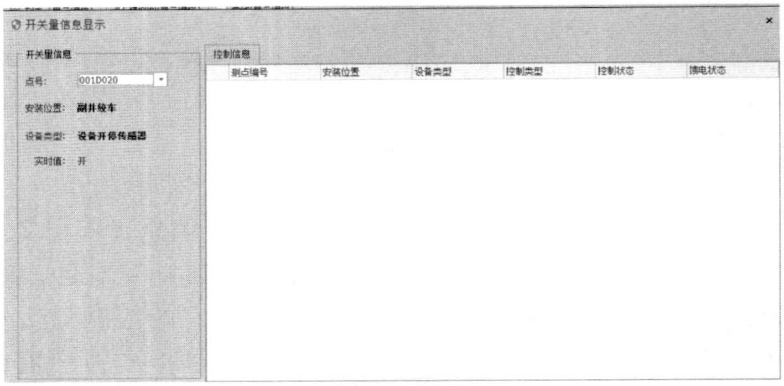

图 2－112　开关量信息显示界面

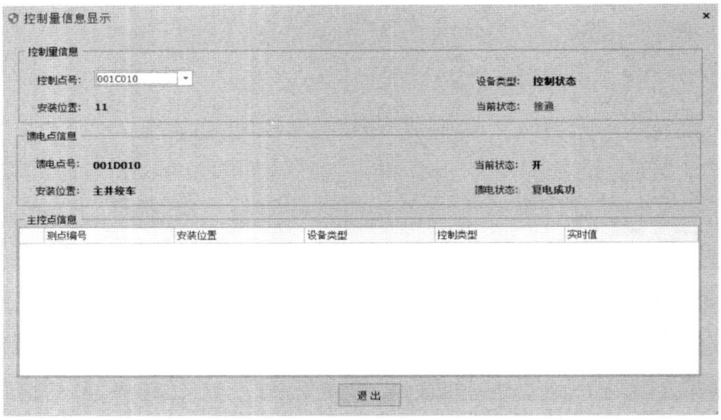

图 2－113　控制量信息显示界面

自动挂接列表能够自适应井下自动挂接设备，双击输入用户名和密码后可以进行快速的定义。定义完成后，自动消失，如图 2－114 所示。

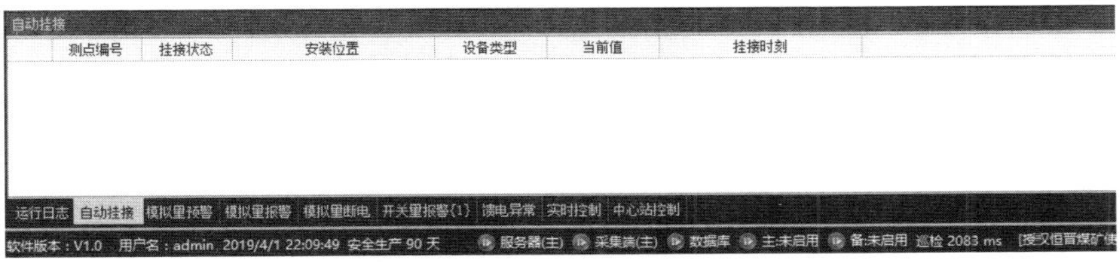

图 2－114　自动挂接显示界面

3）报警异常显示

测点报警异常显示列表，包括模拟量预警、模拟量报警/断电、开关量报警/断电、馈电异常、实时控制、中心站控制，如图 2－115 所示。

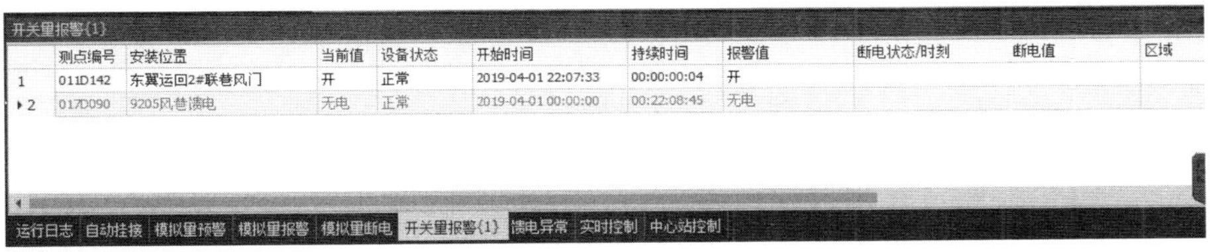

图 2－115　报警异常显示界面

实时预警数据消失后，显示数据立即消失，模拟量报警/断电、开关量报警/断电、馈电异常、实时控制对应的实时数据消失后，显示数据等待 5 min 后消失，开关量状态变动数据等待 1 min 后消失。

4）导航

对测点实时显示列表的显示信息进行筛选的导航界面，可以根据已定义的分站、已定义的设备种类、设备当前状态或自定义编排进行切换。

5）显示编排主界面

显示编排主界面如图 2－116 所示。

显示编排主要分为显示主列表信息设置、导航信息设置、自定义编排设置。点击左边树节点即可切换到相应设置界面。

6）显示编排配置

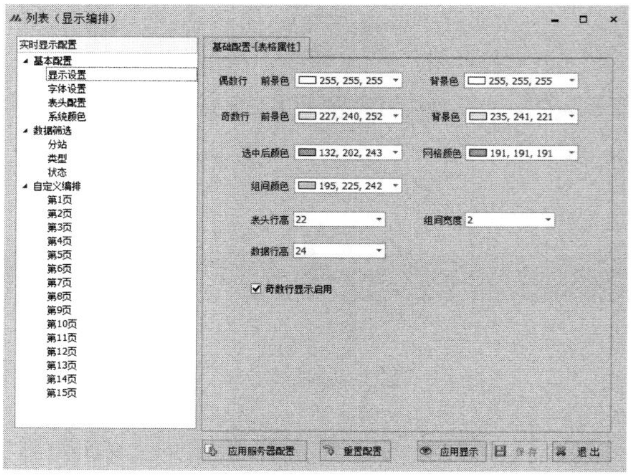

图 2－116 显示编排主界面

（1）基础配置 → 表格属性，如图 2－117 所示。

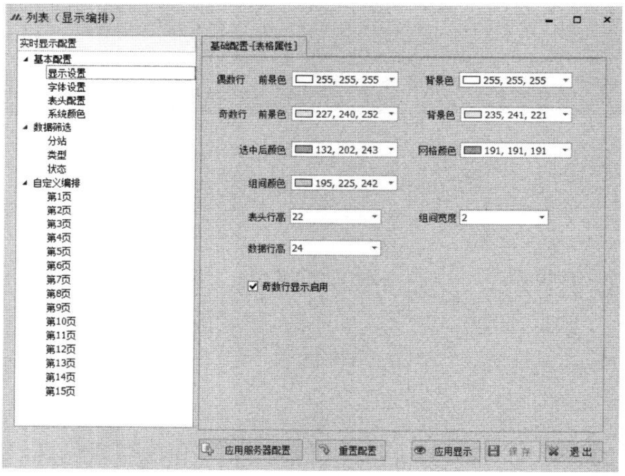

图 2－117 显示编排基础配置界面

可设置奇数行（列表显示行数从 1 开始计数）和偶数行显示的前景色、背景色及颜色渐变方向。也可以不使用奇偶行渐变，即不勾选“奇数行显示启用”，此时设置的偶数行颜色配置将为整个显示列表的颜色配置。

选择后颜色：为光标选择的单元格颜色。

网格颜色：当显示网格时，该颜色设置有效。

组间颜色：当列表中有多组测点显示时，该颜色用于组间分隔列的颜色，如图 2－118 所示。

图 2－118　显示颜色界面

可设置表头行的高度、数据行的高度、分组间间隔宽度、自动翻页的间隔时间，如图 2－119 所示。配置后点击“应用显示”可查看配置效果，点击“保存”重启后配置有效，否则重启后配置无效。

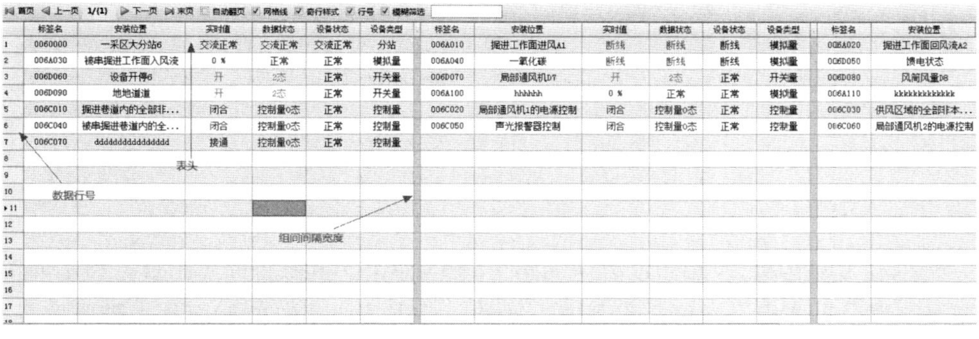

图 2－119　显示主界面一

（2）基础配置→字体颜色，如图 2－120 所示。可设置主显示列表表头和数据行字体的颜色和大小等，如图 2－121 所示。配置后点击“应用显示”可查看配置效果，点击“保存”重启后配置有效，否则重启后配置无效。

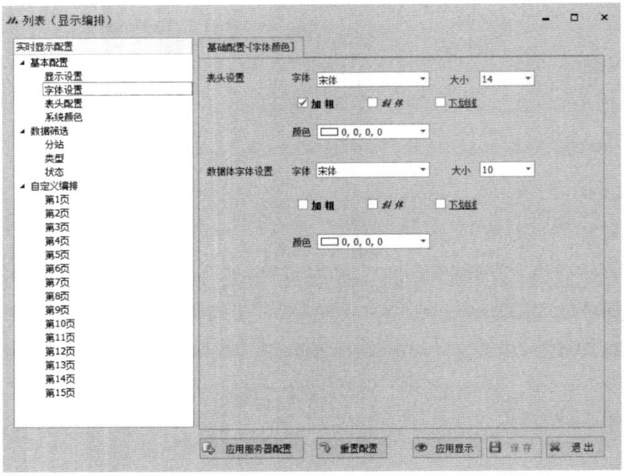

图2-120　显示编排字体设置界面

图2-121　显示主界面二

（3）基础配置→列头信息，如图2-122所示。可设置列头信息、列头的自定义名称、列宽度、宽度是否固定、列的对齐方式、实时值后面是否带单位等，如图2-123所示。配置后点击“应用显示”可查看配置效果，点击“保存”重启后配置有效，否则重启后配置无效。

（4）基础配置→状态颜色，如图2-124所示。该项设置主要对于实时值列和状态列而言，不同测点处于不同状态时可显示不同颜色，可设置模拟量预警、报警、断电颜色，开关量、控制量的报警颜色（开关量、控制量本身状态颜色在定义中设置），通信异常颜色等。

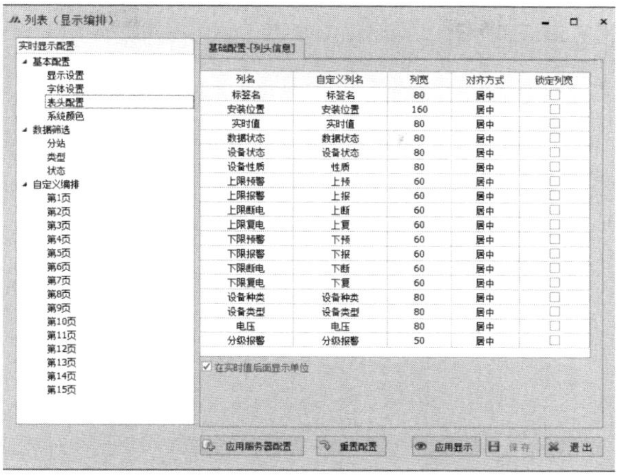

图 2－122　显示编排表头配置界面

图 2－123　显示主界面三

开关量、控制量报警颜色在定义中的设置和页面编辑中的设置不一致时，页面编辑中的颜色设置起作用，如图 2－125 所示。配置后点击“应用显示”可查看配置效果，点击“保存”重启后配置有效，否则重启后配置无效。

（5）导航配置→设备、种类、状态，如图 2－126 所示。导航中的设备、种类、状态可配置不同的显示列表样式，配置内容主要包括每组显示内容、显示组数、显示行数、测点排序方式、测点填充方式等，如图 2－127 所示。配置后点击“应用显示”可查看配置效果，点击“保存”重启后配置有效，否则重启后配置无效。

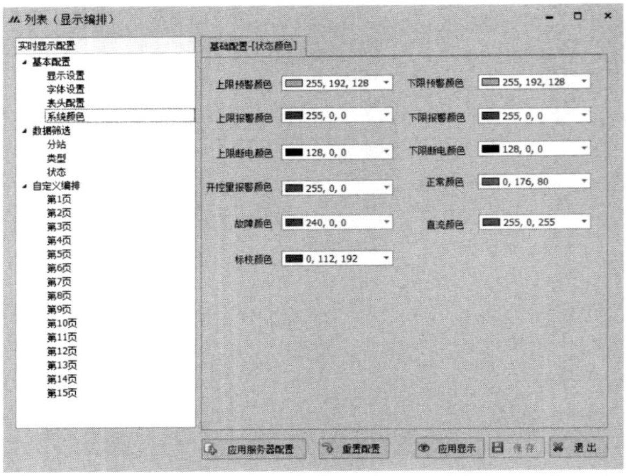

图 2－124　显示编排系统颜色设置界面

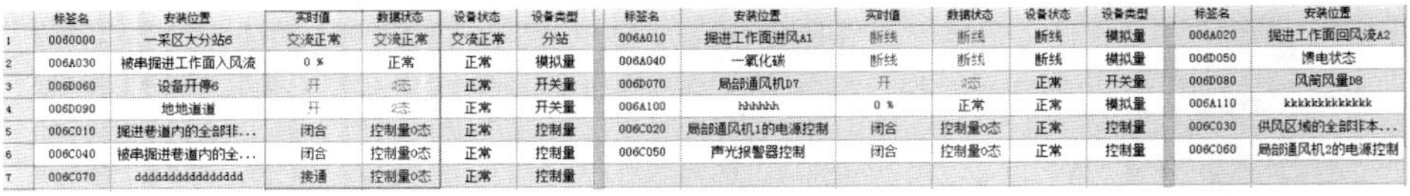

	标签名	安装位置	实时值	数据状态	设备状态	设备类型	标签名	安装位置	实时值	数据状态	设备状态	设备类型	标签名	安装位置
1	0060000	一采区大分站6	交流正常	交流正常	交流正常	分站	006A010	掘进工作面进风A1	断线	断线	断线	模拟量	006A020	掘进工作面回风流A2
2	006A030	被串掘进工作面入风流	0 %	正常	正常	模拟量	006A040	一氧化碳	断线	断线	断线	模拟量	006D050	馈电状态
3	006D060	设备开停6	开	2态	正常	开关量	006D070	局部通风机D7	开	2态	正常	开关量	006D080	风筒风量D8
4	006D090	地地道道	开	2态	正常	开关量	006A100	hhhhhh	0 %	正常	正常	模拟量	006A110	kkkkkkkkkkkkk
5	006C010	掘进巷道内的全部非...	闭合	控制量0态	正常	控制量	006C020	局部通风机1的电源控制	闭合	控制量0态	正常	控制量	006C030	供风区域的全部非本...
6	006C040	被串掘进巷道内的全...	闭合	控制量0态	正常	控制量	006C050	声光报警器控制	闭合	控制量0态	正常	控制量	006C060	局部通风机2的电源控制
7	006C070	dddddddddddddddd	接通	控制量0态	正常	控制量								

图 2－125　显示主界面四

图 2－126　显示编排导航配置界面

图 2－127　显示主界面五

（6）自定义编排，如图 2－128 所示。

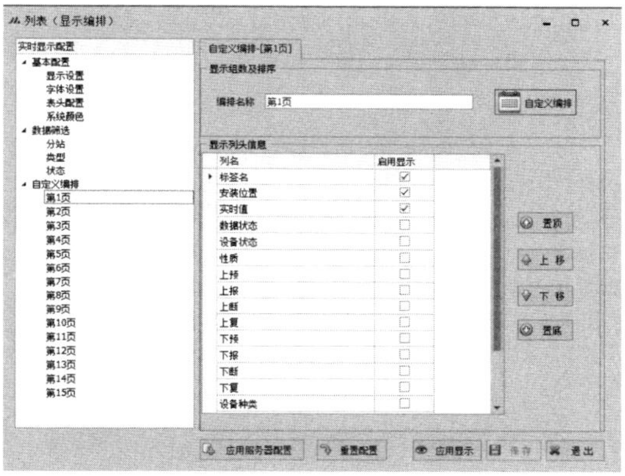

图 2－128　自定义编排设置界面

目前支持 15 个不同的自定义显示，同样需设置显示组信息，可更改编排的名称，设置完后点击保存。

点击编排详情设置，进入测点选择界面，如图 2－129 所示。

编辑完成后点击保存，编辑结果如图 2－130 所示。

（六）报警

1. 功能特点

KJ379X 安全监控系统报警通过按层级配置设备的性质、种类、测点的报警方式来控制客户端是否报警，以语音、声光、图文弹窗等组合方式响应系统的报

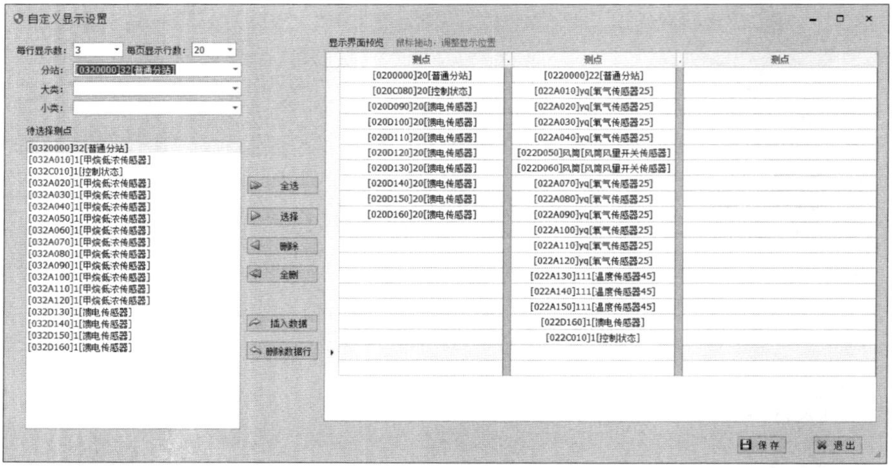

图2－129　自定义显示设置界面

图2－130　显示主界面六

警信息。报警配置依赖于系统预置的性质、种类等数据，具有层次优先级、灵活可配的特点，便于客户端的个性化报警配置。

2. 功能描述

1）报警阈值条件配置

报警阈值条件配置可在测点定义、大数据分析配置中配置测点的报警阈值或条件。

测点的报警阈值条件配置见测点定义部分，大数据分析功能具体软件配置介绍见大数据分析配置部分。

2）报警方式配置

从系统主界面进入参数设置菜单，点击“报警配置”，弹窗如图2－131所示。

图2－131　报警配置界面

报警方式有图文弹窗、语音播报、声光报警3种方式。

图文弹窗：客户端弹出图文窗口，展示相应的报警信息。

语音播报：客户端计算机进行语音朗读报警信息。

声光报警：通过客户端所连接的声光报警器进行声光报警提示。

报警设置按3个类别选择：性质、种类、测点。性质主要有分站、模拟量、开关量、控制量、累积量、导出量。

在条件区域选择相应的性质，该性质下包含的种类和测点会自动关联。选择种类后，该种类下的测点会自动加载。这3个类别依次为从属关系，选择分站性质，然后设置分站的报警类型、报警显示方式，分站下属的所有种类都会自动应用该报警方式，除非该种类设置了不同的报警方式。设置显示方式时，点击对应报警类型的报警显示方式——语音播报、声光报警和图文弹窗（图2－132），根据需要勾选即可，可以全部勾选、全部不勾选或者部分勾选。

勾选完毕后，点击“确定”按键，即完成对某个报警类型的报警设置。若需要保存刚刚完成的配置，点击该界面上的“保存”按键。保存有3种方式可供选择：保存到本地、保存到服务器、从服务器应用到本地，如图2－133所示。

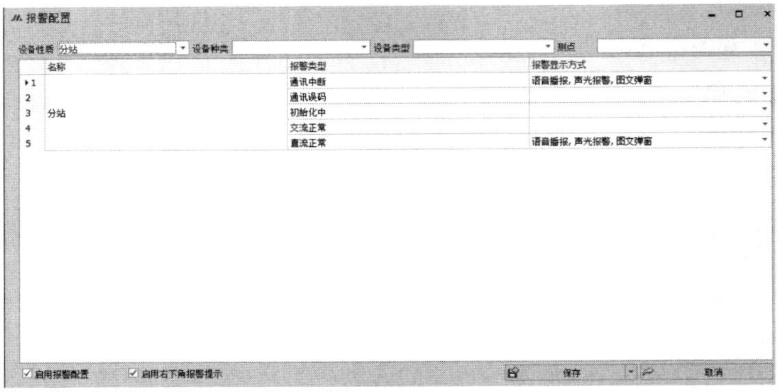

图 2-132　报警显示方式配置界面

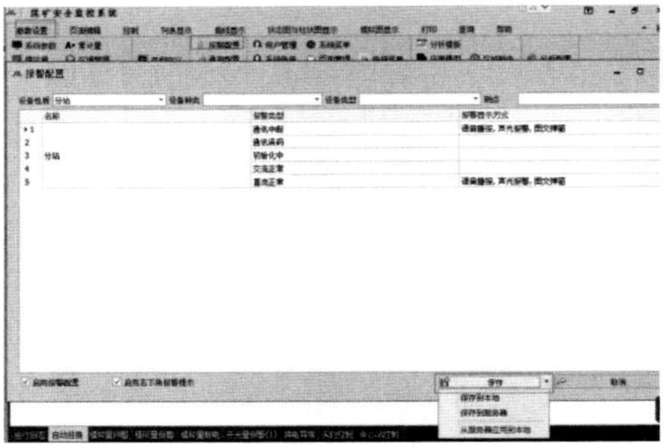

图 2-133　报警配置保存界面

如果只是为了保存客户端的配置，而不需要对其他客户端产生影响，则只需要保存到本地即可；如果保存到服务器，系统会自动将该客户端的配置同时存储到服务端和本地，其他客户端选择从服务器应用到本地就可以使用相同的配置；如果选择从服务器应用到本地，则客户端从服务器下载报警配置并应用到本地客户端。

勾选报警配置左下角的启用报警配置并保存，本地的报警配置才会起作用，反之，则不起作用。

在配置好各个性质、种类、测点的报警配置，启用报警配置并保存后，系统出现相应的报警时，客户端即会对报警进行对应的报警显示：图文弹窗、声光报警、语音播报。

3）实时报警

测点值达到报警阈值或报警逻辑关系后，根据设置的报警方式实施报警。

图文弹窗报警：在实时显示界面图文弹窗报警，如图 2－134 所示。可以关闭和拖拽图文弹窗，将鼠标放在图文弹窗上双击鼠标左键来关闭当前报警；按住鼠标单击左键不放，拖动鼠标即可移动图文弹窗。当鼠标焦点从图文弹窗转移到图文弹窗以外时，弹窗会切换到活动窗口之后，并在任务栏上显示。

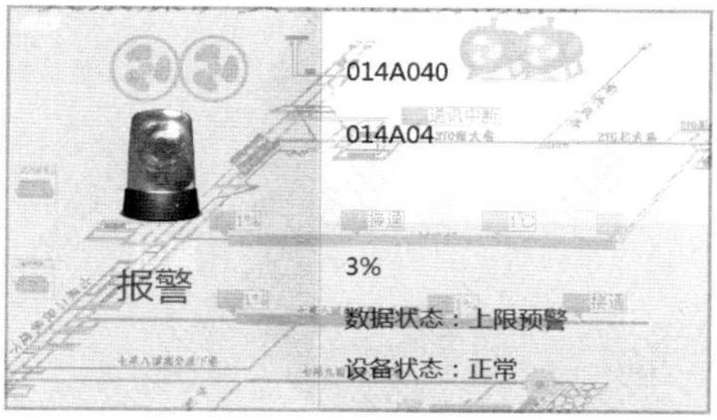

图 2－134　图文弹窗报警界面

右下角列表显示报警：在实时显示界面右下角列表实时显示报警数据。实时列表显示报警界面如图 2－135 所示。点击“报警处理”按键，弹出报警数据列表，双击报警数据，可输入报警原因及处理措施，如图 2－136 所示。

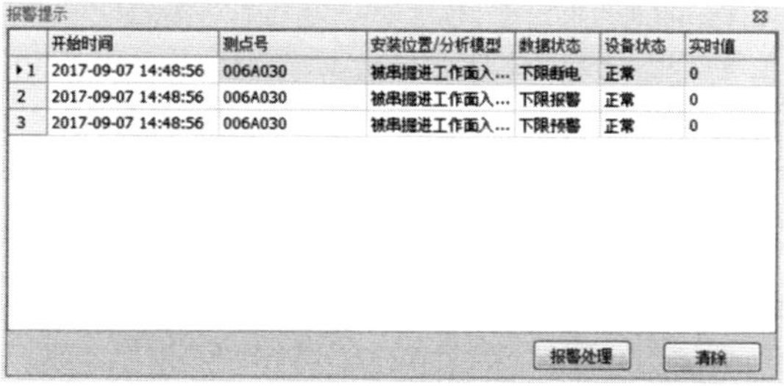
报警提示

	开始时间	测点号	安装位置/分析模型	数据状态	设备状态	实时值
▸1	2017-09-07 14:48:56	006A030	被串掘进工作面入…	下限断电	正常	0
2	2017-09-07 14:48:56	006A030	被串掘进工作面入…	下限报警	正常	0
3	2017-09-07 14:48:56	006A030	被串掘进工作面入…	下限预警	正常	0

报警处理　清除

图 2－135　实时列表显示报警界面

语音、声光报警：接入系统的语音设备、声光报警器发出语音和声光进行报

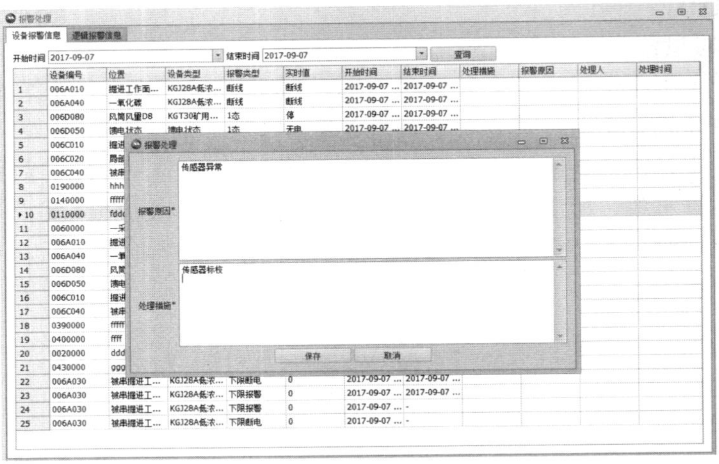

图 2－136　报警处理界面

警。在系统安装语音库并接入语音报警设备（耳机、喇叭等）后，语音报警才会起作用。配置声光报警时，需将声光报警器通过计算机串口接入，并设置串口号和串口波特率，默认串口号为 COM4，默认波特率为 9600 bps，需在客户端 Config\AlarmConfig. xml 文档中配置串口号 SoundLightPortName、串口波特率 SoundLightBaudRate，如图 2－137 所示。

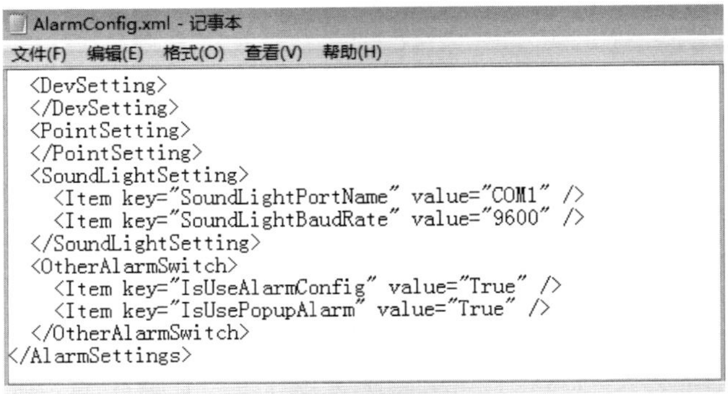

图 2－137　语音报警配置

（七）曲线和柱状图显示

1. 功能特点

主要提供历史数据曲线或柱状图、实时数据曲线，以方便用户更直观地分析被监测对象历史和实时数据变化趋势，更清晰地掌握模拟量和开关量的正常、报警及断电等数据的分布，有针对性地对被监控对象采取处理措施。该模块包括模拟量曲线、开关量柱状图和状态图。模拟量曲线有模拟量 5 min 曲线、模拟量月柱状图、模拟量密采曲线、模拟量实时曲线、模拟量多点同屏曲线、模拟量多点同坐标曲线、模拟量开关量同屏曲线，开关量柱状图和状态图有开关量状态图、开关量柱状图、开关量状态变化图、开关量多点同屏状态图。可通过曲线颜色设置图标进行各种曲线的颜色设置，如图 2－138 所示。

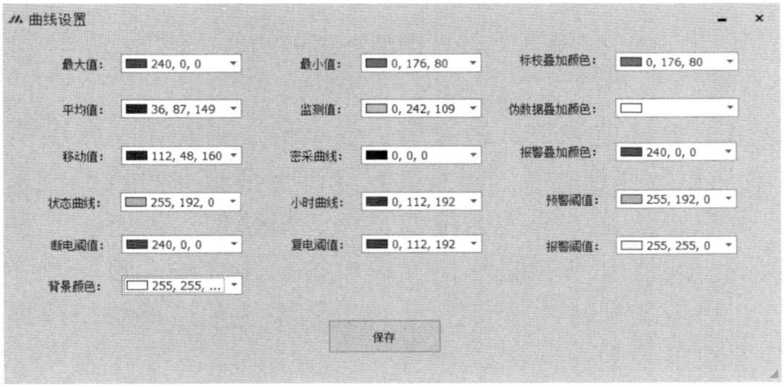

图 2－138　曲线设置界面

2. 功能描述

1）模拟量 5 min 曲线

通过选择日期段（不大于 8 天）和模拟量测点，查看测点的 5 min 曲线，包括监测值、最大值、最小值、平均值、移动值等 5 种曲线，如图 2－139 所示。通过勾选（默认为全部勾选）情况，可查看全部曲线或其中部分曲线。选择“只按测点号查询”时，不考虑其安装位置和设备类型等是否相同，只需选择测点号和日期段即可。

可以查看所选择模拟量测点的阈值设置情况。根据勾选情况（默认勾选上下限报警、上下限断电），显示上下限预警值、上下限报警值、上下限断电值、上下限复电值的全部数据或部分数据，同时提供曲线图打印和导出功能。

利用鼠标滚轮，可全局放大或缩小曲线。移动鼠标，可获取游标所在曲线点

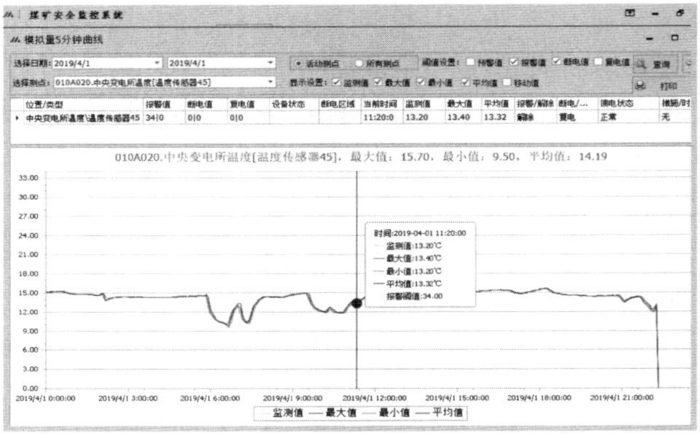

图 2-139 模拟量 5 min 曲线

的时间和数据值（包括监测值、最大值、最小值、平均值、移动值，根据勾选情况而定）。利用鼠标框选曲线，可查看框选部分所选日期段的密采曲线。在某点双击鼠标，可查看该点详情（名称及类型、报警值、断电值、复电值、设备状态、断电范围、读值时刻、监测值、最大值、平均值、报警/解除、断电/解除、馈电状态、措施及时刻）。同时，可以查询系统中被删除的模拟量测点删除前的历史数据曲线。

2）模拟量月柱状图

通过选择日期（年、月）和模拟量测点，查看测点的月柱状图，包括最大值、最小值、平均值等，如图 2-140 所示。通过勾选（默认全部勾选）情况，

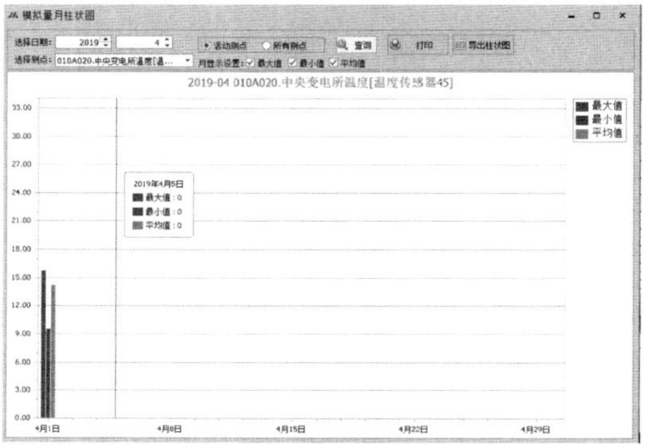

图 2-140 模拟量月柱状图

可查看全部或其中的部分柱状图。选择“只按测点号查询”时，不考虑其安装位置和设备类型等是否相同，只需选择测点号和日期段即可。双击某日的柱状图，会在窗口下端显示该日的模拟量5 min曲线。移动鼠标，可获取游标所在柱状图当日的数据值（包括最大值、最小值、平均值，根据勾选情况而定）。同时，提供柱状图打印和导出功能。

月柱状图对应的某日模拟量5 min曲线与前述模拟量5 min曲线相同。同时，通过月柱状图可查询到系统中被删除的模拟量测点删除前的历史数据月柱状图。

3）模拟量密采曲线

通过选择日期（年、月、日）、模拟量测点和时间间隔（密采值、1 min、1 h），可以查看测点的密采曲线、1 min密采曲线、1 h密采曲线，如图2－141所示。对应的曲线包括密采值、移动值，并提供密采曲线打印和导出功能。选择“只按测点号查询”时，不考虑其安装位置和设备类型等是否相同，只需选择测点号和日期即可。

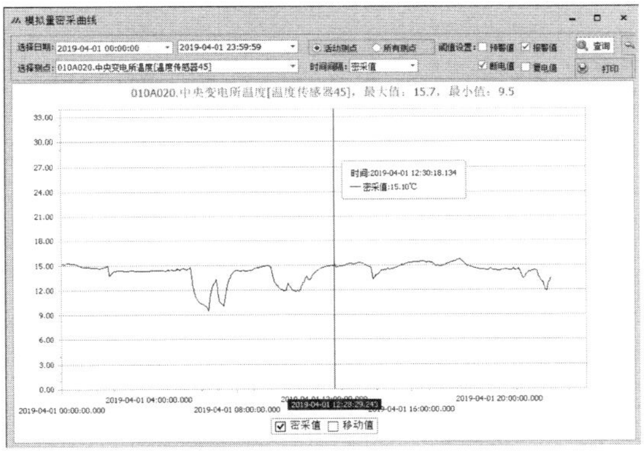

图2－141　模拟量密采曲线

可以查看所选择模拟量测点的阈值设置情况。依据勾选（默认勾选上下限报警、上下限断电）情况，显示上下限预警值、上下限报警值、上下限断电值、上下限复电值的全部曲线或者部分曲线。

利用鼠标滚轮，可全局放大或缩小密采曲线；利用鼠标框选，可局部放大框选部分；移动鼠标，可获取游标所在曲线点的时间和密采值、移动值。曲线右侧以列表形式（内容包括时间、当前值、设备状态）显示所选测点在所选日期的密采值、1 min密采值、1 h密采值。同时，通过该曲线可以查询到系统中被删除的模拟量测点删除前的历史数据曲线。

4）模拟量实时曲线

以曲线形式实时显示所勾选测点的实时值（默认无测点勾选），最多可同时勾选 4 个模拟量、实时显示 4 个模拟量测点的实时曲线，如图 2－142 所示。实时显示中，按“暂停”按键可暂停实时曲线显示；按“继续”按键，继续进行实时曲线显示。可打印和导出实时曲线。

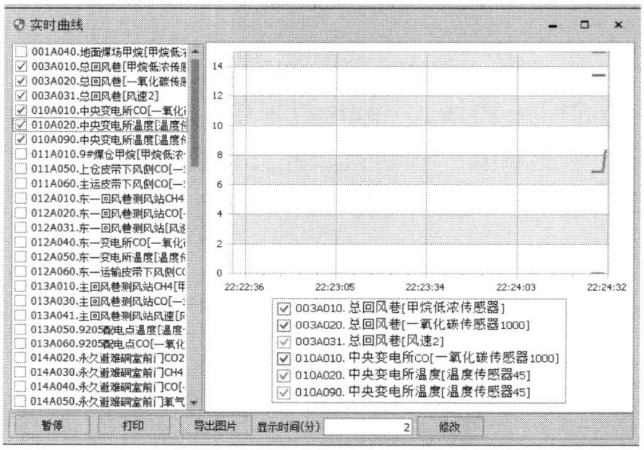

图 2－142　模拟量实时曲线

5）模拟量多点同屏曲线

支持3 个模拟量曲线同屏显示。通过选择日期段（不大于8 天）和3 个模拟量测点，可同时查看3 个测点的5 min 曲线，如图2－143 所示。对应的曲线有监测值、最大值、最小值、平均值、移动值5 种曲线。

5 种曲线图中，依据勾选情况（默认勾选监测值）显示其中一种曲线图。点击“打印”和“导出图片”按键，可进行曲线打印和导出。选择“只按测点号查询”时，不考虑其安装位置和设备类型等是否相同，只需选择测点号和日期段即可。

可查看所选择模拟量测点的阈值设置情况。依据勾选（默认勾选上下限报警、上下限断电）情况，以横线形式显示上下限预警值、上下限报警值、上下限断电值、上下限复电值的全部曲线或部分曲线。

利用鼠标滚轮，可以全局放大或缩小曲线；移动鼠标，可获取游标所在点 3 个曲线的时间和数据值（监测值、最大值、最小值、平均值、移动值中其中的一个，依勾选情况而定）；在曲线某点双击鼠标，可查看 3 个曲线该点详情（名

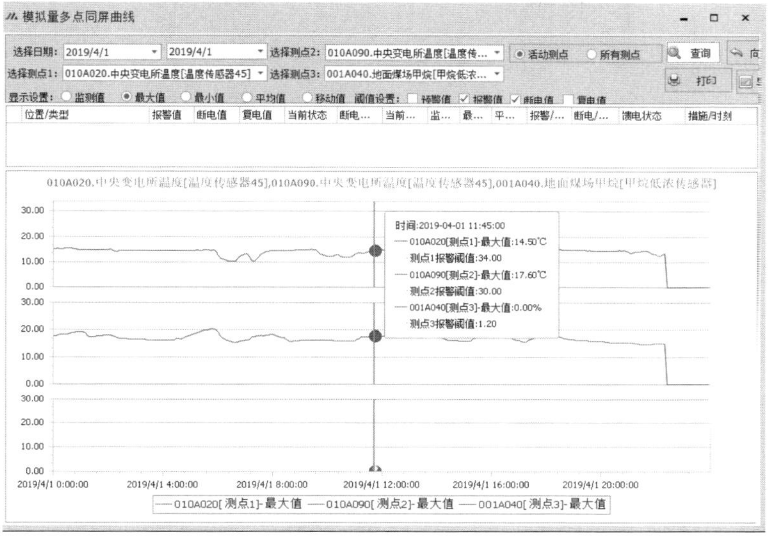

图 2－143　模拟量多点同屏曲线

称及类型、报警值、断电值、复电值、设备状态、断电范围、读值时刻、监测值、最大值、平均值、报警/解除、断电/解除、馈电状态、措施及时刻）。同时，可查询到系统中被删除的模拟量测点删除前的历史数据曲线。

6）模拟量多点同坐标曲线

支持 3 个模拟量曲线同坐标显示，其他功能类同模拟量同坐标曲线，如图 2－144 所示。同样，也可查询到系统中被删除的模拟量测点删除前的历史数据曲线。

7）模拟量开关量同屏曲线

支持 1 个模拟量和 1 个开关量同屏显示，方便用户对开关量和对应模拟量数据进行对比分析。通过选择日期（年、月、日）和 1 个模拟量、1 个开关量同时查看模拟量和开关量曲线，如图 2－145 所示。点击“打印”和“导出图片”按键，可打印和导出模拟量开关量同屏曲线。

模拟量曲线有监测值、最大值、最小值、平均值、移动值 5 种曲线图。5 种曲线图中，依据勾选（默认勾选监测值）情况显示其中一种曲线图。选择“只按测点号查询”时，不考虑其安装位置和设备类型等是否相同，只需选择测点号和日期段即可。

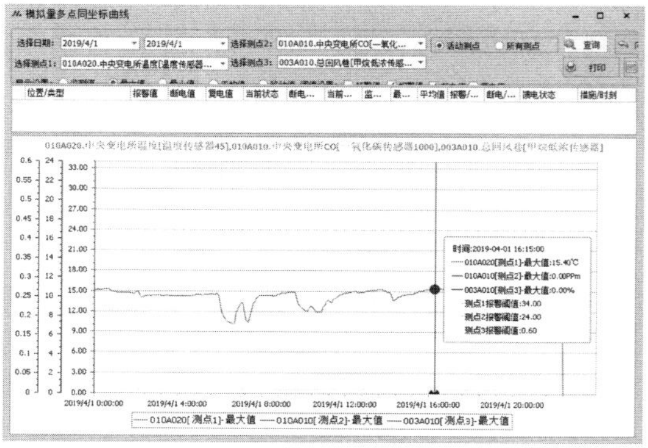

图 2-144　模拟量多点同坐标曲线

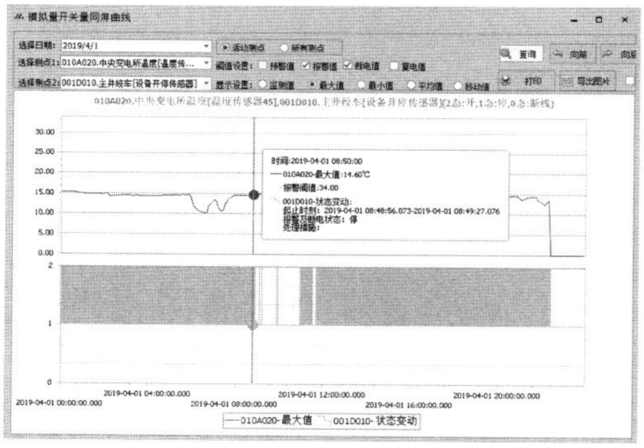

图 2-145　模拟量开关量同屏曲线

利用模拟量曲线，可查看所选择模拟量测点的阈值设置情况。依据勾选（默认勾选上下限报警、上下限断电）情况，以横线形式显示上下限预警值、上下限报警值、上下限断电值、上下限复电值的全部曲线或部分曲线。

利用鼠标滚轮，可以全局放大或缩小曲线；移动鼠标，可同时获取游标所在点模拟量曲线和开关量曲线的时间和数据值（模拟量曲线为监测值、最大值、最小值、平均值、移动值中其中的一个，依勾选情况而定；开关量曲线包括起止时间、报警及断电状态、馈电状态、处理措施）。同时，可查询到系统中被删除的模拟量和开关量测点删除前的历史数据曲线。

8）开关量状态图

通过选择日期（年、月、日）和开关量测点，可以查看开关量状态图，如图2-146所示。选择“只按测点号查询”时，不考虑其安装位置和设备类型等是否相同，只需选择测点号和日期段即可。点击“打印”和“导出图片”按键，可打印和导出开关量状态图。同时，可查询系统中被删除的开关量测点删除前的历史数据曲线。

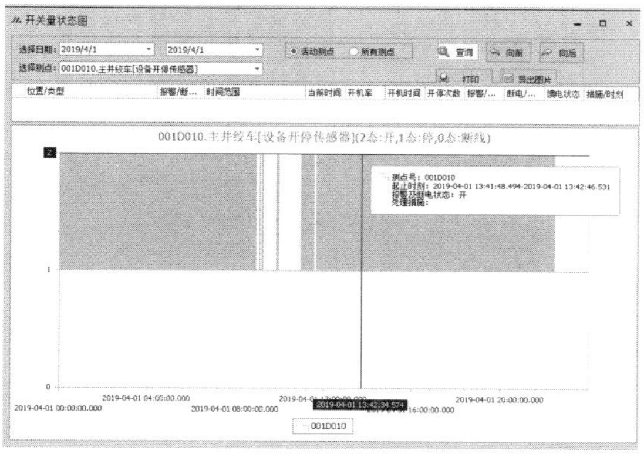

图2-146　开关量状态图

利用鼠标滚轮，可以全局放大或缩小状态图；通过鼠标框选，可局部放大所选区域；移动鼠标，可同时获取游标所在点的开关量状态（包括起止时间、报警及断电状态、馈电状态、处理措施）；在状态图上某点双击鼠标，可查看该点详情（名称及类型、报警/断电状态、读值时区、读值时刻、开机效率、开机时间、开停次数、报警/解除、断电/复电、馈电状态、措施及时刻）。

9）开关量柱状图

通过选择日期（年、月、日）和开关量测点，可以查看开关量柱状图，如图2-147所示。选择“只按测点号查询”时，不考虑其安装位置和设备类型等是否相同，只需选择测点号和日期段即可。点击“打印”和“导出图片”按键，可打印和导出开关量柱状图。

利用鼠标滚轮，可以全局放大或缩小柱状图；移动鼠标，可同时获取游标所在点1 h时间段的开关量状态（包括测点号、开机效率、开机时间、开停次数）；在状态图上某点双击鼠标，可查看该点1 h时间段详情（名称及类型、报警/断电状态、读值时区、读值时刻、开机效率、开机时间、开停次数、报警/解除、

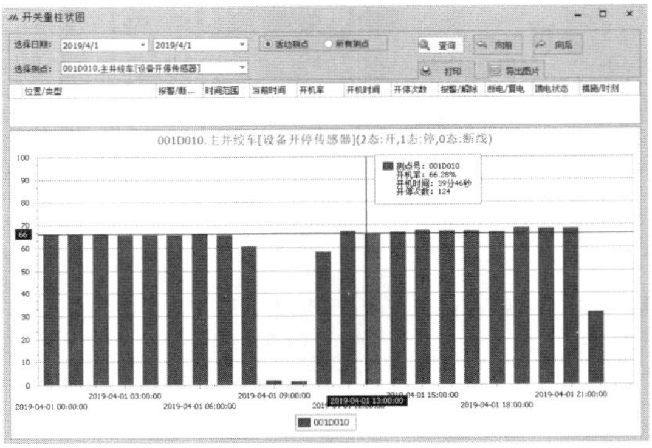

图 2－147　开关量柱状图

断电/复电、馈电状态、措施及时刻）。同时，可查询到系统中被删除的开关量测点删除前的历史数据曲线。

10）开关量状态变化图

通过选择日期（年、月、日）和开关量测点，可以查看开关量状态变化图。以条形图方式（状态变化图），显示所选开关量测点在该日的状态变化情况（0态，黑色；1态，红色；2态，绿色）；以表格形式，统计出该日每个小时的开停时间和开停次数；以柱状图形式（开机率图），显示该日每个小时的开百分比和停百分比，如图 2－148 所示。

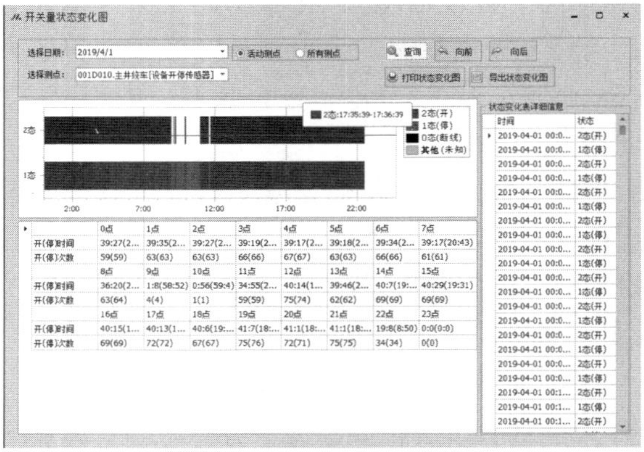

图 2－148　开关量状态变化图

在状态变化图的条形图上移动鼠标，可获取游标所在点的状态及起止时间；在状态变化图的柱状图上移动鼠标，可获取游标所在点 1 h 时间段的时间及开百分比和停百分比。选择“只按测点号查询”时，不考虑其安装位置和设备类型等是否相同，只需选择测点号和日期段即可。同时，可查询到系统中被删除的开关量测点删除前的历史数据曲线。

按“打印状态变化图”和“导出状态变化图”按键，可打印和导出状态变化图；按“打印开停机率图”和“导出开停机率图”按键，可打印和导出开停机率图。

11）开关量多点同屏状态图

支持 3 个开关量状态图同屏显示，方便用户根据同坐标状态图进行状态图数据分析。

通过选择日期（年、月、日）和 3 个开关量，可以同时查看 3 个测点的开关量状态图，如图 2－149 所示。选择“只按测点号查询”时，不考虑其安装位置和设备类型等是否相同，只需选择测点号和日期段即可。点击“打印”和“导出图片”按键，可同时打印和导出 3 个开关量同屏的状态图。

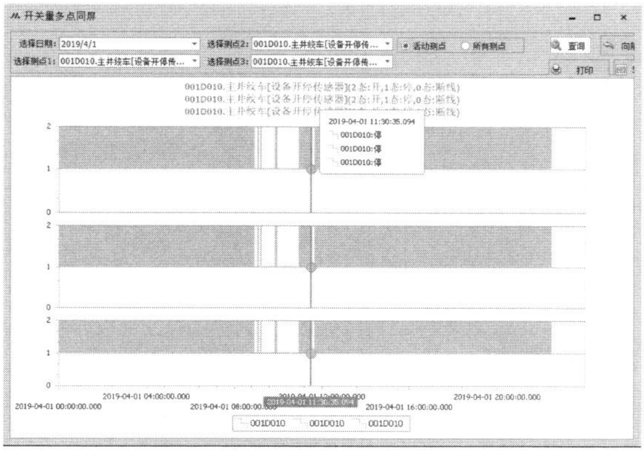

图 2－149　开关量多点同屏状态图

利用鼠标滚轮，可同时全局放大或缩小 3 个状态图；移动鼠标，可同时获取游标所在点 3 个开关量的状态及时间点。同时，可查询系统中被删除的开关量测点删除前的历史数据曲线。

12）大数据分析曲线

查看应急联动曲线历史曲线，可按时间、大数据分析模型名称进行查询。

横坐标为时间轴，纵坐标为满足条件是与否，支持曲线的框选时间的放大与缩小，支持鼠标游标的移动与显示，显示内容包含当前时刻分析数据内容的显示，显示内容包括各监测表达式的状态和参与分析参数的实时值，如图 2－150 所示。

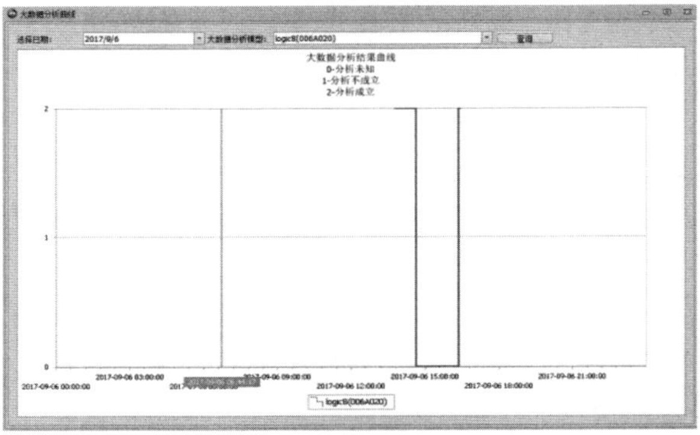

图 2－150 大数据分析曲线

（八）报表

1. 功能特点

报表工具支持 MySQL/MSSQL 等动态数据源，通过标签、文本、网格、列表、交互表、图表等元素，能够绘制出用户想要的任何表格格式。动态报表工具具有易学易用、功能丰富等特点。

2. 功能描述

1）报表的使用与编辑

以安全监控模拟量日（班）报表为例，阐述报表的使用与编辑方法。从主界面进入打印菜单，点击模拟量日（班）报表，如图 2－151 所示。报表分为 3 个区域：功能区域（菜单）、条件区域、数据区域。

（1）查询方法。在条件区域输入查询条件，查询条件有 3 种类型：日期类型、参照（选择）类型、文本类型。

如果是日期类型，点击日期框右边按键，进行日期选择，如图 2－152 所示。

如果是参照类型（如设备类型），点击参照框右边按键，如图 2－153 所示。点击后，弹出的界面如图 2－154 所示。

如果是文本框，直接录入文字即可。

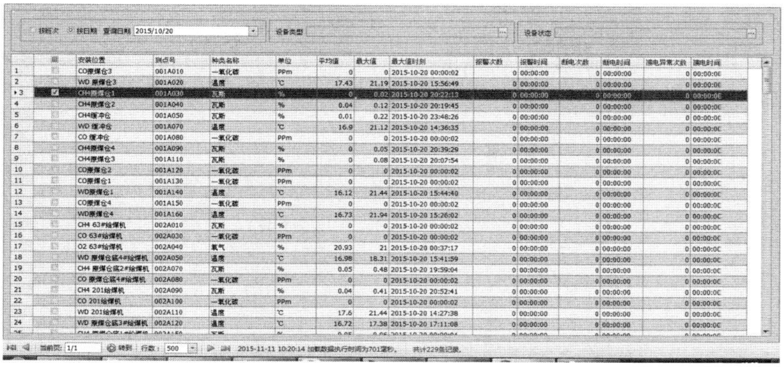

图 2－151　模拟量日（班）报表

图 2－152　查询日期选择

图 2－153　设备类型查询选择

图 2－154　所有设备类型选择界面

条件录入完成后点击工具栏上的“查询”按键进行查询，如图 2－155 所示。其中，当前定义设备是查询当前所有的定义模拟量设备，所有设备可以选择相应的类型，或者用户自定义，选择历史时期定义的测点信息。

图 2－155　模拟量日（班）报表

（2）导出打印。数据查询完后，如果需要导成 Excel、PDF 等格式，点击工具栏上的导出菜单即可。如果需要打印出来，点击工具栏上的打印菜单，即可进入打印预览界面，如图 2－156 所示。在此界面点击打印菜单，进入选择打印机界面，如图 2－157 所示。选择完成后，点击“打印”按键，即开始打印。

2）报表栏目方案设计

如果需对系统默认的配置方案进行修改，例如，需要删除一个栏目或者调整栏目顺序等，应利用此功能。点击查询界面工具栏上的方案菜单，如图 2－158 所示。点击后进入图 2－159 所示的界面。应该注意，编辑过程中对方案所作的任何修改，都需要点击“保存”按键，对方案菜单进行保存，否则不会生效。

（1）栏目基本属性设置。点击方案设置界面的第一页签（即所选栏目标签），如图 2－160 所示。

栏目快速选择：在方案界面的左边区域列出了当前报表所有可供选择的栏目，如图 2－161 所示。用户可以根据自己的需要进行勾选和取消勾选，勾选后

序号	测点号222	安装位置	设备类型	单位	报警门限	断电门限	复电门限	平均值	最小值	最大值
1	001A040	地面煤场甲烷	甲烷低浓传感器	%	1.2	-	-	0.00	0.00	0.00
2	003A010	总回风巷	甲烷低浓传感器	%	0.6	-	-	0.00	0.00	0.00
3	011A010	9#煤仓甲烷	甲烷低浓传感器	%	1.2	-	-	0.00	0.00	0.01
4	012A010	东一回风巷测风站CH4	甲烷低浓传感器	%	0.6	-	-	0.01	0.00	0.02
5	013A010	主回风巷测风站CH4	甲烷低浓传感器	%	0.6	-	-	0.00	0.00	0.00
6	014A030	永久避难硐室前门CH4	甲烷低浓传感器	%	0.4	-	-	0.00	0.00	0.00
7	014A080	永久避难硐室内CH4	甲烷低浓传感器	%	0.4	-	-	0.00	0.00	0.02
8	014A140	永久避难硐室后门CH4	甲烷低浓传感器	%	0.4	-	-	0.00	0.00	0.00
9	015A030	东一避难硐室前门CH4	甲烷低浓传感器	%	0.4	-	-	0.00	0.00	0.00
10	015A080	东一采区避难硐室内CH4	甲烷低浓传感器	%	0.4	-	-	0.00	0.00	0.00
11	015A140	东一采区避难硐室后门CH4	甲烷低浓传感器	%	0.4	-	-	0.00	0.00	0.00
12	016A030	西二采区避难硐室前门CH4	甲烷低浓传感器	%	0.4	-	-	0.01	0.00	0.01
13	016A080	西二采区避难硐室内CH4	甲烷低浓传感器	%	0.4	-	-	0.00	0.00	0.00
14	016A140	西二采区避难硐室后门CH4	甲烷低浓传感器	%	0.4	-	-	0.00	0.00	0.00
15	017A010	9205工作面上隅角T0	甲烷低浓传感器	%	1	1.5	1	0.36	0.34	0.37

图 2－156　打印预览界面

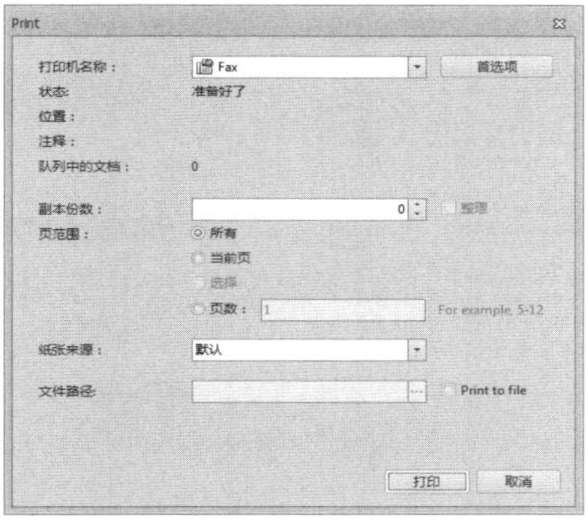

图 2－157　打印机界面

会自动在右边增加一行，取消勾选会自动在右边减少一行，最后报表显示的列将会根据此处勾选的列进行显示。需要注意图上左侧窗口，如果是粗体，表示是关联查询，必须双击展开进行具体选择，否则只会显示为数字（这个数字是程序内部的数字），在界面上显示出来没有意义。

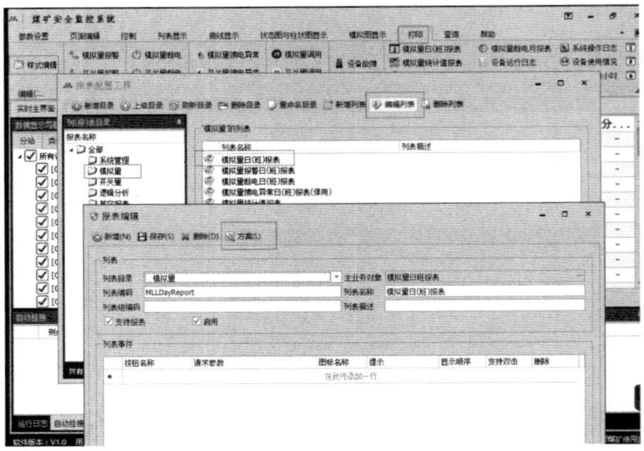

图 2－158　报表编辑配置界面

图 2－159　模拟量日（班）报表设计界面一

栏目名称：根据需要修改成所需的栏目名称。

字段宽度：如果需要调整查询列头的宽度，可以在这里修改数字，当然也可以在查询界面上直接拉宽或者拉窄。

常用条件：如果需要增加条件、减少条件，可以在此列进行勾选或者取消勾选，系统会根据勾选顺序自动从左到右、从上到下加载条件区域。

图 2-160　栏目基本属性设置界面

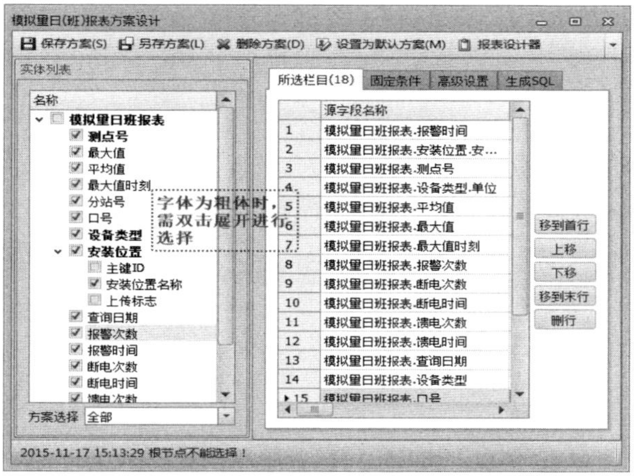

图 2-161　模拟量日（班）报表设计界面二

条件顺序：此列不可修改，根据常用条件列自动进行加载值。

条件展示格式：用于设置条件展现格式，可以选择弹出和下拉。例如，设备类型条件，如果此列选择为弹出，在选择条件时会弹出一个新界面；如果此列选择为下拉，就不会弹出新界面。

打印条件：此设置仅针对打印生效，设置后查询条件也会打印出来。

显示格式：可设置列的显示格式，如日期显示格式有日期＋时间、日期、时间3种，设置后会对应显示为2015－11－12 10:00:00、2015－11－12、10:00:00，可根据需要进行设置。

显示：如果不需要显示此栏目，可以在此列取消勾选。

合并：如果需要将相邻行的数据进行合并，需要设置此属性。

主合并：此属性需要与合并结合使用，设置主合并后，合并的时候要看主合并列数据是否相同，相同合并列才会生效。

点击方案设置界面的第二页签（即固定条件标签），如图2－162所示。点击“条件设置”按键进行固定条件设置，方案中选择的每一列都可以设置固定条件，用户可以根据实际情况进行选择性设置。

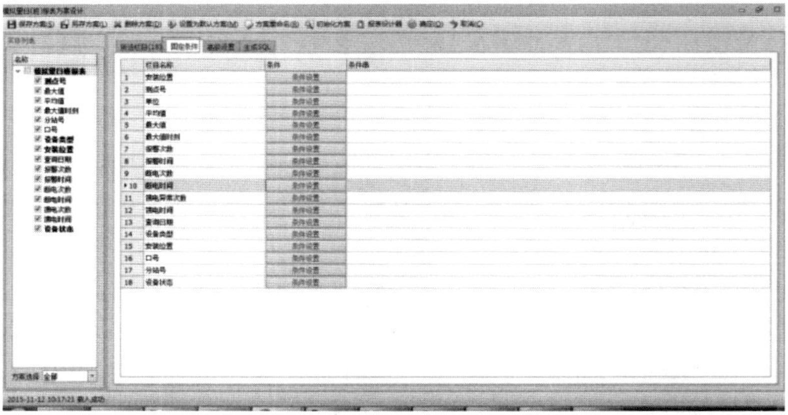

图2－162　固定条件标签配置界面

（2）高级设置。此功能仅针对对开发语言、数据库有一定了解的用户使用，具有如下几个属性：

排序方式：可以选择升序、倒序，用户可根据实际需要选择排序方式，可以设置多列排序，先选择的列优先排序。

汇总类型：此列仅针对需要做汇总表的时候才设置，设置将会进行求和、求平均值等计算。

接收参数：设置后将会接受从外部传递过来的参数。

链接设置：设置链接地址，设置后会传递参数。此列需要结合接收参数列进行使用，这两个属性不能设置为同一张报表。

计算列：如果需要对报表栏目进行二次加工，例如，需要将 A 列 + B 列生成一个 C 列，或对 A 列格式化输出，均需要用到此功能。点击方案右边“添加计算列”按键，进入图 2－163 所示的界面。

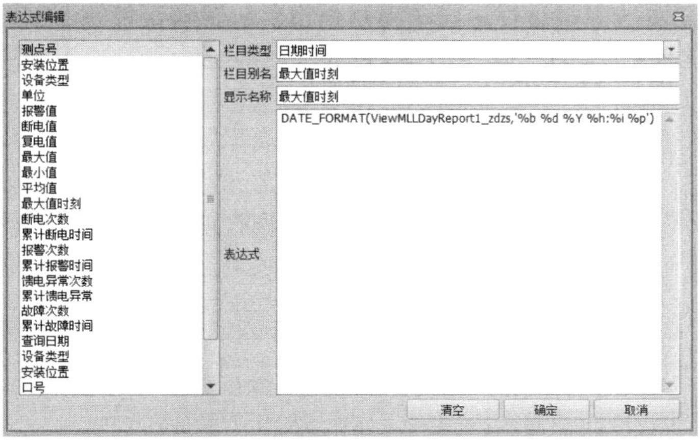

图 2－163　表达式编辑界面

栏目类型：拟计算的数据类型，可以选择字符串、数值、日期时间、逻辑型。

栏目别名：取一个英文名。

显示名称：即列头名称。

表达式：需要写 SQL 语句语法，请具有一定 SQL 知识的客户进行设置，否则可能会出现报表打开异常。

报表中输出的日期需要按指定格式输出时，添加计算列，栏目类型选择：日期时间、栏目名称和栏目别名根据需要输入，采用 SQL 的 DATE_ FORMAT 命令对日期进行格式化。

条件格式：此功能用于设置一些单元格或者行的背景色或者字体颜色，用于突出显示，如将最大值大于 10 的行的字体设置为红色等。在方案界面选择一行记录，点击条件格式设置，进入图 2－164 所示的界面；点击“新增”按键，进行新增；选择操作符，设置值 1 和值 2，以及背景颜色和字体颜色，完成后保存确定即可。

模糊显示设置：当需要将一些数据替换显示的时候需要进行此项设置，如将模拟量日（班）报表最大值列大于 50 的设备类型名称列显示为 *，不显示

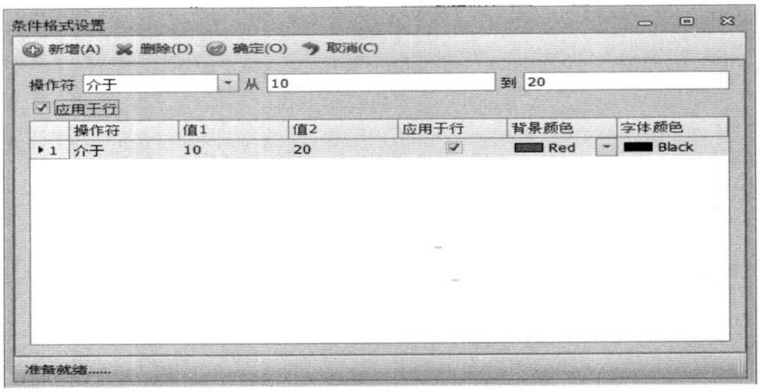

图 2－164　条件格式设置界面

具体的设备类型名称等。在方案界面选择一行记录，点击模糊显示设置，进入图 2－165 所示的界面。显示内容列设置所要显示的内容，如 *、┈等符号或者文字；条件列设置条件；双击左边列表的列名，会自动加载到表格的条件列；然后设置所需条件，如大于、等于、小于、之间等，设置完成后点击按键即可。

图 2－165　模糊显示条件编辑界面

3）报表打印格式设计

每一个报表都有一个默认的打印格式，用户可以根据实际情况进行调整，具体方法如下所述。

点击方案设计中报表设计器菜单，如图 2－166 所示。点击后进入图 2－167 所示的界面。报表设计器分为功能区（上）、设计区（中）、数据源区（右中）、属性区（右下）4 个区域。

图 2－166　选择报表设计器

图 2－167　报表设计器设置界面

功能区：主要有保存、编辑、字体，对齐方式与 Word 设置方式类似。

数据源区：列出了方案设计中的所有字段，可以直接左键拖拽字段名到报表设计区域进行绑定。如果要取消绑定点击控件右上角三角符号即可，如图 2－168 所示。同理，也可进行绑定。

图 2－168　报表设计器设置界面数据源区

属性区：修改报表控件的属性，如文本、字体、背景等。点击设计区一个控件，会自动加载这个控件的属性，可根据需要进行设置，如图 2－169 所示。

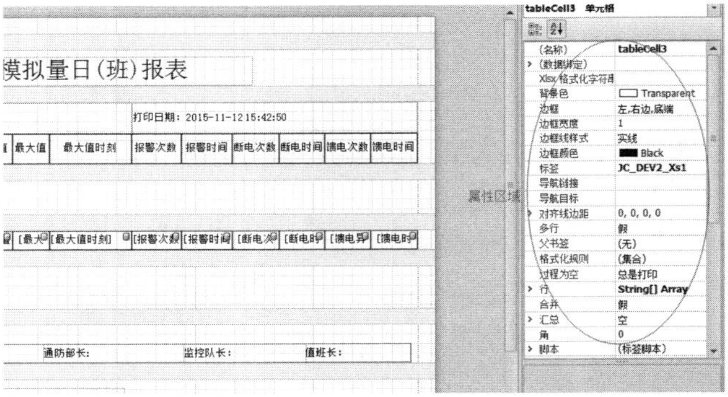

图 2－169　报表设计器设置界面属性区

设计区：该区显示效果即为打印格式的效果。如需要设置，选择一个控件，根据右边的属性框进行设置即可，可以进行拖拽、文本等设置。如需要删除一个控件，点击鼠标右键删除即可，如图 2－170 所示。

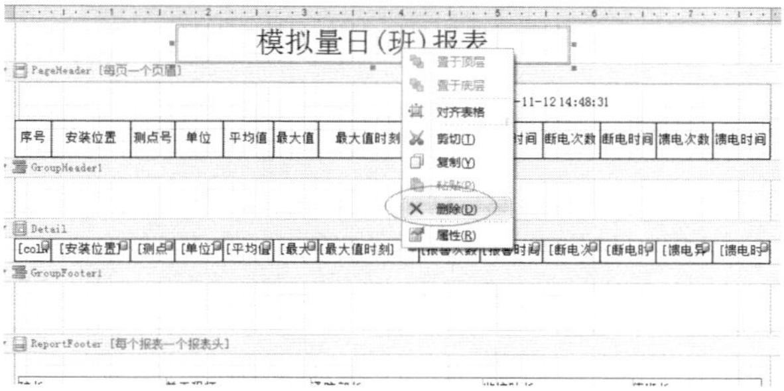

图 2-170　报表设计器设置界面设计区

报表设计器的 4 个区域通过灵活结合可以配置出所需要的报表格式，使用中应注意以下事项：

（1）设置报表的打印方向时，横向为真，横向打印；横向为假，纵向打印，如图 2-171 所示。

（2）需要在每页数据后面显示备注栏，显示在报表的后面、不显示在最底部。

在设计区，将所要显示的内容加到 Groupfooter 上，并设置 Groupfooter 属性为每页打印，如图 2-172 所示。

所有设计完成之后，需要点击保存菜单方能生效，如图 2-173 所示。

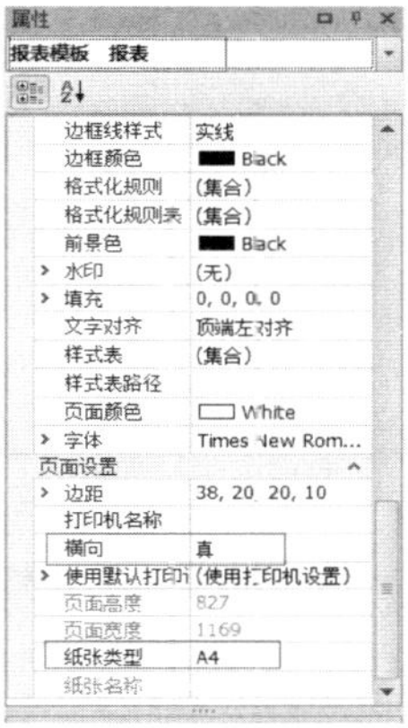

图 2-171　报表设计器设置报表打印格式

4）模拟量报警日（班）报表

进入打印菜单，点击模拟量报警日（班）报表，如图 2-174 所示。操作方法与 1）类似。

5）模拟量断电日（班）报表

进入打印菜单，点击模拟量断电日（班）报表，如图 2-175 所示。操作方法与 1）类似。

6）模拟量馈电异常日（班）报表

进入打印菜单，点击模拟量馈电异常日（班）报表，如图 2-176 所示。

7）模拟量统计值报表

进入打印菜单，点击模拟量统计值报表，如图 2-177 所示。操作方法与 1）类似。

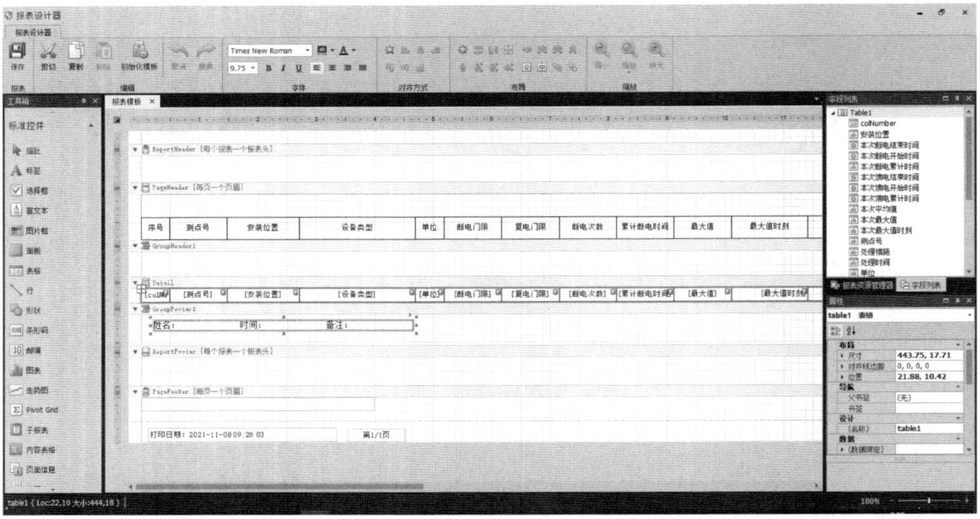

图 2－172　报表设计器备注栏设置

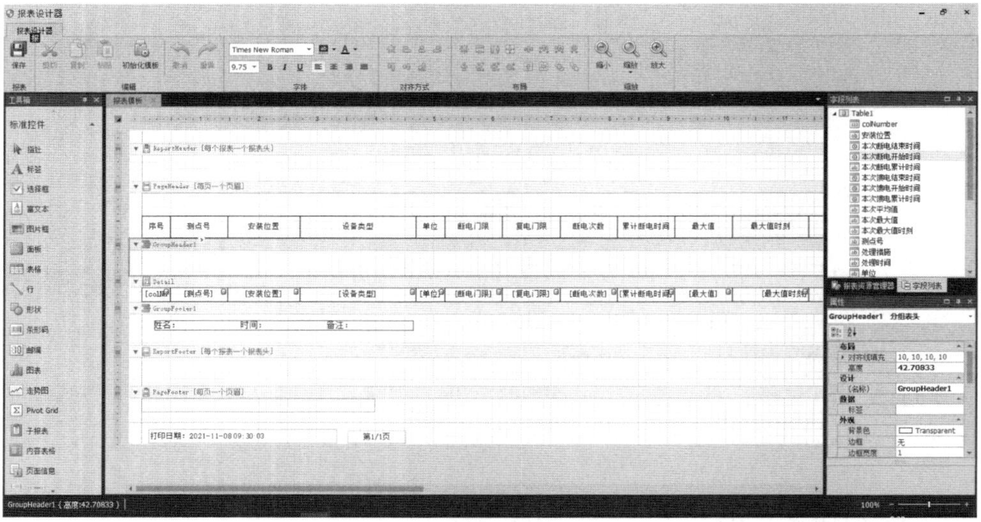

图 2－173　报表模板界面

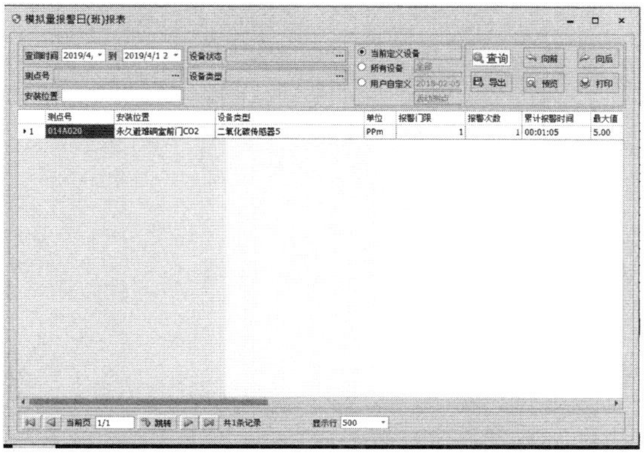

图 2－174 模拟量报警日（班）报表

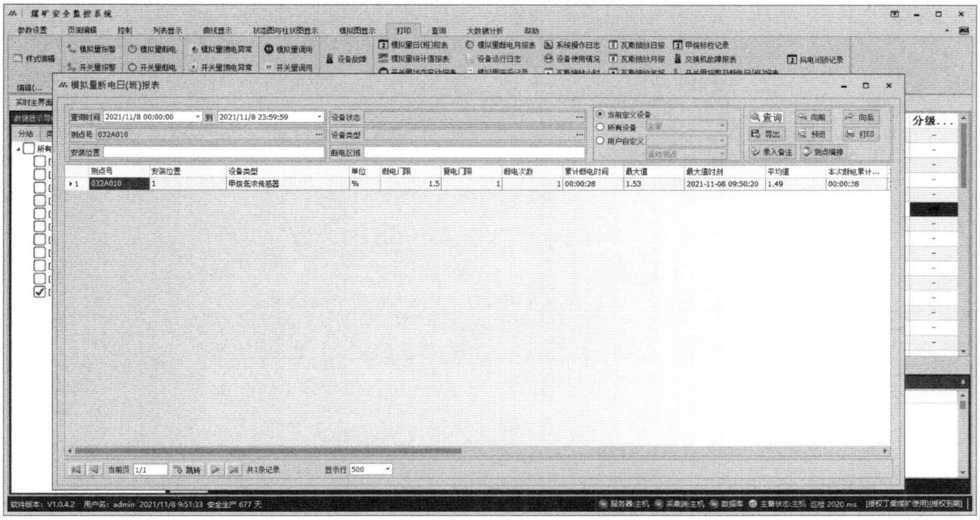

图 2－175 模拟量断电日（班）报表

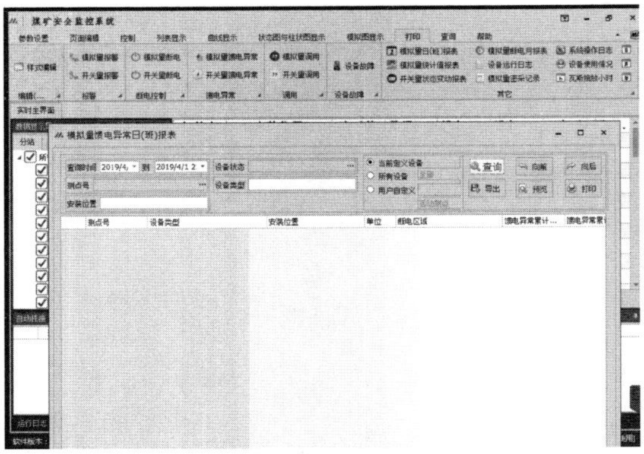

图 2－176　模拟量馈电异常日（班）报表

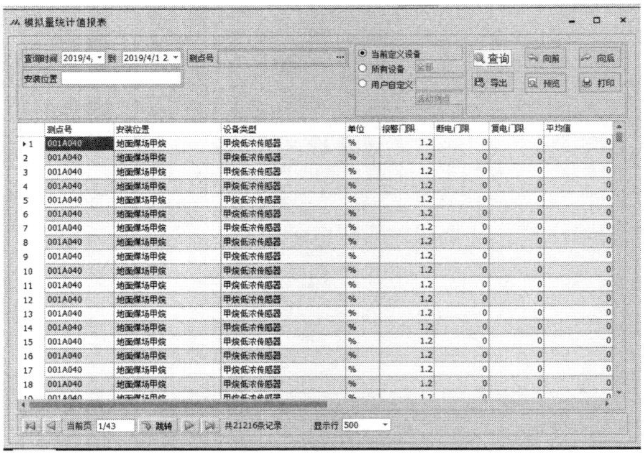

图 2－177　模拟量统计值报表

8）开关量状态变动日（班）报表

进入打印菜单，点击开关量状态变动日（班）报表，如图 2－178 所示。操作方法与 1）类似。

9）开关量馈电异常日（班）报表

进入打印菜单，点击开关量馈电异常日（班）报表，如图 2－179 所示。操作方法与 1）类似。

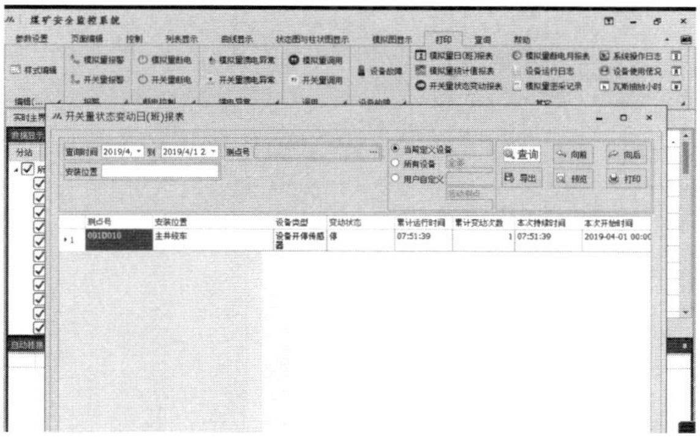

图 2－178　开关量状态变动日（班）报表

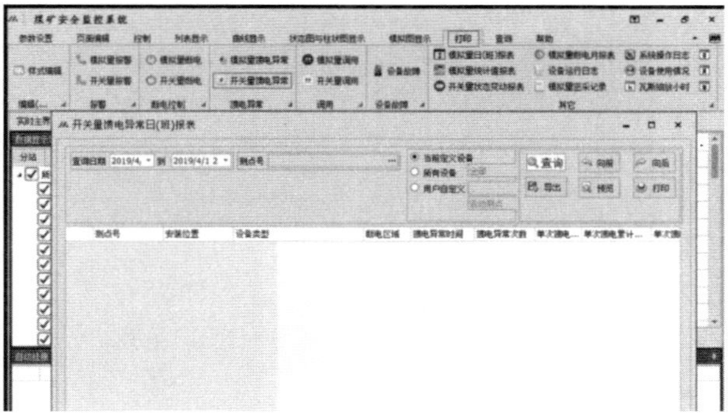

图 2－179　开关量馈电异常日（班）报表

10）开关量断电日（班）报表

进入打印菜单，点击开关量断电日（班）报表，如图 2－180 所示。操作方法与 1）类似。

11）设备故障日（班）报表

进入打印菜单，点击设备故障日（班）报表，如图 2－181 所示。操作方法与 1）类似。

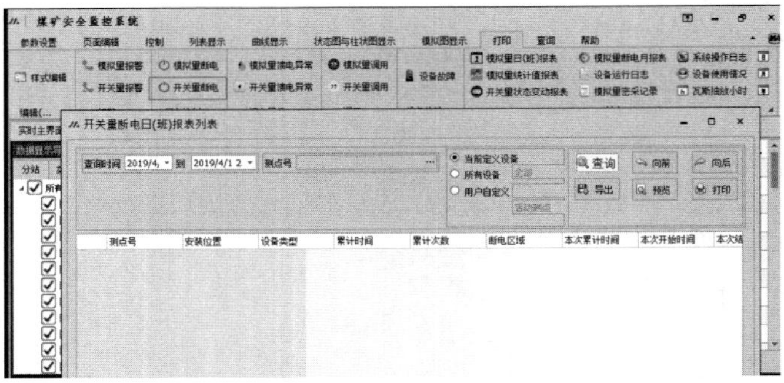

图 2－180 开关量断电日（班）报表

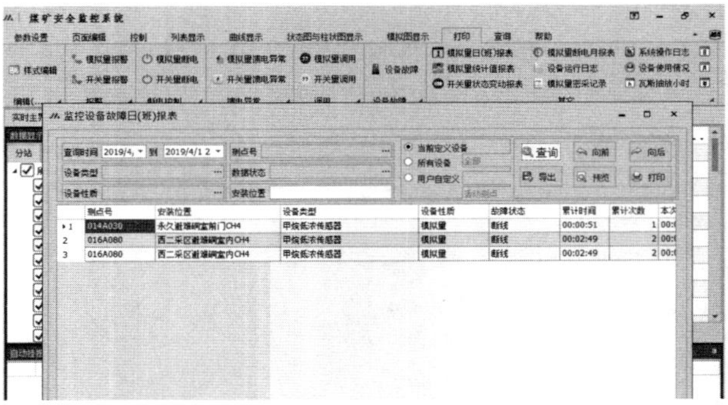

图 2－181 监控设备故障日（班）报表

12）设备运行日志

进入打印菜单，点击设备运行日志，如图 2－182 所示。操作方法与 1）类似。

13）密采记录

进入打印菜单，点击密采记录，如图 2－183 所示。操作方法与 1）类似。

14）操作日志

进入打印菜单，点击操作日志，如图 2－184 所示。操作方法和 1）类似。

15）模拟量多天平均值

进入打印菜单，点击模拟量平均值，查看模拟量多天平均值数据、最大值、最小值及报表打印，如图 2－185 所示。操作方法和 1）类似。

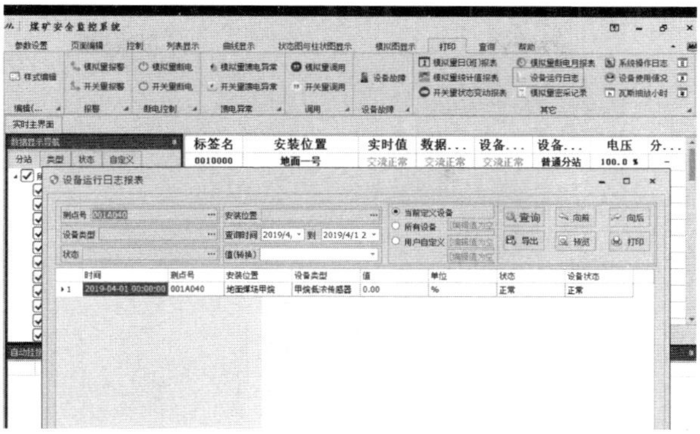

图 2－182　设备运行日志

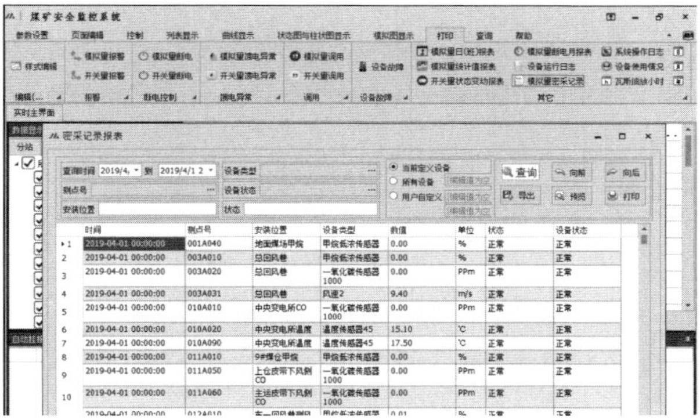

图 2－183　密采记录

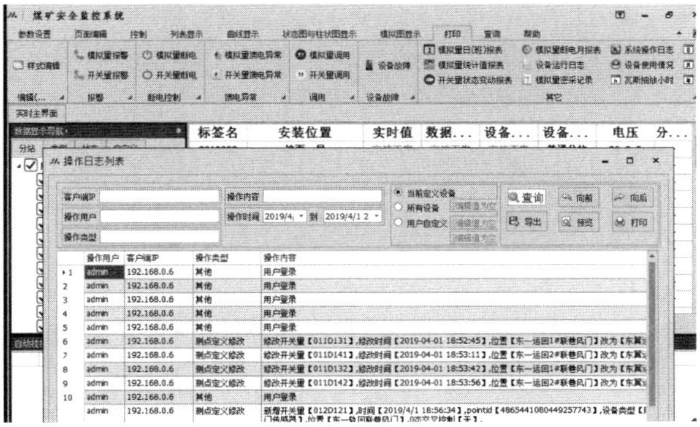

图 2－184　操作日志

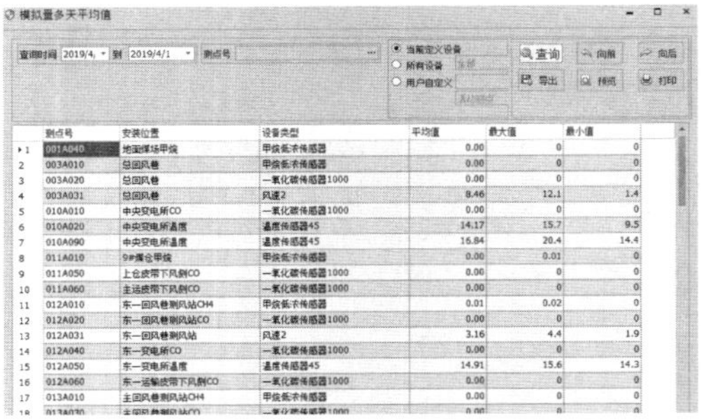

图 2－185　模拟量多天平均值

16）设备台账

设备台账（图 2－186）根据入库的设备数量和在用的设备数量自动统计出库存设备数量，简单实用。

图 2－186　设备台账

（九）模拟图

点击软件上“页面编辑”按键，选择“模拟图编辑”按键，提示如图 2－187 所示，通过编辑模拟图，导入相关图形。

1. 通风系统

点击软件上“模拟图显示”按键，选择“通风系统”，如图 2－188 所示。

图 2-187　模拟图编辑界面

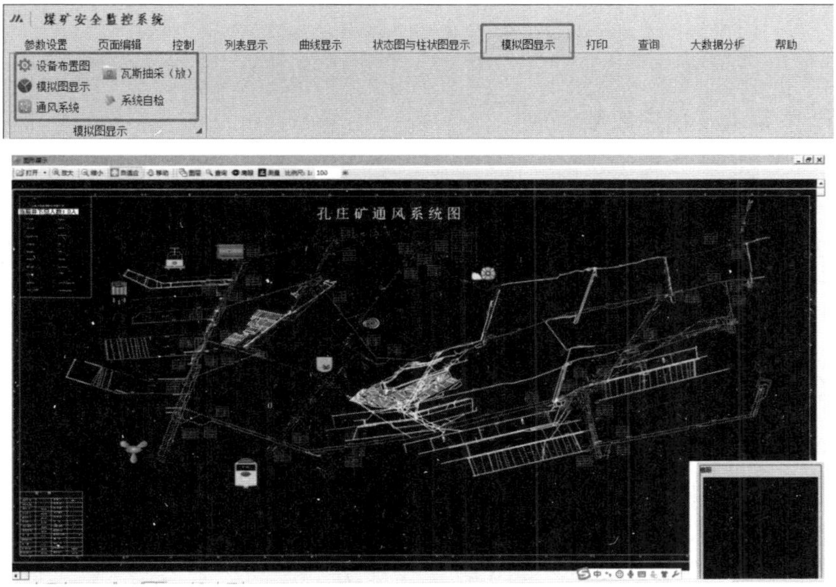

图 2-188　通风系统图图形展示界面

2. 瓦斯抽采（放）

点击软件上“模拟图显示”按键，选择“瓦斯抽采（放）”，如图2－189所示。

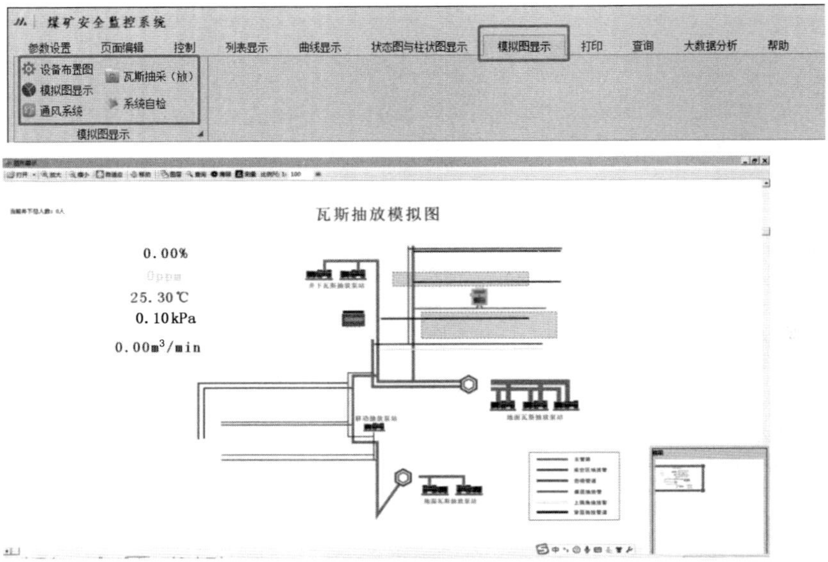

图2－189　瓦斯抽采（放）图形展示界面

（十）菜单及用户权限管理

1. 功能特点

菜单及用户权限管理可实现不同的用户拥有不同的菜单权限，用户和角色关联，角色和权限关联，菜单和权限点、请求库关联，请求库绑定具体的模块程序。配置灵活、方便，方便软件挂接和卸载部分功能模块。

2. 功能描述

1）角色管理

将系统的操作员分类，如根据岗位来分类，每个角色设置不同的权限，使管理更具层次感、更加灵活。具体操作如下：进入参数设置菜单，点击角色管理，进入角色管理界面，如图2－190所示。

查询方法与上述方法相同。如果需要对角色进行编辑，分别点击工具栏上“新增”“修改”“删除”按键，如图2－191所示。

新增：即新增加一个角色，点击后弹出图2－192所示的界面，在对应栏目框里录入完成后点击保存，点击关闭后列表会自动查询出新增加的角色。

图 2-190　角色管理设置界面一

图 2-191　角色管理设置界面二

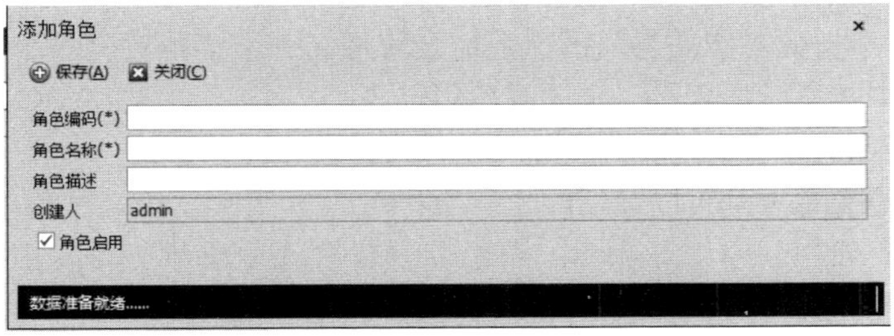

图 2-192　添加角色管理设置界面

修改：如果需要对以前的角色设置进行修改操作，点击此菜单，弹出界面与图 2 – 192 一致。修改完成后点击保存即可。点击关闭后会自动刷新修改后的数据。

删除：当一个角色需要删除时需要用到此功能。首先选择需要删除的角色行，然后点击删除菜单，即可删除。

2）角色授权

用于设置每个角色对应的权限，用以控制每个角色只能实施对应权限的操作。具体方法如下：选择一个角色，点击菜单栏上角色授权菜单，弹出界面如图 2 – 193 所示；选择授权该角色的权限名称，操作完成后点击保存即可。

图 2 – 193　角色授权设置界面

3）用户管理

对系统操作人员进行新增、修改、删除等操作。操作方法与角色管理相同，如图 2 – 194 所示。

4）权限管理

对系统权限点进行新增、修改、删除等操作。操作方法与角色管理相同，如图 2 – 195 所示。此功能需与菜单管理结合使用，一个菜单对应一个权限点（此功能仅针对对本系统原理有一定了解的用户使用）。

5）菜单管理

系统所有菜单项都可以灵活配置，用户可以根据实际情况对菜单进行新增、修改、删除、启用、停用等操作。操作方法与角色管理相同（此功能仅针对对本系统原理有一定了解的用户使用），如图 2 – 196 所示。

在编辑菜单时，需要注意以下几项：菜单名称、菜单简称、菜单类型、父菜单、菜单权限、菜单请求库等，如图 2 – 197 所示。

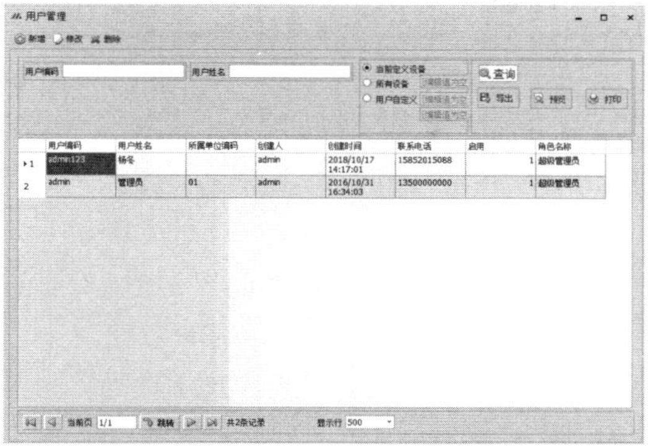

图 2－194　用户管理设置界面

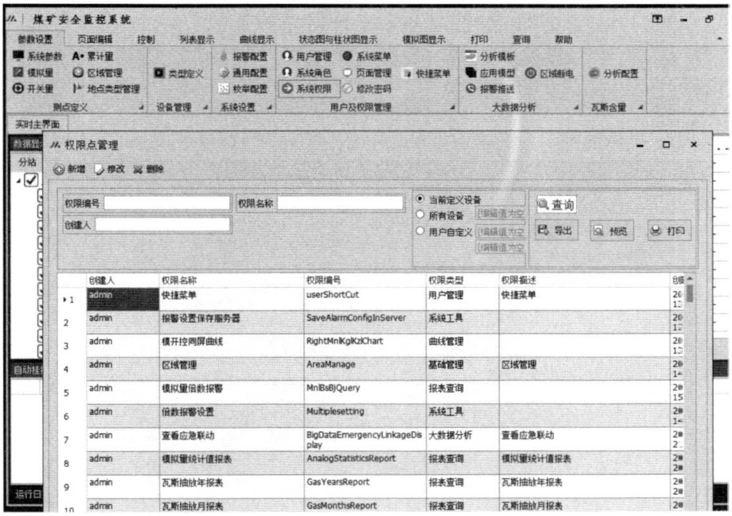

图 2－195　权限点管理设置界面

6）请求库管理

主要用于与菜单关联，让菜单知道打开的地址和方式。操作方法与角色管理相同，如图 2－198 所示。此功能仅针对对本系统原理有一定了解的用户使用。

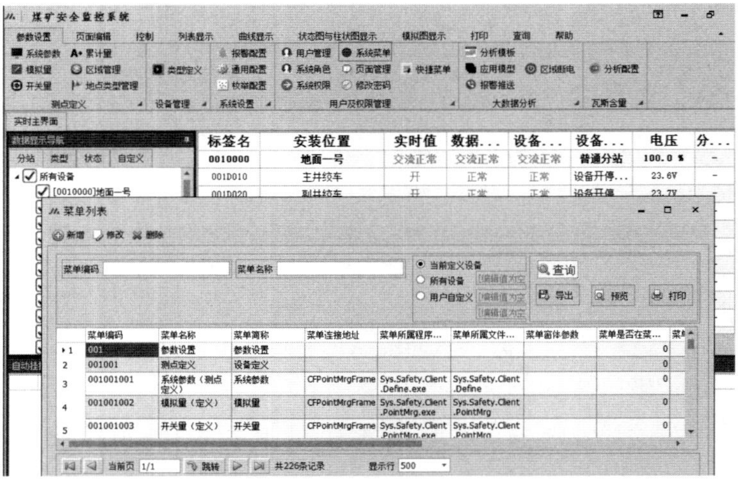

图 2－196 菜单列表界面

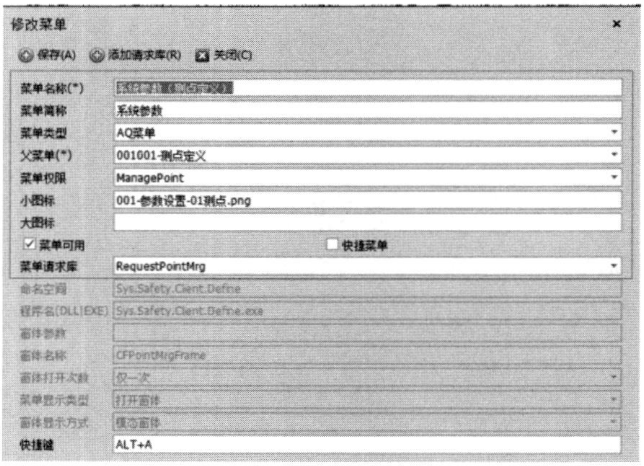

图 2－197 修改菜单设置界面

在编辑的时候需要注意如下几项：请求库编码、请求库名称、命名空间、程序名、窗体名称、窗体显示方式、窗体打开次数、菜单类型等，如图 2－199 所示。

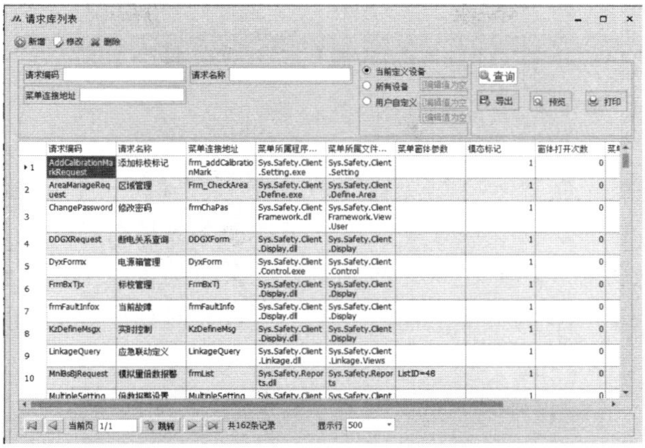

图 2－198 请求库列表界面

图 2－199 修改请求库设置界面

（十一）辅助功能

1. 功能特点

为了方便用户使用，整个软件系统加入辅助功能，包括客户端操作模式切换、菜单切换、系统自检、登录用户切换等功能。

2. 功能描述

客户端有主控和热备两种操作模式。处于主控的客户端可进行所有功能操作；处于热备的客户端除不能进行测点定义和手动控制操作外，可进行其他所有功能操作。

同一时间只有一个客户端处于主控状态，可有多个客户端处于热备方式。

（十二）双机热备功能

双机热备包括数据同步和双机热切。数据同步根据配置自动进行。

正确安装系统及配置双机热切软件后，在主机和备机上运行双机热切软件，默认主机处于运行状态，备机处于待机状态；在正常运行端，关闭服务端、网关端，或执行主备切换、断电、断开网线，软件会自动进行热切，待机等待端会切换到正常运行状态。双机热备正常运行中，双机监测程序界面如图 2－200 所示。

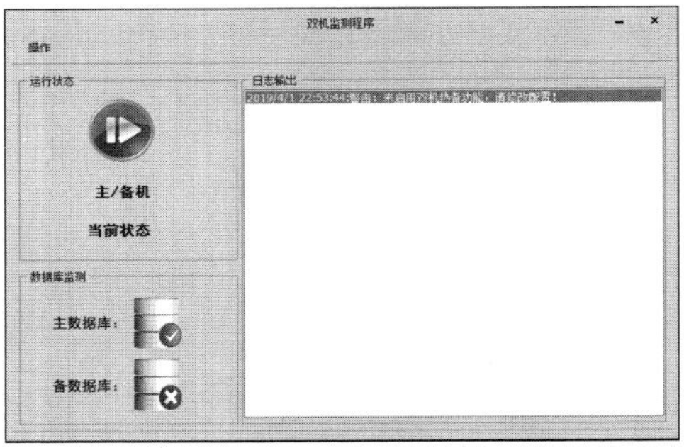

图 2－200　双机监测程序界面

双机热备设置界面如图 2－201 所示。设置时应该注意的是，主备机的数据库名称和密码必须一致，只是主备机的 IP 地址不一样；左右的数据库状态设置，主备机均应设置为相同，只是在右边选择主机和备机时区分。

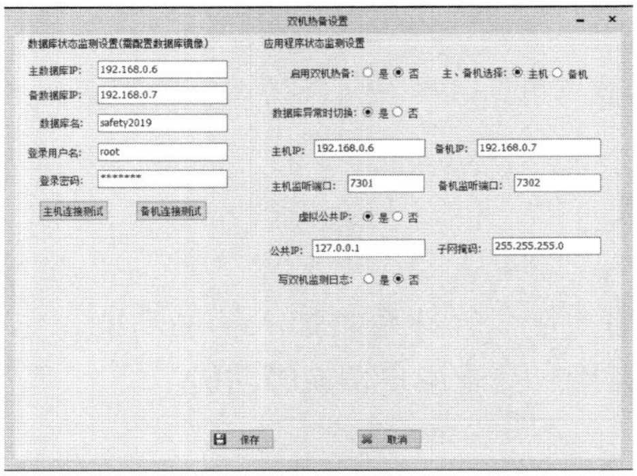

图 2－201　双机热备设置界面

启用双机热备：当启用后，系统会根据主备机运行状态，自动切换相关程序。

数据库异常切换：当启用后，如果数据库运行异常也会切换到另外一台计算机工作。

主、备机监听端口：原则上不需要更改，如果发生冲突则需要修改。

虚拟 IP：当启用双机热备后，所有客户端的 IP 地址就不要设置为主机或者备机的 IP 地址，要设置为公共 IP 地址，因为主备机切换后，如果客户端不更新 IP 地址，会导致启动弹出设置服务器对话框。

（十三）联网上传软件

按照《煤矿安全生产在线监测联网备查系统通用技术要求和数据采集标准（试行）》（安监总厅规划〔2016〕138 号）规定的数据格式，通过 FTP 上传，如图 2－202 所示。

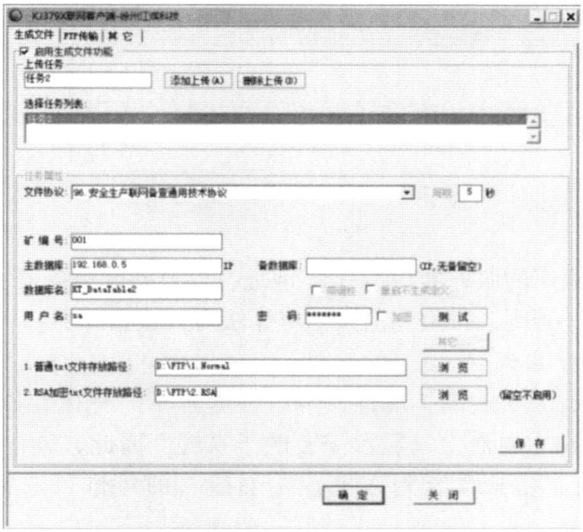

图 2－202　联网客户端设置界面

（十四）融合软件操作

目前 KJ379X 煤矿安全监控系统采用地面融合方式，按照下述方法进行配置操作。

1. 融合数据库配置

融合软件是将各个子系统的数据采集后写入融合数据库，提供给融合平台及其他子系统使用。数据库采用 MS SQL Server，在第一次使用时，需要进行配置。

依次点击菜单项“系统”按键，选择“参数设置”，显示数据库配置界面，如图 2－203 所示。

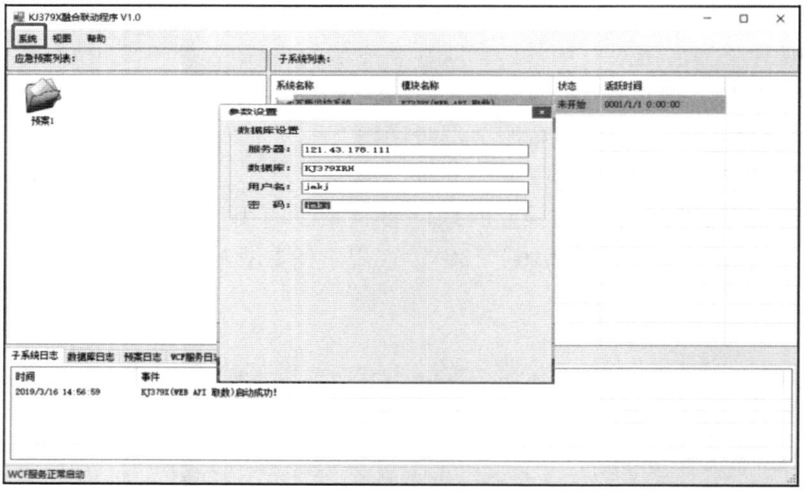

图 2－203　数据库配置界面

正确输入数据库的服务器地址（IP 地址，或数据库服务器名称）、数据库名称、用户和密码；否则，采集到的数据将无法写入数据库中。

2. 子系统选择显示

融合软件具有采集的高扩展性，可以根据需要扩展对诸多子系统数据的采集，但根据需要在主界面上仅显示需要的子系统。因此，软件具有选择显示哪些子系统的功能。在子系统列表上点击右键，即可进行选择，如图 2－204 所示。

3. 子系统采集配置

每个子系统只能配置一个采集模块。双击子系统列表里的子系统项，即可显示采集模块配置界面。点击下拉列表，可以显示所有该子系统已有的采集模块，根据实际情况选择。选择采集模块后，点击“设置”按键，显示选择模块的配置界面，如图 2－205 所示。

4. 系统参数配置

KJ379X（WEB API 取数）是从 WEB API 接口取数，该采集模块只需要配置 WEB API 的地址头，如图 2－206 所示。

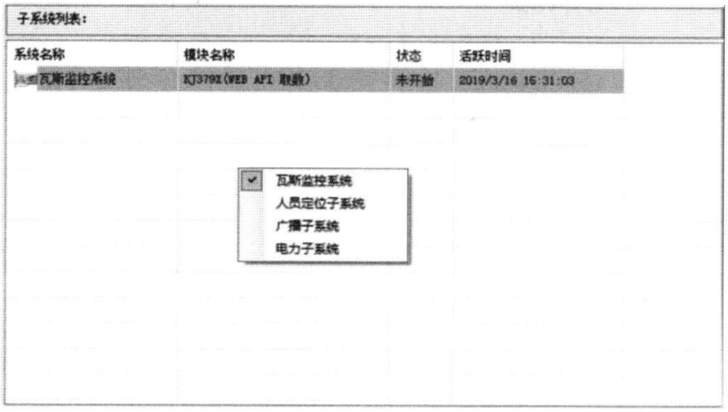

图 2－204　子系统列表显示界面

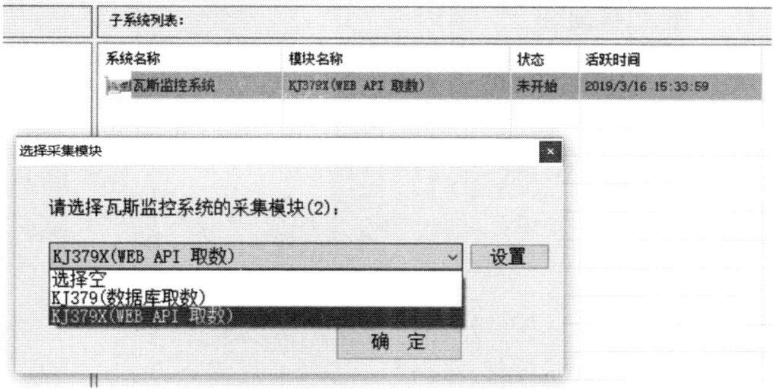

图 2－205　子系统采集配置界面

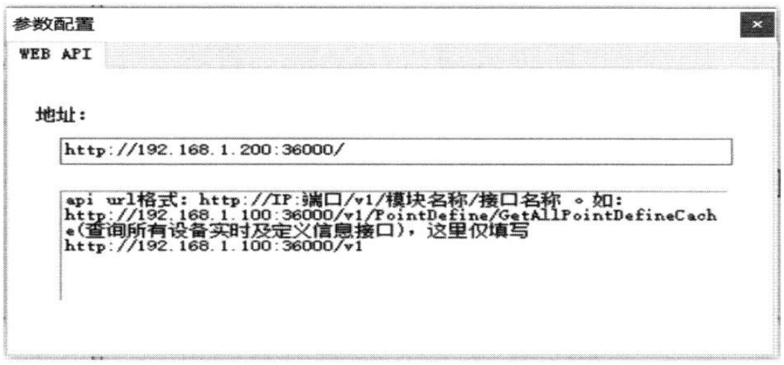

图 2－206　KJ379X 监控系统参数配置界面

图 2－207 人员定位参数配置界面

5. 人员定位系统参数配置

主要针对人员定位系统进行融合，是从数据库取数。该采集模块只需要配置数据库地址即可，如图 2－207 所示。

（十五）预案配置

应急预案是在监测到瓦斯发生不同的超限报警时，与人员定位、应急广播、电力系统执行应急联动而制定的多种计划。每个应急预案首先要定义触发条件、联动模式，再定义需要触发哪些系统，执行哪些命令。KJ379X 煤矿安全监控系统的预案是实时监测触发条件是否满足，如果满足就将相应预案定义的执行计划写入数据库中，并提供 Wcf 接口，以供子系统实时获取并执行和反馈结果。

1. 预案添加、修改和删除

应急预案可以根据需要定义多个。在应急预案列表上点击右键，即可添加、编辑和删除预案，如图 2－208 所示。双击某个预案图标也可以对该预案进行编辑修改。

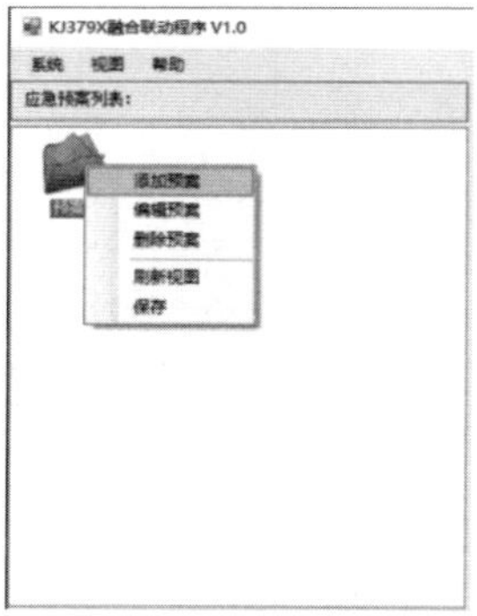

图 2－208 应急预案列表设置界面

应该注意，每次对预案进行添加、编辑或删除后，都需要点击右键，并点击保存。

2. 定义基本信息

应急预案的基本信息，包括预案名称、执行模式和触发条件，如图 2－209 所示。定义基本信息时应注意以下事项：

（1）预案名称可以任意修改。

（2）当执行模式选择“系统自动执行”后，预案被触发时融合程序自动下发应急联动命令。

（3）当执行模式选择“需要管理员确认”后，预案被触发时融合程序首先获取中心站值班管理员的手动确认下发或取消下发。当值班管理员确认下发后，融合程序才下发应急联动命令，否则不下发。

（4）触发条件是选择对哪些点进行监测，并配置每个点在什么状态下触发预案。

（5）点击“增加监测点”按键，可以对监测点进行增加或删除，主界面如图 2－210 所示。

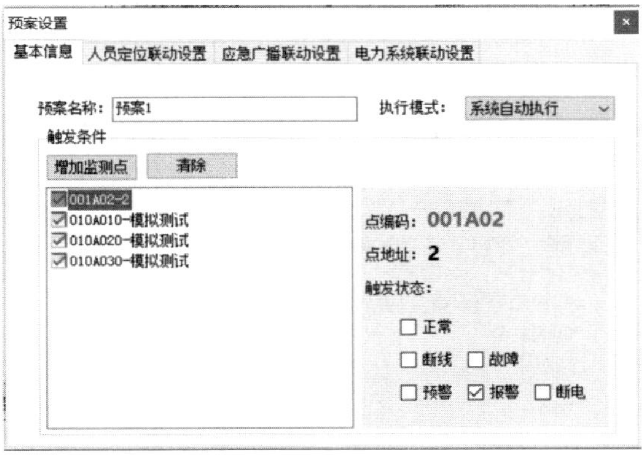

图 2－209 应急预案设置界面

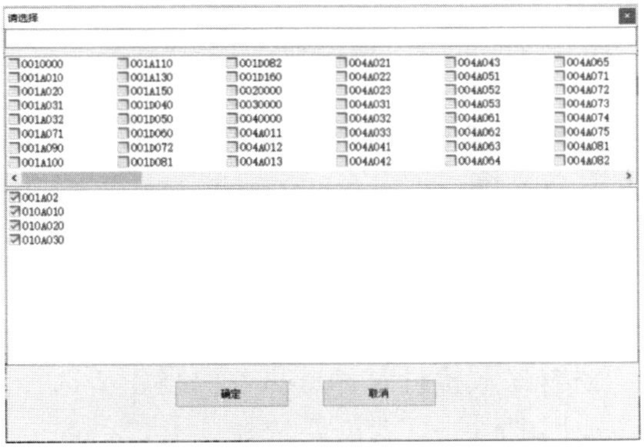

图 2－210 应急预案监测点选择设置界面

（6）点击“清除”按键，可以删除所有监测点。

（7）点击监测点，可以在右边配置该点在什么情况下触发预案。应注意，选择的监测点中任意一个监测点满足其触发状态时，预案将被触发。

此外，还有以下几项功能：

① 顶端可以输入字符模块筛选。

② 在上面列表中双击可以增加选择项。

③ 在下面列表中双击可以删除选择项。

④ 点击“确定”按键可以返回确认的选择结果。

⑤ 关闭窗口，或点击“取消”按键返回取消操作结果。

3. 人员定位联动设置

人员定位联动设置界面如图 2－211 所示。设置时，应注意以下方面：

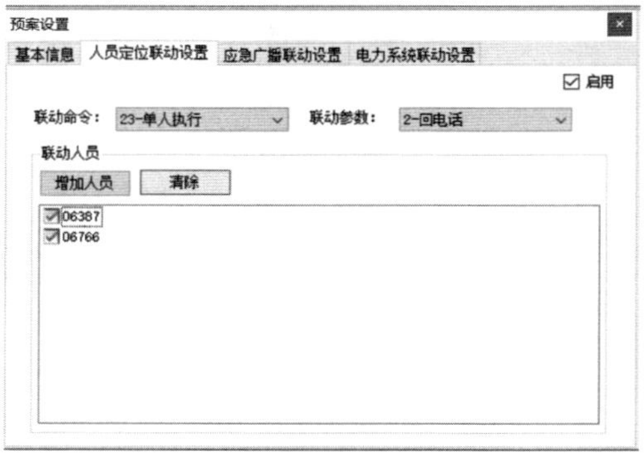

图 2－211　人员定位联动设置界面

（1）勾选启用后，在该预案中人员定位才会联动，否则在预案执行时将不下发任何命令给人员定位系统。

（2）联动命令可选：全矿执行、区域执行、单人执行。

（3）联动参数可选：紧急撤离、回电话。

（4）当联动命令选择全矿执行时，无须选择读卡器和人员。

（5）当联动命令选择区域执行时，意味着应当在所选择的读卡器范围内通知所有人员执行撤离或回电话，这就需要选择读卡器。点击“增加监测点”按键，可以增加读卡器或删除读卡器；点击“清除”按键，可以删除所有读卡器。

（6）当联动命令选择单人执行，意味着预案触发时将在全矿范围内通知选定人员执行撤离或回电话，此时只需选择人员，无须选择读卡器。

4. 应急广播联动设置

应急广播联动设置界面如图 2－212 所示。设置时，应注意以下方面：

（1）勾选启用后，在该预案中应急广播才会联动，否则在预案执行时将不下发任何命令给应急广播系统。

（2）联动命令可选：应急全矿广播、应急单播。

（3）联动参数可选：瓦斯超限、瓦斯异常。

（4）当联动命令选择应急全矿广播时，无须选择广播终端；当预案触发时，

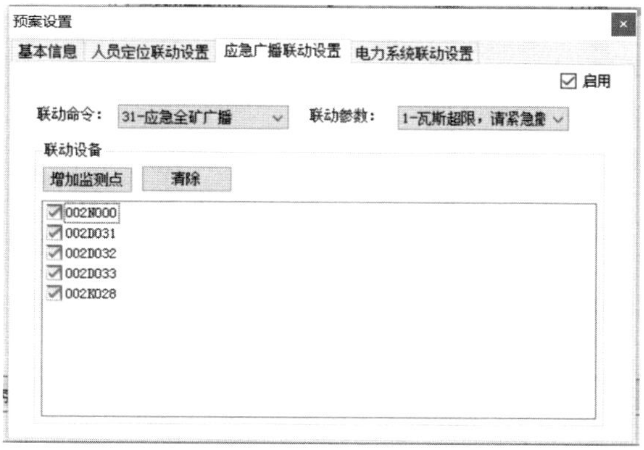

图 2－212　应急广播联动设置界面

所有广播终端都应执行选择的联动参数。

（5）当联动命令选择应急单播时，需选择广播终端；当预案触发时，只有被选的广播终端才应执行选择的联动参数。

5. 电力系统联动设置

电力系统联动设置界面如图 2－213 所示。设置时，应注意以下方面：

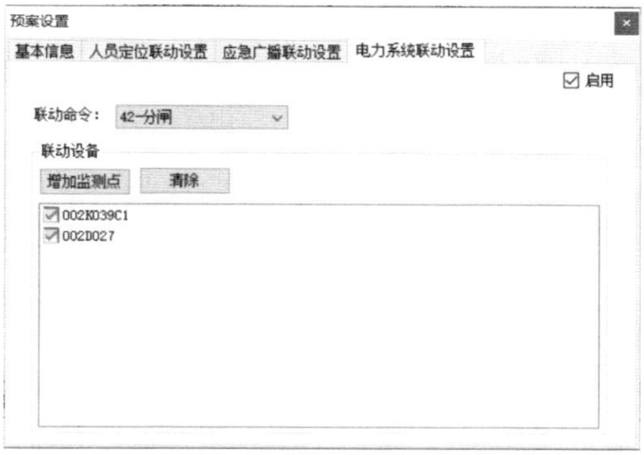

图 2－213　电力系统联动设置界面

（1）勾选启用后，在该预案中电力系统才会联动，否则在预案执行时将不下发任何命令给电力系统。

（2）联动命令可选：合闸、分站。

（3）所有命令都需要选择需要执行的设备，如综保、开关之类，具体根据子系统实际情况而定。

（十六）其他操作

1. 切换显示视图

在主界面菜单上点击“视图”按键后，可以对子系统列表、日志列表进行隐藏或显示设置。并且设置后，程序会自动保存设置，下次启动时将其默认为用户最后的配置结果。应急预案切换显示视图界面如图 2－214 所示。

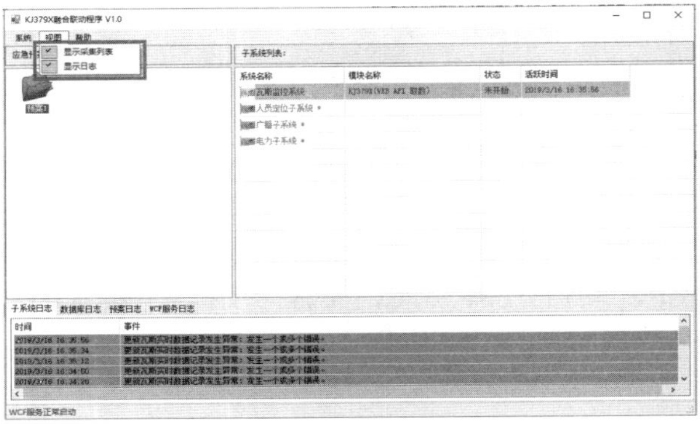

图 2－214　应急预案切换显示视图界面

2. 查看日志

系统实时显示各个模块的运行日志：

（1）子系统日志。

（2）数据库日志。

（3）预案日志。

（4）Wcf 服务日志。

第三章 煤矿安全监控系统的设计选型

煤矿安全监控系统的设计选型是根据煤矿的开拓开采布局、地质条件、生产技术条件，以及煤矿安全监测监控、预测预警的技术对策与方案，来选择确定安全监控系统及设备的型号与规格。科学合理地进行安全监控系统设计选型，是保证安全监控“装备齐全、数据准确、断电可靠、处置迅速”和实现“监控有效”的基础。

第一节 煤矿安全监控系统设计选型的目的和意义

煤矿安全监控系统作为一种综合应用传感传输技术、计算机技术、信息技术、通信技术、通风安全与防爆技术等多领域多学科的高科技产品，随着技术日新月异的发展，其性能不断提升、功能不断强化、智能化水平不断提高，煤矿安全生产也对安全监控系统不断提出新的要求，使煤矿安全监控系统设计选型更加重要，科学合理地选型设计对煤矿安全高产高效生产具备更重大的意义。

一、安全监控系统设计选型的目的

煤矿安全监控系统结构庞大、技术运用复杂、组件众多、逻辑性强、作用重大，且必须与矿井开拓开采布局、地质条件和生产技术条件紧密结合，与煤矿安全监测监控、预测预警技术方案有机统一，与安全生产信息化工作有机融合。科学合理地进行安全监控系统选型设计，才能选择先进、适用、符合矿井安全生产实际需要的系统，才能有效地为安全生产保驾护航。

安全监控系统设计选型的主要目的：

（1）保证安全监控系统的合法合规性。国家对煤矿安全监控系统高度重视，对其设计制造、安装、使用、维护、联网等提出了具体要求，出台了相应的标准规范，如《煤矿安全监控系统通用技术要求》（AQ 6201—2019）、《煤矿安全监控系统及检测仪器使用管理规范》（AQ 1029—2019）、《煤矿安全生产智能监控系统设计规范》（GB 51024—2014）、《煤炭工业矿井监测监控系统装备配置标准》（GB

50581—2020）等标准规范以及煤矿矿用产品安全标志管理的有关规定。只有进行具体、有针对性的选型设计，才能保证所选择使用的安全监控系统符合国家的相关规定和要求。

（2）保证适用性和可扩展性。目前安全监控系统厂家诸多，技术特点、性能和主要技术参数差异较大，适应条件也有差异，必须根据矿井具体的开拓开采布局、地质条件和生产技术条件，以及煤矿安全监测监控、预测预警的技术对策与方案进行针对性的设计选型，才能保证所选择安全监控系统适应矿井的实际需要，并根据矿井安全生产发展规划对安全监控系统的要求，注重其可扩展性，有力保障和促进煤矿安全生产。

（3）保证信息融合共享。信息融合和综合预测预警是煤矿安全生产信息化的基本要求，在目前国家层面缺乏对网络结构、数据格式、通信协议等有效规范的情况下，作为煤矿安全生产信息化基础的安全监控系统，只有根据煤矿安全生产信息化工作的整体要求和规则进行设计选型，才能加强信息融合、数据共享，消除信息孤岛这一安全生产信息化面临的最大难题，满足信息互联互通、数据充分挖掘利用的要求。

（4）创造管好用好基础。安全监控系统对使用维护管理要求较高，系统组成设备中的部分传感器件使用寿命有限，需要定期进行维护、调校或者更换；由于系统的本质安全特性和电磁兼容特性的要求，限制其配置不得随意改变，管好用好安全监控系统都以选型完成的安全监控系统作为基础，具有较高技术含量和管理科学性。

二、安全监控系统设计选型的重要意义

安全监控系统作为煤矿安全生产最重要的安全设备，在煤矿安全生产和信息化、智能化工作中发挥着不可替代的重要作用，根据煤矿的开拓开采布局、地质条件、生产技术条件，以及煤矿安全监测监控、预测预警的技术对策与方案进行具体、有针对性的选型设计，具有十分重要的意义，具体体现在以下方面：

（1）实现安全监控系统装备齐全、功能完备。安全监控系统肩负监测井下CH_4、CO、O_2、CO_2等气体浓度，风速、风压、温度、粉尘浓度等环境参数，馈电、风门、风筒等的工作状态，局部通风机、主要通风机的开停等，并实现甲烷超限报警、断电和甲烷风电闭锁、故障闭锁控制等重任。在选型设计中通过系统全面的标准规范分析、技术性能比对，并结合矿井实际条件和需求进行适用性分析等，可以保证所选择的安全监控系统装备齐全、功能完备，满足煤矿的实际需求。

（2）保证安全监控系统的技术先进性。选择使用主流技术、符合技术发展方向的产品，保证在使用周期内技术不落后，并能随着技术发展，及时进行升

级、性能扩展或者扩容，建设一个符合标准的、高科技的、开放的安全生产监控系统，并具备强大生命力，从而保证煤矿高产高效安全生产。

（3）保证和保持安全监控系统的产品质量、售后服务和技术升级。安全监控系统技术运用复杂，科技含量较高，通过设计选型，对其生产制造单位进行全面评估，优先选择技术力量雄厚、历史底蕴厚重、产品线齐全、质量过硬、市场占有率高、信誉度好、售后服务及时的生产制造单位，其产品经过更多用户的检验，产品成熟度高，而且这些生产制造单位出货频繁，生产量大，质保体系完备，更具备优质的质量保障和售后服务，可以有效保证产品质量及全生命周期的安全。

（4）最大限度用好投资，发挥出投资的重大作用。通过对煤矿的整体要求进行研究，设计选型出先进合理的安全监控系统，同时要考虑矿井的近、远期发展，产品的技术升级与更新，避免粗放式设计和管理，以减少不必要的重复投资，造成投资的浪费。

第二节 煤矿安全监控系统设计选型的基本原则与主要内容

煤矿安全监控系统设计选型是一项规范性、技术性很强的工作，实施过程应坚持基本原则，满足基本要求，设计选型内容应当全面，以保障设计选型的科学性、规范性和系统性。

一、安全监控系统设计选型的基本原则

安全监控系统设计选型具有较强的技术性、规范性，其结果对煤矿安全生产具有重要影响。在安全监控系统设计选型中，应坚持以下基本原则：

（1）安全性和可靠性原则。设计选择安全监控系统应以安全性和高可靠性为首选。数据中心应采用网络防毒技术，以防止计算机病毒的危害。在网络体系中设立防火墙，采用入侵检测技术、身份验证等手段保证网络体系的安全。监控系统能与各种智能化设备、各级网管计算机正常通信，监控系统的通信接口及协议均应遵循行业标准。分站能对各类被监控智能化设备（传感器）实现全面的协议兼容，模块化设计，兼容性好、便于维护。

（2）容错性和冗余性原则。各级数据中心监控主机应支持双机热备份，保证历史数据不丢失，监测数据不中断。数据中心可建立灾难恢复体系，能够及时地恢复数据库。选用高质量的设备，软件采取冗余、容错等技术措施，大大提高系统的可靠性，具备足够的抗干扰能力。

（3）先进性和开放性原则。安全监控系统设计选型需要综合应用多领域、多学科的知识，具备高技术含量。安全监控系统设计选型应坚持科学合理原则，在科学的设计计算、综合比对和试验验证的基础上进行，保证设计的每项内容均具备科学依据。并结合先进的传感器技术、信息网络技术等，建立一个符合国家标准，开放、高性能、易管理的安全生产监控系统，结合安全监测监控行业主流的设计思想和设计标准，在保证可靠性的前提下，采用先进、成熟的设备和技术，保证系统具有较强的生命力，既满足当前现实需求，又符合未来发展趋势。

（4）实用性和兼容性原则。安全监控系统设计选型应力求简单，避免系统的复杂性增加失效点和失效概率，最大限度地减少混用、滥用的概率。系统设施和功能应该实用，避免功能多样化带来新的不安全因素，以满足安全监控设计选型的要求。选型设备要适合矿井的基本特点，做到经济、实用、可靠、保密、快速、高效、易维护，并做到易用和符合用户使用习惯，并能够最大限度地满足煤矿行业管理机构和安全监管监察部门履行监管职责的实际需要。系统设计选型方案不以简单地实现某些功能为主，而是立足于解决管理上存在的实际问题，以有效地提高煤矿安全生产管理水平为目标。

（5）互联性和可扩展性原则。应紧密结合矿井具体情况及对安全监控系统的需求，进行针对性的设计和选型，使安全监控系统适应本矿安全生产的需求。选型设备要适合矿井发展的基本要求，做到具有可靠性、可变性和可扩展性。在网络的层次结构中，主干设备选择应预留一定的能力，以便将来扩展，而低端设备够用即可，因为低端设备更新较快，且易于扩展。由于企业网络结构日益复杂，需要交换机能够接续全系列接口，如光口，电口，百兆、千兆和万兆端口，多模光纤接口，以及长距离的单模光纤接口等。网络交换结构也应能根据网络的扩容需求灵活地扩大容量。系统软件应具有独立知识产权，应保证其后续的扩展和升级，以保证对未来新业务的支持。系统应保持长期的稳定、可靠运行。整个系统平台应采用开放式结构，符合国家标准，适应技术的发展变化，充分考虑到目前业务需求和今后较长时间内的业务发展需要。应力求超越部门应用的局限性，以系统工程的视角，考虑到矿井的运营能力和发展需要，坚持一次设计、合理投资、预留发展、分步到位的方针，尽量采用能使系统不断发展和扩充的技术。

（6）实时性和可维护性原则。安全监控系统采用实时多任务操作系统、多进程编程技术及事件优先处理技术、报警数据实时传输，定时采集并发送数据，以确保用户对数据的实时查询需求。安全监控系统巡检周期不超过 20 s，异地断电时间不超过 40 s，满足实时监测监控的要求。安全监控系统应易于维护，尽量降低日常维护的工作难度，减少维护工作量。

（7）投入产出最大化原则。在保证安全监控系统符合国家相关标准规范规定、满足矿井安全生产要求的前提下，能以较低的成本、较少的人员投入来维持安全监控系统的正常运转，减少不必要的支出或者不切实际功能产生的支出，使资金的投入产出最大化。

二、安全监控系统设计选型的基本要求

安全监控系统设计选型，是在对安全监控系统建设进行整体规划和布局的基础上，选择技术先进、功能齐备、性能优良、质量上乘、售后保障到位的产品及其配置。安全监控系统设计选型应满足以下基本要求：

（1）安全监控系统必须有整体的设计选型。设计方案应符合国家有关规定要求。新建、改扩建煤矿建设项目安全设施设计专篇中应包含煤矿井下安全监控系统的设计相关内容。矿井安全监控系统的具体设计应在煤矿企业和具备安全监控系统研发经验的机构配合下，由具备煤炭行业专业（矿井）设计资质的机构进行。

（2）安全监控系统设计选型应在系统分析矿井内外部环境条件，进行全面风险分析，综合考虑安全生产和信息化、智能化现实要求与发展需求的基础上有针对性地进行。对国内外的成功经验和做法，应紧密结合矿井自身的特点吸纳、借鉴或再创新，确保设计选型的实用性、适用性。

（3）安全监控系统设计选型应坚持先进性和安全性。在具体设计过程中，应优先采取先进的传感器技术、信息网络技术，并在保证可靠性的前提下，采用先进、成熟的设备和技术，保证系统具有较强的生命力，既满足当前现实需求，又符合未来发展趋势。

（4）安全监控系统设计选型应进行系统全面的分析比对和充分的技术论证，经企业技术负责人批准后，报属地煤矿安全监管部门和驻地煤矿安全监察机构备案。

三、安全监控系统设计选型的主要内容

安全监控系统设计选型应有明确的设计理念、目标、依据和原则，内容应全面具体，具备指导性和可操作性，应包括以下基本内容：

（1）总体说明。对设计选型进行概括性描述，主要包括：项目背景；主要依据；指导思想、理念和目标；安全监控系统现状，包括安全监控系统配置要求和数量；井下可能发生的重大灾害事故评价；设计的安全监控系统整体布局及主要技术特点和内容；存在问题与建议等。

（2）矿井基本情况。重点是与安全监控系统相关的信息，包括通信联络、供电保障等系统的现状、存在问题与发展需求等的分析。主要包括：矿井自然条

件；矿井安全条件；矿井生产技术条件，包括开拓部署、巷道布置与特征、生产布局、采掘接替、人员分布等；安全生产系统、安全避险系统、供电保障系统等的现状及存在问题等。

（3）矿井安全风险分析。重点是矿井可能发生灾害事故的地点、类型、危害程度及影响范围。需要重点布置危险区域中安全监控系统组成部件的位置及数量；需要考虑安全监控系统可能遭遇的内外部环境条件及可能变化；并对现有安全保障系统能力分析，为安全监控系统设计创造前提条件。

（4）安全监控系统布局与功能设计。包括：安全监控系统设施的优化调整；安全监控系统的布局、监控设备的类型选择与数量确定；安全监控系统功能与性能设计，组成与设备配置；与人员定位、通信联络、供电等系统的有机结合等。

（5）安全监控系统型号规格及生产单位选择。优先选择技术力量雄厚、历史底蕴厚重、产品线齐全、产品质量过硬、产品市场占有率高、信誉度好、售后服务及时的生产制造单位的产品，说明选择依据及对生产制造单位的考核要求。

（6）设备安装与竣工验收。包括：设备进矿验收、下井前检查和安装要求，安装完成后的测试与联合试运行，竣工验收条件与方法等。

（7）维护与管理。主要包括：安全监控系统日常管理、维护保养、检测检验要求，物品、配件更换要求，管理体系、管理机构和人员的确定及职责范围，规章制度、操作规程等。

（8）安全培训。对安全监控系统相关安全培训进行设计，保证入井人员具备使用安全监控系统的基本知识，掌握安全监控系统的使用方法，提高整体素质的技术途径及条件。

（9）建设进度与工期。设计施工进度，估算建设的总工期。

（10）投资概算与资金筹措。对总体投资进行概算，说明资金筹措渠道。

（11）存在问题分析及其他相关内容。分析设计选型存在的问题，提出相关意见建议，并对其他需要说明的问题进行阐述。

四、安全监控系统设计选型的程序及主要依据

安全监控系统设计选型应根据矿井的具体条件，按照国家有关规定有针对性地进行，并力求系统全面，具备指导性和可操作性。

（一）设计选型的程序

安全监控系统设计选型应根据国家有关标准规范的规定进行，一般执行以下程序：

（1）矿井基本条件和国家相关法规标准要求分析。

（2）确定安全监控系统设计的理念、原则和目标。

（3）矿井安全风险具体分析。

（4）方案设计与优选，技术经济分析。

（5）专家论证。

（6）企业技术负责人批准。

（7）报送安全生产监管部门、煤矿安全监察机构。

（8）施工设计与实施。

（二）设计选型的主要依据

安全监控系统设计中，应结合自身特点，严格执行国家有关规定，吸纳、借鉴国内外的成功经验和做法，以提高设计选型的科学性、规范性、实用性和可操作性。

1. 国家相关规定

1）国家和行业相关标准

GB 50581—2020　煤炭工业矿井监测监控系统装备配置标准

GB 51024—2014　煤矿安全生产智能监控系统设计规范

AQ 1029—2019　煤矿安全监控系统及检测仪器使用管理规范

AQ 6201—2019　煤矿安全监控系统通用技术要求

MT 209—1990　煤矿通信、检测、控制用电工电子产品通用技术条件

MT/T 1004—2006　煤矿安全生产监控系统通用技术条件

MT/T 1008—2006　煤矿安全生产监控系统软件通用技术要求

2）《煤矿安全规程》及相关规定

（1）《煤矿安全规程（2016）》(国家安全生产监督管理总局令第87号)。

（2）《防治煤与瓦斯突出细则》(煤安监技装〔2019〕28号)。

（3）《防治冲击地压细则》(煤安监技装〔2018〕8号)。

（4）《煤矿安全生产在线监测联网备查系统通用技术要求和数据采集标准(试行)》(安监总厅规划〔2016〕138号)。

（5）《国家煤矿安监局关于印发〈煤矿安全监控系统升级改造技术方案〉的通知》(煤安监函〔2016〕5号)。

（6）《煤矿安全监控系统升级改造验收规范》(煤安监技装〔2019〕48号)。

3）安标管理相关规定

（1）《煤矿安全监控系统升级改造产品检验方案》(安标字〔2017〕36号)。

（2）《煤矿安全监控系统升级改造安全标志管理方案》(安标字〔2017〕36号)。

（3）《煤矿安全监控系统执行新标准安标管理方案(试行)》(安标字〔2020〕12号)。

2. 地方的相关规定

煤矿企业除应执行国家的有关规定外，还应执行所在地出台的地方标准及规定，如山东省煤矿企业应执行《煤矿安全监控系统安全检测检验规范》(DB37/T 1696—2020)，安徽省煤矿企业应执行《煤矿在用安全监控系统安全检测检验规范》(DB34/T 2431—2015)，河北省煤矿企业应执行《煤矿在用安全监控系统检测检验规范》(DB13/T 2708—2018) 等。

3. 煤矿企业的相关规定

煤矿应执行所属煤矿企业的相关规定，如某煤矿企业发布实施了《煤矿监控系统中心站软件开发规范》《矿井通风安全装备装置》《矿用通风安全监测使用管理规定》等，煤矿安全监控系统设计选型中应遵照执行这些规定。应该指出的是，煤矿企业的相关规定不能低于国家和地方的有关要求，可以并且鼓励高于国家或者地方的规定。

4. 其他依据

安全监控系统设计选型的依据，还应包括以下方面：

(1) 矿井自然条件、安全条件、生产技术条件、井巷布置、生产布局、人员分布等的基本信息。

(2) 研究确定的设计基本原则、理念、目标定位等。

(3) 国内外的成功经验和做法。

(三) 设计选型应收集整理的基础资料

安全监控系统设计选型应收集以下几方面的基础资料，并进行系统整理和深入分析：

(1) 井田概况。井田位置、范围、交通，地形、地貌、河流及水体，气象与地震，煤层开采条件。

(2) 矿井安全条件。瓦斯、煤尘、顶板、地热、火灾、动力灾害等的基本情况。

(3) 矿井生产概况。井筒、安全出口及服务范围，井底车场及主要硐室布置，主要大巷及采区巷道、硐室布置，采区划分及采区接替，生产采区内采掘工作面布置，井下采掘队组、其他辅助队组安排等。

(4) 井下主要作业区域及人员分布情况。

(5) 国内外的成功经验和做法。

五、设计选型的基础

矿井使用安全监控系统的主要目的是通过采用新技术、新装备来改进和提升煤炭生产中的安全状况，即矿井无论是采用简单的检测手段还是采用复杂的煤矿安全监控系统，其目标均应是改善矿井的环境与安全条件，提高生产率，保证矿井的生产计划和工程的实现。因此，安全监控系统的设计选型必须围绕矿井的生产布局、生产计划和工程等有针对性地开展。设计的基础包括矿井生产布局，采掘工程平面图、矿井通风系统图、矿井供电系统图、井下电气设备布置图等基础图件，井下主要作业区域及人员分布情况，矿井灾害情况等。

（一）生产布局

根据矿井实际生产布局情况，掌握矿井的各个采（盘）区布置和采（盘）区开发的顺序，如生产采（盘）区、采煤工作面、煤巷掘进工作面、岩巷掘进工作面等，并根据生产布局考虑安全监控系统的整体设计，形成生产调度、提升、运输、通风、排水、供电、压风等系统监控网络。总体上说，安全监控范围应涉及整个矿井和全部生产过程。如果监控系统侧重于井下环境参数的监测，监控范围主要集中在各采煤工作面和掘进工作面、回风巷、人行道、材料道以及各大巷，井底车场以及各硐室也应在监控范围之列。同时还需根据矿井生产能力的大小、生产系统复杂程度以及井下采掘工作面、机电硐室、装煤点、风硐等一些需要监测地点的数量来确定安全监控系统的装备容量，并应在此基础上再考虑20% ~30% 的备用量。

（二）采掘工程平面图

采掘工程平面图是反映开采煤层或开采分层内采掘工程现状及采据计划和地质资料的综合性图纸，是煤矿生产建设中最基本、最重要的图纸，主要用于指挥生产，及时掌握采掘进度，了解与邻近煤层的空间关系，进行采（盘）区设计，修改地质图纸，安排生产计划，进行“三量”计算等。

采掘工程平面图是将开采煤层或其分层内的采掘工程和地质情况，采用标高投影的原理，按一定比例尺绘制而成的图纸。为了快速将采掘工程平面图录入计算机内，必须建立采掘工程图形图素系统，以柔性数据化图素形式自动组合成图。通过采掘工程平面图能够掌握采掘工作区域、煤与瓦斯突出危险区域、发火区、积水区等的分布，为安全监控系统设计和选型奠定基础。

（三）矿井通风系统图

矿井通风系统图包括矿井通风系统工程图、矿井通风系统示意图和矿井通风网络图。识读矿井通风系统图，便于矿井通风管理、预防和处理矿井灾害事故。

矿井通风系统工程图就是在地质测量部门提供的采掘工程平面图上标明风流方向、风量和通风、防火、防尘设施的安放地点，以及火区位置和范围等内容，其是按照一定比例尺绘制而成的。

矿井通风系统示意图是根据采掘工程平面图中现行实际通风井巷的平面位置，用不按比例的单线或双线绘制而成，图上标明风流方向、风量、通风设施等。它所反映的内容没有矿井通风系统工程图那样准确和具体，但在看图时却显得清晰明了，从图上既可以清楚地看到全矿通风情况，又可以清楚地看到每一层煤的通风情况及其巷道间的连接关系。有的矿井还将通风系统示意图画成立体图，这种图具有立体感，且井巷的上下级关系更为清晰。

矿井通风系统图能够系统地反映整个矿井通风网络，为安全监控系统相关传感器的选择和数量的确定等提供基础信息。

(四) 矿井供电系统图

矿井供电系统图包括 4 种重要的供电系统图件，即供电系统总图、变电所供电系统图、配电点供电系统图、接地系统图。

供电系统总图包括井上下 6 kV 及以下供配电设备组成图。变电所供电系统图包括变电所内高低压电气设备组成图。配电点供电系统图包括机房、硐室、工作面配电点及 3 台以上高低压电气设备组成图。接地系统图主要与供电系统图纸配套使用。

一般 35 kV 高压经煤矿地面 35 kV/10 kV（6 kV）变电所的主变压器降压后（35 kV/10 kV），经过 10 kV（或 6 kV）高压配电装置及供电线路，将电能输送到井下中央变电所内，再由中央变电所输送至采（盘）区变电所，再经过采（盘）区变电所的变配电设备及供电线路输送至综采、连采、机运等配电点，经配电点的移动变电站降压后，分别将不同等级的电压输送给不同的电气开关和用电设备（负荷），由此组成了矿井供电系统。目前，煤矿井下普遍采用采（盘）区变电所供电或移动变电站的供电方式。

安全监控设备需要电力供给，且安全监控系统必须具备风电、瓦斯电闭锁功能，因此安全监控系统的设计选型需要充分地掌握井下供电系统，为设计出合理的安全监控系统、布置好各类监控设备奠定基础。

(五) 井下电气设备布置图

井下电气设备布置图应该在图中合适位置标注现有电气设备型号规格及数量，增加电气设备的位置、设备型号、用途等。井下电气设备布置图应该满足以下要求：

(1) 标注电动机、变压器、配电设备、信号装置、通信装置等的装设地点。

(2) 标注每一设备的型号、容量、电压、电流种类及其他技术性能。

(3) 标注馈出线的短路、过负荷保护的整定值，熔断器熔体的额定电流值，以及被保护干线和支线最远点两相短路电流值。

(4) 标注线路电缆的用途、型号、电压、截面和长度等。

(5) 标注保护接地装置的安设地点。

安全监控系统设计选型时，应全面掌握井下电气设备的布置情况，只有这样才能够设计出合理的安全监控系统，布置好各类监控设备，更有效地实现风电、瓦斯电和故障闭锁等控制功能。

（六）井下主要作业区域及人员分布情况

根据矿井日常生产情况，考虑所有井下人员全员覆盖的需要，这些人员应包括当班人员、交接班人员及其他可能下井人员，如带班干部、安全检查员、瓦斯巡检人员等。应在充分考虑井下人员活动轨迹等因素的基础上来合理设置安全监控系统的整体布局。

（七）矿井灾害情况

矿井瓦斯涌出、煤与瓦斯突出、煤层自然发火、冲击地压及地温地热等灾害及危险程度，都是确定建立矿井安全监控系统类型、布局以及功能、容量等的重要依据。针对不同类型的矿井，《煤矿安全规程》和《煤矿井下作业人员管理系统通用技术条件》（AQ 6210—2007）等标准规范提出了不同的要求，在安全监控系统设计选型中必须遵循这些规定，以支撑、保障和服务煤矿安全生产。

（八）综合技术、经济方面

煤矿安全监控系统设计选型时，应从技术的先进性、性能的稳定性、安全性和经济性、使用维护方便性、吨煤投资和吨煤维护费用等方面进行综合技术经济分析，以技术先进、性能稳定、功能齐备、运维便利、经济合理为原则，选择适应矿井实际需要的煤矿安全监控系统。

第三节　煤矿安全监控系统设计选型的主要技术方法

进行煤矿安全监控系统的设计选型，应采用科学、合理、先进、实用的技术方法，如专家分析法、方案比较法、标准定额法等，以保证设计方案的科学合理性和实用性。可以根据具体情况和实际需要，有针对性、有目标地选择使用。

一、专家分析法

专家分析法又称专家调查法，是以专家为索取信息的对象，组织各领域的专家运用专业方面的知识和经验，通过直观的分析、归纳，对设计方案进行研究、判断、优化的技术方法。在安全监控系统设计选型及建设中采用专家分析法，可以充分发挥专家的重要作用。

专家分析法主要有个人判断法、专家会议法、头脑风暴法和德尔菲法等。

个人判断法主要依靠个别专家对预测对象未来发展趋势及状况作出专家个人的判断。

专家会议是指依靠一些专家，对预测对象的未来发展趋势及状况作出判断而进行的一种集体研讨形式。

头脑风暴法是通过专家间的相互交流，引起“思维共振”，产生组合效应，形成宏观智能结构，进行创造性思维。

德尔菲法是根据有专门知识的人的直接经验，对研究的问题进行判断、预测的一种方法。1964 年美国兰德公司首先将该方法用于预测领域。

专家分析法具有以下优点：能够紧密结合矿井具体情况进行具体的分析、判断，使专家意见具有较强的针对性；采用本领域的专家进行方案评估，且实行少数服从多数的原则，具备一定的科学性；程序相对固定，可操作性强，容易推广使用。但这种方法的缺陷也是非常明显的，表现为：主要依靠评标专家的知识和经验进行判断，主观性有余，客观性不足；定性方法与定量方法的结合不够紧密。

专家分析法的实施过程，包括员工积极参与，部门统一汇总，专家分析评价，企业技术负责人最终确认。

二、方案比较法

方案比较法是运用多方案评价的指标及综合评价方法，对方案进行优选的统称。方案比较法可以对项目机会研究和可行性研究中提出的众多方案进行比较分析，从中选出技术先进、经济合理的方案，作为详细论证的基础。方案比较法是通过比较来选择最佳方案的方法，是技术经济分析中最常用的方法。

（一）实施步骤

方案比较法一般按以下步骤进行：

（1）确定对比方案。对比方案可按技术目标确定若干个，对比的对象应根据对比的内容具体确定。

（2）确定对比方案的指标体系。包括一般的共性指标，不同方案的目标、要求和特点，确定特点的评价指标和重点指标。

（3）确定方案要达到的目标。提出实现目标的各个待选方案。

（4）运用统计分析方法。对调查、搜集到的大量数据，进行整理、研究，为分析、评价方案提供依据。

（5）运用系统分析法。用定性和定量的方法，以系统观点分析各方案的技术经济效果。计算、分析和比较指标，对不可计量的指标也要得出定性分析结果。

（6）综合比较分析。在以上分析的基础上，对不同方案进行综合比较、评价，以选定最优方案。

（7）将其他方案的优点充实到最佳方案中，使所选方案更趋完善，以取得更好的技术经济效果。

（二）应注意的问题

应用方案比较法的过程中应注意以下问题：

（1）方案的质量问题。备选方案的质量是整个设计质量的基础。为保证入选方案的质量，可提出“技术上可行和先进”的原则。“可行”就是方案或某一项技术决定能行得通、能够实施，这个技术决定或方案是“适合于本设计具体条件”的；“先进”就是方案或某项技术决定水平先进。

（2）方案的遗漏问题。在保证方案质量的前提下，尽可能防止漏掉较好的备选方案。

（3）方案比较法是综合决策的过程，要考虑技术优越、经济合理，还要考虑符合国家政策规定。同时，方案比较法是重点比较的过程，费用相同或相近的项目可不参与比较。

（4）方案比较法应从实际出发，具体问题具体分析。要注意备选方案的可比性，条件、范围、单价及指标应具备一致性。

煤矿安全监控系统设计选型中，方案比较法（即对不同设计方案技术先进性、安全性及投资费用进行比较，选择最优方案的方法）是一种定性与定量结合、简单明了的方法。

第四节　煤矿安全监控系统设计选型的实施

煤矿安全监控系统的合理设计选型，对充分发挥安全监控系统的作用具有重大意义，应坚持具体问题具体分析的原则，紧密结合矿井具体条件并借鉴国内外成功经验具体、有针对性地进行。重点是安全监控的整体布局、主要作业地点监控设备的布置、监控设备的选择、安全监控系统的选型等。

一、总体布局设计

煤矿安全监控系统主要从井下环境监测控制开始，逐步发展壮大，目前仍侧重于监测井下 CH_4、CO、O_2、CO_2 等气体浓度，风速、风压、温度、粉尘浓度等环境参数，馈电、风门、风筒等的工作状态，局部通风机、主要通风机的开停等，并实现甲烷超限报警、断电和甲烷风电闭锁、故障闭锁等控制。安全监控系统的总体布局设计是对系统的整体架构、监控设备布局等进行全局性分析、选择、确定，重点是监控网络，中心站、分站及传感器布局，软件配置等。

(一) 基本要求

根据《煤矿安全规程》和《煤矿安全监控系统及检测仪器使用管理规范》(AQ 1029—2019)等的规定，安全监控系统应实现对主要作业场所和作业过程的环境及主要安全设备监控的全覆盖，因此，安全监控系统的总体布局设计应依据矿井的生产布局、生产计划和工程、井巷布置、矿井灾害的危害程度，根据国家有关规定，结合煤矿安全监测监控、信息化的整体策略有针对性地开展。

采掘工程平面图反映开采煤层或开采分层内采掘工程现状及采掘计划，并综合相关地质资料，安全监控系统总体布局设计应根据其展现的采掘工作面布置及生产接续、井巷的布局、各类硐室的位置、其他作业点的分布等，按照安全监测监控全覆盖的原则和矿井安全监控的整体布局，进行安全监控设备的布局设计。

矿井通风系统图表示矿井通风网络、通风设备设施、风流的方向和风量的大小等参数，反映矿井主要通风机、局部通风机、主要风门、挡风墙、测风站等重要通风设施的位置及其空间关系。《煤矿安全监控系统及检测仪器使用管理规范》(AQ 1029—2019) 5.1 规定，煤矿安全监控系统设备布置图应以矿井通风系统图为底图。在安全监控系统总体布局设计时，依据矿井通风系统图，结合安全监控相关规定和要求，确定安全监控设备的类型（模拟量传感器、开关量传感器、断电器、声光报警器等)、数量及布设地点。根据通风系统反映出的风流流向，结合矿井瓦斯涌出规律的分析研究，确定瓦斯超限分级报警、逻辑报警的设置。

矿井供电系统图及井下电气设备布置图反映井下供电系统的整体布局，电气设备的用途、安装位置、型号规格及数量，控制的逻辑关系等，是确定安全监控设备供电及安全监控控制断电，实现风电、瓦斯电闭锁的主要依据。《煤矿安全监控系统及检测仪器使用管理规范》(AQ 1029—2019) 5.1 规定，煤矿安全监控系统断电控制图应以矿井供电系统图为底图。通过对矿井供电系统图、井下电气设备布置图等的分析，进行安全监控设备的供电设计、就地控制断电、异地控制断电（区域断电）设计。

《煤矿安全规程》《防治煤与瓦斯突出细则》《防治煤矿冲击地压细则》及《煤矿安全监控系统及检测仪器使用管理规范》(AQ 1029—2019) 等对不同灾害风险程度的矿井的安全监控设备的设置作出了不同的规定，对高瓦斯矿井和煤与瓦斯突出矿井、自燃和容易自燃煤层、有冲击地压危险的采掘工作面等的安全监控设备的设置提出了更高的要求。在安全监控系统整体布局设计中，应根据对矿井实际情况的具体分析，结合规程和标准规范的要求，进行针对性的具体设计。

在上述分析的基础上，确定安全监控的范围，分站、传感器、执行器等监控设备的布置，监控网络、供电网络的布局，监测监控工作量的统计，为安全监控系统的设计选型奠定基础。

（二）井下监控网络设计

井下监控网络设计依据安全监控系统的整体布局，在针对性的分析和比较研究的基础上进行，内容包括系统网络架构、网络配置、网络传输、网络协议、供电及线缆布局等的选择确定。

1. 系统网络架构

安全监控系统的网络结构是指系统中的分站与分站之间、分站与中心站之间、分站与传感器（含执行机构）之间的相互连接关系，目前主要有星型网络结构、树型网络结构、总线型网络结构、环型网络结构、复合型网络结构等。

根据目前技术发展情况和煤矿的使用现状，系统网络结构的选择可参照以下原则：

如果矿井规模不大，测点数量少于500个、分站布点需求小于32台，首选总线型或树型网络结构。

如果矿井规模一般，测点数量不足1000个、分站布点需求不大于64台，选用复合型网络结构系统，并依据实际地理布线需求进行因地制宜的设计是最符合经济效益的，局部采用总线型网络结构仍是可行的最优选择。

如果矿井规模较大，测点数量超过2000个、分站布点需求大于128台，选用一般环网设备组成主干网的环型网络结构，可以满足各项性能指标要求。

如果矿井规模庞大，测点数量在3000个左右、分站布点需求达到200台或更多，选择高速环网设备组成主干网的环型网络结构，局部辅以树型网络结构，可以实现高响应、高可靠性监测控制。

系统网络架构的选择设计，还应考虑以下诸方面的规定或要求：

（1）力求系统网络架构简单、层级少。在网络拓扑图中，由传感器至中心站的网络层级不超过3层；有线传输的每层转载不超过2次，无线传输的每层转载不超过4次。

（2）主干网应采用工业以太网；分站至主干网之间宜采用工业以太网，也可采用RS485、CAN、LonWorks、Profibus等数字传输方式，“十三五”期末之后应采用工业以太网；模拟量传感器至分站的有线传输采用工业以太网、RS485、CAN等数字传输方式；无线传输采用ZigBee、Wi－Fi、RFID、WaveMesh。安全监控系统应支持联网并按要求数据格式上传。

（3）应根据需求配备矿用阻燃电缆或矿用光缆统一构建的网络结构。根据《煤矿安全规程》的规定，结合技术发展趋势，安全监控系统传输网络最好利用井下统一构建的信息高速公路（井下高速环网），但严禁安全监控系统与图像监视系统共用同一芯光纤。

（4）矿井监控系统网络干线宜采用光纤传输方式，拓扑结构宜符合下列规定：

——有源光纤网络宜采用环型或双环型网络结构。

——无源光纤网络宜采用双总线型和双环型网络结构。

——地面与井下宜分别构成环网。

——地面与井下环网宜采用两条不同路径敷设的光缆连接。

（5）根据《煤矿安全生产智能监控系统设计规范》（GB 51024—2014）3. 5. 9 的规定，有源网络的最大传输距离应符合下列要求：

——100 Mbps 光端口，多模光纤最大传输距离不应小于 2 km，单模光纤最大传输距离不应小于 20 km。

——1000 Mbps 光端口，多模光纤最大传输距离不应小于 500 m，单模光纤最大传输距离不应小于 10 km。

——电端口，矿用阻燃电缆最大传输距离不应小于 100 m。

（6）根据《煤矿安全生产智能监控系统设计规范》（GB 51024—2014）3. 5. 9 的规定，无源光缆网络的最大传输距离应符合下列规定：

——光线路终端和光网络单元之间最大传输距离不应小于 10 km。支持的最大分路比不应低于 1∶32。

——光线路终端和光网络单元之间最大传输距离不应小于 20 km。支持的最大分路比不应低于 1∶16。

（7）应采用工业级设备，应支持多种网络拓扑结构和冗余方式。网络故障重构自愈时间不应大于 300 ms。

2. 系统网络配置

安全监控系统网络配置设计时，应遵循并满足以下要求：

（1）网络核心层宜配置不少于 2 台核心交换机，并应互为热备。

（2）应根据实际需求配置硬件，宜配置服务器和小型机、综合监控工作站，数据存储、安全管理、显示和打印等设备，有条件的矿井可冗余配置。

（3）根据《煤矿安全生产智能监控系统设计规范》（GB 51024—2014）3. 5. 10 的规定，矿用无源分光器宜选用具有 1∶2（均分、5% & 95%、25% & 75%、40% & 60%），1∶4（均分），1∶8（均分），1∶16（均分），1∶23（均分）等规格。

（4）传输接口至分站之间最大传输距离不应小于 10 km；现场总线式传输接口至干线扩展器最大传输距离不应小于 10 km；分站和扩展器至传感器和执行器之间传输距离应不小于 2 km，并满足采煤工作面最大推进长度、掘进巷道最大长度的监控需要。

3. 系统网络传输

安全监控系统的网络传输配置设计时，应遵循以下要求：

（1）网络传输方式应根据安全监控系统的安全要求、功能要求、技术条件等因素确定，可采用现场总线、工业以太网或工业以太网＋现场总线等传输方式。

（2）采用总线传输形式的安全监控系统接入干线扩展器或类似产品，宜根据传感器和终端设备数量确定。

（3）安全监控系统主干线缆应当分设两条，从不同的井筒或者一个井筒保持一定间距的不同位置进入井下。安全监控系统不得与图像监视系统共用同一芯光缆。为防止雷电通过安全监控系统导入井下，引起井下瓦斯煤尘爆炸，系统应具有防雷电保护，入井线缆的入井口处和中心站电源输入端应具有防雷措施。

4. 系统网络协议

安全监控系统网络协议配置设计时，应遵循以下要求：

（1）监控系统网络宜采用转换接口接入基于TCP/IP协议标准和工业以太网技术。主干网络传输速率不宜低于1000 Mbps。

（2）矿用网络交换机应符合IEEE802.3协议，并符合下列规定：

——应具备以太网光端口，并应支持全双工/半双工；宜具备以太网端口。

——宜具备CAN、PROFIBUS、LONWRKS、FF等工业现场总线接口，并宜具备RS－485和RS－232等数据接口。

——宜支持环型等冗余网络结构。

——应具备初始化参数设置和掉电保护功能，初始化参数可通过网络和编程接口输入和修改。

——应具备VLAN功能。宜支持SNMP等管理功能。

——宜具备流量控制、网络管理功能。

——应具备电源、工作状态、通信状态、自诊断和故障指示功能。

5. 供电设计

安全监控系统的供电包括中心站供电和井下监控设备供电。中心站供电应是双回路供电，配备不小于4 h在线式不间断电源并能够自动切换。井下供电主要是照明、动力多种电压等级的电源，矿用直流电源，分站内部电源进行供电。

矿用直流电源（指监控系统电源、甲烷断电仪电源、甲烷风电闭锁电源等）除需要向分站、传感器、声光报警器、断电器等提供本质安全型直流电源外，还必须保证井下交流电网停电后，维持系统正常工作时间不少于4 h。因此，安全监控系统电源除将交流电转换成本质安全型直流电源外，还应具有备用电池。除此之外，有些分站具有矿用直流电源的功能。

1）地面中心站供电配置设计时应遵循的要求

（1）地面中心站机房用电负荷应为一级负荷，并由两回路电源供电。当其中一回路电源发生故障时，可实现自动切换。

（2）地面中心站机房电源质量，应符合以下规定：

——额定电压 220 V/380 V，允许偏差 ±10%。

——频率 50 Hz，允许偏差 ±5%。

——总谐波畸变率应不大于 5%。

（3）地面中心站机房应配置专用配电箱。专用配电箱应设在电源室，配电箱的配出回路应留有裕量。

（4）地面中心站机房供电电源容量应按照系统、空调和照明等设备额定功率总和的 1.5 倍确定。单相负荷应均匀分配在三相线路上，三相负荷不平衡度应小于 15%。

（5）地面中心站机房的备用电源，应根据系统的需要配备在线式不间断电源。在电网停电后，备用电源应能保证系统连续工作时间不小于 4 h。

（6）地面中心站机房备用电源的容量应按系统额定功率的 1.2 倍配备。

2）井下供电配置设计时应遵循的要求

（1）安全监控系统井下设备供电电源，应采用变电所专用电源开关设备及专用供电线路，并应配备本安型不间断备用电源。在电网停电后，备用电源应能保证系统连续工作时间不小于 4 h。

（2）井下电源质量，应符合下列规定：

——额定电压应为 36 V、127 V、380 V、660 V、1140 V，允许偏差：井底车场、主运输巷 -20% ~ +10%，其他井下场所 -25% ~ +10%。

——频率 50 Hz，允许偏差 ±5%。

——总谐波畸变率不应大于 10%。

（3）隔爆兼本质安全型防爆电源宜设置在采（盘）区变电所，严禁设置在下列区域：

——断电范围内。

——低瓦斯和高瓦斯矿井的采煤工作面和回风巷内。

——煤与瓦斯突出矿井的采煤工作面、进风巷和回风巷内。

——掘进工作面内。

——采用串联通风的被串联采煤工作面、进风巷和回风巷。

——采用串联通风的被串掘进巷道内。

（4）安全监控设备的供电电源必须取自被控开关的电源侧，严禁接在被控开关的负荷侧。宜为井下安全监控设备提供专用供电电源。

6. 电缆和光缆

安全监控系统既可使用电缆，也可使用光缆，可根据需要选择确定。大多数情况下是两者配合使用。

1）电缆和光缆的确定

电缆分为井筒电缆、干线电缆和传感器电缆3种，其长度通过井筒长度、分站到主机的距离、传感器到分站的距离确定，另外要保留20%的备用。

光缆即煤矿用阻燃通信光缆，简称矿用光缆或煤矿光缆，主要传送光信号，优点是速度快，缺点是不抗砸、接线不方便。

系统主干网应采用工业以太网，所以用光缆进行布置。分站至主干网之间宜采用工业以太网，主要用光缆进行布置。模拟量传感器至分站的有线传输采用工业以太网、RS485、CAN；无线传输采用WaveMesh、ZigBee、Wi－Fi、RFID，一般用电缆进行布置。特别是采掘工作面，由于光缆结构的特性，不抗砸，中断后处置较困难，所以采掘工作面一般敷设电缆。

2）电缆和光缆的布置

电缆和光缆应根据安全监控系统的网络结构进行布置。井下电缆的选用、敷设、连接应符合《煤矿安全规程（2016）》第四百六十二条至第四百六十八条的规定。

3）电缆和光缆的计算

应矿井实际情况计算出井筒电缆和光缆的长度、干线电缆长度、传感器电缆长度，特别是传感器到分站的电缆长度要考虑到20%的备用量。

4）接线盒

根据有关规定要求，选择合适的电缆接线盒或者光缆（纤）接线盒。

（三）中心站布置设计

中心站是安全监控系统的地面数据处理中心，除必须完成监测信息的采集、处理、存储和显示功能，还向分站发送控制指令，并具备与上一级计算机系统传递信息或联网的接口，所有实时监测及人工输入的数据可以便利地进入计算机矿井管理信息网络，方便有关部门及时了解安全和生产情况。

1. 中心站的配置要求

为有效履行中心站的职责和充分发挥中心站的作用，中心站需要配置相应设备，包括主监控计算机（一主一备）、打印机、录音电话、防火墙、网络服务器、防雷器、接口设备、双回路配电柜、UPS不间断电源等，如图3－1所示。

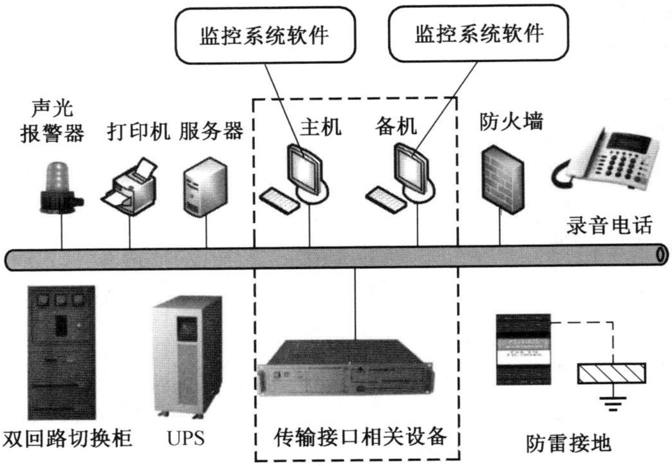

图3－1　中心站相关设备配置

中心站的设备配置，应注意以下方面：

（1）配备的主机及系统联网主机必须双机热备份，并应24 h不间断运行，当工作主机发生故障时，备份主机应该在60 s内投入工作。不得采用虚拟机替代主机。

（2）中心站显示系统的配置宜符合下列要求：

——生产能力0.45 Mt/a以下矿井宜配备图形机，小、中型电子显示屏或投影仪。

——生产能力0.6 Mt/a以上矿井宜配备中、大型电子显示屏和大屏幕显示系统。

（3）必须配备数据存储设备，甲烷浓度、温度、风速、负压、一氧化碳浓度等重要测点的实时监测数据记录存储时间应保存3个月以上，其他数据记录存储时间应保存2年以上。当系统发生故障时，丢失上述数据的时长不大于60 s。

（4）地面中心站应配备接地装置和防雷设施。

（5）安全监控系统的主机或显示终端应配置在矿井调度室内，并应装备防火墙等网络安全设备。

（6）地面中心站应使用录音电话。

（7）地面中心站应双回路供电并配备不小于4 h在线式不间断电源，如图3－2所示。

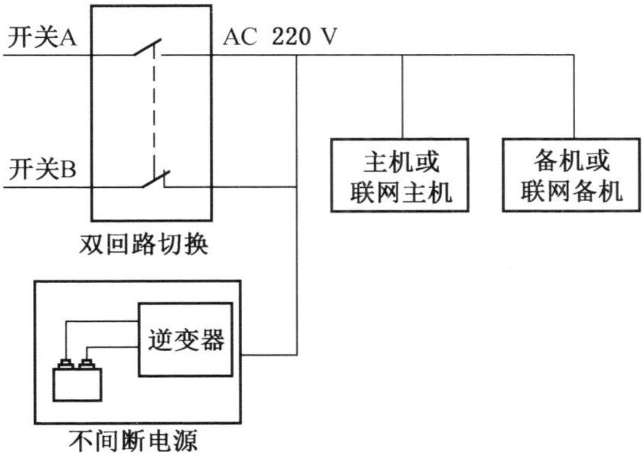

图3-2　双回路供电示意图

2. 中心站的布置要求

中心站的布置，应满足以下基本要求：

（1）中心站机房位置应选择远离强震源和强噪声源，并应避开强电磁场。当无法避开时，应采取电磁屏蔽措施。

（2）机房平面宜布置进线和电源室、设备室、监控室、矿井调度室等合用的综合机房，并宜布置办公室、休息室、备件室、卫生间等辅助用房。机房面积宜留有设备增容和远期发展的余地。

（3）机房的位置宜接近用户中心，并宜便于出/入户布线和机房间布线。电源室宜布置在与各系统中心站设备连接线最短的位置。

（4）机房的建筑平面和空间布局应具有灵活性。机房主体宜采用大开间大跨度的柱网结构。内隔墙宜具有可变性。

（5）机房不应与变配电室及电梯机房贴邻布置。

（6）机房不应设在水泵房、厕所和浴室等潮湿场所的正下方或贴邻布置。当受条件限制无法满足要求时，应采取防潮措施。

（7）机房不宜贴邻建筑物外墙。

（8）与机房无关的管线不应穿越机房。

（9）地面中心站机房除矿井调度室外，其他机房净高应根据机柜高度及通风要求确定，且不宜低于2.6 m。

（10）中心站机房的楼面等效均布活荷载应根据各机房设备的荷载要求确定。

(11) 中心站机房宜装设防静电地板。采用活动地板时，地板的安装高度不低于 250 mm。

3. 防雷与接地布置

由于雷电的冲击电压高达几十万伏甚至几百万伏，可以毁坏电气设备的绝缘，烧毁电线，引起火灾、爆炸事故，造成大规模停电，绝缘损坏后，增加了触电和危险性。所以中心站应具有防雷功能，分别在传输接口、入井口、光缆铠装层、中心站电源等处采取防雷措施。地面中心站防雷与接地布置示意图如图 3-3 所示。

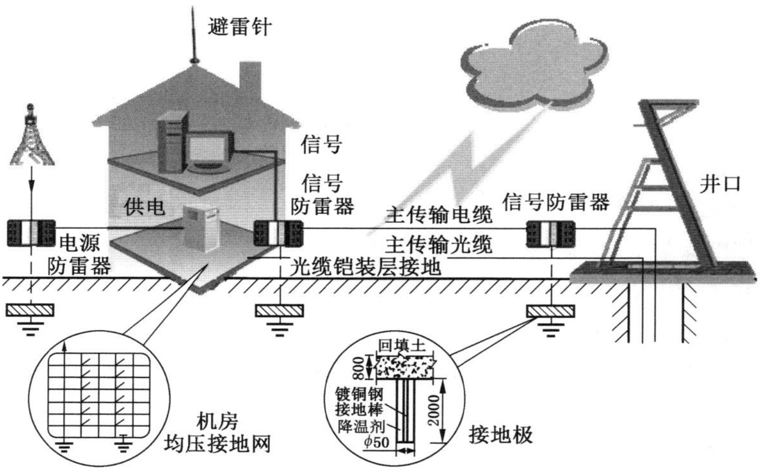

图 3-3　地面中心站防雷与接地布置示意图

防雷与接地布置，应执行以下要求：

(1) 矿井安全监控系统的电源线路、信号线路应采取防雷措施，并应设置适配的浪涌保护器。

(2) 矿井安全监控系统的下井电缆和光缆的铠装层、屏蔽层、光缆金属件，应在入井口处采取防雷接地措施。

(3) 装设在建筑物顶端或高于附近建筑物的室外摄像机，应设置防雷保护装置。

(4) 地面中心站机房由 TN 交流配电系统供电时，接地形式应采用 TN - S 系统。

(5) 地面中心站机房必须采取等电位连接与接地保护措施。

(6) 中心站机房的防雷与接地宜采用共用接地系统。当防雷接地与交流工作接地、安全保护接地、直流工作接地共用一组接地装置时，其接地电阻值应按接入设备中要求的最小值确定。

(四) 分站布置设计

由传感器输出的统一制式的信号必须进入井下发送装置才能进入下一级信息传输系统，这个发送装置称为井下分站。分站的作用是，收集接入的各种传感器送来的监测信号，进行整理，并按规定发出声光报警、断电等控制指令；根据中心站的命令将各种监测参数和设施、设备工作参数发送给中心站；接收中心站的控制信息，执行中心站的各种控制命令，控制所关联的设备、设施。一些智能化程度比较高的分站，在中心站设备故障或者传输网络断开后仍能独立工作，如实现超限报警、断电、连续记录监测参数等。

一般来说，分站应具有备用电源，在电网停电时仍能继续工作 4 h 以上。

分站的布置设计，应综合考虑以下几点：

(1) 采用分站传输形式时，允许接入的最大分站容量宜在 8、16、32、64、128 中选取；分站至传输接口、分站至分站之间可以串接中继器和类似产品，但所串接的中继器和类似产品最多不应超过 4 台；被中继器等设备分割成多段的系统，每段允许接入的分站最大容量宜在 8、16、32、64、128 中选取。分站所能接入传感器、执行器的最大容量宜在 2、4、8、16、32、64、128 中选取。

(2) 根据监测量的数量和分布情况，确定分站的数量和位置。由于一台分站的监测范围有限，为了能采集更多的信息量，分站宜设置在其所监测区域的中心位置。

(3) 为了保证分站能长期可靠地工作，分站应设置在便于人员观察、调试、检验、维护及支护良好、无滴水、无杂物的进风巷道或硐室中（如采区变电所），安设时应垫支架，使其距巷道底板不小于 300 mm，或吊挂在巷道中。

(4) 井下分站的总数，不能大于安全监控系统的最大容量，要根据井下分站的数量，选择容量合适的安全监控系统。

(5) 分站的最大远程本安供电距离，在设计工况条件下不小于 2 km，并以 2 km、3 km、6 km 分级管理。

(6) 分站应具有初始化参数掉电保护功能，以防分站停电后初始化参数丢失。分站应能存储 2 h 以上的监测数据，当传输网络通信中断、恢复正常后，可以将存储的数据传输给地面中心站。

针对所确定的监控范围及上述分站布置方法，编制出分站数量统计表，便于更加直观地管理和了解矿井所用分站的数量和种类，能够做到查漏补缺。

（五）软件配置

系统软件配置包括操作系统、数据库和监控软件等的选择。虽然安全监控系统软件由其生产制造厂家编制配置，但是在安全监控系统选型设计时，应注重软件配置的相关问题，以方便日后的管理和使用。重点应注重以下方面：

（1）实时性。监控软件的监测、数据计算、判断、处理、传输、控制等功能应具有实时性，能周期性循环运用，不中断工作。

（2）适应信息化、智能化的需要，具备自诊断、自评估、大数据应用分析、加密存储等功能，有利于充分利用安全监测监控数据实施安全预测预警，并且界面友好，方便调用、帮助和培训。

（3）采用二维或三维 GIS 地理信息技术，能够形成安全监控系统多维地理信息图，具有 GIS 图形、矢量图形展示功能，GIS 地图中所有传感器的坐标根据拖放位置保存在数据库中，当地图进行修改更换后，所有的传感器保持原来的位置不变，并会在新的 GIS 地图上加载所有传感器信息。

（4）有利于系统兼容、多系统融合、系统联网，消除信息孤岛，适应煤矿信息化发展的整体要求。

（六）传感器布置设计

传感器的布置设计是安全监控系统设计选型的重中之重，直接决定安全监测监控的有效性。应根据煤矿的实际情况和需求，依据《煤矿安全规程》及相关标准规范的规定，有针对性地进行。

1. 总体要求

在安全监控系统传感器布局设计时，应该注意以下诸方面问题：

（1）积极选用激光等先进、低功耗传感器，自诊断型传感器，鼓励使用多参数传感器。

（2）突出矿井的采煤工作面进、回风巷，煤巷、半煤岩巷和有瓦斯涌出的岩巷掘进工作面回风流中，采区回风巷，总回风巷的甲烷传感器，尽量使用激光等全量程传感器。

（3）突出、高瓦斯矿井的回风隅角建议采用无线传感器，且应满足回风隅角的监控需要。

（4）采掘工作面气体类传感器的防护等级应不低于 IP65。

2. 采煤工作面传感器的设置

对不同通风方式的采煤工作面，根据《煤矿安全规程》《防治煤与瓦斯突出细则》《防治煤矿冲击地压细则》和《煤矿安全监控系统及检测仪器使用管理规范》（AQ 1029—2019）等的相关规定要求和安全生产需求，进行传感器的设置设计。

1）U 形通风的采煤工作面

采用 U 形通风方式的采煤工作面，各类传感器的设置不能低于图 3－4 所示的要求，设置条件及说明见表 3－1。

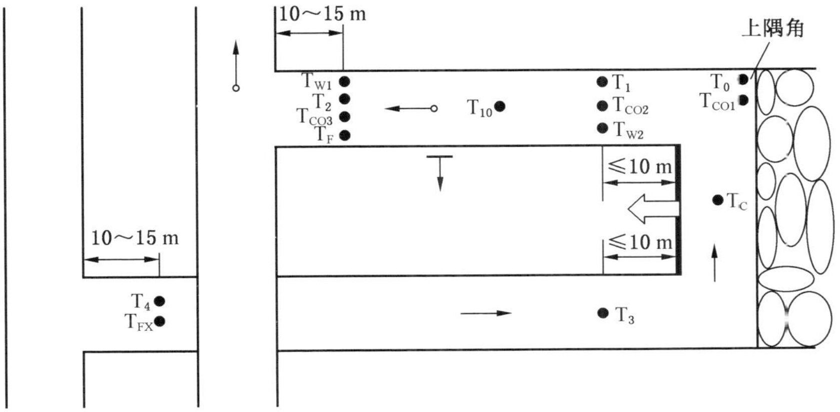

T_0、T_1、T_2、T_3、T_{10}—甲烷传感器；T_{CO1}、T_{CO2}、T_{CO3}— 一氧化碳传感器；T_C—粉尘传感器；T_{W1}、T_{W2}—温度传感器；T_F—风速传感器；T_{FX}—风向传感器

图 3－4　U 形通风的采煤工作面传感器布置图

表 3－1　U 形通风的采煤工作面传感器设置类型及要求

传感器类型	代号	报警状态	断电浓度/% CH_4	控制断电范围	复电浓度/% CH_4	设置条件
甲烷传感器	T_0	≥1.0% CH_4	≥1.5	工作面及其回风巷内全部非本质安全型电气设备	<1.0	
	T_1	≥1.0% CH_4	≥1.5	工作面及其回风巷内全部非本质安全型电气设备	<1.0	
	T_2	≥1.0% CH_4	≥1.0	工作面及其回风巷内全部非本质安全型电气设备	<1.0	突出煤层应为全量程或高低浓度传感器
	T_3	≥0.5% CH_4	≥0.5	工作面及其回风巷内全部非本质安全型电气设备	<0.5	突出煤层、冲击地玉高瓦斯煤层应为全量程或高低浓度传感器

表 3 - 1（续）

传感器类型	代号	报警状态	断电浓度/% CH_4	控制断电范围	复电浓度/% CH_4	设置条件
甲烷传感器	T_4	≥0.5% CH_4	≥0.5	工作面及其回风巷内全部非本质安全型电气设备	<0.5	突出煤层应为全量程或高低浓度传感器
				被串工作面及其进、回风巷内全部非本质安全型电气设备		串联通风
	T_{10}	≥1.0% CH_4	≥1.0	工作面及其回风巷内全部非本质安全型电气设备	<1.0	高瓦斯和突出矿井回风巷长度大于1000 m
一氧化碳传感器	T_{CO1}、T_{CO2}、T_{CO3}	≥0.0024% CO				自燃、容易自燃煤层，至少1台
风速传感器	T_F	≥4 m/s 或 <0.25 m/s				突出煤层
风向传感器	T_{FX}	风流逆转				突出煤层
温度传感器	T_{W1}、T_{W2}	≥30 ℃				自燃、容易自燃煤层
粉尘传感器	T_C					采煤机附近
馈电状态传感器						被控开关的负荷侧

2）其他通风方式的采煤工作面

采用Z形、Y形、H形、W形等其他通风方式的采煤工作面，其中传感器的布置可参照图3-4和表3-1进行设计，并满足《煤矿安全监控系统及检测仪器使用管理规范》（AQ 1029—2019）的特别规定：

（1）采用两条或者三条巷道回风的采煤工作面传感器的设置，应在图3-4

的基础上，在第二条或者第三条回风巷中分别增设 T_1、T_2。

（2）非长壁式采煤工作面甲烷传感器的设置，应参照上述规定执行，即在回风隅角设置甲烷传感器 T_0，在工作面及其回风巷各设置一台甲烷传感器。

3. 掘进工作面传感器的设置

煤巷、半煤岩巷和有瓦斯涌出岩巷的掘进工作面，各类传感器的设置不能低于图 3－5 所示的要求，设置条件及说明见表 3－2。

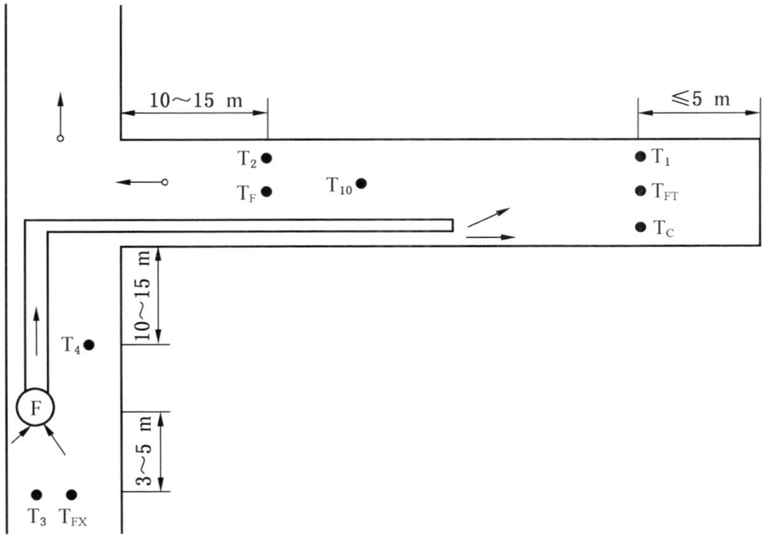

T_1、T_2、T_3、T_4、T_{10}—甲烷传感器；T_C—粉尘传感器；T_F—风速传感器；
T_{FX}—风向传感器；T_{FT}—风筒传感器

图 3－5　掘进工作面传感器布置图

表 3－2　掘进工作面传感器设置类型及要求

传感器类型	代号	报警状态	断电浓度/% CH_4	控制断电范围	复电浓度/% CH_4	设置条件
甲烷传感器	T_1	≥1.0% CH_4	≥1.5	掘进巷道内全部非本质安全型电气设备	<1.0	
	T_2	≥1.0% CH_4	≥1.5	掘进巷道内全部非本质安全型电气设备	<1.0	突出煤层应为全量程或高低浓度传感器

表3-2（续）

传感器类型	代号	报警状态	断电浓度/% CH_4	控制断电范围	复电浓度/% CH_4	设置条件
甲烷传感器	T_3	≥0.5% CH_4	≥0.5	被串掘进巷道内全部非本质安全型电气设备	<0.5	突出煤层应为全量程或高低浓度传感器；串联通风
			≥1.5	局部通风机在内的被串掘进巷道内全部非本质安全型电气设备		
	T_4	≥0.5% CH_4	≥0.5	掘进巷道内全部非本质安全型电气设备	<0.5	突出矿井应为全量程或高低浓度传感器
	T_{10}	≥1.0% CH_4	≥1.5	掘进巷道内全部非本质安全型电气设备	<1.0	高瓦斯和突出矿井掘进巷道长度大于1000 m
风速传感器	T_F	≥4 m/s或<0.25 m/s				突出煤层
风向传感器	T_{FX}	风流逆转				突出煤层
粉尘传感器	T_C					掘进机附近
风筒传感器	T_{FT}					掘进工作面局部通风机的风筒末端
馈电状态传感器						被控开关的负荷侧

采用双巷掘进工作面的掘进工作面传感器的设置，应该在图3-5的基础上，在第二条回风巷道分别增设 T_1、T_2，并在工作面混合回风流处设置甲烷传感器 T_5。T_5 的报警浓度大于或等于1.5% CH_4、断电浓度大于或等于1.5% CH_4、复电浓度小于1.0% CH_4。断电范围：包括局部通风在内的双巷掘进巷道内全部非本质安全型电气设备。

4. 机电设备硐室传感器的设置

在回风流中的机电设备硐室内，各类传感器的设置不能低于图3-6所示要求，设置条件及说明见表3-3。

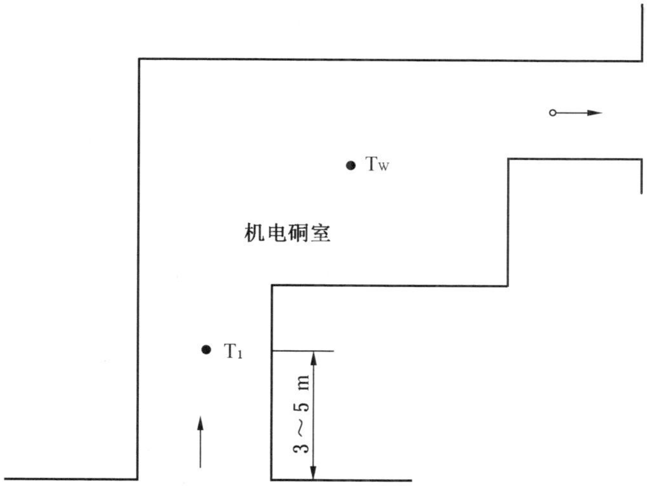

T_1—甲烷传感器；T_W—温度传感器

图3－6　在回风流中的机电硐室传感器布置图

表3－3　机电硐室传感器设置类型及要求

传感器类型	代号	报警值	断电浓度/% CH_4	控制断电范围	复电浓度/% CH_4	设置条件
甲烷传感器	T_1	≥0.5% CH_4	≥0.5	机电硐室内的全部非本质安全型电气设备	＜0.5	在回风流中的机电硐室
温度传感器	T_W	≥34 ℃				所有机电硐室（如变电所、炸药房、水泵房等）

5. 装煤点和运输巷道传感器的设置

1）装煤点

高瓦斯矿井的主要运输巷道内使用架线电机车时，装煤点处必须设置甲烷传感器T（距离装煤点下风流3～5 m的位置），如图3－7所示。其报警浓度大于或等于0.5% CH_4、断电浓度大于或等于0.5% CH_4、复电浓度小于0.5% CH_4。断电范围：装煤点处上风流100 m内及其下风流的架线电源和全部非本质安全型电气设备。

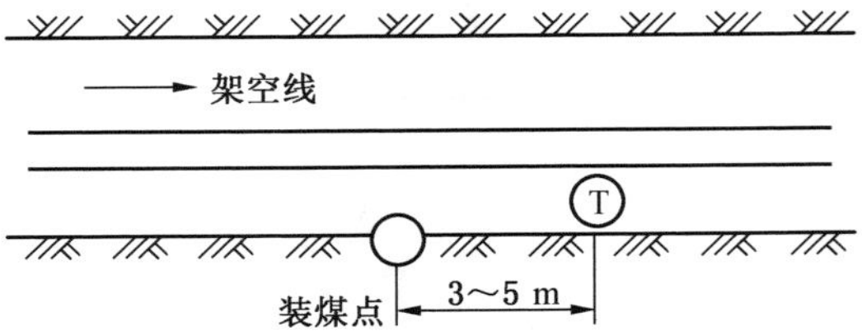

图3-7　装煤点甲烷传感器布置示意图

转载点、破碎处、装煤口等产尘地点宜设置粉尘传感器。

2）运输巷道

高瓦斯矿井进风的主要运输巷道使用架线电机车时，在瓦斯涌出巷道的下风流中必须设置甲烷传感器 T（距离瓦斯涌出位置 3～5 m 的位置），如图 3-8 所示。其报警浓度大于或等于 0.5% CH_4、断电浓度大于或等于 0.5% CH_4、复电浓度小于 0.5% CH_4。断电范围：瓦斯涌出巷道上风流 100 m 内及下风流的架线电源和全部非本质安全型电气设备。

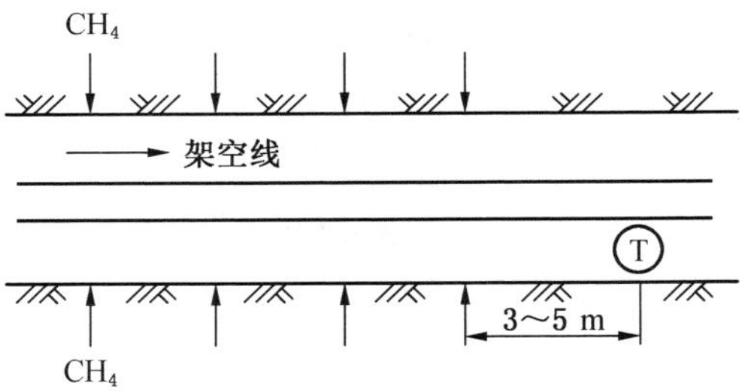

图3-8　瓦斯涌出巷道的下风流中甲烷传感器布置示意图

3）带式输送机

滚筒下风测 10～15 m 处宜设置一氧化碳传感器，报警浓度大于或等于 0.0024% CO。

带式输送机滚筒下风测 10～15 m 处应设置烟雾传感器。

封闭带式输送机地面走廊上方宜设置甲烷传感器。

4）测风站

采区回风巷、一翼回风巷、总回风巷的测风站应设置风速传感器。

6. 瓦斯抽放泵站

地面瓦斯抽放泵站应在室内设置甲烷传感器，其报警浓度为0.5% CH_4。

抽采泵输入管路中应设置甲烷传感器；利用瓦斯时，应在输出管道中设置甲烷传感器，其报警浓度应不低于30% CH_4；不利用瓦斯、采用干式抽采瓦斯设备时，输出管道中也应设置甲烷传感器，其报警浓度应不低于25% CH_4。

井下临时抽放泵站下风侧栅栏外应设置甲烷传感器，其报警浓度为1.0% CH_4、断电浓度为1.0% CH_4、复电浓度为1.0% CH_4，断电范围为抽放瓦斯泵。

瓦斯抽放泵站的抽放泵输入管路中宜设置流量传感器、温度传感器和压力传感器；利用瓦斯时，应在输出管路中设置流量传感器、温度传感器和压力传感器。防回火安全装置上方宜设置压差传感器。

7. 其他地点

(1) 兼作回风井的装有带式输送机的井筒内，必须设置甲烷传感器，其报警浓度为0.5% CH_4、断电浓度为0.7% CH_4、复电浓度为0.7% CH_4，断电范围为井筒内全部非本质安全型电气设备。

(2) 采区回风巷、一翼回风巷及总回风巷道内临时施工的电气设备上风测10～15 m处应设置甲烷传感器。突出矿井采区回风巷、总回风巷设置的传感器必须是全量程或高低浓度甲烷传感器。

(3) 井下煤仓、地面选煤厂煤仓上方应设置甲烷传感器。

(4) 封闭的地面选煤厂机房内上方应设置甲烷传感器。

(5) 自然发火观测点、封闭火区防火墙栅栏外宜设置一氧化碳传感器，报警浓度大于或等于0.0024% CO。

(6) 开采容易自燃、自燃煤层的矿井，采区回风巷、一翼回风巷、总回风巷应设置一氧化碳传感器，报警浓度大于或等于0.0024% CO。一氧化碳传感器除用于环境监测外，还可用于自然发火预测。自然发火可根据每天一氧化碳平均值的增量来预测，若增量为正，则具有自然发火的可能。为保证能正确反映监测环境中一氧化碳含量，一氧化碳传感器应设置在风流稳定、一氧化碳等有害气体与新鲜空气混合均匀的位置。

(7) 主要通风机的风硐内应设置负压传感器。

(8) 压风机应设置温度传感器，温度超限时，声光报警，并切断压风机电源。

(9) 主要通风机、局部通风机必须设置设备开停传感器。

(10) 矿井和采区主要进回风巷道中的主要风门必须设置风门开关传感器。当两道门同时打开时，发出声光报警信号。

(11) 掘进工作面局部通风机的风筒末端应设置风筒传感器。

（12）为监测被控设备瓦斯超限是否断电，被控开关的负荷侧必须设置馈电传感器或接点。

（13）根据《防治煤与瓦斯突出细则》第三十二条的有关规定，实施防突措施钻孔时，在钻机回风侧 10 m 范围内应设置具备超限报警断电功能的甲烷传感器。采用干式排渣工艺施工时，还应当悬挂一氧化碳报警仪或设置一氧化碳传感器。

8. 传感器用量统计

针对所确定的监控范围及上述传感器布置方法，需要制定各个监测传感器数量统计表，便于更加直观地管理和了解矿井所用传感器的数量和种类，能够做到查漏补缺。

表 3－4 是按照模拟量和开关量对需要的传感器进行统计的。具体应根据矿井的实际布置情况，按照表 3－4 的格式，完成对各类传感器的数量统计。

表 3－4　传感器种类和数量统计　　台

传感器类别	种　类	数　量	备　注
模拟量	甲烷	19	
	风速	5	
	风向	2	
	温度	4	
	一氧化碳	4	
	压力及差压	3	
	氧气	6	
	粉尘	5	
	烟雾	1	
	流量	2	
	⋮	⋮	
开关量	设备开停	3	
	风门开闭状态	1	
	馈电	2	
	风筒风量开关	1	
	风电瓦斯闭锁	2	
	⋮	⋮	
总计			

二、监控设备的设计选型

在从总体布局和重要组成部件布局两方面，对煤矿安全监控系统进行布局设计的基础上，尚需根据矿井的实际情况，对井上设备和井下设备涉及的重要组成部件进行更加具体的选型。

（一）井上设备

井上设备指安全监控系统安装在地面使用的设备，包括地面中心站设备，主要有监控主备机、液晶显示器、鼠标、键盘、无线音箱、打印机、防雷器、不间断电源等。

井上设备应根据相关要求和矿井的实际需要进行合理选型。监控主备机可以选用抗干扰能力强的工控机。鼠标及键盘都是计算机的输入设备，可以根据需求选择无线或有线的输入设备。液晶显示器是计算机的输出设备，是“人机对话”不可缺少的部分，可以选择价格合适的产品。另外，打印机也是计算机输出设备。为了便于保存计算机输出内容，可以根据需求选择激光打印机或喷墨式打印机。

防雷器分别安装在传输接口、入井口、光缆铠装层、中心站电源等位置，防止雷电击毁设备、雷电导入井下引起井下瓦斯煤尘爆炸，是保障安全监控系统可靠运行、免遭雷电感应损坏系统设备的保护器。在常态下防雷器具有极小的插入损耗且无电抗存在，突然遭到雷电感应高压冲击时，具有极大的感性电抗和数万安培的吸收电流能力，响应时间为几毫微秒。

（二）井下设备

井下设备是指布置在煤矿井下的设备，包括各类传感器、分站、执行器、电源、接口等。

1. 各类传感器

各类传感器包括环境监测用气体类传感器、环境监测用非气体类传感器、设备类传感器等。

1）环境监测用气体类传感器

环境监测用气体类传感器包括各种甲烷传感器、一氧化碳传感器、各种二氧化碳传感器、氧气传感器、多参数传感器等。

（1）甲烷传感器的选择。甲烷传感器根据原理可以分为催化原理的传感器、红外原理的甲烷传感器和激光原理的甲烷传感器三类。

红外原理的甲烷传感器的连续使用时间、反应速率、测量精度和测量稳定性都高于传统的催化原理的甲烷传感器。而激光原理的甲烷传感器在拥有同样出色性能的情况下，相对于红外原理的甲烷传感器而言，受粉尘和水汽环境的影响小，优势更加明显。

所以针对采掘工作面环境恶劣的工况条件，建议使用激光原理的甲烷传感器；在一些回风隅角处以及不好敷设电缆的区域，建议使用无线激光甲烷传感器。

另外，应根据煤矿井下可能突出瓦斯的浓度范围或煤矿井下不同的位置，选择适宜的甲烷传感器。例如：高浓度甲烷传感器适用于高瓦斯矿井和煤与瓦斯突出矿井，低浓度甲烷传感器适用于低瓦斯矿井等。

总之，选择甲烷传感器时，主要应从其量程、精度、响应时间、报警方式、防护等级及抗干扰能力等方面进行综合考量。

（2）其他气体类传感器的选择。井下空气中一氧化碳浓度较高时，会使人中毒，同时，一氧化碳浓度又是预测和监测煤炭自然发火的主要技术指标。因此，煤矿井下应加强对一氧化碳的监测。矿用一氧化碳传感器的检测原理，主要有电化学原理和红外原理两种，测量范围主要有$(0\sim500)\times10^{-6}$ CO、$(0\sim1000)\times10^{-6}$ CO。相对于电化学原理的一氧化碳传感器，红外原理的一氧化碳传感器在测量精度、防护等级和抗干扰能力更胜一筹。对一氧化碳传感器的选择，应从其使用场所、量程、精度、防护等级及抗干扰能力等方面进行综合分析。

井下空气中二氧化碳浓度较高时，会使人窒息。对二氧化碳的监测、控制也是煤矿井下有害气体防治的重要内容。矿用二氧化碳传感器主要采用红外原理，测量范围为$(0.00\sim5.00)\%$ CO_2。在一些采空区、回风隅角处以及不好敷设电缆的区域，可以选择使用无线红外二氧化碳传感器。选择二氧化碳传感器时，主要应从其使用位置、精度、防护等级及抗干扰能力等方面进行综合考量。

在煤矿生产中，保证井下有充足的氧气对矿工生命安全健康至关重要。为了给矿工创造一个安全、健康的工作环境，需要加强对煤矿井下风流中氧气浓度的实时监测。矿用氧气传感器主要采用电化学检测原理，测量范围一般为$(0.0\sim25.0)\%$ O_2。在一些回风隅角处以及不好敷设电缆的区域，可以选用无线氧气传感器。选择氧气传感器时，主要应从其使用位置、精度、防护等级及抗干扰能力等方面进行综合分析。

2）环境监测用非气体类传感器

环境监测用非气体类传感器包括温度传感器、粉尘浓度传感器、烟雾传感器、湿度传感器、风速传感器、风向传感器、压力传感器（正压/负压）、管道流量传感器等。

（1）环境温度传感器的选择。矿井环境温度除影响着矿工的工作效率和身心健康外，还是煤炭自然发火的重要指标之一。因此，矿井环境温度监测是矿井安全监测监控的重要内容之一。矿用温度传感器主要有热电偶传感器、热电阻传感器、热敏电阻传感器、半导体传感器和红外温度传感器等。

热电偶传感器、热电阻传感器、热敏电阻传感器是将两种不同的金属材料连接在一起，形成一个闭合回路。当两种不同金属材料的两个接点（冷端和热端）之间存在温差时，就在两者之间产生电动势，通过测量电压差可以检测出当前温度值。

半导体温度传感器利用半导体 PN 结正向电压随温度变化而变化的特性来测量温度。

温度高于绝对零度（-273 ℃）的任何物体均会产生红外辐射，辐射功率随物体温度升高而增大，通过测量物体的辐射功率可以计算出物体的温度。红外温度传感器正是利用这一检测原理来检测环境或者物体温度的。

针对不同的使用场所可选择不同原理的温度传感器，例如，煤矿设备上的一些部位不能直接放入接触式温度传感器，这时可以选择红外原理的非接触式温度传感器。矿用温度传感器的选择，主要应从测温范围、使用场所、精度、防护等级及抗干扰能力等方面进行考虑。

温度传感器应设置在井下环境无淋水的地点，将传感器主机挂在被测温度环境或物体附近，将温度探头引至被测环境或物体内，直接配接矿用信号电缆至分站，即可正常工作。

（2）粉尘浓度传感器的选择。粉尘除影响着矿工的工作效率和身心健康外，还可能发生燃烧爆炸，造成恶性事故，煤炭生产中必须加强对粉尘浓度的检测。粉尘浓度传感器有光学式、射线式、称重式和电荷式等类型，其中光学式粉尘浓度传感器最为常见。

光学式粉尘浓度传感器基于光散射法，外部空气在抽风机的吸力下通过迷宫式进气口进入传感器暗室。空气中的浮游粉尘在暗室内受到激光发生器发出的平行光照射时，粉尘的散射光强度正比于质量浓度，该散射光经过光电转换器转换成光电流，经主控板的光电流积分电路转换成与散射光强成正比的光电脉冲数。计算脉冲数即可测出粉尘的相对质量浓度，通过标定在设置键盘上预设 K 值，工作时便可直接在数码显示屏上显示空气中的粉尘质量浓度（单位为 mg/m^3）。

粉尘浓度传感器的选择，主要应从其适用范围、粉尘浓度测量范围、基本误差、分辨率、输出信号、零位稳定性、采样流量稳定性、防护等级及抗干扰能力、使用和维护便利性等方面进行综合分析。

粉尘传感器可以直接在采掘工作面、工作面进回风巷道以及采区回风巷、总回风巷等矿井环境中使用，应安装在无淋水、无强磁场干扰和强烈振动的地点，通过配套的电缆将传感器与分站相连接，接通电源，即可正常工作。

（3）风速传感器的选择。矿用风速传感器用于井下各主要通风巷道及风口、主要通风机井口等处的风速检测。矿用风速传感器主要采用超声波涡街原理和微差压原理，应从风速传感器的量程、基本误差、分辨率、输出信号、响应时间防护等级及抗干扰能力等方面进行综合考虑后选取。

风速传感器应安装在井下无淋水的地点，离巷道帮壁的距离在 30 cm 以上，通过配套的电缆将传感器与分站连接。

（4）烟雾传感器的选择。矿用烟雾传感器采用光电烟感探头，正常工作时，电源指示灯（绿灯）在通电时亮，报警灯（红灯）暗，当有烟且达到标准规定的浓度时烟雾报警，同时报警指示灯常亮，无源开关量输出，当烟雾消去后传感器自动复位并取消报警状态。

矿用烟雾传感器用于监测井下火灾。《煤矿安全规程（2016）》第三百七十四条规定，采用带式输送机运输时，应当装设烟雾检测装置。烟雾传感器安装于带式输送机滚筒下风侧 10 ~ 15 m 处无淋水的地方。选择烟雾传感器时，主要从其光报警、响应时间、防护等级及抗干扰能力等方面进行综合分析。

3）设备类传感器

设备类传感器用于监测设备、设施的工作状态，并将检测到的信号转换成监控分站能够识别的开关信号上报给安全监控系统，实现对设备、设施工作状态的监测，主要有设备开停传感器、风门开关传感器、风筒风量开关传感器等。

（1）设备开停传感器的选择。设备开停传感器主要用于监测煤矿井下机电设备（如采煤机、输送机、风机等）的开停状态，并将检测到的设备开停状态信号转换成监控分站能够识别的开关信号或者 RS485/CAN 总线协议信号上报给监控系统，实现地面对井下所有的电气设备开停状态实时地监测。矿用设备开停传感器主要原理为电磁感应。

电磁感应型设备开停传感器利用测定磁场的方式，间接地测定设备的工作状态。通电的导体周围必定产生磁场，测出电缆周围有无磁场存在，即检测出电缆内有无电流通过，就可鉴别设备的开停状态。矿用设备开停传感器与被测设备没有直接的电气连接，使用时只要将传感器直接卡固在被测设备的供电电缆外皮上即可。通过配套的电缆将传感器与分站相连接，接通电源，即可正常工作。为了避免相互干扰，矿用设备开停传感器安装地点周围 1 m 内应无其他供电电缆。

选择设备开停传感器时，主要从其检测原理、适用环境和条件、动作值、响应时间、防护等级及抗干扰能力等方面进行综合分析。

（2）风门开关传感器的选择。风门开关传感器是一种检测井下风门开闭状态的开关量传感器，一般由干簧开关组件与磁性组件两部分组成。在使用时，将磁性体组件装在风门上，而把干簧开关组件安装在毗邻的门框上。当风门关闭时，磁性体靠近干簧开关组件，由磁性体产生的磁场使干簧开关维持闭合（或断开）状态。这时，由干簧开关组件输出一个闭合（或断开）接点信号。当风门打开时，磁性组件离开干簧开关组件，使接点断开（或闭合），同时输出一个断开（或闭合）接点信号。通过开关量检测电路，可将接点信号转换为电信号。

选择风门开关传感器时，主要从其动作值、响应时间、防护等级及抗干扰能力等方面进行综合分析。

（3）风筒风量开关传感器的选择。风筒风量开关传感器是开关量传感器，输出风量足和风量不足两种状态参量，是甲烷风电闭锁装置和安全监控系统的重要传感器之一。风筒风量开关传感器主要用来监测掘进通风风筒中的风量。当局部通风机停止运转，或者风筒漏风造成风筒中风量不足时，输出风量不足信号；当局部通风机正常工作，且风筒中风量满足要求时，输出风量足信号。

选择风筒风量传感器时，应综合考虑其光报警、动作误差值、响应时间、输出性能、防护等级及抗干扰能力等方面。

2. 电源、转换、传输及控制类设备

电源、转换、传输及控制类设备包括交换机、监控分站、直流稳压电源、无线信号转换器、语音声光报警器、断电馈电控制器、红外遥控发射器、接口等。

1）网络交换机的选择

矿用网络交换机是一种适合新型矿井信息传输的设备，建设工业以太网必不可少的通信产品。矿用网络交换机首先具备交换等功能，这与地面用普通交换机相似；其次，矿用网络交换机必须进行防爆安全处理，使之适合在煤矿井下使用，一般为矿用隔爆兼本安型或者本质安全型。

选择网络交换机时，主要应考虑其传输速率、各类端口的数量、防护等级及抗干扰能力等方面。

2）安全监控分站的选择

分站是安全监控系统的重要设备，用于接收来自传感器的信号，并按预先约定的复用方式远距离传送给传输接口，同时接收来自传输接口的多路复用信号，且具有简单数据处理能力，能控制执行器进行工作。分站的主要作用有以下方面：

（1）采集各传感器的实测参数、设备运行状态、开停状态。

（2）通过工业以太网快速向地面的系统中心站传送巡检参数。

（3）执行地面中心站发往井下的各种控制指令。

（4）为所挂接的各类传感器、断电器提供工作电源。

（5）对异常状态实施断电控制。

合理选择分站对安全监控系统的功能性能具有重要作用，应从分站的适用范围、环境条件、防爆类型、基本功能、传输方式、容量（包括模拟量、开关量接口数量等）、防护等级及抗干扰能力等方面进行综合分析后选取。

3）直流电源的选择

直流稳压电路将隔爆兼本质安全型直流电源远距离供给的非稳定直流电源，稳定为可供分站使用的直流稳压电源。稳压电路一般采用7805等稳压块，可采用DC/DC等直流变换电路。应从直流电源的传输方式、输入输出要求、断电续航时间、防护等级及抗干扰能力等方面进行综合分析后选取。

4）语音声光报警器的选择

矿用本安型声光报警器（简称报警器）是一种允许在煤矿井下爆炸性环境中正常使用的矿用本质安全型设备。其根据分站给出的报警信息，来实现语音和光的报警。应从语音声光报警器的声报警、光报警、防护等级及抗干扰能力等方面进行选取。

5）断电器的选择

断电控制是矿井安全监控最基本、最重要的功能。当甲烷等有毒有害气体浓度超过断电浓度、掘进工作面停风或风筒风量低于规定值时，必须切断被控区域非本质安全型电气设备的电源。为保证安全，断电控制既要完成甲烷断电和甲烷风电闭锁功能，又不能影响被控低压防爆开关的正常工作，更不允许不经过防爆审查和检验在防爆开关设备中增减本安型关联元件。

断电控制通过矿用断电器控制矿用低压防爆开关，实现对被控设备的控制。正确合理选择断电器，对安全监控系统控制功能的完善、有效具有特别重要的意义，应从其控制距离、控制执行时间、触点容量、输出控制信号种类、防护等级及抗干扰能力等方面进行分析、选取。

3. 电缆与接线盒类

电缆与接线盒类包括各种防爆型式接线盒、电缆及光缆等。

接线盒根据要求选择隔爆型接线盒、本安型接线盒等。

电缆根据具体要求进行选型，包括软电缆、通信电缆、电力电缆、控制电缆等。

光缆根据需求和使用地点进行选择。

（三）安全监控系统的具体选型

在从安全监控系统网络架构、通信协议、安全监控系统各部分组成设备选型分析的基础上，根据现有安全监控系统产品网络架构、性能特点和指标、适用范围、通信协议等特征，结合对生产制造单位技术水平、质量保障能力、售后服务能力等的分析评判，经过详细的比较分析，确定安全监控系统的具体选型。

安全监控系统的具体选型，应满足以下要求：

（1）所选择的安全监控系统及其组成设备必须取得矿用产品安全标志（MA标志）。根据MA证书及其附件，结合使用说明书、主要零（元）部件一览表、电气原理图、系统拓扑图等进行选择。

（2）所选择的安全监控系统的网络架构、系统容量、通信协议等应符合本矿安全监测监控及信息化整体布局和发展的需要，并有利于监控信息的有机融合、深度挖掘与应用，最大限度发挥安全监控系统为煤矿安全生产保驾护航不可替代的重要作用，并为煤矿信息化和安全管理创造基础。

（3）尽量选用技术成熟先进、性能可靠、使用维护便捷的产品。在确保产品符合国家法规、标准和合同要求的前提下，突出产品的可靠性、安全性，安全监控系统组成设备均应为主流产品，且升级方便。

（4）优化选择技术能力雄厚、质量保障体系完善、售后服务体系及能力强、底蕴厚重的生产制造厂家的产品。相关生产制造厂家应具备专业的研发团队和研发中心，可提供从设计、生产、制造、安装、调试全方位的服务。具有先进的检验设备和完善的检验手段，对产品的生产过程、工艺等进行严格把控，并对产品进行各种功能测试，确保每批出厂产品都是检验合格的高质量产品。具备合理的服务体系、销售与服务网络，具有一支高素质的服务团队，从产品选型，到设备安装、调试及生产过程维护等进行一系列的服务，并提供优质的产品质量和售前售后服务。

（5）安全监控系统的具体选型应在详细比对分析的基础上确定。先经分析研究，确定满足本矿井要求的安全监控系统产品及其生产单位；再从其中择优选出不少于 3 个产品作为入围产品，从产品性能特点和指标、质量水平和保障能力、生产制造单位技术能力、研发创新能力和底蕴、服务体系和能力、技术经济性等方面进行比对分析，选择适宜本矿井需求的最优产品和最佳生产制造单位。

三、煤矿安全监控系统选型设计示例

以某煤矿为例，示范说明煤矿安全监控系统选型的方法、内容及相关工作重点。

（一）矿井概况

某煤矿位于某市南约 8 km，处在某煤田最南端。井田东、南和西部以露头为界（$-650\sim-50$ m），北部（深部）以 -650 m 等高线为界与某市毗邻。井田东西最长约 9 km，南北最宽约 5.5 km，面积约 33 km^2。井田地面海拔标高为 $+29.2\sim+31.7$ m，地势平坦，呈东北高西南低的趋势。

1. 矿井灾害情况

矿区为陆海过渡性气候，夏季炎热多雨，多东南风，最高温度一般为 35～39 ℃，雨量多集中在 6—8 月，年平均降雨量 1500 mm，区内流经的地表水系历

史最高洪水位为 +32.68 m。冬季寒冷干燥，多西北风，最低温度一般为 -12 ~ -15 ℃，最大冻土深度为 100 ~ 150 mm。矿区空气年平均相对湿度为 73%，地面大气压为 990 ~ 1041 hPa，最大风力 9 ~ 11 级。据记载，宿州—徐州一带自公元 925 年以来，曾发生有感地震 40 余次，最强地震（1668 年）波及本区的烈度为Ⅶ度。

矿井瓦斯含量较低，主要涌出气体为甲烷，另外有一定量的二氧化碳，其中甲烷相对涌出量为 2.03 m^3/t，二氧化碳相对涌出量为 1.15 m^3/t，属于低瓦斯矿井。煤尘具有爆炸性，爆炸指数为 17.24% ~18.71%。煤的自然发火倾向性为Ⅱ类，煤层发火期为 2 ~3 个月。

2. 生产布局

矿井的工业储量 172.49 Mt，可采储量 114.79 Mt，设计生产能力 1.2 Mt/a。矿井为立井两水平上下山开采，一水平标高 -330 m，二水平标高 -500 m。主井为暗斜井延深，副井为立井延深。矿井初期为中央分列式通风，回风井位于一水平中央采区上山上部煤层风氧化带外。主井、副井位于井田中央工业广场内。运输大巷和轨道大巷均布置在 5 号煤层地板岩石中，距煤层 30 m 左右，一水平标高 -330 m，二水平标高 -500 m。轨道大巷通过煤层底板绕道与采区轨道上山相连，运输大巷通过采区煤仓与采区运输上山相连。矿井采用带式输送机运煤，但因一水平东翼煤种不同，其使用了 3 t 底卸式矿车运煤。轨道大巷采用 8 t 架线式机车牵引、1.5 t 固定式矿车运料，采区轨道上山采用防爆绞车运输。主井为箕斗提升，副井为 1 t 双车单层罐笼提升。

3. 开拓采掘布置

井田生产煤层为 5 号煤层，首采采区东西走向长为 2700 ~ 3000 m，南北倾向长约 1485 m，采区垂高 280 m。采区布置 1 条轨道上山和 1 条带式输送机上山，均布置在煤层底板岩石中，轨道上山距煤层底板 8 m，运输上山距煤层底板 12 m，两者水平相距 15 m。采区上部车场为甩车场，中部车场为双道起坡不设高低道的甩入石门车场，采区下部车场为底板绕道式车场。采区变电所设在第三区段中央，呈“一”字形。

采煤工作面长度为 200 m，区段平巷采用单巷布置，回采下区段时，采用留小煤柱的沿空掘巷。采区分 7 个区段，采用下行左右两翼跳采的方法依次接替。一个工作面生产，另一个工作面备用。采煤方法为走向长壁综合机械采煤，后退式回采，一采次采全高，平均 2.75 m，全部垮落法管理顶板。矿井实行两班生产、一班检修，采煤班每班割煤 6 刀、每刀进 0.6 m、日循环进尺 7.2 m。

4. 矿井通风系统

根据矿井开拓部署及采、掘正常接替的需要，矿井配备了 4 个掘进工作面，其中：岩巷普掘头 2 个，煤巷综掘头 2 个。掘进采用局部通风机通风，每个掘进工作面配备 2 台 FD－Ⅱ型 2×22 kW 局部通风机，通风方式为压入式。

矿井采用抽出式机械通风，前期为中央分列式通风，后期为分区式通风。采区为轨道上（下）山进风，运煤上（下）山回风。采煤工作面采用 U 形通风方式，上行通风。矿井通风容易时期总风量 69.4 m^3/s，通风阻力 1008.92 Pa；矿井通风困难时期总风量 80.07 m^3/s，通风阻力为 14188.92 Pa。矿井主要通风机型号为 2K56No.24，$n=600$ r/min。

5. 矿井供电系统图

略。

6. 井下电气设备布置图

略。

7. 井下主要作业区域及人员分别情况

略。

（二）矿井安全风险分析

略。

（三）安全监控系统的选型分析

设计的内容方面，考虑到该矿的自身需要和工作重点，矿井安全监控系统的设计主要侧重于瓦斯浓度、一氧化碳浓度、温度、风速、负压等环境安全参数，附带也涉及少量的比较重要的开关量如风门的开关、绞车的开停、人行车的开停、带式输送机的开停、水泵的开停、局部通风机的开停等生产工况参数的监测监控。采用现有的成套的监控系统及其配套的附属设备，针对本矿井进行设备的选型和具体的布置安装。这样既能节省开发投资，提高经济效益，又能为系统日后的维修和管理提供便利。因此，本设计是结合煤炭行业本身的特点，重点放在系统及配套设备的选型、井下传感器的布置、分站的布置、地面中心站的布置、信息传输系统的设计等方面。采用结构化的设计方法，即从顶层到底层、从总体到局部、从初步到详细。

1. 监控范围确定

总体上说，监控范围涉及整个矿井。但由于本监控系统侧重于井下环境参数的监测，因此监控范围主要集中在各采煤工作面和采掘工作面。具体来说，主要有已 17－22062 综采工作面、已 17－21121 综采工作面、已－21051 综采工作面、已 17－23070 综采工作面，以及已 17－21081 掘进工作面、已 17－21011 掘进工作面、已 17－23060 掘进工作面、已 17－22091 掘进工作面。此外，各东、中、西采区的回风巷、人行道、材料道以及各大巷，井底车场以及各硐室也在监控范围之内。

2. 传感器的布置

矿用传感器大体可分为环境传感器和生产参数传感器两大类。环境传感器一般包括甲烷、一氧化碳、二氧化碳、温度、湿度、风速、负压、粉尘、烟雾等传感器，而生产参数传感器主要包括设备开停、料位、带式输送机称重、机组位置、带式输送机打滑、电压、电流、功率等传感器。结合该煤矿的实际情况，本设计中主要布置甲烷、一氧化碳、温度、风速、负压等环境传感器及风门开闭、绞车开停、人行车开停、带式输送机开停、水泵开停等开关量传感器。

针对所确定的监控范围及上述传感器布置方法，各监测量统计见表 3 -5 至表 3 -7。传感器用量统计表见表 3 -8。

表 3 -5　监测量统计表——采煤工作面　　台

监测区域	监测量名称	数量
己 17 -22062 综采工作面及其周围	瓦斯	5
	风速	1
	风压	0
	温度	1
	一氧化碳	1
	开停	0
	馈电	0
	风门	1
	氧气	1
	烟雾	1
己 17 -21121 综采工作面及其周围	瓦斯	4
	风速	1
	风压	0
	温度	1
	一氧化碳	1
	开停	0
	馈电	0
	风门	1
	氧气	1
	烟雾	1

表3-5（续）　　台

监　测　区　域	监测量名称	数　量
己17-21051综采工作面及其周围	瓦斯	5
	风速	1
	风筒	0
	温度	1
	一氧化碳	1
	开停	0
	馈电	0
	风门	1
	氧气	1
	烟雾	1
己17-23070综采工作面及其周围	瓦斯	5
	风速	1
	风筒	0
	温度	1
	一氧化碳	1
	开停	0
	馈电	0
	风门	1
	氧气	1
	烟雾	1

表3-6　监测量统计表——掘进工作面　　台

监　测　区　域	监测量名称	数　量
己17-21081掘进工作面及其周围	瓦斯	5
	风速	0
	风筒	2
	温度	1
	一氧化碳	0
	开停	2
	风门	0
	氧气	1

表 3-6（续） 台

监测区域	监测量名称	数量
己 17-21011 掘进工作面及其周围	瓦斯	5
	风速	0
	风筒	2
	温度	1
	一氧化碳	0
	开停	2
	风门	0
	氧气	1
己 17-23060 掘进工作面及其周围	瓦斯	5
	风速	0
	风门	0
	温度	1
	一氧化碳	0
	开停	2
	风筒	2
	氧气	1
己 17-22091 掘进工作面及其周围	瓦斯	5
	风速	0
	风门	0
	温度	1
	一氧化碳	0
	开停	2
	风筒	2
	氧气	2

表 3-7 监测量统计表——其余地点 台

监测区域	监测量名称	数量
风井和回风巷周围	瓦斯	3
	风速	3
	风压	0
	温度	4

表3-7（续） 台

监测区域	监测量名称	数量
风井和回风巷周围	一氧化碳	4
	开停	1
	风筒	2
	风门	2
	馈电	0
	风电瓦斯闭锁	0
所有井底车场和机电硐室周围	瓦斯	11
	风速	2
	风压	1
	温度	12
	一氧化碳	3
	开停	6
	馈电	2
	风门	5
	烟雾	3
	风电瓦斯闭锁	2

表3-8 传感器用量统计表 台

传感器类别	传感器名称	数量	预留量（30%）	合计
模拟量传感器	甲烷传感器	53	16	69
	风速传感器	9	3	12
	温度传感器	24	8	32
	一氧化碳传感器	11	4	15
	风压传感器	1	1	2
	氧气传感器	9	3	12
	烟雾传感器	7	3	10
	风筒传感器	10	4	14
开关量传感器	开停传感器	15	5	20
	风门状态传感器	11	4	15
	馈电传感器	2	1	3
	风电瓦斯闭锁传感器	2	1	3
总计		154	53	207

3. 分站的布置

由传感器输出的统一制式的信号必须进入井下发送装置才能进入下一级信息传输系统，这个发送装置称为井下分站。分站的作用是，收集接入的各种传感器送来的模拟信号并进行整理；根据中心站的命令将各种监测参数和设施、设备工作参数发送给中心站；接收中心站的控制信息，执行中心站的各种控制命令，控制所关联的设备、设施。一些智能化程度比较高的分站，在系统电缆断开后，分站仍能独立工作，如实现超限报警、断电、连续记录监测参数等。一般来说，分站备有备用电源，在电网停电时仍能继续工作。

按上述方法布置的分站数量统计见表3－9。

表3－9 分站数量统计表 台

分站序号	拟安装地点	传感器名称	数 量
1	2号回风井口	甲烷传感器	2
		开停传感器	1
		温度传感器	1
		一氧化碳传感器	1
		风速传感器	1
		风门传感器	1
2	己17－22091掘进工作面（1）	甲烷传感器	2
		温度传感器	1
		开停传感器	2
		风筒传感器	1
		氧气传感器	1
3	己17－22062综采工作面	甲烷传感器	5
		温度传感器	1
		风速传感器	1
		一氧化碳传感器	1
		氧气传感器	1
		烟雾传感器	1
4	东西带式输送机大巷西末端	甲烷传感器	3
		风门传感器	1
		开停传感器	2
		风筒传感器	2
		温度传感器	2
		氧气传感器	1

表 3-9（续）　台

分站序号	拟安装地点	传感器名称	数　量
5	己 17-22091 掘进工作面（2）	甲烷传感器	3
		温度传感器	1
		风筒传感器	1
6	己 17-22062 综采工作面轨道下山采区煤仓	甲烷传感器	2
		温度传感器	2
		一氧化碳传感器	1
		开停传感器	1
		烟雾传感器	1
7	中央变电所、泵房、进风井	温度传感器	1
		风速传感器	1
		开停传感器	1
		馈电传感器	1
		风电瓦斯闭锁	1
		风压传感器	1
8	主井、采区煤仓和爆破材料库	甲烷传感器	3
		一氧化碳传感器	2
		风速传感器	1
		温度传感器	2
		风门传感器	1
		烟雾传感器	1
9	己 17-21121 综采工作面	甲烷传感器	4
		一氧化碳传感器	1
		风速传感器	1
		烟雾传感器	1
		风门传感器	1
		氧气传感器	1
		温度传感器	1
10	己一变电所	馈电传感器	1
		温度传感器	1
		风门传感器	1
		风电瓦斯闭锁	1

表3-9（续）　　台

分站序号	拟安装地点	传感器名称	数　量
11	己17-21081掘进工作面	甲烷传感器	4
		开停传感器	2
		温度传感器	2
		风筒传感器	2
		氧气传感器	1
12	己17-21051综采工作面	甲烷传感器	6
		温度传感器	1
		氧气传感器	1
		风速传感器	1
		烟雾传感器	1
		一氧化碳传感器	1
13	1号回风井和己17-21011掘进工作面和绞车房	甲烷传感器	6
		风速传感器	1
		一氧化碳传感器	1
		氧气传感器	1
		温度传感器	2
		风筒传感器	2
		开停传感器	2
14	己三轨道上山采区煤仓和绞车房	甲烷传感器	2
		一氧化碳传感器	1
		风门传感器	4
		开停传感器	1
		烟雾传感器	1
		温度传感器	2
15	己17-23070综采工作面	甲烷传感器	5
		氧气传感器	1
		烟雾传感器	1
		一氧化碳传感器	1
		温度传感器	1
		风门传感器	1
		风速传感器	1

表 3－9（续）　台

分站序号	拟安装地点	传感器名称	数　量
16	己 17－23060 掘进工作面	甲烷传感器	4
		氧气传感器	1
		开停传感器	2
		温度传感器	2
		风筒传感器	2
17	3 号回风井和绞车房	甲烷传感器	2
		温度传感器	1
		开停传感器	1
		风门传感器	1
		一氧化碳传感器	1
		风速传感器	1

由表 3－9 可知，总计有 154 台传感器，需要 17 台分站。

4. 供电方式

本设计中分站由主电网供给 127 V 的交流电，此外各分站还备有备用电源用来应对井下突然停电或其他原因造成的分站断电。与分站相连的各传感器由分站统一集中供电。

5. 电缆

电缆分为井筒电缆、干线电缆和传感器电缆 3 种，其长度由通过井筒的长度、分站到主机的距离、传感器到分站的距离来确定，另外要保留 20% 的备用量。

井筒电缆的长度：

经测量估算，井筒电缆的长度为 $S_1 = 260$ m。

干线电缆的长度：

经测量估算，干线电缆的长度为 $S_2 = 6800$ m。

传感器电缆统计表见表 3－10。

表 3－10　传感器电缆统计表　m

分站序号	拟安装地点	传感器电缆用量估算
1	3 号回风井及周围绞车房	1500
2	己 17－21011 机、风巷掘进工作面	2500
3	己 17－22062 采煤工作面机、风巷	6100

表 3-10（续） m

分站序号	拟安装地点	传感器电缆用量估算
4	输送大巷及掘进头	6000
5	己 17-22091 机、风巷掘进工作面	5800
6	1 号煤仓	1200
7	副井及中央变电所	750
8	主井及 2 号煤仓及爆破室	2800
9	己 17-21121 采煤工作面机、风巷	5200
10	己一变电所	300
11	己 17-21801 机、风巷掘进工作面	4300
12	己 17-21051 采煤工作面机、风巷	6400
13	1 号回风井	800
14	3 号变电所及周围绞车房	3200
15	己 17-23070 采煤工作面机、风巷	4600
16	己 17-23060 机、风巷掘进工作面	3000
17	2 号回风井	1400
合计		55850

备用 20% 后，传感器电缆长度为 $S_3 = 55850 \times 1.2 = 67020$（m）。

6. 接线盒

选择使用 BHD2-45/380(660)-4T 型矿用隔爆型电缆接线盒，需要数量若干。其主要技术性能参数如下：

（1）额定电压：380 V/660 V。

（2）额定电流：45 A。

（3）电缆通数：4。

（4）最大电缆外径：24 mm。

（5）外形尺寸：270 mm×270 mm×112 mm。

（四）安全监控系统具体选型

1. 性能要求

（1）系统容量：不少于 255 台分站。

（2）系统最大测点数量：不少于 7000 台传感器。

（3）系统巡检周期指标：≤10 s。

（4）本地断电时间：≤2 s。

（5）异地断电时间：≤5 s。

（6）分站存储能力：不小于128 MB，存储时间不小于24 h。

（7）抗干扰能力：通过3级静电抗扰度试验，评价等级为A；通过2级电磁辐射抗扰度试验，评价等级为A；通过3级脉冲群抗扰度试验，评价等级为A；通过3级浪涌（冲击）抗扰度试验，评价等级为A。

2. 功能要求

（1）为保证监控系统数据完整性，系统必须具有断线续传功能。

（2）为保证监控系统断电可靠性，建议优先选用无主工作方式（分布式控制原理），即在监控系统主备机均关闭或地面至井下主通信线缆中断情况下，系统仍可实现异地断电。

（3）为保证监控系统数据完整性，建议优先选用具有巡检周期内数据采集、上传功能的系统，防止巡检周期内数据缺失，保证煤矿安全监察、管理及事故数据分析的准确性。

（4）系统应具有模拟量传感器、控制器、电源箱、分站等设备及通信网络的工作状态检测功能，当设备通信中断时及时发出故障报警。

（5）具有传感器、电源、执行器的即插即用功能，系统自动识别所接设备类型，无须人工定义其类型或量程等参数，仅需配置设备安装地点及断电关系即可使用。

（6）具有传感器在线标校、标较周期提醒功能，系统软件自动标识、记录传感器标校状态，减少标校窗口时间，缩短监控时段盲区，提高系统安全性。

（7）监控主机、传感器均具有分级报警功能，根据报警级别通知相关部门及负责人，实现报警信息分级响应。

——监控系统应具有瓦斯、一氧化碳等模拟量分级报警功能。

——监控系统可根据模拟量传感器浓度大小、超限持续时间、超限范围等，设置不同的报警级别，实施分级响应。各级别报警浓度值的设置可由矿井根据相关法规、标准和实际情况决定。

——系统传感器分级报警设置应分别基于传感器浓度大小、传感器超限持续时间等设置，也可有两种及以上组合进行设置，原则上级数不低于四级，各级的报警浓度、持续时间可根据煤矿实际情况设置。

——传感器可根据分级报警级别发出不同等级声光报警，以更准确地通知井下人员当前危险程度。

——井上、井下报警均应该满足分级报警要求且保持一致，监控系统上位机软件修改传感器分级报警、断电、复电门限后能自动地实时同步到传感器端，以保证监控系统传感器与上位机的配置一致性。

——具有语音功能的报警器还可通过语音提示报警区域、报警参数、报警级别等信息，监控系统主机报警信息栏除满足《煤矿安全监控系统通用技术要求》（AQ 6201—2019）规定外，还应考虑按颜色进行分级报警等级区分。

（8）监控系统应具有逻辑报警功能。根据巷道布置及瓦斯涌出等内在逻辑关系，实施逻辑报警，促进各类传感器的正确安装、设置、维护，监控系统的正常使用。根据《煤矿安全规程》的相关规定，结合矿井实际设置具体逻辑关系，系统软件应具备逻辑报警设置界面，且能同时配置不少于3组逻辑关系。

（9）系统定期进行自诊断、自评估，能够预先发现系统在安装使用中存在的问题。自诊断的内容至少应包括：

——传感器、控制器的设置及定义。系统应具有传感器、控制器的设置及定义诊断、评估功能。根据《煤矿安全监控系统及检测仪器使用管理规范》（AQ 1029—2019）的有关规定，自动判断矿井在用传感器报警、断电、复电门限是否正确，当检测到传感器报警、断电、复电门限设置不满足相关标准及规定时发出报警。

——系统内显示产品（分站、传感器、网关及执行器）固件版本，以便于系统内设备运行版本一致，方便问题查询。

——气体类模拟量传感器维护、定期未标校提醒、标校超时提醒。在《煤矿安全规程》《煤矿安全监控系统及检测仪器使用管理规范》（AQ 1029—2019）和设备使用说明书规定的标校周期未进行标校，系统发出报警提醒。如系统具有在线标校功能（在传感器端可设置、取消传感器标校状态，并实时传输至地面主机，主机自动将标校期间的数据设置为标校状态），当传感器设置标校时间超时后报警提醒，标校时间煤矿可以根据实际情况自行设置。

——系统应具有模拟量传感器、控制器、电源箱、分站等设备及通信网络的工作状态检测功能，当设备通信中断时及时发出故障报警。

——中心站软件自诊断，包括双机热备、数据库存储、软件模块通信。例如：双机热备异常，发出报警信息；数据库存储异常，在数据库异常关闭、密码不正常、数据存储失败、数据库连接失败等异常情况时，发出报警信息；软件模块通信异常，根据软件实际架构，当软件模块异常关闭或工作异常时，发出报警信息。

——系统需具备基于云的远程诊断功能。

（10）系统应具备数据应用分析功能。系统升级改造后，必须具备数据分析与应用功能，对传感器间的关联性进行分析，对伪数据进行标注，对异常数据进行分析，并实现数据分类汇总统计，至少应包括以下内容：

——传感器标校期间的数据分析功能。传感器应具备标校状态输出，当传感器进入标校状态时，系统应能自动识别，标校完成后，传感器应立即自动恢复正常工作。软件界面中的数据列表和曲线图中均应自动区分标校期间数据信息并进行明显标注。

——异常数据分析功能。系统能够自动识别运行过程中的“突变”数据，并进行标注、显示。

——瓦斯涌出、火灾等的预测预警。系统提供瓦斯涌出量预测预警功能，主要根据井下瓦斯浓度、风速等数据预测瓦斯涌出量，并进行预测预警。系统根据一氧化碳、温度等传感器数据对煤矿井下火灾进行预测预警。

——大数据分析功能。监控系统根据融合系统情况，提供综合数据分析、显示功能等。

——系统应具有与煤矿安全监控系统检查分析工具对接数据，满足煤矿监管监察要求。在数据对接时要确保计算机网络安全。

（11）为加强管理，监控系统宜具有自动生成设备运行台账功能，从设备初次到矿安装到设备从系统最后一次移除，其间所有的报警、故障、断电、馈电异常、标校、测点修改记录、添加记录、删除记录等自动记录，并形成台账。

（12）具有数据加密功能，采用同态加密、SHA256、SHA512、DES、RSA等混合加密算法，实现对监控系统配置信息、历史数据安全加密、存储，防止人为登录数据库对数据进行非法篡改。

（13）采用大容量数据库实现密采监测值数据存储，保证监控系统数据完整性。

（14）具有GIS图形、矢量图形展示功能，GIS地图中所有传感器的坐标根据拖放位置保存在数据库中，当地图进行修改更换后，所有的传感器保持原来的位置不变，并会在新的GIS地图上加载所有传感器信息。

（15）井下所有电源（包括环网交换机）具有管理功能，在安全监控系统上位机界面显示电源电压、本安电流输出和电源远程充放电，实现智能电源实时在线监测和远程充放电管理。

（16）监控系统具有达标自检测功能，通过构建矿井模型，检测矿井传感器漏装，报警、断电、复电门限设置错误等异常问题，并进行报警。

（17）具有移动信息发布功能，可查看监控系统报警、断电、故障、实时数据等信息。

（18）具有井上、井下多系统融合功能，可接入人员定位、IP广播、视频监测、提升监控、带式输送机集控、水泵监测、电力监测等系统，实现多系统联动。

（19）更快的响应速度：系统采用监测数据主动上传通信机制，提高传输效率和系统响应速度，减少异地断电时间。

（20）设备级数据融合：实现井下设备级数据及信息融合，节省系统建设成本，减轻系统维护工作量。

（21）地面信息融合：电力监测、无线通信、应急广播、矿井提升等系统的地面信息融合，并将各业务系统数据进行“一矿一图”式信息显示，方便煤矿用户更直观、便捷地了解井下情况，并实现井下联动报警、应急救援与指挥等。

（22）信息引导、就地显示：支持现场环境数据井下本安显示牌接入并就地显示，同时在紧急情况下进行避灾指引或导航。

（23）方便煤矿用户使用、维护、培训。系统软件界面友好，方便调用，强化帮助功能，具有数据筛选、过滤功能，方便信息查询。不同功能的软件界面风格应相同，不同查询内容对应的查询条件和界面布局应保持一致；应具备数据列表自定义页面，可供具体用户对其最关注的数据进行定制化显示等；应具有打印功能，可在当前页面中直接打印，不需要切换到其他页面进行打印。

3. 产品升级要求

产品应具备可靠、可变和可扩展的能力，特别是主干网络应预留一定能力，以便于扩展，网络交换结构也应能根据网络扩容需要灵活地扩大容量。软件应具有独立知识产权，应保证其后续研发和升级，以确保对未来新业务的支持。系统采取开放式结构，以适应技术的更新换代。

4. 生产制造厂家要求

（1）安全监控系统的生产制造厂家具有大于或等于2亿元的注册资本，以保证安全监控系统的质量和后续的生产服务。

（2）生产制造厂家需严格按照国家标准、行业标准的有关规定从事安全监控系统的生产、检验工作，并不断完善改进，按照《质量管理体系　要求》（GB/T 19001—2016/ISO 9001:2015）和《国家计量制造生产许可现场考核管理办法》的要求进行体系管理，定期学习质量管理手册、程序文件及操作规程等体系文件，并进行全面贯彻、执行。

（3）具备一定数量的高级职称专业技术人员，并具有大量的检测试验设备，能够模拟井下环境检测、井下风巷环境检测、风硐校验等，为产品的开发、设计、创新、制造、安装、调试等提供全方位服务。

（4）属于国家高新技术企业，并具备健康向上的企业文化和历史底蕴，能够处理好企业目标与个人目标的矛盾，促进员工优秀成长。

（5）具有很好的服务市场，具备优秀的服务团队，能在售前售后环节对安全监控系统的选择、安装、调试提供全面服务。

5. 安全监控系统选择

通过初步分析选择出3种符合上述要求的安全监控系统，分别是KJ××煤矿安全监控系统、KJ×××煤矿安全监控系统和KJ397X煤矿安全监控系统。

1）KJ××煤矿安全监控系统

KJ××煤矿安全监控系统是以工业控制计算机为核心的分布式监控系统，主要由地面中心站、数据传输接口、网络设备、图形工作站、多媒体网络终端、井下系列化监控分站及电源、各种矿用传感器、控制器及监测子系统等组成。整个系统由地面监控中心站集中连续地对地面和井下各种环境参数、工况参数以及监测子系统的信息进行实时采集、分析处理、动态显示、统计存储、超限报警、断电控制和统计报表查询打印、网上共享等；井下监控分站及电源完成对各种传感器的集中供电，并对采集到的传感器信息进行分析预处理，超限可发出声光报警和断电控制信号，同时与地面进行数据通信。

KJ××煤矿安全监控系统地面部分采用星型拓扑结构，以以太网、局域网方式运行，网络协议支持TCP/IP、NETBIOS。监控软件运行平台全面支持Window 95/98－NT/Web操作系统。井下网络采用树型拓扑结构，安装灵活，可靠性高。

2）KJ×××煤矿安全监控系统

KJ×××煤矿安全监控系统是一个分布式微计算机网络，由地面设备、井下设备和连接它们的传输网络三大部分组成。传输采用树状总线方式，井下和地面设备全部连接在一对传输总线上。地面由功能强大的计算机组成，习惯称其为“主站”（简称主机），井下设备核心是KJF××型监控仪，俗称“分站”（简称监控仪）。具备信息的采集传输、呼叫信息下发、应答信息上传的作用。监控系统的信息处理集中在井下分站（监控仪）和地面主站（计算机），还可以通过计算机局域网或因特网构成大型监控网络，能够实现实时控制、过程控制、自诊断控制、数据存储、系统报警、网络共享监测主机数据功能等。

3）KJ397X煤矿安全监控系统

KJ397X煤矿安全监控系统是徐州江煤科技有限公司自主研发的产品，有近10年的历史，其技术成熟、品质优良、工艺精湛，备受业界关注，特别是软件和硬件均有突出的技术性能。该系统的优势主要体现在以下方面：

（1）多功能分站融合设计：可以融合瓦斯监控、人员定位、应急广播、其他无源触点控制回采集系统。

（2）多级保护电路设计：在原有2级保护的情况下，增加到3级保护，使之具有 A 类设备的等级要求。

（3）多网络融合设计：集成现有矿用通信总线、控制总线、网络通信、光纤通信于一体。

（4）分站环网模式设计：传统分站结合工业环网，分站单独组环，实现相切环、耦合环、相交环等高端应用。

（5）光纤旁路设计：在光交换电路中，实现旁路保护，当光模块损坏时，自动切换到其他支路上，使得通信更加稳定可靠。

（6）RS485 通信自动仲裁设计：一旦单片机系统故障或者其他节点故障，就会导致整个 RS485 通信系统瘫痪，故加入相应的保护电路自动规避故障节点，增加通信可靠性。

（7）大容量板载存储和移动设备存储交互设计，双备份：系统运行中，对重要事件如瓦斯断电、超限联动等事件执行双备份。

（8）整合矿上管理平台：可以通过上位机将每个区域的隐患排查信息和其他安全管理信息发布给对应区域分站，实现矿井的井下在线安全实时管控。

（9）分站本地化显示：直观显示所接传感器、读卡器的数据，同时以不同的分级报警颜色显示设备报警状态，该状态和底层传感器的分级报警一致，同时，可以显示该区域下每个人员的姓名。

（10）监控系统地面可融合人员定位、应急广播系统、调度通信系统、LED 信息引导系统，具有 GIS 一张图综合数据显示和应急联动功能。

（11）远程监管功能：通过移动端实时浏览煤矿监控系统各个设备运行的情况。

（12）信息推送：支持报警后短信推送、微信推送、钉钉推送、邮件推送功能。

（13）数据预测预警分析功能：对煤矿井下危害气体实时监测，对大量的历史数据进行挖掘分析后，实现对瓦斯等危害气体发展趋势进行预测。

4）对比选型

KJ397X 煤矿安全监控系统相对于 KJ××煤矿安全监控系统和 KJ×××煤矿安全监控系统来说，具有领先的技术、简单的系统结构、高可靠高标准的技术性能、广泛的兼容方法、丰富的可扩展的能力、充满创新的软件等特点。

这三种煤矿安全监控系统虽然在某些装置的价格上有些差别，但总体来说价格相当，考虑到系统本身的兼容性以及后续维护和再开发的费用，选择 KJ397X 煤矿安全监控系统。

（五）系统配置清单

根据要求进行系统配置，其配置清单见表 3－11。

表3-11 系统配置清单

序号	设备名称	规格型号	单位	数量
1	主备服务器	IBM 3650: 1 * Intel Xeon Silver 4108 8C 1.8GHz, 1 × 16GB DDR4, 8 × 2.5 英寸盘位, 2 × 1.2TB 10k SAS, RAID730/8i/1GB Cache 支持 0,1,5,4 × 1GB LOM, PCI 扩展, K620 2GB 显卡, 550W 白金, 2U 机箱, 外置 DVD 光驱、键盘, 鼠标, 22 英寸显示器, 含服务器 Win Server 2012 操作系统盘及 SQL 数据库	台	2
2	客户端	研华 610L I5 - 2400 16GB 内存, Corei7 3.4GHz, 512GB SSD + 1TB 硬盘, 集显, 双千兆网卡, DVD 光驱, 键盘, 鼠标, 23 英寸液晶显示器, 含 Win7 系统、SQL2012 数据库	台	2
3	地面声光报警器	KJ379SGB	台	2
4	电源防雷器	DZ47Y - 10/2P - 385	台	1
5	监控系统软件	KJ379X, 含上传软件	套	1
6	多系统融合模块	人员、广播融合、GIS 模块	套	1
7	网络切换器	KL1508A 监控中心通过网络查看服务器数据	套	1
8	激光打印机	M436n: A3、A4（三合一打印、复印、扫描）	套	1
9	千兆防火墙	USG6305	套	1
10	UPS 电源/电池组	5 kV·A/4 h	套	1
11	光纤维护工具箱	光纤工具箱 1 个, GR27 光纤切割刀 1 把, 光功率计 1 个, 红光笔 1 只, 米勒钳 1 把, 皮线钳 1 把, 钢丝钳 1 把, 斜口钳 1 把, 凯夫拉剪刀 1 把, 酒精棉, 收纳盒, 二合一定长开剥器, 陶瓷芯等	套	3
12	标准机柜	42U: 网络机柜, 600 mm × 1000 mm × 2000 mm、8 位 10A 输出 PDU 插座	台	2
13	录音电话	步步高 198B: 具备内存 8 GB、录音 3000 min、录音功能、回放功能	台	2
14	光纤熔接机	KL - 360T 套装	套	1
15	网线测试仪	NF - 858C	台	2
16	万用表	AC 890C	台	7
17	电烙铁套装	二合一带热风枪	套	5
18	锂电池冲击钻	5.2 A·h 双电快充、20 V	把	2
19	风动冲击钻	VL - 138	台	1

表3-11（续）

序号	设备名称	规格型号	单位	数量
20	便携式甲烷校验仪	JMJX-I具备校验甲烷传感器	台	5
21	地面核心交换机	ICS5028G（不少于4个千兆光口、4个百兆光口和8个百兆电口）	台	3
22	井下交换机	KJJ24（不少于2个千兆光口，8个百兆光口和16个百兆电口）	台	7
23	矿用本安型分站（含光口、电口）	KJ379X-F	台	30
24	矿用隔爆兼本安型不间断电源箱	KDW660/24B(X)电源箱，输入电压AC 127 V/AC 380 V/AC 660 V，输出电压DC 22.5 V，完全充电后，满负载连续工作时间≥4 h	台	30
25	矿用本安型声光报警器	KXB24(X)	台	30
26	甲烷传感器	GJC4X(A)，量程(0~4)% CH_4	台	50
27	激光甲烷传感器	GJJ100X(A)，量程(0~100)% CH_4	台	10
28	矿用浇封兼本安型断电馈电控制器	KDG0.09/24(X)，本安浇封型、具有断电馈电功能	台	15
29	矿用设备开停传感器	GKT5L(X)，响应时间≤3 s；工作电压DC 9~24 V；工作电流≤20 mA	台	35
30	矿用一氧化碳传感器	GTH1000X(A)，量程0~1000 ppm	只	21
31	矿用双向风速传感器	GFCY25/999(X)，量程0.1~15 m/s	台	10
32	煤矿用负压传感器	GPD5FX(A)，量程0~5 kPa	台	3
33	矿用温度传感器	GWD100X(A)，量程0~100 ℃	台	20
34	矿用风筒风量开关	GFT10(X)，响应时间≤2 s；工作电压DC 9~24 V；工作电流≤30 mA	台	10
35	矿用烟雾传感器	GQG5(X)，响应时间≤20 s；工作电压DC 9~24 V；工作电流≤30 mA	台	22
36	矿用水位传感器	GUY10X(A)，量程0~10m	台	2
37	矿用风门开闭状态传感器（含语音功能）	GFK60B，带语音播报	套	20
38	氧气传感器	GYH25X(A)，量程(0~25)% O_2	台	15
39	红外二氧化碳传感器	GRG5HX(A)，量程(0~5)% CO_2	台	6
40	煤矿用粉尘传感器	GCG1000(A)，量程0.1~1000 mg/m^3	台	10
41	矿用温湿度传感器	GWSD100/100X(A)	台	5
42	传输电缆	MHYVP $2\times3.3\ mm^2+4\times0.85\ mm^2$（6芯、国标）	m	30000

表 3-11（续）

序号	设备名称	规 格 型 号	单位	数量
43	电源线	MVV 3×2.5（国标）	m	3000
44	阻燃光缆	MGTSV-12B（环网用、国标）	m	20000
45	传输光缆	MGXTSV-8B（国标）	m	10000
46	网线	超五类	箱	3
47	矿用隔爆型三通接线盒	BHD4-40/660（380）3T	个	50
48	辅材	光缆熔接、尾纤、扎带、三通、五通接线盒、插板、各类传感器保护盒（需现场定制）、分站到传感器之间信号线保护套（需根据现场实际使用量计算、要求每根 30 m）等。30 台分站光纤级联需用辅材	批	1
49	机房空调	3 匹	台	1
50	光纤通断仪	光纤测试仪或光时域反射仪 OTDR	台	2
51	四通	JHH2/3/4	个	100
52	六通	JHH6 本安型接线盒	个	100
53	二通	隔爆型接线盒	个	30
54	馈电传感器	KDG0.09/24(X)	台	30
55	组合工具	专用	套	5
56	单相调压器	220 V	台	1

（六）设备安装与竣工验收

略。

（七）维护与管理

略。

（八）安全培训

略。

（九）建设进度与工期

略。

（十）投资概算与资金筹措

略。

（十一）存在问题分析及其他相关内容

略。

第四章 煤矿安全监控系统的使用维护与管理

随着科学技术的发展，煤炭生产自动化、信息化、智能化的快速推进，安全监控系统向着综合、集成、智能的方向发展，在准确性、灵敏度、可靠性、稳定性和易维护性等方面有了质的飞跃的同时，也对安全监控系统的使用维护管理提出了更高、更全面的要求。管好用好煤矿安全监控系统，更有效地发挥安全监控系统在煤矿安全生产中不可替代的重要作用，对煤矿安全生产和煤炭工业的持续健康高质量发展具有重大意义。

第一节 煤矿安全监控系统使用维护管理的基本要求

国家确定的“通风可靠、抽采达标、监控有效、管理到位”煤矿瓦斯综合治理“十六字”工作体系，明确监控有效的基本内涵是装备齐全、数据准确、断电可靠、处置迅速。监控有效既是管好用好煤矿安全监控系统的目标，也是基本要求。要实现这一目标要求，必须加强管理，并努力实现标准化、程序化、规范化。

一、管理要求

管好用好煤矿安全监控系统，管理是关键。首先，必须是思想上高度重视；其次，要有完善的管理制度和规范的工作流程，并强化落实；最后，就是要加强监督落实，提高制度的落实力和决定的执行力，加强职工队伍建设，文明生产、文明施工。

（一）思想上高度重视

思想是行动的先导，思想上重视是抓好各项工作的前提。煤矿作为安全监控系统的使用者，广大从业人员必须正确认识到安全监控系统在煤矿安全生产中的重要地位和作用，摆正安全与生产之间的关系，做到不安全不生产。

从表面上看，安全监控系统的报警、断电操作会强制作业现场停止作业、断电撤人，影响生产进度，导致生产单位对安全监控系统有着抵触情绪。但是从根本上来讲，安全监控系统却是保证煤矿生产正常进行的最有效工具，正是由于安全监控系统的连续不间断监测、预警、控制，及时发现、处理和解决局部地点出现的隐患及问题，防微杜渐，把事故消灭于萌芽状态，防止事故的发生发展，从整体上保证煤矿正常生产秩序，实现安全生产。

煤矿安全监控系统是矿工的“保护神”，必须保证 7×24 h 连续、稳定、可靠地运行，任何中断、故障或不可靠都可能带来隐患，甚至造成事故。随着煤炭工业的发展、煤矿装备水平的提高、矿井延深及灾害事故风险的加大，井下空气环境和电磁环境日益复杂化，采掘速度的提升造成各种变化的加快，影响煤矿安全监控系统稳定可靠运行的因素在增加，一旦发生故障或者事故，造成的影响也可能更加严重。

随着通信技术、计算机技术、互联网技术、云计算、边缘计算、海量数据分析与储存技术，预测预警技术的发展，煤矿安全监控系统朝着全数字化、智能化、高可靠性、多系统融合及预测预警一体化方向发展，技术含量在急剧提升，复杂性显著增强，管好用好煤矿安全监控系统的难度在成倍增加。因此，必须从思想上比以往更深刻地认识到做好煤矿安全监控系统使用维护管理的重要性、必要性和艰巨性，采取科学有效的对策措施，以真正发挥出其不可替代的作用。

（二）建立健全管理制度，规范工作流程

管理制度是对一定的管理机制、管理原则、管理方法以及管理机构设置的规范，是实施一定管理行为的依据，是社会再生产过程顺利进行的保证。合理的管理制度可以简化管理过程，提高管理效率。管理制度由权威管理部门制定，在其适用范围内具有强制约束力，一旦形成不得随意修改和违反。管理原则或管理方法一旦形成制度，与之相抵触的其他做法均不能实行。各种管理制度都有特定的适用范围，在这个范围内所有同类事情均需按此制度办理。管理制度一旦发布实施，在一定时间内不要轻易变更，否则无法保证其权威性。但这种稳定性是相对的，当现行制度不符合变化了的实际情况时，又需要及时修订。管理制度具有社会属性。

俗话说“没有规矩，不成方圆。”治理国家离不开“法”，管理企业同样也离不开“法”。对于单位、部门、某一系统来说，“法”就是规章制度，有了规章制度，管理起来就有据可依，该干什么，该怎么干，遇到问题该怎样处理，才会有章可循。管理才能够走向规范化、流程化、严谨化、公正化。但是，有了制度就一定能够做好该项工作吗？众所周知，有了制度得不到执行或执行不到位，或者制度的制定不够合理或者不够人性化，依然可能事倍功半，甚至酿成悲剧。因此，在意识到制度的重要性之后，还要进一步科学地规划制度，让制度更加合理完善。在好的制度和制度环境下，坏人无法做坏事；在坏的制度和制度环境下，好人无法充分做好事。把制度制定好，是制度建设的重要前提。好的制度必须科学合理、实事求是，符合客观规律并体现人性化。这就要求在制定制度时，要深入调查研究，多让员工参与其中，只有这样才能制定出完善、科学、合理、可行的制度，也才能让员工更好地理解和执行制度。

同样应深刻认识到“流程管事”的重要性。流程就像人体的血脉，将相关的信息数据根据一定的条件，从一个人输送到其他人员，得到相应的结果后再返回到相关的人员。一套科学合理的流程体系往往能够从中受益，从烦琐的事务中解放出来，也有助于员工在执行过程中明确自己在正确的时间做正确的事，明确工作的顺序及需要达到的标准。科学合理的流程能够提高工作效率，降低成本。反之，如果员工工作没有流程规范，彼此之间职责不清，工作效率就无从谈起。

制度是用来约定管人的规范，流程是用来约定做事的规范。在科学、合理的制度约束下，按照统一标准的流程执行，就是管理的基本要义。所以要制定制度，让员工明白什么事情应该做，什么事情不应该做；要规范流程，让员工知道事情按照什么顺序和标准做。

（三）强化监督落实，提高制度的落实力和决定的执行力

制度的生命力在于执行。制度一旦建立就必须不折不扣地执行，维护制度的权威性，否则再好的制度也会形同虚设。在一定意义上执行制度比制定制度更为重要，执行制度实际上是排除执行干扰、解决制度梗阻的问题。

应当建立制度执行考核奖惩机制。制度考核是检验制度执行的重要手段，要保证制度落实，必须把制度考核纳入绩效考核体系，建立制度执行考核奖惩机制，对制度执行好的单位和个人进行表彰奖励，对制度执行差的单位和个人给予问责处罚。

应当建设制度执行文化，创造高效执行力。制度执行必须依赖执行文化的力量，执行文化是企业提高执行力所要追求的最高境界。建设制度执行文化的核心就是要营造尊重制度、以制度作为行动最高准则的文化氛围，培育团队执行文化。制度的最终执行，需要一个单位和组织的全体人员共同遵守。

“千里之堤，溃于蚁穴。”在煤矿安全监控系统使用与维护管理中，应通过制度的贯彻落实和执行，坚决不放过任何一个可能影响安全监控系统稳定运行的隐患。对于发现的任何隐患，必须及时有效消除。例如，甲烷传感器的现场吊挂看似简单，实则很严格，距离帮、顶的距离必须满足相关规定要求。如果安装位置超距，就无法检测到正确的甲烷数据，从而留下事故隐患。

（四）建立健全管理机构，强化队伍建设

煤矿安全监控系统作为一种科技含量较高的安全技术装备，要想发挥其应有的重要作用，必须有专业的管理机构和高素质的专业人员来使用、维护和管理。煤矿必须配备专职人员对煤矿安全监控系统进行管理，并建立完善的运行机制。煤矿及实现区域联网的煤矿集团公司应配备足够的专门人员负责系统的运行和维修管理。

煤矿要根据实际情况成立监控中心，配备监控管理人员和监控工程师、中心站值班人员、监控设备地面检修人员、传感器标校人员和井下设备安装维护人员等。根据井下交换机、监控分站、电源箱、传感器、断电器、报警器等的使用数量，综合考虑、配齐安全仪器监测工。所有煤矿安全监控系统和区域监控联网系统的管理、使用和维护人员，必须经过培训、考试合格，取得特种作业人员资格证，持证上岗。必须建立特种作业人员管理台账，准确记载特种作业人员的姓名、性别、工种、年龄、上岗证号及上岗证复印件等。

煤矿要成立专业的传感器标校组，负责监控设备调校工作；建立标校室，配备甲烷、一氧化碳等标准气样，甲烷传感器、风速传感器、温度传感器、压力传感器和一氧化碳传感器等的标校装置及检修使用的仪器仪表。对于技术力量比较薄弱的煤矿，可由煤矿安全监控系统技术服务机构，依法为中小煤矿开展技术服务活动。

应该指出，从事安全监控工作的人员不仅要懂得通信技术、计算机技术、互联网技术、云计算等先进的科学技术，还需要掌握煤矿井下采、掘、机、运、通等多种专业知识，应是一种复合型人才，对其综合素质的要求也较高。而复合型人才的培养一直是人才培养的软肋，现实情况是管通风的不一定懂机电，搞机电的不一定懂通信，搞通信的又不一定懂计算机，由此造成现阶段安全监控从业人员的业务水平参差不齐，严重制约着安全监控系统重要作用的充分发挥。由于煤矿安全监控系统的重要功能是对井下通风、瓦斯状态进行实时监测监控，目前大多数煤矿的安全监控人员隶属于矿通风部门，其可能对“一通三防”非常专业，但对机电、计算机、通信的知识可能就有所欠缺，存在技能短板制约。因此在监控人员的培养方向上，学科交叉、知识融合、技术集成是发展方向，是大势所趋。只有建立了一支高素质的专业队伍，才能切实有效地发挥安全监控系统在煤矿生产中的安全保障作用。

注重加强监控队伍的继续教育和新知识培训。当前科学技术飞速发展，尤其是网络通信技术、数据库技术及自动化技术的日新月异，必须加强对监控队伍的继续教育，促进安全监控人员学习新知识，掌握新技术，加速知识的更新换代，加强知识的积累和业务水平的提高，更好地适应安全监控技术发展的要求，为管好用好煤矿安全监控系统奠定基础。同时，也要重视继续教育的质量和实效，将继续教育与考核、聘任、晋升等密切结合。

（五）建立健全安全仪器监测工操作规程并严格遵守

操作规程是为保证矿井生产、工作能够安全、稳定、有效地运转而制定的，相关人员在操作设备或办理业务时必须遵循的程序和步骤。管好用好安全监控系统，建立完善操作规程并在实践中严格遵守是首要的基础条件。操作规程包括设备操作规程、仪器设备使用规程、维护规程等。

设备操作规程是操作者正确掌握操作技能的技术性规范。其内容是根据设备的结构和运行特点，以及安全运行等要求，对操作人员在其全部操作过程中必须遵守的事项、程序及动作等作业规定。一般包括操作设备前对现场清理和设备状态检查的内容和要求，操作设备必须使用的工器具，设备运行的主要工艺参数，常见故障的原因及排除方法，操作程序和注意事项，维护的具体要求，安全防护装置的使用和调整要求，交接班的具体工作和记录内容等。

仪器设备使用规程是根据仪器设备的特性和结构特点，对使用者使用设备时作出的规定。其内容一般包括仪器设备使用的工作范围和工艺要求，使用者应具备的基本素质和技能，使用者的岗位责任，使用者必须遵守的各种制度（如定人定机、凭证操作、交接班、维护保养、事故报告等制度），使用者必备的规程（如操作规程、维护规程等），使用者必须掌握的技术标准，操作或检查必备的工器具，使用者应遵守的纪律和安全注意事项，对使用者检查、考核的内容和标准。

仪器设备维护规程是对仪器设备日常维护方面的要求和规定。坚持执行设备维护规程，可以延长设备使用寿命，保持安全、舒适的工作环境。其主要内容应包括设备要达到整齐、清洁、坚固、润滑、防腐、安全等的作业内容、作业方法、使用的工器具及材料、达到的标准及注意事项，日常检查及定期检查的部位、方法和标准，检查和评比操作工人维护设备程度的内容和办法等。

在煤矿安全监控系统使用维护管理过程中，必须建立健全安全仪器监测工操作规程，汇编成册，并根据矿井生产环境的变化及时修改完善。同时要求安全仪器监测工要不断学习操作规程，牢记操作规程，遵守操作规程，严格遵循操作规程规定的程序和步骤，养成良好的工作习惯。

（六）严格安全监控系统及设备的把关准入

煤矿安全监控系统作为一项涉及传感技术、计算机技术、防爆技术、数字传输技术和通风安全技术等多领域、多学科的高科技产品，目前生产制造单位众多，产品各异，技术水平参差不齐，虽然为用户提供了更多的选择机会，但也可能会使用户在选择安全监控系统时眼花缭乱，无从下手，甚至会造成系统在使用维护中存在诸多困难。无论安全监控系统软件功能是多么的先进、界面是多么的花哨，系统的稳定和可靠运行仍然取决于底层的硬件设备。如果安全监控系统中的传感器或分站等硬件设备不可靠，问题频发，这个系统的作用必然大打折扣，不仅起不到应有的作用，反而还可能造成其他问题，甚至引发重大事故隐患。因此，在进行安全监控系统选型设计和入矿验收时，一定要把好安全监控系统及设备的准入关。

严格安全监控系统及设备的把关准入，应做好以下 3 个方面工作：

（1）必须清醒地认识到供应商选择的重要性。供应商的评价选择是供应合作关系运行的基础，选择好的供应商是供应链管理的关键环节。应选择技术力量雄厚、历史底蕴厚重、产品质量过硬、市场占有率高、信誉度好、售后服务及时的供应商成为战略合作伙伴，必要时应进行供方考核，组织专家对供方的技术能力、质量管理水平、售后服务等进行综合评估后确定。条件成熟时，应建立供方入围制度，明确供方入围条件、程序、考核及维护办法等。合同签署中应明确使用维护要求，包括系统及设备的故障排除、设备损坏后的维修和更换、线缆检查与维护、系统改造和升级技术方法与要求、用户操作人员培训等方面。

（2）在选型设计过程中必须保证所选择的安全监控系统及设备符合产业技术发展方向，具有技术先进性和可升级、可扩展性，保证使用过程中的工作稳定且可靠性高；电路结构简单，软硬件搭配恰到好处，便于安装、维护检修；系统功能强大，成本低、性价比高；供应商的准时交货能力和持续改善能力；供应商存货政策，如果供应商的存货政策能够满足自己随时持有备件存货的要求，将有助于突发故障的应急处置；以及供应商的信誉与财务状况的稳定性等。

（3）煤矿必须建立安全监控设备准入制度，一定要按照矿用产品安全标志证书规定的名称型号、安标编号选择传感器、监控分站、断电控制器等关联设备，禁止接入安全监控系统主要零（元）部件及重要原材料明细表之外、未进行安全关联检验的关联设备（即非系统设备），避免非系统设备接入安全监控系统后，对系统整体的防爆性能、电磁兼容性能和数据的准确传输性能产生影响。监控设备到矿验收时，应当检查产品合格证、煤矿矿用产品安全标志，并按照《煤矿安全规程（2016）》第四百四十八条的规定核查与安全标志审核的一致性。

二、目标要求

管好用好煤矿安全监控系统要做到监控有效。监控有效的基本要求是装备齐全、数据准确、断电可靠、处置迅速，这也是管好用好安全监控系统目标要求。

（一）装备齐全

装备齐全就是煤矿装备的安全监控系统的传感、传输、控制、处理、存储、供电、联网以及保障、防护、隔离等设备应保证种类齐全、功能完好，数量（包括备品、备件数量）和安装位置及方法等符合《煤矿安全规程》《煤矿安全监控系统及检测仪器使用管理规范》（AQ 1029—2019）及上级主管部门等的规定。

为保证装备齐全，应做好以下 5 个方面工作：

（1）装备安全监控系统的煤矿（包括生产矿井、新建和改扩建矿井）应编制安全监控系统设计方案，设计方案应对安全监控设备的种类、数量和位置，信号线缆和电源电缆的敷设，断电区域等作出明确规定，并绘制煤矿安全监控布置图和断电控制图，经上一级管理公司审批后方可实施；系统安装调试完毕，试运行不低于 3 个月，经上一级管理公司组织验收，取得煤矿安全监控系统验收文件；煤矿安全监控系统应实现多网、多系统融合和联动，实现井下有线和无线传输网络的有机融合；煤矿安全监控系统应与上级管理部门联网；矿井关闭时，需提交闭坑报告，经上一级管理部门同意后，才能停止煤矿安全监控系统的运行。

（2）监控中心站必须按规定装备齐硬件设备设施及配套的各类监控软件，在动力配电、恒温、恒湿、防尘、防静电、防雷击等方面，均需根据现场条件准确、合理地配备相关设备；必须实现双回路供电，配备有不小于 4 h 在线式不间断电源；监控主备机及联网主备机必须实现双机热备，连续运行，不得采用虚拟机替代；中心站有可靠接地系统、防雷装置和录音电话；联网主备机安装有杀毒软件、硬件防火墙等网络安全设备，监控网络可通过网络安全设备与其他网络互联互通，矿调度室内设显示终端，可实现实时显示和控制。系统应具有三级防雷电保护，即为系统提供电源的双回路供电线缆防雷电保护、进入机房信号线缆的防雷电保护、入井线缆的入井口处防雷电保护，防雷保护地的接地电阻不应大于 4 Ω。

（3）井下环网交换机、监控分站、传感器等安装位置、方法和数量符合《煤矿安全规程》《防治煤与瓦斯突出细则》《防治煤矿冲击地压细则》和相关标准的规定要求。井下环网交换机、监控分站必须设置在进风巷道或硐室中；入井的主干光缆应当分设两条，从不同的井筒进入井下，然后沿不同的巷道布置，与井下交换机组网，形成物理上真正意义的工业以太环网；监控分站与交换机之间使用专用阻燃光缆或电缆，通过专用接线盒进行连接，主要进风巷道可以使用专用阻燃光缆连接，分站和主干网采用工业以太网。

（4）甲烷、风速、一氧化碳、温度、风压、粉尘、烟雾、温度、设备开停、风向、风门、馈电等传感器的安装位置、数量，报警点、断电点、复电点及断电范围等的设置，应符合《煤矿安全规程》和相关标准的规定；系统需要增加、修改、删除传感器测点时，要经煤矿主要技术负责人审批同意后，方可进行相关测点的变更操作，并记录备案。

（5）每年要投入足够的资金作为煤矿安全监控系统运行维护费用，传感器、分站、交换机、电源箱等监控设备的备用数量不少于应配备数量的 20%。

（二）数据准确

数据准确就是模拟量传感器能真实反映监测地点的环境参数数值，开关量传感器能真实反映所监测设备设施工作状态，断电馈电传感器能及时切断被控设备电源并实时反馈设备的供电情况，经传输设备实时上传，在监控主机上全面实时真实反映与模拟量、开关量和控制量一致的监测监控信息，对应的显示值误差在允许范围内。通过网络安全设备与其他网络互联互通，在显示终端上全面真实地反应所有监测监控信息。

为保证监测数据准确，应做好以下 4 个方面工作：

（1）必须将各种类型的监控设备按照《煤矿安全规程》和相关标准的规定安装到合理的位置，相关联的监测监控设备连接正确，逻辑关系清晰准确，软件功能齐备。

（2）在日常的巡检中，下井管理人员、安全仪器监测工、瓦斯检查工、安监工必须使用便携式甲烷检测报警仪或者光学甲烷检测仪与甲烷传感器进行对照，并将记录和检查结果报地面中心站值班人员。当两者读数误差大于允许误差时，先以读数较大者为依据采取安全措施，并应在 8 h 内将两种仪器调准。传感器经过调校，检测误差仍超过规定值时应立即更换。使用中的传感器应经常擦拭，采掘工作面传感器必须每天除尘，清除外表积尘，保持清洁。传感器应保持干燥，避免洒水淋湿；维护、移动传感器时应避免摔打碰撞，确保监测传感器正常工作。

（3）选择使用先进甲烷传感器并按规定定期调校。甲烷传感器是煤矿安全监控系统的核心传感器，其性能完好与否直接影响整个系统的质量和效果。如果使用载体催化式甲烷传感器，虽然其具备制作工艺相对简单、成本低，易于实现物理量到电量的转换，工作电流较小，可以连续工作，低浓度段输出值线性较好等优点，但其稳定性较差，在新鲜空气中零点会发生漂移，在甲烷气体中工作时灵敏度容易发生变化等缺点也很突出。对载体催化式甲烷传感器必须至少 15 天在设置地点使用空气样和标准气样调试校正 1 次，以保证传感器的精度，严禁在地面或井下硐室代替传感器设置地点进行调校。基于光谱吸收原理的激光甲烷传感器，经温度和压力等算法补偿后，能够有效解决载体催化式甲烷传感器存在的“高浓度中毒”“催化剂中毒”，零点漂移，受高温、高湿和其他气体影响，使用寿命短等诸多问题，检测精度高、调校周期可超过 6 个月，突出矿井的采煤工作面进、回风巷，煤巷、半煤岩巷和有瓦斯涌出的岩巷掘进工作面回风流中，采区回风巷，总回风巷使用的甲烷传感器，应优先使用激光等全量程传感器。

（4）按规定设置好其他类传感器。除对甲烷传感器按照规定的报警点、断电点和复电点以及断电范围进行设置外，还必须对局部通风机开停传感器、风筒出口风筒传感器、带式输送机一氧化碳传感器和烟雾传感器、压风机房温度传感器、巷道的风速风向传感器等进行合理配置，以保证系统报警、断电信息的准确。除甲烷载体催化原理以外的其他气体监测传感器，应采用空气样和标准气样按产品使用说明书的规定进行调校；其他类传感器也应按产品使用说明书的要求进行调校。

（三）断电可靠

断电可靠就是当安全监控系统中涉及断电的模拟量传感器监测到的物理量达到断电浓度，或者开关量传感器检测到的状态符合断电条件时，断电控制器能自动、灵敏、可靠地切断被控设备的电源，并保持闭锁状态，同时对断电状态进行准确馈电监测，强制停止生产活动。

断电闭锁是安全监控系统最重要的控制功能。要保证断电可靠，应做好以下6个方面工作：

（1）必须要正确接线。安装断电控制系统时，必须根据断电范围提供断电条件，并接通井下电源及控制线，将断电控制的常开接入点接入馈电开关启动控制回路。当监测设备正常工作时，常开接点吸合，馈电开关能正常供电；当监控设备故障、异常、甲烷超限或者分站失电时，常开接点打开，馈电开关断电闭锁。改接或者拆除与安全监控设备关联的电气设备、电源线和控制线时，必须与安全监控中心共同处理；检修与安全监控设备关联的电气设备，需要监控设备停止运行时，必须制定安全措施，并报矿主要负责人审批。

（2）必须按照《煤矿安全规程》和相关标准的规定，正确定义传感器断电点或断电状态、断电器的断电接点、馈电传感器的关联关系等。为了严格管理，矿井实际断电点的设置可以严于《煤矿安全规程》的规定，但严禁违章调高断电点。

（3）要严格按照相关标准要求设置断电范围。对于需要在断电区域内新增或临时增加电气设备，使用单位要提前告知监控中心，新增或临时增加电气设备的供电电源要取自被控开关的负荷侧。未将新增或临时增加的电气设备纳入断电控制范围之内的，严禁进行生产作业。

（4）必须对供电线路的馈电状态进行监测。馈电状态监测是防止人为取消系统断电功能、保证超限自动断电的重要措施。馈电传感器为断电状态，馈电传感器若显示有电，表明井下开关断电接点短路或采用其他措施时开关没有正常断电。对这种馈电异常信息，中心站值班人员必须立即通知有关部门采取措施加以解决。感应式馈电状态传感器采用电容检测原理，安装使用方便、功耗低，但存在馈电传感器检测的感应电被井下潮气旁路、电缆挂钩或铠装电缆的金属护套导入大地的弊端，感应信号无法检测，不能真实反映电缆的供电情况，建议停止使用，最好使用在线馈电传感器。

（5）必须按照规定定期进行功能测试。每15天至少对甲烷电闭锁、风电闭锁和故障闭锁（即“三闭锁”）功能测试1次，即使在主机或者系统线路发生故障时，“三闭锁”的全部功能也能正常实现。风电闭锁功能要采用手动切换局部通风机和风筒传感器进行测试，可能造成局部通风机停电的，不得对局部通风机进行故障闭锁控制，每半年测试1次甲烷风电闭锁，严禁在无电状态下进行断电测试。

（6）必须使用合格的电气开关。已列入《禁止井工煤矿使用的设备及工艺目录》的馈电开关等设备，存在安全保护不全、断电后能够瞬间复电等严重缺陷，应立即停止使用。个别所谓智能化电气开关断电后能够自动复电，或在井下使用过程中可对瓦斯电封锁、风电闭锁、故障闭锁进行人为设置等，可能会造成重大事故隐患，也应禁止其使用。

（四）处置迅速

处置迅速就是在安全监控系统的监控设备出现故障、异常或超限报警信息时，必须在最短时间内快速反应，积极进行处理，采取正确的应对措施，消除隐患，保障系统正常运行；出现重大事故，立即启动应急预案，使事故得到及时有效的控制。

为保证处置迅速，应做好以下6个方面工作：

（1）煤矿应当建立健全应急处置机构和制度。煤矿必须有安全监控系统应急处置管理机构，由煤矿主要技术负责人领导，研究制定事故、故障处理方案，事故期间的安全措施；煤矿调度室、安监、通风、机电等部门相互配合，协助监控中心进行故障或事故处理，监控中心负责故障或事故分析、组织、指挥、处理。

（2）中心站值班人员必须严格执行中心站值班制度，实行24 h值班。值班人员必须认真监视显示器所显示的各种信息，详细记录系统各部分的运行状态，填写运行日志；系统发出故障、报警、断电、馈电异常信息时，中心站值班人员应立即通知煤矿调度室，当系统显示井下某一区域甲烷超限并有可能波及其他区域时，中心站值班人员必须按瓦斯事故应急预案手动遥控切断瓦斯可能波及区域的电源，并按规定程序及时报上一级管理部门，处理结果应记录在案。

（3）调度值班人员接到报警、断电、馈电异常信息后，应按规定指挥现场人员停止工作。系统出现全矿井信号中断，全矿井停止工作；某一采（盘）区信号中断，该采（盘）区停止工作；某一分站信号中断或某一传感器故障，该采掘工作面等停止工作，并撤出人员，向矿值班领导汇报，及时安排安监、通风、机电和监控中心等相关部门尽快查明原因，进行处置，处理过程应记录在案。

（4）井下安全仪器监测工应 24 h 值班。每天检查安全监控系统及线缆的运行情况，接受矿井调度部门安排，及时处理系统故障，核查报警、断电范围内监控设备运行情况，核查上传信息是否准确，在设备更换和故障处理期间应采用人工监测等安全措施，并填写故障记录。

（5）分析查找原因，采取针对性防范措施。故障、事故处置完毕，必须认真组织查找故障、事故原因，吸取教训，制定并采取针对性的防范措施，符合规定要求后，故障、事故区域才能恢复组织生产。

（6）必须建立高素质的安全监控队伍。安全监控技术涉及计算机、通信、传感器、机电、通风等领域，技术含量高，工作性质特殊，需要高素质的人才。煤矿应采取有效措施，留住人才，加强培训，培养和造就懂原理、会维护的高素质安全监控队伍。

第二节　煤矿安全监控系统管理机构与职责

为规范和促进煤矿安全监控系统建设、使用、维护和管理工作，依据有关法律法规、标准规范和规定，结合煤矿实际，建立完善煤矿安全监控系统管理组织机构，明晰各自职责，对充分发挥安全监控系统在安全生产中不可替代的重要作用具有重要意义。

一、安全监控系统管理机构组成及职责

安全监控系统管理机构应按照专业管理、分工负责、协同配合的原则设立，以充分发挥整体效能、保证管理到位为根本目的。

煤矿安全监控系统管理机构组成如图 4－1 所示。在煤矿主要技术负责人的领导下，监控中心负责安全监控系统的安装、使用、维护等的专业管理，生产、安监、机电、调度等部门对安全监控系统负有共同管理的责任。

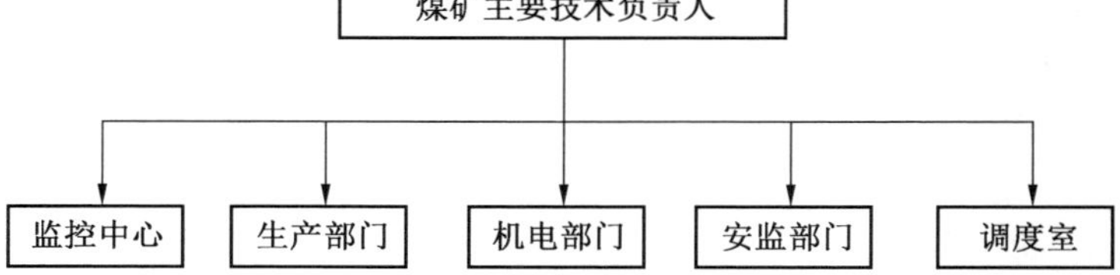

图 4－1　煤矿安全监控系统管理机构组成

煤矿主要技术负责人对安全监控系统管理进行全面领导，负责领导全矿员工认真学习贯彻执行党和国家的安全生产方针、政策、法律、法规、规章、规程、标准和技术规范；对安全监控系统管理工作的监督、检查和措施的落实；监督检查并建立健全安全监控系统各级领导责任制、职能机构责任制、岗位人员责任制；建立健全安全监控系统管理制度、安全技术措施审批制度；监督和检查煤矿安全监控系统有关人员基础知识的学习和业务知识的培训工作，提高职工队伍素质。安全监控系统发生重大事故时，煤矿主要技术负责人必须第一时间赶赴现场组织处理，事后认真组织查找事故原因，吸取教训，制定防范措施。

监控中心是安全监控系统使用维护管理的专业部门，应根据本矿实际情况设立，配备足够的取得相应资格的安全仪器监测工。主要职责是根据年度采掘作业计划编制安全监控系统装备计划，并列入年度安全费用计划；负责矿井安全监控系统的设计、安装；负责监控系统硬件、软件升级改造工作；负责安全监控设备的检修校验、维修工作，定期对监控设备进行检查，对到期或损坏的设备进行更换；负责煤矿安全监控系统的安装、使用、调校与维护等；负责监控中心站的管理工作，实行 24 h 不间断值班，填写安全监控系统运行日志和故障记录，打印安全监控日报表，并上报矿主要负责人和矿主要技术负责人审阅。

生产部门是传感器、执行器等监控设备的具体使用单位，对采掘作业规程或安全技术措施中的监控设备的种类、数量、安装位置、报警点、断电点、复电点的设置，按照《煤矿安全规程》和相关标准要求进行审核；井下使用的监控分站、传感器、声光报警器、断电控制器及线缆等由所在区域的区队长、班组长负责使用和管理。使用中的传感器应经常擦拭，清除外表积尘，保持清洁，避免洒水淋湿，保持干燥，随着采掘工作的变化情况，及时将传感器移动到规程规定位置。

机电部门是机电设备管理和供电安全归口管理单位，对矿井主要巷道的监控通信线缆进行统一规划、统一施工、统一管理，并为井下监控分站提供电源及断电接点。按照煤矿主要技术负责人审定的断电范围，提供断电条件，并接通井下电源及控制线。按照煤矿主要负责人或主要技术负责人制定的安全措施检修与安全监控设备关联的电气设备，或停止相关监控设备的运行。根据瓦斯灾害事故应急预案，事先在中心站参数设置中定义区域断电范围。与安全监控设备关联的电气设备、电源线和控制线在改线或拆除时，应与安全监控管理部门共同处理。

调度室是煤矿安全生产指挥中心，负责全矿井安全生产调度工作，监控煤矿安全监控系统的实际运行；对监控系统发出的报警、断电、馈电异常情况，应按规定指挥现场人员停止工作，断电时撤出人员，并向矿值班领导汇报；对收集到的信息做好分析处理工作，并对矿领导和上下级单位做好信息传递工作。

安监部门是安全监察归口管理部门，代表集团公司履行安全监察职责，对各监控设备使用单位和管理部门、现场使用情况进行监督检查和指导。

二、监控中心各级岗位职责

监控中心作为安全监控系统使用维护管理的专业管理部门，应明晰其岗位设置及职责范围，包括监控中心管理人员、监控队级管理人员、安全仪器监测工、中心站值班人员等。

（一）监控中心管理人员

监控中心应设管理人员，包括主任、副主任、主任工程师等，其岗位职责如下：

（1）负责贯彻落实上级有关技术要求及技术措施，搞好煤矿安全监控系统管理工作。

（2）按照矿下发的月度计划，及时编制监控设备安装措施，并贯彻落实。

（3）负责员工专业技术知识培训，提高处理故障的能力；组织监控人员技术交流，不断改进和完善监控管理工作，搞好技术培训和岗位练兵。

（4）负责安排确定监控分站、传感器安装位置、种类、数量等日常业务管理工作。

（5）负责检查设备运转、传感器设置、电缆吊挂等情况，发现问题及时解决处理。

（6）负责指导监督监控维护人员对监控设备进行调校测试工作。

（7）负责查看安全监控各种记录、台账、图表，及时绘制和填写安全监控布置图、断电控制图和网络拓扑图。

（二）监控队级管理人员

应根据煤矿具体情况设置监控队，具体负责安全监控系统的安装和使用维护，由监控中心管理。监控队级管理人员一般不少于 3 人，包括队长、副队长、技术员等，其岗位职责如下：

（1）负责本队的安全工作，认真贯彻执行规程和安全措施，定期进行质量检查，完成上级交办的各项任务。

（2）积极组织全队职工参加各种安全活动、安全例会。

（3）督促职工认真执行规章制度，杜绝违章作业，及时消除隐患。

（4）认真组织本队职工开好班前、班后会，定期检查职工安全情况和工作中存在的问题。

（5）抓好本队职工的技术学习，抓好监控设备的安装、调试和日常维护工作，不断提高职工业务素质，加强职工自我保安意识，抓好岗位责任制的落实。

（三）安全仪器监测工

监控中心应配备足够具备资格的安全仪器监测工，井下一般应按照每 10 台监控设备（包括井下环网交换机、监控分站、电源、传感器及断控制器等）配备 1 名安全仪器监测工的原则进行配备。

1. 岗位职责

（1）热爱本职工作，严守各项规章制度，努力学习业务技术，不断提高思想水平和业务素质。

（2）服从分配，听从指挥，严守工作岗位，坚持正规操作，保质保量完成当班任务，杜绝“三违”现象发生。

（3）负责监控设备的安装、搬迁、拆除、维护工作，严格按操作规程施工，确保设备的正常使用；定期对监控设备进行巡查，发现问题及时处理，保证监控设备的精度；按时完成监控设备的安装和拆移，在安装和拆移监测装置时，必须遵照煤矿主要技术负责人批复的措施进行，不允许随便更改；检查调整监控设备时，根据安装使用说明书的规定执行。

（4）熟悉井下所有监控设备的安装地点及所安装设备的构造性能，调试检查方法，了解所辖工作面瓦斯涌出情况，对所管辖范围内监控设备的运行进行分析，发现问题，及时处理。

（5）对职责范围内的设备经常维护，杜绝电气设备失爆；定期进行巡回检查，发现问题及时进行处理，确保安全监控系统正常运行；对传感器进行调试校正，及时整理调试校正数据，填写标校记录。

（6）爱护和正确使用仪器仪表，严格按规定操作，确保工作场所卫生清洁，仪器仪表及材料配件放置整齐；保管好所有技术资料，填写好维修记录，数据应准确无误。

2. 上岗条件

安全仪器监测工必须经过三级以上的培训机构培训，取得煤矿安全监测监控作业特殊工种操作资格证，持证上岗。证书有效期限为 6 年，资格证书在有效期内，如服务单位与证书载明的工作单位不一致时，应按有关规定及时到发证机关办理变更手续。

3. 应知应会

一名合格的安全仪器监测工，至少应在以下方面做到应知应会：

（1）熟悉入井的有关安全规定。

（2）熟悉煤矿安全监控系统的工作原理。

（3）掌握《煤矿安全规程》及相关标准对安全监控系统的有关规定要求。

（4）熟悉煤矿安全监控系统的安装要求和主要性能指标。

（5）熟悉《煤矿安全规程》对矿井气体指标、设备运行状态的相关规定，以及气体指标超标时的处理要求。

（6）了解有关煤矿瓦斯、煤尘爆炸防治的相关知识。

（7）熟悉监控仪器仪表的性能、参数及使用方法。

（8）熟练掌握计算机操作和煤矿安全监控系统软件操作。

（9）掌握触电急救的方法，并具有电气防、灭火知识和灭火器材的使用方法。

4. 工作任务

安全仪器监测工的工作任务，应包括以下主要方面：

（1）负责管辖范围内的安全监控系统、设备的安装、维修、校正等工作。

（2）负责将在籍的设备逐台建账，并认真填写设备及仪表台账、传感器使用管理卡片、故障登记表、检修校正记录。

（3）负责煤矿安全监控系统图件的绘制、修改。

（4）负责安全监控报表的打印、上报和审批等工作。

（四）中心站值班人员

地面中心站应设值班人员，值班人员配备不少于 6 人，其岗位职责应包括以下方面：

（1）熟悉计算机操作性能，掌握操作方法，严格遵守纪律及监控系统操作规程，努力学习业务技术，提高专业素质；对工作认真负责，严守工作岗位，杜绝“三违”现象发生。

（2）负责监视中心站主备机显示情况，发生故障或出现异常情况时，要根据故障性质做好记录，及时报告有关人员进行处理，按规定打印各种报表。

（3）严格执行交接班制度，填写交接班记录。

（4）认真填写值班记录，如设备运行记录、中心站日志、故障登记表，报警、断电及各种异常信息等，做好上级通知、指示的接收和下达工作，认真保管各种资料。

（5）负责监控机房卫生，保持机房清洁，爱护机房设施，认真使用中心站的各种配套设备设施。

（6）严格执行来客进入机房登记制度，严禁非工作人员入内，禁止非工作人员上机。

第三节　煤矿安全监控系统的管理制度

管理制度是对一定的管理机制、原则、方法以及管理机构设置的规范。管理制度能够保障企业管理活动的有序化、规范化，防止管理的任意性，充分保护员工的合法权益；同时也可规范员工行为，建立评判对错的价值标准，规范职业道德。合理的管理制度可以简化管理过程，提高管理效率。

一、安全监控系统管理制度的基本要求

科学的管理制度对煤矿安全监控系统的使用维护管理、保证监控有效具有重要意义。安全监控系统管理制度应满足以下基本要求：

（1）管理制度应当依法依规。管理制度的建设应当坚持依照国家相关法律法规、标准规范制定的原则，保证国家法律法规、标准规范的严格执行与落实，制定的制度内容应与国家、政府相关的法律法规保持一定程度的一致性，绝不可以相违背，必须严格遵守《煤矿安全规程》和《煤矿安全监控系统及仪器使用管理规范》(AQ 1029—2019）等的各项规定。制度制定过程中应做好与国家相关法律法规、标准规范的衔接和协调，企业制定的制度严于国家相关规定时，应在报送、审核中专项说明。

（2）制度建设要切合实际需求。在进行制度建设时，要根据实际发展需要来制定，不能制定一些空洞没有实质内容的规章制度，也不要制定一些根本就没有用处或不可行的规章制度，更不能生搬硬套一些先进单位、先进部门的制度，别人的制度再好，也未必适合；否则，制度只能成为一种摆设，起不到上行下效的作用。在进行制度建设时，一定要进行周密调研，要充分考虑实际状况，采用先进管理理念，宽严适度、逐步提高；同时，一定要充分考虑信息化管理的要求和企业未来发展的需要，但不宜太超前。如果制定的制度具有一定难度系数或不够成熟，可先试行，并在实践中不断总结经验，逐步完善。如果相关管理事项过于超前，没有相关制度或做法可以借鉴，不妨在工作中逐渐总结，以备忘录形式记录相关做法，等到条件成熟时再行决策。保证制度规范具有可行性、适用性，切忌不切合实际，应根据所使用的安全监控系统的特点、规模、使用状况等进行具体、有针对性地制定。

（3）制度建设应该与时俱进。制度是用以规范员工行为，使各项工作有章可循，从而提高管理效率与质量的行为准则。各类组织一直致力于寻求最适合自己的制度，但世界上从来就没有一成不变的东西，好的制度需要跟随时代的发展变化不断进行调整，在不断变化中趋于合理、完善，只有如此才能保持制度持久的生命力。好的制度也需要在变化中寻求和谐，在和谐中谋求发展，在发展中求完善。大到治理国家，小到管理企业，一成不变的制度没有生命力。目前，安全监测监控技术发展日新月异，国家和地方也在不断提出新要求、作出新规定，安全监控系统规章制度必须及时适应这些变化和要求，以能真正发挥出制度的重要作用。

（4）制度的制定和修订应当科学、规范。制定制度应遵从管理客观规律，制度化的管理必须服从管理学的一般原理和方法，违反了原则只会导致失败。制定制度要合理，一方面要体现制度严谨、公正、高度的制约性、严肃性，同时要考虑人性的特点，避免不近情、不合理等情况出现。应制定相关规则，明确立项、起草、征求意见、协商、审核、批准、发布、备案、解释、修订等的相关程序及要求。制度制定过程中，必须充分听取相关部门和员工的意见建议，保证各类信息征集与反馈通道畅通。安全监控系统技术强，使用维护管理涉及面广，需要多部门协同配合，安全监控系统制度制定更应重视科学性、规范性、协调性、适用性、完整性和衔接性等。

（5）重视管理制度的评估和考核。为保证制度的质量和效力，增强内部控制的有效性，应当建立制度实施评估、反馈制度，对制度执行情况和实施效果等进行检验评估，实施补充、修订、完善或者废止，确保各项制度可实施，管理落到实处。制度评估的信息来源应包括国家相关法律法规、标准规范规定的调整情况，监管监察部门提出的整改意见建议，内部检查、稽查提出的问题，员工提出的制度缺陷及改进建议等，评估内容应包括管理制度的健全性、统一性、完整性和有效性，评估可以采用定期或者不定期的方式开展。为确保安全监控管理制度的顺利实施，把监控管理真正落到实处，防止管理制度的执行流于形式，需强化制度落实的考核，考核的目的不仅仅是调整员工的待遇，而是对员工价值的不断开发和再确认，考核是为了不断提高员工的职业能力和改进工作绩效，提高员工在工作执行中的主动性和有效性，为安全监控系统正常运行保驾护航。

二、安全监控系统管理制度的重要内容

安全监控系统的正常运行要依赖于相关管理制度的健全和发展，形成制度体系，制度内容应该全面、系统和配套。煤矿安全监控系统管理制度应明确以下重要内容：

（1）必须明确煤矿主要负责人、煤矿主要技术负责人和安监处长等领导在安全监控系统使用维护管理中的职责。煤矿主要负责人是保证安全监控系统稳定运行的第一责任人，煤矿主要技术负责人负责安全监控系统技术管理工作，煤矿安监处长负责安全监控系统监督、检查工作。

（2）必须明确监控系统由监控中心全面负责。应按照《煤矿安全规程》及上级有关规定，建立健全煤矿安全监控系统设计选型、使用维护管理的各项管理制度，做好煤矿安全监控系统的日常管理和维护工作，确保煤矿安全监控系统的正常运行。

（3）必须明确安全监控管理的专项管理制度。包括中心站值班制度、安全

监控仪器仪表计量检验制度、传感器定期调校制度、监控数据备份存储制度、监控技术资料管理制度、监测日报制度、故障报告制度、安全监控系统及设备管理制度等。

（4）必须明确煤矿要建立安全监控系统管理组织机构，各级、各部门岗位责任制，明确管理安全监控系统的责任单位、管理范围及考核标准，制定相应的管理办法。

（5）必须明确安全监控系统纳入矿井安全生产调度指挥系统统一管理，安全监控系统显示和控制终端必须设置在矿调度室，全面反映监控信息。

（6）明确规定监控工程技术人员、安全仪器监测工、中心站值班人员等的资质条件和培训工作要求，安全仪器监测工必须持证上岗。安全仪器监测工不得随意调动，不得兼职，如需调动必须经煤矿主要负责人同意。

（7）明确煤矿矿领导和有关负责人员在接收到安全监控系统 App 推送信息或短信发送的超限报警信息时，必须按照工作职责进行相应处置，分级响应、分级处置、防范事故。

（8）必须明确编制安全监控系统故障期间的安全措施和安全监控系统应急预案的相关要求。

（9）必须明确对安全监控系统使用维护管理的考核要求。对弄虚作假、篡改或屏蔽数据、关闭数据上传等违法违规行为，制定严格的处罚规定，对出现重大事故隐患甚至发生事故的加重处罚，直至移交司法机关追究刑事责任。

三、安全监控系统管理的专项制度

为真正做到安全监控系统“装备齐全、数据准确、断电可靠、处置迅速”，实现监控有效，应当建立完善安全监控系统管理的专项制度，主要应包括：中心站值班制度、安全监控仪器仪表计量检验制度、传感器定期标校制度、数据备份存储制度、监控技术资料管理制度、监控日报制度、故障报告处置制度、安全监控系统及设备管理制度等。

（一）中心站值班制度

中心站是煤矿安全监控系统的核心，是数据库管理的心脏，对安全监控系统的正常运行起着十分重要的作用。《煤矿安全监控系统及检测仪器使用管理规范》（AQ 1029—2019）9.2.1 明确规定：地面中心站值班应设在调度室内，实行 24 h 值班制度。

为了加强监控中心站的管理，确保煤矿安全监控系统的正常使用和安全运行，一旦系统出现故障或监测异常时能够及时有序有效处置，应制定中心站值班制度。其主要内容应包括以下方面：

（1）中心站实行24 h值班制，每班不少于2人，3班制作业，每班8 h值班人员轮流值班。

（2）中心站值班人员必须持证上岗，严格执行岗位责任制，正确履行工作职责，严格遵守纪律和安全保密制度，及时完成领导和上级交办的工作。

（3）中心站值班人员必须熟悉井下监控设备布局、监控设备性能和监控设备所设地点及监测控制范围。

（4）中心站必须始终保持整洁，设备、设施、用品存放有序；值班人员必须按照安全监控系统操作规程操作，按期调试和检查主机以及关联的各种设备、电缆及插座、插头等，发现问题及时处理或者更换。

（5）值班期间值班人员不得随意带入无关人员，不准带入易燃易爆及腐蚀性的物品，岗中不得脱岗、串岗，不得酒后上岗，不得在中心站内抽烟，不得随意碰撞设备；不得占用电话与其他人聊天，必须保证两台电话畅通无阻；不得在互联网机房内设备上运行非系统设备配置的其他软件，严防病毒侵害。确需进入监控中心的其他人员，必须经监控技术负责人批准后方可进入。

（6）值班期间值班人员应不间断浏览、分析系统运行各信息数据和参数，做好记录，记录内容要详细，书写字迹要工整、规范。

（7）值班期间值班人员必须记录各监控地点的真实数据及设备运行情况，对当班存在的问题及时反映，及时准确传达上级指令、决定、意见，打印安全监控日报表，报矿主要负责人和矿主要技术负责人审阅签字。

（8）未经监控技术负责人批准，值班人员不得随意改变系统设备工作状态或者关闭设备，不得随意切断电源或者关机。

（9）值班人员必须严格执行交接班制度，做好工作交接，认真填写交接班记录，做到“手对手、口对口，你不来我不走”；交接班要做到“五交清”，即交清当班任务完成情况，并说明任务未完成的原因；交清安全情况；交清各类事故、重点工程和关键部位的变化情况；交清领导指示、上级通知、通报的贯彻执行情况；交清正在处理和待处理的工作详细内容。

（10）应建立考核评估机制。对无故脱岗或值班期间未认真履行职责，玩忽职守，致使重大隐患和险情未能及时发现报告，造成不良后果的要严肃处理，造成严重后果的要降级、降职或者撤职，造成事故的要依规处罚，直至移交司法机关追查刑事责任。

（二）安全监控仪器仪表计量检验制度

计量是指实现单位统一、量值准确可靠的活动，具有准确性、一致性、溯源性、法制性等特点。《中华人民共和国计量法》第九条规定：县级以上人民政府计量行政部门对社会公用计量标准器具，部门和企业、事业单位使用的最高计量标准器具，以及用于贸易结算、安全防护、医疗卫生、环境监测方面的列入强制检定目录的工作计量器具，实行强制检定。未按照规定申请检定或者检定不合格的，不得使用。

根据《市场监管总局关于调整实施强制管理的计量器具目录的公告》（国家市场监督管理总局公告 2020 年第 42 号），目前列入《实施强制管理的计量器具目录》的煤矿安全监控仪器仪表见表 4－1。

表 4－1　实施强制管理的煤矿安全监测监控仪器仪表

序号	一级目录	二级目录	监管方式	强检方式	强检范围及说明
1	声级计	声级计	型式批准、强制检定	周期检定	用于环境监测：噪声的测量
2	烟尘粉尘测量仪	粉尘浓度测量仪	型式批准	—	—
3	有毒有害易燃易爆气体检测（报警仪）	二氧化硫气体检测仪	型式批准	—	—
		硫化氢气体分析仪	型式批准	—	—
		一氧化碳检测报警器	型式批准	—	—
		一氧化碳、二氧化碳、红外线气体分析器	型式批准	—	—
		甲烷测定器	型式批准	—	—

安全监控仪器仪表的计量检验是保障煤矿安全生产的重要基础性工作，是防范煤矿重大事故的重要措施，计量强制检验既是相关法律法规的规定又是煤矿的责任。所以，煤矿应当认真做好煤矿安全监控计量器具的检定工作，使计量检定工作更加科学、规范、诚信、高效，保证计量检定工作高质量有秩序地进行，为此，应制定安全监控仪器仪表计量检验制度。煤矿安全监控仪器仪表计量检验制度应包括以下主要内容：

（1）纳入强制检验的安全监控仪器仪表必须经计量部门检定，颁发检定证书后方可使用，未经检定或检定不合格的安全仪器仪表、传感器不得使用。

（2）根据强制检验的检定周期，制定详细的周期检定计划，保证安全监控仪器仪表正常完好使用，超过检定周期的仪器仪表不得使用。

（3）对纳入强制检验的安全监控仪器仪表要设有专人负责管理，定期进行送检工作。

（4）对纳入强制检验的安全监控仪器仪表要认真分类管理，建立管理台账，如实填写，保管好仪器仪表的说明书、合格证、检定记录等，以备查验。

（5）在检定周期内拆装、修理后的安全监控仪器仪表，必须重新送检，否则不得使用。

（6）应建立考核评估机制。对需强制检验的安全监控仪器仪表未按照规定进行定期检定的，应对负责人和分管人员按照有关法规规定进行处罚；对使用不合格器具而发生事故的应严肃处理。

（三）传感器定期标校制度

传感器在日常使用过程中，由于环境因素的影响、电子元器件性能变化等，可能引起传感器零点漂移，催化活性下降，灵敏度降低等，需要定期对传感器进行调校（标校）。传感器标校是利用标校装置、设施设备对传感器进行校准维护，以保证其测试零点、显示值、报警点、断电点、复电点、控制逻辑等的准确性。调校周期受传感器的检测原理、元器件质量水平、工艺过程控制等的影响，应在传感器产品使用说明书中明确，并严格遵守国家相关标准规范的规定。

《煤矿安全规程（2016）》第四百九十二条规定：安全监控设备必须定期调校、测试，每月至少1次。为保障传感器调校的有效规范进行，保证安全监控系统正常运作，切实起到监测监控作用，确保监测到的有害气体浓度、风速、温度、压力等数据准确无误，必须建立甲烷、一氧化碳、温度、风速、压力、粉尘等传感器的定期标校制度。传感器定期标校制度应包括以下主要内容：

（1）煤矿必须建立传感器标校室，配齐传感器标校装置和仪器仪表。所配备的传感器标校装置必须经计量监督部门检定，检定合格，方可使用。

（2）传感器的标校分检修标校和井下现场标校。传感器检修后必须及时进行标校，井下现场标校必须按产品使用说明书的要求进行。

（3）采用催化燃烧原理的甲烷检测仪器必须至少每隔15天标校1次，采用激光检测原理的甲烷传感器至少每6个月标校1次，红外甲烷传感器至少每2个月标校1次；除甲烷以外的其他气体监测设备必须采用空气样和标准气样按产品说明书进行标校。其他传感器也应按使用说明书要求定期标校，保证各项性能指标符合规定要求。

（4）催化燃烧式甲烷传感器受高浓度甲烷冲击或更换载体催化元件（黑白元件）、一氧化碳传感器更换敏感元件后，必须进行标校。

（5）对于误差超标或存在问题的传感器应及时进行标校，特殊工作面传感器标校时间可按安全技术措施所定时间执行，任何单位或个人不得影响甲烷传感器的标校。

（6）为区分瓦斯超限与甲烷传感器标校，安全监测工在井下标校甲烷传感器前，应提前通知矿调度室，说明所标校的传感器的位置、使用的标准气样浓度、标校时间等；进行传感器标校时，必须进入标校状态，否则，按瓦斯超限对待。

（7）应建立考核评估机制。对未定期进行传感器标校，导致传感器显示超差或传感器不能正常运行的，根据情节对有关人员进行处理。

（四）数据备份存储制度

数据备份是对安全监控系统所有的数据，包括系统的定义设置、历史数据、各种报表、报警、断电和异常数据等进行备份存储，该项工作关系到整个系统的正常运行，责任重大。《煤矿安全规程（2016）》第四百八十八条规定：每3个月对安全监控、人员位置监测等数据进行备份，备份的数据介质保存时间应当不少于2年。

为了建立有效的数据备份机制，确保安全监控系统受到破坏后数据的及时恢复，合理防范计算机及信息系统使用过程中的风险，应制定数据备份存储制度。煤矿安全监控系统数据备份存储制度应包括以下主要内容：

（1）明确煤矿安全监控系统信息数据备份、存储和保管，由系统管理员、信息管理员共同负责。

（2）系统管理员、信息管理员和中心站值班人员必须熟练掌握数据库相关知识，不断提高业务水平和操作能力。

（3）系统管理员、信息管理员和中心站值班人员必须严格按照“数据备份方案”要求，认真逐条操作，每天做增量备份，每月做完整备份。

（4）系统管理员必须定期对数据进行一次恢复试验，以确保备份数据的安全可用可靠。根据数据增长量，应定期对过期数据进行压缩或迁移、清理处理。

（5）系统管理员、信息管理员和中心站值班人员必须严格遵守保密制度和网络管理规范，做好数据管理员口令保密工作。当有其他人员对服务器进行操作时，要亲自在场并做好详细记录，发现有其他人知晓数据管理员口令时，要及时更改口令。

（6）系统运行的全部信息数据均须在服务器上实行磁盘异地备份，异地保管，数据备份磁盘要异地存放，专柜安全保管。

（7）任何人使用或调阅网络存档资料数据，均须经相关部门批准、履行规定手续后方可调阅使用，应明确批准部门及其权限、具体手续及其要求。

（8）建立执行考核评估机制，对监控数据未进行定期备份、存储以及定期恢复试验，导致系统数据不完整或系统设置不能及时恢复的，根据情节对有关人员进行处理。

（五）监控技术资料管理制度

煤矿安全监控系统的工程建设，从项目的提出、筹备、调研、设计、施工到竣工投产，以及现场使用维护等过程中，会形成大量的文件材料、图纸、图表、计算材料、声像材料等资料。这些文件资料对安全监控工程建设、验收、后期使用维护管理、故障分析与排除、技术升级等具有重要作用。《煤矿安全规程（2016）》第四百八十八条规定：安全监控的图纸、技术资料的保存时间应当不少于2年，录音应当保存3个月以上。

为完整地保存和科学地管理煤矿安全监控系统技术文件及资料，充分发挥安全监控技术文件及资料在安全监控工程建设和后期维护、修理等工作中的指导作用，应制定安全监控系统技术资料管理制度。煤矿安全监控系统技术资料管理制度，应包括以下主要内容：

（1）必须把安全监控技术文件及资料管理工作纳入煤矿企业及煤矿的技术业务管理工作中，由监控中心具体负责。

（2）监控中心必须建立安全监控系统技术资料库，保证技术文件材料的有效、完整积累，实现技术文件及资料的完整、准确、系统、安全和有效利用，并按制度及时归档。

（3）安全监控系统的技术资料必须以件为单位进行整理，整理时应遵循文件的形成规律和特点，保持资料之间的有机联系，区别不同的价值，便于保管和利用。

（4）凡需归档的监控技术资料，必须做到书写材料优良，字迹工整，图纸按规格绘制，电子文件齐全。严禁用笔和复写纸圈画，严禁修改和删除电子文件。

（5）移交监控技术资料时，交接双方必须办理交接手续，签字归档备查。凡不符合组卷要求或技术文件及资料不全的，管理人员应协助当事人整理齐全后入库归档。

（6）资料库必须对接收来的监控技术文件及资料进行分类、编目、登记、统计和必要的加工管理，编制电子版《技术文件及资料查阅目录》，做到定位存放，妥善保管，方便利用。做好资料的安全、保密工作，并履行批准和借阅手续。

（7）借阅一般工作业务相关的资料，可直接在资料管理员处登记后借阅，借阅资料须当天归还；借阅设计、合同、竣工文件等资料必须经监控主管部门领导批准许可。技术资料原则上内部使用，机密和绝版图纸资料仅供在存档处查阅，不得带出。

（8）对已失效的技术资料应认真鉴定，并编制销毁清册，该清册需永久保存，销毁必须使用粉碎的方式。

（9）建立执行考核评估机制。无故延期或不交技术文件材料的，对技术文件进行涂改、拆散或未经批准转借、复印或携带档案外出的，不按借阅规定期限归还的，根据情节对有关人员进行处理；遗失档案的，或因遗失档案、泄露公司秘密，造成恶劣后果者，视情况严重程度追究其相关责任。

（六）监控日报制度

监控日报是对监控系统所有监测点数值真实性和断馈电逻辑关系完整性的展示，通过浏览和审阅安全监控日报，可了解到井下有害气体、环境参数、设备运行及煤矿生产信息的变化情况，为矿领导日常管理提供决策依据，对保障煤矿安全生产意义重大。

监控日报包括传感器设置地点、编号、类型、最大值及时刻、报警次数、累计报警时间、断电次数、累计断电时间、馈电异常次数及时刻、馈电异常累计时间等，在每日的零时由监控系统对前一天的监测点数据进行统计、汇总、分析，自动生成。

《煤矿安全规程（2016）》第四百九十四条规定：矿调度室值班人员应当监视监控信息，填写运行日志，打印安全监控日报表，并报矿总工程师和矿长审阅。因此，煤矿必须建立监控日报制度。监控日报制度应包括以下主要内容：

（1）煤矿主要负责人是保证煤矿安全监控系统稳定运行的第一责任人，煤矿主要技术负责人负责煤矿安全监控系统技术管理工作，安监处长负责煤矿安全监控系统监督、检查工作。因此，各级领导必须认真审阅监控日报，了解煤矿井下有害气体和环境参数的变化。

（2）中心站值班人员打印、上报、管理监控日报必须尽职尽责、实事求是，不得弄虚作假。

（3）中心站值班人员必须熟悉整个系统的操作和程序，根据煤矿采掘工作面的部署情况及时变更监控日报表中传感器的位置，确保监测地点的真实。

（4）中心站值班人员必须在每日1时前将上一天的监控日报整理、打印。

（5）监控日报打印完成后，首先由监控中心负责人审核，再报矿领导审核备案后存档。

（6）通风部门的负责人将瓦斯班报对照监控日报逐一检查，准确无误后签字。监控日报上有瓦斯超限的情况，需说明超限原因和处理意见。

（7）煤矿主要技术负责人和安监处长检查监控日报上各作业点或其他地点的瓦斯变化情况、瓦斯超限的处理情况等，然后进行签字。

（8）煤矿主要负责人、煤矿主要技术负责人和安监处长必须认真审查监控日报，掌握井下的通风瓦斯情况，针对出现的问题，组织有关部门及时进行处理。

（9）监控日报必须逐日按时审查签字，不得拖延、漏签、过后补签。

（10）审查签字的有关领导或负责人因出差、因事请假及其他原因不能履行工作职责时，应委托同级的领导代理审查签字。

（11）严格考核要求。对未及时进行监控日报打印、审阅、签字的，根据情节对有关人员进行处理。

（七）故障报告处置制度

安全监控系统在煤矿安全生产和安全风险分析预警与分级管控、事故隐患排查治理等方面发挥着不可替代的重要保障作用，必须保证监控设备24 h不间断连续运行。监控设备一旦发生故障，系统就会出现监测的盲区，可能造成事故隐患，因此在监控设备故障时，必须在最短时间内快速反应，及时有效进行处理，采取正确的应对措施，最大限度地减小监控系统出现故障造成的影响，防止造成事故隐患。

《煤矿安全规程（2016）》第四百九十四条规定：系统发出报警、断电、馈电异常等信息时，应当采取措施，及时处理，并立即向值班矿领导汇报；处理过程和结果应当记录备案。因此，煤矿必须建立安全监控故障报告处置制度，保证监控系统发生故障能够正确、有效和快速地处理，保障安全生产。安全监控故障报告处置制度包括以下主要内容：

（1）煤矿必须制定安全监控系统故障处理预案，对安全监控系统可能出现的故障进行科学合理的分类，并对各种故障提出相应的应急处置方案。

（2）监控中心站值班人员必须认真监视显示器所显示的各种信息，详细记录各部分的运行状态，监控系统一旦发生故障，中心站值班人员应立即向调度室报告，汇报清楚故障发生的时间、地点、现象，并填写监控故障记录。

（3）调度室值班人员接收到监控故障汇报后，要立即根据安全监控系统故障应急预案规定进行处置，并向矿值班领导汇报；同时，立即用电话联系井下该区瓦斯检查工和区域跟班巡检员，详细了解该区域瓦斯浓度情况，安排瓦斯检查工随时掌握生产工作面各类有害气体实际情况，并随时向调度室汇报，处理过程应记录备案。

（4）监控系统一旦发生故障，监控中心站值班人员立即作出第一反应，反映故障要有准确性。

（5）监控系统一旦发生故障，监控中心站值班人员必须立即通知监控中心，监控中心积极组织维护人员进行抢修，要针对故障现象进行分析，提出解决方案，尽可能在短时间内恢复正常。发生故障超过1 h后得不到处理，应向上一级调度机构报告，对现场不能修复的设备，必须在8 h内更换。

（6）监控网络出现故障时要立即报告，积极组织维修，在尽可能短的时间内恢复正常，并将发生故障的时间、现象、原因等及处理办法、恢复时间等做好记录。

（7）井下处理监控故障时，严禁擅自甩掉装置不用。如果确认需暂时停运时，必须经矿总工程师批准后方可执行。

（8）安全监控系统运行中出现的所有不正常状态都应详细记录在《故障报告登记表》中，做到有备可查，并及时报告值班领导。

（9）监控中心站值班人员在监控系统故障期间应密切注视监控终端显示情况，监控系统恢复正常后及时汇报调度室。

（10）要如实报告监控系统故障排除情况。故障排除后，要及时填写《系统故障处理情况表》。

（11）应建立考核评估机制。对出现故障未及时上报、处理的，或因监控故障导致事故的，视情况严重程度追究其相关责任。

（八）安全监控系统及设备管理制度

加强安全监控系统及设备管理的目的是降低生产成本，提高工作效率，减少工人劳动强度，更重要的是保障煤矿安全生产。据有关统计，煤矿 75% 以上的生产安全事故是设备不安全因素造成的。特别对纳入矿用产品安全标志管理设备，管理不到位极可能造成事故隐患。因此，要保障安全生产，必须有良好运行的设备，就必须加强设备的管理。

同样，为保证安全监控系统的安全稳定运行，也必须加强监控设备管理，保持监控设备及网络时刻完好，为此煤矿必须建立安全监控系统及设备管理制度。安全监控系统及设备管理制度应包括以下主要内容：

（1）明确安全监控系统及监控设备的管理由监控中心负责，对设备进行综合管理，保持设备完好。

（2）安全监控系统设计选型时，必须选择技术力量雄厚、历史底蕴厚重、产品质量过硬、市场占有率高、信誉度好，售后服务及时的供应商及其产品，依照煤矿产品入围制度，明确供方入围条件、程序、考核及维护办法等，进行招议标，确定中标厂家。

（3）所选择采购的安全监控设备必须取得矿用产品安全标志（MA 标志）和防爆合格证、产品出厂合格证。严禁使用未经国家授权的安全生产检测检验机构进行安全关联联检的关联设备和通过电磁兼容检验的组成设备。

（4）安全监控设备到货后，必须按照规定进行验收，办理移交、入库手续。

（5）所有的监控设备（包括配套的零配件）和图纸资料必须建账管理，逐一填写安全监控设备仪表台账，发现问题应立即与供货单位协商解决。

（6）监控设备需要投入使用时，及时办理出库手续，认真填写安全监控使用台账。

（7）监控设备入井前，必须进行防爆检查，签发防爆合格证后，方准入井。

（8）井下监控设备的安装必须符合《煤矿安全规程》和有关标准规定，保持监控系统设备的数量齐全，性能良好，保证反映的信息真实可靠。

（9）煤矿安全监控系统的扩容、升级、改造，监控设备的报废必须经上级主管部门审核。

（10）应建立考核评估机制。对由于设备管理不善，发生严重事故而影响安全生产的，根据情节对有关人员追究责任。

第四节 煤矿安全监控系统运维操作规程

操作规程是指为保证本部门的工作能够安全、稳定、有效运转而制定的，相关人员在操作设备或办理业务时必须遵循的程序或步骤，一般包括准备、操作、达到的技术标准和注意事项等。为保证安全监控系统运维的规范性、有效性，应建立完善相应的操作规程，包括监控中心站值班人员操作规程、地面安全仪器监测工操作规程、井下安全仪器监测工操作规程等。

一、监控中心站值班人员操作规程

监控中心站值班人员操作规程包括准备工作及实际操作中应遵守的程序和要求。

（一）准备工作

（1）提前 15 min 到达更衣室，按规定着装，穿好洁净的工作服、拖鞋。

（2）进入中心站，进行交接班。交班人员要交清本班的遗留问题和下一班应注意的问题。接班人员要重点了解井下监控设备的运行情况和故障处理情况，井下传感器的报警、断电情况，安装或回收的传感器点号及时序变化情况，瓦斯变化异常区域瓦斯浓度较大监测点的情况等。

（3）交接班双方认真填写交接班记录。

（二）操作

（1）中心站值班人员接班后，要用干燥的布擦拭设备外壳，用吸尘器清扫室内。

（2）中心站值班人员在班期间必须认真观察监控显示器所显示的内容，认真记录井下传感器与监控中心站通信中断情况、井下传感器的故障情况及处理情况；记录开停传感器所监测的风机异常开停的情况；及时记录传感器点号的增加、删除情况，记录时序定义情况；与井下安全仪器监测工配合，进行传感器维护、标校和“三闭锁”断电试验；对于井下瓦斯、一氧化碳等有害气体变化较大的地点，要重点监测等。

（3）中心站值班人员接到传感器预警、报警、断电和监控设备故障或运行异常等信息后，应立即通知调度室值班人员按规定停止作业、停电撤人，采取措施、进行处理，处理过程和结果应当记录备案。

（4）每隔 1 h 巡检一次中心站仪表的指示、机房室温、机身温度、双回路电源和 UPS 电源供电情况，监控主备机、上传主备机、融合服务器和网络设备的运行情况。

（5）每班要将当班最重要的文件资料异地磁盘备份，每月对当月数据进行异地磁盘备份。

（6）对计算机进行维护或检修时，中心站值班人员要进行监控主备机切换，保证系统正常运转；需要给监控主机停电时，要向监控技术负责人汇报，得到允许进行记录后，方可开始。停电顺序为监控主机、显示器及打印机等外围设备、UPS 电源；送电时，应将所有设备的电源开关置于停止位置，严禁带负荷送电，送电顺序为 UPS 电源、显示器及打印机等外围设备、监控主机。

（7）中心站值班人员接到杀毒软件升级提示信息，及时升级病毒库，全面进行磁盘病毒查杀。

（8）打印安全监控日报表，报送煤矿主要负责人和煤矿技术负责人审阅。

（9）中心站值班人员不得随意将移动磁盘插入监控主备机，运行其他软件或打开各类文件。如果遇到特殊情况需要运行外站移动磁盘时，首先要在监控技术主管人员同意后，进行病毒检查，严禁运行带病毒盘，发现病毒入侵后要立即清除，并汇报记录情况。

二、地面安全仪器监测工操作规程

地面安全仪器监测工的操作主要包括地面检查维修设备和地面传输线缆敷设等。

（一）准备工作

（1）备齐必要的工具、仪器仪表，设备使用说明书和图纸。

（2）认真阅读设备使用说明书，掌握相关规定要求和注意事项。

（3）按规定准备好检修时所需要的各种电源、连接线，将仪表通电预热，并调整好测量类型和量程。

（二）操作

1. 地面检查维修设备

1）设备的防爆检查

（1）按照《爆炸性环境　第 1 部分：设备　通用要求》（GB/T 3836.1—2010）检查设备的防爆情况。

（2）检查防爆壳内外有无锈皮脱落、油漆脱落及锈蚀严重现象，要求应无此类现象。

（3）清除设备内腔的粉尘和杂物，检查接线腔和内部电气元件及连接线，要求完好齐全；各连接插件接触良好，各紧固件应齐全、完整、可靠，同一部位的螺母、螺栓规格一致。

（4）检查设备的绝缘情况，水平放置兆欧表，表线一端接机壳金属裸露处，另一端接回路被测点的裸露导体，待兆欧表指示稳定，读取被测绝缘电阻值大小，与设备的标准绝缘电阻比对，判定绝缘电阻是否符合标准。

2）通电试验

（1）设备送电前，要详细阅读使用说明书，按要求进行接线。仔细检查供电电压是否与设备使用电压一致，设备外观有无异样，连接线是否正确，设备外壳接地线是否良好，设备内部插件和电路板是否插紧，电源箱内保险是否合适，设备内部接线有无短路或断路，在确认无误后，方可送电烤机。

（2）分3个阶段对设备工作状态进行观察和调试，并作详细记录。首先，要进行粗调，即对仪器主要性能进行大致的调整和观察；其次，在经过2 h的通电运行后进行精调，即对仪器的各项技术指标进行调试、观察和测试，使仪器满足技术指标的要求；最后，严格按出厂指标进行检查和测试。

（3）设备通电试运行期间要进行观察和调试，并作详细记录。

3）检查测试

（1）交换机同中心站、井下交换机同监控分站、监控分站同传感器的通信状态。

（2）分站带负载能力，分站开出通道及输出闭锁状态。

（3）电源箱内防爆面、电路板、闭锁装置和外壳接地情况。

（4）传感器的零点、报警点、断电点、复电点和自检功能等测试均无问题后，要按要求使用标准气样进行传感器标校，并填写记录。

4）填写检修记录

检查仪器达到出厂指标后，认真填写检修记录，入库备用，未经通电调试的监控设备，禁止下井使用。

2. 地面传输线缆敷设

安全仪器监测工在地面敷设传输线缆时，必须戴好安全帽，扎好安全带，登高3 m以上要专人监护；架设楼顶与楼顶之间的传输线缆，先把传输电缆扎在钢丝绳上，一头在楼顶固定好，另一头用2台不低于1 t的手拉葫芦循环上吊传输线缆，直至吊平拉直后，固定在另一楼顶上；楼顶如无护栏，操作时工作人员必须拴好安全带；架设传输线缆，如与高压线交叉或邻近，必须先将高压线停电，并验电、放电、接地、短路，为防止中途送电，必须临时接地线，方可进行架线作业；使用梯子架设时，梯子与地面之间角度以60°为宜，在水泥地面上用梯子要有防滑措施，梯脚挖坑或拴牢，并设专人扶梯子，人字梯挂钩必须挂牢；同杆、同点工作时，先登者必须等另一人选好工作位置后，方可开始工作，同时要注意协调；高空使用的工具、材料必须装在工具袋内进行吊送，不准抛扔，杆下不准站人。

三、井下安全仪器监测工操作规程

井下安全仪器监测工操作主要包括井下传输线缆敷设、连接、检查，传感器的安装、倒移、拆除及维护，井下交换机、监控分站、电源箱及控制器的安装维护，以及特殊操作等。

（一）准备工作

（1）接到安装任务时，施工人员要认真学习作业规程，弄清监控设备的安装地点，传感器的安装数量和位置，分站电源箱的供电电源和闭锁连接方式等情况。

（2）按照作业规程上规定的监控设备种类和数量，领取监控设备、电缆和接线盒等。领取时，要检查所领用设备的技术指标和性能是否符合出厂标准，各部件是否齐全、完整、紧固，外壳是否未变形及锈蚀，隔爆部分是否符合要求，在确认无误后，方可领取。

（3）领用的电缆要作通断及外皮检查，电缆密封圈要合适，挡板、接线盒、悬挂电缆物品等要备足，井下交换机、监控分站的电源箱必须切断外供电源。

（4）备好便携式甲烷检测报警仪、甲烷标准气样和空气样。

（二）操作

1. 井下传输线缆敷设、连接、检查

（1）井下传输线缆敷设时，要将所敷设的线缆放在一个固定地点，慢慢放出，每隔100 m或拐弯处设专人看管，防止电缆磨损或在拐弯处卡住。敷设电缆人员要听从统一指挥，严禁各行其是，固定线缆用吊钩悬挂，非固定线缆用胶带或其他柔性材料悬挂。

（2）在井下巷道敷设通信线缆时，要首先观察顶底板有无危险，确认无危险，方准操作。传输线缆敷设过程中，要指派一人在前面将所要敷设线缆放入电缆钩中，以免敷设后和其他通信线缆不能形成统一。

（3）井下安全仪器监测工在敷设或检查井下大巷线缆时，如果有车辆行驶，敷设或检查人员要躲到躲避硐中，严禁行车时敷设或检查线缆；敷设有架空线的大巷线缆时，要确保线缆与架空线有300～500 mm的距离，横跨架空线时，必

须确保架空线无电，方可进行工作，严禁带电作业；架设或检查暗斜井线缆时，要和管辖单位联系好，慢慢下行敷设或检查，时刻留意脚下台阶，以防地面湿滑摔倒；敷设或检查轨道上山（或下山）线缆时，首先要和下车场把钩工、上车场司机联系好，明确不准提车或松车后，方准进入。

（4）线缆敷设完毕要向调度汇报，升井后及时填写记录。

2. 传感器的安装、倒移、拆除及维护

（1）井下安全仪器监测工安装、倒移、拆除传感器时，必须使用梯子或木马，并扶牢后，再上人操作。

（2）若巷道中有带式输送机或刮板输送机时，必须和所辖单位的负责人联系好安拆移的准确时间，现场必须和带式输送机或刮板输送机司机联系好，停止输送机工作，方可施工，严禁在输送机运转中安拆移传感器。

（3）定期清扫气室内的污物，更换传感器内的防尘装置，当载体催化元件活性下降时，要上井检修。

（4）传感器调试完毕要向调度汇报，升井后及时填写记录。

3. 井下交换机、监控分站、电源箱及控制器的安装维护

（1）安全仪器监测工应将井下交换机、监控分站设置在便于人员观察、调试、检验及支护良好、无滴水、无杂物的进风巷道或硐室中，安设时应垫支架，或吊挂在巷道中，使其距巷道底板不小于300 mm。

（2）隔爆兼本质安全型防爆电源设置在进风巷道中，但不得设置在断电范围内，如低瓦斯和高瓦斯矿井的采煤工作面和回风巷内，煤与瓦斯突出煤层的采煤工作面、进风巷和回风巷、掘进工作面内，采用串联通风的被串联采煤工作面、进风巷和回风巷内，采用串联通风的被串联掘进巷道内等。

（3）安全仪器监测工在为安装好的电源箱供电时，供电电源不得接在被控开关的负荷侧，严格执行“谁停电谁送电”制度，所停电的高压开关处，必须派专人看管，并挂上“有人工作，严禁送电”的标志牌，严禁带电作业；停电范围影响到其他单位的，要取得联系，做好协调协作工作；处理电源高压侧时，严禁一人单独作业。

（4）安装断电控制时，应根据煤矿主要技术负责人审定的断电措施，进行断电线缆、断电器及馈电传感器的布置，由生产队组提供供电和断电条件，由电气维护工进行断电控制器与被控开关之间的正确接线，接通电源线和控制线。

（5）安装完毕，应详细检查供电电源电压是否与设备电源要求的电压等级一致，断电闭锁电缆和其他接线是否正确，确认合格无误后，方可送电。送电预热20 min后可对设备进行调整，对断电控制功能进行全面调试，确保传感器的数据准确，断电闭锁灵敏可靠。

（6）调试完毕要向调度汇报，升井后及时填写记录。

4. 特殊操作

特殊操作是指井下安全监控设备故障排除、光缆的热熔接等特殊情况下的操作。

（1）故障排除。安全监控系统使用的传感器、井下交换机、监控分站、电源箱等监控设备集成度高，井下维修不太可能实现，最好整台设备直接更换。更换电源箱时，严禁带电作业。

（2）光缆的热熔接。煤矿井下熔接光纤时，必须使用熔接机，而目前市面上的熔接机都是非防爆产品。由于煤矿井下存在瓦斯，很容易发生安全事故，所以在井下熔接光纤时，必须有煤矿主要技术负责人批准的井下光纤熔接安全措施，并严格执行。安全措施必须明确熔接地点 10 m 范围内禁止堆放可燃性材料，熔接地点必须配置灭火器，熔接地点周围 20 m 范围内连续检查瓦斯浓度，当瓦斯浓度超过 0.5% CH_4 时，必须停止工作，切断熔接机电源。

四、线缆的敷设

井下电缆、光缆的敷设应达到以下标准要求：

（1）在水平巷道或倾角在30°以下的井巷中，线缆应用正规吊钩悬挂。

（2）在立井井筒或倾角在30°及其以上的井巷中，线缆应用夹子、卡箍或其他夹持装置进行敷设；夹持装置应能承受线缆重量，并不得损伤线缆；线缆穿过墙壁部分应用套管保护，并严密封堵管口。

（3）水平巷道或倾斜井巷中悬挂的线缆应有适当的松弛度，避免过紧张力，并能在意外受力时自由坠落。其悬挂高度应保证线缆在矿车脱轨时不受撞击，线缆悬挂点间距，在水平巷道或倾斜井巷内不得超过 3 m，在立井井筒内不得超过 6 m，间隔 100 m 作标签标志。

（4）线缆不应悬挂在风管或水管上，不得遭受淋水。线缆上严禁悬挂任何物件。线缆与压风管、供水管在巷道同一侧敷设时，必须敷设在管子上方，并保持 0.3 m 以上的距离。在有瓦斯抽放管路的巷道内，线缆必须与瓦斯抽放管路分挂在巷道两侧。井筒和巷道内的通信和信号线缆应与电力电缆分挂在井巷的两侧，如果受条件所限：在井筒内，应敷设在距电力线缆 0.3 m 以外的地方；在巷道内，应敷设在电力电缆上方 0.1 m 以上的地方。高、低压电力电缆敷设在巷道同一侧时，高、低压电缆之间的距离应大于 0.1 m。高压电缆之间、低压电缆之间的距离不小于 50 mm；沿线每隔一定距离、拐弯或分支点以及连接不同直径线缆的接线盒两端、穿墙线缆的墙的两边都应设置标志牌。

（5）电缆与电缆的连接，必须用与电气设备性能相符的接线盒，不同型号线缆之间严禁直接连接。整条吊挂完毕后，方可与原有的电缆进行连接；进线嘴连接坚固、密封良好、进线正确；密封圈直径和厚度要合适，电缆与密封圈之间不得包扎其他物品；电缆护套伸入器壁为 5～15 mm；线嘴压紧要有余量，电缆压板要压紧电缆，但不能将电缆压扁（压缩量超过电缆直径的10%为压扁）；接线装置完整、齐全、紧固、导电良好；绝缘座完整、无裂纹；卡爪（或平垫圈）、弹簧垫齐全、紧固；接线整齐，无毛刺；卡爪（或平垫圈）不压绝缘皮，芯线裸露处距卡爪（或平垫圈）不大于5 mm；腔内连线松紧适当。

（6）工业以太环网必须实现物理上真正意义的环网传输，才能确保系统传输平台稳定可靠。如果受条件所限，单线通过不同巷道形成以太环网确有困难时，可在同一巷道两帮分别敷设光缆实现，不允许在同一条光缆中采用多芯光纤连接构成环网。

（7）监控设备之间必须使用专用阻燃光缆、电缆连接，严禁与图像监视系统共用同一芯光纤，严禁与调度电话电线、动力电缆等共用；井下工作站同传感器相互连接的电缆，必须严格按照出厂说明书的规定执行。

第五节　煤矿安全监控系统的管理

“工欲善其事，必先利其器。”这句话充分说明在整个过程中，对设备如何更好地去管理与维修至关重要。煤矿安全监控系统对安全生产起到保障作用，这就对监控设备的安装、维修、定期维护和试验提出更高的管理标准，以确保监控设备运行的安全稳定。

一、监控设备管理

监控设备主要指地面中心站设备和井下设备。地面中心站设备包括监控主备机、融合服务器、核心交换机、双回路供电装置、UPS 电源、空调、照明和防雷、消防等设备；井下设备包括井下交换机、监控分站、电源箱、传感器、声光报警器及断电控制器等监控设备。为了保持设备完好，保证设备的正常运行，提高生产技术装备水平，保证安全生产，需加强设备管理。

（一）基本要求

安全监控设备管理由监控中心负责，对设备进行综合管理，保持设备完好。安全监控设备的管理应满足以下基本要求：

（1）煤矿安全监控系统及设备必须按国家规定取得矿用产品安全标志（MA 标志），具备矿用产品安全标志证书（MA 标志）和防爆合格证，出厂时有产品合格证。严禁使用未经国家授权的安全生产检测检验机构进行安全关联联检的关联设备和通过电磁兼容检验的组成设备。

（2）安全监控设备到货后，供应部门应及时会同监控中心、供应商共同开箱验收，办理验收手续，确认数量、质量无误，移交监控中心，及时办理入库手续，库管员将所有设备（包括配套的零配件）逐一填写安全监控设备仪表台账，发现问题应立即与供货单位协商解决。设备需要投入使用时，监控部门库管员要办理出库手续，同设备领用人员共同确认出库数量，库管员将领用设备（包括配套的零配件）逐一填写监控设备仪器仪表台账。配套的制造厂家原始图纸、安装使用说明书、资质证明、合格证等技术资料，要妥善保存，确保资料完整。

（3）监控设备安装、使用、维护、调校及移动等必须符合《煤矿安全规程》和《煤矿安全监控系统及检测仪器使用管理规范》（AQ 1029—2019）等相关规定。

（4）安全监控设备老化、技术落后或超过规定使用年限的；通过修理，虽能恢复精度和性能，但一次修理费用超过原价 80% 以上的；失爆不能修复的；遭受意外灾害，损坏严重，无法修复的；不符合国家规定及行业标准规定应淘汰的应当报废。

（二）监控设备安装管理

正确安装安全监控设备是发挥安全监控系统重要作用的基础保障，应按照《煤矿安全监控系统及检测仪器使用管理规范》（AQ 1029—2019）的规定，依据安全监控系统设计、采（盘）区设计及采掘工作面作业规程等确定的内容与要求进行安装，并注意以下问题：

（1）监控设备在正式安装使用前，必须按产品使用说明书的要求在地面试验场所进行测试，测试合格，并在试验场所试运行至少 48 h，方能下井安装使用。

（2）监控中心在接受安装任务时，要弄清监控设备的安装地点，确定具体安装位置、电源连接方式及控制方式，并估算通信线缆长度。领取安装仪器时，要检查各连接部件是否齐全、完整、紧固，外壳是否变形及锈蚀，隔爆面是否符合要求，在确认无误后，方可领取。对安装所用电缆要作导通及外皮检查，电缆密封圈要合适，挡板、三通、悬挂电缆物品等要备齐。

（3）安装过程中，监控设备、电缆、接线盒以及它们相互之间的连接必须符合井下机电管理的相关规定；安装或搬迁监控设备、电缆前必须切断电源（本质安全型后备电源供电除外），要防止撞碰、剧烈振动和冲击，搬迁后要检查设备的工作状态是否正常和电缆有无损坏；安装断电控制器时，必须根据作业规程中规定的断电范围要求，确定断电器的安装地点和接点数量，生产队组的电工负责接通井下电源及控制线。

（4）井下交换机、监控分站应设置在便于人员观察、调试、检验及支护良好、无滴水、无杂物的进风巷道或硐室中；模拟量传感器设置在能正确反映被测物理量的位置，开关量传感器设置在能正确反映被监测状态的位置，声光报警器设置在经常有人工作、走动和便于观察的地点。

（5）本质安全型电气设备在安装前应检查其电气参数和电气性能，必须同产品说明书一致，注意辨别本质安全电路的端子和非本质安全电路的端子。本质安全电路的外部电缆或导线的长度应尽量缩短，不得超过规定的最大值；外部电缆或导线禁止盘卷以减小分布电感；外部电缆或导线应单独布置，不允许与高压电缆一起敷设。设有内外接地端子的本质安全型电气设备应可靠接地，内接地端子必须与电缆的接地芯线可靠连接。

（6）原设计单独使用的本质安全型电气设备，不得多台并联运行，以免造成电气参数叠加，破坏原电路本质安全的性能。由两台以上本质安全型电气设备组成的本质安全电路系统，只能按原设计配套安装使用。

（7）不经防爆检验单位检验，不得将设计范围以外的电气设备（无论是本质安全型电气设备还是非本质安全型电气设备）接入本质安全电路，也不得将不同型号的本质安全型电气设备或其中的部分电路自由结合，组成新的电气回路。

（8）设备安装完成，监控设备工作正常后，才能投入报警和控制功能，并检查其功能的可靠性，填写管理牌板。

（三）监控设备的检查、检修和管理

为保证安全监控系统的稳定运行，加强维护与计划性检修，需做好系统的日常检修工作。监控设备的检查、检修和管理应做好以下几方面工作：

（1）监控设备检修应配齐维修工具和必备的维修材料。如万用表、示波器、电烙铁、黑白元件检测仪、模拟电缆、分站故障诊断装置、传感器故障诊断装置、传感器标校装置等。

（2）安全仪器监测工必须按电工操作要求做到安全用电，掌握仪表的使用方法，熟悉监控设备操作性能，配备高压检电笔、万用表、便携式光纤寻障仪等。

（3）设备检修要按外观检查、内部检查、电气检查、设备检验步骤进行，要按出厂验收标准及技术指标进行验收，合格后方可投入使用，同时，认真填写检修记录。

（4）每月要检查机房的双回路配电柜的主要开关元件是否良好，检查 UPS 设备工作是否正常，特别是检查后备时间是否符合技术要求；每半年检查机房和外场设备的防雷器是否良好，监控系统设备的接地电阻是否满足技术要求，监控室对地绝缘电阻的数值是否符合要求；每3个月定期检查备份数据是否正常；每月对系统的各主要设备及各项功能进行全面检查、测试、校正；每日对监控中心站内的控制台、计算机等设备表面，以及室内防静电地板进行清洁。

（5）每日检查井下交换机、监控分站、电源箱、传感器、通信线缆及监控主备机工作状态是否正常；检查传感器的吊挂位置是否正确，断电是否可靠；按照要求定期进行传感器的调校和“三闭锁”断电功能测试，确保监控系统作用的充分发挥。

（6）每日检查软件系统的各项功能，并进行杀毒处理和垃圾文件删除；对监测数据进行备份，打印所有的数据报表，检查是否正确，并分类存档；检查上传数据是否正常，检查网络交换机是否正常工作。

（四）监控传感器的标校试验管理

煤矿安全监控系统涉及的模拟量传感器大多需要定期调试校正，如甲烷传感器、一氧化碳传感器、温度传感器、风速传感器、压力传感器、粉尘传感器等。为保证安全监控系统正常运作，切实起到安全监控作用，确保监测到的有害气体、风速、温度、压力等数据准确无误，需对传感器进行调试校工。监控传感器的标校试验管理应注意以下问题：

（1）煤矿必须建立安全仪器仪表标校室，必须配备传感器检定装置、稳压电源、示波器、频率计、万用表、流量计、声级计、空气样、甲烷、一氧化碳标准气样等。传感器校验仪器用流量计、万用表、声级计、频率计必须是由计量监督部门审验、批准使用的校验仪器。

（2）传感器的校验，按产品使用说明书的要求定期调校。采用催化燃烧原理的甲烷传感器至少每隔15天调校1次，采用激光原理甲烷传感器至少每隔6个月调校1次。除甲烷以外的其他气体监测设备采用空气样和标准气样按产品说明书进行调校。风速传感器选用经过标定的风速计调校，温度传感器选用经过标定的温度计调校，压力传感器选用经过标定的压力计调校，其他传感器也应按使用说明书要求定期调校，使各项指标符合规定要求。瓦斯抽放监测系统所用的管道传感器也要定期进行核准和调校，以确保抽放监测数据准确可靠。

（3）甲烷传感器经大于4%浓度的高浓度瓦斯冲击后，元件灵敏度会降低，会影响检测精度，必须升井检修和标校。

（4）载体催化元件（黑白元件）一般每年应更换1次，并应有详细的记录；一氧化碳传感器等敏感元件的更换，按说明书要求规定的使用期限定期更换。

（5）甲烷传感器与人工监测比对出现误差时，在测量值的±0.2%范围内，应以测量值大的瓦斯浓度为准，以确保安全；测量值不在±0.2%范围时，必须进行校正，在此期间，任何人不得擅自停用监测装置。

（五）断电闭锁试验管理

为进一步规范煤矿安全监控系统断电闭锁测试工作，确保断电可靠，实现矿井安全生产，煤矿必须严格按照规程和标准的有关闭锁规定，进行闭锁功能测试。监控设备的断电闭锁试验管理应注意以下重要问题：

（1）安全仪器监测工必须熟悉监控设备断电闭锁的工作原理和接线方法，严格按照规程规定操作。

（2）断电闭锁测试包括故障闭锁测试、甲烷传感器超限闭锁测试、风电闭锁测试等，“三闭锁”测试时，必须保证被控设备必须正常供电，严禁在无电的状态下进行闭锁试验。

（3）断电闭锁功能测试工作，必须由安全仪器监测工、瓦斯检查工、电工、安监工、施工现场负责人及地面监控值机人员等相互配合共同完成，有1人不到位，不得进行断电闭锁功能测试工作。

（4）每15天对甲烷超限断电闭锁功能、甲烷风电闭锁功能及故障闭锁功能测试1次，每次测试完成后填写“三闭锁”测试记录。

（5）断电闭锁测试关联局部通风机停运的，必须制定停风期间的安全措施，并严格执行，防止因局部通风机停风，造成瓦斯超限等事故。

（6）断电闭锁测点不足的、断电闭锁测试超过规定周期的、不能实现断电闭锁功能的、未设置馈电传感器无法监测断电功能的地点要停止作业。

二、校准气瓶管理

煤矿使用校准气瓶属于压力容器的一种特种设备，承载一定压力，并盛放易燃易爆甲烷、一氧化碳等标准气样，具备一定的安全风险。为加强气瓶的安全管理，防止气瓶在使用、贮存、搬运等环节发生意外事故，需强化对校准气瓶的安全管理。校准气瓶管理应注意以下问题：

（1）煤矿使用单位必须指定专人负责气瓶的管理，气瓶的储存、使用、搬运。

（2）不同种类气瓶的涂漆标示要清晰正确，不得涂改，甲烷气瓶的瓶体标“甲烷”字样，一氧化碳气瓶的瓶体标“一氧化碳”字样，空气气瓶的瓶体标“空气”字样，瓶阀、接管螺栓和减压阀等附件完好齐全，无漏气、滑丝、表针松动等危险情况。

（3）气瓶应放置在通风、阴凉、无腐蚀的专用场所，要使用防爆开关和灯具，防止雨淋和日光曝晒，不能接触有电流通过的导体。气瓶禁止靠近火源、热源和电气设备，与明火距离不少于10 m。贮存、使用时必须直立放置，可靠地固定在支架上，工作地点不固定且移动较频繁时，应放置在专用容器内，防止倾倒，在搬运中要轻装、轻放，防止振动。

（4）开关高压气瓶瓶阀时，应用手或专门扳手，不得随便使用凿子、钳子等工具硬扳，以防损坏瓶阀。开启高压气瓶时，操作者须站在气瓶出气口的侧面，气瓶应直立，然后缓缓旋开瓶阀。气体必须经减压阀减压，不得直接放气。

（5）气瓶上要选用专用减压阀，安装时螺栓扣要上紧，气瓶的减压阀和瓶阀的连接处必须可靠、严密，试漏气时可用肥皂水，严禁用明火试漏；气瓶及瓶阀的周围严禁沾染油脂，不能用沾有油脂及油污的手套、工具去接触气瓶。

（6）严禁将气瓶内的残留气体倒出，以免引起爆炸；瓶内气体不得全部用尽，要剩余残压；使用后的空瓶，应移至空瓶存放区，并加上空瓶的标识，严禁空瓶与实瓶混存；气瓶要定期检验，不得超期使用，如发现有严重腐蚀或其他严重损伤应提前进行检验，在定期技术检验同时，还应进行气密性试验。

三、地面中心站管理

地面中心站是煤矿安全监控系统的“中枢”，应按要害场所进行管理，管理的重点是消防安全、值班人员值班管理和机房管理。

（一）要害场所安全管理

要害场所是指对一个系统的安全起决定性作用和有重要影响的部门或部位。监控中心站与矿井采、掘、机、运、通等生产环节安全息息相关，对保证煤矿安全生产有着举足轻重的作用，在煤矿安全保障系统中占有重要地位。因此，应将监控中心站确定为要害场所，按要害部门进行管理，并切实做好以下诸方面工作：

（1）要害场所应履行审批手续，由各单位保卫部门填写《要害审定书》，报请本单位主管领导人审定，并向公安机关备案；要确定分管要害部门、要害部位保卫工作的领导人，制定和落实防破坏、防盗窃、防失密、防火灾的安全保卫制度和措施，并纳入岗位责任制；经常进行安全检查，对存在的事故隐患，要责成主管部门限期解决；一时解决有困难的，要采取临时安全措施，制定切实可行的应急预案，从组织上和物质上做好防范，做到一旦突发意外能够及时处置，将损失减少到最低限度；要建立要害场所安全保卫档案，由保卫部门统一建立和管理。

（2）要害部位的工作人员必须事先做好政审工作，应由政治可靠、作风正派、工作负责、技术胜任的人担任。要害岗位值班人员必须持有武装保卫部门签发的要害工作证方可上岗。调配要害场所工作人员，要事先征得保卫部门同意，不适合在要害场所工作的人员要及时调离。加强要害部位工作人员日常的政治思想和安全知识教育，增强安全意识，确保要害部位安全。

（3）要害部位工作人员必须明确岗位职责，严格遵守安全操作规定，不准违章作业和擅离职守。安全负责人应在班前班后进行安全检查，及时发现和排除各类隐患，认真填写值班记录。

（4）要害场所的门口醒目位置悬挂“要害重地，闲人免进”警示牌板，要害场所内禁止存放各种油脂和易燃物品，更不能作为库房和留作他用，必须备有足够的消防器材，并按时检查更换。

（5）要害岗位严禁无证人员进入，有证人员进入要害场所时执行登记询问制度。外来参观学习和临时性工作人员，必须携带介绍信，经核查同意后，并由专人陪同，方可进入要害部位，办理要害登记手续，清点人数。对进入要害场所的人员，本岗位工作人员有监护的责任，禁止触摸和乱动一切运行的设备。

（6）要害部位发生事故或者发现事故隐患时应立即排除并保护好现场，及时向党政领导和武装保卫部门报告，并做好协查工作。

（7）要确定专人管好要害部位的档案、资料、数据等，并严格传阅借用的审批手续。

（二）监控中心站消防安全管理

消防安全管理是公共安全管理的重要内容，是保护公共财产和生命安全的一项重要工作。监控中心站是煤矿要害场所，必须做好消防安全管理工作，落实消防安全责任，强化预防，整治隐患，夯实基础，提升火灾防控和灭火应急救援能力，提高公共消防安全水平，有效预防火灾和减少火灾危害。监控中心站的消防安全管理应注意以下问题：

（1）严格贯彻消防“严防为主、防消结合”的方针，加强消防监督管理。

（2）监控中心站消防安全工作由监控中心分管领导具体负责，建立防火安全责任制，做到层层有人抓，处处有人管，做好经常性的消防安全检查。

（3）监控中心站值班人员必须严格遵守消防规定，做到“三懂”“三会”“三有”。“三懂”，即懂得本岗位工作过程中的火灾危险性，懂得预防火灾的措施，懂得扑灭火灾的方法；“三会”，即会报警，会使用消防器材，会扑救初期火灾；“三有”，即有消防制度，有消防档案，有防火防爆预案。

（4）监控中心站要配备足够的消防器材，有专人负责，定期进行检查维修和更换。管理人员要熟悉消防器材的存放位置及使用方法。

（5）监控中心站内不准堆放易燃易爆物品，严格烟火管制，保持消防通道畅通。

（6）监控中心站严禁超负荷用电，监控管理人员要定期对监控中心站的供电线路及照明器材进行检查，防止因线路老化短路造成火灾。监控中心站使用电烙铁时要严格控制，按规定操作，有专人看守，确保安全。

（7）发生火灾时立即报告消防部门，并迅速组织人员灭火和撤离。

（三）中心站值班人员值班管理

中心站值班人员是当日中心站防灭火、防盗、监测调度、异常处理、中心站管理的第一责任人。为更好地保证中心站值班人员以高度的责任感去完成各项技术工作和日常管理工作，保证监控系统的正常运行，必须加强中心站值班人员的管理，注重并加强以下诸方面工作：

（1）中心站值班人员应按照《煤矿安全规程》和相关标准的规定，全面、准确、规范定义各个地点监测设备的报警点、断电点、复电点和其他控制参数，及时进行井下监测设备的增加、删除和变更的设置，并及时更新定义。

（2）中心站值班人员应认真监视显示器所显示的各种信息，严密监视监测数据动态，详细记录监控系统各部分的运行状态，填写运行日志，接收上一级管理部门下达的指令并及时进行处理；一旦发现监控系统发出报警、断电、馈电异常信息，或者遇到瓦斯超限、超限未断电等情况，要立即核对断电闭锁状态，观察断电区域设备的馈电信号情况，报告调度和当日值班长，同时对瓦斯超限报警、闭锁断电状态、馈电反馈信息、监测故障（异常）、汇报情况、处理情况等6项内容，进行手工、完整、连续的详细记录。

（3）中心站值班人员必须认真观察网络的运行情况，出现异常或故障时应立即处理，并按规定程序及时报上一级网络中心，处理结果应记录在案；接到网络中心发出的报警处理指令后，要立即处理落实，并将处理结果向网络中心反馈。所有的监测数据必须全部完整地上传集团公司监管网络系统，不得随意更改上传软件，筛选、过滤监测地点或者数据等。

（4）中心站值班人员要认真做好上级通知、指示的接收和下达工作，并做好完整、准确、详细的记录。

（5）主机发生故障、自动切换到备用机进行正常监控时，中心站值班人员必须及时处理故障主机或相关软件，现场无法处理的，应及时联系厂家解决。

（四）监控机房管理

监控机房通常是指在一个物理空间内实现信息的集中处理、存储、传输、交换、管理等。监控机房是保证监控设备长期稳定运行的首要条件，是信息系统的中枢。为更好地保障机房设备与软件系统的安全、稳定、高效运行，必须加强监控机房的管理，应注重并加强以下方面工作：

（1）必须实时监测监控地面监控机房的环境温度、湿度、大气压力、烟雾、双回路电源的供电电压和电流、UPS电源电池充放电状态和后备电池供电时间等，当监测参数超过规定值时实现报警，并对其中关键设备进行控制。

（2）监控主备机及联网主备机必须专机专用，实现双机热备，24 h不间断运行。主备机必须启动系统自动日志功能，确保监控系统控制参数的严密日志记录管理。当工作主机发生故障时，备用主机应在 60 s 内投入工作。禁止在主备机上进行任何无关操作或安装运行任何无关软件。备用主机每月要在线联机测试一次，详细记录备用主机的测试情况。网络设置参数和监测设置参数、机房网络设备的设置必须随时保证准确有效，严禁擅自乱动乱改。

（3）监控机房必须有三级防雷电保护，即为系统提供电源的双回路供电线缆防雷电保护，进入机房信号线缆的防雷电保护，入井线缆的入井口处的防雷电保护。防雷保护地的接地电阻不大于 4 Ω。

（4）监控技术负责人作为监控机房技术管理的第一责任人，必须定期组织对系统进行调试、校正，每月至少一次，做好相关记录；定期对监控数据进行备份，备份数据的介质保存时间应当不少于 2 年，保存方式为光盘刻录或异地硬盘存储。

（5）信息中心是监控机房主干通信网络的责任管理者和维护者，如果出现监控系统网络故障，以各级信息中心为主体，监控中心配合，及时排除故障。加强通信网络割接工作的统筹与规划，统一合理部署，尽量减少因网络割接而带来的安全监控系统监测网络中断。

四、安全监控系统数据分析管理

为了能够准确、及时了解和掌握煤矿各生产系统和安全系统的运行情况，及时发现通风、抽采、防灭火、监控系统等存在的问题，总结分析监控信息中反映的灾害防治和安全生产规律，更好地指导煤矿安全生产，必须加强对安全监控系统数据分析、挖掘和利用的管理，以充分发挥安全监控系统海量数据的重要作用。

安全监控系统数据分析管理，应做好以下方面工作：

（1）中心站值班人员必须认真监视显示器所显示的各种信息，详细记录系统各部分的运行状态，填写到监控软件规定的报表中，并力求各种记录准确无误。

（2）中心站值班人员应利用煤矿安全监控系统中综合分析子系统，对煤矿采掘工作面和所需时段瓦斯具体数据及变化趋势进行分析；利用安全监控系统瓦斯曲线图，对煤矿瓦斯浓度变化趋势进行分析；对多个区域进行瓦斯比较分析，掌握瓦斯变化规律；对矿井瓦斯异常突变分析，掌握瓦斯平均浓度、瓦斯平均浓度变化率和瓦斯平均浓度绝对差值；对采掘工作面进行瓦斯异常突变分析，掌握瓦斯平均浓度、瓦斯平均浓度变化率和瓦斯平均浓度绝对差值；对各区域进行瓦斯异常突变分析，掌握瓦斯平均浓度、瓦斯平均浓度变化率和瓦斯平均浓度绝对差值；对各工作面瓦斯涌出量最大值进行综合比较分析，掌握瓦斯平均浓度和最大浓度的变化规律。

（3）煤矿总工程师组织每月对安全监控系统运行和矿井瓦斯超限等异常情况进行一次汇总分析，并将分析情况上报，分析报告报分管领导、矿主要负责人。监控技术负责人每周进行监控数据分析，分类汇总，及时发现并解决监控系统存在的问题；每月定期将上月的监控数据及各类分析记录异地备份。监控数据和数据分析报告要长期保存。

（4）煤矿技术负责人应当组织相关领域技术人员开展监控数据分析、挖掘、利用工作，积极吸纳借鉴兄弟单位的成功经验和技术方法，研发先进适用的技术方法，不断完善预测预警模型和综合分析系统，建立预测预警模型库，推动安全监控数据分析利用向更深、更广度方向发展。

五、安全监控系统网络运行及安全管理

煤矿安全监控系统实行三级联网运行，为煤矿安全管理开辟了新的有效途径，在有效提升了煤矿安全管理的透明度和精准度的同时，也给煤矿安全监控系统带来了网络安全问题。为确保监控网络安全运行，计算机的病毒防范显得尤为重要。

（一）安全监控系统网络运行管理

为规范安全监控系统联网安全、稳定、可靠运行，需加强煤矿安全监控系统网络运行管理，管理中应注意以下问题：

（1）将安全监控系统信息安全管理作为煤矿信息安全工作的主要内容，按照“谁主管谁负责、谁运营谁负责、谁使用谁负责”的原则，建立信息安全责任制，明确并落实各级、各部门信息安全相关责任。

（2）安全监控系统联网要实现“三同步”管理，即同步规划、同步建设、同步运行安全防护措施。各级监控中心的建设和管理按照“分级负责、分级监管、分级响应、互相配合、互相制约”的原则，一级对一级负责。网络中心必须24 h有人值班，对煤矿安全监控系统的运行进行监督和指导。

（3）煤矿安全监控系统联网系统是一封闭的专用内部网络，禁止和其他网络直接相联，网络设备应取得入网许可证，网络服务器、网络工作站安装相应客户端防病毒软件，要实时监测网络病毒，及时更新、升级病毒和客户端防病毒软件，确保系统正常运行。监管网络系统全部IP地址由信息中心统一分配和设置，任何人、任何单位不得更改监管网络系统任意一个IP地址；不得随意变更监管网络系统的软件配置、系统参数配置和软件功能的增加、删除、修改；不得随意对网络所有设备停止运行，任何人不得对网络相关软件进行终止操作。

(4) 网络中心值班人员必须认真监视监控数据，发现异常情况要详细查询，按规定进行处理。发现煤矿井下瓦斯超限报警、馈电状态异常情况等必须及时通知煤矿核查情况，按应急预案进行处理。监控值班人员接到网络中心发出的报警处理指令后，要立即处理落实，并向网络中心反馈处理结果。

(5) 煤矿信息中心是煤矿集团公司主干通信网络的责任管理者和责任维护者。网络系统的各种设备（服务器、路由器、交换机、工作机）必须配备专线双回路供电电源和在线 UPS 电源，确保网络设备的不间断正常供电。煤矿信息中心要定期检查监控系统网络所有信道，监控技术人员检查井下环网环路的畅通，如出现网络故障，以各级信息中心为主体，监控部门配合，及时排除故障；监控中心站值班人员发现上传中断，必须立即上报。

(6) 网络系统上任意一台计算机禁止安装与系统无关的文件，未经网络管理人员的同意，任何人不得随意更改系统软件；禁止通过媒体介质或网络复制和安装网络系统之外的一切无关资料，禁止对外随意传输与复制网络系统中的任何数据。

(二) 安全监控系统计算机病毒防范

为了加强煤矿安全监控系统信息安全管理，确保监控数据真实有效和计算机的应用软件不被病毒感染，结合煤矿实际情况，需加强安全监控系统计算机病毒防范。

1. 防病毒软件的安装与病毒检查

安全监控系统防病毒软件的安装与病毒检查，重点应做好以下几方面工作：

(1) 安全监控系统使用的防病毒软件，必须是经过公安部门认证的产品，严禁使用盗版软件，对防病毒软件的病毒及时进行升级和更新。

(2) 对新购进的计算机及联网设备，为防止原始计算机病毒的侵害，要组织专业人员检查后方可安装运行；移动媒体以及外来的系统和软件，先进行计算机病毒检查，确认无计算机病毒后才可以使用；严禁使用未经清查的、来历不明的移动媒体。

(3) 监控主机要定期进行计算机病毒检查，监控软件要定期进行比较测试和分析，发现病毒立即处理并通知上级管理人员；监控主机要尽量做到专机专用，特别是具有读写权限、身份确认功能的认证服务器一定要专用；对共享的网络文件服务器，应特别加以维护，控制读写权限，不在服务器上运行无关软件程序，能用硬盘启动的，尽量不要使用移动媒体启动计算机。

(4) 联网计算机、重要系统的关键计算机要安装防计算机病毒软件，并定期或及时（随时）更新（升级）计算机病毒防范产品的版本；要使用国家规定的、具有计算机使用系统安全专用产品销售许可证的防计算机病毒产品。

2. 计算机病毒防范机制的建立

为保证安全监控系统计算机病毒防范的持续、有效、规范进行，应建立相关工作机制，做好以下诸方面工作：

（1）安装杀毒软件及网络防火墙，定期扫描，并及时进行软件升级。鉴于现今病毒无孔不入，安装一套防毒软件很有必要。首次安装时，一定要对计算机进行一次彻底的病毒扫描，以确保系统尚未受过病毒感染。每周至少更新一次病毒定义码或病毒引擎（引擎的更新速度比病毒定义码要慢得多），因为最新的防病毒软件才是最有效的。定期扫描计算机也是一个良好的习惯。监控中心技术负责人应自定专人负责相关工作。

（2）注意软盘、光盘媒介的病毒防范。在使用软盘、光盘或活动硬盘等其他媒介之前，一定要对其进行扫描。

（3）不随意安装不知晓的软件。

（4）监控中心技术负责人每月月初组织搜集整理在内部网上发布当月的病毒动态，内容包括当月可能发作的病毒名称、发作日期、可能造成的危害、推荐使用的杀毒软件等，并及时更新病毒库。

（5）在一些破坏性较大的计算机病毒发作日期前，要及时通知有关用户做好准备；在计算机病毒发作的高风险日之前，通过调整系统时钟等措施，避开“计算机病毒”发作的高风险日。

3. 计算机病毒防范的日常管理

计算机病毒防范的日常管理，应重点做好以下方面工作：

（1）随时注意计算机的各种异常现象，一旦发现，应立即用查毒软件仔细检查。

（2）定期查杀毒，监控主机和联网主机杀毒周期不能超过一周，对易受病毒感染的机器，必须启用实时杀毒，每天查毒，定期对网络进行安全检查，发现问题，及时解决，并记录存档。

（3）经常更新与升级防杀计算机病毒软件的版本。

（4）经常关心防杀计算机病毒厂商公布的计算机病毒情报，及时了解新产生的、传播面广的计算机病毒，并知道它们的发作特征和存在形态，及时发现计算机系统出现的异常是否与新的计算机病毒有关。

4. 发现计算机病毒及时处理

当出现计算机病毒传染迹象时，立即隔离被感染的系统和网络并进行处理，不应带“毒”继续运行；发现计算机病毒后，一般应利用防杀计算机病毒软件清除文件中的计算机病毒；杀毒完成后，重启计算机，再次用防杀计算机病毒软件检查系统中是否还存在计算机病毒，并确定被感染破坏的数据是否确实完全恢复。

如果破坏程度比较严重或感染的是重要数据文件，则自己不要盲目修复，而要请计算机病毒防范的专业人员处理，即使是计算机专业人员也要慎重。

应建立完善违规惩戒制度，对未经专门管理人员许可，擅自安装新软件或严重违反使用规定而导致服务器及其相关辅件损坏的，按照规定追究其相应的责任。

六、安全监控系统技术资料管理

安全监控系统技术资料管理是指监控资料的收集、整理、保管、借阅、利用及销毁等的管理，目的是要充分发挥监控资料的重要作用。

（一）监控资料的范畴

煤矿安全监控系统工程建设从项目的提出、筹备、调研、设计、施工到竣工投产和现场应用等过程中形成的文件材料、图纸、图表、计算材料、声像材料等资料，均为安全监控系统资料。大体可分为现场资料、施工资料、产品资料和应用资料等，主要包括：

（1）安全监控系统各类设备合格证、说明书、图纸等，井下设备防爆合格证、矿用产品安全标志证书等。

（2）各种规则制度、岗位责任制、各类报表、台账等。

（3）监控系统的各类监测监控数据及数据分析记录。

（4）安全监测系统图、断电控制图和网络拓扑图等。

（5）安全监控系统的设计、验收资料及各种技术措施、安全措施等。

（二）监控资料的收集

安全监控资料的收集必须做到及时、真实、准确、完整。技术资料必须按照工程进度和后期维护、修理过程及时收集，从而达到指导工程施工和后期维护、修理工作的目的。

所有资料的收集应与施工过程同步，设备、材料使用前必须有相应的使用说明、合格证和必要的检验报告，工程验收报告必须真实反映现场实际情况，不得闭门伪造。

（三）监控资料的整理

整理资料以“件”为单位，整理时应遵循文件的形成规律和特点。技术资料要完整齐全，保持整洁。资料破损、局部残缺的，要在修补或托裱后再保存，修补或托裱时应注意尽量保持原貌。

监控资料的分类分项要明确，封面、目录、清单资料齐全，排列有序，逐页编码；重要资料，必须用打印机打印或用碳素墨水书写，禁止复写和使用复印件，电子版资料要以文件形式整理。

（四）监控资料的保管

保管资料要指定专人负责，保护监控资料的安全。安全监控管理部门应有场地和必要的设施来保护监控资料的安全，应保持监控资料的通风，做好资料室的防火、防盗、防水渍、防潮、防虫蛀、防尘、防鼠害、防高温、防强光等工作。

监控资料管理人员变动时要履行移交手续。

（五）监控资料的借阅

借阅资料需要办理借阅手续。安全仪器监测工如需借阅一般工作业务相关的资料，可直接在资料管理员处登记后借阅，借阅资料须当天归还。如需再借，应办理续借手续。如需借阅设计、合同、竣工文件等资料必须经监控中心主要领导批准许可。其他员工因业务需要资料进行借阅或利用的，经监控分管领导批准许可。

借阅者应爱护资料，确保资料的完整性，不得擅自涂改、勾画、剪裁、抽取、拆散或损毁。交还时，必须当面查看清楚，如发现遗失或损坏，应及时报告主管领导。

监控技术资料原则上内部使用，机密和绝版图纸资料仅供在存档处查阅，不予带出。

（六）监控资料的失效管理

对已失效的煤矿安全监控系统技术资料应认真鉴定，并编制销毁清册，该清册需永久保存。销毁时要有两人以上监销，并在清册上签字，销毁时须使用碎纸机或焚烧的方式。

第六节　煤矿安全监控系统及设备运维管控技术方法

采用科学先进、实用有效的技术方法，对安全监控系统及设备实施有效的现场运维和管控，是安全监控系统可靠运行的重中之重，对最大限度地减少系统故障和事故隐患，杜绝或减少灾害事故的发生具有最大意义。随着安全监控系统的技术进步、功能扩展和性能提升，现场运维管控技术也应同步提高。先进的技术装备必须有先进运维技术方法提供运行保障。

一、安全监控系统及设备入矿查验

煤矿安全监控系统及监控设备入矿质量检查、技术性能查验，是监控现场管理程序中的重要环节。安全监控设备使用前和维修后，也必须按照产品出厂检验标准，进行防爆检查和主要技术性能指标查验。

（一）安全监控系统及监控设备的合法性检查

新购置的安全监控系统及监控设备，供货时需同时提供系统及设备的安标证书、防爆合格证、出厂合格证、完整的技术资料和图纸等。安全监控系统的型号、生产单位、产品型号应与其安标证书附件所载信息一致。安全监控系统的组成设备应有有效期内的安全标志，且安标证书编号均在安全监控系统受控表中，个别不在受控表中的设备，应有相关的本安关联及电磁兼容的评估或者检验报告。

具体查验中，可利用安标证书及其附件中提供的主要零（元）部件及主要原材料一览表进行核对，也可通过矿用产品安全标志网站查询。安全监控系统主要零（元）部件及主要原材料一览表中标注 A、C 类的监控设备不能随意变更，如果变更必须有相关的证明文件。

（二）技术资料完整性查验

安全监控系统生产厂家需提供监控设备安装调试时所需的技术资料，根据合同中规定责任和义务，在保证安全和质量的前提下提供技术服务，包括：安全监控系统的执行标准、企业标准、检验证书，监控设备的使用说明书、维护说明书、检验证书、图纸、电气原理图，主要零（元）部件明细表等。在入矿验收时一一查验。

（三）设备防爆、完好性的查验

依照电气防爆要求对监控设备进行外观、各类标志、外壳、紧固件、电缆引入装置、密封胶圈、铁挡板、金属垫圈、引入装置、连接件和接线盒等查验。防爆设备要经防爆检验合格后，方可下井使用。

1. 外观查验

（1）“MA”标志、防爆标志、接线腔和主腔内线端标志、接地标志、各类联锁标志、警示标志及铭牌等各类标志，应清洁、齐全、无缺损。正常运行时产生火花或电弧的设备，其壳盖上应设有联锁装置或设有通电时不准打开的标牌。

（2）监控设备“MA”标志、防爆标志的编号，必须与相关证件所标注的一致。铭牌所标注的生产单位、产品名称、产品型号必须与证件所标注的一致。

2. 外壳查验

（1）隔爆外壳、隔爆接合面、观察窗结构和透明件的耐冲击性能应符合要求。

（2）外表面清洁，所有黑色金属部件（电磁铁的工作表面除外）均应有可靠的防锈蚀措施。金属零部件不得有裂纹、开焊、变形，塑料零件表面应光滑，不得有气泡、开裂及麻点。

（3）防爆电气设备外壳（含透明件）出现以下情况之一者，判定该防爆电气设备失爆：

① 外壳有裂纹、开焊，面积在 50 cm^2 范围内，凹凸深度超过 5 mm。

② 外壳内表面或外表面锈蚀。防爆电气设备外壳加工金属表面（指隔爆接合面）锈蚀，用棉丝或布擦过后仍留有斑痕者，判定为锈蚀；防爆电气设备用紧固件、导电件等发现有锈蚀，用棉丝或布擦过后仍有明显锈斑，并影响强度和导电性能的为锈蚀。

③ 门和盖采取正常操作方式不能打开。

④ 隔离开关打开后负荷侧有电。

⑤ 可拆卸式控制器，手柄不在停止位置时仍可拆卸。

⑥ 紧固件和导电件，采用黑色金属材质制造，未采取电镀等防腐处理。

⑦ 装有电气元件的内壳壁未涂耐弧漆，金属加工表面（指隔爆接合面）未采取防腐措施或有油漆。

3. 紧固件查验

紧固件是指防爆电气设备用以连接、紧固防爆部位各部件，使其达到防爆性能的组件或零件，包括螺栓（钉）、螺母、弹簧防松垫圈、金属垫圈等。

紧固件不符合下述规定之一者，判定该防爆电气设备失爆：

（1）紧固用螺栓（钉）和螺母须附有防松装置。隔爆接合面采用胶圈密封，可不再加弹簧垫圈。

（2）采用护圈式或沉孔式特殊紧固结构时，必须符合螺栓（钉）六角头或螺母设在护圈或沉孔内，使用专用工具才能打开；紧固以后，螺栓（钉）或螺母的上平面不得高出护圈或沉孔。护圈的开口圆心角不得大于120°。

（3）不允许使用塑料或轻金属的螺栓（钉）和螺母，但螺旋线嘴除外。

（4）螺栓（钉）和不透螺孔紧固后，阴螺纹余量需大于 2 倍弹簧垫圈的厚度。

（5）穿透外壳时，采用圆筒隔爆结构或螺纹隔爆结构。其外漏的端头，要永久性固定或埋入护圈内。

（6）弹簧垫圈的规格须与螺栓（钉）直径相适应，开口处的搭接长度不得大于厚度的一半。螺栓（钉）的紧固程度以弹簧垫圈压平为合格。对偶然出现失去弹性或断裂的弹簧垫圈，在隔爆接合面间隙合格的情况下，立即更换处理，可计为合格。

（7）同一部位的螺栓（钉）、螺母规格应一致；螺母要上满扣，每一螺栓（钉）只需配用一个弹簧垫圈。螺栓（钉）拧进螺孔深度的具体规格如下：螺孔为钢或青铜材料时，螺栓（钉）拧进螺孔深度不小于螺栓（钉）直径；螺孔为铸铁件时，螺栓（钉）拧进螺孔深度不小于螺栓（钉）直径的 1.25～1.5 倍；

螺孔为铝合金件时，螺栓（钉）拧进螺孔深度不小于螺栓（钉）直径的 1.5 ~ 2.5 倍。

4. 电缆引入装置查验

电缆引入装置是将电缆引入电气设备而不改变设备防爆型的装置。密封胶圈是用在电缆或导管引入装置，使电缆在入口或导管之间达到密封的环形零件。引入电缆需采用压盘式或旋紧螺母式引入装置，必须具有防松与防止电缆拔脱措施。

(1) 电缆引入装置与密封胶圈有下列情况之一者，判定该防爆电气设备失爆：

① 密封胶圈外径与引入装置内径的配合尺寸不符合表 4 - 2 的规定。

表 4 - 2　密封胶圈及配合尺寸　　mm

D	D_0-D	备　注
≤20	≤1	D—接线装置内径； D_0—密封胶圈外径
20 < D≤60	≤1.5	
>60	≤2	

② 同一密封胶圈进出多条电缆。

③ 密封胶圈与引入装置之间加装充填相料物使用。

④ 密封胶圈内径误差大于 1 mm；密封胶圈宽度小于或等于 70% 密封胶圈内径或小于 10 mm；密封胶圈厚度小于或等于 30% 密封胶圈内径或小于 4 mm。

⑤ 密封胶圈与电缆外护套之间有其他包扎物缠绕。

⑥ 一个进线嘴内使用 2 个或多个密封胶圈。

⑦ 闲置进线嘴未加装密封胶圈、铁挡板。

⑧ 压盘式进线嘴压紧后，压盘与进线嘴之间没有余量或密封胶圈未能压严、压实。

⑨ 螺母式进线嘴在螺母与密封胶圈之间缺金属垫圈。

(2) 密封胶圈外侧可不加装金属垫圈，压盘式大线嘴拉紧螺栓可不再加防松弹簧垫圈，否则为不完好。

(3) 电缆压板要压紧电缆，电缆压板与电缆之间可以垫电缆外护套等弹性物，但不能将电缆压扁，压缩量不超过电缆直径的 10%，否则为不完好。

(4) 不使用的进出线嘴要分别用密封胶圈和挡板依次装入，压紧后封堵，否则为失爆。螺旋式进出线嘴加装金属垫圈时应装在挡板外面，否则也属于失爆。

（5）进出线嘴压紧要有余量，余量不小于 1 mm，否则为失爆。进出线嘴应平行压紧，两压紧螺纹入扣差应不大于 5 mm，否则为不完好。

（6）当进出线嘴已全部压紧仍不能将密封胶圈压紧时，只能用一个厚度适当、不开口的金属垫圈来调整，不得充填其他杂物（包括再加密封胶圈等）。金属垫圈的内外径应与接线嘴伸入壁规格一致，螺旋式接线嘴也只限装接一个金属垫圈，否则均属失爆。

（7）卡兰式进出线嘴压紧胶圈后用单手搬动应无明显晃动。螺旋式进出线嘴最少啮合扣数不得低于 6 扣，拧紧程度一般用单手向下用力拧不动为合格，否则均属失爆。

（8）如进出线嘴外部缺损，但不影响防爆性能者为不完好。

（9）电缆引入装置压紧与否的判断方法：对于压盘式大线嘴，将设备正常自由放置，用一只手上托线嘴压盘处，压盘产生松动，则判定未压紧；对于内径 40 mm 以下的压盘线嘴或螺母式线嘴，将设备自由放置，距线嘴 0.5 m 以内，一手缓慢用力推动或拉动电缆，电缆与引入装置之间产生位移或松动，则判定未压紧；对于螺母式线嘴另一判断办法是线嘴接触密封胶圈后再拧入深度不小于 6 mm，即判定压紧（不包括小于 1 mm 的密封胶圈）。

5. 密封胶圈查验

密封胶圈尺寸须符合以下规定，如有一项达不到要求均属失爆：

（1）密封胶圈及配合尺寸须符合表 4－2 的规定。

（2）密封胶圈的内径与电缆外径的配合误差为 ±1 mm，但如属于 4 mm^2 及以下电缆者，密封胶圈的内径应不大于电缆外径。

（3）密封胶圈的宽度不小于电缆外径的 0.7 倍，且不小于 10 mm。

（4）密封胶圈的厚度不小于电缆外径的 0.3 倍（70 mm^2 的电缆除外），且不小于 4 mm。

（5）密封胶圈用刀削后应整齐圆滑，不得出现锯齿状，锯齿直径差大于 2 mm（包括 2 mm）为失爆，小于 2 mm 为不完好。

（6）同心槽的密封胶圈可以使用。

6. 挡板查验

挡板是用于封堵电气设备外壳壁上冗余孔的封堵件，在挡板查验中应注意以下问题：

（1）挡板使用钢板制造，厚度公称尺寸不小于 2 mm，并有防锈镀层。

（2）直径应与密封胶圈的外径相同，并应符合：用于大线嘴（引入装置内径 40 mm 及以上），直径与进线管内径差不大于 2 mm；用于小线嘴，直径与进线管内径差不大于 1 mm。

7. 金属垫圈查验

金属垫圈是电缆引入装置中用于对密封圈施加压力以保证其有效功能的部件，保护连接件的表面，防止螺栓、螺母拧紧时划伤工件表面，在金属垫圈查验中应注意以下问题：

（1）金属垫圈厚度公称尺寸不小于 2 mm（用于密封胶圈外径 35 mm 及以下时，其公称尺寸可不小于 1 mm）。

（2）金属垫圈外径与铁挡板直径相同时，其内径符合以下要求：（外径－内径）/2 应大于或等于旋紧螺母或压盘的壁厚，同时内径应大于电缆外径 1 mm 以上。

（3）采用切层胶圈时，若胶圈两侧均加装金属垫圈，胶圈切层方向任意。

8. 连接件和接线盒（腔）查验

连接件是用于贯通主腔与接线腔，引入并连接电缆或导线用的部件，包括接线端子、插头、插座和其他部件，其可分为组合、螺杆、叉式等结构形式。

连接件和接线端子应符合有关标准，具有足够的机械强度，并保证连接可靠。虽受温度变化、振动等影响，也不应发生接触不良现象。接线盒（腔）或接线腔与主腔之间，可采用隔爆结构或胶粘结构。

当连接件和接线盒（腔）出现下列情况之一时，判定该防爆电气设备失爆：

（1）接线盒座与绝缘端子套的隔爆接合面长度、最大间隙、表面平均粗糙度（按大空腔确定）不符合规定。

（2）绝缘端子套有破损或裂纹。

（3）连接件缺少防松弹簧垫圈或防松背母。

（4）接线盒空腔与主腔之间的部分零件采用螺纹隔爆结构，不符合以下规定：一是只限采用金属螺纹配合，二是导电不应采用螺纹隔爆结构。

二、安全监控系统主要技术性能指标验证

依照《煤矿安全监控系统通用技术要求》（AQ 6201—2019）、《煤矿安全监控系统及检测仪器使用管理规范》（AQ 1029—2019）的要求，安全监控系统在安装前需要对其主要技术性能指标进行验证，以保证安装的安全监控系统系统满足国家的相关规定和要求。

（一）煤矿安全监控系统平台搭建

新购置的监控设备开箱后，操作人员要仔细检查设备外观，查看设备有无异样，确认设备外观完好无损，按设备使用说明书要求进行连线，测试设备包括监

控主机、监控软件、交换机、监控分站、电源、馈电断电器、报警器及各种传感器等，搭建起一个完整的安全监控系统测试平台。检查连线无误时，方可送电，通电时间不得小于 48 h。

监控设备通电预热，分 3 个阶段对设备工作状态进行观察和调试，并作详细记录：

（1）要进行粗调，即对仪器主要性能进行大致的调整和观察。

（2）在经过 2 h 的通电运行后进行精调，即对仪器的各项技术指标进行调试、观察和测试，使仪器满足技术指标的要求。

（3）严格按出厂指标进行检查和测试，认真填写记录。

（二）主要技术指标验证

需要验证的安全监控系统主要技术性能指标包括系统架构、报警及断电控制、异地断电、多系统融合、格式规范化、加密存储、传感器自诊断提醒、传感器定期未标校提醒、应急联动、系统巡检周期、备用电源供电时间、系统模拟量传输误差、传感器防护等级、传感器同分站之间数据传输方式、抗电磁干扰能力等。

1. 安全监控系统构架验证

安全监控系统测试平台搭建完成，根据现场实际情况，区分主传输层设备范围，主传输设备到分站所对应的设备范围以及每个支路的组网方式，传感器到分站的设备范围。区分出三大部分设备范围后，按照通信信号网络层级继续划分，由传感器至中心站的网络层级不超过 3 层，有线传输的每层转载不超过 2 层，无线传输的每层转载不超过 4 层。

2. 多级报警功能验证

使用传感器配套遥控器将传感器的监测值调整为预设浓度值，使其实现报警，现场观察并记录给定的预设值和传感器报警的具体形式。

测试时，应使甲烷传感器的检测浓度递增或递减（从低到高或从高到低）变化，分别完成各个报警级别的测试，每一级报警的测试持续时间应不小于 3 min，每一个报警级别的测试时间间隔不小于 5 min。使用标准气样供气的方式使传感器达到报警预设浓度，现场观察并记录传感器在标准气样供气条件下的显示值和传感器报警的具体形式。

甲烷传感器报警等级均与系统软件所记录的分级报警等级相同，并且甲烷传感器和系统均与设定的报警形式相同的，则判定多级报警功能合格。

3. 多系统融合功能验证

首先检查 GIS 图形界面中是否存在安全监控系统设备、人员管理系统设备、应急广播通信设备（还可能存在电力监控设备）的图标，使用鼠标进行相关操作，检查是否能够查阅这些设备的信息。然后结合分级报警测试过程进行检查，当达到特定报警级别，系统应发出撤人警告，GIS 图标中的人员管理读卡设备、应急广播通信设备对应的图形均应有相应状态提醒，井上检测人员应做好相关记录；同时，检测人员应记录广播的声响情况及内容、人员标识卡的动作情况。

GIS 界面中的安全监控、人员管理、应急广播（以及可能存在电力监控）设备信息和状态显示正常，应急联动期间各设备状态转换正常，软件和硬件的联动机制相同，方可认为具备多系统融合功能。

4. 监控数据加密存储验证

在监控主机中找到瓦斯超限、报警、断电信息的备份加密文件，随机点开某个文件，文件打开后不是明文存储的。

5. 自诊断及自评估功能验证

在监控系统软件中调整选定的甲烷测点的报警或断电门限，使其高于所在矿井安全规程要求的正常门限，查看系统软件是否有配置错误报警提示，做好设置修改值的记录，并做好系统软件是否报警的记录，系统应出现配置错误报警信息。

6. 传感器定期未标校提醒功能验证

在监控系统软件中调整选定的甲烷传感器，设置其标校周期小于规程规定天数，查看系统软件是否对其进行未标校提醒。做好设置修改值的记录，并做好系统软件是否报警的记录，系统应出现未标校提醒。

7. 巡检周期验证

通过遥控器调整指定甲烷传感器的测试值，使其达到报警值，并记录调整的时刻，保持 3 min 后恢复正常工作状态，3 min 后再次调整测试值，如此重复 3 次；在系统软件中找到该甲烷测点的实时数据记录，记录 3 次报警值的时刻，对应地计算出 3 个井上时刻与井下时刻的差值，取最大值为巡检周期，巡检周期不应超过 20 s。

8. 备用电源供电时间验证

在分站最大负荷情况下，直接切断电源的交流供电，并开始计时，在监控系统软件中检查该电源对应本安型设备中最早断线的时刻，计算该时刻到交流电断电时刻的时间，记为备用电源供电时间，备用电源供电时间应不低于 4 h。

9. 模拟量传输处理误差验证

通过遥控器调整某一传感器的测试值，使其上升到某一数值，保持 3 min 后恢复正常工作状态，重复 3 次，每次间隔 5 min；升井后在系统软件中查找该测点的测试值，通过两者的差值计算误差，取最大值，计算误差应小于或等于 0.5%。

10. 异地断电功能验证

选取同一交换机下配置的两台分站作为测试样本，通过遥控器（或通入标准气样）调整被测甲烷传感器的监测值，使其达到异地断电触发数值，记录所设定的数值，保持 1 min 后恢复传感器正常工作，如此重复 3 次，每次时间间隔不小于 5 min。

在监控系统软件中找到异地断电事件的 3 次记录，分别记录对应断电器的每一次动作时对应馈电状态为“无电”的最早时刻；调取被测传感器的数据记录表，找到进行遥控器设定的断电值，分别记录每个断电点出现的最早时刻；分别计算馈电状态为“无电”最早时刻到断电点出现的最早时刻的时间差，取最大值为异地断电时间，监控系统软件中异地断电事件记录齐全，且异地断电时间应小于 40 s。

11. 传感器的防护等级（IP65）验证

首先要查看传感器的检测检验报告，应有 IP65 防护等级的检验结果；使用地面静压水作为测试用水源，连接好使用水管，打开水阀，确保水流横向成股地喷洒在被测传感器敏感元件的外壳部位，保持 1 min 后停止，随后立即使用标准气样测试其测量误差；测试传感器为载体催化式甲烷传感器，应在喷水结束立即进行响应时间测定；使用标准气样，按照规定流量（且最大不超过 300 mL/min）执行《煤矿用低浓度载体催化式甲烷传感器》(AQ 6203—2006）标准方法测定传感器响应时间。对于其他类甲烷传感器，其测量误差应符合其经审查备案的企业标准规定。

12. 传感器到分站传输方式验证

将不同类型的传感器接入监控分站，使用示波器测量传感器传输信号，均应与系统企业标准中规定的信号传输方式一致。

13. 抗电磁干扰能力验证

在测试地点安装 1 台变频设备，对变频设备进行 3 次启停操作，每次持续 10 min，观察并记录变频设备附近监控系统设备运行情况，查询相关设备运行记录，统计试验期间故障次数。变频设备附近 100 m 范围内所有模拟量传感器，有 1 次冒大数即为不合格。相关被验证设备单台故障次数小于 3 次可判定为合格，大于或等于 3 次可判定为不合格。

三、监控设备性能测试

各类传感器、执行器、分站、网络接口、电源等监控设备是安全监控系统重要的硬件，其功能和性能指标直接决定着安全监控系统的技术性能。新购置的监控设备入井前、维修大修或更换关键零（元）部件后均应进行性能测试，以保证监控设备的质量和性能。

(一) 甲烷传感器

甲烷监测及瓦斯电闭锁是煤矿安全监控系统最重要的功能，可对各类甲烷传感器及其敏感元件进行性能检测，以保证其功能及性能符合相关国家或者行业标准的规定。甲烷监测及瓦斯闭锁对安全监控系统稳定运行及重要作用的发挥具有重要意义。

1. 载体催化元件（黑白元件）的检测

载体催化元件（黑白元件）是煤矿低浓度甲烷检测主要的敏感元件，应用于矿用低浓度甲烷传感器、高低浓度甲烷传感器、微型甲烷检测报警仪、瓦斯报警矿灯等。黑白元件属广谱气敏元件，灵敏度会随着使用时间的延长而逐渐下降，特别是当黑白元件在大于2% CH_4 的检测环境中工作时，其灵敏度的下降速度更快，一般3个月后就不能继续使用，消除方法是更换黑白元件；当遭遇硫化氢气体时黑白元件也会中毒，中毒后仪器的检测结果显著降低，消除方法是用5% CH_4 活化5 min，即可使中毒元件的灵敏度恢复；在煤尘含量大、湿度高的矿井中，检测仪器的粉末冶金罩很容易被堵塞，甲烷气体进入仪器气室中的流量就相应减少，黑白元件灵敏度会显著偏低，消除方法是立即清洗粉末冶金片；黑白元件在规定的3.8~4.2 V工作电压范围内均可正常工作，但为了提高黑白元件的稳定性和延长黑白元件的使用寿命，可将黑白元件的工作电压控制在3.8~3.9 V；由于黑白元件长期在1%以下的甲烷环境中工作而使其表面的催化剂氧化，其结果导致仪器的灵敏度下降，此时用5% CH_4 或10% CH_4 活化5 min，即可使黑白元件的灵敏度恢复。

为了保证仪器检测甲烷浓度的可靠性和准确性，新投入使用的黑白元件应进行检测，投入使用后也应根据被测地点瓦斯浓度不同和黑白元件灵敏度下降的速度而定期校准。

黑白元件的检测可使用黑白元件检测仪。徐州江煤科技有限公司生产的YJC－Ⅰ型黑白元件检测仪如图4－2所示。YJC－Ⅰ型黑白元件检测仪是一种手动检测黑白元件灵敏度的专用测试仪器，性能稳定，主要用于检测黑白元件的电阻平衡度及黑白元件的灵敏度，具有测量电压显示、气敏元件工作电流显示、零点及反应值显示等功能，且显示醒目。

使用YJC－Ⅰ型黑白元件检测仪进行黑白元件检测时，按以下步骤操作：

(1) 接通黑白元件检测仪的电源。

(2) 打开电源开关，电源指示灯亮，桥路电压表上显示惠斯通电桥上的供电电压。

(3) 将黑白元件插入测试座中，注意元件上带黑点标识的插在黑元件端，

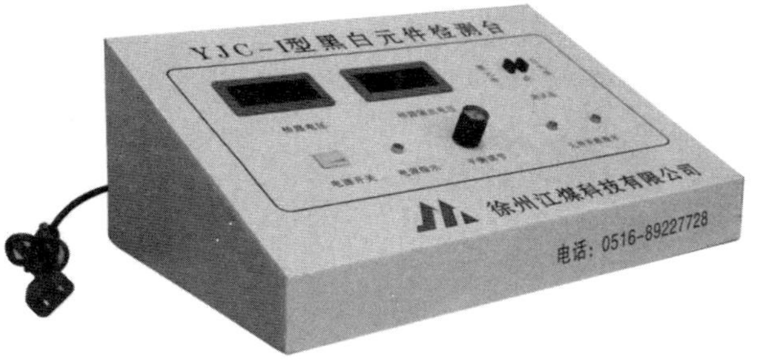

图4－2　YJC－Ⅰ型黑白元件检测仪

此时如果两个开路指示灯中的其中一个亮，就表示该黑白元件其中的一个元件开路。

（4）调平衡调节电位器，使桥路输出电压为0。

（5）用橡皮气罩罩住黑白元件，通入甲烷标准气样，待气样充分扩散后，记录桥路输出电压表上的电压，计算出黑白元件的灵敏度。

（6）黑白元件的灵敏度至少要大于或等于12 mV/CH_4，否则判定该元件灵敏度低。

2. 载体催化燃烧式甲烷传感器

载体催化燃烧式甲烷传感器的检测内容包括：传感器的零点、精度、基本误差、报警点、断电点、复电点、响应时间、传输方式等。甲烷传感器的检验可使用专用检测装置，如徐州江煤科技有限公司生产的JMXY－E型矿用安全仪器全自动综合检测校验装置等。

1）载体催化燃烧式甲烷传感器的检测流程

载体催化燃烧式甲烷传感器的检测，按下述流程操作：

（1）检查甲烷传感器外观是否完整，清理表面及气室积尘。

（2）将甲烷传感器与稳压电源、频率计（或分站）相连接，通电预热10 min。

（3）在新鲜空气中调校甲烷传感器零点，零点数值范围控制在（0.00～0.03）% CH_4 之内。

（4）甲烷传感器精度检测。按使用说明书要求的气体流量，向气室通入2.0% CH_4 标准气样，调整甲烷传感器使其显示值与标准气样浓度值一致，反复调校，直至准确为止。在基本误差测定过程中不得再次调校。

（5）基本误差测定。按校准时的流量依次向气室通入 0.5% CH_4、1.0% CH_4、3.0% CH_4 标准气样各约 90 s，每种气样分别通入 3 次，计算平均值，用平均值与标准值计算每点的基本误差。

（6）在每次通气的过程中同时要观察测量报警点、断电点、复电点和声光报警情况（以上内容也可以单独测量）。

（7）声光报警测试。报警时报警灯应闪亮，声级计距蜂鸣器 1 m 处，对正声源，测量声级强度。

（8）响应时间测量。用秒表测量通入 3.0% CH_4 标准气样，显示值从零升至最大显示值 90% 时的起止时间。

（9）测试过程中记录分站或频率计的传输数据。误差值不大于 0.01% CH_4 或 2 Hz。

（10）数字传输的传感器，必须接分站测量传输性能。

（11）填写检测记录，测试人员签字。记录表格可参照表 4－3 进行编制。

2）JMXY－E 型矿用安全仪器全自动综合检测校验装置及其使用方法

JMXY－E 型矿用安全仪器全自动综合检测校验装置（图 4－3）用于实验室内，其按照《煤矿用高低浓度甲烷传感器》（AQ 6206—2006）规定的检测方法和判定标准，对矿用高低浓度甲烷传感器的基本误差、报警误差、响应时间等参数进行检测，广泛用于各级煤矿安全生产检测检验机构、煤矿集团公司、各地区煤矿安全仪器计量站、各级计量技术机构等。

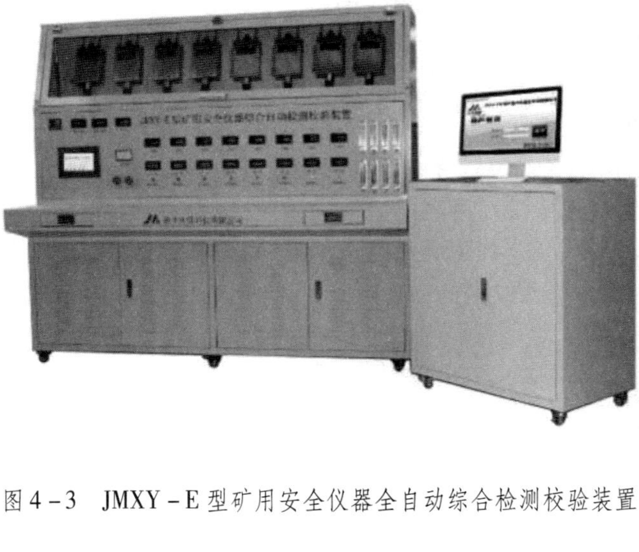

图 4－3　JMXY－E 型矿用安全仪器全自动综合检测校验装置

表 4－3　载体催化燃烧式甲烷传感器检测记录

名称	型号	编号	零点调节/$\%CH_4$	精度调节/$\% CH_4$		基本误差（标准值 1 号 0.50% CH_4，2 号 1.00% CH_4，3 号 3.00% CH_4）												报警浓度/$\% CH_4$	断电浓度/$\% CH_4$	复电浓度/$\% CH_4$	声级强度/dB	响应时间/s	系统误差/%	日期	调校人员
				标准值	示值	1 号示值			误差	2 号示值			误差	3 号示值			误差								
**	GJG100J	01	0.00	2.00	2.00	0.50	0.50	0.50	0.00	1.00	1.00	1.00	0.00	3.00	3.00	3.00	0.00	1.00	1.00	0.99	83	6 s	0.00	1120	张三

（1）主要特点。

① 工作压力可视，输出流量大小可调且稳定。

② 与工作介质接触的部件（开关、连接管线、流量计、压力表）均采用金属连接，耐腐蚀，抗氧化，使用寿命长。

③ 装置设计为 8 组流量可调的标准物质。

④ 内置式 DC 24V 电源，同时提供了 8 路传感器接口，方便各类气体类传感器的检测、调校。

⑤ 装置与传感器通信方式：数字传输（RS485）和频率传输（200 ~ 1000 Hz）。

⑥ 装置检测：传感器的电压、电流、检测浓度（频率或数字量 RS485 换算）和断电等电参数。

⑦ 可与计算机连接，将检测数据传输至计算机，可进行存储、查询、报表打印等操作（选配）。

（2）技术参数。

① 输出流量：30 ~ 300 mL/min（可调），流量计 2.5 级。

② 电参数测量：电流测量范围 0 ~ 2 A，准确度等级 0.2% F.S.；电压测量范围 0 ~ 20 V，准确度等级 0.2% F.S.；频率测量范围 0 ~ 10 kHz，准确度等级 0.01% F.S.。

③ 外形尺寸：1800 mm × 750 mm × 1661 mm。

（3）使用方法。JMXY - E 型矿用安全仪器全自动综合检测校验装置使用时，需要配备的仪器器材有秒表、温度计、标准气样（0.5% CH_4、1.0% CH_4、3.0% CH_4）、直流稳压电源、声级计、频率计、系统分站等。使用中按下述方法操作：

① 将传感器吊挂在综合检测校验装置上部的挂钩上，传感器的引出电缆线与综合检测校验装置传感器接口对接。综合检测校验装置总共有 8 个分支管、8 个挂钩和 8 个流量计，从气源输出一条总线最多可同时供 8 路传感器使用，即可同时校准 8 台传感器。

② 打开总电源开关，给传感器接通电源预热，同时开启换气扇。

③ 综合检测校验装置的面板上显示出传感器的工作电压、工作电流、频率输出、断电输出等参数。

④ 打开标准物质阀门，将流量调至与厂家说明书要求一致，将气体通入传感器气室，对传感器进行标校（传感器的校准操作方法详见厂家的使用说明书）或检测。

3）甲烷传感器检测过程中应注意的问题

甲烷传感器检测过程中，应注意以下问题：

（1）检测过程中传感器始终是垂直悬挂。

（2）传感器的零点调校，必须在洁净的空气中进行，零点数值控制在(0.00～0.03)% CH_4 之内。

（3）气体流量计必须垂直放置，测试人员观察气体流量计时视线要与刻度相平行，不能俯视和仰视读数。

（4）向气室通入标准气样 90 s 计时，是从传感器显示为标准气样的时刻开始计算的。

（5）在传感器响应时间测量时，必须将流量控制阀调到使用说明书规定的流量再进行测量。

（二）一氧化碳传感器

一氧化碳传感器的检测内容包括：传感器的零点、基本误差、报警点、响应时间、传输方式等。一氧化碳传感器的检测可使用专用检验装置，如徐州江煤科技有限公司生产的 JMJC－CO 型一氧化碳传感器检定配套装置等。

1. 一氧化碳传感器的检测流程

一氧化碳传感器的检测，按下述流程操作：

（1）检查一氧化碳传感器外观是否完整，清理表面及气室积尘。

（2）将一氧化碳传感器与检验装置相连接，通电预热 20 min。

（3）在新鲜空气中调校一氧化碳传感器零点，零点数值范围控制在（0～3）$\times 10^{-6}$ CO 之内。

（4）精度测定。按使用说明书规定的流量向传感器通入 500×10^{-6} CO 的标准气样，调校一氧化碳传感器精度，使其显示值与标准气样浓度值一致，反复调校，直至准确为止。

（5）基本误差测定。按校准时的流量依次向气室通入 50×10^{-6} CO、250×10^{-6} CO、900×10^{-6} CO 标准气样，持续时间分别大于 90 s，使测量值稳定显示，记录传感器的显示值和输出信号值。重复测定 3 次，计算平均值，用平均值与标准值计算每点的基本误差。

（6）每次通气的过程中同时要观测报警点、声光报警情况。

（7）声光报警测试。报警时报警灯应闪亮，声级计距蜂鸣器 1 m 处，对正声源，测量声级强度。

（8）响应时间测量。通入 50×10^{-6} CO 标准气样，用秒表测量显示值从零升至最大值 90% 时的起止时间。

（9）检测、调校后的传感器，在地面通电 24 h，运行正常，方可下井使用。

（10）填写调校记录，并签字。

2. JMJC－CO 型一氧化碳传感器检定配套装置及其使用方法

JMJC－CO 型一氧化碳传感器检定配套装置（图 4－4）是用于一氧化碳传感器的检测、标定、调校的专业化设备，具有全量程高稳定性、高精度和优良的重复性；稳压电源供电，具备短路、过流保护，更好地保护被测产品安全；质量轻，携带方便，美观实用等的特点。

图 4－4　JMJC－CO 型一氧化碳传感器检定配套装置

1）主要功能和参数

JMJC－CO 型一氧化碳传感器检定配套装置，具有以下主要功能：

（1）具有人机界面触摸屏控制，方便使用者操作。

（2）具有一氧化碳气体流量、传感器频率测量功能。

（3）带有 0～30 V 可调直流电源，可同时为 6 台一氧化碳传感器提供电源。

（4）具有 4 路独立流量计，可同时标校 4 路不同浓度一氧化碳气体。

（5）具有数据存储功能，能够对重要数据进行存储，方便数据记录查询。根据需要点击回路对回路内的传感器进行状态监测。

（6）外部供电：AC 220 V，50 Hz。

（7）外形尺寸：455 mm×405 mm×353 mm，整机质量约 20 kg。

2）使用方法

JMJC－CO 型一氧化碳传感器检定配套装置只提供气体接口、流量计量、浓度显示以及传感器供电，在校准传感器时，还要配套其他设备或物质，如秒表、温度计、一氧化碳标准气样（50×10^{-6} CO、250×10^{-6} CO、900×10^{-6} CO）、声级计等。使用时按下述方法操作：

（1）将仪器放置平稳，电源线连接 AC 220 V 电源，按下开关按钮，仪器进入初始状态，显示版本号等信息，点击“开始使用”按键，进入操作界面，进行下一步操作。

（2）将稳压电源电压调整到传感器所需电压，然后连接传感器（根据标识进行连接），选择传感器通道口，根据需要点击回路进行对回路内的传感器状态监测。

（3）点击需要监测的通道，进入通道界面，在通道界面内可以观察 CO 浓度、温度值等，也可以输入传感器示值、标准气样值与传感器编号，点击“保存”按键可对当前显示数据进行保存。

（4）点击“数据查询”按键，进入数据查询界面，可根据时间对保存数据进行查询。

（5）点击“高级设置”按键，输入密码（默认 123456）进入高级设置界面，可以根据传感器的测量范围进行调整，并且能够修改倒计时时间、系统显示时间等参数，修改完成后点击“完成”按键，返回采集界面。

3. 一氧化碳传感器检测中应注意的问题

一氧化碳传感器检测过程中，应注意以下问题：

（1）检测过程中传感器始终是垂直悬挂。

（2）气体流量计必须垂直放置，测试人员观察流量计时视线要与刻度相平行，不能俯视和仰视读数。

（3）传感器精度调校完成，在基本误差测定过程中不得再次调校。

（三）其他类传感器

其他类传感器包括硫化氢传感器、压力传感器、风速风量传感器、烟雾传感器、温度传感器等。

1. 硫化氢传感器

硫化氢传感器的检测内容包括：传感器的零点、基本误差、报警点、响应时间、传输方式等。硫化氢传感器的检测可使用专用试验装置，如徐州江煤科技有限公司生产的 JMQHT 型智能硫化氢传感器调校检定装置等。

1）硫化氢传感器的检测流程

硫化氢传感器按下述流程检测，并做好记录：

（1）检查硫化氢传感器外观是否完整，清理表面及气室积尘。

（2）将硫化氢传感器与检测装置相连接，通电预热 20 min。

（3）在新鲜空气中调校硫化氢传感器零点，零点数值范围控制在 $(0\sim3)\times10^{-6}$ H_2S 之内。

（4）精度测定。按使用说明书规定的流量向传感器通入 100×10^{-6} H_2S 的标准气样，调校硫化氢传感器精度，使其显示值与标准气样浓度值一致。反复调校，直至准确为止。在基本误差测定过程中不得再次调校。

（5）基本误差测定。按校准时的流量依次向气室通入 20×10^{-6} H_2S、50×10^{-6} H_2S、170×10^{-6} H_2S 标准气样持续时间分别大于 180 s，使测量值稳定显示，记录传感器的显示值和输出信号值。重复测定 3 次，计算平均值，用平均值与标准值计算每点的基本误差。

（6）每次通气的过程中同时要观察测量报警点、声光报警情况。以上内容也可单独测量。

（7）声光报警测试。报警时报警灯应闪亮，声级计距蜂鸣器 1 m 处，对正声源，测量声级强度。

（8）响应时间测量。通入 170×10^{-6} H_2S 标准气样，用秒表测量显示值从零升至最大值 90% 时的起止时间。

（9）检测、调校后的传感器，在地面通电 24 h，运行正常，方可下井使用。

（10）填写调校记录，并签字。

2）JMQHT 型智能硫化氢传感器调校检定装置及其使用方法

JMQHT 型智能硫化氢传感器调校检定装置（图 4－5）用于实验室内，其按照《煤矿用硫化氢检测报警仪》（MT 1084—2008）规定的检测方法和判定标准，对矿用硫化氢传感器的基本误差、报警误差、时间响应等参数进行检测，广泛用

图 4－5　JMQHT 型智能硫化氢传感器调校检定装置

于各级煤矿安全生产检测检验机构、煤矿集团公司、各地区煤矿安全仪器计量站、各级计量技术机构。

（1）主要特点。

① 可同时对8台气体传感器进行校验、检定。

② 配备空气清洗泵，满足设备管路清晰要求；配备气室清洗风扇，满足气室气体置换要求。

③ 配备有通用传感器接线插头，传感器校验连接方便。

④ 接气方式灵活可靠，可同时进行8个仪表单种气体测定。

⑤ 采用密闭式气室及专用多路的负压排风装置，保证操作安全可靠性。

⑥ 进出气体管路和管件等部件采用耐腐蚀的聚四氟乙烯元件及不锈钢元件，保证使用过程中无有害气体渗漏。

⑦ 外形美观、坚固耐用、操作简单方便。

（2）技术参数。

① 流量计：0～1 L/min。

② 频率计：0～9999 Hz，精度1 Hz。

③ 电流计：0～200 mA，精度0.2% F.S.。

④ 输入电源：AC 220 V（±10%），50 Hz。

⑤ 输出电源：直流稳压电源0～30 V（连续可调），5 A。

⑥ 装置电源：AC 220 V，50 Hz。

⑦ 检测路数：8路。

（3）使用方法。JMQHT型智能硫化氢传感器调校检定装置使用时，还需配备的仪器及器材有秒表、温度计、标准气样（20×10^{-6} H_2S、50×10^{-6} H_2S、170×10^{-6} H_2S）、直流稳压电源、声级计、频率计、系统分站等。使用过程中按下述方法操作：

① 将硫化氢传感器吊挂在调校检定装置上部的挂钩上，传感器的引出电缆线与调校检定装置传感器接口对接。调校检定装置总共有8个分支管、8个挂钩和8个流量计，从气源输出一条总线最多可同时供8路传感器使用，即可同时校准8台传感器。

② 打开总电源开关，给硫化氢传感器接通电源预热（≥20 min），同时开启换气扇。

③ 调校检定装置的面板上显示出传感器的工作电压、工作电流、频率输出、断电输出等参数。

④ 打开标准物质阀门，流量调至与厂家说明书要求一致，气体通入传感器气室，标校传感器（传感器的校准操作方法详见厂家的使用说明书）或检测。

2. 压力传感器

压力传感器的检测内容包括：传感器的零点、精度、基本误差等。检测可使用专用试验装置，如徐州江煤科技有限公司生产的 JMYL－A 型压力传感器校验装置等。

1）压力传感器的检测流程

压力传感器的检测，按下述流程进行：

（1）检查压力传感器外观是否完整，清理表面及气室积尘。

（2）将压力传感器与压力发生器相连接，通电预热 20 min。

（3）在标准大气压力下调校压力传感器零点。

（4）压力传感器精度测定。按照使用说明书的操作方法，将标准压力发生器产生的压力值改为 2.5 kPa，调校压力传感器精度，使其显示值与标准气样浓度值一致，反复调校，直至准确。在基本误差测定过程中不得再次调校。

（5）基本误差测定。用标准压力发生器在传感器测量范围的 0、25%、50%、75%、100% 共 5 个点进行检测，由低到高读取正行程各检测点的显示值和输出信号值；当达到最大值时，保持 1 min；然后逐步减到最小值，并读取反行程各检测点的显示值和输出信号值。每点重复 3 次，取算术平均值进行计算。

（6）检测、调校后的传感器，在地面通电 24 h，运行正常，方可下井使用。

（7）填写调校记录，并签字。

2）JMYL－A 型压力传感器校验装置及其使用方法

JMYL－A 型压力传感器校验装置（图 4－6）由主机、精密手动压力源、主控台、标准压力表（2 个）等组成，主要用于检测/校准煤矿井下使用的压力传感器，也可用于校准其他场所的各种压力仪表，是矿用产品检验机构、科研院所、省级矿山安全实验室、煤矿通风实验室、计量检定部门广泛使用的现场校验量程范围为 －0.098～6 MPa 的各种压力传感器的设备。

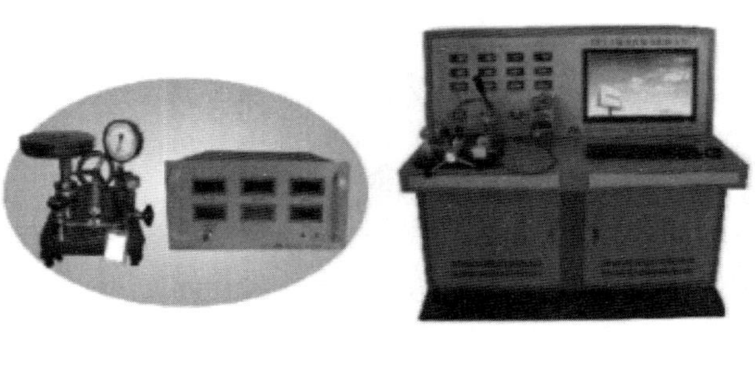

图 4－6　JMYL－A 型压力传感器校验装置

（1）主要特点。

① 造压量程宽：手动压力源 -0.098 ~6 MPa。

② 校验自动化：除连线需手动外，其余均由计算机自动检定、自动进行数据处理、自动打印报表。

③ 外观高档精美：操作台设计精美，人机安排合理。

④ 软件功能强大：具有强大的数据采集、处理、存储能力。

⑤ 设备自带双路直流稳压电源输出，0 ~30 V 可调。

⑥ 多路传感器调校功能：可同时实现 1 台传感器的校验和 3 台传感器的老化。

⑦ 具有 RS485 传输功能。

（2）技术参数。

① 压力检定范围：-0.098 ~6 MPa，精度 ±2% F. S. 。

② 压力产生方式：手动。

③ 输入电压：AC 220 V。

④ 电压测量范围：DC 0 ~50 V。

⑤ 电流测量范围：0 ~2 A。

⑥ 频率测量范围：0 ~9.999 kHz。

（3）使用方法。JMYL - A 型压力传感器校验装置使用时，还需配备秒表、标准压力发生器、直流稳压电源、频率计、系统分站等仪器及器材。使用过程中按下列方法操作：

① 接通电源线，给校验装置接通 AC 220 V 电源，按下电源插板的开关按钮后，前面板各电压表头、电流表头、频率表头亮起。

② 按下前面板底部的稳压电源“POWER”按钮，旋转上面的旋钮，将稳压电源显示屏上的电压值调至压力传感器所需电压值。

③ 将被测传感器与操作台面板上的接线端子相连接，待供电正常后，传感器进入工作状态。

④ 根据被测传感器将手动压力源调至正压或负压模式，连接指针式压力表，作为标准压力指示；然后通过连接气嘴软管与被测传感器相连接，再通过操作手压装置、螺旋微调装置，产生调校所需压力，观察标准压力表与传感器指示是否相符以及是否在误差范围内。

⑤ 操作上位机软件，采集此时的调校参数，保存、打印报表。

3）压力传感器检测过程中应注意的问题

压力传感器检测过程中，应注意以下问题：

（1）压力源与压力传感器的连接管路一定要紧密，避免漏气，影响检验的精度。

（2）压力源的正负压模式必须设置正确，否则，会损坏压力传感器的检测元件。

3. 风速风量传感器

风速风量传感器的检测内容包括：传感器的零点、精度、基本误差、报警点、断电点、响应时间、传输方式等。检测可使用专用试验装置，如徐州江煤科技有限公司生产的 JMJC－F 型多功能风速传感器诊断装置等。

1）风速风量传感器的检测流程

风速风量传感器的检测，按下述流程进行：

（1）检查风速风量传感器外观是否完整，清理表面及气室积尘。

（2）将风速风量传感器与检测试验装置相连接，通电预热 20 min。

（3）在试验装置未启动的状态下在风硐中调校传感器零点。

（4）精度检测。按使用说明书的规定，调正风向、负风向。开启风硐风机，将风速调至 12 m/s；调整显示值，使其与校准风速值一致，反复调校，直至准确为止。在基本误差测定过程中不得再次调校。

（5）基本误差测定。风硐风速应由低向高逐渐增高，待风流稳定在测定点规定的风速后，读取传感器显示值和输出信号值，取连续 3 次测定值的算术平均值作为该风速测定点的测试结果。

（6）声光报警测试。报警时报警灯应闪亮，声级计距蜂鸣器 1 m 处，对正声源，测量声级强度。

（7）测试、调校后的传感器，在地面通电 24 h，运行正常，方可下井使用。

（8）填写调校记录，并签字。

2）JMJC－F 型多功能风速传感器诊断装置及其使用方法

JMJC－F 型多功能风速传感器诊断装置（图 4－7）主要用于风速传感器、风速表的调校、检测。该装置模拟风硐实际环境，按比例缩小尺寸，使用方便，便于携带。微型计算机芯片控制风速，精确、易于调节。同时显示传感器的工作电压、电流、输出频率等参数，综合给出当前传感器工作的各项参数，是调校及维修风速风量传感器的得力助手。

（1）主要特点。

① 微缩风硐结构，体积小巧，方便移动。

② 操作简单，使用方便。

③ 外形仿照标准风硐设计、改进，新颖美观。

④ 一机多能，可同时对风表、风速传感器进行检测、调校。

⑤ 体积小、功能强，只有标准风硐 1/5 的体积，却可以实现标准风硐大部

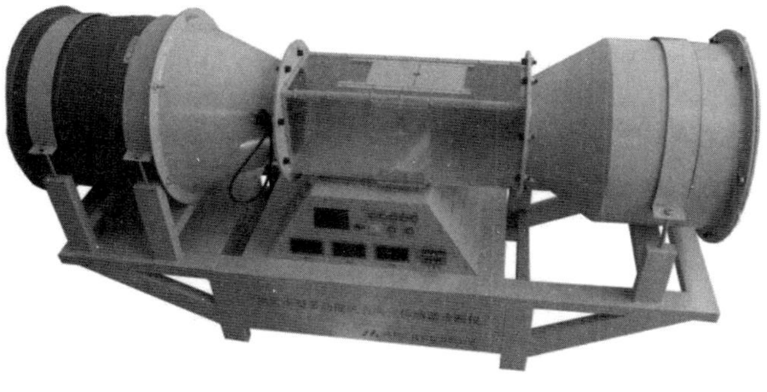

图4-7　JMJC-F型多功能风速传感器诊断装置

分的功能。

⑥ 自带传感器供电电源。仪器自身带有大功率可调直流稳压电源，可给传感器供电，同时显示传感器的工作电压、工作电流，便于使用，节省设备空间。

（2）技术参数。

① 工作电压：AC 220 V(±10%)，50 Hz。

② 直流电压输出范围：18 V(±10%)。

③直流电流输出范围：0~2 A。

④ 风速检测显示范围：0~20 m/s。

⑤ 风速调节范围：风速传感器3.0~15.0 m/s，电子风表1.0~12.0 m/s。

⑥ 工作方式：可长时间连续运行。

（3）使用方法。JMJC-F型多功能风速传感器诊断装置使用时，还需配备秒表、标准风硐、皮托管、直流稳压电源、微压计、气压计、温度计、系统分站等仪器及器材。使用过程中按下述方法操作：

① 接通电源线，给装置接通AC 220 V电源，面板上显示工作电压18 V(±10%)。

② 将风速传感器与接线端子相连接，接通后从右边顺序排列的数字表头可看到工作电压、工作电流等参数。

③ 将风速传感器探头放在透明箱体上方，风速传感器的小头方向和风机安装位置相反，按风速传感器的调试流程来测试，此时液晶屏上面显示相应的风速，同时观察风速传感器的显示数值，根据各项参数即可检测、判断被调校的风速传感器是否正常。

（4）注意事项。

① 必须由专业人员进行调试、使用诊断装置，使用前要仔细阅读产品使用说明书。

② 诊断装置在长时间不使用时应切断电源。

③ 诊断装置发生故障时不得擅自维修，不得改变本电路有关的元器件的电气参数、规格和型号。

4. 烟雾传感器

烟雾传感器的检测内容主要包括：输出阈值，传感器是否在烟雾浓度为 5% obs/m 时有报警输出。可使用专用试验装置，如徐州江煤科技有限公司生产的 JMYW 型智能矿用烟雾传感器校验装置等。

1）烟雾传感器的检测流程

烟雾传感器的检测，按下述流程进行：

（1）检查烟雾传感器外观是否完整，清理表面及气室积尘。

（2）将烟雾传感器与稳压电源相连接，通电预热 20 min。将稳压电源的输出端分别调为传感器工作电压的上限值和下限值，检查传感器是否能正常工作。

（3）响应时间测试。在未放烟雾传感器的检测装置中制造浓度为 5% obs/m 的烟雾，待烟雾均匀后，放入烟雾传感器，并开始计时，观察传感器是否动作，记录传感器在上限值和下限值状态下从放入到动作的时间，取两者中较大值为传感器的响应时间。

（4）检测、调校后的传感器，在地面通电 24 h，运行正常，方可下井使用。

（5）填写调校记录，并签字。

2）JMYW 型智能矿用烟雾传感器校验装置及其使用方法

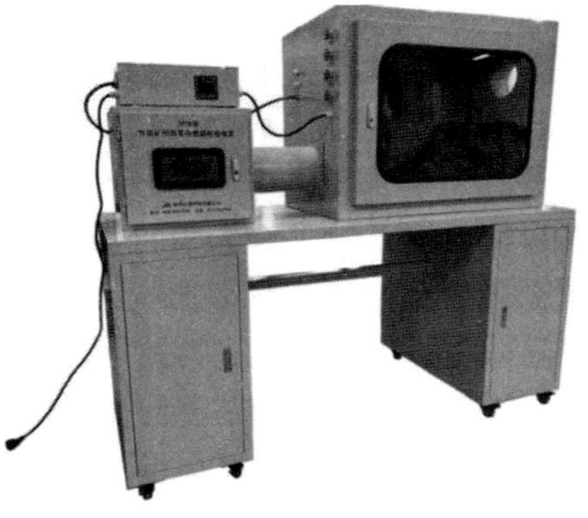

图 4－8　JMYW 型智能矿用烟雾传感器校验装置

JMYW 型智能矿用烟雾传感器校验装置（图 4－8）是对矿用烟雾传感器进行检测校验的综合性装置。

（1）主要特点。

① 适用于对各类烟雾传感器进行检测、校准。

② 提供烟雾传感器的供电电压，可以同时提供 2 路供电压。

③ 采用高精度在线烟尘监测装置，显示精度达到 0.001% obs/m，最大量程 25% obs/m。

④ 整个烟雾空间容积采用标准空间，前视窗口为密闭推拉门，方便观测计算。

⑤ 装置配备有进尘加尘装置，配备有通风换气装置及换气软管。

（2）技术参数。

① 测量精度及量程：0.001% obs/m，0～25% obs/m。

② 测量路数：2 路。

③ 装置电源：AC 220 V（±10%）。

④ 传感器电源：DC 24 V。

（3）使用方法。

① 连接电源，然后在发烟腔发烟，关闭发烟腔观察窗。

② 打开供烟风扇，将烟雾吸入烟雾混合腔。

③ 打开烟雾混合腔中搅拌风扇，使烟雾在混合腔内搅拌均匀。

④ 利用 CSD－100 型空气取样式烟雾探测器实时检测混合腔内的烟雾浓度，当其达到传感器动作浓度时，观察传感器是否动作。

5. 温度传感器

温度传感器的检测内容包括：传感器的零点、基本误差、报警点、传输方式等。检测检验可使用专用试验装置，如徐州江煤科技有限公司生产的 JMWD－A 型温度传感器校验装置等。

1）温度传感器的检测流程

（1）检查温度传感器外观是否完整，清理表面及气室积尘。

（2）将温度传感器与直流稳压电源相连接，通电预热 20 min。

（3）精度测定。按照使用说明书规定的操作方法，将温度传感器的探头放入水槽中，将恒温水槽的温度设置为 10 ℃ ±5 ℃。调校温度传感器的精度，使其显示值与标准气样浓度值一致，反复调校，直至准确为止。再将恒温水槽的温度设置为 80 ℃ ±5 ℃，调校温度传感器的精度，使其显示值与标准气样浓度值一致，反复调校，直至准确为止。在基本误差测定过程中不得再次调校。

（4）基本误差测定。待温度传感器在测量范围的低温点稳定后，依次将试验温场由低温到高温稳定在各测定点（测定点应在规定的测量范围内均匀分布，且不能少于 5 个点）。在各测定点稳定 3 min，记录标准温度计示值、传感器的显示值，重复测定 3 次，取算术平均值与标准温度计示值的差值为基本误差。

（5）声光报警测试。报警时报警灯应闪亮，声级计距蜂鸣器 1 m 处，对正声源，测量声级强度。

（6）响应时间测量。将热敏元件放入 25 ℃ 的水中，用秒表测量显示值从 5 ℃ 升至最大值 90% 时的起止时间。

（7）检测、调校后的传感器，在地面通电 24 h，运行正常，方可下井使用。

（8）填写调校记录，并签字。

2）JMWD－A 型温度传感器校验装置及其使用方法

JMWD－A 型温度传感器校验装置（图 4－9）由主机、GWD 型温度传感器、电子冰箱、接头、工具等组成，用于检测、校准煤矿井下使用的温度传感器，也可用于校准其他场所的各种温度仪表，是矿用产品检验机构、省级矿山安全实验室、煤矿通风实验室、计量检定部门广泛使用的现场校验量程范围为－5～100 ℃的各种温度传感器的设备。

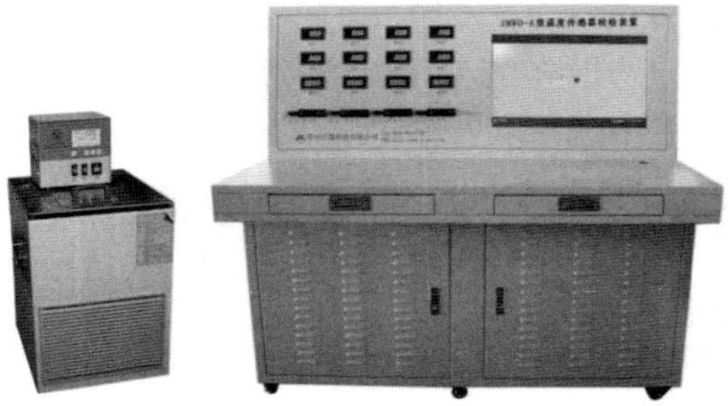

图 4－9　JMWD－A 型温度传感器校验装置

（1）主要特点。

① 造温量程宽：低温恒温水槽 0～100 ℃。

② 校验自动化：除连线需手动外，其余均由计算机自动检定、自动进行数据处理、自动打印报表。

③ 外观高档精美：操作台设计精美，人机工程合理。

④ 软件功能强大：具有强大的数据采集、处理、存储能力。

⑤ 设备自带双路直流稳压电源输出，0～30 V 可调。

⑥ 多路传感器调校功能：可同时实现 1 台传感器的校验和 3 台传感器的老化。

⑦ 具有 RS485 传输功能。

（2）技术参数。

① 温度检定范围：0～100 ℃，精度 ±0.05 ℃。

② 温度产生方式：自动。

③ 输入电压：AC 220 V。

④ 电压测量范围：DC 0～50 V。

⑤ 电流测量范围：0～2 A。

⑥ 频率测量范围：0 ~ 9.999 kHz。

（3）使用方法。使用 JMWD – A 型温度传感器校验装置时，按以下方法操作：

① 接通电源线，给校验装置接通 AC 220 V 电源；按下电源插板的开关按钮之后，前面板各电压表头、电流表头、频率表头亮起。

② 按下前面板底部的稳压电源“POWER”按钮，旋转上面的旋钮，将稳压电源显示屏上的电压值调到温度传感器所需电压值（注：不能超过被测传感器规定的电压范围）。

③ 将被测传感器与操作台面板上的接线端子相连接，待供电正常后，传感器进入工作状态，电压表、电流表正常显示此时的相关参数值。

④ 将被测传感器探头与电子标准温度源绑定在一起，并放入低温恒温水槽内，调节低温恒温水槽到制定的温度，等待标准温度源与传感器示值稳定后，对比并调节。

⑤ 操作上位机软件，采集此时的测试参数，保存，打印报表。

（4）注意事项。使用 JMWD – A 型温度传感器校验装置时，应注意以下问题：

① 使用时应在通风和散热良好的安全场所进行。

② 校验完成后，一定要切断设备电源。

③ 保持校验装置的清洁。

（四）甲烷断电仪

固定式甲烷断电仪是指安设在煤矿固定场所，实现监测区域内甲烷浓度显示、报警，并对被控电气设备进行闭锁、解锁控制的装置，一般由主机（含电源）、矿用甲烷传感器（含声光报警器）等组成。矿用甲烷传感器是指连续监测矿井环境气体中甲烷浓度的装置，一般具有显示及声光报警功能。主机是指为矿用甲烷传感器等提供本质安全型电源并实现传感器信号采集、显示和处理的装置。当甲烷传感器检测到环境中甲烷浓度超过规定的断电浓度时，切断被控电气设备电源并保持断电状态，当闭锁条件解除时，允许复电。

1. 甲烷断电仪的检测内容

（1）甲烷断电仪应具有显示、报警、断电及故障状态指示功能。包括以下方面：

① 当甲烷浓度达到报警点时，主机或声光报警器、甲烷传感器应发出声光报警信号，声级强度应不小于 80 dB(A)，光信号在暗处能见度应不小于 20 m；当甲烷浓度恢复到报警点以下时，应能解除报警。

② 当断电仪在送电 1 min 以内，甲烷浓度达到断电点，传感器发生电源或信号线开路、短路等故障，或者甲烷断电仪失电时，甲烷断电仪能实现闭锁控制，

控制执行时间不大于 2 s。

③ 当送电 1 min 后正常运行，故障排除恢复正常运行，或者甲烷浓度下降到复电点时，甲烷断电仪能实现自动解锁。

（2）人工解锁功能。必须使用专用工具，方能对甲烷断电仪进行人工解锁操作。

（3）备用电源功能。甲烷断电仪应具有备用电源，且在额定负载条件下的工作时间应不小于 4 h。

（4）最大传输距离。使用单芯截面积为 1.5 mm^2 的传输电缆，甲烷断电仪中主机与传感器的最大传输距离不小于 2 km。

2. 甲烷断电仪的检测方法

甲烷断电仪中甲烷传感器的检测使用前述的检测方法及设备，其他检测内容可采用甲烷断电仪检验检定装置，如徐州江煤科技有限公司生产的 JMDDY 型甲烷断电仪检验检定装置等。

JMDDY 型甲烷断电仪检验检定装置（图 4－10）可用于检测、校准多种型号的甲烷（瓦斯）断电仪、气体传感器、气体检测仪表、瓦斯探头等，具有性能稳定、操作简便等特点。

1）主要功能

JMDDY 型甲烷断电仪检验检定装置可检项目包括：外观及通电检查、功能试验、基本误差试验、稳定性试验、传输距离试验、响应时间试验、电源电压波动试验、报警声光强度试验、备用电源试验。内置调压系统、断电执行时间检测系统、气体传感器、气体检测仪校验系统、模拟电缆、示波器及稳压电源，可根据实际需求来选择应用。

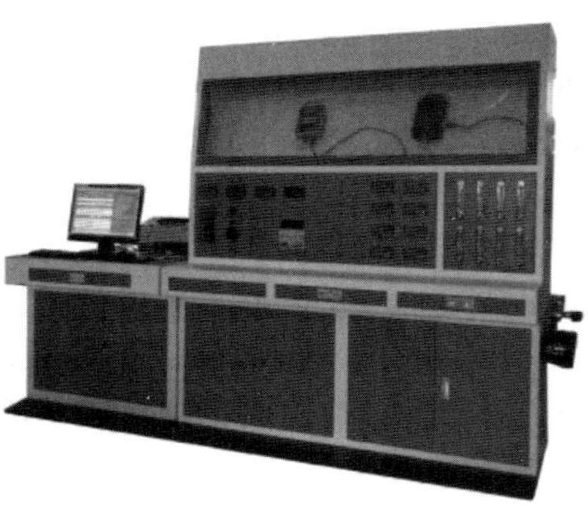

图 4－10 JMDDY 型甲烷断电仪检验检定装置

2）技术参数

（1）检测范围：(0～4)% CH_4。

（2）传输距离：1000 m、2000 m、3000 m（可定制）。

（3）标准气样误差：±3%（另配）。

（4）流量误差：不大于 4.0 级。

（5）标准计时器误差：30 min 内误差小于 0.5 s。

（6）输出交流电压：0～800 V 任意调节。

（7）输出直流电压：0～250 V 任意调节。

（8）电压、电流显示误差：不大于1%。

（9）供电电压：AC 220 V。

3）使用方法

为了检测或维修的需要，JMDDY 型甲烷断电仪检验检定装置还配备了模拟电缆、频率发生器、示波器、稳压电源等检测工装或仪器。使用时按下述方法操作：

（1）工作电压调节。

① 先将需要测试的断电仪根据要求接到相应的端子（若为直流供电应注意正负极）。

② 再将自耦调压器调至“0”，打开保护器开关，然后打开总电源，缓慢调节自耦调压器，将电压提升到甲烷断电仪额定工作电压，此时可以测试甲烷断电仪的电源电压的波动性。

（2）断电执行时间检测。

① 断电执行时间检测，是检测当甲烷浓度值达到断电浓度值时，断电仪输入信号与输出点的动作时间。

② 该检验检定装置能够发生 0.1% CH_4、0.6% CH_4、1.1% CH_4、1.6% CH_4 的对应频率信号，频率正为 F+，频率负为 F-，将 F+、F-与甲烷断电仪主机上甲烷传感器的频率信号输入端和地相接。同时，将甲烷断电仪的通电常开触点与检定装置的 D+、D-相接。

③ 根据要求连接完成后，给甲烷断电仪供电，待送电稳定运行后打开断电执行时间检测系统开关，在微型计算机显示屏幕上刷新显示的就是此甲烷断电仪的断电执行时间。

（3）甲烷传感器校验操作。

① 在本装置右侧对应的气管连接相应的气体。

② 将传感器挂在传感器支架上，校气嘴安装在传感器上，连接完成后即可开始对传感器进行检测，根据相关标准规定的方法对传感器校准。本装置配备专门的气瓶柜，待甲烷传感器接通电源预热稳定，按照规定的流量将标准气样通入传感器气室，按照厂家说明书操作步骤校准传感器。

（五）隔爆兼本安型电源

安全监控系统井下使用的电源一般包括矿用隔爆兼本安型稳压电源和后备电源，前者为分站提供电源供给、为传感器远程本安供电；后者为监控设备提供不小于 4 h 的后备电源供给。

1. 矿用隔爆兼本安型稳压电源

矿用隔爆兼本安型稳压电源检测的内容包括：输入电压范围、输出电压、输出电流、过压保护电压、短路过流保护电流、负载效应等。检测可采用专业的检测检验装置，如徐州江煤科技有限公司生产的 JMJY/A 型矿用隔爆兼本安型稳压电源综合检验装置等。

JMJY/A 型矿用隔爆兼本安型稳压电源综合检验装置（图 4－11）是对矿用隔爆兼本安型稳压电源箱进行老化及功能检测于一体的检验装置，可测试电源的额定电压电流、最大短路电流及过流保护、电源波动性等，具有操作简便、故障率低、具备漏电保护等特点。

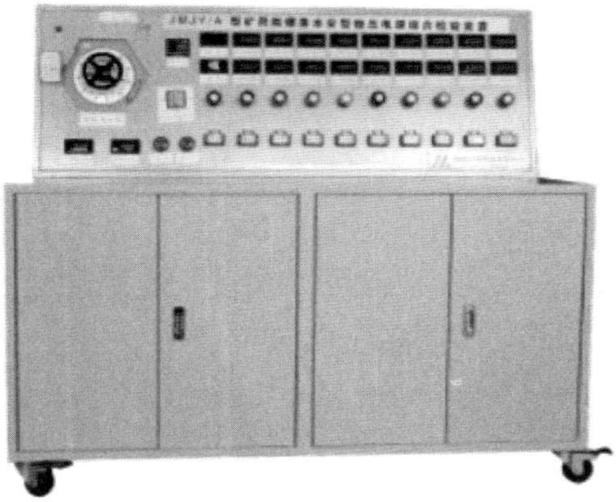

图 4－11　JMJY/A 型矿用隔爆兼本安型稳压电源综合检验装置

1）JMJY/A 型矿用隔爆兼本安型稳压电源综合检验装置的主要技术性能参数

（1）输入电压：AC 220 V。输出电压：0～660 V 之间可调。

（2）额定本安输出电压/电流：额定电压为 12.5 V 时，额定电流为 300 mA；额定电压为 18.5 V 时，额定电流为 180 mA。

（3）最大短路电流及过流保护：12.5 V 输出的最大短路电流及过流保护值为 610 mA；18.5 V 输出的最大短路电流及过流保护值为 360 mA。

（4）电源波动性：调节接触调压器使电源箱的输入标准电压在 75%～110% 波动范围内能正常工作，测试方法与标准电压一样。

2）JMJY/A 型矿用隔爆兼本安型稳压电源综合检验装置的使用方法

（1）将电源综合检验装置顶部的交流输出端子（接通电源前将输出电压调至“0”）用导线连接到电源箱的“0”位和 127 V（或者 380 V、660 V）端子上，将电源箱的各路本安输出用导线连接到电源综合检验装置的负载端子上

（接通电源前需要把负载电阻阻值调至最大）。

（2）打开电源综合检验装置的电源开关，将交流电压输出调节到 95 ~ 140 V（电源输入电压为 380 V 时，将交流电压输出调节到 285 ~ 420 V；电源输入电压为 660 V 时，将交流电压输出调节到 495 ~ 730 V）。

（3）观察并记录各路本安输出电压值是否与使用说明书规定的额定值一致。

（4）调节各路负载电阻的阻值，慢慢调小，观察并记录各路本安型电源的过流保护电流值是否与使用说明书标称的额定值一致。

2. 后备电源

后备电源的检测内容包括：充电时间、放电时间、电池容量等。可采用专用的后备电源检测维护装置，如徐州江煤科技有限公司生产的 JMFZ - DC 型分站后备电源检测维护装置等。

JMFZ - DC 型分站后备电源检测维护装置（图 4 - 12）具有恒流检测、负脉冲维护、检测数据内存记忆并可传到中心站等特点。既能有效地提高矿井下检测分站备用电池的工作效率，避免不合格分站电池下井使用，又能对地面库存的分站电池进行定期检查和维护，延缓分站电池的硫化速度，提高分站电池的使用寿命，达到节能环保的目的。

JMFZ - DC 型分站后备电源检测维护装置的使用方法如下：

（1）先插好仪器的 AC 220 V 电源线；再打开仪器的电源开关，将仪器后面的二路输入/输出线按红“ + ”、黑“ - ”的方式插紧并旋紧螺栓；然后将这些输入/输出线按红“ + ”、黑“ - ”的方式连接到独立的 12 V 或 16 V 铅酸蓄电池上。如果发出报警声，说明输出线正负极接反。

（2）选择仪器的工作模式。如需放电，则将模式选择开关置于“放电”位置；如需充电维护，则将模式选择开关置于“充电”位置。

（3）参数设置。将“设置/工作”开关置于“设置”位置时可进行相关参数设置，具体步骤如下：

充电维护模式设置。在该模式下可进行充电相关参数设置。把“充电/放电”开关按至“充电”位置，此时充电指示灯快速闪烁。

① 电压设置。按“切换”键到电压指示灯亮，此时按“启动”键或“停止”键可对充电电压进行加减设置，长按这两个键可进行快速

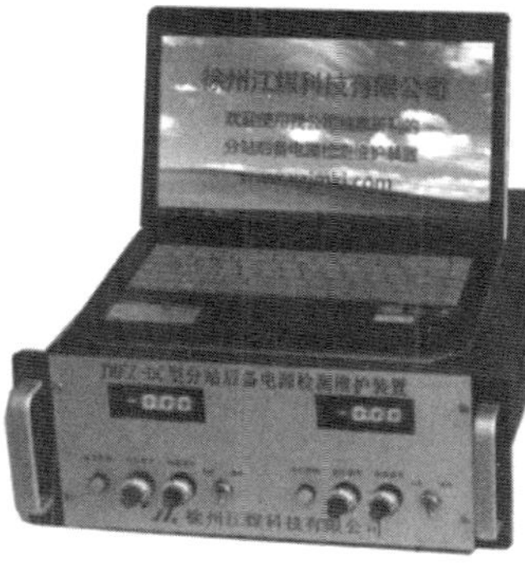

图 4 - 12　JMFZ - DC 型分站后备电源检测维护装置

设置。

② 电流设置。按“切换”键到电流指示灯亮，此时按“启动”键或“停止”键可对充电电流进行加减设置，长按这两个键可进行快速设置。

③ 时间设置。按“切换”键到时间指示灯亮，此时按“启动”键或“停止”键可对充电时间进行加减设置，长按这两个键可进行快速设置。

放电模式设置。在该模式下可进行放电相关参数设置。把“充电/放电”开关按到“放电”位置，此时放电指示灯快速闪烁。注意：放电无须设定时间。

① 电压设置。按“切换”键到电压指示灯亮，此时按“启动”键或“停止”键可对放电电压进行加减设置，长按这两个键可对放电电压进行快速设置。

② 电流设置。按“切换”键到电流指示灯亮，此时按“启动”键或“停止”键可对放电电流进行加减设置，长按这两个键可进行快速设置。

（4）启动。设置完成后，将“设置/工作”开关置于“工作”位置（此时设置灯熄灭），直接按“启动”键仪器就开始进入工作状态，相应的工作状态指示灯会慢速闪烁，按“切换”键可查看仪器当前的工作状态。若想终止当前工作可按“停止”键。

使用过程中，注意以下事项：

一是中途若操作模式切换开关则当前工作自动结束。

二是仪器自动完成放电任务时会把放电容量和时间通过交替显示的方式显示在时间窗口，若此时关机后下次开机时，仪器仍然显示上一次的放电结果，直至用户再次按“启动”键进行新一轮的工作，上次的放电结果才被清零。

（六）分站

分站接收来自传感器的信号，并按预先约定的复用方式远距离传送给传输接口，同时，接收来自传输接口多路复用信号。分站还具有线性校正、超限判别、逻辑运算等简单的数据处理能力，对传感器输入的信号和传输接口传输来的信号进行处理，控制执行器工作。

1. 分站检测内容

（1）分站与传输接口双向通信及工作状态指示功能。

（2）分站的模拟量、开关量和累计量采集及显示功能。

（3）分站的控制（含断电和声光报警，声光报警可由传感器或声光报警器完成）功能。安全监控分站应具有甲烷超限报警和断电/复电控制功能，故障闭锁功能，甲烷电、风电闭锁功能。

（4）分站的初始化参数设置和掉电保护功能。

（5）分站的自诊断和故障指示功能。

2. 分站检测方法

分站检测可采用专用检测检验装置，如徐州江煤科技有限公司生产的JMF-GZ型多功能分站故障诊断装置等。

JMFGZ型多功能分站故障诊断装置（图4－13）是针对安全监控分站的功能检定、维护和检修提供的一种多功能辅助工具，可帮助检修人员迅速检测验证分站的各种功能、工作状态及故障情况。

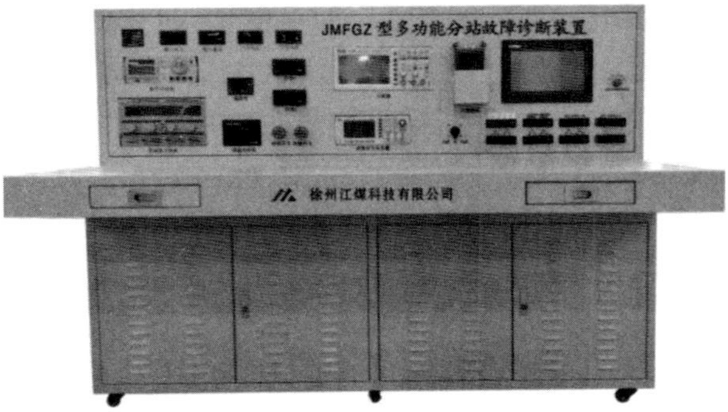

图4－13　JMFGZ型多功能分站故障诊断装置

1）JMFGZ型多功能分站故障诊断装置的主要特点

（1）10英寸显示屏和数码显示，各种测量数据显示清晰直观，精确度高。

（2）操作简单，设备操作按钮、旋钮少，操作简单，使用方便，易于掌握。

（3）可输出0～30 V连续可调的直流稳压电源，以保证被检测分站正常工作。

（4）具备过压、过流及短路保护功能，当输出电压/电流超出一定范围后，自动切断该电源输出。保证被检测分站的安全。

（5）具备工作电压、电流显示功能，在提供分站工作电源的同时，显示分站工作时的电压、电流。

（6）独立可调的模拟信号输出。检验装置内置一台函数信号发生器，可为被检分站提供任意频率的模拟信号，模拟各种模拟量传感器信号输出。该输出也可作为其他设备的检测信号源。

（7）独立开关量信号输出。该开关量信号为一路独立的电流信号，为恒定毫安电流（0/1 mA/5 mA），精确度高。在检测分站时，可确定分站开关量开和关的临界点，测量精确。也可用于其他设备的检测。

（8）可实现对分站风电瓦斯闭锁功能的检测。通过人机界面屏提供多路模拟信号输出和多路开关量信号输出，一路模拟甲烷，一路模拟风速，再结合一路开关量输出，即可完成对分站风电瓦斯闭锁功能的检测。

（9）可检测分站的断电性能。通过人机界面屏模拟甲烷传感器，输出由低到高的浓度值，当浓度值高于设定断电值时，检测分站从浓度达到设定断电值到断电口设备断电所需时间是否小于 2 s（如非本公司监控分站，需提供厂家的 RS485 通信协议）。

（10）可检测分站与传感器的通信功能。通过人机界面屏模拟多路传感器信号输出给分站输入口，用以检验分站的信号采集性能是否正常。

（11）可检测光纤最大传输距离。检验装置内置一台光衰减器，可检测站与交换机（或计算机）之间的光纤通信的最大距离。

（12）可检测电缆最大传输距离。检验装置内置 0 ~ 6 km 模拟电缆，可检测出分站与传感器之间电缆传输的最大距离。

（13）可检测分站电路上各种波形、电压和电路等参数。检验装置内置了台式万用表和示波器，当分站某些功能异常时可用这些检测设备检验维修。

2）JMFGZ 型多功能分站故障诊断装置的主要功能

（1）能向各种分站提供额定直流工作电压，在分站正常工作情况下测量分站的工作电压、电流。

（2）能向各种分站提供可调节的不同频率稳定模拟信号，查看分站显示是否正常、准确。

（3）能向各种分站输入 0/1 mA/5 mA 开关信号，查看分站开关量的开、关、断线显示是否正常。

（4）能检验分站数据采集、分析以及断电功能和性能。

（5）能检验分站风电瓦斯闭锁功能。

（6）能检验分站和交换机或上位机之间的光纤最大传输距离。

（7）能检验分站和传感器之间电缆的最大传输距离。

（8）能提供台式万用表、示波器、烙铁等检修工具，当分站出现问题时能提供维护保障。

3）JMFGZ 型多功能分站故障诊断装置技术参数

（1）工作电源：AC 220 V（±10%），50 Hz。

（2）频率输出范围：0 ~ 5000 Hz。

（3）输出毫安电流：0/1 mA/5 mA，精度 0.1 mA。

（4）输出直流工作电压：0 ~ 30 V（±10%）。

（5）输出直流工作电流：<1.5 A。

（6）工作方式：可长时间连续运行。

4）JMFGZ型多功能分站故障诊断装置的使用方法

（1）启动装置。将故障诊断装置接通电源，打开左上角的总开关，需要维修时打开维修开关，需要检验时打开检验开关。

（2）分站满载性能检测。满载性能检测主要是检验分站挂接负载的能力，总共可模拟16路传感器，1～8路为低浓度甲烷传感器，9～16路为一氧化碳传感器。由于故障诊断装置面板上只有一路信号A或信号B，因此故障诊断装置每次可以同时模拟8路传感器来检验分站的满载能力。实际检测时，将被检测分站上的信号A和信号B分别接入故障诊断装置接面板上的信号A和信号B，打开检验开关，进行检测即可。

（3）分站2 s断电性能测试。根据有关标准规定，分站甲烷超限断电及甲烷风电闭锁的控制执行时间不大于2 s。故障诊断装置可对分站的该项功能进行检测，并可同时检测两个回路。

实际检测时，将被检分站上的信号A和信号B分别接入故障诊断装置接面板上的信号A和信号B；被检分站常闭触点1接入故障诊断装置接面板上的“分站断电输出常闭触点1”；被检分站常闭触点2接入故障诊断装置接面板上的“分站断电输出常闭触点2”。在软件处设置两个不同的通道号，且每个通道均为(0～4)% CH_4 甲烷传感器，报警值1% CH_4，断电值1.5% CH_4，断电控制1号、2号常闭触点，复电值0.99% CH_4。进入2 s断电检验界面，使输出达到分站所设置的断电值，用秒表测量从信号输入到控制执行器指示被控设备断电的时间，用断电控制计时器测量执行器的动作时间。测得的两项时间之和即为控制执行时间。

（4）分站风电瓦斯闭锁功能测试。将被测分站上的信号A和信号B分别接入故障诊断装置接面板上的信号A和信号B。接面板上的信号C1、C2、C3、C4、C5、C6均为触点信号，如果分站输出其他类型信号，则中间需要一个转接器，如远程断电器，应将其转为触点信号后连接到接面板上。

选择一台被检分站，其模入量、开出量及控制量的定义示意如下：

A1——掘进工作面的甲烷传感器。

A2——掘进工作面回风流中的甲烷传感器。

A3——被串掘进工作面入风流中的甲烷传感器。

D4、D5——局部通风机设备开停传感器。

D6——风筒风量开关传感器。

C1——控制掘进巷道内的全部非本质安全型电气设备的电源。

C2——控制被串掘进巷道内的全部非本质安全型电气设备的电源。

C3——控制供风区域的全部非本质安全型电气设备的电源。

C4——控制局部通风机1的电源。

C5——控制声光报警器。

C6——控制局部通风机 2 的电源。

A1、A2、A3 模拟量传感器能自身或通过信号发生器，产生 0.00% CH_4、0.50% CH_4、1.00% CH_4、1.50% CH_4、3.00% CH_4 信号输出。

D4、D5、D6 接入电流源，模拟开关量传感器的输出，调节输出，可产生设备停（如用 1 mA 表示）、设备开（如用 5 mA 表示）的信号输出。

控制口 C1、C2、C3、C4、C5、C6 输出为闭合状态时（或高电平），所控设备为正常工作状态（通电状态），控制量输出为断开状态时（或低电平），所控设备为非工作状态（断电状态）。

实际测试时，被测分站满足以下要求，可判定该分站风电瓦斯闭锁的各项功能符合规定：

分站未送电、断电或接通电源 1 min 内，分站的控制量 C1、C3、C2 输出为断开状态，即 C1、C3、C2 所控制设备为断电状态；C4、C5、C6 为闭合状态。

分站接通电源 1 min 后，A1、A2、A3 送入 0.00% CH_4 的信号，D4、D5、D6 通过电流源送入 +5 mA 电流。此时 A1 < 1.00% CH_4，A2 < 1.00% CH_4，A3 < 0.50% CH_4，D4、D5 风机开（+5 mA），D6 风量足（+5 mA），分站的控制量输出口 C1、C2、C3、C4、C6 输出闭合，C5 输出断开。

分站接通电源 1 min 后，当 A1 ≥ 1.00% CH_4 为 1.01% CH_4，A2 < 1.00% CH_4 为 0.50% CH_4，A3 < 0.50% CH_4 为 0.20% CH_4，D4、D5 风机开（+5 mA），D6 风量足（+5 mA）时，分站的控制量输出口 C1、C2、C3、C4、C5、C6 输出闭合；当 A1 ≥ 1.50% CH_4 为 1.51% CH_4，A2 < 1.00% CH_4 为 0.50% CH_4，A3 < 0.50% CH_4 为 0.20% CH_4，D4、D5 风机开（+5 mA），D6 风量足（+5 mA）时，分站的控制量输出口 C2、C3、C4、C5、C6 输出闭合，C1 输出断开。直到 A1 < 1.00% CH_4 为 0.99% CH_4 时，输出口 C1、C2、C3、C4、C6 输出闭合，C5 输出断开。

分站接通电源 1 min 后，当 A1 < 1.00% CH_4 为 0.50% CH_4，A2 ≥ 1.00% CH_4 为 1.01% CH_4，A3 < 0.50% CH_4 为 0.20% CH_4，D4、D5 风机开（+5 mA），D6 风量足（+5 mA）时，分站的控制量输出口 C2、C3、C4、C5、C6 输出闭合，C1 输出断开。直到 A2 < 1.00% CH_4 为 0.99% CH_4 时，输出口 C1、C2、C3、C4、C6 输出闭合，C5 输出断开。

分站接通电源 1 min 后，当 A1 < 1.00% CH_4 为 0.50% CH_4，A2 < 1.00% CH_4 为 0.50% CH_4，A3 ≥ 0.50% CH_4 为 0.51% CH_4，D4、D5 风机开（+5 mA），D6 风量足（+5 mA）时，分站的控制量输出口 C1、C3、C4、C5、C6 输出闭合，C2 输出断开。直到 A3 < 0.50% CH_4 为 0.49% CH_4 时，输出口 C1、C2、C3、

C4、C6 输出闭合，C5 输出断开。

分站接通电源 1 min 后，当 A1＜1.00% CH_4 为 0.50% CH_4，A2＜1.00% CH_4 为 0.50% CH_4，A3＜0.50% CH_4 为 0.20% CH_4，D4、D5 风机停（+1 mA），D6 风量足（+5 mA）时，分站的控制量输出口 C1、C2、C4、C5、C6 输出闭合，C3 输出断开。直到 D4、D5 风机开（+5 mA）时，输出口 C1、C2、C3、C4、C6 输出闭合，C5 输出断开。

分站接通电源 1 min 后，当 A1＜1.00% CH_4 为 0.50% CH_4，A2＜1.00% CH_4 为 0.50% CH_4，A3＜0.50% CH_4 为 0.20% CH_4，D4、D5 风机开（+5 mA），D6 风量不足（+1 mA）时，输出口 C1、C2、C4、C5、C6 输出闭合，C3 输出断开。直到 D6 风量足（+5 mA）时，输出口 C1、C2、C3、C4、C6 输出闭合，C5 输出断开。

分站接通电源 1 min 后，当 A1≥3.00% CH_4 为 3.20% CH_4，A2＜1.00% CH_4 为 0.50% CH_4，A3＜0.50% CH_4 为 0.20% CH_4，D4、D5 风机停（+1 mA），D6 风量足（+5 mA）时，分站的控制量输出口 C2、C5 输出闭合，C1、C3、C4、C6 输出断开。此时能且只能通过专用工具（遥控发送器、钥匙、旋钮等）使分站的控制量输出口 C4、C6 输出闭合。直到 A1＜1.50% CH_4 为 1.40% CH_4，D4、D5 风机开（+5 mA），且 A2 的甲烷浓度一定＜1.50% CH_4 时，输出口 C1、C2、C3、C4、C6 输出闭合，C5 输出断开。

分站接通电源 1 min 后，当 A1＜1.00% CH_4 为 0.50% CH_4，A2≥3.00% CH_4 为 3.20% CH_4，A3＜0.50% CH_4 为 0.20% CH_4，D4、D5 风机停（+1 mA），D6 风量足（+5 mA）时，分站的控制量输出口 C2、C5 输出闭合，C1、C3、C4、C6 输出断开。此时能且只能通过专用工具（遥控发送器、钥匙、旋钮等）使分站的控制量输出口 C4、C6 输出闭合。直到 A2＜1.50% CH_4 为 1.40% CH_4，D4、D5 风机开（+5 mA），且 A1＜1.50% CH_4 时，输出口 C1、C2、C3、C4、C6 输出闭合，C5 输出断开。

当传感器 A1 断线、掉线或故障时，分站的控制量输出口 C1 输出断开，其余闭合。

当传感器 A2 断线、掉线或故障时，分站的控制量输出口 C1 输出断开，其余闭合。

当传感器 A3 断线、掉线或故障时，分站的控制量输出口 C2 输出断开，其余闭合。

当传感器 D4、D5 断线、掉电时，分站的控制量输出口 C3 输出断开，其余闭合。

当传感器 D6 断线、掉电时，分站的控制量输出口 C3 输出断开，其余闭合。

当与闭锁有关的分站、传感器、断电器、电源故障或通信线路中断时，分站的控制量输出口 C4、C5、C6 输出闭合，其余断开。

四、传感器的定期标校

传感器长期在井下恶劣环境中连续运行，由于受环境因素、使用的电气元件运行特性等的影响，在运行一段时间后，可能发生零点漂移，灵敏度可能发生变化，需要定期对传感器进行标校。传感器的定期标校是保证安全监控系统正常运行的极其重要的一个环节，是保证监控数据准确的最基本措施。

（一）总体要求

传感器的定期标校是安全监控系统使用维护管理最重要的内容，实际工作中应满足以下总体要求：

（1）煤矿应建立传感器定期标校的管理制度和作业规程，严格贯彻和落实相关规定要求，并做好相关记录。

（2）煤矿应建立传感器标校室，配齐传感器地面标校室标校和井下现场调校的装置和仪器仪表。所配备的传感器标校装置必须经计量监督部门检定，检定合格后方可使用。

（3）传感器的调校应由有资质的人员实施。

（4）采用催化燃烧原理的甲烷传感器必须至少每隔 15 天调校 1 次。调校时，必须在现场使用校准气样和空气样，按产品使用说明书的要求在设备设置地点调校，调校的内容包括零点、显示值、报警浓度、断电浓度、复电浓度、控制逻辑等。

（5）采用红外检测原理的红外甲烷传感器必须至少每隔 60 天调校 1 次，调校时，必须在现场使用校准气样和空气样，按产品使用说明书规定的调校内容、方法、周期进行调校。

（6）采用激光检测原理的激光甲烷传感器必须至少每隔 180 天调校 1 次，调校内容、方法、周期执行产品使用说明书的规定。

（7）除甲烷以外其他气体检测仪器必须采用空气样和标准气样，按产品说明书指定的方法进行调校，调校周期应符合产品使用说明书的规定，一般至少每 15 天调校 1 次。

（8）风速传感器选用经过标定的风速计调校、温度传感器选用经过标定的温度计调校、压力传感器选用经过标定的压力计调校、其他传感器也应按使用说明书要求定期调校。

（9）瓦斯抽采在线监测系统使用的管道甲烷传感器、管道温度传感器、管道压力传感器及管道流量传感器，采用人工测量与抽采在线数据进行比对，当抽采在线数据与人工测量数据出现误差时必须及时进行调校，确保抽放泵站监测参数的准确和可靠。

（二）甲烷传感器调校方法

《煤矿安全监控系统及检测仪器使用管理规范》（AQ 1029—2019）附录 A 规范了低浓度载体催化式甲烷传感器调校方法。《煤矿用低浓度载体催化式甲烷传感器》（AQ 6203—2006）等产品标准规定了设备显示稳定性和基本误差的检验，可供借鉴采用。

1. 调校器材

根据《煤矿安全监控系统及检测仪器使用管理规范》（AQ 1029—2019）的规定，在用甲烷传感器的调校需在使用现场进行，因此应配备相应的调校器材，包括空气样、(1～2)% CH_4 标准气样（推荐使用 2% CH_4 标准气样）、配套的减压阀、气体流量计和橡胶软管。为了提高标校效率，徐州江煤科技有限公司研制了一款体积小、质量轻、操作简单、次压力衡定、流量稳定、易于维护、携带方便的 BAX－1B 型精密气体流量调校装置，如图 4－14 所示。

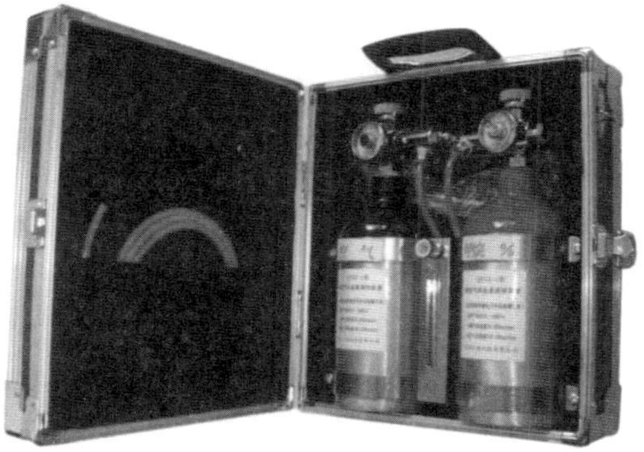

图 4－14　BAX－1B 型精密气体流量调校装置

1）主要特点

BAX－1B 型精密气体流量调校装置，具有以下主要特点：

（1）具有空气校零和甲烷气体校准标定双重功能。

（2）具有流量小、供气稳定的特点。

（3）采用特制铝合金复合气瓶，质量比普通钢瓶轻 40%。

（4）按设计要求，用于井下的调校装置气瓶容积为 0.7 L，在压力为 12 MPa 的条件下，装置以 200 mL/min 流量供气连续时间可长达 6 h，按每支传感器供气时间 90 s 计，理论上一瓶气可调整 240 台传感器，可满足多次下井调校需求。

（5）配备坚固的工具箱，井下使用时，备用的背带可使气瓶悬挂在被调仪器的附近，尽量使流量计与地面垂直，保证供气流量精度。

（6）按规定，井下调校传感器和断电仪的装置由两个气瓶组合，一瓶为新鲜空气，另一瓶为(1 ~2)% CH_4 标准气样。按照使用条件不同，1% CH_4 标准气样一般用于校正传感器的报警点和断电仪的复电功能，如有必要可增加一单瓶 2% CH_4 标准气样，以校正上述仪器的断电点及线性特性。

（7）用于地面的调校装置可使用单瓶或双瓶组合，也可按用户要求提供更大容积的气瓶。

2）技术参数

（1）流量范围：0 ~350 mL/min。

（2）充气压力：≤2 MPa。

（3）气瓶容积：0.7 L。

3）使用方法

（1）先拧开正上方的压力瓶开关，压力表显示应在 1 ~12 MPa 的正常压力范围之内。

（2）调整玻璃管流量计的旋钮使其在用户规定的流量范围内，并应设法使流量计与地面垂直放置。

2. 调试程序

（1）零点标校。用遥控器设置甲烷传感器进入零点标校状态，用橡胶软管连接传感器气室通入空气，调节流量控制阀把流量调节到传感器说明书规定值；调校零点，范围控制在（0.00 ~0.03)% CH_4 之内。

（2）精度标校。用遥控器设置甲烷传感器进入精度标校状态，校准气瓶流量计出口用橡胶软管连接传感器气室；打开气瓶阀门，先用小流量向传感器缓慢通入(1 ~2)% CH_4 校准气样，在显示值缓慢上升的过程中，观察报警值和断电值；然后调节流量控制阀把流量调节到传感器说明书规定的流量，使其测量值稳定显示，持续时间大于 90 s；使显示值与校准气样浓度值一致，退出调校状态。若超差应更换传感器，预热后重新测试。升井后，查询地面中心站甲烷传感器调校曲线（图 4 -15）。

（3）报警点、断电点调校。在通气的过程中，观察报警点、断电点是否符合要求，注意声光报警和实际断电情况；当显示值小于 1.0% CH_4 时，测试复电功能。升井后，查询地面中心站传感器调校时超限、断电、馈电监测曲线（图 4 -16）。

（4）测试结束后关闭气瓶阀门。

（5）填写调校记录。调校记录参见表 4 -4，测试人员签字。

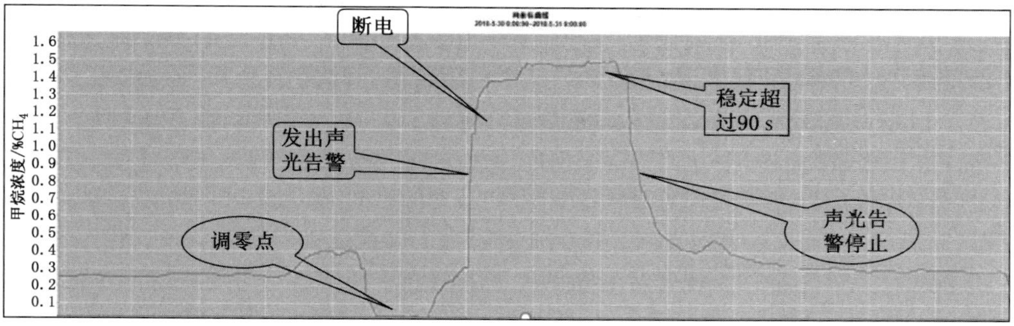

图4-15　甲烷传感器调校曲线

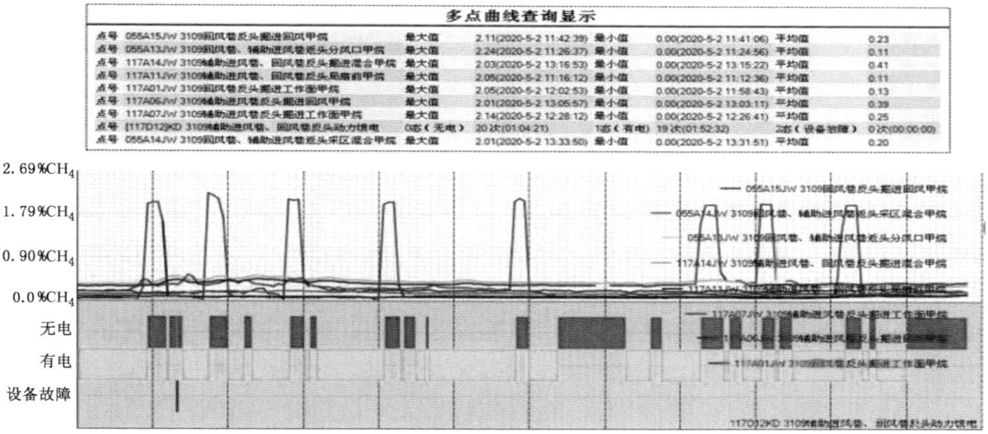

图4-16　传感器调校时超限、断电、馈电监测曲线

表4-4　甲烷传感器调校及断电试验记录

地点	零点调节/% CH_4	精度调节/% CH_4		报警浓度/% CH_4	断电浓度/% CH_4	复电浓度/% CH_4	闭锁功能	日期	调校人
		标准值	显示值						
**	0.00	2.00	2.00	≥1.00	≥1.00	≤1.00	正常	2020-11-23	张三

3. 低浓度甲烷传感器调校方法

各生产厂家制造的低浓度甲烷传感器的调校方法基本相同。徐州江煤科技有限公司生产的 GJC4X(A)型矿用低浓度甲烷传感器的调校方法如下：

（1）将甲烷传感器正确接线，接通电源开机运行，稳定工作 20 min 后，开始标校传感器。

（2）调整地址号（P1）。当需要对传感器的地址号定义时，传感器接通电源，开机运行，在检测状态时，按下遥控器上的功能键弹出调校菜单，传感器显示窗显示“P1”字符，按确定键确认，进入地址号调整。按增加键或减少键，调整地址号，然后按 1 下确定键确认，传感器显示窗显示“OK”，返回到检测状态。

（3）零点调整（P2）。用遥控器设置甲烷传感器进入零点标校状态，用橡胶软管连接传感器气室通入空气，调节流量控制阀把流量调节到传感器说明书规定值；当传感器的甲烷浓度不为零时，按下功能键弹出调校菜单，传感器显示窗显示“P1”字符，再按 1 下增加键，传感器显示窗显示“P2”字符，再按确定键确认，传感器显示窗显示“OK”。仪器自动显示“0.00”，退出菜单，返回到检测状态。若检测元件损坏或失效，则提示“Err”。

（4）精度调校（P3）。传感器调零后，按 1 下遥控器上的功能键，仪器显示“P1”，按 2 下增加键或按 2 下减少键，仪器显示“P3”，按确定键，仪器进入精度标校状态，最高位闪亮；对仪器探头通入（1.0 ~ 2.00）% CH_4 标准气样，流量为 200 mL/min；待读数稳定后，按增加键加一，按减少键减一，按功能键移位，调整仪器的显示值与标准气样浓度值一致；按确定键确认，传感器显示窗显示“OK”，仪器精度调整完成，进入检测状态。若检测元件损坏或失效，则提示“Err”。

（5）四级报警点设置（P4）。在检测状态下按功能键弹出调校菜单，传感器显示窗显示“P1”字符，按 3 下增加键（或按 1 下减少键），传感器显示窗显示“P4”字符，然后按确定键确认，传感器显示窗显示“J - b4”。按 1 下增加键，显示四级报警值，再按 1 下增加键，传感器显示窗显示“J - b3”，再按 1 下增加键，显示三级报警值，以此类推，循环往复。同时也可按减少键查看报警值。如果需要修改报警点，则需要进行以下操作：在检测状态下按功能键弹出调校菜单，传感器显示窗显示“P1”字符，按 3 下增加键（或按 1 下减少键），传感器显示窗显示“P4”字符，然后按确定键确认，传感器显示窗显示“J - b4”，连续按 8 下功能键，“J - b4”显示 1 s 后进入四级报警点设置；按功能键移位，按增加键或减少键，把报警值加减调整到所需的目标报警值，然后按 1 下确定键确认，传感器显示窗显示“OK”后，接着显示“J - b3”1 s，随即进入甲烷三级报警点设置；按功能键移位，按增加键或按减少键，把报警值加减调整到所需的目标报警值，然后按 1 下确定键确认，传感器显示窗显示“OK”后，接着显示

"J-b2" 1 s，进入甲烷二级报警点设置，按功能键移位，按增加键或者按减少键，把报警值加减调整到所需的目标报警值，按下确定键，传感器显示窗显示"OK"后，接着显示"J-b1" 1 s，进入甲烷一级报警点设置，按功能键移位，按增加键或按减少键，把报警值加减调整到所需的目标报警值，按下确定键，传感器显示窗显示"OK"(甲烷四级报警点依次设置完毕)，返回到检测状态，调校结束。

4. 红外甲烷传感器调校方法

红外甲烷传感器正常使用时，其校正周期不超过 60 天。各生产厂家制造的红外甲烷传感器的调校方法大同小异、徐州江煤科技有限公司生产的 GJH100X(A)型红外甲烷传感器的调校方法如下：

(1) 将红外甲烷传感器正确接线，接通电源开机运行，预热 30 min 以后再进行校正。

(2) 调整地址号 (P1)。当需要对传感器的地址号定义时，在检测状态时，按下遥控器上的功能键弹出调校菜单，传感器显示窗显示"P1"字符，按确定键确认进入地址号调整。按增加键或减少键，把地址号调整为所需要的地址号，然后按确定键确认，传感器显示窗显示"OK"，返回到检测状态。

(3) 零点调校 (P2)。把传感器置于清新空气中，或用橡胶软管连接传感器气室通入空气，调节流量控制阀把流量调节到传感器说明书规定值，稳定工作 20 min；当传感器的甲烷浓度不为零时，按下功能键弹出调校菜单，传感器显示窗显示"P1"字符，再按 1 下增加键，传感器显示窗显示"P2"字符，再按确定键，"P2"字符连续闪烁 3 次后显示"OK"(若元件损坏或失效，则提示"Err")。传感器自动显示"0.00"，退出菜单，返回到检测状态。

(4) 精度调整 (P3)。传感器调零以后，按下遥控器的功能键，传感器显示"P1"，按 2 下增加键或按 3 下减少键，传感器显示"P3"，按确定键，传感器进入校准状态，最高位闪亮；对传感器探头通入 50.00% CH_4 左右的标准气样，流量为 200 mL/min；待读数稳定后，此时按增加键加一，按减少键减一，按功能键移位，将传感器的显示值调整到与标准气样浓度值一致。按确定键确认，传感器显示窗显示"OK"(若元件损坏或失效，则提示"Err")。传感器精度调整完成，进入检测状态。

(5) 四级报警点设置 (P4)。在检测状态下按功能键弹出调校菜单，传感器显示窗显示"P1"字符，按 3 下增加键 (或按 2 下减少键)，传感器显示窗显示"P4"字符，然后按确定键确认；传感器显示窗显示"J-b4" 2 s 后，进入甲烷四级报警点设置；按功能键移位，按增加键或按减少键，把报警值调整到所需的目标报警值，然后按确定键确认；传感器显示窗显示"OK"后，接着显示"J-

b3”2 s，随即进入甲烷三级报警点设置；按功能键移位，按增加键或按减少键，把报警值调整到所需的目标报警值，然后按确定键确认，传感器显示窗显示“OK”后，接着显示“J－b2”2 s，进入甲烷二级报警点设置；按功能键移位，按增加键或按减少键，把报警值调整到所需的目标报警值，按下确定键，传感器显示窗显示“OK”后，接着显示“J－b1”2 s，进入甲烷一级报警点设置；按功能键移位，按增加键或按减少键，把报警值调整到所需的目标报警值，按确定键确认，返回到检测状态。

（6）超时报警时间间隔设置（P5）。在检测状态下按功能键弹出调校菜单，传感器显示窗显示“P1”字符，再按4下增加键（或按1下减少键），传感器显示窗显示“P5”字符，然后按确定键确认。传感器显示窗显示“JbT3”2 s，进入甲烷四级和三级间报警时长设置状态；按功能键移位，按增加键或按减少键，把报警时长调整到所需的值，然后按确定键确认，传感器显示窗显示“OK”后，显现“JbT2”2 s，随即进入甲烷三级和二级间报警时长设置状态；按功能键移位，按增加键或按减少键，把报警时长调整到所需的值，然后按确定键确认，传感器显示窗显示“OK”后，显示“JbT1”；最后进入甲烷二级和一级间报警时长设置状态，按功能键移位，按增加键或按减少键，把报警时长调整到所需的值，然后按确定键确认。传感器甲烷四级报警间隔时长调校完毕，返回到检测状态。

5. 激光甲烷传感器调校方法

激光甲烷传感器正常使用时，其校正周期不超过180天。各生产厂家制造的激光甲烷传感器的调校方法大同小异，且均在不断优化完善中。徐州江煤科技有限公司生产的GJJ100X(A)型激光甲烷传感器的调校方法如下：

（1）将激光甲烷传感器正确接线，接通电源开机运行，预热20 min后，开始标校传感器。

（2）调整地址号（P1）。当需要对传感器的地址号定义时，在检测状态时，按下遥控器上的功能键弹出调校菜单，传感器显示窗显示“P1”字符，按确定键确认进入地址号调整。按增加键或减少键，把地址号调整为所需要的地址号，然后按确定键确认，传感器显示窗显示“OK”，返回到检测状态。

（3）调整零点（P2）。将传感器置于清新空气中，或用橡胶软管连接传感器气室通入空气，调节流量控制阀把流量调节到传感器说明书规定值，稳定工作20 min；当传感器的显示值不为零时，按下功能键弹出调校菜单，传感器显示窗显示“P1”字符，再按下增加键，传感器显示窗显示“P2”字符，再按确定键，数码管闪烁显示3次“P2”，然后再显示“OK”(若元件损坏或失效，则提示“Err”)。传感器自动显示“0.00”，退出菜单，返回到检测状态。

（4）调整精度（P3）。传感器调零以后，按1下遥控器的功能键，传感器显示“P1”，按2下增加键或按3下减少键，仪器显示“P3”，按确定键，传感器进入校准状态，最高位闪亮；对传感器探头通入（1.50～2.00）% CH_4 标准气样，流量为200 mL/min；待读数稳定后，此时按增加键加一，按减少键减一，按功能键移位，将仪器的显示值调整到与标准气样浓度值一致；按确定键确认，传感器显示窗显示“OK”(若元件损坏或失效，则提示“Err”)，传感器精度调整完成。

（5）四级报警点设置（P4）。在检测状态下按功能键弹出调校菜单，传感器显示窗显示“P1”字符，按3下增加键或按2下减少键，传感器显示窗显示“P4”字符，然后按确定键确认；传感器显示窗显示“J－b4”2 s后，进入甲烷四级报警点设置；按功能键移位，按增加键或按减少键，把报警值调整到所需的目标报警值，然后按确定键确认，传感器显示窗显示“OK”后，接着显示“J－b3”2 s，随即进入甲烷三级报警点设置；按功能键移位，按增加键或按减少键，把报警值调整到所需的目标报警值，然后按确定键确认，传感器显示窗显示“OK”后，接着显示“J－b2”2 s，进入甲烷二级报警点设置；按功能键移位，按增加键或按减少键，把报警值调整到所需的目标报警值，按下确定键，传感器显示窗显示“OK”后，接着显示“J－b1”2 s，进入甲烷一级报警点设置；按功能键移位，按增加键或按减少键，把报警值调整到所需的目标报警值，按下确定键确认（这样甲烷四级报警点依次都已设置好），返回到检测状态。

（6）超时报警时间间隔设置（P5）。在检测状态下按功能键弹出调校菜单，传感器显示窗显示“P1”字符，再按4下增加键或按1下减少键，传感器显示窗显示“P5”字符，然后按确定键确认；传感器显示窗显示“JbT3”2 s，进入甲烷四级和三级间报警时长设置；按功能键移位，按增加键或按减少键，把报警时长调整到所需的目标报警值，然后按确定键确认；传感器显示窗显示“OK”后，显现“JbT2”2 s，随即进入甲烷三级和二级间报警时长设置；按功能键移位，按增加键或按减少键，把报警时长调整到所需的目标报警值，然后按确定键确认；传感器显示窗显示“OK”后，显示“JbT1”；最后进入甲烷二级和一级间报警时长设置，按功能键移位，按增加键或按减少键，把报警时长调整到所需的目标报警值，然后按确定键确认。仪器甲烷四级报警间隔时长调校完毕，返回到检测状态。

6. 高低浓度甲烷传感器调校方法

高低浓度甲烷传感器通常低浓度甲烷检测采用催化燃烧原理，高浓度甲烷检测采用热导原理，正常使用时，其校正周期不超过15天。各生产厂家制造的高低浓度甲烷传感器的调校方法大同小异，且均在不断优化完善中。徐州江煤科技有限公司生产的GJ4/100X(A)型高低浓度甲烷传感器的调校方法如下：

（1）传感器通电开机后，60 s 倒计时进入正常甲烷显示状态后，可通过遥控器进行地址号、报警点设置，对传感器校正应在通电预热 30 min 后进行。

（2）调整地址号（P1）。当需要对传感器的地址号定义时，在检测状态下，按下遥控器上的功能键弹出调校菜单，传感器显示窗显示“P1”字符，按确定键确认进入地址号调整。按增加键或减少键，把地址号调整为所需要的地址号，然后按确定键确认。传感器显示窗显示为“OK”，返回到检测状态。

（3）低浓度甲烷调零（P2）。将传感器置于清新空气中，或用橡胶软管连接传感器气室通入空气，调节流量控制阀把流量调节到传感器说明书规定值，稳定工作 20 min；当传感器的甲烷浓度不为零时，按下功能键弹出调校菜单，传感器显示窗显示“P1”字符，再按下增加键，传感器显示窗显示“P2”字符，再按确定键；“P2”连续闪烁 3 次后，显示“OK”(若元件损坏或失效，则提示“Err”)。传感器自动显示“0. 00”，退出菜单，返回到检测状态。

（4）低浓度甲烷调整精度（P3）。传感器调零后，按 1 下遥控器的功能键，传感器显示“P1”；按 2 下增加键或按 5 下减少键，传感器显示“P3”，按确定键，传感器进入校准状态，最高位闪亮；对传感器探头通入（1. 50 ~2. 00)% CH_4 标准气样，流量为 200 mL/min；待读数稳定后，此时按增加键加一，按减少键减一，按功能键移位，调整显示值与标准气样浓度值一致；按确定键确认，传感器显示窗显示 OK（若元件损坏或失效，则提示“Err”)。传感器精度调整完成，进入检测状态。

（5）高浓度甲烷调零（P4）。传感器开机预热 30 min 后，将传感器置于新鲜空气中，或用橡胶软管连接传感器气室通入空气，调节流量控制阀把流量调节到传感器说明书规定值，或对传感器探头通入纯净的氮气，流量为 300 mL/min；待读数稳定后，使遥控器正对传感器的显示窗口，按 1 下功能键，传感器显示“P1”；按 3 下增加键或按 4 下减少键，传感器显示“P4”；再按确定键，传感器闪烁显示“P4”，闪烁 6 次，传感器即自动归零。传感器高浓度调零完成，进入检测状态。

（6）高浓度甲烷调整精度（P5）。高浓度甲烷调零以后，按 1 下遥控器的功能键，传感器显示“P1”，按 4 下增加键或按 3 下减少键，传感器显示“P5”，按遥控器确定键，“P5”连续闪烁 3 次后，传感器进入高浓度甲烷校准状态，最高位闪亮；对传感器探头通入 50. 00% CH_4 左右的标准气样，流量为 300 mL/min；待读数稳定后，按增加键加一，按减少键减一，按功能键移位，调整显示值与标准气样浓度值一致；按确认键确认，传感器显示窗显示“OK”(若元件损坏或失效，则提示“Err”)，传感器的高浓精度调整完成，进入检测状态。

（7）四级报警点设置（P6）。在检测状态下按功能键弹出调校菜单，传感器显示窗显示“P1”字符，按5下增加键或按2下减少键，传感器显示窗显示“P6”字符，然后按确定键确认；传感器显示窗显示“J－b4”2 s后，进入甲烷四级报警点设置；按功能键移位，按增加键或按减少键，把报警值调整到所需的目标报警值，然后按确定键确认；传感器显示窗显示“OK”后，接着显示“J－b3”2 s，随即进入甲烷三级报警点设置；按功能键移位，按增加键或按减少键，把报警值调整到所需的目标报警值，然后按确定键确认；传感器显示窗显示“OK”后，接着显示“J－b2”2 s，进入甲烷二级报警点设置；按功能键移位，按增加键或按减少键，把报警值调整到所需的目标报警值，按下确定键；传感器显示窗显示“OK”后，接着显示“J－b1”2 s，进入甲烷一级报警点设置；按功能键移位，按增加键或按减少键，把报警值调整到所需的目标报警值，按确定键确认。这样高浓度甲烷传感器四级报警点已依次设置好，返回到检测状态。

（8）超时报警时间间隔设置（P7）。在检测状态下按功能键弹出调校菜单，传感器显示窗显示“P1”字符，再按6下增加键或按1下减少键，传感器显示窗显示“P7”字符，然后按确定键确认；传感器显示窗显示“JbT3”2 s，进入甲烷四级和三级间报警时长设置，按功能键移位，按增加键或者减少键，把报警时长调整到所需的值，然后按确定键确认；传感器显示窗显示“OK”后，显示“JbT2”2 s，随即进入甲烷三级和二级间报警时长设置；按功能键移位，按增加键或按减少键，把报警时长调整到所需的值，然后按确定键确认；传感器显示窗显示“OK”后，显示“JbT1”；最后进入甲烷二级和一级间报警时长设置，按功能键移位，按增加键或按减少键，把报警时长调整到所需的值，然后按确定键确认。高浓度甲烷传感器四级报警间隔时长调校完毕，返回到检测状态。

（三）一氧化碳传感器调校方法

一氧化碳传感器是一种由单片机控制并具有红外遥控功能的本质安全型电子产品，适用于在煤矿井下采掘工作面、回风巷道、机电硐室等具有一氧化碳气体的环境中，对一氧化碳浓度进行连续测定。

目前，矿用一氧化碳传感器基本采用电化学原理，执行标准为《煤矿用电化学式一氧化碳传感器》（AQ 6205—2006）。一氧化碳传感器正常使用时，其调校周期不大于15天。各生产单位制造的一氧化碳传感器的调校方法基本相同，调校时一般用纯氮气或新鲜空气进行调零，用500×10^{-6}左右的一氧化碳标准气样调整精度。徐州江煤科技有限公司生产的GTH1000X（A）型矿用一氧化碳传感器的调校方法如下：

（1）仪器开机预热20 min以后，再进行校正。

（2）调整地址号（P1）。当需要对传感器的地址号定义时，在检测状态时，按下遥控器上的功能键弹出调校菜单，传感器显示窗显示“P1”字符，按确定键确认进入地址号调整；按增加键或减少键，把地址号调整为所需要的地址号；然后按确定键确认，传感器显示窗显示“OK”，返回到检测状态。

（3）调整零点（P2）。将传感器接通电源开机运行后置于清新空气中，稳定20 min后，如果传感器的显示值不为零，按下功能键弹出调校菜单，传感器显示窗显示“P1”字符；再按1下增加键，传感器显示窗显示“P2”字符；再按确定键，传感器显示窗显示“OK”(若元件损坏或失效，则提示“Err”)；传感器自动显示“0.00”，退出菜单，返回到检测状态。

（4）调整精度（P3）。传感器调零后，按1下遥控器的功能键，传感器显示窗显示“P1”；按2下增加键或按2下减少键，传感器显示窗显示“P3”；按确定键，传感器进入校准状态，最高位闪亮；对传感器探头通入传感器量程50.00%左右的一氧化碳标准气样，流量为200 mL/min；待读数稳定后，此时按增加键加一，按减少键减一，按功能键移位，将传感器的显示值调整得与标准气样浓度值一致；按确定键确认，传感器显示窗显示“OK”(若元件损坏或失效，则提示“Err”)。

（5）报警点设置（P4）。在检测状态下按功能键弹出调校菜单，传感器显示窗显示“P1”字符；按3下增加键或按1下减少键，传感器显示窗显示“P4”字符；然后按确定键确认，此时可进行报警值查看。若需要修改报警值，则在此状态（报警值查看状态）下，连续按8下功能键，进入报警值设置；按功能键移位，按增加键加一或按减少键减一，把报警值调整到所需的目标报警值；然后按确定键确认，传感器显示窗显示“OK”后，返回到检测状态，报警点调整完成。

（四）二氧化碳传感器调校方法

矿用二氧化碳传感器一般采用红外原理、嵌入式微控制器控制，适用于在煤矿井下采掘工作面、回风巷道、机电硐室等爆炸气体环境中，对二氧化碳浓度进行连续测定。

目前，矿用二氧化碳传感器执行标准为《矿用二氧化碳传感器通用技术条件》(AQ 1052—2008)。二氧化碳传感器正常使用时，其调校周期不大于60天。各生产单位制造的二氧化碳传感器的调校方法基本相同，调校时，一般用纯氮气进行调零，用2.5%的二氧化碳标准气样调整精度。徐州江煤科技有限公司生产的GRG5HX(A)型矿用红外二氧化碳传感器的调校方法如下：

（1）仪器开机预热30 min以后，再进行校正。

（2）调整地址号（P1）。当需要对传感器的地址号定义时，在检测状态时，按下遥控器上的功能键弹出调校菜单，传感器显示窗显示“P1”字符；按确定键确认，进入地址号调整，按增加键或减少键，把地址号调整为所需要的地址号；然后按确定键确认，传感器显示窗显示“OK”，返回到检测状态。

（3）调整零点（P2）。传感器接通电源开机运行后置于清新空气中，稳定20 min后，通入99.99%高纯氮气；当传感器的显示值不为零时，按下功能键弹出调校菜单，传感器显示窗显示“P1”字符；按1下增加键，传感器显示窗显示“P2”字符；再按确定键，数码管闪烁显示3次“P2”后，再显示“OK”（若元件损坏或失效，则提示“Err”），传感器自动显示“0.00”，退出菜单，返回到检测状态。

（4）调整精度（P3）。传感器调零以后，按1下遥控器的功能键，仪器显示“P1”；按2下增加键或按2下减少键，传感器显示“P3”；按确定键，传感器进入校准状态，最高位闪亮；对传感器探头通入2.5%左右的二氧化碳标准气样，流量为200 mL/min；待读数稳定后，按增加键加一，按减少键减一，按功能键移位，将传感器的显示值调整到与标准气样浓度值一致；按确定键确认，传感器显示窗显示“OK”（若元件损坏或失效，则提示“Err”）。

（5）报警点设置（P4）。在检测状态下按功能键弹出调校菜单，传感器显示窗显示“P1”字符；按3下增加键或按1下减少键，传感器显示窗显示“P4”字符；然后按确定键确认，传感器显示窗显示“J－b1”后再显示默认报警点值，按功能键移位，按增加键加一或按减少键减一，把报警值调整到所需的目标报警值；最后按确定键确认，传感器显示窗显示“OK”后，返回到检测状态。

（五）氧气传感器调校方法

目前，矿用氧气传感器一般采用电化学原理、嵌入式微控制器控制，适用于在煤矿井下采掘工作面、回风巷道、机电硐室等爆炸气体环境中，对氧气浓度进行连续测定。

矿用氧气传感器执行标准为《煤矿用电化学式氧气传感器技术条件》（MT/T 447—1995）。氧气传感器正常使用时，其调校周期不大于15天。各生产单位制造的氧气传感器的调校方法基本相同。徐州江煤科技有限公司生产的GYH25X（A）型氧气传感器的调校方法如下：

（1）进行传感器校准操作之前，先要让传感器接通电源预热20 min，待探头稳定后方可操作，传感器接通电源，依次显示888、GYH、工作电压值、本机地址号各3 s，倒计时20 s声光报警后进入检测状态。

（2）调整地址号（P1）。当需要对传感器的地址号定义时，在检测状态时，按下遥控器上的功能键弹出调校菜单，传感器显示窗显示“P1”字符，按确定键确认进入地址号调整；按增加键或减少键，把地址号调整为所需要的地址号；然后按确定键确认，传感器显示窗显示“OK”，返回到检测状态。

（3）快速校准（P2）。传感器接通电源开机运行后置于清新空气中，稳定

20 min；当传感器的氧气浓度不为20.9%时，按下功能键弹出调校菜单，传感器显示窗显示“P1”字符；按1下增加键，传感器显示窗显示“P2”字符；再按确定键，传感器显示窗显示“OK”（若氧气元件损坏或失效，则提示“Err”），仪器自动显示20.9%，退出菜单，返回到检测状态。

（4）精度校准（P3）。将传感器接通电源开机运行、在新鲜空气中校准至20.9%（执行P1操作）后，按下功能键弹出调校菜单，传感器显示窗显示“P1”字符；再按2下增加键或2下减少键，传感器显示窗显示“P3”字符；然后按确定键确认，传感器进入精度校准状态，显示值十位闪动显示；以200 mL/min的流量通过气嘴往传感器氧气气室仓通入高纯氮气或12%左右的氧气标准气样，待读数稳定后，按功能键移位，按增加键加一或按减少键减一，调整数值与标准气样浓度值一致；然后按确定键确认，传感器显示窗显示“OK”（当氧气探头灵敏度过低时或电路故障时，则提示“Err”），仪器精度校准完毕，返回到检测状态。

（5）调整报警点（P4）。把传感器接通电源开机运行，在检测状态下，按下遥控器功能键弹出调校菜单，传感器显示窗显示“P1”字符；再按3下增加键或按1下减少键，传感器显示窗显示“P4”字符；然后按确定键确认，此时可进行报警值查看。若需要修改报警值，则在此状态（报警值查看状态）下，连续按8下功能键，进入报警值设置；按功能键移位，按增加键或按减少键，把报警值加减调整到所需要的目标报警值；然后按确定键确认，传感器显示窗显示“OK”后，报警点调整完成，返回到检测状态。

（六）氢气传感器调校方法

氢气传感器是由单片机控制并具有红外遥控功能的本质安全型电子产品，主要用于井下充电硐室等有氢气气体环境中对氢气浓度进行连续测定。

氢气传感器正常使用时，其调校周期不大于15天。调校时，一般用纯氮气或新鲜空气进行调零，用500×10^{-6}左右的氢气校准气样调整精度。各生产单位制造的氢气传感器的调校方法基本相同。徐州江煤科技有限公司生产的GQH1000X（A）型氢气传感器的调校方法如下：

（1）传感器开机预热20 min以后，再进行校正。

（2）调整地址号（P1）。当需要对传感器的地址号定义时，在检测状态时，按下遥控器上的功能键弹出调校菜单，传感器显示窗显示“P1”字符；按确定键确认进入地址号调整，按增加键或减少键，把地址号调整为所需要的地址号；然后按确定键确认，传感器显示窗显示“OK”，返回到检测状态。

（3）调整零点（P2）。传感器接通电源开机运行后置于清新空气中，稳定工作20 min；当传感器的显示值不为零时，按下功能键弹出调校菜单，传感器显示窗显示“P1”字符；再按1次增加键，传感器显示窗显示“P2”字符；再按确定键，传感器显示窗显示“OK”(若元件损坏或失效，则提示“Err”)，传感器自动显示“0.00”，退出菜单，返回到检测状态。

（4）调整精度（P3）。传感器调零以后，按1下遥控器的功能键，仪器显示“P1”字符；按2下增加键或按2下减少键，仪器显示“P3”字符；按确定键，传感器进入校准状态，最高位闪亮；对传感器探头通入传感器量程50%左右的氢气标准气样，流量为200 mL/min；待读数稳定后，按增加键加一，按减少键减一，按功能键移位，将传感器的显示值调整得与标准气样浓度值一致；按确定键确认，传感器显示窗显示“OK”(若元件损坏或失效，则提示“Err”)。

（5）报警点设置（P4）。在检测状态下按功能键弹出调校菜单，传感器显示窗显示“P1”字符；按3下增加键或按1下减少键，传感器显示窗显示“P4”字符，然后按确定键确认，此时可进行报警值查看。若需要修改报警值，则在此状态（报警值查看状态）下连续按8下功能键，进入报警值设置；按功能键移位，按增加键加一或按减少键减一，把报警值调整到所需的目标报警值；然后按确定键确认，传感器显示窗显示“OK”后，返回到检测状态。

五、断电闭锁试验

当传感器检测到某一参数超过规定值时，安全监控系统自动切断被控设备的电源，并保持闭锁状态，迫使停止采掘等生产活动，这是安全监控系统最重要的控制功能。断电范围也是安全监控系统的重要信息，断电范围正确与否决定着瓦斯异常时的紧急处理是否执行到位，正确地确定断电范围也是闭锁功能测试的主要内容之一。

（一）基本要求

根据《煤矿安全监控系统通用技术要求》(AQ 6201—2019)、《煤矿安全监控系统及检测仪器使用管理规范》(AQ 1029—2019）和《煤矿安全规程》等的规定，煤矿安全监控系统应具有“三闭锁”(甲烷电闭锁、风电闭锁、故障闭锁)、风机停运3% CH_4 闭锁、采掘工作面煤与瓦斯突出断电闭锁等功能。

断电闭锁试验应满足以下基本要求：

（1）安全监控设备必须定期调校、测试，每月至少1次。甲烷电闭锁和风电闭锁功能每15天至少测试1次，可能造成局部通风机停电的，每半年测试1次。

（2）“三闭锁”测试工作最好在同一班对同一工作面的全部甲烷传感器进行测试，采煤工作面关联的所有甲烷传感器的超限和故障闭锁功能正常，该采煤工作面闭锁功能正常；掘进工作面所有甲烷传感器的超限和故障闭锁功能正常且风电闭锁功能正常，该掘进工作面闭锁功能正常；井下煤仓和地面选煤厂甲烷传感器的超限和故障闭锁功能正常，该地点的闭锁功能正常。

（3）煤矿应建立断电闭锁试验的管理制度和作业规程，严格贯彻和落实相关规定要求，每次测试完毕后要填写甲烷电闭锁、风电闭锁记录和故障记录。

（4）传感器的调校应由有资质的人员实施。

（二）甲烷电闭锁测试方法

现场进行甲烷电闭锁试验时，按下列方法进行：

（1）安全仪器监测工、瓦斯检查工、生产队组电工 3 人同时在场，安全仪器监测工负责试验断电的具体操作，生产队组电工负责停送电，瓦斯检查工负责观察瓦斯超限后断电闭锁是否正常。

（2）安全仪器监测工现场汇报调度准备测试闭锁，调度同意后，安全仪器监测工指示生产队组电工送电，安全仪器监测工观测馈电传感器运行情况。

（3）在确保机电设备有电、馈电工作正常的前提下，安全仪器监测工给要进行试验的甲烷传感器通入大于现场设置断电点的标准气样。此时，断电器能在瓦斯超限后 2 s 内切断所控制断电区域内全部非本质安全型电气设备，停止给甲烷传感器送气。

（4）当瓦斯浓度降至复电浓度以下时，系统能自动解锁，生产队组电工恢复供电，瓦斯超限断电闭锁试验完毕，甲烷传感器超限功能正常。

（三）故障闭锁功能测试

现场进行故障闭锁功能测试时，按下述方法进行：

（1）安全仪器监测工、瓦斯检查工、生产队组电工 3 人同时在场，安全仪器监测工负责试验断电的具体操作，生产队组电工负责停送电，瓦斯检查工负责观察断电闭锁是否正常。

（2）安全仪器监测工切断甲烷传感器与分站的信号连接线，断电器能切断所控制断电区域内全部非本质安全型电气设备，重新连线恢复正常，系统能自动解锁，故障断电闭锁试验完毕。

（3）安全仪器监测工、瓦斯检查工、生产队组电工 3 人确认井下断电闭锁测试正常，安全仪器监测工汇报中心站值班人员，值班人员能在地面中心站查询到试验断电闭锁的数据，确认甲烷传感器、馈电传感器、断电器等数据传输正确，断电命令与馈电状态相符，甲烷传感器故障闭锁功能正常。

（四）风电闭锁功能测试方法

现场进行风电闭锁功能测试时，按下述方法进行：

（1）风电闭锁测试时，瓦斯检查工和生产队组电工同时在现场，生产队组电工负责停送电，瓦斯检查工负责观察动力电源断电是否正常，局部通风机停止运转，动力电源断电正常，局部通风机送电，动力电源能够正常供电。

（2）风筒出口风量低于规定风量风电闭锁测试时，安全仪器监测工、瓦斯检查工、生产队组电工 3 人同时在场，安全仪器监测工负责试验断电的具体操作，生产队组电工负责停送电，瓦斯检查工负责观察瓦斯超限后断电闭锁是否正常。

（3）安全仪器监测工将风筒传感器取下，模拟风筒出口风量低于核定风量，动力电源断电正常；将风筒传感器重新装好，动力电源正常供电，风电闭锁功能正常。

（4）风筒传感器监测风筒出口风量低于规定风量，风电闭锁启动，动力电源断电；在此期间又出现局部通风停电，风电闭锁继续维持，复电时必须先启动风机，调整风机供风量或处理风筒，待风筒出口风量符合规定，关联设备才能恢复到供电状态，风电闭锁功能正常。

六、安全监控系统图纸、账卡、牌板编制填报

安全监控系统的各种图纸、账卡、台账、牌板记录是对安全监控系统和设备运行情况的真实反映，必须保证记录齐全，做到及时、真实、准确、完整、连续，并加强管理，充分发挥其重要作用。

（一）基本要求

安全监控系统图纸、账卡、牌板编制、填报，应满足以下基本要求：

（1）图纸绘制应达到线条均匀、圆滑，接头吻合，点线、虚线间隔大小一致，平行线间距相等；图纸中各种文字、数字注记规范，字隔、字向符合要求；注记必须使用规范的简化汉字，避免使用繁体字、自造字和别字；颜色标准，着色均匀；内容齐全、完整，几何关系正确。

（2）所有图纸必须有纸质版和电子版，纸质版和电子版图纸内容应一致，且应纸质版和电子版图纸双版存档。

（3）账卡、报表须是铅印、胶印、油印或者打印。安全仪器监测工必须按照岗位职责认真填写账卡、报表。填写时要用蓝黑墨水、碳素墨水书写，字迹应工整、清晰。

（4）账卡、报表填写必须在规定时间内完成。安全仪器监测工每天上报各自填写好的账卡、报表。

（5）账卡、报表的保管要指定专人负责，安全监控管理部门应有场地和必要的设施及保护设备保管账卡、报表，确保账卡、报表的安全。

（二）安全监控系统图纸

安全监控系统的图纸包括安全监控系统布置图、断电控制图和安全监控系统

拓扑图。

编制采（盘）区设计、采掘工作面作业规程和安全技术措施时，必须单独设安全监控章节，对安全监控设备的种类、数量和位置，信号电缆、电源电缆敷设，传感器的报警点、断电点、复电点，断电控制关联区域等作出明确详细的规定，绘制安全监控系统布置图、断电控制图和安全监控系统网络拓扑图，并及时更新。

安全监控系统布置图必须在矿井通风系统图上绘制，断电控制图在供电系统图上绘制。安全监控系统布置图和断电控制图要根据采掘工作的变化情况定期修改，布置图应标明传感器、声光报警器、断电控制器、分站、电源、机房等设备的位置、接线、断电范围、报警浓度、断电浓度、复电浓度、传输电缆、供电电缆等；断电控制图应标明甲烷传感器、馈电传感器和分站的位置，断电范围，被控开关的名称和编号，被控开关的断电接点端子和编号，分站输出断电端子和编号。

为适应安全监控系统网络化、信息化管理，煤矿将绘制好的图纸电子版按规定格式实时上传至煤矿上级公司。为此，也应对煤矿安全监控系统布置图和断电控制图等图中所使用的图例进行规范，可参见表4－5。

表4－5　煤矿安全监控系统布置图和断电控制图图例

名称	图例	名称	图例
中心站	ZX	压力传感器	YL
交换机	JH	温度传感器	WD
分站	FZ	粉尘传感器	FC
电源	DY	设备开停传感器	KT
声光报警器	BJ	水位传感器	SW
断电控制器	DD	风门传感器	FM
甲烷传感器	T	压差传感器	YC
一氧化碳传感器	YY	流量传感器	LL
二氧化碳传感器	EY	烟雾传感器	YW
氧气传感器	YQ	馈电传感器	KD
氮气传感器	DQ	供水传感器	GS
氢气传感器	QQ	光缆	→→
风速传感器	FS	供电电缆	……
风筒传感器	FT	通信电缆	----
风向传感器	FX		

（三）煤矿安全监控系统台账和报表

煤矿安全监控系统涉及的台账、报表种类繁多，主要包括监控设备管理类记录，监控设备检修类记录，在用监控设备调校试验类记录，监控设备异常、故障类记录，安全监控报表类记录及其他记录。

1. 监控设备管理类记录

对安全监控设备管理应形成的记录，包括安全监控设备仪器仪表台账、安全监控设备报损记录、安全监控设备使用管理记录等。

1）安全监控设备仪器仪表台账

台账原指摆放在台上供人翻阅的账簿，故名台账。久而久之，这个名词就固定下来，实际上就是流水账。安全监控设备仪器仪表台账是对煤矿安全监控设备、仪器仪表的基本信息进行记录，以方便设备、仪器仪表管理人员的查询、管理和决策。

每个煤矿因特点和管理方式的不同，其需要统计和记录的设备信息也不完全一样，在建立设备台账的时候，首先应根据国家相关法律法规和企业相关的标准、制度、流程，建立梳理标准对设备管理方面的要求，然后再收集企业内部使用需求意见，综合法律法规与内部需求设计台账信息。一般情况下，设备安全仪器仪表台账应包含序号、设备名称、规格型号、数量、出厂编号、出厂日期、制造厂家、入库日期、收货人、设备编号、出库日期、领用人等信息，可参见表4－6。

表4－6　安全监控设备仪器仪表台账

序号	设备名称	规格型号	数量	出厂编号	出厂日期	制造厂家	入库日期	收货人	设备编号	出库日期	领用人

说明：（1）表格制作：50页A4幅面纸张装订成册，页码按照自然顺序编号。

（2）填写标准：

设备名称：设备铭牌上标注的名称。

规格型号：设备铭牌上标注的规格型号。

数量：　台。

出厂编号：设备铭牌上标注的出厂编号。

出厂日期：设备铭牌上标注的出厂日期。

制造厂家：设备铭牌上标注的厂家。

入库日期：入监控库房的日期（年、月、日）。

收货人：入监控库房的收货人姓名。

设备编号：设备的唯一性编号。

出库日期：从监控库房领出日期（年、月、日）。

领用人：领用设备人员。

（3）安全监控设备仪器仪表台账由设备验收人员在验收到货设备时填写，并在设备台账上签字。

表4－4中设备编号应根据煤矿的管理要求制定的编号规则编制，保证每台设备编号的唯一性，便于设备的精细管理和溯源管理，使管理者或使用者一看见编码就知道设备名称、设备类型、入库日期、领用人等基本信息。

2）安全监控设备报损记录

《煤矿安全监控系统及检测仪器使用管理规范》(AQ 1029—2019) 8.7规定，安全监控设备符合下列情况之一的，应当报废：

(1) 设备老化、技术落后或超过规定使用年限的。

(2) 通过修理，虽能恢复性能和技术指标，但一次修理费用超过原价80%以上的。

(3) 失爆不能修复的。

(4) 遭受意外灾害，损坏严重，无法修复的。

(5) 不符合国家规定及行业标准规定应淘汰的。

对应报废的安全监控设备应当及时淘汰，并填写报损记录，对报损设备的相关信息填表登记，内容一般应包括序号、设备名称、规格型号、出厂编号、出厂日期、制造厂家、设备编号、报损原因、报损日期、记录人等信息，可参见表4－7。

表4－7 安全监控设备报损记录

序号	设备名称	规格型号	出厂编号	出厂日期	制造厂家	设备编号	报损原因	报损日期	记录人

说明：(1) 表格制作：50页A4幅面纸张装订成册，页码按照自然顺序编号。

(2) 填写标准：

设备名称：设备铭牌上标注的名称。

规格型号：设备铭牌上标注的规格型号。

出厂编号：设备铭牌上标注的出厂编号。

出厂日期：设备铭牌上标注的出厂日期。

制造厂家：设备铭牌上标注的厂家。

设备编号：设备的唯一性编号。

报损原因：报损的具体原因。

报损日期：设备报损的日期（年、月、日）。

记录人：质检员。

(3) 安全监控设备报损记录由安全监控检修工和质检员共同认定，质检员填写。

3）安全监控设备使用管理记录

对监控设备的使用信息进行登记、记录，内容一般应包括序号、设备名称、规格型号、出厂编号、设备编号、使用时间、使用地点等信息，可参见表4－8。

表4－8　安全监控设备使用管理记录

序号	设备名称	规格型号	出厂编号	设备编号	使用时间	使用地点	备注

说明：（1）表格制作：50页A4幅面纸张装订成册，页码按照自然顺序编号。

（2）填写标准：

设备名称：设备铭牌上标注的名称。

规格型号：设备铭牌上标注的规格型号。

出厂编号：设备铭牌上标注的出厂编号或自编号。

设备编号：设备的唯一性编号。

使用时间：设备在用的起止时间。

使用地点：在用地点。

备注：可根据实际需要填写。

（3）安全监控设备使用管理记录由安全仪器监测工完成监控设备安装或倒装任务后，升井填写。

2. 监控设备检修类记录

对监控设备检修、维修的相关信息进行登记、记录，主要包括监控设备检修记录，新甲烷传感器使用前、在用甲烷传感器大修后标校记录等。

1）监控设备检修记录

对监控设备的检修信息进行登记，内容一般应包括序号、设备名称、规格型号、设备编号、检修时间、检修内容、检修人等信息，可参见表4－9。

2）新甲烷传感器使用前、在用甲烷传感器大修后标校记录

为保证甲烷传感器监测的准确性、可靠性，新甲烷传感器在使用前、在用甲烷传感器在大修后，应该按照相关行业标准和产品使用说明书的要求进行标校，标校的相关信息应该登记，填写标校记录表。标校记录表的内容一般应包括序号，设备名称，规格型号，设备编号，零点调节，精度调节，基本误差测试，报警点、断电点、复电值调节，报警声级强度测试，响应时间和系统误差测试，日期，调校人等信息，可参见表4－10。

表4-9 监控设备检修记录

序号	设备名称	规格型号	设备编号	检修时间	检修内容	检修人

说明：监控设备包括地面中心站通信设备、网络设备、打印设备、报警设备，井下交换机、监控分站、电源箱、各种传感器、馈电断电器、报警设备。

（1）表格制作：50页A4幅面纸张装订成册，页码按照自然顺序编号。

（2）填报标准：

设备名称：设备铭牌上标注的名称。

规格型号：设备铭牌上标注的规格型号。

设备编号：设备的唯一性编号。

检修时间：年、月、日。

检修内容：检修的具体内容。

检修人：检修人姓名。

（3）监控装置检修记录由监控设备巡检人员在巡检安全监控系统时填写，由巡检人员在检修记录上签字。

3. 在用监控设备调校试验类记录

根据《煤矿安全规程》和《煤矿安全监控系统及检测仪器使用管理规范》（AQ 1029—2019）等的规定，对在用的安全监控设备应当定期检查、试验和调校，相关工作信息应当记录。记录表主要有甲烷传感器调校及断电试验记录、安全监控系统巡查记录、安全监控系统中心站工作日志等。

1）甲烷传感器调校及断电试验记录

甲烷传感器在日常使用过程中，由于环境因素的影响、电子元器件性能变化等，可能引起传感器零点漂移、催化活性下降、灵敏度降低等，需要定期对传感器进行调校（标校），对传感器报警点、断电点、复电点浓度试验和闭锁功能进行试验，相关过程及结果应该准确、完整记录。甲烷传感器调校及断电试验记录内容一般应包括调校地点，零点调节，精度调节，报警点、断电点、复电值调节，闭锁功能测试等，可参见表4-11。

2）安全监控系统巡查记录

为保证安全监控系统的正常稳定连续运转，需要对安全监控系统及设备按规定开展巡查，巡查过程及结果应准确记录，并保证可考核、可监督、可追溯性。安全监控系统巡查记录应包括巡查日期、巡查人、巡查的主要设备设施、巡查主要内容及其状态等，可参见表4-12进行编制。

表 4-10 新甲烷传感器使用前、在用甲烷传感器大修后标校记录

序号	设备名称	规格型号	设备编号	零点调节/% CH_4	精度调节/% CH_4		基本误差(标准值 1 号____% CH_4，2 号____% CH_4，3 号____% CH_4)												报警点/% CH_4	断电点/% CH_4	复电点/% CH_4	声级强度/dB	响应时间/s	系统误差/%	日期	调校人员
					标准值	示值	1 号示值			误差	2 号示值			误差	3 号示值			误差								

说明：甲烷传感器外观完整，表面及气室无积尘，与分站正确连接，通电预热 10 min，流量控制在________（按照说明书规定流量试验），向气室通入校准气样的时间大于 90 s。

（1）表格制作：50 页 A3 幅面纸张装订成册，页码按照自然顺序编号。

（2）填写标准：

设备名称：设备铭牌上标注的名称。

规格型号：设备铭牌上标注的规格型号。

设备编号：设备的唯一性编号。

零点调节：零点指示。

标准值：校准气样值。

示值：精度调节后的值。

1 号示值：所通入 1 号标准气样指示值。

误差：计算 3 次的平均值，用平均值与标准值计算每点的基本误差。

2 号示值：所通入 2 号标准气样指示值。

误差：计算 3 次的平均值，用平均值与标准值计算每点的基本误差。

3 号示值：所通入 3 号标准气样指示值。

误差：计算 3 次的平均值，用平均值与标准值计算每点的基本误差。

报警点：该传感器的报警点。

断电点：该传感器的断电点。

复电点：该传感器的复电值。

声级强度：报警时报警灯应闪亮，声级计距蜂鸣器 1 m 处，对正声源，测量声级强度。

响应时间：用秒表测量通入 3.0% CH_4 校准气样，显示值从零升至最大显示值 90% 时的起止时间。

系统误差：测试过程中记录分站或频率计的传输数据。

日期：调校的具体日期。

调校人：校验人姓名。

（3）新甲烷传感器使用前、在用甲烷传感器大修后标校记录由安全仪器监测工在标校完成后填写。

表 4－11　甲烷传感器调校及断电试验记录

<table>
<tr><th rowspan="2">调校地点</th><th rowspan="2">零点调节/% CH_4</th><th colspan="2">精度调节/% CH_4</th><th rowspan="2">报警浓度/% CH_4</th><th rowspan="2">断电浓度/% CH_4</th><th rowspan="2">复电浓度/% CH_4</th><th rowspan="2">闭锁功能</th><th rowspan="2">日期</th><th rowspan="2">调校人</th></tr>
<tr><th>标准值</th><th>示值</th></tr>
<tr><td></td><td></td><td></td><td></td><td></td><td></td><td></td><td></td><td></td><td></td></tr>
<tr><td></td><td></td><td></td><td></td><td></td><td></td><td></td><td></td><td></td><td></td></tr>
<tr><td></td><td></td><td></td><td></td><td></td><td></td><td></td><td></td><td></td><td></td></tr>
</table>

说明：流量控制在________（按照说明书规定流量试验），向气室通入标准气样的时间大于 90 s。

（1）表格制作：50 页 A4 幅面纸张装订成册，页码按照自然顺序编号。

（2）填报标准：

调校地点：传感器的具体安装地点。

零点调节：实际的零点指示。

标准值：标准气样值。

示值：精度调节后的值。

报警浓度：该传感器的报警点。

断电浓度：该传感器的断电点。

复电浓度：该传感器的复电点。

闭锁功能：通入大于断电点的气样，测试甲烷电闭锁是否正常。

日期：调校的具体日期。

调校人：校验人姓名。

（3）甲烷传感器调校及断电试验记录由传感器调校和测试人员填报。

表 4－12　安全监控系统巡查记录

<table>
<tr><td>日期</td><td></td><td>巡查人</td><td></td><td>值班人员</td><td></td><td>系统名称</td><td></td></tr>
<tr><td colspan="2">监控服务器型号、数量</td><td colspan="3"></td><td colspan="2">报警设备型号、数量</td><td></td></tr>
<tr><td colspan="2">打印机型号、数量</td><td colspan="3"></td><td colspan="2">后备电源型号、数量</td><td></td></tr>
<tr><td colspan="2">网络交换机型号、数量</td><td colspan="3"></td><td colspan="2">防火墙型号、数量</td><td></td></tr>
<tr><td colspan="2">通信设备型号、数量</td><td colspan="3"></td><td colspan="2">杀毒软件型号、数量</td><td></td></tr>
<tr><td colspan="2">巡 查 内 容</td><td colspan="3">运 行 状 态</td><td colspan="3">巡查调校简况</td></tr>
<tr><td colspan="2">监控主、备服务器</td><td colspan="3">正常（　）　异常（　）</td><td colspan="3"></td></tr>
<tr><td colspan="2">监控服务器双机热备</td><td colspan="3">正常（　）　异常（　）</td><td colspan="3"></td></tr>
<tr><td colspan="2">监控服务器双机热备数据</td><td colspan="3">正常（　）　异常（　）</td><td colspan="3"></td></tr>
<tr><td colspan="2">监控网络设备</td><td colspan="3">正常（　）　异常（　）</td><td colspan="3"></td></tr>
<tr><td colspan="2">通信设备</td><td colspan="3">正常（　）　异常（　）</td><td colspan="3"></td></tr>
<tr><td colspan="2">监控报警设备</td><td colspan="3">正常（　）　异常（　）</td><td colspan="3"></td></tr>
</table>

表 4－12（续）

巡 查 内 容	运 行 状 态	巡查调校简况
监控设备供电设备	正常（　）　异常（　）	
监控打印设备	正常（　）　异常（　）	
避雷系统设备	正常（　）　异常（　）	
接地系统	正常（　）　异常（　）	
防火墙、杀毒软件	正常（　）　异常（　）	
井下装置初始化参数	正常（　）　异常（　）	
传感器、分站、交换机配置	正常（　）　异常（　）	
各种传感器闭锁功能	正常（　）　异常（　）	
断电、馈电逻辑关系	正常（　）　异常（　）	
异常原因、措施填报情况	正常（　）　异常（　）	
各种技术资料保存情况	正常（　）　异常（　）	
监控数据光盘备份情况	正常（　）　异常（　）	
要害部门、消防材料	正常（　）　异常（　）	

说明：（1）表格制作：50 页 A4 幅面纸张装订成册，页码按照自然顺序编号。

（2）填报标准：

日期：年、月、日。

巡查人：具体巡查人员。

机房值班人员：当班值班人员。

系统名称：监控系统名称。

规格型号及数量：设备铭牌上标注的规格型号及使用设备的总台数。

正常、异常：正常在正常后括号打对号，异常在异常后括号打对号，同时说明异常情况，处理意见。

（3）安全监控系统巡查记录由巡查人检查监控设备时填写。

3）安全监控系统中心站工作日志

中心站是煤矿安全监控系统的核心，是数据库管理的“心脏”，对安全监控系统的正常运行起十分重要的作用。为加强对监控中心站的管理，必须严格落实中心站值班规章制度，并认真填写安全监控系统中心站工作日志。工作日志应记录每班主要工作内容、主要监控设备的状态、工作过程中遇到的问题及解决问题方法、过程与结果，以充分发挥工作日志的提醒作用、跟踪作用和证明作用。工作日志可参照表 4－13 编制。

表4-13　安全监控系统中心站工作日志

<table>
<tr><td>室温</td><td colspan="3">00:00 ________℃　08:00 ________℃　16:00 ________℃</td></tr>
<tr><td colspan="2">瓦斯/温度/一氧化碳/风速/压力/开停/馈电/风门/风筒传感器运行台数</td><td colspan="2"></td></tr>
<tr><td>井下交换机运行台数</td><td></td><td>井下分站运行台数</td><td></td></tr>
<tr><td>监控服务器双机运行</td><td>正常（　）异常（　）</td><td>打印设备运行</td><td>正常（　）异常（　）</td></tr>
<tr><td>网络、报警、通信设备运行</td><td>正常（　）异常（　）</td><td>防火墙、病毒软件运行</td><td>正常（　）异常（　）</td></tr>
<tr><td>各种传感器参数设置</td><td>正常（　）异常（　）</td><td>供电设备运行</td><td>正常（　）异常（　）</td></tr>
</table>

<table>
<tr><td colspan="4">设备安装、倒装、拆除、分站调号记录</td></tr>
<tr><td>地点</td><td>分站号</td><td>输入通道号的变化情况</td><td>断电通道号的变化情况</td></tr>
<tr><td></td><td></td><td></td><td></td></tr>
<tr><td></td><td></td><td></td><td></td></tr>
</table>

零点班的观察记录：

交班人：　　　　接班人：

八点班的观察记录：

交班人：　　　　接班人：

四点班的观察记录：

交班人：　　　　接班人：

记事：

说明：（1）表格制作：50页A3幅面纸张装订成册，页码按照自然顺序编号。

（2）填写标准：

室温：00:00时刻的温度，08:00时刻的温度，16:00时刻的温度。

瓦斯/温度/一氧化碳/风速/压力/开停/馈电/风门/风筒传感器运行台数：各种传感器的实际使用数量。

井下交换机运行台数：交换机的使用数量。

井下分站运行台数：分站的使用数量。

地点：分站的安装地点。

分站号：分站的测点号。

输入量通道号的变化情况：输入通道号。

断电通道号的变化情况：输出通道号。

正常、异常：正常在正常后括号打对号，异常在异常后括号打对号，同时说明异常情况，处理意见。

零点班的观察记录、八点班的观察记录、四点班的观察记录：三班监控设备异常运行情况。

记事：交接班主要事宜。

交班人：当班操作员。

接班人：接班操作员。

（3）安全监控系统中心站工作日志由中心站当班值班人员填写。

4. 监控设备异常、故障类型记录

《煤矿安全规程》(2016) 第四百九十二条规定：安全监控设备发生故障时，必须及时处理，在故障处理期间必须采用人工监测等安全措施，并填写故障记录。监控设备异常、故障类型记录主要包括传感器异常、超限报警、超限断电汇报处理记录和监控装置故障登记表。

1）传感器异常、超限报警、超限断电汇报处理记录

《煤矿安全规程》(2016) 第四百九十四条规定：安全监控系统发出报警、断电、馈电异常等信息时，应当采取措施，及时处理，并立即向值班矿领导汇报；处理过程和结果应当记录备案。因此，当安全监控系统的各类模拟量、开关量、累计量传感器出现异常、超限报警、超限断电等情况时，应按照相关规定要求立即处理，并将相关情况的发生时间、地点、原因、处理措施及结果等准确记录（表 4－14），相关信息应形成发现—处置—恢复（消除隐患）等闭环管理。

表 4－14 传感器异常、超限报警、超限断电汇报处理记录

日期	地点	发生时间	示值	恢复时间	汇报人	接收人	原因及措施

说明：传感器包括各种模拟量、开关量、累计量传感器。

（1）表格制作：50 页 A4 幅面纸张装订成册，页码按照自然顺序编号。

（2）填写标准：

日期：年、月、日。

地点：传感器安装具体地点。

发生时间：时、分。

示值：当时传感器的指示值。

恢复时间：处理完成后运行正常的时间。

汇报人：具体汇报人员。

接收人：具体接收人员。

原因及措施：异常、报警、断电原因，今后的措施。

（3）传感器异常、超限报警、超限断电汇报处理记录由地面中心站值班人员实时填写。

2）监控设备故障登记表

地面中心站通信设备、网络设备、打印设备、报警设备，井下防爆交换机、分站、电源箱、各种传感器等监控设备发生故障时，应该立即处理，并将发生故障设备的名称、型号、编号、使用地点，发生故障时间、故障现象及故障处理措施和结果等准确登记记录，登记表可参见表 4－15 编制。

表 4-15 监控设备故障登记表

地点	设备名称	规格型号	设备编号	故障时间	故障现象	故障处理	检修人

说明：监控装置包括地面中心站通信设备、网络设备、打印设备、报警设备；井下防爆交换机、分站、电源箱、各种传感器。

（1）表格制作：50 页 A4 幅面纸张装订成册，页码按照自然顺序编号。

（2）填写标准：

地点：设备安装具体地点。

设备名称：设备铭牌上标注的名称。

规格型号：设备铭牌上标注的规格型号。

设备编号：设备铭牌上标注的出厂编号或者设备唯一性编号。

故障时间：监控设备发生故障的具体时间，年、月、日、时。

故障现象：具体故障现象。

故障处理：故障检修、处理的具体内容及结果。

检修人：具体检修人姓名。

（3）安全监控设备故障登记表由设备故障处理人员在处理设备故障时填写，并在设备故障登记表上签字。

5. 安全监控报表类记录

《煤矿安全规程》(2016) 第四百九十四条规定：矿调度室值班人员应当监视监控信息，填写运行日志，打印安全监控日报表，并报矿总工程师和矿长审阅。安全监控报表主要有由监控软件自动生成类记录和安全监控工作月报表。

1）监控软件自动生成类记录

《煤矿安全监控系统及检测仪器使用管理规范》(AQ 1029—2019) 10.2 账卡及报表，对以下监控软件自动生成类记录的内容作出了明确规定：

（1）安全监控日报表。表头，打印日期和时间，传感器设置地点，所测物理量名称，平均值，最大值及时刻，报警次数，累计报警时间，断电次数，累计断电时间，馈电异常次数及时刻，馈电异常累计时间等。

（2）安全监控报警断电记录月报表。表头；打印日期和时间；传感器设置地点；所测物理量名称；报警次数、对应时间、解除时间、累计时间；断电次数、对应时间、解除时间、累计时间；馈电异常次数、对应时间、解除时间、累计时间；每次报警的最大值、对应时刻及平均值；每次断电累计时间、断电时刻及复电时刻，平均值，最大值及时刻；每次采取措施时间及采取措施内容等。

（3）甲烷超限断电闭锁和甲烷风电闭锁功能测试记录。表头，打印日期和时间，传感器设置地点，断电测试起止时间，断电测试相关设备名称及编号，标准气样浓度，断电测试结果等。

2）安全监控工作月报表

安全监控工作月报表是对每月煤矿安全监控工作简明扼要的及时反映，主要内容包括安全监控设备在册及使用情况、传输线状况，监控设备运行情况等，可参见4－16。

表4－16　安全监控工作月报表

年　　月　　　　　　　　　　　　　　　　　年　月　日报出

矿井	安全监控设备在册及使用状况								
	名称	型号	在册	使用	待修	报废	备用	现有设备使用率/%	备注

矿井	传输线状况			
	名称	规格及型号	长度	铺设地区

安全监控设备运行情况					
安装地点	设备型号	监控方式	断电点	报警点	本月调试次数

说明：（1）表格制作：A3幅面，单页打印。

（2）填写标准：

年　月：当月安全监控监测工作月报表（年、月）。

年　月　日报出：月报表具体报出时间（年、月、日）。

矿井：煤矿名称

名称：交换机、分站、电源、传感器、断电器、报警器等监控设备名称。

型号：监控设备对应型号。

在册：监控设备的在册数量。

使用：监控设备的使用数量。

待修：监控设备的待修数量。

报废：监控设备的报废数量。

备用：监控设备的备用数量。

现有设备使用率：监控设备的使用量占在册的百分比。

备注：可根据实际需要填写。
安装地点：交换机、分站、电源、传感器、断电器、报警器等监控设备的具体安装地点。
设备型号：所安装监控设备对应型号。
监控方式：报警、断电。
断电点：传感器的断电点。
报警点：传感器的报警点。
本月调试次数：本月实际调试次数。
名称：传输电缆的名称。
规格及型号：传输电缆的型号。
长度：井下实际使用传输电缆的总长度。
铺设地区：按矿井采区统计。
主任：分管监控部门的主要负责人。
工程师或技术员：分管监控部门的工程师。
制表人：监控技术员。
（3）安全监控工作月报表由煤矿监控技术员填写。

6. 其他记录

例如，监控中心站（要害场所）进出登记表等，可参见表4－17。

表4－17　监控中心站（要害场所）进出登记表

序号	日期	姓名	来访单位	证件名称	证件号码	来访事由	接待人	批准人	进入时间	离开时间

说明：（1）表格制作：50页A4幅面纸张装订成册，页码按照自然顺序编号。
（2）填写标准：
序号：自然顺序（流水号）。
日期：进入中心站的日期。
姓名：来访者姓名。
来访单位：来访者的单位全称。
证件名称：进入要害部门所持证件。
证件号码：进入要害部门所持证件的号码。
来访事由：进入中心站的原因。
接待人：中心站值班人员。
批准人：中心站分管领导。
进入时间：进入中心站的时间，由接待的值班人员填写。
离开时间：离开中心站的时间，由接待的值班人员填写。
（3）监控中心站（要害场所）进出登记表由中心站值班人员填写，进入时间以前的内容在来访者进入中心站前填写，离开时间在来访者离开中心站时填写。

（四）安全监控系统现场管理牌板

牌板主要是通过视觉来表现其方向性、暗示性、象征性等功能。安全监控系统现场管理牌板包括甲烷断电仪管理牌板、传感器（多台）管理牌板、机房设备管理牌板、模拟传感器（单台）管理牌板、监控分站管理牌板、监测设置与动态管理牌板等。

1. 甲烷断电仪管理牌板

甲烷断电仪管理牌板挂于井下断电仪旁。牌板内容应包括传感器位置，定义的断电浓度、复电浓度，控制的断电区域，是否处于正常状态，安装日期，负责人等，见表4－18。

表4－18　甲烷断电仪管理牌板

序号	传感器位置	断电浓度/% CH_4	复电浓度/% CH_4	断电区域	是否正常
编码			规格型号		
安装日期			负责人		

说明：此牌板挂于井下断电仪旁，规格尺寸为500 mm（长）×400 mm（宽），传感器位置填写控制该断电仪的甲烷传感器位置，断电区域为该断电仪所断电的区域范围，负责人为管理检查该断电仪的人员。

2. 传感器（多台）管理牌板

传感器（多台）管理牌板悬挂于井下同时使用多台传感器的地点。牌板内容应包括传感器的编号、名称、类型，定义的报警浓度、断电浓度、复电浓度，安装日期，负责人、检查人，检查日期等，见表4－19。

表4－19　传感器（多台）管理牌板

序号	编号	名称	类型	报警浓度/% CH_4	断电浓度/% CH_4	复电浓度/% CH_4	安装日期
负责人				检查人		检查日期	

说明：该牌板挂于井下多台传感器的地点，规格为500 mm（长）×400 mm（宽），类型填写该传感器监测的对象，如 CH_4、CO、温度等；检查人为负责该地区监测工的姓名；检查日期为所有传感器最后一次的检查日期。

3. 机房设备管理牌板

机房设备管理牌板吊挂于监测机房内各设备附件表面。牌板内容应包括设备名称、型号、编号、技术规格、使用日期、负责人等，见表 4－20。

表 4－20　机房设备管理牌板

编号		技术规格	
设备名称		使用日期	
设备型号		负责人	

说明：该牌板吊挂于监测机房内各设备的表面，牌面规格为 50 mm（长）×30 mm（宽），负责人为该设备的管理负责人。

4. 模拟传感器（单台）管理牌板

传感器（单台）管理牌板用于井下仅使用单台模拟传感器的地点，悬挂位置应易于观察。牌板内容应包括传感器的编号、名称、型号、监测类型，定义的报警浓度、断电浓度、复电浓度及断电区域，安装日期，安装地点，检查人、检查日期等，见表 4－21。

表 4－21　模拟传感器（单台）管理牌板

编码		报警浓度/% CH_4	
名称		断电浓度/% CH_4	
型号		复电浓度/% CH_4	
监测类型		检查人	
安装日期		检查日期	
安装地点		断电区域	

说明：该牌板挂于井下单台模拟传感器旁的易观察地点，该牌板规格为 100 mm（长）×80 mm（宽），安装人为该传感器的安装者姓名，检查人为负责该传感器检查的人员。

5. 监控分站管理牌板

监控分站管理牌板悬挂于井下监控附近易于观察的地点。牌板内容应包括设备编号，分站编号、型号、模拟台数、馈电台数、开停台数、监控区域，安装日期、安装人，分站状态，负责人等，见表 4－22。

6. 监测设置与动态管理牌板

监测设置与动态管理牌板一般放置于采煤工作面、采煤工作面回风巷、掘进工作面等，作用是对监测设备的统一管理以及对现场矿工的视觉提示。牌板内容应包括监测地点，监测类型，报警点、断电点、复电点及断电区域，实际值，检查时间、检测人等内容，见表4－23。

表4－22　监控分站管理牌板

设备编号		分站编号		安装日期		安装人	
分站型号		安装地点		模拟台数		开停台数	
馈电台数		监控区域		分站状态		负责人	

说明：监控区域填写该分站所监测监控的井下工作区域范围，牌板规格为500 mm(长)×300 mm(宽)，分站状态填写分站目前的工作状态为正常、故障、维修、停用，模拟、开停、馈电台数为该分站目前实际所挂接的相应传感器台数。

表4－23　监测设置与动态管理牌板

监测地点	监测类型	报警点	断电点	复电点	断电区域	实际值	时间	检测人

说明：该牌板规格尺寸为600 mm(长)×400 mm(宽)，监测地点为探头安装具体地点，监测类型为CH_4、CO等，断电区域为本探头超限断电控制的区域及设备，时间格式为年　月　日　时　分，实际值、时间、检测人由该地区的瓦斯检查工巡检瓦斯时填写。

第七节　煤矿安全监控设备的维修

维修工作对于设备的正常运行起着至关重要的作用。通过设备的维修、保养，可有效提高设备运行效率，延长设备寿命，降低设备损耗；降低生产成本，提高生产率。安全监控设备是煤矿安全生产最重要的设备，必须保证在用设备的连续、稳定、可靠运行，加强安全监控设备检修维护工作的意义更加重大。

一、基本要求

监控设备维修是指为了保持监控设备的正常运行及防爆性能符合要求，对监控设备进行局部检查和进行有关的修配及修理。修配是指为了维持设备的运行及防爆性能，经检查对损耗零件进行必要的维修甚至更换，使之恢复原状，能安全地正常工作。修理是指将损坏和损耗的零部件在规定限度内恢复其原状，以维持设备的防爆性能与电气性能。

加强监控设备的日常维修工作，必须根据煤矿安全生产的实际情况，建立健全和贯彻落实设备检修制度，制定相应的维修办法和作业规程。

对监控设备进行正常的设备维护要做到“四齐”，即备件齐、配件齐、工具齐、仪器齐，这是监控设备维护的基本维护条件。

（1）备件齐。就是必须建立备件库，主要是储备一些比较重要的损坏后不易马上修复的设备，这些设备一旦出现故障就可能使系统不能正常运行，必须及时更换。

（2）配件齐。除设备中各种分立元件和模块的标准配置外，可以额外地多备一些配件，用于设备的维修。这样，经过维修就能用小的投入产生良好的效益，节约更新设备的费用。

（3）工具齐。在设备维修时，必须配置常用的维修工具及专用检修仪器。常用的维修工具，如各种钳子、螺丝刀、测电笔、电烙铁和胶布等，需要时还应随时添置。

（4）仪器齐。在设备维修时，必须配置常用的维修专用检修仪器。如万用表、示波器、模拟负载、黑白元件检测仪、传感器检定和标校仪、分站故障诊断仪、传感器诊断仪、备用电池修复仪等。

二、维修原则

监控设备原则上不应进行大修和技术改造，必须进行时，应由原制造厂实施，其结构性能指标、本安参数、隔爆结构和参数等，均应符合各自企业标准和经核准的图纸的规定，并经国家授权的安全生产检测检验机构进行隔爆检查评定或本质安全关联检验，按通过关联检验的配置进行改造。大修或技术改造后不能满足标准的产品应强制淘汰。

防爆电气设备的维修，既要考虑到防爆结构和参数满足防爆标准的规定，还要考虑到电气设备的电气安全性能要求。当难以判断所进行的维修是否能确保防爆性能时，则要重新更换该防爆电气设备或委托防爆检验单位井下评定检验。维修中难于恢复原状或难于恢复原有防爆性能时，使用单位须与原制造厂共商维修内容与方法。

本质安全型电气设备的维修应着重考虑本安电路所用元件的性能、电气回路的绝缘电阻值、外配线和内接线端子的紧固情况、接地是否良好等。

煤矿井下环境恶劣，防护罩、防尘玻璃上或有些密封不严的设备会很快蒙上粉尘，又脏又黑，有些气体还具有腐蚀性，不仅会严重影响设备运行效果，还会损坏设备，因此必须做好监控设备的防尘、防腐维护工作。在某些湿气较重的地点，可能需要就安装位置、设备的防护进行调整，以提高设备的防潮效果。同时，对高湿度地带要经常采取除湿措施，来解决设备防潮问题。

监控设备具有元器件高密度、低电压和低功耗等特性，对各种诸如静电放电、电磁辐射等电磁干扰非常敏感，这就使得监控设备极易遭受电磁干扰，因此监控设备在维护过程中必须对电磁干扰问题高度重视。

三、维修顺序

安全监控设备维修包括外观检查、内部检查、电气检查、性能检测等内容，一般应按顺序依次实施。

（一）外观检查

安全监控设备的外观检查主要有以下诸项内容，一般应按顺序实施：

（1）清除外壳表面油垢、粉尘及其他附着物。

（2）查看外壳、接线腔、引入装置是否有变形、裂纹或其他损坏现象。

（3）检查开关或其他旋动部件是否完整、灵活。

（4）给外壳涂敷与原外壳颜色相符的防锈漆。

（二）内部检查

安全监控设备内部检查主要有以下诸项内容，应按顺序依次实施：

（1）检查隔爆面的完好情况。隔爆面要完整，接合面的平均粗糙度 Ra 不允许超过 6.3 μm，无锈蚀，伤痕深度及宽度均不超过 0.5 mm，云影长度不超过接合面长度的 50%。有毛刺或不光滑的隔爆面要用油石细磨，直到符合要求。

（2）清除内腔粉尘和杂物。

（3）检查接线腔和内部电气元件及连接线是否完好齐全，各连接件接触是否紧密良好。

（4）测量绝缘电阻，即外壳与电源间的电阻值，如因潮湿使绝缘电阻下降，应对仪器进行晒干或烘干。

（三）电气查验

安全监控设备电气查验，应注意以下事项：

（1）电气分析遵循先动口再动手、先外部后内部、先机械后电气、先静态后动态、先清洁后维修、先电源后设备、先普遍后特殊、先外围后内部、先直流后交流、先故障后调试的原则。

（2）通电检查。在测量电路电位的基础上，根据电路原理进行分析判断，不要盲目乱调乱拆，以免扩大故障范围。

（3）维修本质安全型监控设备时，应保证本质安全电路的电气参数和保护性能不变。

（四）性能检测

安全监控设备的性能检测在完成上述查验的基础上实施，并注意以下事项：

（1）查看和测试仪器各项功能是否正常，要严格按出厂验收标准及技术指标进行查验。

（2）凡经大修监控设备，质量性能检测合格后方可投入使用。

（3）设备修理完毕，认真填写维修记录。

四、隔爆型电气设备的维修

隔爆型电气设备主要依靠隔爆外壳保证防爆安全性能，其检修主要项目包括外壳、观察孔部位、接合面、紧固螺栓、引入装置、连接件及温升等。检修项目、检修方法、检修要求及处理措施见表4－24。

表4－24 隔爆型电气设备的防爆检修项目

检修项目	检修方法	检修要求	处理措施
外壳	目测	无损伤和生锈	清扫、防腐处理
观察孔部位	目测	无损伤	更换
接合面	目测	损伤和生锈表面未破坏	清扫
紧固螺栓	目测、触感	无松动，无附着粉尘，没有生锈	加固、清扫
引入装置	日测、触感	无损伤、老化和松动	加固、更换
连接件	日测、触感	无松动，绝缘物未受污	加固、清扫
温升	用温度计测量	外壳表面温升高于规定值	查明原因

隔爆外壳、接合面间隙和有效接合面长度、观察孔部位、紧固螺栓和不透螺孔、隔爆接合面、引入装置、连接件及温升等，按照《爆炸性环境 第2部分：由隔爆外壳“d”保护的设备》（GB 3836.2—2010）的相关要求进行确认。

五、本质安全型电气设备的维修

本质安全型电气设备是由本质安全电路组成的电气设备。本质安全电路是指在规定的试验条件下，正常工作或规定的故障状态下产生的电火花和热效应均不能点燃规定的爆炸性混合物的电路。

（一）本质安全型电气设备分类

本质安全型电气设备可按照电路特点或者防爆等级进行分类。

1. 按照电路特点分类

按照本质安全型电气设备电路的特点，可分为单一式本质安全型电气设备和复合式本质安全型电气设备。

全部电路都是本质安全电路的电气设备为单一式本质安全型电气设备。大多数传感器、声光报警器等属于这类设备。

局部电路为本质安全电路的电气设备为复合式本质安全型电气设备。目前，井下用得最多的复合式本质安全型电气设备是隔爆兼本质安全型电气设备，如矿用隔爆兼本安型分站、矿用隔爆兼本安型电源等。

2. 按照防爆等级分类

在设备的电气系统中，与本质安全电路有电气连接并可能影响安全性能的那部分非本质安全型电气设备称为关联电气设备。关联电气设备可以是各类防爆型，也可以是矿用一般型，这取决于关联设备的使用场所。

本质安全型电气设备及关联设备，按使用场所和安全程度不同分为 ia 和 ib 两个等级。

ia 等级电路在正常工作、一个故障和两个故障时，均不能点燃爆炸性气体混合物。即正常工作时，安全系数为 2；一个故障时，安全系数为 1.5；两个故障时，安全系数为 1。

ib 等级电路在正常工作和一个故障时，均不能点燃爆炸性气体混合物。即正常工作时，安全系数为 2；一个故障时，安全系数为 1.5。

在持续存在爆炸性气体混合物的场所中应使用 ia 等级的本质安全型电气设备，如煤矿瓦斯抽放管路中使用的各类传感器等。煤矿井下一般场所使用 ib 等级的本质安全型电气设备。

（二）本质安全型电源分类

本质安全型电气设备中的重要设备是本质安全型电源。本质安全型电源有两种基本类型，即独立电源和外接电源。

最常用的独立电源是干电池和蓄电池，干电池和蓄电池必须接入限流电阻，限流电阻可采用金属膜电阻、线绕被覆层电阻。干电池或蓄电池与限流电阻胶封为一体构成本安型组件，并具有防止干电池或蓄电池直接短路的措施，并置于不低于 IP54 的防护外壳或隔爆外壳中。

外接电源大多数从动力电源引入，经整流供电，均设计成隔爆兼本质安全型。本质安全电路必须设有过流、过压和短路保护电路，各种保护电路必须是双重化，即使一组损坏，另一组保护电路仍起保护作用。

（三）本质安全型电气设备的防爆性能

本质安全型电气设备的防爆性能，不仅取决于电路电气参数，而且要有结构上的保证，除防止电火花的引爆外，还须防止设备的表面温度、外壳的静电火花及摩擦火花的引爆。防爆安全的重点有以下方面：

（1） Ⅰ类本质安全型电气设备允许最高表面温度为 150 ℃。

（2）采掘工作面使用的本质安全型电气设备外壳的防护等级不低于 IP54，气体类传感器的防护等级应达到 IP65。

（3）塑料外壳应防止产生危险静电，塑料外壳表面的绝缘电阻须不大于 10^9 Ω。

（4）矿用复合式本质安全型电气设备的接线端子应设在单独的接线盒内，设在同一接线盒内的本安电路接线端子与非本安电路接线端子之间的距离不小于 50 mm；本安电路接线端子与接地端子及与外壳之间的距离，ia 等级不小于 6 mm，ib 等级不小于 3 mm。

（5）在同一外壳中本安电路与非本安电路的绝缘导线应分开布置，本安电路与非本安电路之间的绝缘，应能承受 $2U+1000$ V（U 为二电路电压之和），但不低于 1500 V 的介电强度试验。

（6）本安型电气设备入井前应检查其电气参数和电气性能是否与说明书一致，保护电路整定值是否与说明书一致，动作是否灵敏、可靠。

（7）本安型电气设备安装应远离大功率电气设备，以避免电磁感应和静电感应。

（8）本安型电气设备在使用和维修过程中，不得改变电气参数和本安性能，也不得改变电气元件的规格、型号。

（9）不经防爆检验单位检验，不得将设计范围以外的电气设备接入本安电路，也不得将不同本安型电气设备或其中的部分电路自由组成新的电气系统。

（10）本质安全电路有下列情况之一者，本质安全型电气设备的本安性能会受影响，甚至会失爆：

① 改变其原内部布线。

② 改变原电气元件及原结构。

③ 改变原电气参数及配套关联设备。

④ 二极管安全栅中的二极管损坏。二极管安全栅是由熔断器保护的二极管电路（包括齐纳二极管）电阻器或这些元件组合的组件。其用于限制本质安全电路的电压，或用于限制流过本质安全电路的电流。

⑤ 金属屏蔽损坏失去作用。金属屏蔽是指本质安全电路供电变压器的金属屏蔽，用以隔离输入和输出绕组。但不接地的输入电路应使用熔断器或断路器保护。

⑥ 隔离本安电路接线端子与非本安接线端子用的绝缘板或接地金属板损坏失去作用。

⑦ 本安或非本安电路与接线端子之间的距离小于 50 mm。

⑧ 用于连接本安与非本安电路的插头和插座不符合隔爆型。

⑨ 用于本质安全型电气设备和关联设备的电池或蓄电池与制造厂有效证明文件不符，或达不到制造厂规定的安全措施。

⑩ 本安型电气设备与关联的电气设备、线缆连接未采用本安型接线盒，或未采用具有本安型接线盒同等效能的其他方式。

⑪采用铝芯电缆时，未采用阻止电缆腐蚀的特殊措施，如铜、铝过渡接头等。

（四）本质安全型电气设备的维护

在进行本质安全型电气设备和本质安全型关联设备维修时，除对本质安全电路所用元部件的性能、电气回路的绝缘电阻、外部配线连接的紧固情况以及接地是否良好等进行维修检查外，还必须注意以下几点：

（1）在危险场所使用的本质安全型电气设备，原则上可带电开盖进行内部简单的检修、调整，但不允许使用电烙铁检修。禁止用非防爆仪表检查和测量本质安全电路。

（2）在非危险场所使用的本质安全型关联设备，需要维修时必须切断接至危险场所的本质安全电路的接线才能进行检修。

（3）维修本质安全型电气设备和本质安全型关联设备时，不得对电路的参数和电路元件、导线的布置连接进行变更和改造。

（4）更换本安电路及关联电路中的电气元件时，不得改变原电路的电气参数和本安性能，也不得擅自改变电气元件的规格、型号，特别是保护元件更应格外注意。更换的保护元件应严格筛选，特殊的部件如胶封的防爆组件，如遇损坏，应向原厂家购买。

（5）在本质安全型电气设备或本质安全型关联设备中，所采月的保护性元件、组件或安全栅，是保证本质安全性能的最可靠措施，应定期检查其保护性能是否可靠，维修时不得随意拆除或更换。

（6）更换本质安全型仪器或设备中的电池时，要用同型号、同规格、同一生产单位生产的同一批产品，不得随意使用其他型号电池，不得不同型号电池混用，不得新旧电池混用。井下维修时，禁止在井下充电硐室以外的地点对电池（组）进行更换和维修，本安型电气设备中电池（组）和限流器件通过浇封或者密闭封装构成一个整体替换的组件除外。

（7）如果需要修改本安电路的原设计时，应按送检程序要求，送防爆检验单位审查检验、合格后方可实施。

（五）本质安全型电气设备的检修

1. 本质安全型电气设备的检修项目、方法及要求

本质安全型电气设备的检修项目、检修方法及检修要求，见表 4－25。

表 4－25　本质安全型电气设备的防爆检修项目

检修项目	检修方法	检修要求	处理措施
设备的结构	目测	本安型设备或本安型关联设备的组合结构要正确	更换结构不正确的零部件
标志	目测	可以读出指示内容	清扫、更换
连接部分	目测、触感	连接部分无松动、绝缘物未受污染	加固、清扫
外壳	目测	无损伤和生锈	清扫、防腐处理
功能检查	仪表测量	在额定电压下，设备发挥本来的功能	
本安电路端子的开放电压	仪表测量	在非本安电路的端子上施加额定电压，测定本安关联电路端子的开放电压	适用于本安型关联设备
本安电路端子短路电流	仪表测量	在非本安电路的端子上施加额定电压，测定本安电路端子的短路电流	适用于本安型关联设备
绝缘性能（耐电压）	仪表测量	测定本安电路和非本安电路端子间的绝缘性能	
		测定本安电路端子和接地端子间的绝缘性能	

注：检查项目中本安电路端子的开放电压和短路电流检修方法的内容要参照生产厂使用说明书进行，必要时应与生产厂协商解决。

2. 本质安全型电气设备防爆性能的保持

一般应按表 4－25 的要求对本质安全型电气设备进行防爆安全检查和检修，但在检修前应充分了解其本安防爆性能，在理解了怎样能保持其本安防爆性能的要求之后再进行检查。

在危险场所作局部检查时，只能对设备进行目测或调整可动部分，而对零部件更换及修配则须在非危险场所进行，最好在地面维修室进行。

在对非危险场所中设置的本安型关联设备检修时，须拆除与危险场所连接的本安电路配线后再进行；应先拆除通入危险场所的本安电路的配线，然后在通电情况下调整；更换的零部件须是原生产厂指定的部件。

3. 本安型电气设备防爆性能合格的确认

本安型电气设备的防爆性能按照《爆炸性环境　第 4 部分：由本质安全型“i”保护的设备》（GB 3836.4—2010）的相关要求进行确认。

六、零部件的更换

安全监控设备维修、检修中，零（元）部件的更换必须保证其防爆安全性能、电气安全性能和保护性能，并注意以下问题：

（1）维修本质安全型监控设备，一般先要进行通电检查，发现问题再进行分析处理，不要盲目乱调乱拆，采用替换电路板或部件的方法易于发现故障，缩小故障判断范围。在测量电路电位的基础上，根据电路原理进行分析判断，不要随意拆换元件，以免扩大故障范围；拆卸和更换电路元件一定要停电进行，更换元件时，要注意虚焊或损坏的元件，用螺钉紧固的元件，一定要旋紧适当。

（2）维修本质安全型监控设备时，应保证本质安全电路的电气参数和保护性能不变。维修后的本质安全型监控设备，其电气参数应保持在产品使用说明书标定的范围之内，其保护性能应满足产品使用说明书的要求。若需要更换本质安全电路及其关联的电气组件，应选用规格、型号相同的电气组件，不得擅自更改。特别是当更换保护组件时，除应保证更换的新组件的规格和型号与原设计完全相同外，还应经过严格的筛选，并保证保护整定值及性能满足原设计要求。

（3）特殊的防爆组件（如胶封组件）更换时，应使用原厂家生产的同类产品。

（4）如果需要修改本质安全电路的设计时，应将修改后的图样和样机送国家授权的防爆检验单位审查检验，合格后方可使用。

七、维修工具

安全监控设备的检修、维修具备一定的技术含量，选用合适的维修工具对保证维修质量具有重要作用。随着微电子技术的迅猛发展，高度集成的数字电路已广泛应用于监控设备中，传统的检修仪器、仪表已捉襟见肘，新型的检测仪器仪表应运而生，使得维修工作上了一个新台阶，从而简化了维修过程，提高了工作效率。

（一）维修工具的分类

安全监控设备及系统检查、检测、维修、检修使用的工具，可分为通用（常用）型工具和专用型工具。

1. 通用型工具

通用型工具是指电气设备检查、保养、维修常见常备的工具、仪器仪表，主要有万用表、钳形表、兆欧表、示波器、声级计、信号发生器、高温热风枪、消静电吸锡枪、热熔胶枪、热缩管、清洁剂、松动剂、焊接工具等。

2. 专用型工具

专用型工具是指电气设备检查、保养、维修专用工具或者装置，可分为元器件及线缆检测类，综合检测维护装置类，传感器检定、校验类，监控设备故障诊断类等四大类。有些生产制造单位为了满足安全监控设备及系统使用、维护管理的需要，专门研发了相应的专业设备。表4－26所列为徐州江煤科技有限公司研制的安全监控设备专用检测、校验（校准）、鉴定仪器装置的名称、型号、主要用途及主要技术性能指标，可供安全监控设备检查维修时选择使用。

表4－26 专用型工具的用途及主要技术性能指标

类别	名称	型号	用途	主要技术性能指标
元器件及线缆检测类	黑白元件检测仪	YJC－Ⅰ	检测黑白元件灵敏度	惠斯通电桥上的供电电压3 V； 黑白元件的灵敏度0～15 mV/1% CH_4
	矿用分压标准配气装置	JMFYP	甲烷气体标准物质配气装置	压力表测量范围及精度等级： 标准气样精密压力表0.4级，测量范围0～0.6 MPa； 原料配气精密压力表0.4级，测量范围0～16 MPa；气瓶压力表2.5级，测量范围0～25 MPa。 原料气纯度和压力： 甲烷纯度99.99%，压力(1～10) MPa； 一氧化碳纯度99.99%，压力1～10 MPa； 氧气纯度99.99%，压力1～10 MPa； 氮气浓度99.99%，压力1～10 MPa； 二氧化碳浓度99.99%，压力1～10 MPa
	模拟电缆	JMFZ－1	模拟传感器在实际连接中的电缆	工作电压：DC 9～24 V； 工作电流：<250 mA； 工作时间：可长时间连续运行； 4路电缆进行模拟，模拟长度为1 km
	本安型光纤寻障仪	CXG60	检测光纤光缆故障点的位置	额定工作电压DC 4.5 V，额定工作电流小于或等于300 mA，输入功率小于或等于2 W； 工作波长1550 nm（1310 nm可选），激光峰值功率大于或等于60 mW； 最大显示距离：反射事件60 km（大于或等于1 dB），非反射事件20 km（大于或等于2.5 dB），反射事件盲区15 m； 可视故障定位仪波长650 nm，可视故障定位仪功率大于或等于1 mW

表 4 - 26（续）

类别	名称	型号	用途	主要技术性能指标
综合检测维护装置类	矿用安全仪器全自动综合检测校验装置	JMXY - E	用于甲烷、一氧化碳、硫化氢传感器等气体检测仪器仪表的计量检定和维护维修	输出流量 30 ~ 300 mL/min 可调； 流量计 2.5 级； 电流测量范围 0 ~ 2 A，准确度等级 0.2% F. S.；电压测量范围 0 ~ 20 V，准确度等级 0.2% F. S.；频率测量范围 0 ~ 10 kHz，准确度等级 0.01% F. S.
	矿用安全仪器综合校验柜	JMXY - B	用于甲烷、一氧化碳、硫化氢、氧气等气体检测仪器仪表的计量检定和维护维修	输出流量 30 ~ 300 mL/min 可调； 流量计 2.5 级； 电流测量范围 0 ~ 2 A，准确度等级 0.2% F. S.； 电压测量范围 0 ~ 20 V，准确度等级 0.2% F. S.
	矿用隔爆兼本安型稳压电源综合检验装置	JMJY/A	对矿用隔爆兼本安型稳压电源箱进行老化及功能检测	输入电压 220 V 市电，输出电压 0 ~ 660 V 之间可调。 额定电压输出 12.5 V，额定电流 300 mA；额定电压输出 18.5 V，额定电流 180 mA。最大短路电流及过流保护：12.5 V 输出的最大短路电流及过流保护值为 610 mA，18.5 V 输出的最大短路电流及过流保护值为 360 mA
	分站后备电源检测维护装置	JMFZ - DC	对后备电源的电池检查和维护	电源电压 AC 220 V，波动范围 ±10%； 检测电流 0 ~ 10 A，维护电流 0 ~ 3 A，功耗 30 W； 检测时间 0 ~ 9999 min
	矿用甲烷风电闭锁装置检定装置	JMFDBS	用于矿用甲烷风电闭锁装置的检定	标准气样不确定度 3%； 检测范围 0 ~ 4% CH_4，流量误差不大于 4.0 级；检测时间范围 0 ~ 24 h，精度 0.01 s，30 min 内误差小于 0.5 s； 模拟控制传输距离 300 m、1000 m、2000 m（面板根据要求选用 2 种距离）； 输出电压：无级调压，最大 800 V，满足 36 V、127 V、220 V、380 V、660 V 等电压等级的需要，电压、电流显示误差 0.2% F. S.

表4-26（续）

类别	名称	型号	用途	主要技术性能指标
综合检测维护装置类	甲烷断电仪检验检定装置	JMDDY	用于检测、校准多种型号的甲烷（瓦斯）断电仪、气体传感器、气体检测仪表、瓦斯探头	输出电压36 V、127 V、220 V、380 V、660 V（可调）； 检测范围(0～4)% CH_4； 传输距离300 m、1000 m； 标准气样不确定度3%（另配），流量误差小于或等于4.0级； 检测时间范围0～24 h； 标准计时器误差:30 min内误差小于0.5 s
传感器检定、校验类	催化燃烧式甲烷测定器检定装置	JZC－Ⅰ	用于检定、校准催化燃烧式甲烷测定器及其他数字式气体检测仪表	充气压力不大于12 MPa； 最大流量(350±20) mL/min
	系列校验装置	BAX－1	检定和校正甲烷检测仪、甲烷报警仪、甲烷断电仪等	充气压力不大于12 MPa； 最大流量(350±20) mL/min
	温度传感器校验装置	JMWD－A	用于检测、校准温度传感器	温度测量范围－10～100 ℃； 传感器供电电源：DC 0～30 V，2 A； 频率测量范围：0～10 kHz； 装置电源：AC 220 V，50 Hz
	一氧化碳传感器检定配套装置	JMJC－CO	用于一氧化碳传感器的检测和标定	测量范围(0～1000)×10^{-6} CO； 传感器供电电源：DC 0～30 V，2 A； 频率测量范围：0～10 kHz； 装置电源：AC 220 V，50 Hz
	管道流量传感器校验装置	JMXY－L	用于矿用流量传感器的调校、检测	流量检测显示范围：200 mm内径管道内0～100 m^3/min； 工作电源：AC 220 V（±10%），50 Hz；直流电压输出18 V（±10%），直流电流输出0～2 A

表4-26（续）

类别	名称	型号	用途	主要技术性能指标
传感器检定、校验类	多功能流量计校验装置	JMJC-L	用于矿用流量传感器、流量计的调校、检测	工作电源：AC 220 V（±10%），50 Hz；直流电压输出18 V（±10%），直流电流输出范围0~2 A； 流量检测显示范围：200 mm内径管道内0~100 m^3/min
	智能硫化氢传感器调校检定装置	JMQHT	用于实验室内进行矿用硫化氢报警仪及传感器的基本误差测定	流量计：0~1 L/min，专用耐腐性； 频率计：0~9999 Hz，精度1 Hz； 电流计：0~200 mA，精度0.2% F. S.；进出气管路：专用耐腐性胶管；输入电源：AC 220 V（±10%），50 Hz； 输出电源：直流稳压电源0~30 V（连续可调），5 A
	压力传感器校验装置	JMYL-A	用于检测矿用压力传感器（负压、差压、压力）	压力测量范围：-100 kPa~6 MPa； 传感器供电电源：DC 0~30 V，2 A； 频率测量：0~10 kHz； 装置电源：AC 220 V，50 Hz
	多功能风速传感器诊断装置	JMJC-F	用于风速传感器、风速表的调校、检测	风速调节测量范围：0.2~30 m/s； 适用风硐类型：开式风硐、环形闭式风硐； 适用风速采集原件：皮托管、差压传感器
	智能矿用烟雾传感器校验装置	JMYW	对矿用烟雾传感器进行检测	测量量程：0~0.2 mg/m^3，精度0.01 mg/m^3； 测量路数：2路； 装置电源：AC 220 V（±10%）；传感器电源：DC 0~30 V，5 A； 测试时间精度：0.01 s； 负载模拟：0~2 km电缆；电子天平：最大称量200 g，感量0.2 g

表4-26（续）

类别	名称	型号	用途	主要技术性能指标
传感器检定、校验类	矿用设备开停传感器综合检验装置	JMJY-B	对各种矿用开停传感器进行功能检测	输入电压：AC 220 V； 输出电压：0~660 V之间可调
监控设备故障诊断类	多功能传感器故障诊断装置	JMGGZ	用于各类传感器的功能、性能检定、维护、检修	工作电源：AC 220 V（±10%），50 Hz； 频率检验范围：0~5000 Hz； 电流检验范围：0~300 mA，精度0.1 mA； 输出直流工作电压：0~30 V（±10%）； 输出直流工作电流：小于1.5 A； 工作方式：可长时间连续运行； 秒表精度：0.01 s； 声级计参数：量程30~130 dB；分辨率0.1 dB；高、中、低、自动4频段测量；频率响应：31.5 Hz~8 kHz； 示波器参数：70~100 MH带宽，1 GSa/s实时采样率；存储深度25 kpts；触发类标配：边沿触发、脉宽触发、斜率触发
	多功能分站故障诊断装置	JMFGZ	用于安全监控系统分站的功能检定、维护和检修	工作电源：AC 220 V（±10%），50 Hz； 频率检验范围：0~5000 Hz； 电流检验范围：0~300 mA，精度0.1 mA； 输出直流工作电压：0~30 V（±10%）； 输出直流工作电流：小于1.5 A； 工作方式：可长时间连续运行； 秒表精度：0.01 s； 声级计参数：量程30~130 dB；0.1 dB分辨率；高、中、低、自动4频段测量；频率响应：31.5 Hz~8 kHz； 示波器参数：70 MHz/100 MH带宽，1 GSa/s实时采样率；存储深度25 kpts；触发类标配：边沿触发、脉宽触发、斜率触发

表4-26（续）

类别	名称	型号	用途	主要技术性能指标
监控设备故障诊断类	多功能便携仪故障诊断仪	JMJC-C	用于各种常见便携仪的功能检定、维护和检修	工作电源：AC 220 V（±10%），50 Hz； 频率输出范围：0~5000 Hz； 输出电流：0~40 mA，0.1 mA； 输出直流工作电压：0~30 V（±10%）； 输出直流工作电流：小于1.5 A； 工作时间：可长时间连续运行

（二）维修工具的正确选择

正确选用检修、标校、鉴定所使用的仪器仪表或者装置，是保证仪表维护保养相关工作高质量、有效开展的重要前提。所以选购仪表时，不能盲目选择，要全方位地考究选用仪器装置的类型、功能、用途及主要技术性能指标等多方面因素之后再作选择。选择过程中应注意以下问题：

（1）根据所检测对象的不同，选择通用型还是专用型工具。例如，测量简单的电压、电流、电阻等，选用通用型的万用表即可；而检测载体催化元件，就应选择专门检测黑白元件检测仪器，如YJC-Ⅰ黑白元件检测仪等，其可检测载体热催化式甲烷测量元件的电阻平衡度、灵敏度，具有测量电压显示、气敏元件工作电流显示、零点及反应值显示等功能；对温度传感器进行标定，就选择温度传感器校验装置，如JMWD-A型温度传感器校验装置等，其可用于标定检验各种温度仪表。

（2）仪表精度是根据使用中所允许的最大测量误差来确定的，不能认为选用的仪表精度越高越好，应在满足工艺要求的前提下，尽可能地选用精度较低、价廉耐用的仪表。例如，检测光纤光缆故障点的位置时，可选择专用的本安型光纤寻障仪或者光纤OTDR综合检测仪（光时域反射仪）。CXG60型等矿用本安型光纤寻障仪可以快速检测出光纤光缆故障点的位置和类型，为检测维护人员提供方便快捷的工作模式；JMOTDR/1200型等光纤OTDR综合检测仪，为掌上型光时域反射仪，可提供OTDR、智能光纤故障定位器、激光光源、可见光源、光功率计、以太网测试模块、光纤放大镜接口等众多功能。但两者的价格相差很大，如果仅进行故障点检测，选择光纤寻障仪即可，没有必要选择价格高昂的光时域反射仪。

（3）应考虑仪器仪表、装置的使用环境温度、环境湿度、防爆、电磁场干扰及其他安全性等因素。

一台好的维修工具将会给检修维护工作带来很大便利，反之就会带来麻烦。

为了减少不必要的麻烦，选择仪器仪表时一定要谨慎，所有因素要考虑周全，更要谨防买到假冒伪劣产品。

（三）维修工具的使用

维修工具的种类较多，专用型工具［安全监控设备专用检测、校验（校准）、鉴定仪器装置］的使用方法可查阅本章第六节或者产品使用说明书。下面主要对一些通用型工具的使用方法及注意事项进行阐述。

1. 万用表

万用表具有用途多、量程广、使用方便等优点，是电子测量中最常用的工具。可以用来测量电阻、交直流电压和直流电流，有的万用表还可以测量晶体管的主要参数及电容器的电容量等，掌握万用表的使用方法是电子技术的一项基本技能。

常见的万用表有指针式和数字式两种。指针式万用表是共用一个表头，集电压表、电流表和欧姆表于一体的仪表，测量值由表头指针指示读取。数字式万用表的测量值由液晶显示屏直接以数字的形式显示，读取方便，有些还带有语音提示功能。

万用表的精度是指在特定的使用环境下，出现的最大允许误差。换句话说，精度就是用来表明万用表的测量值与被测信号的实际值的接近程度。

万用表的分辨率是指万用表测量结果的好坏。了解一块表的分辨率，就要看测量信号的微小变化。如果数字式万用表在 4 V 范围内的分辨率是 1 mV，那么在测量 1 V 的信号时，就能看到 1 mV 的微小变化。

自动量程数字式万用表可进行交直流电压、电流、电阻、通断（连续性）测试，可测量 0.10 nF ~ 5.00 μF 的电容；用二极管测试挡，可测试二极管、晶体管及其他半导体元件；可测量 1 mA ~ 10 A 的交直流电流；可测量 0.5 Hz ~ 200 kHz 的频率，分辨率达 0.01 Hz；通断测试；有 Max、Min 记录模式，可以用来捕获并存储测量到的输入的最大、最小值，并计算所有读数平均值；有保持模式，能自动将目前读数保持在显示器上。自动量程万用表功能齐全，读数直观、精确，体积小，携带方便，提高了维修工作的工效；特别是有了频率、电容等挡位后，不需再与示波器、电容表结合使用，从而简化了数字化电路的检修工作。

2. 钳形表

钳形表是万用表的一个重要分支，是一种用于测量正在运行的电气线路的电流大小的仪表，可在不断电的情况下测量电流，是专门测量交流大电流的电工仪器。其工作部分主要由一只电磁式电流表和穿心式电流互感器组成，工作原理与电流互感器测电流是一样的。电流互感器的铁心在捏紧扳手时可以张开；被测电流所通过的导线可以不必切断就可穿过铁心张开的缺口，当放开扳手后铁心闭合。穿过铁心的被测电路导线就成为电流互感器的一次线圈，其中通过电流便在二次线圈中感应出电流，从而与二次线圈相连接的电流表便有指示，据此可读取被测线路的电流值。

指针式万用表和数字式万用表检测电流时需切断电路，而钳形表只需夹在通电电线的外皮上，即可检测电流，操作简单，不需要直接连接电路也可安全地检测大电流。钳形表分高、低压两种。

钳形表根据其结构及用途分为互感器式和电磁系两种。常用的是互感器式钳形表，由电流互感器和整流系仪表组成，只能测量交流电流。电磁系仪表可动部分的偏转与电流的极性无关，因此可以交直流两用。

钳形表有针式和数字式两种，可以通过转换开关的拨挡，改换不同的量程，但拨挡时不允许带电进行操作。钳形表一般准确度不高，通常为 2.5 ~5 级。

使用高压钳形表时应注意钳形表的电压等级，严禁用低压钳形表测量高电压回路的电流。用高压钳形表测量时，应由两人操作，非值班人员测量还应填写第二种工作票，测量时应戴绝缘手套，站在绝缘垫上，不得触及其他设备，以防止短路或接地。观测表计时，要特别注意保持头部与带电部分的安全距离，人体任何部分与带电体的距离不得小于钳形表的整个长度。在高压回路上测量时，禁止用导线从钳形表另接表计测量。测量高压电缆各相电流时，电缆头线间距离应在 300 mm 以上，且绝缘良好，待确认测量方便时，方能进行。测量低压母线电流时，应在测量前将各相可熔断保险或母线用绝缘材料加以保护隔离，以免引起相间短路。当电缆有一相接地时，严禁测量。防止出现因电缆头的绝缘水平低，发生对地击穿爆炸而危及人身安全。钳形表测量结束后，要将开关拨至最大量程挡，以免下次使用时不慎过流；并应保存在干燥的室内。

3. 兆欧表

兆欧表分为指针式兆欧表和数字式兆欧表两种。它是电工常用的一种测量仪表，一般测量的是高电压条件下的绝缘电阻。主要用来检查电气设备、家用电器或电气线路对地及相间的绝缘电阻，以保证这些设备、电器和线路工作在正常状态，避免发生触电伤亡及设备损坏等事故。

指针式兆欧表大多采用手摇发电机供电，它的刻度以兆欧为单位。数字式兆欧表由中大规模集成电路组成，输出功率大，短路电流值高，输出电压等级多。数字式兆欧表由机内电池作为电源，经 DC/DC 变换产生的直流高压由 E 极输出经被测试品到达 L 极，从而产生一个从 E 极到 L 极的电流，经过 I/V 变换，经除法器完成运算直接将被测的绝缘电阻值由 LCD 显示屏显示出来。机内设有等电位保护环和四阶有源低通滤波器，对外界工频及强电磁场可起到有效的屏蔽作用。对于低阻值测量由于采用比例法设计，故电压下落并不影响测试精度。

兆欧表的电压等级应高于被测物的绝缘电压等级，所以测量额定电压在500 V以下的设备或线路的绝缘电阻时，可选用500 V或1000 V兆欧表；测量额定电压在500 V以上的设备或线路的绝缘电阻时，应选用1000～2500 V兆欧表；测量绝缘端子的电阻时，应选用2500～5000 V兆欧表。一般情况下，测量低压电气设备的绝缘电阻时可选用0～200 MΩ兆欧表。

4. 示波器

示波器是一种用途十分广泛的电子测量仪器。它能把肉眼看不见的电信号变换成看得见的图像，便于人们研究各种电现象的变化过程。示波器利用狭窄的、由高速电子组成的电子束，打在涂有荧光物质的屏面上，就可产生细小的光点（这是传统的模拟示波器的工作原理）。在被测信号的作用下，电子束就好像一支笔的笔尖，可以在屏面上描绘出被测信号的瞬时值的变化曲线。利用示波器能观察各种不同信号幅度随时间变化的波形曲线，还可以用其测试各种不同的电量，如电压、电流、频率、相位差、调幅度等。

5. 信号发生器

信号发生器是一种能提供各种频率、波形和输出电平电信号的设备，在测量各种电信系统或电信设备的振幅特性、频率特性、传输特性及其他电参数时，以及测量元器件的特性与参数时，用作测试的信号源或激励源。

信号源可以根据输出波形的不同，划分为正弦波信号发生器、矩形脉冲信号发生器、函数信号发生器和随机信号发生器等四大类。正弦信号是使用最广泛的测试信号。这是因为产生正弦信号的方法比较简单，而且用正弦信号测量比较方便。正弦信号源又可以根据工作频率范围的不同划分为若干种。

信号发生器按其输出频率的高低，可分为超低频信号发生器、低频信号发生器、高频信号发生器、超高频信号发生器和视频信号发生器；按产生波形的不同，可分为正弦波信号发生器、脉冲信号发生器、函数信号发生器等；按调制方式的不同，可分为调频信号发生器、调幅信号发生器、调相信号发生器和脉冲调制信号发生器。此外，还有可以产生多种波形的信号发生器。

低频信号发生器能产生频率范围在20～200 kHz以内（也有频率更宽的1 Hz～1 MHz的低频信号发生器）、输出一定电压和功率的正弦波信号。低频信号发生器是用来产生标准低频正弦波信号的仪器，因此它应该满足下述要求：输出波形应尽可能地接近正弦波，非线性失真不应超过1%～2%；在信号发生器产生的整个频率范围内，输出信号的幅度应不随频率而变化；信号频率能在一定范围内连续调节或分段连续调节，而且输出频率要有较高的稳定性和准确度；输出信号电压应能连续调节，并且能准确地读出输出电压数值。

高频信号发生器可以输出正弦波电压或功率以及调幅波电压或功率，信号的频率范围一般在几百千赫兹以上。目前，高频信号发生器一般分为普通高频信号发生器和超高频信号发生器两大类。普通高频信号发生器频率范围为 100 kHz ~ 50 MHz，超高频信号发生器频率范围为 10 ~ 350 MHz。高频信号发生器应具有以下性能：高频信号发生器仪器本身应采取严密的屏蔽措施，以保证仪器内部信号不对外泄露，同时保证外部信号对内部不产生干扰。信号的输出频率要有较高的稳定性，并有精确的频率微调装置；信号输出的幅度变化受信号频率变化的影响较小。

6. 声级计

声级计是一种用来测定噪声的电子测量仪器，广泛用于各种机器、电器等工业噪声测量和环境噪声测量，适用于工厂企业、矿山、科研等部门的声测试领域。

声级计一般由电容式传声器、前置放大器、衰减器、放大器、频率计权网络及有效值指示表头等组成。由传声器将声音转换成电信号，再由前置放大器变换阻抗，使传声器与衰减器匹配。放大器将输出信号加到计权网络，对信号进行频率计权（或外接滤波器），然后再经衰减器及放大器将信号放大到一定的幅值，送到有效值检波器（或外按电平记录仪），在指示表头上给出噪声声级的数值。

按照声级计灵敏度可将其分为两大类：一类是普通声级计，另一类是精密声级计。按照声级计的用途也可将其分为两类：一类用于测量稳态噪声，另一类则用于测量脉冲噪声。

7. 高温热风枪

近年来设计制造的监控设备中，SMT 表面贴装技术得到了广泛应用。对于这类电路板，仅用普通电烙铁无法对板上的电子元件进行拆装，如果使用高温热风枪，则维修这类线路板时，不少难题可迎刃而解。高温热风枪输出功率高达 1000 W，温度达 450 ℃，效果好，易操作，可用于熔锡、解冻、除漆、收缩管加热、催化剂黏合等无火高温加热。在日常维修中应用高温热风枪简单、高效，可提高工作速度。

8. 消静电吸锡枪

消静电吸锡枪是专门为多层电路板除锡而设计的，能提供更大热能，内置真空泵，吸锡开始 0. 1 s 后吸嘴入口吸力达到 46 kPa，吸锡开始 0. 38 s 后吸嘴入口吸力能高达 66 kPa。较传统吸锡器的吸力强大，从而使吸锡工作更有效率、更安全。在维修工作中使用吸锡枪后，工作效率明显提高，特别是在焊接多面板时，拆装方便、清洁，且吸锡枪由消静电材料制成，能避免电子零件及电路板因静电而受损。

9. 热熔胶枪

热熔胶枪采用热线绕圈式发热元件，即开即热，操作过程中温度不会降低，回热快，可不间断连续使用。操作时，只需插入胶条，瞬间便能将胶料熔化，轻按扳手即能挤出熔胶，快速使物件固定。并且有调温控制功能，能够适当控制熔胶的黏度，可使用多种胶条黏合电子零件。维修工作中，在需要稳固电容、电阻、变压器、线圈尾部等情况下使用热熔胶枪，能够使焊接部分更牢固和绝缘。

10. 热缩管

在传统的维修工作中，仪器焊接之后一般用绝缘胶布进行包扎，时间长了胶布易脱开，既不美观又不安全。使用热缩管进行维修时，可以根据焊接部位的大小不同，选择相应规格的热缩管，将其套在焊接好的部位，并用热风枪进行高温加热，就起到了较好的绝缘、耐高压作用。

11. 清洁剂、松动剂

清洁剂、松动剂具有无水乙醇无法替代的作用。清洁剂可清除电气设备上的油污、水分等物质，耐高压 25 kV，不损害电气设备的材质和电气特性，具有除油污力强、能够充分挥发、干燥后不留残渣、安全无腐蚀性的特点。松动剂含有高效渗透剂，松动迅速，并有助于防止进一步腐蚀，具有特优的保护性和润滑性；能松动固死的螺帽及其他螺纹连接件；对金属、橡胶等均没有损害。固死的螺栓喷射松动剂后等待 5 ~ 10 s 使其渗透，松动效果显著，有助于拆卸设备，从而给维修工作带来了方便。

12. 焊接工具

焊接是电子产品组装过程中的重要环节之一。如果没有相应的焊接工艺质量保证，那么任何一个设计精良的电子装置都难以达到设计指标。

主要焊接工具有电烙铁、热吹风机，辅助工具有焊锅、助焊剂（焊油）、酒精、清洁布、吸锡枪、钩子、镊子、剪子、显微镜、空心针头等。

为保证焊接质量，在焊接时，必须做到以下几点：

（1）焊接表面必须保持清洁。即使是可焊性好的焊件，由于长期存储和污染等原因，焊件的表面也可能会产生有害的氧化膜、油污等。所以，在实施焊接前必须清洁表面，否则难以保证质量。

（2）焊接时温度、时间要适当，加热要均匀。焊接时，将焊料和被焊金属加热到焊接温度，使熔化的焊料在被焊金属表面浸湿扩散并形成金属化合物。因此，要保证焊点牢固，一定要有适当的焊接温度。在足够高的温度下（一般为

200～300 ℃)，焊料才能充分浸湿，并充分扩散形成合金层。但是温度也不应太高，过高的温度不利于焊接，且容易损坏元件。焊接时间对焊锡、焊接元件的浸湿性、结合层形成都有很大的影响。准确掌握焊接时间是优质焊接的关键。

（3）焊点要有足够的机械强度。为了保证被焊件在受到振动或冲击时不至于脱落、松动，要求焊点要有足够的机械强度。为使焊点有足够的机械强度，一般可采用把被焊元件的引线端子打弯后再焊接的方法，但不能用过多的焊料堆积，否则容易造成虚焊或焊点与焊点之间的短路。

（4）焊接必须可靠，保证导电性能。为使焊点有良好的导电性能，必须防止虚焊。在焊接时，如果只有某些部分形成合金，而其余部分没有形成合金，则这种焊点在短期内也能通过电流，使用仪表测量也很难发现问题。但随着时间的推移，没有形成合金的表面就会被氧化，此时便会出现时通时断的现象，这势必造成产品的质量问题。总之，质量好的焊点光亮、平滑、焊料层均匀薄润，且与焊盘大小比例合适，其结合处的轮廓隐约可见、焊料充足、无裂纹、无针孔、无线路板焊剂残留物、电器元件相互之间不能相碰。

（5）印刷电路板焊接时，应注意以下事项：

① 用手拿印刷电路板时，应拿印刷电路板的四角或边缘，避免手接触到焊点、元件和连接器。

② 手上的油渍和污迹会影响焊接过程的顺利进行，焊接点的周围将被氧化。

③ 焊接时不要使用过大的力，不要把烙铁头当成改锥等工具。

④ 尽量使用烙铁头温度较高、受热面积较大的部分焊接。应先将烙铁头清理干净后再开始焊接，不用时将烙铁手柄放回到托架上并拔出电源插头。

第八节　煤矿安全监控系统应急预案

安全监控系统一旦发生重大故障甚至事故，会对安全生产造成重大影响。及时采取措施，组织人员按照应急预案迅速作出响应、进行处置，使故障、事故及时得到有效控制，对煤矿安全生产具有重大意义。为此，应根据矿井实际情况，科学编制安全监控系统应急预案，并强化预案的贯彻和管理。

一、编制目的

安全监控系统应急预案，是避免突发紧急情况发生时出现混乱，确保按照合理的响应流程采取适当的救援措施，正确、有效、快速地处理安全监控系统重大故障事件，最大限度地减少安全监控系统出现重大故障时对煤矿正常生产带来的影响，避免造成事故隐患，保证矿井安全生产。

二、编制依据

安全监控系统应急预案的编制应有明确的依据，主要包括：

(1)《煤矿安全规程（2016)》。

(2)《煤矿安全监控系统及检测仪器使用管理规范》(AQ 1029—2019)。

(3)《煤矿安全监控系统通用技术要求》(AQ 6201—2019)。

(4)《煤矿安全监控系统使用管理实施细则》。

(5) 上级有关安全监控系统的文件、管理办法和规定。

(6) 本矿安全生产方针政策、管理规定，以及生产技术条件、安全监控系统的特点、现状及布局等。

三、应急处置原则

在煤矿主要技术负责人统一指挥和协调下，通过应急指挥机构和调度机构，按照统一协调、各负其责的原则，建立事故应急处理体系，组织开展事故处理、事故抢险，协调恢复应急救援等各项应急工作。在系统事故处理和控制过程中，将保证采掘工作面的安全放在首要位置，采取各种必要手段防止事故的进一步扩大，将故障控制在最小范围。

四、组织机构

成立煤矿安全监控系统重大故障应急领导组，统一领导安全监控系统故障应急处置工作，负责研究制定事故、故障处理方案，以及事故期间的安全措施。

煤矿主要技术负责人任组长，安监部门、调度部门、机电部门、运输部门、生产部门、监控中心分管领导任副组长。

办公室设在监控中心，监控中心主任担任办公室主任，并开通应急处理专用电话。

五、职责分工

安监部门负责监督事故、故障处理期间安全措施的执行情况，分析查处事故责任人。

调度部门传达命令，指挥各级调度，协调事故处理。

机电部门负责组织相关技术人员配合安全仪器监测工查看监控设备的供电

情况。

运输部门负责按需要给查处故障的相关人员配备车辆。

生产部门负责指挥各生产队组执行好故障期间制定的安全措施，配合监控人员进行故障、事故的查处。

监控中心负责事故查处所需人员、材料、配件的组织，指挥协调处理过程，制定监督执行故障期间安全措施。

监控中心当日值班长协调组织人员进行故障处理，监督落实故障期间安全措施的执行。

监控中心技术主管负责事故、故障原因的分析、处理，人员协调、组织，指挥故障处理，制定相关安全措施。

监控队长、技术员负责事故、故障分析，组织、指挥、带领人员处理。

监控中心站值班人员负责事故、故障发生的第一时间及时汇报，与事故处理人员及时通达情况。

故障地点人员要听从调度指挥，执行好故障期间各项安全措施。

六、故障分级

按照安全监控系统故障范围和事故严重程度，将监控系统故障分为Ⅰ级特别重大故障和Ⅱ级重大故障两个事故状态等级。

（一）Ⅰ级特别重大故障

发生下列情况之一，为Ⅰ级特别重大故障状态：

（1）因监控主机、传输接口、服务器、主要通信线缆或其他因素发生严重故障，造成监控系统通信信号中断，全矿井的监控盲区范围运到事故前20%以上。

（2）因采区主通信线缆、监控分站、供电系统等因素发生故障，造成该采区监控系统通信信号中断，不能实施有效监测监控范围达到事故前的40%以上。

（二）Ⅱ级重大故障状态

发生下列情况之一，为Ⅱ级重大故障状态：

（1）安全监控系统运行过程中，因监控主机、传输接口、主要通信线缆或其他因素发生严重事故，造成安全监控系统通信信号中断，全矿井的监控盲区范围达到事故前5%以上、20%以下。

（2）因采区主通信线缆、监控分站、供电系统等因素发生故障，造成该采区安全监控系统通信信号中断，不能实施有效监测监控范围达到事故前的20%以上、40%以下。

(3) 因安全监控系统本身故障，造成与监控系统相连接的重要机电设施、设备发生大面积停电事故，不能及时处理的。

(4) 传感器、断电器等监控设备，安装数量不足、位置不正确、设置不符合规程规定，并在8 h以内不能补充完善的。

七、应急响应

(一) Ⅰ级特别重大故障事件响应

1. 事件报告

(1) 发生Ⅰ级特别重大故障事件时，监控中心应将故障范围、现有状态、影响范围等有关情况立即报告应急领导小组、调度室、通风部门和矿值班领导。

(2) 应急领导小组组长主持召开紧急会议，就有关重大应急问题作出决策和部署，并立即启动应急预案。

(3) 发生Ⅰ级特别重大故障事件时，应及时召集、通知井下生产队组、通风部门采取安全防护措施。

2. 应急处置

(1) 安全监控系统的恢复，发生Ⅰ级特别重大故障事件后，监控中心要积极组织、尽快恢复安全监控系统的正常运行，并应及时通知厂方服务人员。

(2) 监控系统恢复过程中，调度室与机电部门应协调解决监控系统的正常供电，闭锁机构的安全稳定。

(3) 监控系统恢复过程中，通风部门应立即采取各种安全措施，加强瓦斯检查，机电部门负责电气安全管理。

(4) 监控中心立即启动备用设备，按程序投入运行，并及时分段检查通信线路，将故障范围缩到最小。

(5) 监控系统恢复过程中，维护工在接到事故报警后，在当班队长的指挥下，立即进行应急处理。

(6) 地面检修人员和材料管理员，必须保证各种设备、材料、仪器的性能完好，及时、足量保障供应和运输。

(二) Ⅱ级重大故障事件响应

1. 事件报告

(1) 发生Ⅱ级重大故障事件时，监控中心应将故障范围、现有状态、影响范围等有关情况立即报告调度室、通风部门。

(2) 发生Ⅱ级重大故障事件时，应及时召集、通知井下生产队组、通风部门采取安全防护措施。

2. 应急处置

（1）安全监控系统的恢复，发生Ⅱ级重大故障事件后，监控中心要积极组织、尽快恢复煤矿安全监控系统的正常运行，并应及时通知系统服务人员。

（2）监控系统恢复过程中，调度室与机电部门应协调解决监控系统的正常供电，闭锁机构的安全稳定。

（3）监控系统恢复过程中，通风部门应立即采取各种安全措施，加强瓦斯检查，机电部门负责电气安全管理。

（4）监控部立即启动备用设备，按程序投入运行，并及时分段检查通信线路，将故障范围缩到最小。

（5）监控系统恢复过程中，维护工在接到事故报警后，在当班队长的指挥下，立即进行应急处理，巡检工作顺延后推。

（6）地面检修人员和材料管理员，必须保证各种设备、材料、仪器的性能完好，及时、足量保障供应和运输。

八、应急保障

（一）技术保障

全面加强技术支持部门的应急基础保障工作，集中全部的技术力量，成立重大故障处置小组，对故障进行分析、决策和预测。日常要增加技术培训和投入，研究、学习监测监控方面的先进经验，不断完善煤矿安全监控系统重大故障应急技术保障体系。

（二）装备保障

监控中心在积极利用现有装备的基础上，根据应急工作需要，建立和完善救援装备数据库和调用制度，配备必要的应急救援装备，并保证救援装备始终处于随时可正常使用的状态。

（三）人员保障

加强监控系统的准确调度、安全生产管理、事故救援队伍建设，通过日常技能培训和模拟演练等手段，提高维护人员的业务素质、技术水平和应急处置能力。监控中心领导和技术人员必须保持手机 24 h 畅通，接到事故报警后，立即赶赴现场。

九、培训和演习

监控中心要组织员工对应急预案进行学习和演练，通过日常培训，来提高维修、维护人员的业务知识水平和应对突发事件的能力。

应急领导小组办公室至少每年协调组织一次应急演练，以加强和完善通风、机电、监控部门之间的协调配合工作。

十、事故后期调查

煤矿安全监控系统发生重大故障后，由煤矿主要技术负责人牵头组织监控中心、通风、机电、安监、生产等部门，对事故发生的原因进行调查。应客观、公正、准确地查清事故原因、发生过程、恢复情况、事故损失等。

十一、防范措施

加大对煤矿安全监控系统设备日常的检查、调试和维护，必须每天检查监控设备及线缆是否正常。

根据生产的实际情况，如进出架、实施工程等要提前将通信线缆保护好。

明确责任，设备、线缆管理落实到人，并留有记录，发现问题要严肃查处。

按规定定期维护井下交换机，更换井下监控分站和传感器上井检修。

第九节　煤矿安全生产标准化

煤矿安全生产标准化是煤矿安全生产的基础，也是煤矿企业一切生产与经营活动的基础。同时，安全生产标准化建设对提高企业的核心竞争力具有至关重要的作用，在安全监控系统及其使用维护管理中推进标准化也具备十分重要的作用和意义。

一、安全生产标准化的重要工作

虽然安全生产标准化工作十分重要，在煤矿安全生产发挥着十分重要的作用，但在实际执行过程中还存在诸多问题，主要表现在：干部职工对安全生产标准化认识还不高，氛围还不浓厚；管理不到位、作业现场动态达标不能完全实现的现象比较常见；安全生产标准化投入不能完全保证等。针对安全生产标准化工作中存在的问题，应从以下几方面做好安全生产标准化建设工作：

（1）深刻认识做好煤矿安全生产标准化工作，是落实煤矿安全生产主体责任的必然要求，也是煤矿提高安全保障水平的根本途径。从责任划分到标准的制定，从标准化工作内容到程序，从监督检查到奖惩，都要符合法律规范。从企业到基层生产单位，甚至到普通员工，都要自觉做到依法办事，把安全生产标准化工作纳入法治轨道。

（2）对于安全生产过程中的重点环节和关键环节，煤矿企业要从人员、设备、资金和技术上加大投入，科学决策，建立应急救援系统，着重对事故多发点和管理薄弱点进行整改，并坚持定期和随机相结合的形式，对整改内容进行抽查，严格考核，保障安全质量标准化工作的成效。

（3）要防止安全生产标准化矿井流于形式，要保证实施，从点到面全局考虑，从整体到细节逐步拿出可行性的实施方案，不遗余力地提高现代煤矿企业的安全生产水平。

二、实现安全监控标准化达标的有效途径

安全监测监控作为煤矿安全生产的重要工作，实现安全监控系统及设备设计选型、安装施工、运维管理、维护保养、检测检修等各项工作的标准化，对安全监控系统的连续稳定具有重要作用。安全监控标准化是煤矿安全生产标准的主要内容。

实现安全监控标准化，应从以下诸方面入手：

（1）在装备设置方面，按照煤矿采（盘）区设计、采掘作业规程和安全技术措施中对安全监控设备的种类、数量、位置、报警浓度、断电浓度、复电浓度、电缆敷设等进行设置，符合《煤矿安全规程》规定；监控设备性能、仪器精度符合要求，并实行挂牌管理；每日检查矿井安全监控系统的“风电、甲烷电、故障”闭锁及手动控制断电闭锁功能和实时上传监控数据的功能；主机双机热备，连续运行；中心站设双回路供电，在线式不间断电源；每季度检查站内设备接地和防雷装置；监控中心设有录音电话，录音保存3个月以上；认真检修监控设备，保证井下监控设备的完好率为100%，待修率不超过20%，并认真填写各项记录；加大资金投入，保证传感器、分站备用量不少于应配备数量的20%。

（2）调校测试方面，每月对安全监控设备至少测试1次。定期在设备设置点对甲烷传感器使用标准气样和空气样进行调校和闭锁试验，采用载体催化原理的甲烷传感器每15天、采用激光原理的甲烷传感器每6个月至少调校1次，有现场调校记录；一氧化碳传感器、风速传感器、温度传感器等其他传感器按使用说明书要求定期调校。甲烷电闭锁和风电闭锁功能至少每15天测试1次，特别注意，对可能造成局部通风机停电的，每半年测试1次，不得对局部通风机进行故障闭锁控制，并有测试签字记录。

（3）监控设备方面，安全监控系统显示和控制终端设置在矿调度室，24 h有监控人员值班；值班人员发现安全监控设备中断运行或者出现异常情况，应尽快查明原因，采取措施及时处理，其间工作地点应采用人工检测，并有记录。

（4）资料管理方面，按照规程和标准的规定，建立完善安全监控设备台账、安全监控设备故障登记表、检修记录、巡检记录、传感器调校记录、中心站运行日志、安全监控日报、报警断电记录月报、甲烷超限断电闭锁和甲烷风电闭锁功能测试记录、安全监控设备使用情况月报等，安全监控日报表应经矿长、总工程师签字；建立监控系统数据库，系统数据有备份并保存 2 年以上。

（5）监督检查方面，安全生产标准化的检查实行动态检查，安全生产标准化办公室要将每次检查的记录及时存档管理，作为评级考核的依据；对于每次查出的问题，能立即整改的要立即整改；一时不能整改的，由安全生产标准化办公室统一下发整改通知单，限期整改，并进行监督检查。

三、安全监控标准化检查方法

目前，安全监控标准化属通风专业安全生产标准化的组成部分，只要出现重大事故隐患，本专业一票否决。同时，原国家煤矿安全监察局煤安监行管〔2020〕16 号文件印发的《煤矿安全生产标准化管理体系考核定级办法（试行）》和《煤矿安全生产标准化管理体系基本要求及评分方法（试行）》明确了相关检查方法。

（一）安全监控重大隐患判定及检查方法

《煤矿重大事故隐患判定标准》（应急管理部令第 4 号）规定的重大事故隐患，涉及安全监控重大事故隐患的分别归属高瓦斯矿井的重大事故隐患和其他重大事故隐患。

1. 高瓦斯矿井安全监控重大事故隐患

“高瓦斯矿井未建立瓦斯抽采系统和监控系统，或者系统不能正常运行”重大事故隐患情形之二：未按照国家规定安设、调校甲烷传感器，人为造成甲烷传感器失效，或者瓦斯超限后不能报警、断电或者断电范围不符合国家规定的。

（1）本条中“未按照国家规定安设甲烷传感器”，是指存在下列情形之一的：

违反《煤矿安全规程（2016）》第四百九十九条有关规定，下列地点未设置甲烷传感器的：

① 采煤工作面及其回风巷和回风隅角，高瓦斯和突出矿井采煤工作面回风巷长度大于 1000 m 时回风巷中部。

② 煤巷、半煤岩巷和有瓦斯涌出的岩巷掘进工作面及其回风流中，高瓦斯和突出矿井的掘进巷道长度大于 1000 m 时掘进巷道中部。

③ 突出矿井采煤工作面进风巷。

④ 采用串联通风时，被串采煤工作面的进风巷，被串掘进工作面的局部通

风机前。

⑤ 采区回风巷、一翼回风巷、总回风巷。

⑥ 使用架线电机车的主要运输巷道内装煤点处。

⑦ 煤仓上方、封闭的带式输送机地面走廊。

⑧ 地面瓦斯抽采泵房内。

⑨ 井下临时瓦斯抽采泵站下风侧栅栏外。

⑩ 瓦斯抽采泵输入、输出管路中。

违反《煤矿安全规程（2016）》第五百条有关规定，突出矿井在下列地点未设置全量程或者高低浓度甲烷传感器的：

① 采煤工作面进、回风巷。

② 煤巷、半煤岩巷和有瓦斯涌出的岩巷掘进工作面回风流中。

③ 采区回风巷。

④ 总回风巷。

违反《防治煤与瓦斯突出细则》第三十二条有关规定，实施防突措施钻孔时，在钻机回风侧 10 m 范围内未设置具备超限报警断电功能的甲烷传感器的。

违反《防治煤矿冲击地压细则》第三十九条有关规定，具有冲击地压危险的高瓦斯矿井，采煤工作面进风巷（距工作面不大于 10 m 处）未设置具有超限报警断电功能的甲烷传感器的。

（2）本条中“未按照国家规定调校甲烷传感器”，是指甲烷传感器未调校或者未按规定周期调校的。

（3）本条中“人为造成甲烷传感器失效”，是指采取堵塞、包裹或风吹甲烷传感器进气口，或者故意不按规定位置悬挂甲烷传感器等方式，造成甲烷传感器失效的。

（4）本条中“瓦斯超限后不能报警、断电或者断电范围不符合国家规定”，是指报警功能、甲烷电闭锁功能失效，造成甲烷超限后不能报警、不能切断控制范围内非本质安全型电气设备电源的。甲烷超限的报警、断电范围不符合《煤矿安全规程（2016）》第四百九十八条有关规定，即甲烷传感器的设置地点、报警浓度、断电浓度和断电范围不符合《煤矿安全规程（2016）》中表 18 要求的。

（5）检查方法：查监控系统运行维护及故障维修记录。

2. 其他重大事故隐患

“其他重大事故隐患”情形之六：矿井未安装安全监控系统、人员位置监测系统或者系统不能正常运行，以及对系统数据进行修改、删除及屏蔽，或者煤与瓦斯突出矿井未按照国家规定安设、调校甲烷传感器，人为造成甲烷传感器失效，或者瓦斯超限后不能报警、断电或者断电范围不符合国家规定的。

（1）本条中“系统不能正常运行”，是指安全监控系统、人员位置监测系统因故障不能发挥应有监控、监测作用，未及时处理故障，且未按照《煤矿安全规程（2016）》第四百九十二条第三款要求，采用人工监测等补救安全措施，并填写故障记录的。

（2）检查方法：查监控系统图、甲烷传感器调校记录、控系统故障处理记录、瓦斯检查日报表、甲烷超限断电报警月报表。

（二）安全监控标准化各项要求的检查方法

根据《煤矿安全生产标准化管理体系基本要求及评分方法（试行）》的相关规定进行检查，主要包括装备设置项目、调校测试项目、监控设备项目和资料管理项目的检查。

1. 装备设置项目检查方法

井下现场检查煤矿安全监控系统“三闭锁”及手动控制断电闭锁功能和实时上传监控数据的功能，被检地点的监控设备的种类、数量、位置、报警点、断电点、复电点、电缆敷设及设备完好率等是否符合要求，系统装备是否实行挂牌管理。

地面检查监控主机是否双机热备，中心站是否设双回路供电、不间断电源、接地、防雷装置和录音电话，全矿井监控设备的种类、数量、位置、报警浓度、断电浓度、复电浓度，设备的备用量和待修率是否符合标准。

对每项规定的评分办法进行打分。

2. 调校测试项目检查方法

井下现场进行传感器的标校和“三闭锁”测试，同时检查安全仪器监测工的操作程序、熟练程度。

在地面中心站随机抽取近 3 个月的甲烷传感器、一氧化碳传感器、风速传感器和温度传感器的调校和断电闭锁历史数据，查询是否符合标校和“三闭锁”测试的相关规定，检查甲烷电、风电闭锁调校测试记录是否打印、审核签字。

对照每项规定的评分办法进行打分。

3. 监控设备项目检查方法

在矿调度室现场检查系统的显示和控制功能，查询 3 个月监控设备中断运行或者出现异常情况，异常情况是指甲烷超限报警、断电、馈电状态异常以及传感器或者分站无数据显示等情况，检查故障登记记录是不是全面，有没有原因分析，采取没采取措施，故障处理及时不及时。

对照每项规定的评分办法进行打分。

4. 资料管理项目检查方法

查阅系统运行状态记录、运行日志和安全监控日报表等记录是否全面，是否存在漏报，安全监控日报表是否经矿长、总工程师签字，监控系统数据库数据备份保存时间是否符合要求。

对照每项规定的评分办法进行打分。

四、通风安全生产标准化（安全监控部分）评分标准

根据《煤矿安全生产标准化管理体系基本要求及评分方法（试行)》，安全监控部分评分标准见表4－27。

表4－27　安全监控安全生产标准化评分表

项目	项目内容	基　本　要　求	标准分值	评　分　办　法	得分
安全监控（100分）	装备设置	1. 矿井安全监控系统具备“风电、甲烷电、故障”闭锁及手动控制断电闭锁功能和实时上传监控数据的功能	15分	查现场和资料。系统功能不全扣5分，其他1处不符合要求1处扣2分	
		2. 安全监控设备的种类、数量、位置、报警浓度、断电浓度、复电浓度、电缆敷设等符合《煤矿安全规程》规定，设备性能、仪器精度符合要求，系统装备实行挂牌管理	15分	查现场和资料。报警、断电、复电1处不符合要求扣5分；其他1处不符合要求扣1分	
		3. 安全监控系统的主机双机热备，连续运行。当工作主机发生故障时，备用主机应在60 s内自动投入工作。中心站设双回路供电，并配备不小于4 h在线式不间断电源；站内设备设应有可靠的接地和防雷装置，监控使用设有录音电话，录音保存3个月以上	15分	查看现场和资料。不符合要求1处扣2分	
		4. 井下监控设备的完好率为100%，有监控设备台账，传感器、分站备用量不少于应配备数量的20%，待修率不超过20%	10分	查看现场和资料。1台设备不符合要求扣2分	
	调校测试	安全监控设备每月至少调校、测试1次。甲烷传感器应使用标准气样和空气样在设备设置点调校，采用载体催化原理的甲烷传感器每15天、采用激光原理的甲烷传感器每6个月至少调校1次，有现场调校记录；一氧化碳传感器、风速传感器、温度传感器等其他传感器按使用说明书要求定期调校。甲烷电闭锁和风电闭锁功能每15天测试1次，其中，对可能造成局部通风机停电的，每半年测试1次，并有测试签字记录	15分	查现场和资料。不符合要求1处扣2分	

表 4-27（续）

项目	项目内容	基 本 要 求	标准分值	评 分 办 法	得分
安全监控（100 分）	监控设备	1. 安全监控设备中断运行或者出现异常情况，查明原因，采取措施及时处理，其间采用人工检测，并有记录	10 分	查现场和资料。不符合要求 1 处扣 5 分	
		2. 安全监控系统显示和控制终端设置在矿调度室，24 h 有监控人员值班	10 分	查看现场和资料。1 处不符合要求不得分	
	资料管理	有监控系统运行状态记录、运行日志，安全监控日报表经矿长、总工程师签字；建立监控系统数据库，系统数据有备份并保存 2 年以上	10 分	查现场和资料。数据无备份或者数据库缺少数据扣 5 分，其他不符合要求 1 处扣 2 分	

第十节　煤矿安全监控系统的教育培训

安全仪器监测工属煤矿特种作业人员。为了提高特种作业人员的安全技术水平，防止和减少伤亡事故，国家有关法律规定，特种作业人员应当接受与其所从事的特种作业相应的安全技术理论培训和实际操作培训。煤矿安全监控系统是融合多门学科的高科技产品，技术应用复杂，对使用运维管理的要求高，加强安全监控系统的教育培训更具重要意义。

一、学习目标

煤矿安全监控系统培训，主要是培养安全仪器监测工等的专业能力、社会能力和方法能力。

（一）专业能力

专业能力是一个人成事的关键，是胜任特定职业所必须具备的能力，是进入职场后表现出的专业素质，是在职业生涯开始后管理职业的能力。每个职业都需要一定的特殊能力才能胜任。

煤矿安全监控系统是融计算机技术、通信技术、控制技术和电子技术为一体的高技术产品，功能复杂，技术难度高，使用与运维管理中必须与矿井采、掘、机、运、通等生产环节紧密结合，对安全监控人员的专业素质和技术能力提出较高要求。安全仪器监测工应具备下述专业能力：

（1）能正确按矿井通风系统图布置井下交换机、监控分站和各类传感器。

（2）能熟练连接井下交换机和光缆，进行工业以太环网的组网，设置数据转换模块的地址。

（3）能熟练连接传感器和馈电断电器至监控分站指定的通道，正确连接断电器至防爆开关控制线路。

（4）能熟练对监控分站进行调试，正确处理监控分站、传感器、馈电断电器常见故障。

（5）能熟练对传感器进行调校和闭锁试验。

（6）能正确安装中心站监控软件，熟练进行用户添加及删除，设置中心站测点，制作动态效果图，配置多系统融合和应急联动的关联关系，设置同上一级管理部门联网参数，正确处理系统联网故障等。

（二）社会能力

社会能力是一个人在社会中为适应生存、工作、学习等一切活动所必须具备的能力，是圆满完成一项任务所表现出来的特定行为，是能够完成一项任务的基础。安全仪器监测工应具备下述社会能力：

（1）良好的思想政治素质、行为规范和职业道德。

（2）良好的组织和协调能力。

（3）较强的口头与书面表达能力和人际沟通能力。

（4）良好的责任感和敬业精神。

（三）方法能力

方法能力是指从业者对从事职业活动所需要的专业知识、技能的掌握和运用水平，强调应用性、针对性。安全仪器监测工应具备下述方法能力：

（1）自学和探索煤矿安全监控系统设备使用的新技术、新知识的能力。

（2）分析和解决煤矿安全监控系统设备的使用、操作维护中存在的实际问题的能力。

（3）根据矿井通风系统图进行独立设计矿井安全监控系统的能力。

（4）查找有关资料、文献等取得信息的能力。

（5）较强的开拓创新能力。

二、培训课程设计

为保证培训效果，使安全仪器监测工通过培训能切实提升自身的业务能力，应有目的、有针对性、科学地进行培训课程的设计。

（一）设计思想

煤矿安全监控系统课程采用以行动为向导、基于工作过程的课程开发方法进行设计，整个学习领域由若干个学习情境组成。

学习情境的设计主要考虑以下因素：学习情境的设计要符合基于工作过程的教学设计思想的要求；学习情境的前后排序要符合安全仪器监测工认知规律，可以考虑从简单到复杂、从单一到综合的排序方法。

（二）培训办法

以煤矿安全仪器监测工《职业技能标准》为依据，以职业能力培养为核心，分析典型的工作任务，设计学习情境。以工作过程为导向，设计学习单元，每一个学习单元完成一个完整的工作任务。以典型的煤矿安全监控系统的软硬件为载体，以安全仪器监测工工作任务来驱动，设计课程的教学过程。

采用教、学、做为一体，项目导向，角色扮演，案例教学等相结合的模式，培训安全仪器监测工正确使用、操作和维护煤矿安全监控系统的技术方法和能力；按照《煤矿安全规程》和《煤矿安全监控系统及检测仪器使用管理规范》（AQ 1029—2019）等标准的规定要求，进行岗位操作，并着重培养安全仪器监测工的方法能力和社会能力。

（三）培训课程

根据煤矿安全监控系统的组成结构和基本特点，对其学习培训课程可按5个部分设计，共计65学时。

（1）监控设备的种类及应用，15学时。学习目标、学习内容及培训方法见表4-28。

表4-28　监控设备的种类及应用

监控设备的种类及应用		学时：15
学习目标： 1. 熟悉监控设备的种类。 2. 掌握矿井监测监控系统的组成。 3. 能正确布置采煤工作面甲烷传感器。 4. 能正确布置多条回风巷的采煤工作面甲烷传感器。 5. 能正确布置掘进工作面甲烷传感器。 6. 能正确布置机电硐室甲烷传感器。 7. 能正确布置其他传感器。 8. 熟悉常用安全监测监控系统的组成及原理		
学习内容		培训方法和建议
单元名称	任务载体	
安全监控系统的组成	监控系统设备布置图	角色扮演、多媒体辅助教学
安全监控系统设备布置	监控系统设备布置图	角色扮演、多媒体辅助教学
常用安全监控系统简介	监控系统设备布置图	角色扮演、多媒体辅助教学

（2）矿用传感器的使用，15 学时。学习目标、学习内容及培训方法见表 4－29。

表 4－29　矿用传感器的使用

矿用传感器的使用		学时：15
学习目标： 1. 能正确识别各类传感器。 2. 掌握环境传感器的用途、工作原理、主要技术指标，并能够正确调校。 3. 掌握环境监测传感器的用途、工作原理、主要技术指标，并能够正确调校。 4. 掌握设备传感器的用途、工作原理、主要技术指标，并能够正确调校。 5. 以典型煤矿安全监控系统（如 KJ379X 煤矿安全监控系统）的传感器为例进行讲授		
学习内容		培训方法和建议
单元名称	任务载体	
环境气体浓度传感	各类传感器	角色扮演、多媒体辅助教学
监测传感器	各类传感器	角色扮演、多媒体辅助教学
设备传感器	各类传感器	引导、演练、多媒体辅助教学

（3）井下监控分站、电源箱的安装与调试，15 学时。学习目标、学习内容及培训方法见表 4－30。

表 4－30　井下监控分站、电源箱的安装与调试

井下监控分站、电源箱的安装与调试		学时：15
学习目标： 1. 能正确识别分站类型。 2. 能正确识别分站显示窗显示内容的含义。 3. 掌握设备的连接和使用。 4. 能正确按照分站检查流程处理分站常见故障。 5. 掌握井下分站系统的安装与调试。 6. 能正确连接、使用矿用网络交换机。 7. 以典型煤矿安全监控系统的分站、电源箱、本安型交换机等为例进行讲授		
学习内容		培训方法和建议
单元名称	任务载体	
分站的结构及外观特征	典型分站	角色扮演、多媒体辅助教学
监控分站的电源箱	典型电源箱	角色扮演、多媒体辅助教学
矿用网络交换机	典型本安型交换机	角色扮演、多媒体辅助教学

（4）防雷器、远程断电馈电器、声光报警器的使用，10 学时。学习目标、

学习内容及培训方法见表4－31。

表4－31 防雷器、远程断电馈电器、声光报警器的使用

防雷器、远程断电馈电器、声光报警器的使用		学时：10
学习目标： 1. 掌握防雷电基础知识。 2. 能正确识别种类断电器。 3. 能正确识别远程断电和近程断电。 4. 能熟练连接断电器至分站。 5. 能正确连接馈电线路。 6. 能正确处理断电器常见故障。 7. 以典型煤矿安全监控系统的防雷器、断电器等为例进行讲授		
学习内容		培训方法和建议
单元名称	任务载体	
防雷电基础知识	典型防雷器	示教、多媒体辅助教学
通信线路防雷器	典型防雷器	示教、多媒体辅助教学
井下远程断电器	典型断电器	角色扮演、多媒体辅助教学

（5）安全监控系统软件的使用，10学时。学习目标、学习内容及培训方法见表4－32。

表4－32 煤矿安全监控系统软件的使用

煤矿安全监控系统软件的使用		学时：10
学习目标： 1. 能正确安装中心软件。 2. 能熟练对中心软件进行设置。 3. 能熟练进行用户添加及删除。 4. 能熟练制作图形界面。 5. 能对系统进行维护。 6. 能熟练完成查询打印。 7. 以典型煤矿安全监控系统（如KJ379X煤矿安全监控系统）的主控软件为例进行讲授		
学习内容		培训方法和建议
单元名称	任务载体	
系统设置	监控系统软件	角色扮演、多媒体辅助教学
图形界面制作	监控系统软件	角色扮演、多媒体辅助教学
系统维护	监控系统软件	角色扮演、多媒体辅助教学
监控信息显示查询打印	监控系统软件	角色扮演、多媒体辅助教学

三、再培训和继续教育

随着安全监测监控技术、网络技术、计算机技术的迅猛发展，技术装备日新月异，必须加强对队伍的继续教育，学习新知识，掌握新技术，促进知识的更新换代，促进知识的积累和业务水平的提高，更好地适应监控技术发展的要求。

安全仪器监测工特种作业操作证有效期内，连续从事本工种 10 年以上，严格遵守有关安全生产法律法规的，经原考核发证机关或者从业所在地考核发证机关同意，特种作业操作证的复审时间可以延长至每 6 年 1 次。

安全仪器监测工特种作业操作证需要复审的，应当在期满前 60 日内，由申请人或者申请人的用人单位向原考核发证机关或者从业所在地考核发证机关提出申请，并提交社区或者县级以上医疗机构出具的健康证明，从事特种作业的情况，以及安全培训考试合格记录。

安全仪器监测工特种作业操作证有效期届满需要延期换证的，应当按照规定申请延期复审。

安全仪器监测工操作证在申请复审或者延期复审前，应当参加必要的安全培训并考试合格。主要培训法律、法规、标准、事故案例和有关新工艺、新技术、新装备等知识。

四、考核评价

安全仪器监测工特种作业人员的考核包括考试和审核两部分。考试由考核发证机关或其委托的单位负责；审核由考核发证机关负责。考核发证机关或其委托的单位应当按照原国家安全监管总局、原国家煤矿安监局统一制定的考核标准进行考核。安全仪器监测工特种作业人员操作证由国家煤矿安全监察局统一式样、标准及编号，有效期为 6 年，在全国范围内有效。

参加安全仪器监测工特种作业操作资格考试的人员，应当填写考试申请表，由申请人或者申请人的用人单位持学历证明或者培训机构出具的培训证明向申请人户籍所在地或者从业所在地的考核发证机关或其委托的单位提出申请。考核发证机关或其委托的单位收到申请后，应当在 60 日内组织考试。

安全仪器监测工特种作业操作资格考试包括安全技术理论考试和实际操作考试两部分。考试不及格的，允许补考 1 次。经补考仍不及格的，重新参加相应的安全技术培训。考核发证机关或其委托承担特种作业操作资格考试的单位，应当在考试结束后 10 个工作日内公布考试成绩。

安全仪器监测工特种作业人员操作证遗失的，应当向原考核发证机关提出书面申请，经原考核发证机关审查同意后，予以补发。

安全仪器监测工特种作业人员操作证所记载的信息发生变化或者损毁的，应当向原考核发证机关提出书面申请，经原考核发证机关审查确认后，予以更换或者更新。

安全仪器监测工特种作业人员申请复审的，考核发证机关应当在收到申请之日起20个工作日内完成复审工作。复审合格的，由考核发证机关签章、登记，予以确认；复审不合格的，说明理由。申请延期复审的，经复审合格后，由考核发证机关重新颁发特种作业操作证。

安全仪器监测工特种作业人员有下列情形之一的，复审或者延期复审不予通过：

（1）健康体检不合格的。

（2）违章操作造成严重后果或者有2次以上违章行为，并经查证确实的。

（3）有安全生产违法行为，并给予行政处罚的。

（4）拒绝、阻碍安全生产监管监察部门监督检查的。

（5）未按规定参加安全培训，或者考试不合格的。

申请人对复审或者延期复审有异议的，可以依法申请行政复议或者提起行政诉讼。

特种作业人员伪造、涂改特种作业操作证或者使用伪造的特种作业操作证的，特种作业人员转借、转让、冒用特种作业操作证的，依法追究责任。

第五章　煤矿安全仪器仪表

安全仪器仪表是煤矿安全风险防控、事故隐患排查治理以及为整个煤矿安全生产工作提供基础信息的重要工具，同时作为在线安全监测监控设备的重要补充，也是煤矿安全监测监控的重要组成部分，在煤矿安全生产中发挥着十分重要的作用。选好、用好、管好安全仪器仪表，对煤矿安全生产工作具有重要意义。

第一节　煤矿安全仪器仪表概述

近年来，随着安全监测监控技术发展和国家对煤矿安全监测监控要求的不断提高，煤矿安全仪器仪表发展迅速，数量和种类大幅增加，技术水平显著提升，国家相关标准、规范的出台有效规范了安全仪器仪表的使用并促进其重要作用的充分发挥。

一、煤矿安全仪器仪表的发展

煤矿安全仪器仪表主要用于检测、监测有毒有害气体、环境状况和设备设施的工作状态，是保证煤矿安全生产的基础工具。近年来，随着煤炭科技进步、煤矿安全生产工作的不断深入，煤矿安全仪器仪表得到快速发展。

（一）煤矿安全仪器仪表的发展历程

我国煤矿对有毒有害气体的检测始于19世纪50年代，曾使用小动物判别等办法来检测有毒有害气体，后来发展了气体检测管；20世纪50年代中叶，出现了基于光学原理的光干涉式瓦斯测定器；20世纪60年代末，研发了数显式便携仪器仪表和传感器，对 CH_4、O_2、CO_2、CO、H_2S 等气体浓度及环境温度、湿度、大气压力、风速等进行检测或监测。其后，国家对安全仪器仪表发展的高度重视、科技进步及相关产品标准的升级换代，促进了安全仪器仪表稳定性、可靠性、测量精度、抗干扰能力等的逐步提升，基于催化燃烧和电化学原理的气体检测仪器仪表的稳定性由最初的7天提高到15天，个别达到21天。

“十一五”期间，国家科技支撑计划重点支持了新型安全参数测定技术、高可靠性传感技术、自诊断技术、安全检测仪表无线接入技术等的发展，研制的红外原理便携式仪器仪表，解决了抗干扰设计、温度补偿、防尘防水结构等技术难题，实现了测量误差为真值的 ±10% 、响应时间小于或等于 12 s、工作稳定性大于或等于 12 个月、寿命大于或等于 5 年；粉尘类便携式仪器仪表测量范围 0 ~ 500 mg/m^3 或 0 ~ 1000 mg/m^3 、测量误差小于或等于 15% 、传输距离大于或等于 1500 m；井下物探设备的探测精度、灵敏度等也有显著提高。

2012 年开始，我国大力开展风向、光纤光栅仪器仪表以及激光原理在煤矿甲烷检测报警仪/测定器中的应用研究，以实现对风流风向、温度、应变等物理量的直接测量。在有关企业和科研院所的推动下，光纤光栅传感技术逐步进入煤矿领域，该技术具有无源本质安全防爆、抗电磁干扰、长距离信号传输、长期稳定性好、多参量并行检测等显著优势，在煤矿井下阴暗潮湿、振动大、电磁干扰复杂、存在易燃易爆气体、粉尘等恶劣环境下具有独特优势。

激光传感技术是 21 世纪高速发展的新技术，自 2000 年起国内陆续有部分科研院校开始研究激光甲烷传感器和便携式仪表。研发初期，关键技术一直得不到突破，核心部件激光器需从国外进口，价格高昂，且仪器体积大、功耗高，严重制约其推广使用。自 2010 年起，以大连艾科科技开发公司、山东微感光电子有限公司等为代表的高科技企业投入巨资，研究激光甲烷传感器件及相关的关键技术，经过多年科技攻关，攻克了激光器非线性因素消除技术、激光波长精密控制技术难关，突破了超低功耗激光器的制造技术，掌握了高可靠性激光器的设计和封装技术，微弱信号检测技术，以及温度、压强补偿技术等重要关键技术，成功开发出甲烷气体检测专用低功耗激光器，并研制出激光甲烷气体检测元件、激光甲烷传感器、激光甲烷检测报警仪、激光甲烷遥测仪等系列产品。基于激光原理的检测仪器仪表的测量精度为 ±0. 05% 、响应时间小于 12 s、工作稳定性大于或等于 6 ~ 12 个月、使用寿命大于或等于 5 年。

（二）煤矿安全仪器仪表相关标准规范的发展

煤矿安全仪器仪表技术水平和性能的提升，对保障和促进煤矿安全生产具有重要作用。为进一步提高煤矿安全生产水平，国家有关部门加大了煤矿安全仪器仪表技术标准的建设力度，2005 年以后先后发布并实施了《光干涉式甲烷测定器》(MT 28—2005)、《煤矿用携带型电化学式一氧化碳测定器》(MT 703—2008)、《煤矿用携带型电化学式氧气测定器》(MT 704—2008)、《便携式载体催化甲烷检测报警仪》(AQ 6207—2007)、《煤矿用硫化氢检测报警仪》(MT 1084—2008) 等一系列标准，有效促进了安全仪器仪表的规范发展和使用。各煤矿安全仪器仪表厂家根据国家和行业标准的要求，及时对产品进行了技术升级改造和新技术装备的摸索，使安全仪器仪表的稳定性、可靠性、测量精度、抗干扰能力等方面稳步提升。安标国家中心牵头起草的《激光甲烷测定器》《煤矿用无线甲烷传感器》等一批安全仪器仪表行业标准正在制定中，这将进一步促进和规范先进安全仪器仪表的生产制造及使用。

（三）煤矿安全仪器仪表的发展趋势

目前，我国安全仪器仪表产业正处于由传统型向新型仪器仪表发展的关键阶段，并呈现出微型化、多功能化、数字化、智能化、系统化和网络化发展的总趋势。可以预料，未来煤矿安全仪器仪表的发展方向将主要集中在以下诸方面：

（1）半导体激光吸收光谱技术越来越广泛地用于井下气体检测。在半导体激光吸收光谱技术成功用于甲烷检测的基础上，逐渐研发出测量乙烯、二氧化碳、氧气等的激光检测仪表。

（2）微型化、低功耗。随着科技发展和智能制造的稳步推进，未来的煤矿安全仪器仪表的集成度将更高，体积更小；随着新工艺、新材料的研发，整机功耗将大大降低。微型化和低功耗技术的发展将有利于提高仪器仪表的集成度、便携性和安全性，方便高安全防护等级设计，提高续航时间等。

（3）多参数、多功能和高集成化。随着半导体技术的发展，高集成度的安全仪器仪表必将成为发展的趋势，把多个功能不同的传感元件集成在一起，除可同时进行多种参数的测量外，还可对这些参数的测量结果进行综合处理，更有效地评价被测系统的整体状态，具有携带方便、成本低、维护使用简便等诸多优势。目前多家企业正在研发多参数检测便携式仪器仪表，甚至出现了可同时检测10 种气体的便携式检测仪。但目前多参数检测类设备还存在交叉干扰等影响设备安全使用的问题，需要进一步研究相关技术和方法。

（4）智能化。智能化的安全仪器仪表可实现对外部信息的自动检测、数据处理、逻辑判断，具有与主机互相对话的功能，可以自行选择最佳方案，能将已获得的大量数据进行分割处理，实现远距离、高速度、高精度传输，并具备自诊断和自适应能力。

（5）自存储和远程传输，实现定点监测与移动检测的有机融合。通过自存储和无线远程传输等技术，可实现便携式仪表移动检测与固定监测类装置、监控系统等的数据交换，以达到相互补充和完善的目的，使测量更加可靠和准确、覆盖面更广。

二、煤矿安全仪器仪表的主要类型

煤矿安全仪器仪表种类繁多，作用、特点各不相同。可根据使用形式、测量对象、作用原理或特点等进行分类。

（一）按使用形式分类

煤矿安全仪器仪表按使用形式，可分为便携式和固定式仪器仪表。后者又常称为传感器，包括模拟量传感器和开关量传感器。便携式仪器仪表和固定式仪器仪表的工作原理及特性基本相似，主要差别在于：

（1）便携式仪器仪表一般使用本安型电池组供电，体积小、质量轻、便于随身携带。固定式仪器仪表一般利用矿井本安型直流电源供电，不便于携带，用于井下固定地点。

（2）便携式仪器仪表一般只有显示输出，包括检测值显示和声光报警信号输出，在检测现场直接读数，无信号输出，不进行信号传输。而固定式仪器仪表有信号输出，可传输至井下分站或地面主机，部分也可就地显示输出。

（3）便携式仪器仪表由检测人员随身携带，间断式工作，其充电、维护保养、维修等工作在地面实验室进行。而固定式仪器仪表在井下连续运行，需要具备连续工作稳定性、抗电磁干扰能力和环境适应性（较高的 IP 等级），其调校、维护保养等工作只能在井下实地进行，且需要与分站、断电器等联动，实现风电、瓦斯电和故障闭锁等功能。随着智能传感等技术的发展，自诊断、自适应等功能逐渐成为各类传感器的基本要求。

（二）按测量对象分类

根据测量对象，可将安全仪器仪表划分为环境监测用气体测量类仪器仪表、环境监测用非气体测量类仪器仪表和其他类型仪器仪表。

（1）环境监测用气体测量类仪器仪表。该类仪器仪表主要用于测定煤矿井下环境中的氧气和各种有毒有害气体，主要包括测量 CH_4、O_2、CO、H_2S、CO_2 等气体的便携式仪器仪表。

（2）环境监测用非气体测量类仪器仪表。该类仪器仪表主要用于测量煤矿井下环境中的非气体环境参数，如粉尘、风速、温度、湿度、压差、噪声等。粉尘测量仪表用于测定井巷中的粉尘浓度和分散度，主要包括粉尘采样器、直读式粉尘浓度测量仪、粉尘粒度测量仪等；风速测量仪表用于测量井巷风速、风量，主要包括机械式、电子式、机械电子组合式等类型；温湿度测量仪表用于测定井下环境中的温度、湿度，包括温度测量仪表、湿度测量仪表等；噪声类测量仪表主要用于测量井下环境中的噪声，包括噪声检测仪、声级计等。

（3）其他类型仪器仪表。该类仪器仪表包括：设备状态测量仪器仪表（如检测设备运行速度、电流、电压、振动等的仪器仪表）、地质条件参数检测仪器仪表（如矿用无线电波坑道透视检测仪、矿用顶板压力监测传感器）、矿井测量仪器仪表（如矿用激光测距仪、全站仪等）、爆破网络全电阻检测仪、抽采钻孔封孔质量检测仪、钻孔深度锚杆长度检测仪、锚杆锚索无损检测仪、围岩形变检测仪、电磁辐射检测仪、故障谐波检测仪、光时域检测仪、电缆故障检测仪、提升机综合参数检测仪、带式输送机性能检测仪、钢丝绳输送带 X 射线检测仪、带式输送机载荷分布检测仪、煤量检测仪、液压支架活柱缩量检测仪、液压泄漏检测仪等。

（三）按测量原理分类

环境气体检测类仪器仪表按照工作原理分为光干涉原理、催化原理、激光原理、红外原理和电化学原理等。如光干涉甲烷测定器、催化燃烧甲烷检测报警仪、煤矿用激光甲烷检测报警仪/测定器、电化学式一氧化碳检测报警仪等。

环境非气体检测类仪器仪表按工作原理主要分为光电感应原理、光电脉冲原理、超声波原理、压电原理、红外辐射原理、湿敏原理等。如粉尘浓度测量仪、噪声检测仪、红外测温仪、温湿度检测仪等。

设备状态测量仪器仪表按工作原理分为霍尔原理、电磁感应原理、压电原理、光感应原理等，如速度传感器、液位传感器、光控传感器等。

地质环境监控仪表按工作原理分为电磁波原理、压电原理等，如矿用无线电波坑道透视检测仪、矿用顶板压力监测传感器等。

三、安全仪器仪表的基本组成及主要技术性能参数

煤矿安全仪器仪表种类繁多，但其基本组成和主要技术参数基本相似，功能也大同小异。

（一）基本组成

无论是便携式仪器仪表，还是固定式仪器仪表，其工作原理和特性基本相同，基本构成相近。便携式仪器仪表的基本构成如图5-1所示。

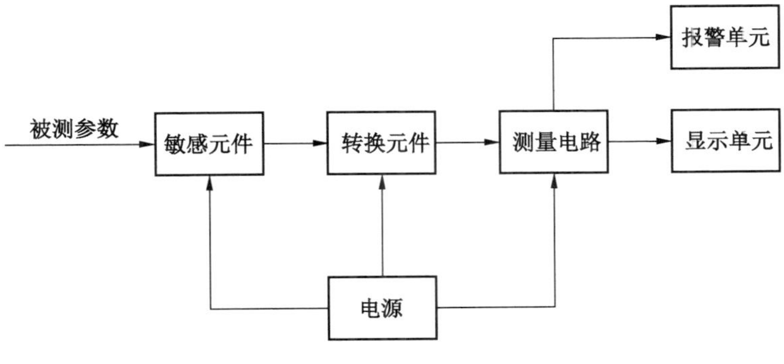

图5-1　便携式仪器仪表的基本构成

便携式仪器仪表主要由敏感元件、转换元件、测量电路、电源、显示单元、报警单元及外壳组成。煤矿安全监测监控领域通常将敏感元件和转换元件合称为传感元件。

敏感元件是将被测物理量转换为适于测量的电信号的装置。转换方式有直接和间接两种。热电偶可将温度变化转换为电势输出即为直接变换。有些敏感元件的输出并不是电量，需要通过转换元件将其变为电量，如载体催化元件将甲烷浓度变化转换为电阻值变化，再通过电桥将其变化为电压信号输出，即为间接变换。

测量电路的作用是对敏感元件输出的电信号进行放大、变换和处理，并输出标准信号。通常包括放大、非线性补偿、信号转换、显示和标准信号输出等电路。

显示单元的作用是将测量标准信号或报警信息进行显示，通常包括信号处理电路、显示电路等。

报警单元主要是将采集的标准信号与测量仪表设定的报警值进行比较，当超过设定的报警范围时，测量仪表则发出声光报警。

电源为整个测量仪表本安供电，一般使用可充电蓄电池，个别使用原电池。

（二）主要技术性能参数

各类安全仪器仪表均有基本技术要求，体现在主要技术性能参数上，包括量程、准确度、迟滞性、重复性、线性度、灵敏度等。随着安全仪器仪表的发展，续航能力、存储容量、无线传输性能等也得到越来越多的关注和重视。

1. 量程

量程是安全仪器仪表的主要特性，指仪器仪表所允许测量被测物理量的量值范围。一般用仪器仪表允许测量的物理量的上、下极限来表示，其中上限值又称满量程值，如催化燃烧式甲烷测定器的量程为（0.00～4.00)% CH_4 等，风速传感器的量程一般为0.3～15.0 m/s 等。

在实际使用中，应保证仪器仪表在规定的量程下工作。如被测物理量超出仪器仪表所规定的量程，则不能用其测量；否则，容易造成仪器仪表的损坏。

2. 准确度

准确度又称精度。任何检测仪表的测量结果都是被测物理量的近似表示，为此引入了精度的概念，表示仪器测量结果与被测实际值的接近程度。精度一般在校验或标定的过程中确定。

精度一般用极限误差来表示，如光干涉式甲烷测定器精度可表示为±0.05%、压力传感器的精度可表示为±1 kPa 等，或用极限误差与满量程值之比的百分数给出，如压力传感器的精度可表示为±1%。

3. 迟滞性

由于物理惯性，仪器仪表在输入量增大（正行程）或减小（反行程）时，对应同一输入值的输出值往往不同，产生迟滞现象。迟滞性是指仪器仪表在输入量增大（正行程）或减小（反行程）时，输出/输入曲线不重合的程度。在具有机械运动部件的叶轮式风速传感器中，迟滞性反映机械部件的某些缺损，如轴承摩擦和间隙、灰尘的积塞等。仪器仪表的迟滞性越小越好。

4. 重复性

由于仪器仪表的老化和磨损，在相同的工作状态下，重复输入一个相同的值时，仪器仪表的输出往往不同。重复性就是指仪器仪表在相同的工作状态下，重复地输入一个相同的值时，其输出的一致性程度。为保证仪器仪表测定的准确性，要求其重复性越高越好。

5. 线性度

为了标定和进行数据处理，保证测试的准确性，一般要求仪器仪表的输出与输入呈线性关系，并能准确地反映被测量的实际值。但实际使用的仪器，其输出与输入之间并不是都呈线性关系，有可能出现图 5－2 中实线所示的情况。这就要求对实际的仪器仪表的输入/输出性能进行线性化处理，即用一条直线去逼近仪器仪表的实际工作曲线，如图 5－2 中虚线所示。

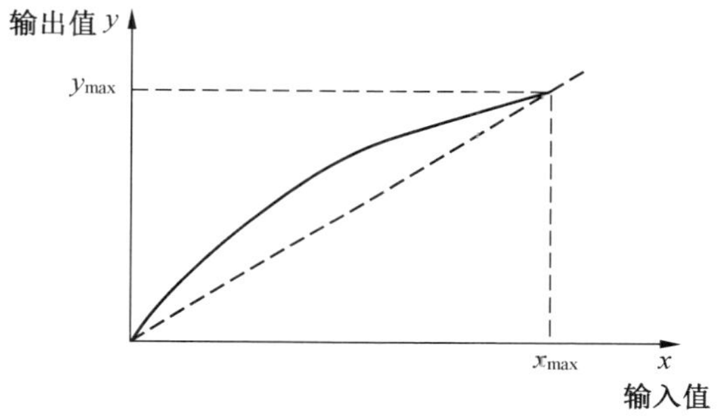

图 5－2　安全仪器仪表输入/输出的线性度

安全仪器仪表的线性度不仅与其实测输出/输入曲线的非线性程度有关，而且与所选择的拟合直线有关。

6. 灵敏度

灵敏度是指传感器的输出增量 Δy 与输入增量 Δx 之比，即

$$灵敏度=\frac{\Delta y}{\Delta x}$$

灵敏度一般用拟合直线的斜率来表示，如图 5－3 所示。

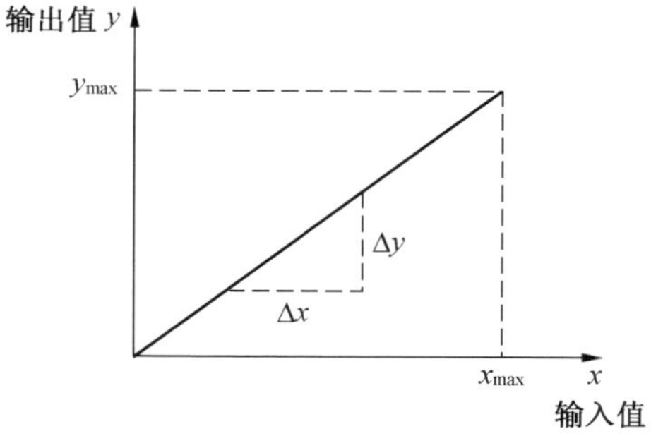

图 5－3　安全仪器仪表的灵敏度

7. 续航能力

续航能力是指安全仪器仪表充足电后，在平均待机或使用频率下能够正常工作的时间长短，其与仪器仪表的总功率及所使用的电池（组）的容量有关。同一安全仪器仪表在同一使用状态下，仪器仪表所使用的电池（组）容量越大，储存电量越多，其续航能力就越强。

8. 存储容量

存储容量是指安全仪器仪表中的存储器可容纳的二进制数信息量，这直接决定着仪器仪表存储信息的能力。随着煤矿智能化的发展，越来越多地要求安全仪器仪表能够存储检测数据、检测时间、地点、检测人员等信息，以方便检测数据的分析与利用，并提高检测记录准确性，减少检测人员记录误差带来的影响。存储容量越来越成为安全仪器仪表的重要性能参数之一，存储容量越大则能存储越多的历史信息和关键信息。

9. 无线传输性能

无线传输是指利用无线技术进行数据传输的一种方式。无线传输和有线传输是对应的。随着无线技术的日益发展，无线传输技术在煤矿井下的应用越来越广泛，目前常用井下无线传输技术包括 Wi－Fi、4G、5G、ZigBee、2.4G、5.8G 等。

随着煤矿安全监测监控的发展，越来越多地要求将安全仪器仪表检测数据纳入统一的安全监测监控系统管理中，并与传感器的定点检测数据有机融合，以提高安全检测监测的覆盖面和有效性，这就对安全仪器仪表的无线传输性能提出了更高的要求。安全仪器仪表良好的传输性能，尤其是在煤矿井下检测现场的实地无线传输性能，对提高检测数据利用的及时性、有效性具有重要意义。

四、安全仪器仪表的相关标准规定

安全仪器仪表的设计制造、使用维护管理等，均应严格符合国家标准、行业标准以及《煤矿安全规程》等的相关规定。安全仪器仪表的相关标准规定，主要包括各类仪器仪表均需遵循的通用标准和产品的专用标准（产品标准）。

（一）通用标准

各类安全仪器仪表均需遵循的通用标准，主要有以下诸项：

（1）《爆炸性环境　第 1 部分：设备　通用要求》(GB 3836.1—2010)。

（2）《爆炸性环境　第 4 部分：由本质安全型“i”保护的设备》(GB 3836.4—2010)。

（3）《煤矿通信、检测、控制用电工电子产品通用技术要求》(MT 209—1990)。

（4）《煤矿通信、检测、控制用电工电子产品基本试验方法》(MT 210—1990)。

（5）《矿井通风安全装备配置标准》(GB/T 50518—2020)。

（二）产品标准

煤矿安全仪器仪表的主要产品标准，见表 5－1。

表5-1　煤矿安全仪器仪表的主要产品标准

序号	设备名称	主要参数判断指标	现行标准或规定
1	光干涉甲烷测定器	量程：0～10（单位% CH_4） 0～1，±0.05 1～4，±0.1 4～7，±0.2 7～10，±0.3	MT 28—2005
		量程：0～100（单位% CH_4） 0～10，±0.5 10～40，±1.0 40～70，±2.0 70～100，±3.0	
2	催化燃烧甲烷检测报警仪	量程：0.00～4.00（单位% CH_4） 0.00～1.00，±0.10 1.00～3.00，真值的±10% 3.00～4.00，±0.30	AQ 6207—2007
3	煤矿用激光、红外甲烷检测报警仪	量程：0～10（单位% CH_4） 0～1，±0.05 1～4，±0.10 4～7，±0.20 7～10，±0.30	参照 AQ 6211—2008
		量程：0～100（单位% CH_4） 0～10，±0.5 10～40，±1.0 40～70，±2.0 70～100，±3.0	
4	矿用激光甲烷遥测仪	真值的±30%（单位 1×10^{-6} CH_4·m）	NB/T 10812—2019
5	一氧化碳测定器	量程：0～1000（单位 1×10^{-6} CO） 0～20，±2 20～100，±4 100～500，真值的±5.0% 500～1000，真值的±6.0%	MT 703—2008
6	氧气测定器	量程：0.0～25.0（单位% O_2） 0～5.0，±0.5 5.0～25.0，真值的±3%	MT 704—2008
7	硫化氢检测报警仪	量程：0～100（单位 $1\times10^{-6}H_2S$） 0～50，±3% 50～100，真值的±10%	MT 1084—2008、 MT 563—1996

表 5－1（续）

序号	设备名称	主要参数判断指标	现行标准或规定
8	矿用二氧化碳检测报警仪	量程：0.0～5.00（单位% CO_2） 0～0.50，±0.10 0.50～5.00，±(0.05＋真值的5%)	参考 AQ 1052—2008
9	矿用二氧化硫检测报警仪	按企业标准	按企业标准
10	矿用氢气检测报警仪	按企业标准	按企业标准
11	矿用氨气检测报警仪	按企业标准	按企业标准
12	直读式粉尘浓度测量仪	±10% 或 25%	MT/T 163—2019
13	噪声检测仪	按企业标准	按企业标准
14	矿用本安型红外测温仪	量程：－30～900（单位℃） －30～0，±2.0 0～100，±1.5 100～900，真值的±2%	MT/T 1111—2011
15	煤矿用风速表	量程：0.2～10（单位 m/s） 0.2～5，±0.2 5～10，±0.3 ＞10，±0.4	MT 380—2007
16	矿用湿度检测仪	按企业标准	按企业标准

五、煤矿安全仪器仪表的配备要求

为了能及时、准确地掌握煤矿井下环境的空气质量及瓦斯、煤尘等的状况和变化趋势，了解设备设施的运行情况及地质环境等的变化情况，保证矿井人员的安全，每个矿井都必须按照《煤矿安全规程》和《矿井通风安全装备配置标准》（GB/T 50518—2020）等的规定要求，配备足够的安全仪器仪表，并保证有不低于20%的备用量。配备的安全仪器仪表应力求技术先进、安全可靠，满足煤矿安全生产的需要。

（一）环境气体检测装备

矿井应配备满足实际工作需要、足够数量的气体检测仪表，如 CH_4、O_2、CO、H_2S、SO_2、CO_2 等气体的检测仪表。依据《矿井通风安全装备配置标准》（GB/T 50518—2020）等的规定，具体配备数量可参照表 5－2 选择确定。

表5－2　环境气体检测装备配备表

序号	名　称	各类矿井设备器材配备数量/台							备　　注
		小型矿井		中型矿井		大型矿井			
		采煤工作面个数/个							
		1	2	1	2	1	2	3	
1	光学甲烷检测报警仪	4	6	6	8	12	16	20	测量范围：(0～10)% CH_4
		2		3～4		≥6			测量范围：(0～100)% CH_4
2	便携式甲烷检测报警仪	10～30		20～40		30～60			
3	氧气检测仪或甲烷氧气两参数检测仪	3～5		5～10		10～15			
4	一氧化碳测定器	1		2		3			
5	二氧化碳检测仪	3～4		5～8		9～12			可单独配备二氧化碳检测仪或利用甲烷检测仪检测
6	硫化氢检测仪	1		2		3			
7	二氧化硫检测仪	1		2		3			
8	氧化氮检测仪	1		2		3			
9	氨气检测仪	1		2		3			

甲烷检测报警仪或测定器类产品，应根据矿井井型和采掘工作面数量进行配置，并应能保证采掘工作面、硐室等甲烷检查地点和检查次数的要求。

二氧化碳检测报警仪的配备数量，除应满足采掘工作面、采区回风巷、矿井总回风巷、一翼回风巷风流中二氧化碳浓度检测要求外，还应满足修复旧井巷、局部通风机恢复正常通风等情况下二氧化碳浓度的检测要求。

（二）环境非气体检测装备

矿井应配备风速、温度、干湿度等通风的检测仪器仪表，配备数量应根据矿井井型和采掘工作面的数量确定，应满足矿井通风日常测定、瓦斯等级鉴定、反风演习和通风阻力测定的要求。具体数量可参照表5－3选择确定。

（三）粉尘检测装备

矿井应根据粉尘采样点数量配备矿井粉尘、呼吸性粉尘和个体呼吸性粉尘测定仪。具体配备数量可参照表5－4选择确定。

表5-3 环境非气体检测装备配备表

序号	名称	各类矿井设备器材配备数量/台							备注
		小型矿井		中型矿井		大型矿井			
		采煤工作面个数/个							
		1	2	1	2	1	2	3	
1	高速风表	1	1	2	3	4	4	5	
2	高中速风表	1	1	3	4	5	6	7	
3	微速风表	1	1	2	3	4	4	5	
4	矿用电子风速表	1	1	3	4	5	6	7	
5	本安型矿用气压表	3	3	5	5	7	7	8	
6	空盒气压计	3	3	5	5	7	7	8	
7	通风干湿表	1	1	2	2	3	3	3	自动记录
8	双管水银气压表	1	1	1	1	2	2	3	
9	U形压差表	3	3	4	4	5	6	6	
10	补偿式微压计	1	1	2	2	3	3	4	

表5-4 粉尘检测装备配备表

序号	名称	装备数量及要求
1	矿用粉尘采样器	根据粉尘监测采样点数量确定
2	呼吸性粉尘采样器	根据粉尘监测采样点数量确定
3	个体呼吸性粉尘采样器	根据粉尘监测采样点或人员数量确定
4	直读式粉尘测定仪	每个矿井配备1~2台
5	游离二氧化硅测定仪	大中型矿井配备1~2台
6	粉尘分散度测定仪	大中型矿井配备1套

(四) 其他类型仪器仪表

其他类型仪器仪表包括全站仪和测距仪等，具体配备数量可参照表5-5选择确定。

表5-5 其他类型仪器仪表配备表

序号	名称	装备数量及要求		
		小型矿井	中型矿井	大型矿井
1	全站仪		1台	2台
2	防爆光电测距仪	大、中型矿井配备1~2台		

六、煤矿安全仪器仪表选型应注意的问题

安全仪器仪表作为煤矿安全生产的重要工具，其选型时应注意以下重要问题：

（1）应选用取得煤矿矿用产品安全标志和出厂检验合格的防爆安全产品，具备矿用产品安全标志证书和产品合格证。气体、粉尘、风速、流量、压力类等计量器具，还应具备制造计量器具许可证。

（2）应充分考虑仪器仪表的工作条件和适用范围，如温湿度、压力适应范围、腐蚀性及防火、防尘、防爆等因素；所选用的产品应与被测量对象、测量参数范围和准确度等级要求等相适应。

（3）选用的仪表应是较为成熟的产品，经现场使用证明性能可靠，同时货源供应充沛，不会影响后期配备使用的产品；优先选用国家、行业推荐使用的产品，禁止选用国家明令禁止使用的产品。

（4）应选用设计先进、维护周期长、维护简单、性能稳定的产品。

（5）应选用安全防护等级高、外壳结实、耐用的产品。

第二节　煤矿安全仪器仪表管理制度

为选好、用好安全仪器仪表，充分发挥其在煤矿安全生产中的重要作用，煤矿企业必须建立完善安全仪器仪表的各项管理制度，并在实际工作中严格执行。

一、安全仪器仪表检定、调校制度

煤矿井下环境恶劣，如存在高粉尘、高湿度、高振动、高噪声等，运行工况复杂，安全仪器仪表在使用一段时间后可能会出现零点漂移、零（元）部件接触不良、电气元器件老化等问题，造成测量误差大，甚至出现失效等情况。为保证安全仪器仪表的正常使用，必须对其定期检定或者调校，煤矿企业必须建立安全仪器仪表的检定、调校制度，以保证该项重要工作的有效开展。

检定是指煤矿使用的安全仪器仪表应依据国家有关规定，定期（一般为12个月）送至国家授权的安全仪器仪表计量检验机构，按照有关标准规范进行检定，检定后发放检定合格证书，出具检验报告。对国家纳入检定范围的安全仪器仪表，未经检定或强制检定的不得下井使用。

调校是指煤矿企业应依据《煤矿安全规程》、国家或行业标准的规定，或者产品使用说明书等的要求，定期（气体检测类一般15天或以上）对安全仪器仪表按照规定的程序和方法进行调校，以保证测量结果的准确性。

安全仪器仪表检定、调校制度应该明确以下主要内容：相关工作的具体负责部门，相关部门及人员的职责；安全仪器仪表检定、调校计划，新增加的仪器仪表要根据《煤矿安全规程》规定或者其使用说明书的要求进行检验调校后方可使用，对于检定不合格的仪器仪表及时按照程序作出报废申请；仪器仪表的检定、调校经费列入年度安全费用计划，保证足够的检验、鉴定费用；仪器仪表检验的检验证书等资料必须永久保存等。

根据国家计量检定和相关标准规范的规定，各类煤矿安全仪器仪表的调校、检定周期要求见表5－6。

表5－6 煤矿安全仪器仪表的调校、检定周期规定

仪器仪表名称	检定周期/月	调校周期/天
光干涉甲烷测定器	—	≤15
便携式甲烷检测报警仪	—	≤15
激光、红外甲烷检测报警仪/测定器	—	≤60
矿用激光甲烷遥测仪	—	≤15
矿用一氧化碳测定器	—	≤15
矿用氧气测定器		≤15
矿用硫化氢检测报警仪	—	≤7
矿用二氧化碳检测报警仪	—	≤15
矿用二氧化硫检测报警仪	—	≤15
矿用氢气检测报警仪	—	≤15
矿用氨气检测报警仪	—	≤15
矿用多参数测定器/检测报警仪	—	根据任意气体最小调校周期确定
粉尘浓度测量仪	—	≤15
噪声检测仪（声级计）	≤12	产品企业标准
矿用本安型红外测温仪	—	产品企业标准
煤矿用风速表	—	产品企业标准
矿用湿度检测仪	≤12	产品企业标准
甲烷报警矿灯	—	≤12
矿用激光测距仪	—	产品企业标准
全站仪	—	产品企业标准

注：检定周期依据各自产品的检定规程确定，调校周期参考各产品行业标准或企业标准确定，“—”表示无须周期检定。

二、煤矿安全仪器仪表维护管理制度

安全仪器仪表的使用单位应负责其维护管理工作，并建立使用维护管理的相关制度，主要应包括安全仪器仪表的档案管理制度，使用制度，维修、保养和更新制度，备品、备件、配件出入库领用审批制度，收发制度，报废制度等。

（一）安全仪器仪表档案管理制度

为了切实掌握安全仪器仪表的数量、规格、调用、故障、检修及使用情况，煤矿企业应建立安全仪器仪表档案管理制度。安全仪器仪表档案管理制度包括以下几个主要内容：

（1）台账管理制度。煤矿企业应设专职的设备管理员，分类建立设备卡片和台账，对重要安全仪器仪表应建立履历簿，系统地记录设备的使用、检修和事故情况。

（2）设备验收制度。新购仪器仪表由管理员负责验收，并认真填写好到货验收记录，检修后的仪器仪表由检修设备验收人、检修单位技术负责人共同验收并填好验收单。纳入安全标志管理的安全仪器仪表无安全标志的不得验收。

（3）标识管理制度。新购仪器仪表或检修后的仪器仪表严格按照产品标准或者使用说明书、检修质量标准和设备完好标准进行检查验收。验收合格的仪器仪表可投入使用或入库存放，并做好标识；经验收不合格的仪器仪表必须隔离存放。

为保证该项制度的有效实施，煤矿企业必须设立设备保管仓库，集中保管新到货、未使用和闲置设备，避免设备丢失和损坏。设备管理员必须正确掌握仪器仪表的动态并进行统计，按规定周期（一般不长于一个季度）向主管领导汇报。

（二）安全仪器仪表使用制度

为确保安全仪器仪表的正确、合理使用，减少仪器仪表损毁和丢失，应建立安全仪器仪表使用制度。安全仪器仪表使用制度应包括以下重点内容：

（1）煤矿所有安全仪器仪表必须有专人负责，集中管理，应配专职维修工负责设备的维护保养，负责人变更时必须经矿机电管理部门同意。仪表的日常维护保养应及时填写记录，负责人必须按规定要求进行日检、周检、月检、半年检、年检。

（2）使用人员应严格按照仪器仪表使用说明书的要求和安全操作规程的规定使用仪器仪表，必须做到“四懂三会”，即“懂结构、懂原理、懂性能、懂用途，会操作、会维护保养、会排除一般故障”。仪器携带、悬挂使用时不得猛烈摔打、碰撞和挤压，应避开淋水。

（3）使用中的仪器仪表应由使用部门负责日常维修、保管和合理使用。仪器仪表发生丢失、损坏等责任事件时，使用部门应及时进行分析，追查原因，并提出处理意见。

（4）仪器仪表的调校必须有专人负责。当班负责人必须每天对设备进行一次检查，并做好记录。仪器仪表使用前必须先检查仪器零点是否准确，否则应重新调试，调试合格后方可使用。

（5）根据仪器仪表的使用时间，定期更换药品，并留有记录。严禁在井下拆卸或维修仪器仪表，严禁随意修改仪器仪表的设置。

（三）安全仪器仪表维修、保养和更新制度

安全仪器仪表的维修和保养至关重要。为了使相关工作顺利、有效进行，保证安全仪器仪表处于完好状态，及时更换已损坏和消耗的零件，保证配件和检修材料的管理与供应，应建立维修、保养和更新制度，并注重以下方面：

（1）仪器仪表的维修、保养，必须严格遵守《煤矿安全规程》和相关产品标准的要求。仪器仪表的维修必须有专人负责。仪器仪表维修和保养要责任到人，定期维修，做好记录，做到可靠、完好。

（2）维修保养需要的配件和材料的领用，必须实行以旧换新制度，使用单位领用配件时，必须交还旧配件，当月领用配件，必须限期交旧，否则给予罚款处理。对换下来的配件，凡能维修使用者，应送修理厂整修、登账，不得私自进行处理，领用时先发放修复配件。

（3）所有进行维修、检修的仪器仪表必须经过有授权的检验部门进行检验，检验合格方可投入使用。测定其技术要求、精度等应达到出厂要求。

（四）安全仪器仪表备品、备件、配件出入库领用审批制度

为确保安全仪器仪表备品、备件、配件出入库和领用的有效管理，满足设备的日常维护、维修需求，应按照计划对配件、备件等进行采购、管理和审批。相关制度应包括以下重点内容：

（1）每年编制安全仪器仪表配件费用使用计划，按照煤矿企业相关规定下达计划指标，并结合煤矿经营指标，按计划使用，由机电管理部门集中管理。

（2）每月根据下月设备维修、使用需要，编制配件采购计划，报主管领导审批后，由机电管理部门等负责采购。采购计划应该准确，符合实际工作需求。其他施工队伍和个人不得私自采购。煤矿企业应有1~3个月正常消耗的配件储备。

（3）备品、备件数量及金额必须根据合同、技术协议及设备总金额的百分数进行清点验收，并建立备品、备件台账（台账必须有型号、单价、数量、到货时间及金额等），随机赠送的备品、备件如果合同未标明价格，按照验收日市场价格进行验收，并由机电管理部门管控。

（4）领用备品、备件或配件时，必须使用领料单。领料单必须写明品名、规格型号，标明用途和使用地点，数量一律大写，不得涂改。备品、备件领料单必须有主管领导签字，无签字审核的一律无效，配件管理人员不得发放。发现有不正当涂改领料单或无签字发放备品配件的，应有相关处罚规定。

为确保该项制度有效执行，备件、配件管理人员必须熟悉备品、备件及配件的规格型号、性能及存放地点，出入库必须手续齐全且有记录，准确掌握备品、备件、配件入库多少，出库多少，还剩多少等情况，在遇到设备损坏等紧急情况时，保证第一时间将备品、备件或配件送到使用现场。

（五）安全仪器仪表收发制度

为确保安全仪器仪表完好和使用可靠，煤矿企业应制定安全仪器仪表收发制度，并严格遵守以下几点要求：

（1）仪器仪表要做到专人专用，收发及时、正确，必须实行班前领取、班后交，不得私自保管。

（2）发放的仪器仪表必须处于完好状态，保证配置齐全、性能稳定、电量充足、使用可靠。发放前应进行清点、检查，并提醒使用人员做好使用前的相关检查工作。不完好的仪器不得发出，并做好发放记录。

（3）仪器仪表回收后，要检查其完好情况，对有损坏的仪器仪表，要记录其损坏部位和使用者姓名，并通知维修人员及时检查维修。完好的仪器仪表也应清理表面粉尘，检查电量情况，及时放到充电架进行充电。

（4）上架后的仪器仪表应按号码上下排放整齐，做好落尘的清理工作。

（5）收发人员要认真负责，坚守工作岗位，工作时间不做与工作无关的事，不得擅自离开工作岗位，认真履行安全仪器仪表收发职责，收发仪器仪表时，要当面点清仪器仪表的数量，并认真填写安全仪器仪表收发交接表。

（6）应有防止无关人员进入仪器仪表发放室的措施和规定。

（六）安全仪器仪表报废制度

煤矿应建立安全仪器仪表报废制度，重点应包括以下内容：

（1）仪器仪表报废应根据使用年限和损害程度确定，凡符合以下情况的仪器仪表，可以申请报废：不能满足安全生产需要，技术落后、精度低、误差大、不能修复的；超过使用年限，损坏严重，再行修复费用超过其价值80%以上的；经计量部门检定不符合计量标准，不能修复的；上级部门规定强制淘汰的。

（2）仪器仪表报废由企业组织机电、生产技术、安全、供应、财务等部门参加鉴定，提出报废意见，经规定程序批准后方可报废，并在台账上注销。

(3) 仪器仪表管理单位接到使用单位递交的仪器仪表报废申请后，按照仪器仪表检定标准，对符合报废条件的下发仪器仪表报废通知单，统一回收处理，各使用单位不得擅自报废。

第三节　环境监测用气体检测类仪器仪表及其使用维护

环境监测用气体检测类仪器仪表主要用于检测井下环境中的 O_2 以及 CH_4、CO、CO_2、NO_2、H_2S 等有毒有害气体浓度，可就地显示测量值，实现超限报警。该类仪器仪表是煤矿安全生产工作中最重要的安全仪器仪表。

一、气体检测类仪器仪表的工作原理

环境监测用气体检测类仪器仪表的工作原理主要包括催化燃烧原理、光干涉原理、激光原理、红外原理、电化学原理等，有些安全仪器仪表将两种以上的工作原理融合使用。

（一）催化燃烧原理

催化燃烧原理是利用甲烷在载体催化元件上发生氧化燃烧，生成热量引起载体催化元件的电阻变化，从而实现对甲烷浓度的测量。

图 5－4 所示的惠斯通电桥，由载体催化元件（俗称黑元件）和纯载体元件（俗称白元件）组成测量臂，由金属膜电阻组成辅助臂，稳压电路为电桥提供稳定的电压。在新鲜空气中电桥处于平衡状态。当环境中存在甲烷时，甲烷在黑元件表面发生催化氧化反应（无焰燃烧），使黑元件温度增高，电阻增大，桥路失去平衡，输出一个与甲烷浓度成正比的电位差。

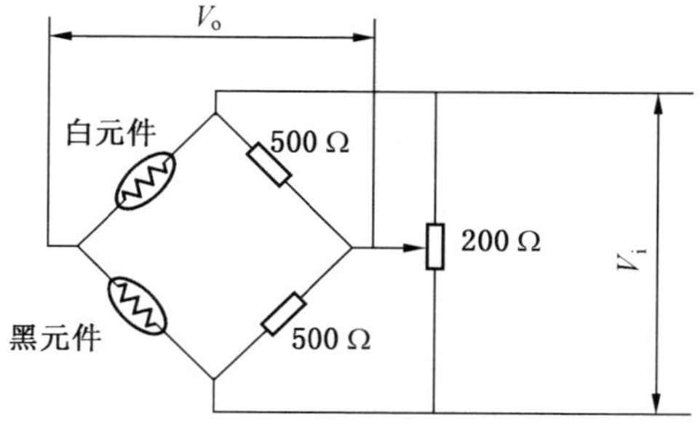

图 5－4　催化燃烧原理

采用催化燃烧原理的安全仪器仪表的优点是体积小、质量轻、读数直观、测量精度高，能自动检测和报警；缺点是测试范围受限[(0.00 ~4.00)% CH_4]、易出现零点漂移，可能出现敏感元件中毒等。

（二）光干涉原理

采用光干涉原理的仪器仪表主要是光干涉甲烷测定器，用于测量矿井中的 CH_4 浓度和 CO_2 浓度。其测定原理是利用气体密度不同，折射率也不同，两相干光经过不同的气体时会产生光程差。光程差决定干涉条纹的移动，根据条纹的位移数值判断被测气体的含量。

如图5-5所示，由光源发出的散射光经聚光镜聚焦的光束到达平面镜，其中一部分光束通过平面镜反射，经气室的空气室到达折光棱镜，折光棱镜将其折射到另一侧的空气室后回到平面镜并折射到后表面的反射膜上，通过反射膜反射到反射棱镜后经偏折进入望远镜系统；另一部分光束折射入平面镜后，在其后表面反射膜反射，穿过气室的甲烷室经折光棱镜反射又回经甲烷室到平面镜，经平面镜的反射后与上述部分光束一同进入反射棱镜，经偏折进入望远镜系统。由于光程差的结果，在物镜的焦平面上产生干涉条纹，通过目镜即能观察到干涉条纹。当甲烷室与空气室都充满相同的气体（例如空气）时，干涉条纹位置不移动，但当甲烷进入甲烷室，由于光束通过的介质发生改变，干涉条纹相对原位置移动一段距离。测量这个位移量，便可知甲烷的含量。

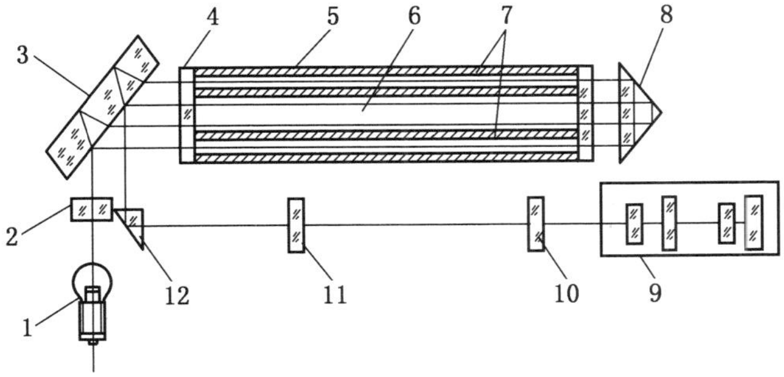

1—光源；2—聚光镜；3—平面镜；4—平行玻璃；5—气室；6—甲烷室；7—空气室；
8—折光棱镜；9—望远镜（目镜）系统；10—测微玻璃；11—物镜；12—反射棱镜

图5-5　光干涉原理

光干涉甲烷测定器的优点是寿命长、测量范围宽；缺点是读数不直观、不能自动测量、不能报警，体积大、笨重，选择性较差等。光干涉原理传感元件的干扰主要考虑不同的气体是否有相同的折射率。甲烷和二氧化碳的折射率很相近（表5-7），同时光容易受到水汽的影响，因此光干涉原理的甲烷传感元件在使用中要充分考虑二氧化碳和水汽产生的干扰，硬件设计时应考虑对二氧化碳和水汽的去除或者在软件上进行补偿。

表5-7 几种气体的折射率

气 体	折射率	气 体	折射率
空气	1.00029254	氢气	1.000140
甲烷	1.0004419	水汽	1.000261
氧气	1.000276	氮气	1.000297
二氧化碳	1.000449		

（三）激光原理

采用激光原理的仪器仪表主要用于测量 CH_4、C_2H_4、C_2H_2 等气体浓度，常见的有煤矿用激光甲烷检测报警仪。该原理利用可调谐光源+谐波吸收的方法对 CH_4 等气体的浓度进行检测，调节激光器，将其发出的波长控制在相对应的 CH_4 气体吸收峰处，由于不同气体的光谱吸收曲线不同，基于 CH_4 吸收线尺寸和形状可计算 CH_4 浓度。采用该原理的仪器仪表具有测量精度高、范围广、响应时间短、稳定性好、抗干扰能力强、调校周期长等优点。

（四）红外原理

采用红外原理的仪器仪表主要用于测量 CH_4、CO_2 和 C_2H_4 等气体浓度，红外原理和激光原理类似，根据朗伯-比尔定律，利用不同目标气体对激光和红外光的光谱吸收曲线来测量气体浓度。但是由于红外光的光谱较宽，所以更容易受到相邻波谱范围的气体干扰，如 C_2H_4 和 C_2H_2 等。

（五）电化学原理

采用电化学原理的仪器仪表主要用于检测 O_2、H_2S、CO、SO_2 等气体浓度。它是利用电解质溶液与电极相界间发生电化学过程，以及化学能和电能之间转换的原理来检测气体浓度的。优点是具有较好的线性输出，选择性好，功耗低；缺点是寿命短。

分析表明，采用电化学原理进行气体检测时，存在不同气体之间相互干扰的情况，常用传感元件的交叉干扰情况见表5-8。因此，采用电化学原理的仪器仪表应尽量避免在干扰气体环境中长期使用。

表 5-8　电化学原理的传感元件的交叉干扰情况

传感元件	气体						
	硫化氢(H_2S)	氨气(NH_3)	一氧化碳(CO)	二氧化硫(SO_2)	一氧化氮(NO)	二氧化氮(NO_2)	氢气(H_2)
硫化氢(H_2S)				Y			
氨气(NH_3)	Y			Y			
一氧化碳(CO)							Y
二氧化硫(SO_2)			Y		Y	Y	
一氧化氮(NO)	Y					Y	
二氧化氮(NO_2)	Y			Y			
氢气(H_2)			Y		Y		

注：Y 表示传感元件受其他气体的干扰。

二、甲烷检测类仪器仪表

甲烷检测类仪器仪表主要有光干涉式甲烷测定器、便携式甲烷检测报警仪、激光/红外甲烷检测报警仪/测定器、矿用激光甲烷遥测仪等。

(一) 光干涉式甲烷测定器

光干涉式甲烷测定器在煤矿井下使用广泛、历史悠久。《煤矿安全规程(2016)》第一百八十条规定，瓦斯检查工必须携带便携式光学甲烷检测仪和便携式甲烷检测报警仪。

1. 主要功能

光干涉式甲烷测定器依据《光干涉式甲烷测定器》(MT 28—2005) 设计制造，采用光干涉原理，用于测定 CH_4、CO_2 气体浓度。

2. 基本结构

各生产单位生产制造的光干涉式甲烷测定器外观及结构基本相同或者相近，徐州江煤科技有限公司生产的 CJG10(B) 型光干涉式甲烷测定器的结构如图 5-6 所示。

3. 主要技术性能指标

CJG10(B) 型光干涉式甲烷测定器主要技术性能指标如下：

(1) 测量范围：(0~10)% CH_4。

(2) 目镜分划板最小分划值：0.5% CH_4。

(3) 测微刻度盘分划范围：(0~1)% CH_4。

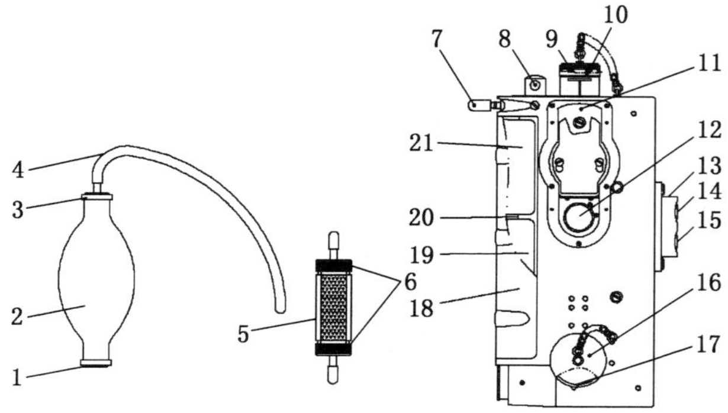

1—排气阀；2—气球；3—吸气阀；4—连接胶管；5—干燥管；6—带气嘴螺盖；7—瓦斯进入嘴；8—瓦斯抽出嘴；9—目镜；10—目镜护罩；11—刻度盘窗口；12—测微手轮；13—照明开关组；14—微读数电门；15—光源电门；16—调零护盖；17—调零手轮；18—电池盖；19—电池；20—电池座；21—吸收管

图 5-6 CJG10(B) 型光干涉式甲烷测定器结构图

（4）测微刻度盘最小分划值：0.02% CH_4。

（5）灯泡：1.35 V、0.3 A。

（6）基本误差：(0~1)% CH_4 时，±0.05% CH_4；(1~4)% CH_4 时，±0.1% CH_4；(4~7)% CH_4 时，±0.2% CH_4；(7~10)% CH_4 时，±0.3% CH_4。

4. 使用方法

1）准备工作

（1）装药。首先将颗粒大小为 2~3 mm 的氯化钙或硅胶装入吸收管内，4~5 mm 钠石灰等药品装入干燥管内，其中氯化钙或硅胶按海绵垫 → 花垫片 → 药品（装至一半处）→ 圆垫片 → 药品 → 花垫片 → 海绵垫的顺序依次装配（在吸收管内装氯化钙或硅胶，用来吸收湿气；在干燥管内装钠石灰，用来吸收 CO_2。当主要测量 CH_4，且湿气较大时，最好在干燥管内装钠石灰，在吸收管内装氯化钙或硅胶。在检查测定器性能时，必须将吸收管和干燥管串入气路中，方可对测定器进行性能检查。

（2）检查吸气球是否漏气。将吸气球上的橡皮管打弯捏紧后压扁吸气球，当松开被压扁的气球时，气球膨胀还原时间大于或等于 3 min，说明不漏气。

（3）检查甲烷气路系统的通畅情况。用不漏气的气球接入甲烷气路系统中，压扁气球后立即放开，气球很快鼓起来，说明该气路畅通。

(4) 检查甲烷气路的漏气情况。将气路接入 7 kPa 高度的压力计中，历时 1 min，如水柱不下降，说明该气路不漏气。

(5) 用新鲜空气清洗气室。使用前必须在与使用地区温度相近（相差不超过5 ℃）的新鲜空气中清洗甲烷室，这样可以减少由于温度变化而引起零位的条纹移动。

(6) 干涉条纹的零位调整。旋开套在调零手轮上的护盖，按照明开关，转动测微手轮，使刻度盘的零位与指示线重合。按下照明开关，转动调零手轮，取下目镜罩，从目镜中观察，将干涉条纹中第一条或第二条黑条纹中的任一条纹与分划板上的零位线对准，并记住所对应的黑条纹，旋上调零护盖。

2) 测定工作

测定时，将连接甲烷室的橡胶管伸入测定地点，然后握压吸气球 5 ~6 次。待被测气体进入甲烷室，由目镜中观察干涉条纹移动量。先读出干涉条纹在分划板上移动的整数，例如，条纹移动 (2 ~3)% CH_4 之间，可读为 2% CH_4，然后转动测微手轮，把零位线所对应的黑条纹移动到 2% CH_4 的刻度线上，然后按下测微照明电路的开关，读出刻度盘上的读数（为小数）。如果在 (0.24 ~ 0.26)% CH_4 之间，可读为 0.25% CH_4。这时所测定的结果：2% CH_4 + 0.25% CH_4 = 2.25% CH_4；测定完后应把刻度盘转到零位位置。

5. 调校方法

光干涉式甲烷测定器的调校方法比较特殊，调校周期为 15 天。主要方法分为两种：仪器测量上限为 10% CH_4 时，用水柱压力法或气压压力法；测量上限为 100% CH_4 时，用气压压力法。水柱压力法和气压压力法方法等效，可通过水柱高度计量气室内压力。

光干涉式甲烷测定器调校设备的连接方式如图 5 -7 所示。在环境温度 20 ℃条件下，将气样室和空气室内充满新鲜空气，之后向被校测定器通入一定浓度的空气甲烷混合气体，用气体（微调）加压器给气室加压，并通过计量标准器或水柱高度判断气室内压力，对测量上限为 10% CH_4 和测量上限为 100% CH_4 的测定器，分别按表 5 -9、表 5 -10 的规定给气样室内施加压力，待稳定后，按下调校按键，将显示值修改为该标准压力下对应的甲烷浓度值，待稳定后，按确认键则完成调校。

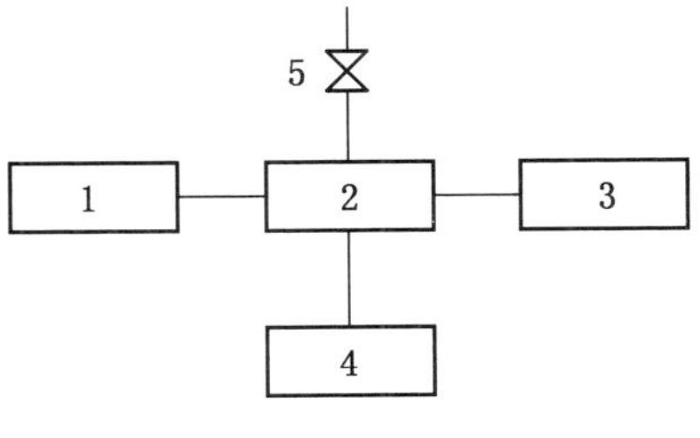

1—被校测定器；2—三通；3—计量标准器；
4—气体（微调）加压器；5—放气阀

图 5 -7 光干涉式甲烷测定器调校设备的连接方式

表5-9 测量上限为10% CH_4 时压力和水柱高度

甲烷浓度/%	压力/Pa	水柱高度/mm	甲烷浓度/%	压力/Pa	水柱高度/mm
0	0	0	6	3.106	317.2
1	0.518	52.9	7	3.623	370.1
2	1.035	105.7	8	4.141	423.0
3	1.553	158.6	9	4.653	475.8
4	2.070	211.5	10	5.176	428.7
5	2.588	264.4			

表5-10 测量上限为100% CH_4 时压力和水柱高度

甲烷浓度/%	压力/Pa	水柱高度/mm	甲烷浓度/%	压力/Pa	水柱高度/mm
0	0	0	60	31.06	3172
10	5.18	529	70	36.23	3701
20	10.35	1057	80	41.41	4230
30	15.53	1586	90	46.53	4758
40	20.70	2115	100	51.76	4287
50	25.88	2644			

6. 维修后检验

测定器经检修后除进行精度调校外，还应按照《光干涉式甲烷测定器》(MT 28—2005) 有关条款进行跌落试验、气密性试验和稳定性试验。

(1) 跌落试验。调节测定器零位至1.0% CH_4 并读数，在混凝土台上放置厚度为50 mm的杉木板或红松板，将不带护套的测定器除目镜侧外的其他各面从100 mm高处自由跌落各1次，每次跌落后读取干涉条纹的移动量不应超过±3% CH_4。

(2) 气密性试验。将测定器的气路系统、空气室和盘形管分别与压力计相连接，施加7 kPa的压力，保持10 min，后5 min之内压力下降不得超过10 Pa。

(3) 稳定性试验。在(20±2)℃条件下，对不带护套的测定器经24 h稳定后，观察干涉条纹移动情况，干涉条纹移动量不应超过±0.2% CH_4。

7. 使用注意事项

使用光干涉式甲烷测定器时，应注意以下问题：

（1）携带和使用测定器时，应轻拿轻放，防止和其他物体碰撞，以免仪器受较大振动，损坏仪器内部的光学镜片和其他部件。

（2）当仪器干涉条纹观察不清时，通常是由于检测时空气湿度过大，水分吸收管不能将水分全部吸收，导致在光学玻璃上结露，或者有灰尘附在光学玻璃上。当光学系统确有问题，调动光源灯泡也不能解决时，就要将其拆开进行擦拭，或调整光学系统。

（3）如果二氧化碳吸收管中的钠石灰失效或颗粒过大，进入甲烷室的空气中将含有二氧化碳，会造成甲烷浓度检测结果偏高。

（4）如果空气中含有一氧化碳或硫化氢，将会使甲烷检测结果偏高。为消除这一影响，应再加一个辅助吸收管，管内装颗粒活性炭可消除硫化氢，装40%氧化铜和60%二氧化锰混合物可消除一氧化碳。

（5）在严重缺氧地点，气体成分变化大，光学甲烷测定器的测量结果将比实际浓度大得多，这时最好采取气样，用化学分析的方法检测瓦斯浓度。

（6）高原地点空气密度小、气压低，使用时应对仪器进行相应的调整，或根据测定地点的温度和大气压力计算校正系数，进行测定结果的校正。

（二）便携式甲烷检测报警仪

便携式甲烷检测报警仪是煤矿井下常用的甲烷检测仪，按照《煤矿安全规程》的规定，矿长、矿总工程师、爆破工、采掘区队长、通风区队长、工程技术人员、班长、流动电钳工、瓦斯检查工、安全监测工等下井时，必须携带便携式甲烷检测报警仪；采煤机、掘进机、掘锚一体机、连续采煤机、梭车、锚杆钻车、采用防爆蓄电池或者防爆柴油机为动力装置的运输设备、其他需要安装的移动设备必须设置便携式甲烷检测报警仪。

1. 主要功能

便携式甲烷检测报警仪执行标准为《便携式载体催化甲烷检测报警仪》（AQ 6207—2006），采用催化燃烧原理，一般应具备以下主要功能：

（1）检测并显示甲烷气体浓度，并且超限声光报警。

（2）防高瓦斯冲击保护和防误开、关机操作。

（3）时钟显示、机内电池电压显示和温度测量，照明，充电指示。

（4）欠压报警关机。

（5）具有完善的维护、修理友情提示功能。

2. 基本结构

便携式甲烷检测报警仪构成框图如图5－8所示。报警仪主要由催化元件、放大电路、电源管理电路、单片机、显示电路、声光报警电路等组成，采用热催化元件感知空气中的甲烷气体浓度。工作时，空气中的甲烷气体以自然扩散的方式进入报警仪气室，采样电路将检测到的甲烷浓度转换成相应的电信号，再经前置电路放大，处理后送入智能单片机运算、分析、判断，并根据分析、判断的结果适时启动各功能电路。通过显示窗实时显示出被测环境中的甲烷浓度。

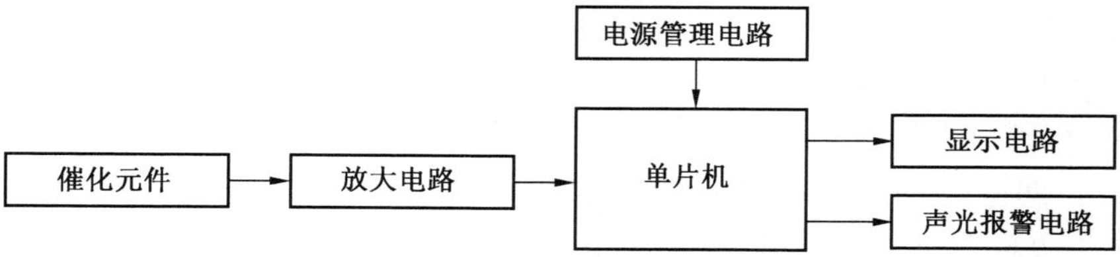

图 5-8　便携式甲烷检测报警仪构成框图

各生产单位制造的便携式甲烷检测报警仪结构基本相同，外观各具特色。徐州江煤科技有限公司生产的 JCB4 型便携式甲烷检测报警仪（图 5-9），其外壳采用 ABS 工程塑料材质。

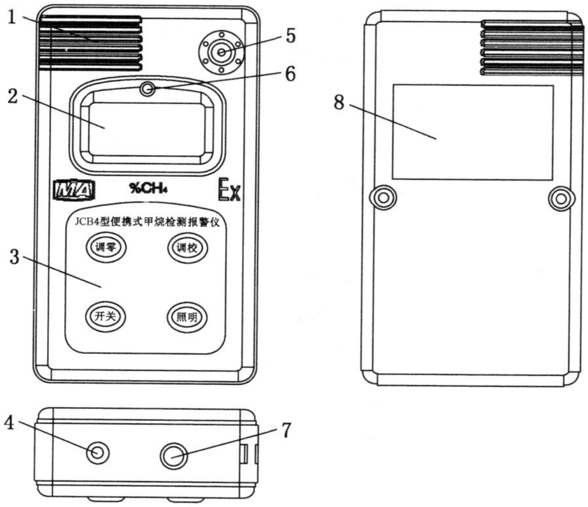

1—探头；2—显示窗；3—开关面板；4—校气孔；5—透音窗；
6—发光孔；7—照明灯；8—铭牌

图 5-9　JCB4 型便携式甲烷检测报警仪

3. 技术特点和主要技术性能指标

JCB4 型便携式甲烷检测报警仪除具备《便携式载体催化甲烷检测报警仪》(AQ 6207—2006) 规定的功能和技术性能外，还具备以下特点：

(1) 工作稳定性可达 15 天。

(2) 具有防误开、关机操作和防误调校功能，简捷、安全、可靠。

(3) 机芯免维护设计，降低使用维护成本。

(4) 具有照明功能，可做应急照明使用。

(5) 维护、修理友情提示，采用人性化设计。

(6) 具有 1～30 台充电器实现互联、任意组合共用一个电源插座功能，使集中充电方便简单，减少订货时充电机型号配备的复杂性。

JCB4 型便携式甲烷检测报警仪的主要技术性能指标如下：

(1) 测量范围：(0.00～4.00)% CH_4。

(2) 基本误差：(0.00～1.00)% CH_4，±0.1% CH_4；(1.00～3.00)% CH_4，真值的 ±10%；(3.00～4.00)% CH_4，±0.3% CH_4。

(3) 响应时间：≤20 s。

(4) 报警方式：声音响度大于或等于 75 dB，光可见度大于或等于 20 m（暗处）。

(5) 分辨率：0.01% CH_4。

(6) 报警点：1.00% CH_4（可调）。

(7) 显示方式：四位数码管。

(8) 探头使用寿命：1 年。

(9) 防爆型式：Exd ib Ⅰ Mb。

(10) 本安电源：PL123450 型锰酸锂离子电池，额定容量 1.6 A·h，标称电压 3.7 V。

(11) 工作时间：充满电后连续工作时间大于或等于 10 h。

4. 使用方法

按照产品使用说明书的规定使用。使用前应开机预热 15 min 以上，先在甲烷气体浓度为零的环境下（如新鲜空气中）调零，在井下地点检测时按照使用说明书进行操作，待显示值稳定后读取数值，等待时间一般应超过报警仪的响应时间，即不低于 20 s。

5. 调校方法

报警仪应至少 15 天进行一次调校。严禁使用人员私自操作使用调校功能，仅在相关管理部门授权后，维护人员实施调校。调校装置连接图如图 5－10 所示。

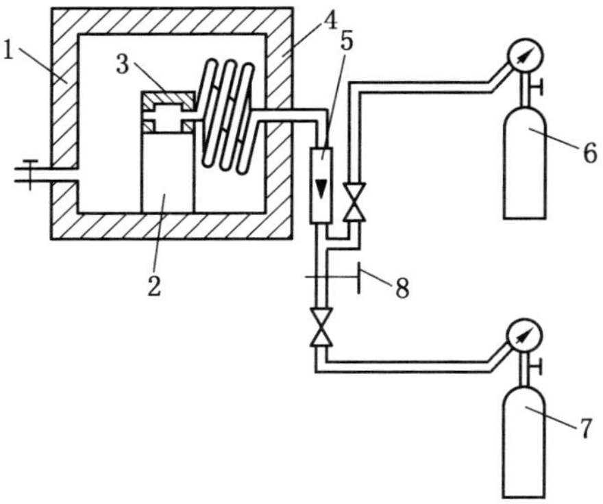

1—试验箱；2—仪器；3—注气装置；
4—预热盘管；5—流量计；6—清洁空气瓶；
7—试验气样瓶；8—调节阀

图5-10 调校装置连接图

报警仪的调校包括零点调校和精度调校。

零点调校时，将清洁空气瓶中的清洁空气通入报警仪的校气嘴内，待报警仪显示值稳定后，点按调校键，将报警仪显示值调为零。

精度调校应使用标准气样(1.00～2.00)% CH_4，建议最好使用1.50% CH_4的标准气样。实际调校时，将标准气样通入报警仪的校气嘴内，通过控制调节阀，观察流量计，将标准气样的流量控制在200 mL/min。使标准气样在气室内充分扩散，待报警仪显示值稳定后，点按调校键，将报警仪显示值调至与标准气样浓度值一致，反复调校3次。

(三) 激光甲烷检测报警仪

激光甲烷检测报警仪是近年来传感技术发展的产物，也是激光传感器技术成功应用于甲烷传感器后在甲烷检测仪方面的成功使用。由于其精度高、性能稳定，正得到越来越多的关注。一些企业试图用激光甲烷检测报警仪替代光干涉式甲烷测定器，进一步扩展其使用范围。

1. 主要功能

激光甲烷检测报警仪采用激光检测原理，相关行业标准正在起草中，目前安全标志审核发放主要参照《煤矿用非色散红外甲烷传感器》(AQ 6211—2008) 和《便携式载体催化甲烷检测报警仪》(AQ 6207—2007)。除具备便携式甲烷检测报警仪的功能外，部分厂家研制的激光甲烷检测报警仪还具备自检、数据存储和查询、无线通信等功能。

2. 基本结构

激光甲烷检测报警仪由激光甲烷检测探头、电源转换电路、OLED显示电路、按键电路、电池、充电电路、单片机控制电路等组成，如图5-11所示。

工作时，甲烷气体以自然扩散方式进入报警仪的激光甲烷检测探头气室中；激光甲烷检测探头将甲烷气体浓度转换为相应的TTL信号，送入单片机控制电路，依据检测结果进行计算、分析、判断，OLED实时显示被检测环境中的甲烷

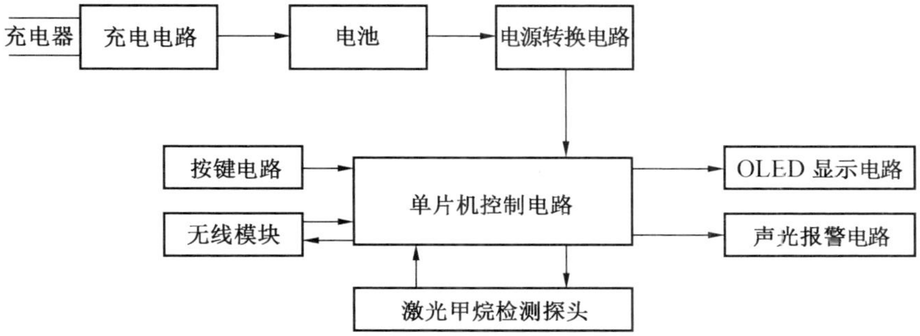

图 5－11　激光甲烷检测报警仪构成框图

气体浓度值，并在超过甲烷浓度报警值时进行声光报警提示。同时具有环境温度、环境压力、电池电量、历史数据存储和查询功能，有些检测仪还具有时钟功能，能实时显示当前时间。

徐州江煤科技有限公司生产的 JJB10(A)型激光甲烷检测报警仪如图 5－12 所示。机壳选用 PC＋橡胶材料制造，采用高强度全塑结构，整机防尘、防水性能好。探头元件采用微型自然扩散式气室，报警灯采用高亮度双色发光管。仪器正面为液晶显示屏，用于显示测量值。

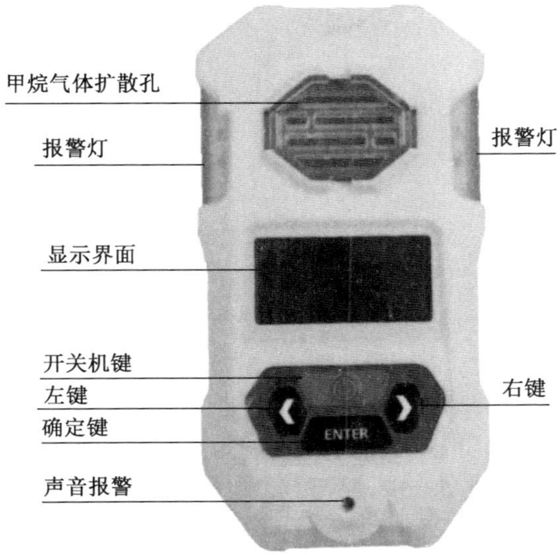

图 5－12　JJB10(A)型激光甲烷检测报警仪

3. 技术特点和主要技术性能指标

激光甲烷检测报警仪的技术特点是可以检测(0～100)% CH_4；检测精度高、性能稳定，调校周期长；检测元件使用寿命长；具备存储、查询和通信功能，能更好地适应煤矿安全生产发展的需求。

JJB10(A)型激光甲烷检测报警仪的主要技术性能指标如下：

(1) 报警仪采用自然扩散取样方式。

(2) 报警仪的显示值为3位以上（含3位）有效读数，以百分体积浓度表示测量值，采用数字显示，其分辨率不低于0.01% CH_4。

(3) 输出信号：ZigBee。

(4) 无线模块参数：发射功率14 dBm（约25 mW），接收灵敏度－110 dBm（空速5 kbps）。

(5) 显示值稳定性：在（0～10)% CH_4 测量范围内，甲烷浓度恒定时，报警仪显示值变化量应不超过0.04% CH_4；在(10～100)% CH_4 测量范围内，甲烷浓度恒定时，报警仪显示值变化量不超过0.4% CH_4。

(6) 基本误差：在（0.00～1.00)% CH_4 测量范围内，基本误差±0.05% CH_4；在(1.00～100.00)% CH_4 测量范围内，基本误差为真值的±5%。

(7) 报警功能：在(0.0～5.0)% CH_4 范围内任意设置报警点，报警显示值与设定值的差值的绝对值不大于0.05% CH_4。报警声级强度在距其1 m远处不小于75 dB(A)；光信号在黑暗环境中20 m远处清晰可见。

(8) 显示方式：OLED液晶显示。

(9) 响应时间：不大于25 s。

(10) 工作稳定性：不小于60天。

(11) 激光元件寿命：不小于5年。

4. 使用方法

与便携式甲烷检测报警仪的使用方法基本相同，使用前应开机预热15 min以上，先在甲烷气体浓度为零的环境下（如新鲜空气中）调零，在井下地点检测时按照使用说明书进行操作，待显示值稳定后读取数值，等待时间一般应超过报警仪的响应时间，即不低于25 s。

5. 调校方法

激光甲烷检测报警仪的调校包括零点调校和精度调校两方面内容。

零点调校的方法与便携式甲烷检测报警仪的调校方法基本相同。

精度调校调校应使用标准气样：量程为（0～10)% CH_4，选用2% CH_4 的标准气样；量程为（0～100)% CH_4，选用20% CH_4 的标准气样。实际调校时，将标准气样通入报警仪的校气嘴内，通过控制调节阀，观察流量计，将标准气样的流量控制在 200 mL/min，使标准气样在气室内充分扩散，待报警仪显示值稳定后，点按调校键，将报警仪显示值调至与标准气样浓度值一致，反复调校 3 次。

（四）激光甲烷遥测仪

传统的气体检测方法是将检测仪放置在被测气体的环境中，这种测量方式受地理条件所限，只能测量传感器当前位置的气体含量，对于高处、狭窄区域、危险区域、隔着玻璃或围栏等障碍外区域无法及时准确测量。激光甲烷遥测仪可实现远距离非接触测量待测气体，不受环境因素影响；可装载于机器人或无人机上，实现自动巡检。

1. 工作原理

煤矿用激光甲烷遥测仪的工作原理与煤矿用激光甲烷检测报警仪的工作原理类似，均是利用可调谐激光光谱吸收（TDLAS）技术。依据朗伯－比尔定律，激光器发射甲烷气体特征波长的光，光经过反射后被接收，测量该过程中甲烷气体对光强的吸收，即可测得甲烷气体浓度。

不同的是，激光甲烷检测报警仪的检测过程在气室进行，检测的结果是进入气室的甲烷浓度；而激光甲烷遥测仪的检测过程在空间进行，检测到的结果是遥测仪到目标之间单位距离内的甲烷浓度，反应的是检测空间内的甲烷平均浓度。

2. 基本结构

激光甲烷遥测仪构成框图如图 5－13 所示。遥测仪主要由电池充电电路、DC/DC 电压转换电路、激光甲烷传感模块、单片机控制电路、显示电路及报警电路等部分组成。电池充电电路对电池充电。DC/DC 电压装换电路将电池电压转换稳定在额定工作电压，供整机电路使用。激光甲烷传感模块由激光器和激光探测器组成。

实际工作过程中，单片机控制电路调制激光器电流控制激光器发出一定频率的激光，遇到空气中甲烷时吸收甲烷气体，激光探测器检测到的激光强度将发生变化，甲烷浓度越高，变化量越大。激光探测器检测到的信号经单片机控制电路进行处理，由显示电路显示出甲烷的浓度值。报警电路由发光报警灯、蜂鸣器、振动器和控制驱动电路构成，当甲烷浓度超过设定的报警点时，仪器会发出声光及振动报警信号。该仪器是以单片机为核心，对信号进行采集、处理、显示。

激光甲烷遥测仪外壳多采用 PC 材料，防护等级至少为 IP54。正面采用液晶屏显示，屏幕下端设有功能按键，可进行测量操作及参数设置。仪器顶端为指示光及检测光的出口，并配有防护罩。而充电接口设置在仪器的底部或侧面，充电

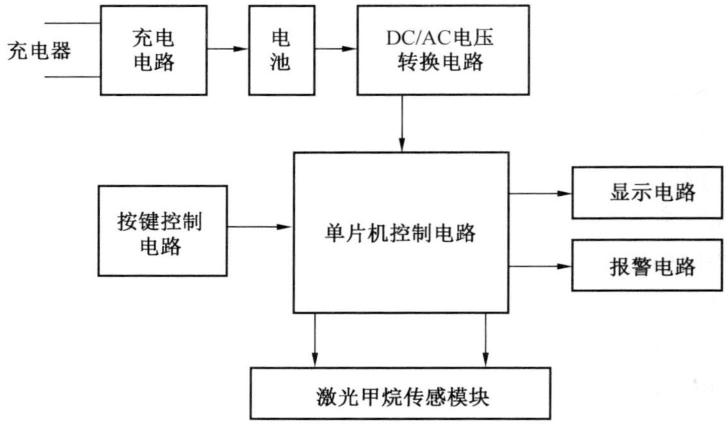

图5-13 激光甲烷遥测仪构成框图

时，直接将仪器整体插入充电座即可，操作简单方便。

3. 主要功能及技术指标

煤矿用激光甲烷遥测仪是近年来开发的瓦斯检测新装备，功能、性能正在不断扩展、完善，使用范围不断扩大。某单位研制的煤矿用激光甲烷遥测仪的主要功能及主要技术性能指标如下所述。

1）主要功能

（1）甲烷浓度数值显示位数可达5位甚至更多。

（2）具备电源电压显示、欠压提示、欠压自动关机功能，有充电提示、充电完成关断及提示功能。

（3）具有声光报警或声光振动报警功能。

2）主要技术性能指标

（1）测量范围 40000×10^{-6} ppm·m，最小检测浓度不大于 100×10^{-6} ppm·m，有效探测距离不小于10 m。

（2）电池正常充电后，待机工作时间不小于8 h，连续测量时间不小于2 h。在正常工作时间内，探测仪不出现欠压关机。

（3）可在 $(100\sim40000)\times10^{-6}$ ppm·m范围内设置报警点。

4. 使用方法

使用前，在新鲜空气中按照使用说明书的方法，对遥测仪进行调零。

井下实际使用时，将遥测仪指向存在甲烷的区域，绿色指示光点引导对准目标，直至读数稳定。如果在遥测仪与目标之间的直线（检测线）上存在甲烷气体，遥测仪屏幕上会显示其“浓度·距离”值，通常以 ppm·m 为单位。甲烷浓度发生变化时，浓度指示条也实时显示其变化情况。如果超过报警限，会发出声报警，同时 LED 指示灯红色闪烁。

5. 调校方法

激光甲烷遥测仪的调校主要包括零点调校和精度调校两方面内容。

零点调校时，将遥测仪放在清新空气中，若显示值不为零，需要对遥测仪调零，点按调校按钮，将遥测仪的显示值调整为零。

精度调校时，在标准气室中充入 20000 ppm·m 的标准气样，将遥测仪放置在三脚架上，与标准气室保持水平，并使遥测仪的测量端贴近标准气室，持续测量 10 s，按调校键，调整遥测仪的显示值与标准气室内的值相同，反复调校 3 次，则调校完成。精度调校设备布置图如图 5－14 所示。

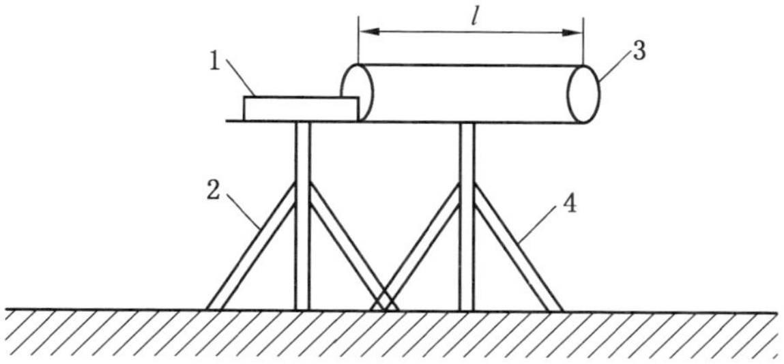

1—探测仪；2—三脚架；3—标准气室；4—标准气室支架；l—标准气室长度（1 m）

图 5－14　精度调校设备布置图

6. 主要优缺点

遥测仪在煤矿、石油天然气、油气精炼、城市管道等行业有着广泛的应用，可以用于检测甲烷气体是否有泄漏，也可以用于煤矿井下巡检和安全救援。这种检测方法无须接触，对使用人员的安全有保障。激光甲烷遥测仪体积小、质量轻、携带方便；选择性好，只对指定气体有反应，可有效避免水蒸气等其他气体的干扰；灵敏度高，即使是微小的泄漏也可以检测到；配合响应速度快，在漏点上瞬间就会发出报警，无报警延迟，可最大限度保证安全。但是其测量精度容易受到环境中粉尘、反射面的情况等的影响，特别是在煤矿井下这种恶劣的环境中，测量精度不会很高，因此在使用中一定要认识到遥测仪的使用局限性，可以作为参考设备使用。

三、其他气体检测类仪器仪表

煤矿井下常用的其他气体检测类仪器仪表主要有矿用一氧化碳测定器、矿用氧气测定器、矿用硫化氢检测报警仪、矿用二氧化碳检测报警仪、矿用二氧化硫检测报警仪、矿用氢气检测报警仪、矿用氨气检测报警仪等。

(一)矿用一氧化碳测定器

一氧化碳是煤矿井下常见的有毒有害气体，煤炭氧化自燃、柴油机尾气、瓦斯煤尘爆炸等都会产生一氧化碳。为保证人员安全健康，《煤矿安全规程》规定，井下风流中的一氧化碳浓度不得超过0.0024%。如果煤炭具有自然发火危险，一氧化碳作为主要指标气体之一，应加强对采空区附近一氧化碳的检测。因此，每个煤矿均应配备一氧化碳检测仪器仪表。

1. 主要功能

矿用一氧化碳测定器的常用检测原理为电化学原理，执行标准为《煤矿用携带型电化学一氧化碳测定器》(MT 703—2008)，一般应具备以下主要功能：

(1) 具有一氧化碳浓度显示、超限声光报警及报警自检功能。

(2) 具有时间、日期显示，温度显示，电压显示，故障显示功能。

(3) 具有误操作保护、调校保护功能。

(4) 具有欠压提示、充电指示、充电完成关断及指示功能。

2. 基本结构

矿用一氧化碳测定器构成框图如图5-15所示。测定器一般由一氧化碳元件、放大电路、显示电路、单片机等部分组成。一氧化碳传感元件将检测到的空气中一氧化碳气体浓度转换成对应的电信号，电信号经过放大电路滤波、放大，送单片机（微控制器）处理后，通过数字形式显示出对应的空气中所含一氧化碳浓度的大小。一氧化碳浓度超过设置的报警点时，报警电路发出报警声光报警信号。

徐州江煤科技有限公司生产的CTH1000B(C)型一氧化碳测定器（图5-16），其外壳采用ABS工程塑料材质。

3. 主要技术性能指标

《煤矿用携带型电化学式一氧化碳测定器》(MT 703—2008) 规定了一氧化碳测定器的主要技术性能指标。不同厂家的产品技术性能指标会有差异，CTH1000B(C)型一氧化碳测定器的主要技术性能指标如下：

(1) 测量范围：$(0\sim1000)\times10^{-6}$ CO。

(2) 分辨率：1×10^{-6} CO。

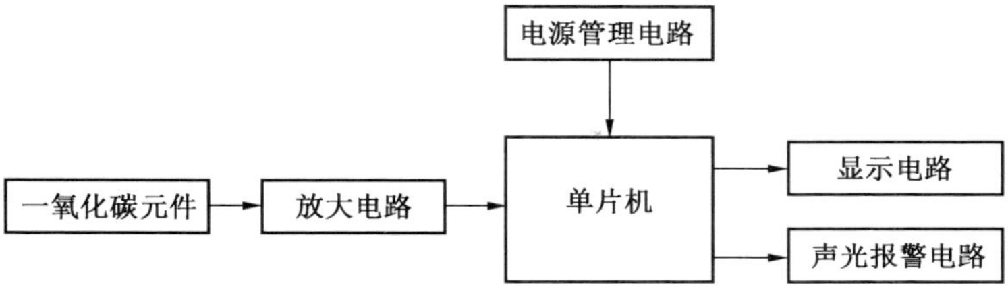

图 5－15　矿用一氧化碳测定器构成框图

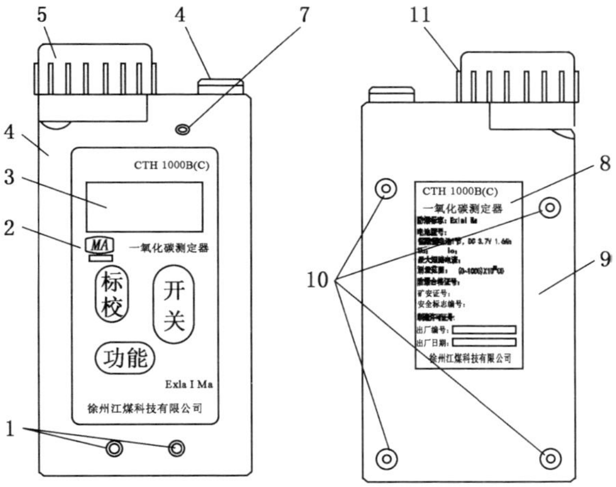

1—充电电极；2—薄膜开关；3—显示窗；4—前盖；5— 一氧化碳探头；6—报警灯；
7—蜂鸣器；8—铭牌；9—后盖；10—紧固螺栓；11—锁紧螺栓

图 5－16　CTH1000B(C)型一氧化碳测定器

(3) 响应时间：≤45 s。

(4) 基本误差：$(0\sim20)\times10^{-6}$ CO 时，$\pm2.0\times10^{-6}$ CO；$(20\sim100)\times10^{-6}$ CO 时，$\pm4.0\times10^{-6}$ CO；$(100\sim500)\times10^{-6}$ CO 时，测量值的 ±5.0%；$(500\sim1000)\times10^{-6}$ CO 时，测量值的 ±6.0%。

(5) 报警范围：测定器的报警点在测量范围内可任意设置，报警显示值与设定值的差值的绝对值为 1×10^{-6} CO，出厂时报警点设置为 24×10^{-6} CO。

(6) 报警声级强度：在 1 m 远处的声响信号大于 75 dB(A)。

（7）报警光信号：在黑暗中 20 m 处清晰可见。

（8）连续工作时间：一次充电连续工作时间不小于 10 h。

4. 使用方法

按照产品使用说明书的规定使用。使用前应开机预热 15 min 以上，先在一氧化碳为零的环境下（如新鲜空气中）调零，在井下地点检测时按照使用说明书进行操作，待显示值稳定后读取数值，等待时间一般应超过测定器的响应时间，即不低于 45 s。

5. 调校方法

只有经过培训或专业的技术人员才能从事该仪器的调校工作。为了防止非专业人员对仪器设置的随意更改，仪器一般均增设充电解锁，仪器只有在有充电器的场合，插入充电器才能解锁，解锁后仪器才能进行调试和标定。当仪器从充电器上取下 30 min 后就被锁定，仪器锁定后不能进行标定等操作。各项功能的调校一般采用功能目录方式，测定器应在开机 30 min 后进行调校，调校应在井上进行。

测定器的调校包括零点调校和精度调校两方面内容。调校使用图 5－10 所示的调校装置，其中试验气样瓶中应为 0.05% 左右的一氧化碳标准气样。

零点调校时，将清洁空气瓶中的清洁空气通入测定器的校气嘴内，待测定器显示值稳定后，点按调校键，将测定器显示值调为零，再按调校键进行确认。

零点调校完成后调校进行，使用 0.05% 左右的 CO 标准气样，通过控制调节阀，观察流量计，将标准气样的流量控制在 200 mL/min。实际调校时，将标准气样通入测定器的校气嘴内，使标准气样在气室内充分扩散，待测定器显示值稳定后，点按调校键，将测定器显示值调至与标准气样浓度值一致，按调校键确认，反复调校 3 次。

6. 注意事项

测定器在使用过程中，还应注意以下问题：

（1）根据产品使用说明书对测定器进行操作和维护。

（2）测定器应由专业技术人员进行维护和修理。应使用测定器生产厂商提供的部件更换损坏的部件，以保证测定器的技术性能。测定器断电维修或断电更换部件后，须用标准气样对测定器进行重新标定后方可使用。

（3）测定器工作 1 个月后，需用软毛刷轻轻清洗传感元件和壳体内主板表面的灰尘。

（4）测定器应存放在通风、干燥、周围无腐蚀性气体的环境中。

（5）测定器禁止浸入水中，如测定器不慎掉入水中，应立即把测定器擦干后放在阴凉处自然晾干。

（6）测定器在存放时，应每个月对测定器充放电 3 次，以激活电池组，保持电池组的特性。

（7）测定器严禁在危险场所开盖。电池的充电必须在地面安全场所进行，严禁在煤矿井下对电池充电。

（二）矿用氧气测定器

氧气是人生存不可缺少的气体，《煤矿安全规程》规定，采掘工作面进风流中的氧气浓度不得低于 20%。煤矿必须配备氧气测定仪器仪表，对井下风流中的氧气浓度进行检测。

1. 主要功能

目前，矿用氧气测定器主要采用电化学原理，执行标准为《煤矿用携带型电化学式氧气测定器》(MT 704—2008)，一般应具备以下主要功能：

（1）具有氧气浓度显示、超限声光报警及报警自检功能。

（2）具有时间、日期显示，温度显示，电压显示，故障显示功能。

（3）具有误操作保护、调校保护功能。

（4）具有欠压提示、充电指示、充电完成关断及指示功能。

2. 基本结构

各类矿用氧气测定器的组成结构基本相同，一般由机壳、氧气元件、放大电路、显示电路、单片机等组成，如图 5－17 所示。

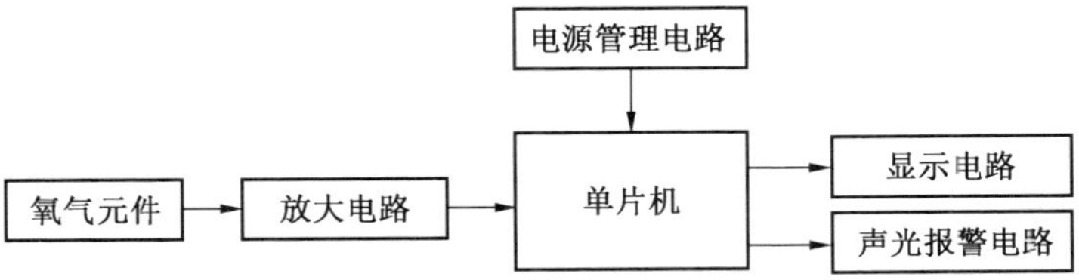

图 5－17　矿用氧气测定器构成框图

测定器工作时，空气中的氧气浓度通过氧气传感元件转换成对应的电信号，电信号经过放大电路放大、滤波，送微控制器处理后，通过数字形式显示出对应的空气中氧气的浓度值；当氧气的浓度低于设置的报警点时，仪器发出声光及振动报警信号，以示氧气浓度超低。

徐州江煤科技有限公司生产的 CYH25B(B)型氧气测定器如图 5－18 所示。

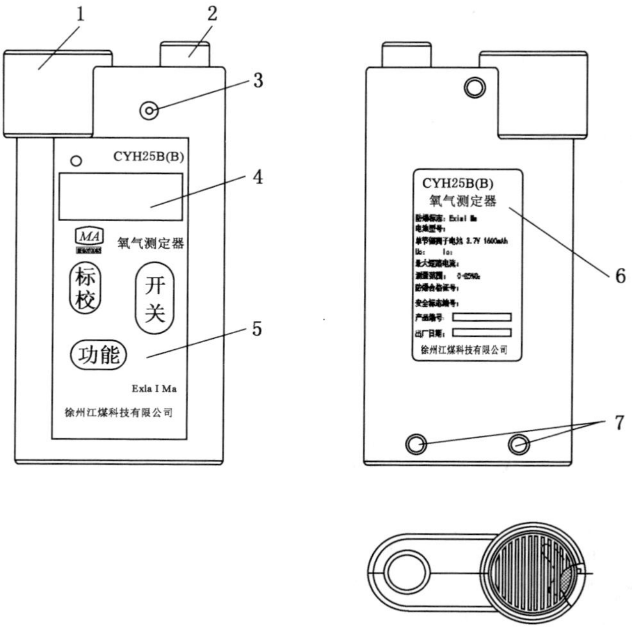

1—传感器气室；2—报警灯帽；3—蜂鸣器；4—显示窗；
5—薄膜开关；6—铭牌；7—充电电极

图 5－18　CYH25B(B)型氧气测定器

3. 主要技术性能指标

（1）测量范围：(0.0～25.0)% O_2。

（2）基本误差：(0.0～5.0)% O_2 时，±0.5% O_2；(5.0～25.0)% O_2 时，真值的±3%。

（3）响应时间：不大于 35 s。

（4）报警点：在测量范围内任意设定，报警显示值与设定值的差值的绝对值为0.3% O_2，仪器出厂时报警点设置为18.0% O_2。

（5）分辨率：0.1% O_2。

（6）连续工作时间：一次充电连续工作时间不小于 10 h。

4. 使用方法

按照产品使用说明书的规定使用。使用前应开机预热 15 min 以上，先在新鲜空气中将显示值调整为20.9%，在井下地点检测时按照使用说明书进行操作，待显示值稳定后读取数值，等待时间一般应超过测定器的响应时间，即不低于35 s。

5. 调校方法

测定器的调校包括零点调校和精度调校两方面内容。调校使用图5－10所示的调校装置，其中试验气样瓶中应为浓度为99.99%的高纯氮气标准气样。

零点调校时，将清洁空气瓶中的清洁空气通入测定器的校气嘴内，待报警仪显示值稳定后，点按调校键，将报警仪显示值调为20.9%。

零点调校完成后进行精度调校，使用99.99%的高纯氮气标准气样，将标准气样通入测定器的校气嘴内，通过控制调节阀，观察流量计，将标准气样的流量控制在200 mL/min，使标准气样在气室内充分扩散，待报警仪显示值稳定后，点按调校键，将报警仪显示值调至零，按调校键确认，反复调校3次。

（三）矿用硫化氢检测报警仪

《煤矿安全规程》规定：煤矿井下空气中的硫化氢浓度不得超过0.00066%，每月至少监测1次硫化氢。因此，煤矿必须配备矿用硫化氢检测仪器仪表。

1. 主要功能

目前，矿用硫化氢检测报警仪多采用电化学原理，执行标准为《煤矿用硫化氢检测报警仪》(MT 1084—2008)，一般应具备以下主要功能：

（1）具有硫化氢浓度显示、声光报警及报警自检功能。

（2）具有时间、日期显示，电压显示功能。

（3）具有欠压提示、充电指示、充电完成关断及指示功能。

2. 基本结构

矿用硫化氢检测报警仪一般由硫化氢元件、放大电路、显示电路、单片机等组成，其构成框图如图5－19所示。空气中的硫化氢气体通过传感元件转换成对应的电信号，电信号经过放大、滤波，经微控制器处理后，通过数字形式显示出对应的空气中所含硫化氢浓度的大小。如硫化氢浓度超过其设置的报警点时，报警电路发出报警声光报警信号，以示浓度超限。

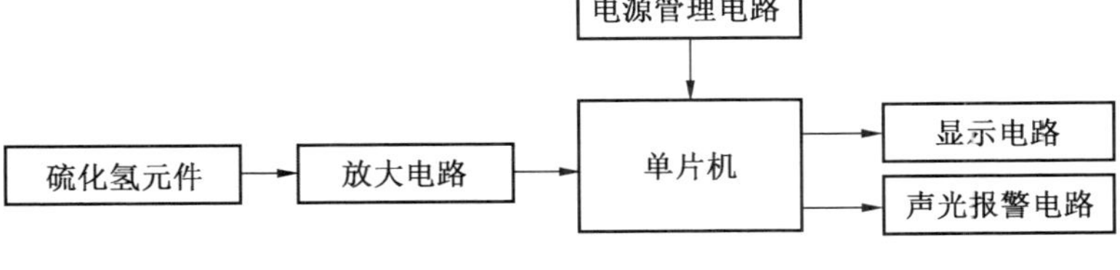

图5－19　矿用硫化氢检测报警仪构成框图

各类硫化氢检测报警仪的结构基本相同。徐州江煤科技有限公司生产的

JLH100 型硫化氢检测报警仪如图 5－20 所示。

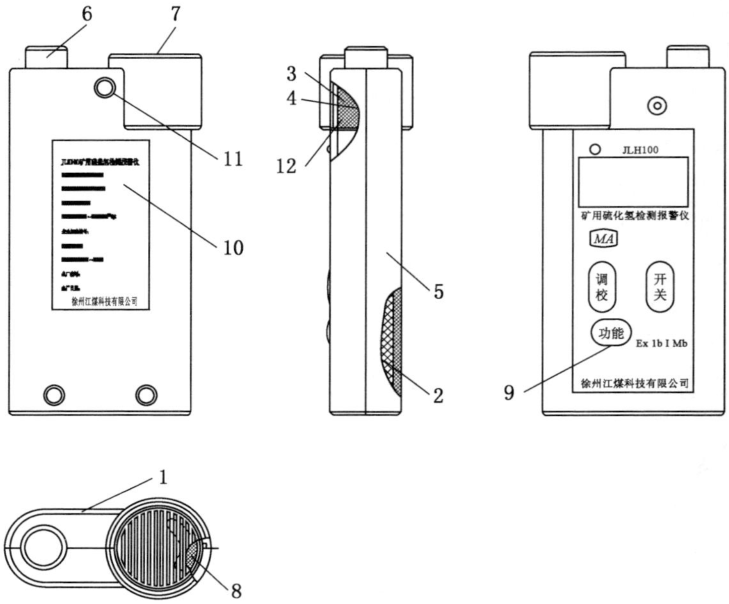

1—前盖；2—电池；3—传感器；4—主板；5—后盖；6—红灯罩；7—通气盖；
8—内衬套；9—面膜开关；10—铭牌；11—十字螺钉；12—不锈钢网

图 5－20 JLH100 型硫化氢检测报警仪

3. 主要技术性能指标

（1）测量范围：$(0\sim100)\times10^{-6}H_2S$。

（2）基本误差：$(0\sim49.9)\times10^{-6}H_2S$ 时，$\pm3\times10^{-6}H_2S$；$(50.0\sim100.0)\times10^{-6}H_2S$ 时，真值的 ±10%。

（3）响应时间：不大于 45 s。

（4）报警点：在全量程范围内任意设置，出厂时的默认设置为 $6\times10^{-6}H_2S$。

（5）报警误差：$\pm3\times10^{-6}H_2S$。

（6）报警方式和效果：声光报警，离声源轴向距离 1 m 远处，声强不小于 80 dB(A)，在暗处能见度不小于 20 m。

（7）分辨率：$0.1\times10^{-6}H_2S$。

（8）连续工作时间：一次充电不小于 9 h。

（9）最大工作电流（报警时）：≤200 mA。

4. 使用方法

按照产品使用说明书的规定使用。使用前应开机预热 15 min 以上，先在硫化氢为零的环境下（如新鲜空气中）调零，在井下地点检测时按照使用说明书进行操作，待显示值稳定后读取数值，等待时间一般应超过报警仪的响应时间，即不低于 45 s。

5. 调校方法

报警仪的调校包括零点调校和精度调校两方面内容。调校使用图 5－10 所示的调校装置，其中试验气样瓶中应为 50×10^{-6}左右的硫化氢标准气样。

零点调校时，将清洁空气瓶中的清洁空气通入报警仪的校气嘴内，待报警仪显示值稳定后，点按调校键，将报警仪显示值调为零。

零点调校完成后进行精度调校，将 $50\times10^{-6}H_2S$ 左右的硫化氢标准气样通入测定器的校气嘴内，通过控制调节阀，观察流量计，将标准气样的流量控制在 200 mL/min，使标准气样在气室内充分扩散，待报警仪显示值稳定后，点按调校键，将报警仪显示值调至与标准气样浓度值一致，按调校键确认，反复调校 3 次。

（四）矿用二氧化碳检测报警仪

二氧化碳是煤矿井下常见的有害气体，《煤矿安全规程》规定必须加强井下环境中二氧化碳的检测、监测。因此，煤矿必须配备二氧化碳检测仪器仪表。

1. 主要功能

目前，矿用二氧化碳检测报警仪主要采用红外原理，暂无具体产品标准，安标管理中主要参照《矿用二氧化碳传感器通用技术条件》(AQ 1052—2008)，一般应具备以下主要功能：

（1）具备二氧化碳浓度测量功能，采用数字显示方式显示 3 位以上（含 3 位）测量值，以百分比体积浓度表示测量值，并能表示显示值的正或负。

（2）具有声光报警及报警自检功能。

（3）具有电池电压显示、欠压提示和欠压自动关机功能。

（4）检测报警仪进行充电时，有充电指示、充电完成关断及指示功能。

（5）具有日期、时间显示，温度检测，数据存取，超量程保护功能。

2. 基本结构

矿用二氧化碳检测报警仪由机壳、红外二氧化碳探头、电路主板、液晶显示屏、声光报警器、单片机等组成，其构成框图如图 5－21 所示。空气中的二氧化碳气体通过红外二氧化碳元件转换成对应的电信号，电信号送入微控制器处理后，通过数字形式显示出当前空气中所含的二氧化碳气体浓度值。如超过其设置的报警点时，报警电路发出声光报警信号。

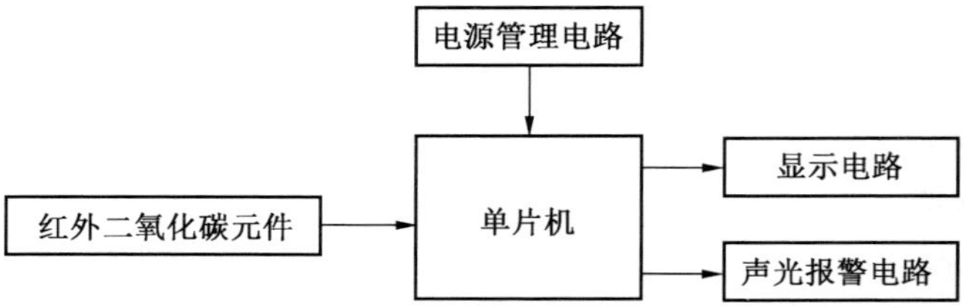

图 5－21　二氧化碳检测报警仪构成框图

各厂家生产的检测报警仪的结构基本相同或者相近。徐州江煤科技有限公司生产的 JRG5H 型矿用本安型红外二氧化碳检测报警仪如图 5－22 所示。

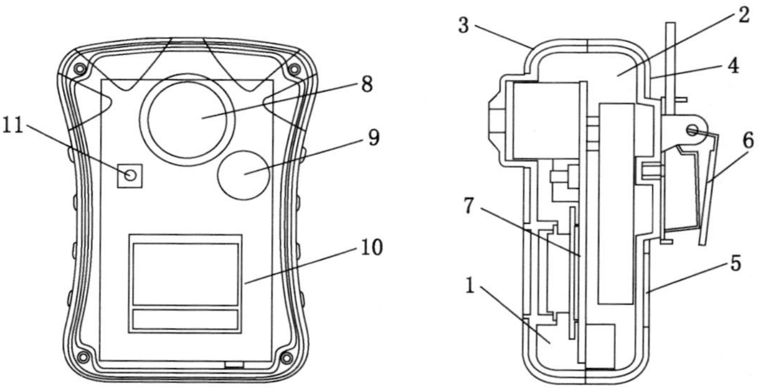

1—前盖；2—后盖；3—前盖橡胶层；4—后盖橡胶层；5—铭牌；6—鸭嘴夹；7—主板；
8—探头；9—蜂鸣器；10—显示窗；11—开关按键

图 5－22　JRG5H 型矿用本安型红外二氧化碳检测报警仪

3. 主要技术性能指标

由于检测报警仪没有可直接执行的行业标准，各厂家生产的检测报警仪的技术指标会有差异。JRG5H 型矿用本安型红外二氧化碳检测报警仪的主要技术性能指标如下：

（1）使用环境条件：温度 0 ~ 40 ℃；湿度小于或等于 98% RH（非冷凝）；大气压力 80 ~ 116 kPa。

（2）测量范围：(0 ~ 5)% CO_2。

（3）测量误差：（0.00～0.50）% CO_2 时，±0.10% CO_2；（0.50～5.00）% CO_2 时，±（0.05＋真值的5%）% CO_2。

（4）响应时间：不大于30 s。

（5）报警点：报警仪具有二级报警功能，低限默认报警值0.5% CO_2，高限默认报警值2.0% CO_2（报警点可调）。

（6）报警方式和效果：声报警，离声源轴向距离1 m远处，声强不小于75 dB。

（7）采用锂离子电池，3.7 V/1.5 A·h。充满电后可连续工作12 h以上。

4. 使用方法

按照产品使用说明书的规定使用。使用前应开机预热15 min以上，将流量为300 mL/min的纯氮气（纯度为99.99%）通入报警仪的校气嘴内将显示值调零；在井下地点检测时按照使用说明书进行操作，待显示值稳定后读取数值，等待时间一般应超过报警仪的响应时间，即不低于30 s。

5. 调校方法

报警仪的调校包括零点调校和精度调校两方面内容。调校使用图5－10所示的调校装置，其中试验气样瓶中应为2.0% CO_2 左右的二氧化碳标准气样。清洁空气瓶换为纯氮气（纯度为99.99%）标准气样。

零点调校时，将流量为300 mL/min的纯氮气（纯度为99.99%）标准气样通入报警仪的校气嘴内，待报警仪显示值稳定后，点按调校键，将报警仪显示值调为零。

零点调校完成后进行精度调校，将2.0%左右的二氧化碳标准气样通入测定器的校气嘴内，通过控制调节阀，观察流量计，将标准气样的流量控制在200 mL/min，使标准气样在气室内充分扩散，待报警仪显示值稳定后，点按调校键，将报警仪显示值调至与标准气样浓度值一致，按调校键确认，反复调校3次。

（五）矿用二氧化硫检测报警仪

《煤矿安全规程》规定，井下空气中二氧化硫的浓度不得超过0.0005%；每3个月至少监测一次二氧化硫。因此，每个煤矿都需要配备二氧化硫检测仪器仪表。

1. 主要功能

目前，矿用二氧化硫检测报警仪主要采用电化学原理，尚未建立相关产品标准，安标管理中主要参照《煤矿井下环境监测用传感器通用技术条件》（MT 443—1995）等标准。矿用二氧化硫检测报警仪一般具备以下主要功能：

（1）具备显示二氧化硫浓度的功能。

（2）具有声光报警及报警自检功能。

（3）有电池电压显示、欠压提示和欠压自动关机功能，进行充电时，有充电指示、充电完成关断及指示功能。

2. 基本结构

矿用二氧化硫检测报警仪构成框图如图5－23所示。报警仪一般由二氧化硫元件、放大电路、显示电路、单片机等组成。空气中的二氧化硫气体通过传感器转换成对应的电信号，电信号经过放大、滤波，经微控制器处理后，通过数字形式显示出对应的空气中所含二氧化硫浓度的大小；如二氧化硫浓度超过其设置的报警点时，报警电路发出报警声光报警信号，以示浓度超限。

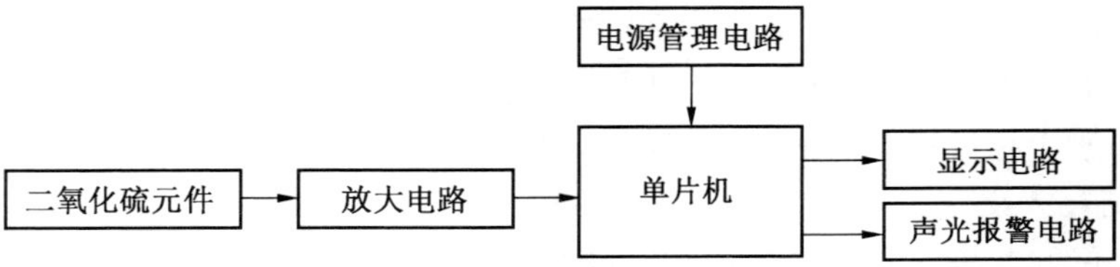

图5－23 矿用二氧化硫检测报警仪构成框图

各厂家生产的二氧化硫检测报警仪的结构基本类似。徐州江煤科技有限公司生产的CELH100(A)型二氧化硫检测报警仪如图5－24所示。

3. 主要技术性能指标

CELH100(A)型二氧化硫检测报警仪的主要技术指标如下：

（1）测量范围：$(0\sim100)\times10^{-6}SO_2$。

（2）响应时间：不大于30 s。

（3）基本误差：$(0\sim49)\times10^{-6}SO_2$时，$\pm3\times10^{-6}SO_2$；$(50\sim100)\times10^{-6}SO_2$时，测量值的±10%。

（4）报警点：在全量程范围内任意设置，出厂时的默认设置为$10\times10^{-6}SO_2$。

（5）报警误差：$\pm1\times10^{-6}SO_2$。

（6）报警方式和效果：声光报警，声，离声源轴向距离1 m远处，声强不小于75 dB；光，在暗处能见度不小于20 m。

（7）分辨率：$1\times10^{-6}SO_2$。

（8）本安参数：测定器采用PL123450锰酸锂电池一节，电池容量1600 mA·h，标称电压3.7 V；具有过充电保护，过放电保护，以及过流、过压保护；保护电

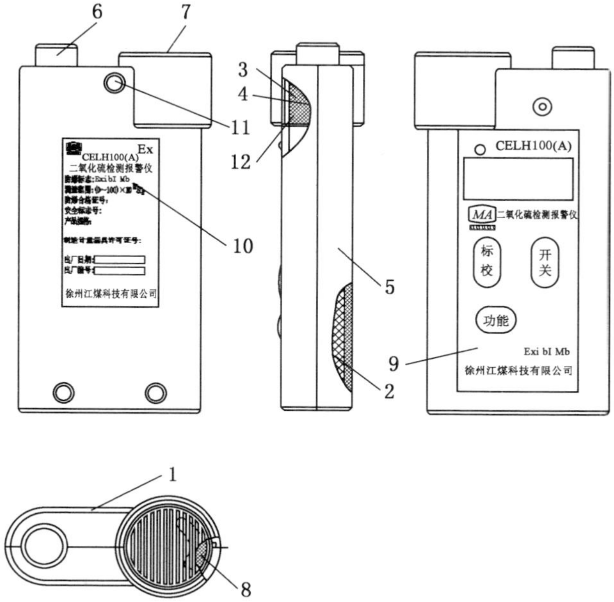

1—前盖；2—电池；3—传感器；4—主板；5—后盖；6—红灯罩；7—通气盖；
8—内衬套；9—面膜开关；10—铭牌；11—十字螺钉；12—不锈钢网

图 5-24 CELH100(A)型二氧化硫检测报警仪

路与电池采用环氧树脂浇封一体，浇封厚度 1 mm。本安参数：U_o 为 DC 4.2 V，I_o 为 2.0 A。

(9) 使用环境条件：温度 0～40 ℃，相对湿度小于 98% RH，气压 80～116 kPa。

(10) 最大工作电流（报警时）：≤100 mA。

4. 使用方法

按照产品使用说明书的规定使用。使用前应开机预热 15 min 以上，先在二氧化硫为零的环境下（如新鲜空气中）调零，在井下地点检测时按照使用说明书进行操作，待显示值稳定后读取数值，等待时间一般应超过报警仪的响应时间，即不低于 30 s。

5. 调校方法

根据《煤矿安全规程》的规定，须定期用标准气样对二氧化硫检测报警仪的精度进行调校，只有经过专业培训的技术人员才能从事测定器的调校工作。操作前将仪器开机预热 15 min 以上。

报警仪的调校包括零点调校和精度调校两方面内容。调校使用图 5－10 所示的调校装置，其中试验气样瓶中应为 50×10^{-6}左右的二氧化硫标准气样。

零点调校时，将清洁气瓶中的清洁空气通入报警仪的校气嘴内，待报警仪显示值稳定后，点按调校键，将报警仪显示值调为零。

零点调校完成后进行精度调校，将 50×10^{-6}左右的二氧化硫标准气样通入测定器的校气嘴内，通过控制调节阀，观察流量计，将标准气样的流量控制在 200 mL/min；使标准气样在气室内充分扩散，待报警仪显示值稳定后，点按调校键，将报警仪显示值调至与标准气样浓度值一致，按调校键确认，反复调校 3 次。

（六）矿用氢气检测报警仪

《煤矿安全规程》规定：井下充电室风流中以及局部积聚处的氢气浓度，不得超过 0.5%。因此，煤矿需要配备氢气检测仪器仪表，如矿用氢气检测报警仪等。

1. 氢气检测报警仪的主要功能

目前，氢气检测报警仪尚无行业标准，安标审核发放主要参考 GB 3836—2010 系列标准、《煤矿通信、检测、控制用电工电子产品通用技术要求》（MT 209—1990）和《煤矿通信、检测、控制用电工电子产品基本试验方法》（MT 210—1990）等通用标准。矿用氢气检测报警仪多采用电化学原理，一般应具备以下功能：

（1）具备显示氢气浓度的功能。

（2）测量值采用数字显示方式，其显示值 3 位以上（含 3 位），以百分比体积浓度表示测量值，并能表示显示值的正或负。

（3）具有声光报警及报警自检功能。

（4）具有电池电压显示、欠压提示和欠压自动关机功能。进行充电时，有充电指示、充电完成关断及指示功能。

2. 基本结构

矿用氢气检测报警仪构成框图如图 5－25 所示。报警仪一般由机壳、传感器、线路板、电池组、放大电路、显示器、声光报警仪、单片机等组成。空气中的氢气通过传感器转换成对应的电信号，电信号经过放大、滤波，经微控制器处理后，通过数字形式显示出对应的空气中所含氢气浓度的大小；如氢气浓度超过其设置的报警点时，报警电路发出报警声光报警信号，以示浓度超限。

各厂家生产的氢气检测报警仪的结构基本相同或者相近。徐州江煤科技有限公司生产的 JQH1000（A）型矿用氢气检测报警仪如图 5－26 所示。

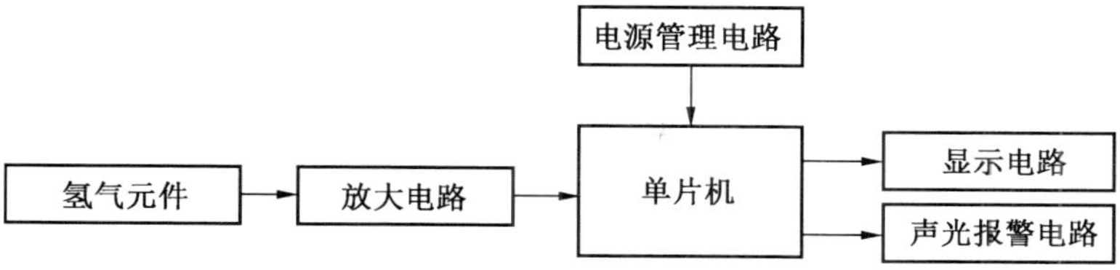

图5-25 矿用氢气检测报警仪构成框图

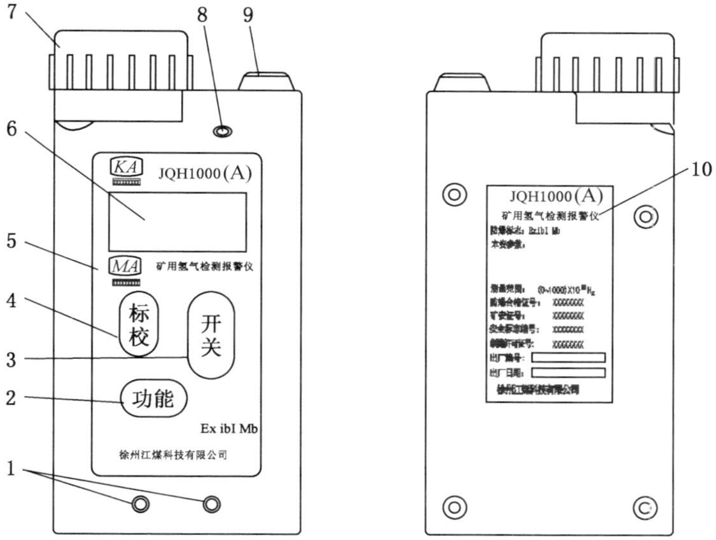

1—充电电极；2—功能键；3—开关键；4—调校键；5—面膜开关；6—显示窗；7—传感器气室；8—蜂鸣器；9—报警灯帽；10—铭牌

图5-26 JQH1000(A) 型矿用氢气检测报警仪

3. 主要技术性能指标

由于氢气检测报警仪暂无可直接执行的行业标准，各厂商生产的检测报警仪的主要技术指标不尽相同。JQH1000(A) 型矿用氢气检测报警仪的主要技术性能指标如下：

(1) 测量范围：$(0\sim1000)\times10^{-6}H_2$。

(2) 基本误差：$(0\sim100)\times10^{-6}H_2$ 时，$\pm4\times10^{-6}H_2$；$(100\sim500)\times10^{-6}H_2$

时，测量值的 ±6%；(500～1000) $\times10^{-6}H_2$ 时，测量值的 ±8%。

(3) 分辨率：不小于 $1\times10^{-6}H_2$。

(4) 报警功能：检测报警仪的报警点在测量范围内可任意设置，报警显示值与设定值的差值的绝对值不大于 $1\times10^{-6}H_2$，仪器出厂时报警点设置为 $100\times10^{-6}H_2$；检测报警仪的报警声级强度在 1 m 远处的声响信号大于 75 dB(A)；报警光信号能在黑暗中 20 m 处清晰可见，颜色为红色。

(5) 响应时间：不大于 90 s。

(6) 检测报警仪防爆型式：矿用本质安全型，防爆标志为 Ex ib Ⅰ Mb。

4. 使用方法

按照产品使用说明书的规定使用。使用前应开机预热 15 min 以上，先在氢气为零的环境下（如新鲜空气中）调零，在井下地点检测时按照使用说明书进行操作，待显示值稳定后读取数值，等待时间一般应超过报警仪的响应时间，即不低于 90 s。

5. 调校方法

只有经过专业培训的技术人员才能从事检测报警仪的调校工作。操作前仪器开机预热 15 min 以上。

报警仪的调校包括零点调校和精度调校两方面内容。调校使用图 5－10 所示的调校装置，其中试验气样瓶中应为 0.05% 左右的氢气标准气样。

零点调校时，将清洁气瓶中的清洁空气通入报警仪的校气嘴内，待报警仪显示值稳定后，点按调校键，将报警仪显示值调为零。

零点调校完成后进行精度调校，将 0.05% 左右的氢气标准气样通入测定器的校气嘴内，通过控制调节阀，观察流量计，将标准气样的流量控制在 200 mL/min；使标准气样在气室内充分扩散，待报警仪显示值稳定后，点按调校键，将报警仪显示值调至与标准气样浓度值一致，按调校键确认，反复调校 3 次。

（七）矿用氨气检测报警仪

《煤矿安全规程》规定：冻结站必须采用不燃性材料建筑，并装设通风装置。定期测定站内空气中的氨气浓度，氨气浓度不得大于 0.004%。站内严禁烟火，必须备有急救和消防器材。因此，煤矿应对氨气浓度进行监测，配备氨气检测仪器仪表。

1. 矿用氨气检测报警仪的主要功能

矿用氨气检测报警仪多采用电化学原理，目前并无行业标准，安标审核发放主要参考通用标准，如 GB 3836—2010 系列标准、《煤矿通信、检测、控制用电工电子产品通用技术要求》(MT 209—1990)、《煤矿通信、检测、控制用电工电子产品基本试验方法》(MT 210—1990) 和《煤矿井下环境监测用传感器通用技术条件》(MT 443—1995) 等，一般应具备以下主要功能：

（1）具备显示氨气浓度的功能。

（2）以数字显示 3 位及以上有效读数，以百分比体积浓度表示测量值，并能负向显示。

（3）具有声光报警及报警自检功能。

（4）具有电池电压显示、欠压提示和欠压自动关机功能。

（5）进行充电时，有充电指示、充电完成关断及指示功能。

2. 基本结构

矿用氨气检测报警仪构成框图如图 5-27 所示。报警仪一般由氨气元件、放大电路、显示电路、单片机等组成。空气中的氨气通过电化学探头换成对应的电信号，电信号送入微控制器处理后，通过数字形式显示出对应的空气中所含氨气浓度值；如检测值超过其设置的报警点时，报警电路发出声光报警信号。

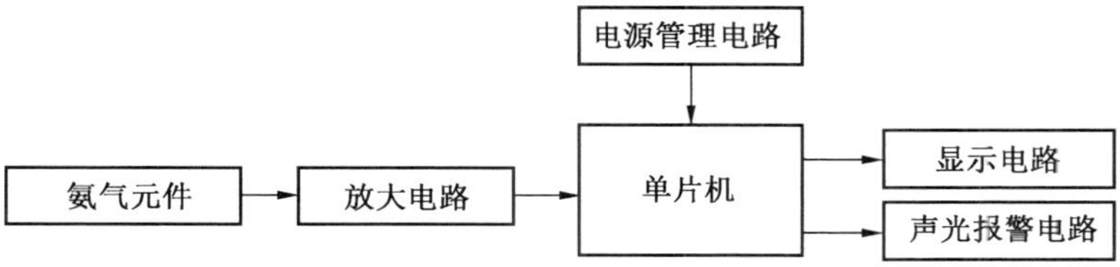

图 5-27　矿用氨气检测报警仪构成框图

各厂商生产的氨气报警仪的结构基本相同。徐州江煤科技有限公司生产的 CAH200 型矿用氨气检测报警仪如图 5-28 所示。

3. 主要技术性能指标

由于氨气检测报警仪没有可直接执行的行业标准，各厂商生产的氨气检测报警仪的主要技术指标不尽相同。CAH200 型矿用氨气检测报警仪的主要技术性能指标如下：

（1）工作条件。

① 环境温度：0 ~ +40 ℃；

② 平均相对湿度：不大于 95%（+25 ℃）；

③ 压力：80 ~ 116 kPa；

④ 煤矿井下有瓦斯，煤尘爆炸危险的环境，但无显著振动和冲击、无破坏绝缘的腐蚀性气体场所。

（2）贮存温度：-40 ~ 60 ℃。

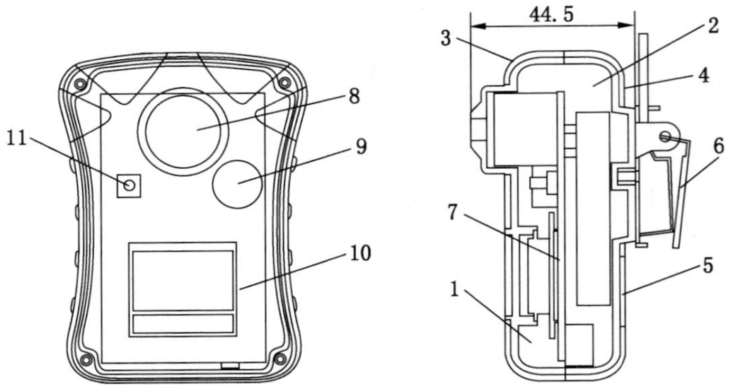

1—前盖；2—后盖；3—前盖橡胶层；4—后盖橡胶层；5—铭牌；6—鸭嘴夹；
7—主板；8—探头；9—蜂鸣器；10—显示窗；11—开关按键

图 5－28　CAH200 型矿用氨气检测报警仪

（3）测量范围：$(0\sim200)\times10^{-6}NH_3$。

（4）基本误差：$(0\sim100)\times10^{-6}NH_3$ 时，真值的 ±6%；$(100\sim200)\times10^{-6}NH_3$ 时，真值的 ±10%。

（5）响应时间：不大于 60 s。

（6）报警仪具有二级报警功能，低限默认报警值 $30\times10^{-6}NH_3$，高限默认报警值 $50\times10^{-6}NH_3$（报警点可调）。

（7）报警误差：$\pm2\times10^{-6}NH_3$。

（8）报警方式和效果：声报警，离声源轴向距离 1 m 远处，声强不小于 75 dB；光报警，黑暗环境中 20 m 内可见。

（9）报警仪采用 854050 锰酸锂电池，电池容量 1.3 A·h，额定工作电压 3.7 V，工作电流小于或等于 200 mA；具有过充电保护，过放电保护，以及过流、过压保护；保护电路与电池采用环氧树脂浇封一体，浇封厚度 1 mm。本安参数：U_o：DC 4.2 V，I_o：1.2 A。

（10）检测报警仪每次充电后能正常工作时间≥10 h。

4. 使用方法

按照产品使用说明书的规定使用。使用前应开机预热 15 min 以上，先在氨气为零的环境下（如新鲜空气中）调零，在井下地点检测时按照使用说明书进行操作，待显示值稳定后读取数值，等待时间一般应超过报警仪的响应时间，即不低于 60 s。

5. 调校方法

只有经过培训的人员方能进行仪器的调校操作，仪器的调校是通过遥控发送器进行完成。操作前仪器开机预热 15 min。

报警仪的调校包括零点调校和精度调校两方面内容。调校使用图 5－10 所示的调校装置，其中试验气样瓶中应为 100×10^{-6}左右的氨气标准气样。

零点调校时，将清洁气瓶中的清洁空气通入报警仪的校气嘴内，待报警仪显示值稳定后，点按调校键，将报警仪显示值调为零。

零点调校完成后进行精度调校，将 100×10^{-6}左右的氨气标准气样通入测定器的校气嘴内，通过控制调节阀，观察流量计，将标准气样的流量控制在 200 mL/min；使标准气样在气室内充分扩散，待报警仪显示值稳定后，点按调校键，将报警仪显示值调至与标准气样浓度值一致，按调校键确认，反复调校 3 次。

第四节 环境检测用非气体检测类仪器仪表及使用维护

环境检测用非气体检测类便携式仪器仪表主要用于测量煤矿井下非气体环境类参数，如粉尘、风速、温度、湿度等，配合煤矿安全生产在线监测监控类系统使用，作为其重要的补充手段。

一、粉尘浓度测量仪

随着煤矿开采强度和机械化水平的提高，粉尘危害逐步加大，加强粉尘作业场所的粉尘的检测、监测和防治具有十分重要的意义。世界各国也研制了一系列的粉尘检测设备，从原理上分为直接称重测量法和间接测量法两种。

（一）直接称重测量法

直接称重测量法根据粉尘称重的检测原理设计，是粉尘检测最早采用的技术方法。

1. 工作原理及基本结构

直接称重采样原理的测量仪构成框图如图 5－29 所示。测量仪由预捕集器、流量计、抽气泵、电池组、显示器等组成。采样之前，必须将经过称量的干净滤膜装入预捕集器，通过仪器内抽气泵的吸气，使空气中的浮游粉尘阻留在预捕集器的滤膜上。采样结束后，将滤膜取出烘干后放在天平上称量。前后称重相减可以取得滤膜增量及所捕集到的粉尘质量。同时在采样过程中，流量和采样时间二者相乘即可确定采样时通过预捕集器的空气体积，从而按规定的公式计算出被采集空气中所含粉尘的浓度。计算公式为

$$T=\frac{f_1-f_0}{Qh}\times 1000$$

式中 T——总粉尘浓度（全尘），mg/m^3；

f_0——采样前滤膜的质量，mg；

f_1——采样后滤膜的质量，mg；

h——采样时间，min；

Q——采样流量，L/min。

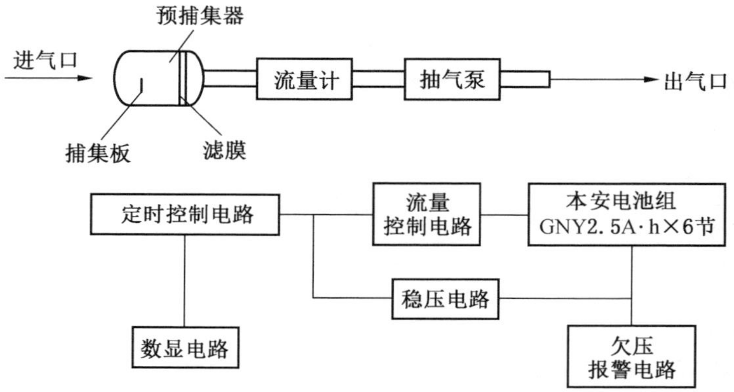

图5-29 称重测量法粉尘浓度测量仪构成框图

图5-30 CCZ-1000型直读式粉尘浓度测量仪

各生产单位生产的称重测量法粉尘浓度测量仪的结构基本相同。某生产单位采用直接称重测量法设计生产的CCZ-1000型直读式粉尘浓度测量仪如图5-30所示。其具有精度高，安全可靠等优点，但其测量方法复杂，维护成本高，不能连续测量，故这种原理的测量仪逐步被光电原理的测量仪所取代。

2. 主要功能和技术指标

粉尘浓度测量仪主要依据《直读式粉尘浓度测量仪表通用技术条件》(MT/T 163—2019)设计，一般应具备工矿企业煤尘和其他粉尘的快速检测功能，并具备足够的检测精度和可靠性。

各生产制造单位生产的粉尘检测仪功能相似，但其主要技术性能指标又不尽相同。某厂家生产的 CCZ－1000 型直读式粉尘浓度测量仪的主要技术性能指标如下：

（1）典型测定范围：（0.01～1000）mg/m^3（测量范围可通过调节采样时间来改变）。

（2）相对误差：±10%。

（3）稳定性相对误差：±2.5%。

（4）采样流量：15 L/min。

（5）呼吸性粉尘采样效能符合“BMRC”采样效能曲线，其误差为±2.5%。

（6）充电时间：4 h。

3. 使用方法

直接称重测量法的测量仪在使用中需严格按照产品使用说明书的规定使用。

使用前应先修剪滤膜，再用镊子将滤膜放在带销钉的滤膜夹上，把滤膜夹好，应保证滤膜平整且不露出滤膜夹的边缘。每片滤膜两面都有两片保护纸，使用时应去掉两面的保护纸，绝不能把保护纸当作滤膜使用。滤膜的平展度是保证测试准确度的重要因素，安装滤膜夹时一定要注意确保滤膜的平展度良好；另外，滤膜面积应大于滤膜孔的面积以免漏出滤膜孔，导致测量误差及采样时漏气。测量时将三脚架稳定地放置到采样点上，将测量仪固定在三脚架上，并使采样头对准逆风方向采样。

测量主要分为 3 个步骤，分别为测量空白滤膜、定时采样和测量粉尘滤膜，通过测量采样前后的滤膜的电参数和采样流量，从而自动测量出粉尘浓度。

4. 调校方法

直接称重测量法的测量仪在过滤膜清洁的前提下进行调校，调校使用图 5－31 所示的调校装置。

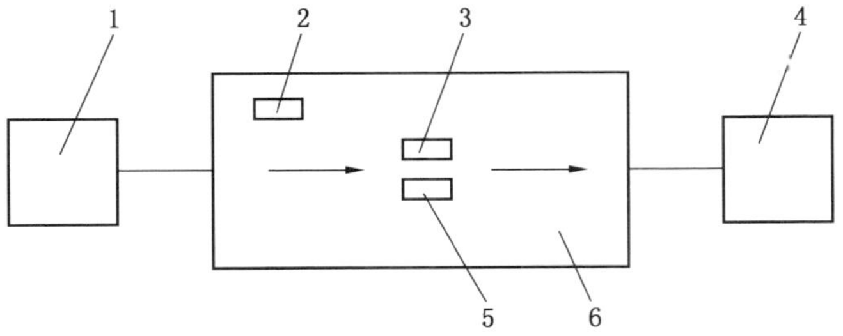

1—给尘装置；2—风速传感器；3—粉尘采样装量；4—风机；5—被检测尘仪；6—粉尘测试段

图 5－31　粉尘浓度测量仪调校装置连接图

使用给尘装置产生 500 mg/m^3 左右的粉尘，用粉尘浓度测量仪和一台标准粉尘采样装置同时采样，点按调校键，将测量仪的显示值调至与标准粉尘采样装置一致，按调校键确认，反复调校 3 次。

（二）间接测量法

目前，矿井粉尘间接测量法主要利用光的散射法，即光电感应原理设计，是随着科技技术的发展近年新研发的技术方法，在煤矿生产中正得到越来越广泛的应用。

1. 工作原理及基本结构

光电感应原理测量仪构成框图如图 5－32 所示。测量仪主要由电池组、显示器、光电子倍增管、光电流积分电路等组成。外部空气在风扇的吸引下进入吸引口，经导流装置（遮掉外部光线）进入测量仪暗室。暗室内的平行光与受光部的视野成直角交叉构成灵敏区，粉尘通过灵敏区时，其 90°方向散射光透过狭缝射进精密光探测器转换成光电流，经光电流积分电路转换成与散射光成正比的电信号。通过放大电路和 A/D 转换电路计算出粉尘的质量浓度。

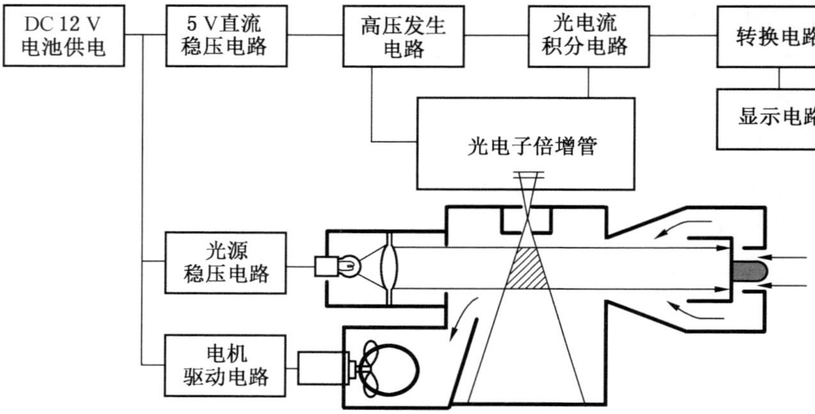

图 5－32　光电感应原理测定仪构成框图

各生产单位生产的间接测量法粉尘浓度测量仪的结构基本相同。徐州江煤科技有限公司生产的 CCZ1000（A）型矿用直读式粉尘浓度测量仪如图 5－33 所示，该测量仪采用间接测量法即光电感应原理设计。外壳采用 PA66 材质注塑而成，上下盖之间采用外加密封圈紧合，具有质轻、耐腐、防爆、抗干扰等特点。

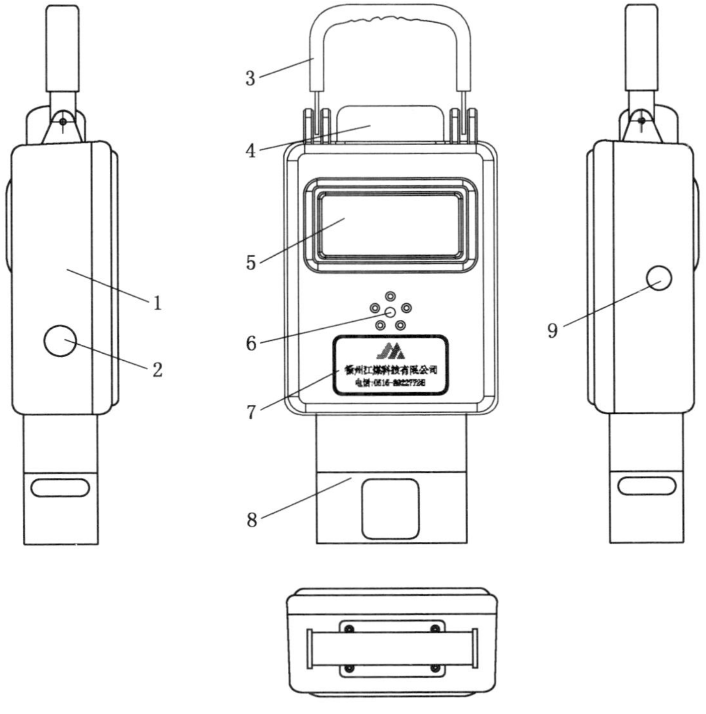

1—外壳；2—充电/通信口；3—提手；4—报警灯；5—显示窗；
6—扬声器；7—铭牌；8—粉尘探头；9—开关按钮

图 5－33　CCZ1000(A)型矿用直读式粉尘浓度测量仪

2. 主要功能

粉尘浓度测量仪参考《直读式粉尘浓度测量仪表通用技术条件》(MT/T 163—2019）设计制造，一般具备以下主要功能：

（1）用于测定环境空气中粉尘浓度，适用于工矿企业煤尘和其他粉尘的快速检测。

（2）具有定时采样功能。

（3）具有自动采样功能。

（4）具有数据查询的功能。

3. 主要技术性能指标

各生产制造单位生产的粉尘检测仪功能相似，主要技术指标大同小异。CCZ1000(A)型矿用直读式粉尘浓度测量仪的主要技术指标如下：

（1）测量范围：0～1000 mg/m^3。

（2）测量误差：±15%。

（3）稳定性相对误差：±2.5%。

（4）分辨率：0.1 mg/m^3。

（5）采样范围：全尘。

（6）防护等级：IP65。

（7）报警点：在全量程范围内任意设置，出厂时的默认设置为10 mg/m^3。

（8）可存储1000组测量值，若存储空间已满，最新保存数据将覆盖最早一条数据。

4. 使用方法

光电感应测量法的测量仪的使用相对简单，使用前应开机预热2 min以上，先在新鲜空气中将测量仪的读数调零，在井下地点检测时按照使用说明书进行操作，待显示值稳定后读取数值。

5. 调校方法

间接测量法即光电感应原理测量仪的调校包括零点调校和精度调校两方面内容。

零点调校时，在清洁环境中开机，至少保持2 min，待测量仪显示值稳定后，点按调校键，将测量仪显示值调为零。

零点调校完成后进行精度调校，其调校用装置和调校方法与直接测量仪的相同。

二、噪声检测仪

《煤矿安全规程（2016）》第六百五十七条规定：作业人员每天连续接触噪声时间达到或者超过8 h的，噪声声级限值为85 dB(A)。每天接触噪声时间不足8 h的，可以根据实际接触噪声的时间，按照接触噪声时间减半、噪声声级限值增加3 dB(A)的原则确定其声级限值。第六百五十八条规定：每半年至少监测1次噪声。因此，各煤矿企业应配备噪声检测设备，如噪声检测仪等。

（一）主要功能

噪声检测仪暂时没有可以直接执行的国家标准或行业标准，一般情况下应具备以下功能：

（1）具备测量噪声功能，并通过背光LCD显示屏显示。

（2）具有显示最大、最小测量值功能。

（3）具有过范围挡指示和低范围挡指示功能。

（4）具有高、中、低、自动4频段测量功能。

（5）具有储存功能。

（二）工作原理及基本结构

噪声检测仪构成框图如图5－34所示。噪声检测仪主要由电容式传声器、放大电路、按键电路、显示电路、单片机等组成。检测仪由驻极体电容式传声器接收外部声信号，将声压信号转换成电信号，输入放大器进行定量放大。放大后的信号由A计权网络进行计权，它的设计是模拟人耳对不同频率有不同灵敏度的听觉响应。输出的信号由输出衰减器衰减到额定值，随即送到输出放大器放大。使信号达到相应的功率输出，输出信号经RMS检波，采用均方根检波电路送出有效值电压，经过A/D转换后，传送给微处理器，将噪声值显示出来。

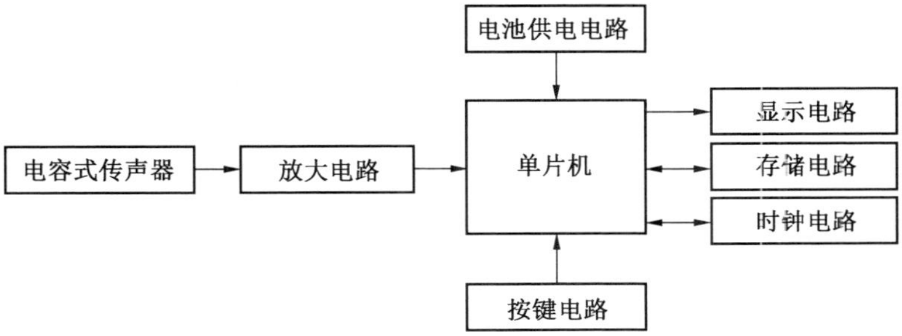

图5－34　噪声检测仪构成框图

不同厂家生产的噪声检测仪结构基本相同。徐州江煤科技有限公司生产的YSD130型矿用本安型噪声检测仪如图5－35所示。

（三）主要技术性能指标

目前，噪声检测仪的设计主要参照执行GB 3836—2010系列标准、《煤矿通信、检测、控制用电工电子产品通用技术要求》（MT 209—1990）和《煤矿通信、检测、控制用电工电子产品基本试验方法》（MT 210—1990）等通用标准。YSD130型矿用本安型噪声检测仪的主要技术性能指标如下：

（1）显示方式：四位数码管显示，单位为dB(A)，显示分辨率为0.1 dB(A)，数值更新2次/s。

（2）测量范围：30～130 dB(A)。01:30～80 dB(A)；02:50～100 dB(A)；03:80～130 dB(A)；04:30～130 dB(A)（Auto）。

（3）基本误差：±5 dB(A)。

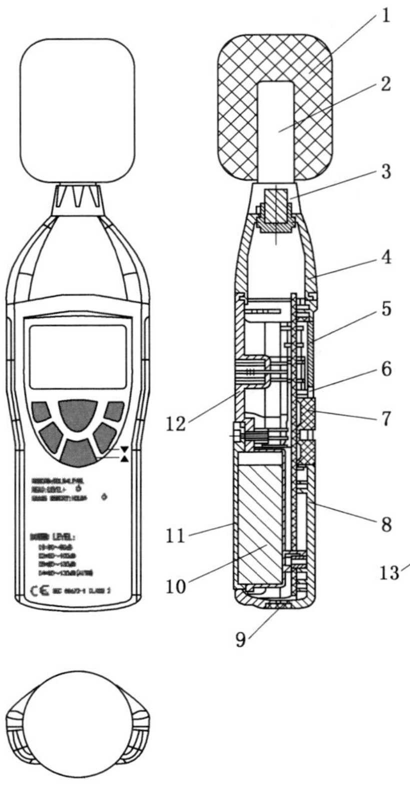

1—风罩；2—探头；3—探头固定件；4—上罩；5—显示窗；6—主板；7—按键；8—上盖；9—橡胶圈；10—电池；11—电池盒；12—下盖；13—铭牌

图 5-35　YSD130 型矿用本安型噪声检测仪

（4）动态范围：50 dB(A)。

（5）频率加权特性：A 和 C。

（6）时间加权特性：快速（FAST）125 ms，慢速（SLOW）1 s。

（7）麦克风：1.27 cm 极化电容式麦克风。

（8）模拟条：快速模拟显示（20 次/s）。

（9）数据存储：50 组。

（10）电池：GP1604S-S1/6F22 超霸环保碳性电池一节；U_o：DC 10.1 V，I_o：1.4 A。

（11）电池寿命：不小于 25 h。

（12）使用环境：0～40 ℃，(10～90)% RH。

（13）保存环境：-10～+60 ℃，（10～75)% RH。

（四）使用方法

按照产品使用说明书的规定使用。在使用前根据实际情况选择正确的计权网络、挡位和时间加权等；测量时，手持噪声检测仪或将其架在三脚架上，麦克风距离音源 1～1.5 m 的距离测量，待显示值稳定后读取数值。

（五）调校方法

首先将检测仪的状态设定为：频率加权 A，时间加权 FAST(F)，挡位 02:50～100 dB(A)挡，然后将麦克风插入标准音源[94 dB(A)@1 kHz]1.27 cm 的孔内，打开标准音源的电源开关，使用调整棒旋转位于仪表侧面的电位器使 LCD 显示为 94.0 dB(A)。

三、矿用本安型红外测温仪

《煤矿安全规程》规定应对采掘工作面空气温度、机电设备硐室温度、矿井风温等进行监测，因此煤矿企业应配备温度检测设备，以加强对温度的检测。矿用本安型红外测温仪是目前煤矿井下使用最广泛的温度检测仪器仪表。

（一）主要功能

矿用本安型红外测温仪是指采用非接触红外传感技术对目标物体表面进行温度测量的一种仪器。目前，矿用本安型红外测温仪依据《矿用红外测温仪通用技术条件》(MT/T 1111—2011）进行设计，一般具备以下主要功能：

（1）具有低电压提示功能。

（2）具有高低温声报警功能，具有红、绿、蓝 3 色 LED 和蜂鸣器声音报警提示功能。

（3）具有数字保持功能。

（4）具有单位转换（℃/℉）功能。

（5）具有最大值、最小值、平均值、差值计算功能。

（6）具有数据存储功能。

（7）具有预约测量功能。

（二）工作原理及基本结构

一切温度高于绝对零度的物体都在不停地向周围空间发出红外辐射能量。物体的红外辐射能量的大小及其波长的分布与它的表面温度有着十分密切的关系。因此，通过对物体自身辐射的红外能量的测量，便能准确地测定它的表面温度，这就是红外辐射测温所依据的客观基础。

矿用红外测温仪构成框图如图 5-36 所示。测温仪由光学系统、红外传感器、信号放大和调理电路、中央处理器、电池等部分组成。光学系统汇聚其视场内的目标红外辐射能量，红外能量聚焦在红外传感器上并转变为相应的电信号，通过信号放大和调理电路放大并进行模拟/数字转换后，由单片机组成的中央处理器进行线形式数据处理及辐射系数补偿，最后转换为被测目标的温度值显示在LCD上。

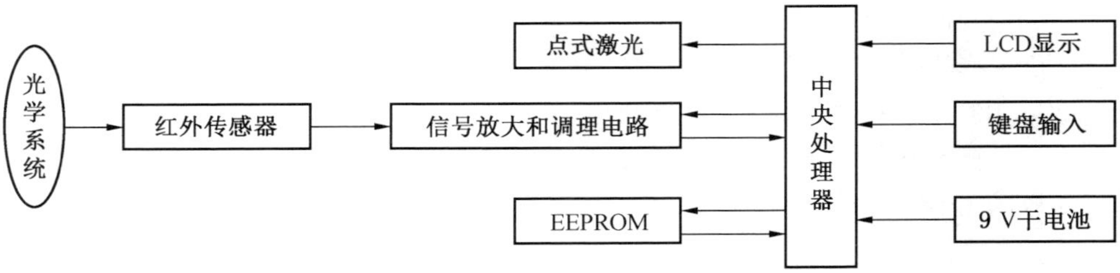

图5-36　红外测温仪构成框图

各厂家生产的测温仪的结构基本相同。徐州江煤科技有限公司生产的CWH550(A)本质安全型红外测温仪如图5-37所示。

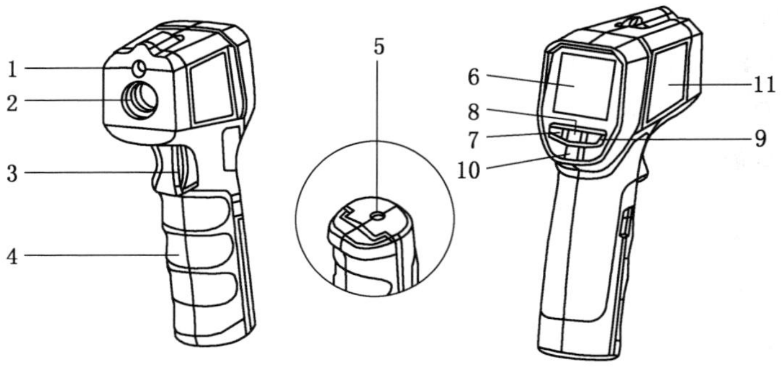

1—激光；2—红外接收窗口；3—扳机；4—电池盖；5—三脚架螺栓孔；
6—LCD显示；7—MODE按钮；8—SET按钮；9—HI/LO按钮；
10—LOG按钮；11—激光警告语标贴

图5-37　CWH550(A)本质安全型红外测温仪

(三) 主要技术性能指标

虽然红外测温仪有可以依据的行业标准，但是不同厂家生产的测温仪依然存在一些差异，主要反映在技术性能指标方面。CWH550(A)本质安全型红外测温仪的主要技术性能指标如下：

（1）光学分辨率：12∶1（95%能量时算出）。

（2）测量范围：0～550 ℃。

（3）LCD显示屏尺寸：30 mm×30 mm。

（4）LCD显示屏显示：EBTN彩屏。

（5）测量精度：±1.5 ℃或读数的±1.5%，取较大值。

（6）激光：圆环激光瞄准波长630～670 nm，输出功率小于1 mW，2级激光产品。

（7）响应时间：≤250 ms。

（8）重复性：0.7 ℃或0.7%取较大值。

（9）自动关机时间：15 s。

（10）电源：测温仪的供电电源为6F22型9 V超霸环保碳性电池1节。电池额定电压U_e，9 V；最高输出电压U_o，9.6 V；最大输出电流I_o，1.0 A。

（11）电池连续工作时间：激光开启连续测温时，电池连续工作时间不小于8 h。

（12）预约测量最长可设置预约每4天测量一次，最短可设置预约每1 min测量一次；最大可存储99条数据。

（四）使用方法

按照产品使用说明书的规定使用。测量时，保证被测目标大于测温仪光点直径的2倍，对准被测目标后扣动扳机，待显示值稳定后读取数值。

（五）调校方法

选取测温仪测量范围的50%点进行调校，调校前确保测温仪与环境温度等温，将测温仪垂直对准标准黑体的中心（测量距离1 m），黑体辐射源的扩展不确定度U95应不大于0.4 ℃，有效发射率大于或等于0.995，控温稳定度±0.1 ℃/10 min；调校中，测量2次，测量期间黑体辐射源的温度变化不得超过0.3 ℃，测温仪两次测量结果之差不大于1.0 ℃，否则应检查瞄准和控温情况并重新测量，待温度稳定后，按调校键，将测温仪的温度调整与黑体辐射源的温度一致，完成调校。

（六）红外测温仪的优缺点

红外测温仪使用广泛，因其为非接触式测量，主要有以下几方面显著优点：

（1）测量时不需要接触到被测温度场的内部或表面，因此不会干扰被测温度场的状态，测温仪本身也不受温度场的损伤。

（2）可以测量运动物体或转动物体的温度。

（3）测量范围广，测温过程中红外测温仪并不处在较高或较低的温度场中，而是工作在正常的温度或测温仪允许的条件下，一般情况下可测量负几十摄氏度到三千多摄氏度的温度范围。

（4）测温速度快，即响应时间快，只要接收到目标的红外辐射即可在短时间内定温。

（5）灵敏度高，只要物体温度有微小变化，辐射能量就有较大改变，易于测出，可进行微小温度场的温度测量。

（6）使用寿命长。

红外线测温仪也有自身的局限性，主要反映在以下方面：

一是易受环境因素影响（环境温度、空气中的灰尘等）。

二是对于光亮或者抛光的金属表面的测温读数影响较大。

三是只限于测量物体外部温度，不方便测量物体内部和存在障碍物时的温度。

四、煤矿用风速表

风速的大小直接影响着煤矿的安全生产和矿工的生命安全健康，《煤矿安全规程》对采煤工作面、掘进中的煤巷和半煤岩巷、主要进回风巷等风速有明确的要求，风速检测对矿井的安全具有十分重要的意义，每个煤矿都必须配备风速检测设备，并按规定使用和维护管理。

（一）风速表的分类

煤矿用风速表是指用于测量矿井内风流速度仪器的总称，可按结构原理或者测量范围等进行分类。

1. 按结构原理分类

煤矿用风速表按结构原理，可分为机械风表、机械电子风表、电子风表3种。

机械风表是指全部采用机械结构测量风流速度的仪器。但是由于机械原理风速表存在不便于数据显示、分析、存储和传输等缺点，目前在安全仪器仪表领域应用已大幅减少。

机械电子风表是指风速感应元件采用机械结构，用非电量的电测法来测量风流速度的仪器。

电子风表是指风速感应元件直接输出电信号测量风流速度的仪器。

2. 按风表的测量范围分类

煤矿用风速表按测量范围，可分为低速风表、中速风表和高速风表3种。各种风表的测量范围及启动风速应符合表5－11的规定。

表5-11　风表的测量范围分段　m/s

风表类型	测量范围	启动风速
低速风表	0.3～5	≤0.2
	0.2～5	≤0.1
中速风表	0.5～10	≤0.4
高速风表	0.8～25	≤0.6
	1.0～30	≤0.8

（二）主要功能

目前，煤矿用风速表的设计制造主要依据《煤矿用风速表》（MT 380—2007），其主要功能如下：

（1）具有测量并显示瞬时风速值和任意时间内的平均风速值的功能。

（2）具有数据存储功能。

（三）风速表的工作原理与结构

机械电子式风速表主要采用光电脉冲原理。机械电子式风速表构成框图如图5-38所示，其主要由叶轮、计数器、光电传感器、微处理器、显示器、存储器、电池等组成。测量时，由风速带动叶轮机械转动，因为叶轮旋转对光电传感器形成遮挡，每遮挡一次就产生一个光脉冲信号，脉冲信号经计数器传送到微处理器进行运算处理后，经显示器显示或存入存储器保存。该类型的风速表用于测量煤矿井下巷道、顺槽、掘进面的环境风速，具有测量准确、方便、测量范围广等特点。

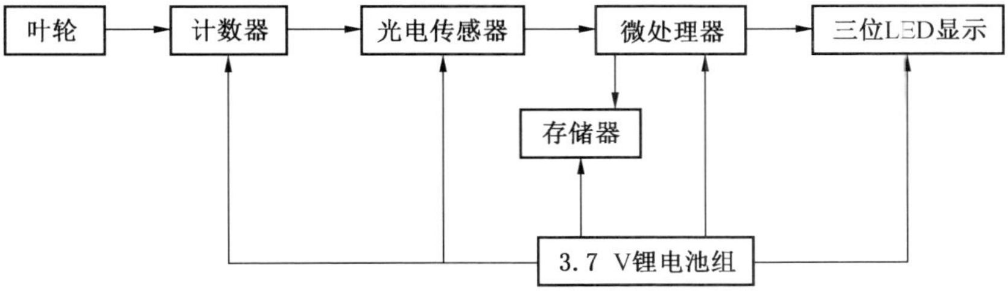

图5-38　机械电子式风速表构成框图

电子式风速表多采用超声波原理，利用超声波的多普勒效应来测量风速。若超声波的传播方向与风向相同，它的速度会加快；若超声波的传播方向若与风向相反，它的速度会变慢。因此，在固定的检测条件下，超声波在空气中传播的速度可以和风速相对应，通过计算即可得到精确的风速和风向。该种原理与传统风速测量仪相比，具有全量程测量、高精度、启动速度低等优点，一台仪器可以同时替代低风速、中风速和高风速3种仪器，方便测量。电子式风速表构成框图如图5-39所示，其主要由超声波发射器、接收器，单片机，显示器等组成。

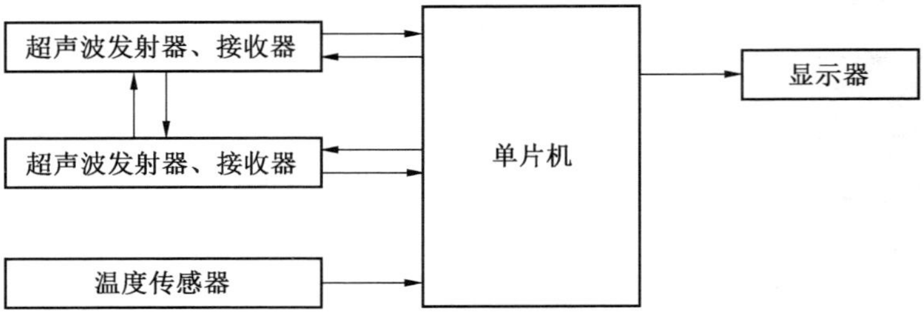

图5-39 电子式风速表构成框图

各厂家生产的相同原理的风速表的结构基本相同。徐州江煤科技有限公司生产的CFJD25(A)型煤矿用机械电子式风速表如图5-40所示，风速表外壳材质为ABS工程塑料，具有体积小、质量轻、操作简洁、维护方便、密封性能好、准确可靠等特点。

某厂家生产的CFD15型煤矿用电子风速表如图5-41所示。与传统风速测量仪表相比，具有全量程测量、高精度、启动速度低等优点，一台仪器可以同时替代低风速、中风速和高风速3种仪器，方便测量。

（四）主要技术性能指标

各厂家生产的风速表在满足行业标准的基础上会有所不同。

1. CFJD25(A)型煤矿用机械电子式风速表的主要技术性能指标

（1）防爆型式及防爆标志：矿用本质安全型，Ex ib Ⅰ Mb。

（2）外壳材质、外形及质量：ABS工程塑料，50 mm×26 mm×154 mm，约200 g。

（3）工作环境：温度0～40 ℃；相对湿度小于或等于98%（+25 ℃）；大气压力80～116 kPa；在具有煤尘、甲烷爆炸性气体危险的煤矿井下；贮存温度-40～+60 ℃。

（4）测量范围：0.8～25.0 m/s。

（5）基本误差：0.8～5.0 m/s时，±0.2 m/s；5.0～10.0 m/s时，±0.3 m/s；10.0～25.0 m/s时，±0.4 m/s。

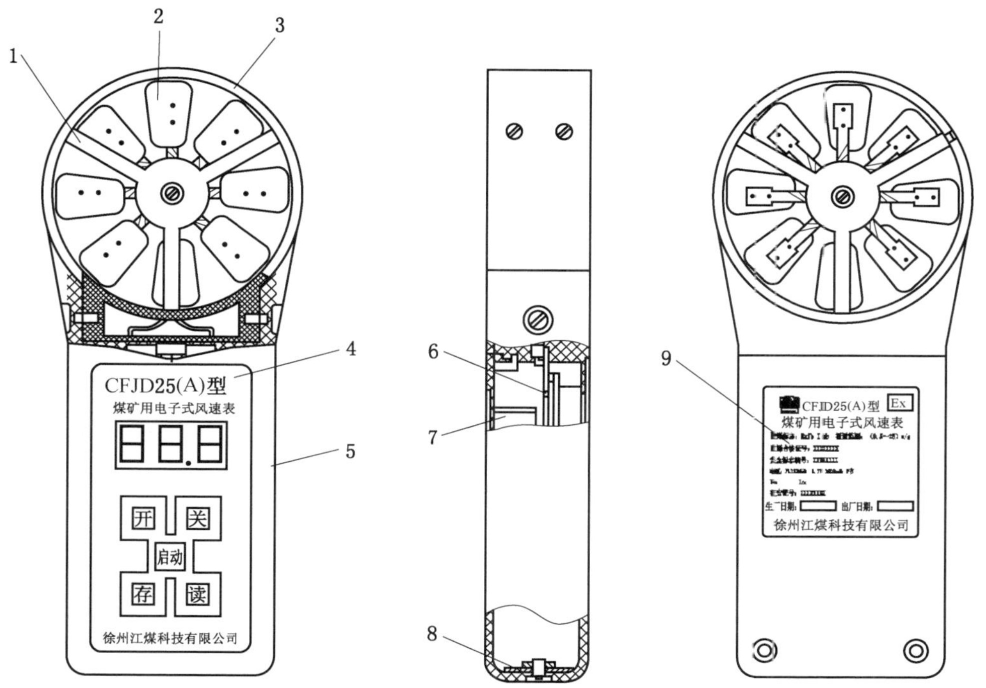

1—三脚架；2—翼轮；3—表头；4—面板；5—外壳；6—电路板；
7—锰酸锂电池；8—充电接触钉；9—铭牌

图 5-40　CFJD25(A)型煤矿用机械电子式风速表

（6）允许零点漂移：±0.10 m/s。

（7）连续工作时间：不小于 8 h。

2. CFD15 型煤矿用电子风速表的主要技术性能指标

（1）外形尺寸（长×宽×高）：190 mm×100 mm×100 mm。

（2）整机质量：0.5 kg。

（3）测量范围：0.10～15.00 m/s。

（4）基本误差：0.10～5.00 m/s 时，±0.10 m/s；5.00～15.00 m/s 时，±0.20 m/s。

（5）允许零点漂移：±0.10 m/s。

（五）使用方法

按照产品使用说明书的规定使用。两种原理使用方法基本相同，测量前选择正确的测量模式，如瞬时风速或平均风速，测量时，风速表的测头应正面迎对风

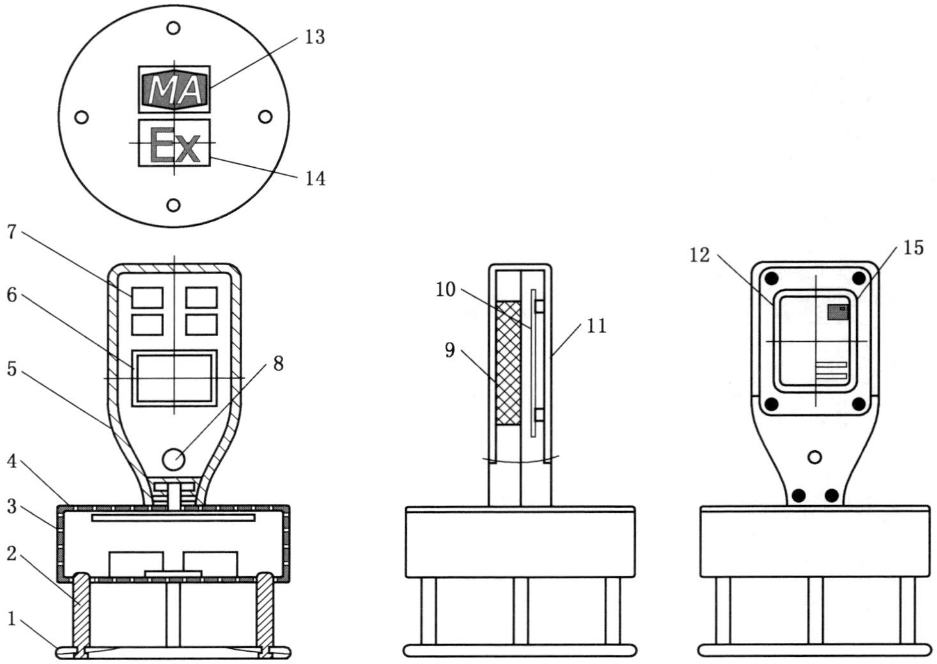

1—支撑圆盘；2—支撑杆；3—进风室；4—进风室盖；5—传感器底盖；6—显示窗；
7—按键盘；8—连接螺钉；9—电池组；10—电路板；11—传感器上盖；12—铭牌；
13—安全标志标识；14—电气元件标识牌；15—电池盒盖

图 5－41　CFD15 型煤矿用电子风速表

向，待显示值稳定后读取数值。

（六）调校方法

两种原理的风速表的调校方法基本相同。风速表的调校包括零点调校和精度调校两方面内容。

零点调校时，将风速表置于无风的环境中（可以装在密闭的容器中），待风速表显示值稳定后，点按调校键，将风速表显示值调为零。

零点调校完成后进行精度调校，选取风速表测量范围的 50% 点进行调校，将风速表放在闭口直路式或者闭口单回流式双收缩段风硐中，风速表和参考测速表均放在风速均匀区，测头迎风正对风流，待显示值稳定后，按调校键，将风速表的值调整为参考测速表的值，完成调校。

五、矿用湿度检测仪

空气湿度会对多数电子设备性能造成影响，如降低其绝缘电阻、诱发电打火等。另外，合适的空气湿度也是保持身体健康的必要条件。因此，煤矿生产过程中，需要经常使用矿用湿度检测仪，对井下环境湿度进行测量及控制。

（一）主要功能

目前，湿度检测仪的设计生产没有可直接执行的国家或者行业标准，主要参考执行 GB 3836—2010 系列标准、《煤矿通信、检测、控制用电工电子产品通用技术要求》（MT 209—1990）和《煤矿通信、检测、控制用电工电子产品基本试验方法》（MT 210—1990）等通用标准，一般应具备以下主要功能：

（1）湿度的检测和超限报警功能。

（2）测量数据存储功能。

（3）电源电压显示、欠压提升和欠压自动关机等功能。

（二）工作原理

目前，煤矿多使用电子式湿度检测仪。电子式湿度检测仪利用一些物质的电特性与周围气体湿度之间具有一定关系来确定气体的湿度，可分为电阻式、电容式、热敏电阻式湿度检测仪等。

1. 电阻式湿度检测仪

电阻式湿度检测仪利用某些吸湿性较好的物质吸附水汽后，其电阻率变化的原理来测定相对湿度。一般在中湿度（40～90）% RH 环境中使用。根据所用的吸湿材料，有固体电解质湿度检测仪、高分子有机物湿度检测仪、半导体陶瓷湿度检测仪等。

固体电解质湿度检测仪是在无碱玻璃衬底上涂覆氯化锂电解质组成湿敏电阻，这类检测仪必须经常清污，而且耐热性能差，响应速度慢，故应用较少。

高分子有机物湿度检测仪在氧化铝基片上印刷固化了一对梳齿状金电极，金电极表面又涂覆了一层感湿膜。虽然机构简单，但是迟滞现象严重，故使用价值不大。

半导体陶瓷湿度检测仪由金属氧化物半导体陶瓷材料组成的，具有线性和热稳定性好、抗污染能力强、响应时间短、寿命长、使用范围宽等优点，因而这类湿度检测仪发展快，品种多，故特别适用于湿度的自动测量。

2. 电容式湿度检测仪

电容式湿度检测仪利用某些物质吸附水汽后，其电介质系数发生变化，从而引起电容量改变的原理工作。电容式湿度检测仪用的电介质通常有两类，高分子有机介质和陶瓷。

3. 热敏电阻式绝对湿度检测仪

热敏电阻式湿度检测仪用来测定绝对湿度，而其他的湿度检测仪主要测量相对湿度。它将热敏电阻的一端封入到干燥空气中，另一端暴露在大气中，水蒸气接触热敏电阻，产生温度差，输出电信号。

（三）基本结构

煤矿测量湿度的检测仪通常与测量温度的检测仪组合设计，即温湿度检测仪，三种原理的检测仪的构成框图基本相同，如图 5－42 所示。检测仪主要由检测电路（温湿度探头）、显示器、单片微机、声光报警器、电池组等组成，温湿度探头选用精密电子式敏感元件，探头直接输出数字信号，送入单片机分析处理，单片机驱动数码管，实时显示温湿度值。

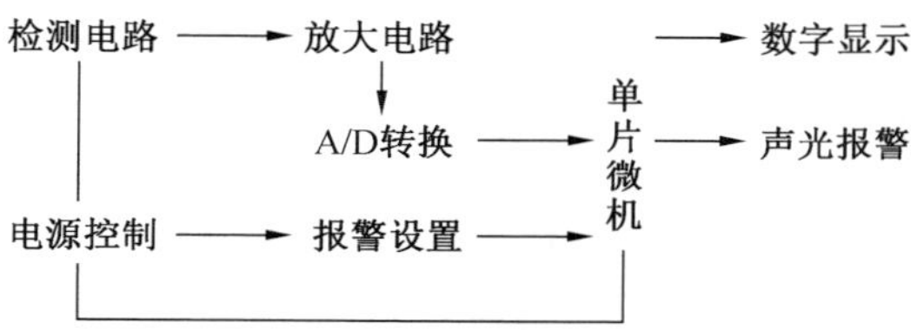

图 5－42　湿度检测仪组成框图

各厂家生产的温湿度检测仪的结构基本类似。某厂家生产的电阻式 YWSD100/100 型矿用温湿度检测仪如图 5－43 所示。

（四）主要技术性能指标

由于该类产品无可直接依据的统一标准，因此各厂家设计生产的温湿度检测仪技术性能指标各不相同。YWSD100/100 型矿用温湿度检测仪的主要技术性能指标如下：

（1）测量范围：温度 －30～100 ℃，湿度(0～100)% RH。

（2）分辨率：温度 0.01 ℃，湿度 0.01% RH。

（3）温度测量基本误差：－30～100 ℃，±3.0 ℃；0～100 ℃，±1.5 ℃。

（4）湿度测量基本误差：±5.0% RH。

（五）使用方法

三种原理的检测仪的使用方法也基本相同，需按照产品使用说明书的规定使用。测量时，确保检测仪与待测环境充分接触，为了更好地得到测量数据的准确性，检测仪放置在所测量环境内 5 min 左右。

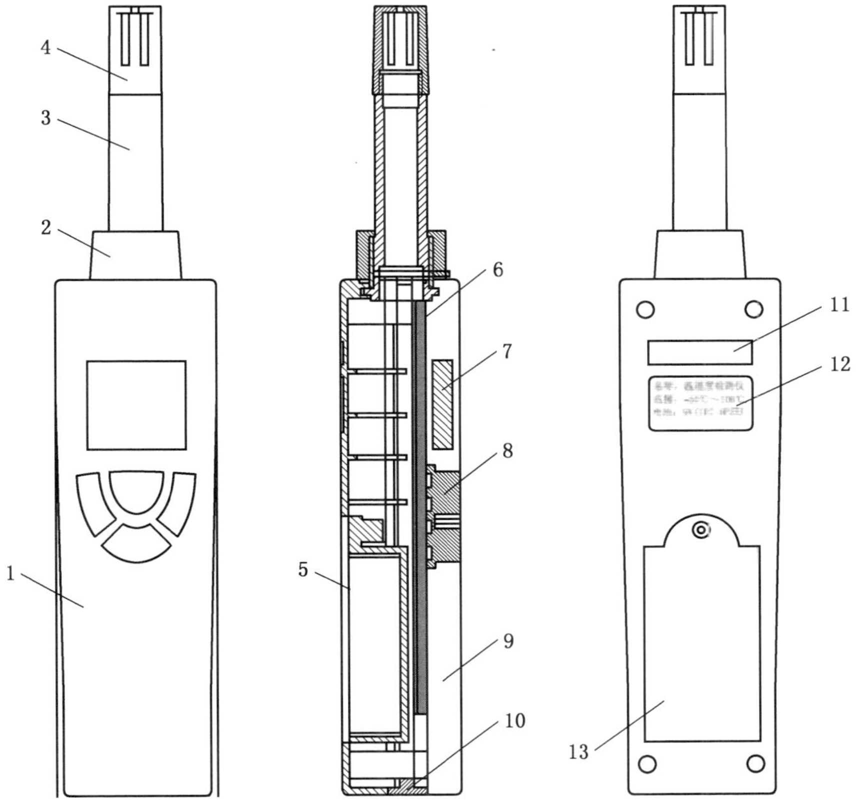

1—外壳前盖；2—锁紧螺母；3—传感器外套；4—传感器保护罩；5—电池；6—印刷板组件；
7—液晶显示屏；8—操作键盘；9—外壳后盖；10—外壳密封条；
11—出厂编号铭牌；12—铭牌；13—电池仓盖

图 5-43　YWSD100/100 型矿用温湿度检测仪

（六）调校方法

三种原理的检测仪的调校方法基本相同，调校时将人工气候箱设置到温度 25 ℃，相对湿度 60% RH，将需要调校的温湿度检测仪与检验合格作为比对的标准温湿度计同时放入设置好的人工气候箱内，隔 30 min 待温湿度稳定后，按调校键，将检测仪的温湿度值调整为标准温湿度计的值，重复 3 次，完成调校。

（七）湿度检测仪选择注意事项

湿度检测技术不如温度检测技术成熟和方便，且国内外各厂商的湿度检测仪水平不一，质量和价格都相差较大，而矿井环境又比较恶劣，因此如何选择一款好用、耐用的湿度检测仪尤为重要。

（1）选择测量范围。与测量质量、温度一样，选择湿度检测仪首先要确定测量范围。矿井环境属于高湿环境，小量程的测量意义不大，因此需要选择能够在高湿环境下快速恢复的检测仪。

（2）选择测量精度。测量精度是湿度检测仪最为重要的指标，如在不同温度下使用湿度检测仪，其示值应考虑温度漂移的影响。众所周知，相对湿度是温度的函数，温度严重影响着指定空间的相对湿度，湿度每变化 0.1 ℃，将产生 0.5% RH 的湿度变化（误差）。使用场合如果难以达到恒温，则提出过高的测湿精度是不合适的，多数情况下，如果没有精确的控温手段，或者被测空间是开放式的，那么 ±5% RH 的湿度变化（误差）就足够了。

第五节　其他安全仪器仪表及使用维护

其他类的安全仪器仪表包括甲烷报警矿灯、全站仪、激光测距仪等。

一、甲烷报警矿灯

甲烷报警矿灯具有照明和瓦斯超限报警两种功能。随着科学技术的发展，甲烷报警矿灯的功能和性能方面在不断提升，在煤矿安全生产中发挥着越来越重要的作用。

（一）发展历程

传统的甲烷报警矿灯，其照明及电源部分为防爆特殊性，报警电路为本质安全型。但随着照明光源和电池技术的提升，其照明、电池和报警部分都可以做到本质安全型。

甲烷报警矿灯作为煤矿井下作业人员随身携带的安全检测装置，从 20 世纪 80 年代起在国内外就开始了研究和应用。原煤炭工业部、国家劳动部矿山安全监察局 1989 年 7 号文件要求煤矿井下所有作业人员都应佩戴甲烷报警矿灯，但由于产品质量和现场管理等多种因素，推广应用情况并不理想。

早期产品报警电路主要由分立元件构成，因体大笨重，一般装在灯池上部的 1 个特制腔体内，整机由专用的壳体、电缆和灯头组成，故障多且不易维修管理。近年来，随着科技的进步和新元器件的广泛应用，报警矿灯集成度越来越高，体积、质量及功耗不断降低，已能够将所有元器件都装入一个特制的灯头里面，其他零部件都能与普通的矿灯互换，从而提高了通用性，标准化并降低了成本，在结构优化的同时，报警功能、机械、电气以及抗震、防尘、防水、防毒等综合性能也在不断提高，新产品又逐步被人们认可，与过去的同类产品相比，在综合性能方面有明显的改进，并越来越多地应用到高、突矿井中，在煤矿安全生产中发挥着重要的作用。

（二）主要功能

甲烷报警矿灯的设计生产主要依据《矿灯　第1部分：通用要求》(MT 1162.1—2011)、《矿灯　第4部分：KL型矿灯》(MT 1162.4—2011)、《甲烷报警矿灯》(MT/T 409—2007）等标准，一般具备以下主要功能：

（1）用于煤矿井下爆炸性气体环境中安全照明、甲烷浓度的检测及浓度超限报警。

（2）具有过充电、过放电和短路保护等功能，矿灯短路时可迅速切断电路，避免发生事故。

（3）可连续检测工作环境中的甲烷浓度，当环境中的甲烷浓度超限时主光源自动闪烁报警，提示作业人员及时撤离现场。

（三）基本结构

甲烷报警矿灯构成框图如图5-44所示，其主要由电池充电控制电路、矿灯保护器、甲烷报警电路、光源等部分组成。报警矿灯多采用大功率LED冷光源照明，带有多重保护电路的锂电池供电。热催化元件与电阻元件组成惠斯通电桥。无甲烷时，电桥处于平衡状态；有甲烷时，电桥的输出电压也随之变化，输出电压信号经差分放大电路放大输出。当浓度超过报警点控制光源闪亮报警。

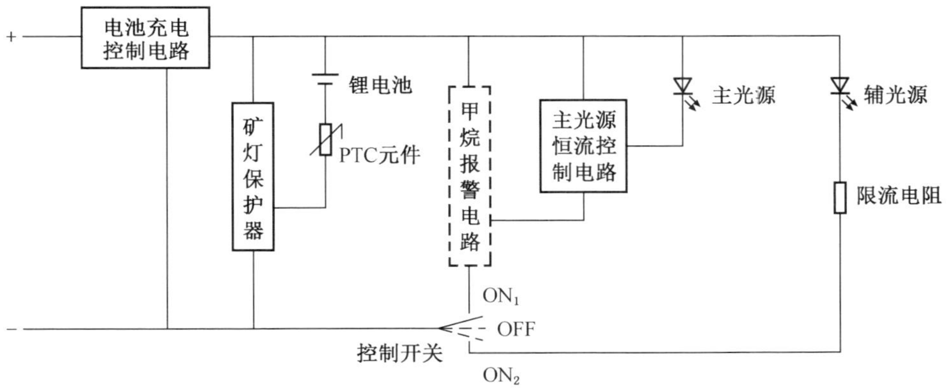

图5-44　甲烷报警矿灯构成框图

各厂家设计生产的甲烷报警矿灯结构基本相同。某公司生产的KLW6LM(A)

型甲烷报警矿灯如图 5－45 所示。该报警矿灯的光源采用 LED 光源，配备主光源和辅光源，使用锂离子充电电池，其特点是寿命长、亮度高、省电。主光源用于工作照明，辅光源更省电，可在非正常情况下延长照明时间或在主光源意外损坏时使用。

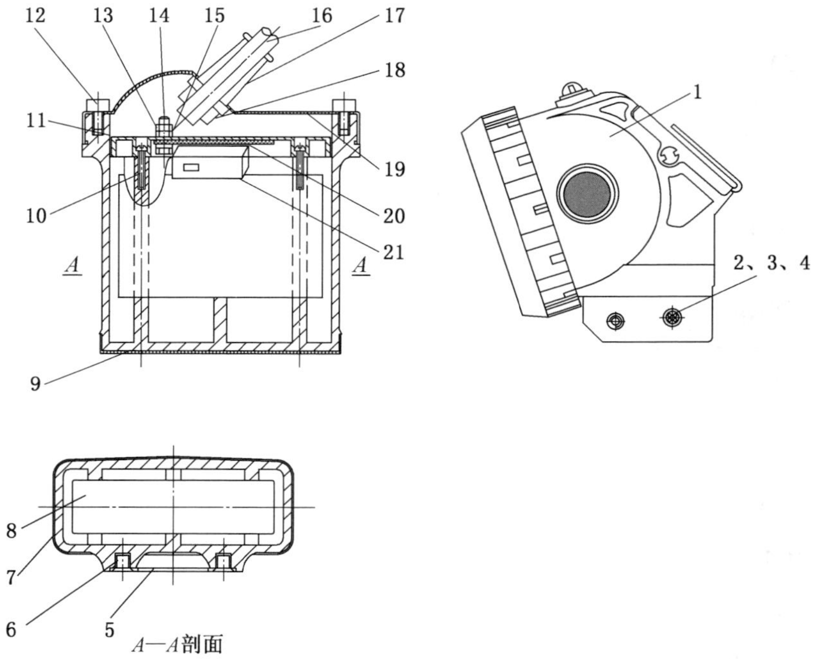

1—灯头；2—报警盖密封圈；3—传感器封盖；4—报警盖螺钉；5—腰带扣；6—沉头螺栓；7—壳体部分；8—电池组；9—底座；10—螺钉；11—盖板；12—内六方螺栓；13—螺母；14—螺栓；15—弹簧垫；16—电缆；17—电缆护套；18—固线卡；19—上盖；20—电路板；21—保护板

图 5－45　KLW6LM(A)型甲烷报警矿灯

(四) 主要技术性能指标

甲烷报警矿灯有可依据的行业标准，各厂家生产的报警矿灯技术性能指标在基本要求的基础上略有区别。KLW6LM(A)型甲烷报警矿灯的主要性能指标如下：

(1) 额定工作时间：不小于 11 h。

(2) 光强：在有效的工作时间内，装配完整的灯头主光源发光强度在正常

照射方向发射出最少1 cd的锥形光，该锥形光垂直向上不小于30°，垂直向下不小于60°，水平方向每边不小于45°

（3）外壳防护性能：灯头和装甲烷报警电路的外壳不低于IP54，传感器保护罩防护等级不低于IP42。

（4）显示误差：数字显示式报警矿灯的显示范围不小于4.0% CH_4，且显示值为真实值的±10%。

（5）报警误差：产品出厂标定的报警点为1.0% CH_4，报警误差为±0.1% CH_4。

（6）响应时间：20 s。

（7）报警性能：主光源应能闪烁报警，其频率为1～3 Hz，明暗交替，通断比为2∶1～1∶1。

（五）使用方法

按照产品使用说明书的规定使用，报警矿灯正常使用时以主光源照明为主，当使用时间超过11 h后，若出现电量不足的情况，及时切换为辅光源照明，可以适当延长照明时间。非本安型甲烷报警矿灯不得用于突出矿井。

（六）调校方法

甲烷报警矿灯初次使用或者正常周期使用时都需要进行调校，初次使用调校是为了防止在运输的过程中因特殊情况引起报警点偏差，同时由于报警矿灯在使用时是连续检测甲烷浓度，报警电路和催化元件不停地老化，催化元件的活性逐渐下降，因此使用不得超过12天，若超过12天必须进行调校。

调校前准备工作：首先将报警器通电10 min，然后打开调节报警点电位器的保险螺栓，并准备好标准气样；报警器经过预热后，在通电状态下，将配套的专用气嘴插入报警器上的进气口。用1.0% CH_4 的标准气样以（160±10）mL/min的流量通入气室稳定后（全程约1 min），用配套的专用平口螺丝刀调节报警点电位器，调到正好出现等闪烁之间的临界状态，再微微调整电位器，调到正好出现灯光闪烁，报警点设定工作即完成。

调校完成后还需要进行报警点的校验，用0.85% CH_4 的标准气样以160 mL/min的流量通入传感器进气口，稳定通气20 s不报警；再改用1.10% CH_4 的标准气样以同样的流量通入传感器进气口，稳定通气20 s内应出现报警信号，否则就要重新设定报警点，直到符合上述要求为止，最后将保险螺栓还原。

二、全站仪

全站仪即全站型电子测距仪，是一种集光、机、电为一体的高技术测量仪器，因其一次安置仪器就可完成该测站上全部测量工作，所以称之为全站仪。

（一）主要功能

全站仪的设计制造没有可以直接执行的国家或者行业标准，目前主要依据GB 3836—2010 系列标准、《煤矿通信、检测、控制用电工电子产品通用技术要求》(MT 209—1990）和《煤矿通信、检测、控制用电工电子产品基本试验方法》(MT 210—1990）等行业通用标准，其主要功能如下：

（1）测角功能：全站仪可以测量水平角度、竖直角度。

（2）测距功能：全站仪可以测量两目标之间的距离。

（3）全站仪的测量值采用数字显示，具有欠压指示功能。

（4）当全站仪一段时间不用时具有自动待机休眠的功能。

（二）基本结构

各厂家生产的矿用全站仪的结构基本类似，主体结构应为防水防尘的结构箱体，底端有固定基座，接合面采用密封圈连接，保证其良好的防护性能。某厂家生产的 CTS－632R6 型矿用本安型全站仪如图 5－46 所示。

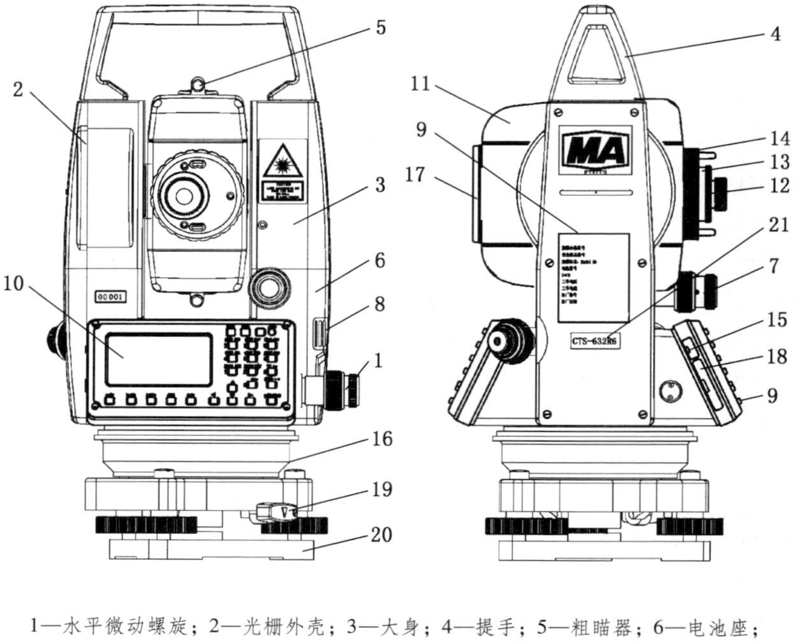

1—水平微动螺旋；2—光栅外壳；3—大身；4—提手；5—粗瞄器；6—电池座；7—垂直微动螺旋；8—电池盒；9—键盘；10—液晶显示屏；11—望远镜、测距头；12—目镜；13—锁紧环；14—调焦环；15—数据接口；16—转盘；17—输出镜；18—存储卡插槽；19—基础锁紧钮；20—底座；21—铭牌

图 5－46　CTS－632R6 型矿用本安型全站仪

（三）主要技术性能指标

由于全站仪没有可以直接执行的产品标准，不同厂家生产的全站仪的技术指标有较大差异。CTS－632R6型矿用本安型全站仪的主要技术性能指标如下：

（1）角度测量指标：最小显示1″；精度6″。

（2）距离测量指标：测量范围1～100 m；精度±$(6+2\times10^{-6}D)$ mm（D为标准距离75.185 m）。

（3）激光参数：波长660 nm，功率小于或等于30 mW。

（四）使用方法

按照产品使用说明书的规定使用。全站仪是精密仪器，搬运或使用过程中应轻拿轻放，以免振动和过分晃动，使用时应确保全站仪在三脚架上固定牢固，并确认全站仪整平对中后开始相关参数测量。

（五）调校方法

全站仪的生产、装配和调校都达到了最佳的质量。急剧的温度变化、振动或重压可能引起偏差及仪器准确度的降低，因此需要经常进行检验和调校。全站仪的调校主要分为长水准管的检验与调校、圆水准器的检验与调校、光学对中器的检验与调校、十字丝竖丝的检验与调校。

1. 全站仪调校的判别及注意事项

全站仪需要通过检验来判断是否需要进行调校。将全站仪与棱镜面对面安置在相距约2 m的地方（此时，全站仪处于开机状态）；瞄准并调焦，将十字丝对准棱镜中心；将观测模式设置为测距或音响模式化（详见使用说明书）；观察目镜，顺时针旋转调焦螺旋，观察闪烁的红色光点，如果十字丝与光点在竖盘和水平方向上的偏差均不超过光点直径1/5，则不需调校。

全站仪的调校要注意以下事项：

（1）三角基座应安装稳固。

（2）在做任何需通过望远镜观察的检验项目之前均应仔细对望远镜的目镜进行调焦。

（3）要严格按照顺序进行调校，否则后一项的调校甚至会破坏前一项的调校。

（4）调校结束后要按旋紧的方向拧紧螺栓，但不可过紧，否则会造成损坏。

（5）调校全部结束后，应重新进行检验。检验不满足要求的应重新进行调校。

2. 长水准管的检验与调校

将长水准管置于与某两个脚螺旋 A、B 边线平行的方向上，旋转两个脚螺旋使长水准管气泡居中；将全站仪绕竖轴旋转 180°，观察长水准管气泡的移动，若长水准管气泡不居中则需按下列方法进行调校。调整长水准管一端的调校螺栓，利用配给的调校针将长水准管气泡向中间移回偏移量的一半；利用脚螺旋调平剩下的一半气泡偏移量；将全站仪绕竖轴再一次旋转 180°，检查气泡的移动位置，若气泡仍有偏移，则重复上述调校。

3. 圆水准器的检验与调校

根据长水准管仔细整平全站仪，再检核一下圆水准器的气泡是否偏离中心位置。若不居中，则需按下述步骤进行调校。利用配给的调校针调整圆水准器盒底部的 3 个调校螺栓使气泡居中。

4. 光学对中器的检验与调校

将光学对中器中心对准某一清晰地面点；将仪器绕竖轴旋转 180°，观察光学对中器的中心标志，若不居中，则需按下述步骤进行调校。打开光学对中器望远镜目镜端的护罩，可以看见 4 个调校螺栓，利用配给的调校针旋转这 4 个调校螺栓，将中心标志移向地面点。

5. 十字丝竖丝的检验与调校

将全站仪安置在三脚架上，严格整平；用十字丝交点瞄准至少 50 m 外的一清晰点 A；让望远镜轻微上下转动，观察 A 点是否沿着十字丝竖丝移动；若 A 点不沿着十字丝竖丝移动，偏离十字丝竖丝，则需按下述步骤进行调校。逆时针旋转十字丝环护罩，取下后可以看到 4 个目镜固定螺栓；利用配给的螺丝刀松开这 4 个固定螺栓（记住旋转的圈数），旋转目镜端。

三、激光测距仪

矿用本安型激光测距仪常用于煤矿井下对巷道工作面、采掘面等的距离进行精确、快速测量，并可计算面积、体积等，测距仪具有功耗低、精度高、寿命长、便于携带等特点。

（一）主要功能

目前，激光测距仪无可直接执行的产品标准，产品的设计制造主要依据 GB 3836—2010 系列标准、《煤矿通信、检测、控制用电工电子产品通用技术要求》（MT 209—1990）和《煤矿通信、检测、控制用电工电子产品基本试验方法》（MT 210—1990）等通用标准，一般具备以下主要功能：

（1）具有测量距离的功能。

（2）具有检测角度的功能。

（3）具有设置参数记忆功能。

（4）具有在测距完成后自动延时关机功能。

（5）具有拍照、录音、录像的功能。

（6）具有电池欠压提示功能。

（二）工作原理及基本结构

矿用本安型激光测距仪的工作原理是，测距仪发出的一束激光经目标表面反射后，再次由测距仪接收，测距仪记录激光往返的时间，根据光传输的速度与时间的乘积，计算出测距仪与目标间的距离。

激光测距仪构成框图如图5－47所示，其主要由激光发射电路、激光检测电路、按键电路、电池、显示电路和单片机组成。

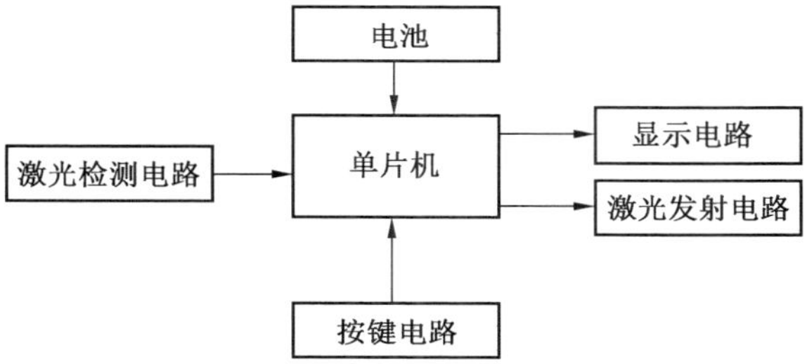

图5－47　激光测距仪构成框图

各厂家生产的激光测距仪结构基本类似。徐州江煤科技有限公司生产的YHJ200J矿用本安型激光测距仪如图5－48所示。

（三）主要技术性能指标

YHJ200J矿用本安型激光测距仪的主要技术指标如下：

（1）测量范围：0.05～200 m。

（2）最小显示单位：1 mm。

（3）测量精度：±0.05 m。

（4）激光管发射功率：不大于150 mW。

（5）激光波长：635 nm。

（6）倾角测量范围：－90°～90°。

（7）存储容量：16 GB。

（四）使用方法

严格按照产品使用说明书的规定使用，测量前用户根据需要正确设置测量单位、测量基准（前基准、后基准、中基准等）、测量方式（单次、连续、累加、

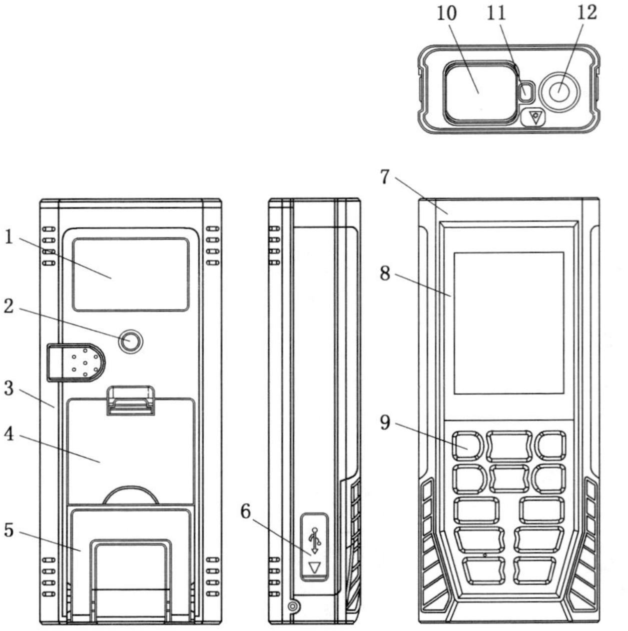

1—铭牌；2—固定铜螺母；3—底壳；4—电池门；5—尾板；6—USB保护盖；7—面壳；
8—显示镜片；9—橡胶按键；10—接收镜片；11—发射激光；12—摄像头

图5-48　YHJ200J矿用本安型激光测距仪

延时等）等参数，测量时待测距仪显示值稳定后再读取后存储测量值。

（五）调校方法

按照产品使用说明书的规定，需定期对测距仪进行调校。调校方法是将测距仪的测量值与标准距离值进行比对，按调校键，将显示值调整为标准值，按确认键则完成调校。

参　考　文　献

[1] 孙继平，煤矿安全生产监控与通信［M］. 北京：煤炭工业出版社，2009.

[2] 常琳. 煤矿安全仪器仪表的现状与发展趋势［J］. 煤矿安全，2013，44（11）：217－219.

[3] 汪丛笑. 煤矿安全监控系统智能化现状及发展对策［J］. 工矿自动化，2017，43（11）：5－10.

[4] 孙继平. 2016年版《煤矿安全规程》监控与通信条款解析［J］. 工矿自动化，2016，42（5）：1－8.

[5] 田学起. 制定监控系统升级改造标准　加快煤矿信息化建设步伐［J］. 山东煤炭科技，2018（11）：4－6，9.

[6] 常琳. 煤矿安全监控系统电磁兼容设计必要性研究［C］//中国煤炭学会煤矿自动化专业委员会，中国煤炭工业技术委员会信息化专家委员会. 煤矿自动化与信息化——第28届全国煤矿自动化与信息化学术会议暨第9届中国煤矿信息化与自动化高层论坛论文集. 2019.

[7] 孙继平，矿井安全监控系统［M］. 北京：煤炭工业出版社，2006.

[8] 应急管理部. AQ 1029—2019　煤矿安全监控系统及检测仪器使用管理规范［S］. 北京：应急管理出版社，2019.

[9] 应急管理部. AQ 6201—2019　煤矿安全监控系统通用技术要求［S］. 北京：应急管理出版社，2019.

[10] 国家安全生产监督管理总局，国家煤矿安全监察局. 煤矿安全规程（2016）［M］. 北京：煤炭工业出版社，2016.

[11] 孙继平. 矿井监测与控制［M］. 北京：北京工业大学出版社，1990.

[12] 王勇. 煤矿多系统"一张图"融合联动平台设计［J］. 工矿自动化，2019，45（9）：99－102，108.

[13] 李益鸣. 基于链路级融合的煤矿综合安全监控系统［J］. 能源技术与管理，2021，46（4）：135－137.

[14] 金利国，李晓方，刘一杰. 基于物联网的智能分站在煤矿安全生产中的应用探讨［C］//中国煤炭学会煤矿自动化专业委员会，中国煤炭工业技术委员会信息化专家委员会. 煤矿自动化与信息化——第28届全国煤矿自动化与信息化学术会议暨第9届中国煤矿信息化与自动化高层论坛论文集. 2019.

[15] 周代勇. 井下区域异地控制的设计与实现［J］. 煤矿安全，2021，52（6）：163－167.

[16] 周海坤，宁亮，庄严，等. 一种煤矿安全监测监控系统传感器的即插即用方法：中国，CN111255520B［P］. 2021－08－20.

[17] 刘绍军，马岩，苗二矿，等. 一种煤矿安全监控系统主备独立冗余式网络架构：中国，CN212258980U［P］. 2020－12－29.

[18] 张波. 激光甲烷传感器在煤矿井下的应用［J］. 能源与节能，2021（5）：172－174.

[19] 王梦园. 基于 SnO_2 薄膜的低功耗氧气传感器［D］. 大连：大连理工大学，2021.

[20] 王海波. 低功耗一氧化碳传感器研究进展 [J]. 工矿自动化, 2021, 47 (7): 72－78.
[21] 王芬. 关于煤矿安全的矿用（烟雾）传感器的相关研究 [J]. 当代化工研究, 2021 (13): 50－51.
[22] 市场监管总局关于调整实施强制管理的计量器具目录的公告 [EB/OL]. (2020－10－26) http://gkml.samr.gov.cn/nsjg/jls/202010/t20201026_322641.html.
[23] 中华人民共和国住房和城乡建设部, 国家市场监督管理总局. GB/T 50518—2020 矿井通风安全装备配置标准 [S]. 北京: 中国计划出版社, 2020.
[24] 国家发展和改革委员会. MT 28—2005 光干涉式甲烷测定器 [S]. 北京: 煤炭工业出版社, 2005.
[25] 国家安全生产监督管理总局. AQ 6207—2007 便携式载体催化甲烷检测报警仪 [S]. 北京: 煤炭工业出版社, 2007.
[26] 国家安全生产监督管理总局. AQ 6211—2008 煤矿用非色散红外甲烷传感器 [S]. 北京: 煤炭工业出版社, 2009.
[27] 国家安全生产监督管理总局. MT 703—2008 煤矿用携带型电化学式一氧化碳测定器 [S]. 北京: 煤炭工业出版社, 2009.
[28] 国家安全生产监督管理总局. MT 704—2008 煤矿用携带型电化学式氧气测定器 [S]. 北京: 煤炭工业出版社, 2009.
[29] 国家安全生产监督管理总局. MT 1084—2008 煤矿用硫化氢检测报警仪 [S]. 北京: 煤炭工业出版社, 2009.
[30] 国家安全生产监督管理总局. AQ 1052—2008 矿用二氧化碳传感器通用技术条件 [S]. 北京: 煤炭工业出版社, 2009.
[31] 国家安全生产监督管理总局. MT/T 163—2019 直读式粉尘浓度测量仪表通用技术条件 [S]. 北京: 煤炭工业出版社, 2019.
[32] 国家安全生产监督管理总局. MT/T 1111—2011 矿用红外测温仪通用技术条件 [S]. 北京: 煤炭工业出版社, 2011.
[33] 国家安全生产监督管理总局. MT 380—2007 煤矿用风速表 [S]. 北京: 煤炭工业出版社, 2007.
[34] 国家安全生产监督管理总局. MT/T 409—2007, 甲烷报警矿灯 [S]. 北京: 煤炭工业出版社, 2007.
[35] 金金, 丁成, 高凯. 煤矿用激光甲烷传感器校准方法 [J]. 中国计量, 2018 (5): 114－115.
[36] 张洋. 低浓度粉尘计量标准检定装置的研究 [D]. 徐州: 中国矿业大学, 2020.
[37] 陈福民, 付建涛, 张文阁. JJG 846—2015《粉尘浓度测量仪检定规程》解读 [J]. 中国计量, 2016 (4): 125－126.
[38] 马兴录, 孙昊, 王先鹏, 等. 基于移动目标检测的非接触式环境自适应人体测温仪设计 [J]. 计算机测量与控制, 2021, 29 (8): 245－249.
[39] 顾展. 新型甲烷报警矿灯稳定性测试装置的研制 [J]. 煤矿机电, 2010 (4): 32－35.

[40] 曾伟. 矿用便携式激光甲烷检测报警仪 [J]. 煤矿安全, 2018, 49 (7): 75-77.
[41] 王芬, 赵晋亮. 关于煤矿通风安全仪器仪表的研究 [J]. 当代化工研究, 2020 (23): 85-86.
[42] 李剑峰. 煤矿井下安全检测仪表仪器校准管理 [J]. 劳动保护, 2020 (4): 66-67.
[43] 张国宝, 等. 中国能源装备年鉴 [M]. 北京: 经济管理出版社, 2012.
[44] 陈永冉.《煤矿安全规程》实施情况后评估与讨论 [J]. 煤炭工程, 2021, 53 (1): 19-22.
[45] 汪赟, 魏峻山, 李宪同, 等. 国内外环境噪声监测方法比较及启示 [J]. 中国环境监测, 2018, 34 (4): 150-154.
[46] 孙杰, 安全仪器监测工: 中级、高级 [M]. 北京: 煤炭工业出版社, 2011.
[47] 中华人民共和国住房和城乡建设部. GB 51024—2014 煤矿安全生产智能监控系统设计规范 [S]. 北京: 中国计划出版社, 2014.
[48] 中华人民共和国住房和城乡建设部 国家市场监督管理总局. GB 50581—2020 煤炭工业矿井监测监控系统装备配置标准 [S]. 北京: 中国计划出版社, 2020.
[49] 国家煤矿安全监察局. 防治煤矿冲击地压细则 [M]. 北京: 煤炭工业出版社, 2018.
[50] 国家煤矿安全监察局. 防治煤与瓦斯突出细则 [M]. 北京: 煤炭工业出版社, 2019.